西北干旱区沙漠绿洲陆气相互作用

吕世华　奥银焕　孟宪红 等　著

科学出版社

北　京

内 容 简 介

本书是中国西北干旱区三大观测试验之一的金塔试验(JTEXs)及后续的巴丹吉林试验(BDEXs)能量水分循环观测和数值研究成果的专著。全书共 10 章,包括非均匀下垫面陆面过程观测现状及研究意义、沙漠绿洲观测试验及数值模式特点、沙漠绿洲小气候和能量水分循环特征、沙漠绿洲陆面过程参数化及应用、绿洲自维持机制理论与数值研究、遥感资料在沙漠绿洲陆气相互作用研究中的应用、绿洲大气边界层特征、沙漠大气边界层特征、沙漠绿洲陆面过程资料同化及应用、绿洲的科学保护和利用研究。

本书内容丰富新颖,资料翔实,图文并茂,科学严谨,实用性强,系统介绍了许多新发现、新观点和新结论,可供我国从事干旱区气象、水文等科学观测试验、气候变化、土地开发利用以及环境保护等方面的科技工作者、高等院校有关专业的师生以及政府部门参考。

图书在版编目(CIP)数据

西北干旱区沙漠绿洲陆气相互作用/吕世华等著. —北京:科学出版社,2018.3

ISBN 978-7-03-055468-0

Ⅰ. ①西⋯ Ⅱ. ①吕⋯ Ⅲ. ①绿洲–陆地–大气–相互作用–研究–西北地区 Ⅳ. ①P942.407.3

中国版本图书馆 CIP 数据核字(2017)第 283644 号

责任编辑:杨帅英 张力群/责任校对:韩 杨
责任印制:徐晓晨/封面设计:图阅社

科 学 出 版 社出版
北京东黄城根北街 16 号
邮政编码:100717
http://www.sciencep.com

北京建宏印刷有限公司 印刷
科学出版社发行 各地新华书店经销

*

2018 年 3 月第 一 版 开本:787×1092 1/16
2019 年 5 月第二次印刷 印张:26
字数:613 000

定价:198.00 元

(如有印装质量问题,我社负责调换)

作者名单

（按姓氏汉语拼音排序）

奥银焕　鲍　艳　陈　昊　陈世强
陈玉春　高艳红　韩　博　李建刚
李锁锁　李万莉　罗斯琼　吕世华
马　迪　孟宪红　王少影　文莉娟
文小航　徐启运　张　宇　赵　林

前　言

　　沙漠、戈壁等干旱地带占据地球陆地的近 1/3。中国沙漠戈壁面积占国土总面积的
13.3%，西北地区是全球主要干旱区之一，其高山地貌造就了以水链接的"冰川-河流-
绿洲-沙漠"独特景观格局。新疆塔里木盆地、准噶尔盆地、吐哈盆地，甘肃的河西走廊，
宁夏平原与内蒙古河套平原分布的广阔的绿洲是干旱区人们赖以生存的家园。中国西北
地区 95%以上为荒漠地，依靠面积不到该地区 4%～5%的绿洲养育着该地区 95%以上的
人口，可见分布在我国北方干旱和半干旱地区绿洲的弥足珍贵。

　　目前，随着全球气候变化和人口剧增使得人们对生存需求持续扩大，再加上不合理
的开发、风沙活动、荒漠化、盐碱化、河流改道等导致绿洲面积减小，水分失衡，生态
环境破坏日益加剧，已严重威胁着我国西北地区人民的生活，形势十分严峻，任务十分
艰巨。同时，相对脆弱的绿洲生态系统对区域气候变化的响应无疑比较敏感，同时它对
气候的影响研究也极具科学价值。

　　为获得西北干旱区非均匀下垫面沙漠绿洲系统弥足珍贵的信息，揭开沙漠绿洲神秘
的自维护机制等变化特征，研究沙漠绿洲脆弱环境对全球气候变化的响应及对我国气候
变化的影响，加强我国应对极端气候事件能力建设，提高防灾减灾能力，2003～2006 年，
2007～2010 年在国家自然科学基金重点项目"绿洲系统能量和水分循环观测与数值研究
（40233035）"，"绿洲系统非均匀下垫面能量水分交换和边界层过程观测试验
（40633014）"（以下简称金塔试验 JTEXs）和 2009～2013 年在国家重点基础研究发展计
划（"973"计划）"全球变暖背景下东亚能量和水分循环变异及其对我国极端气候的影响
试验（2009CB421402）"（以下简称巴丹吉林试验 BDEXs）的大力支持下，我们在甘肃省
金塔县和巴丹吉林沙漠开展了夏季陆气相互作用加强观测试验，大量的观测数据填补了
我国西北沙漠绿洲系统观测试验空白，取得了可喜的研究成果，揭示了许多奇特的现象。
本书的后续出版也得到了科技部公益性行业（气象）科研专项重大项目
（GYHY201506001-04）和基金项目（41675020，41675015）的联合资助。

　　本书全面介绍了沙漠绿洲非均匀下垫面陆面过程野外观测试验研究，揭示了非均匀
下垫面绿洲-沙漠系统形成、维持机制和演变过程等。主要成果包括：①绿洲（金塔）能量
水分循环特征；②非均匀下垫面陆面过程参数化；③通过卫星遥感资料分析研究河西绿
洲退化的动态变化规律；④绿洲系统水文-土壤-植被-大气耦合模式研究；⑤绿洲小气候
和绿洲临界尺度大气非平衡态热力学理论研究；⑥通过理论分析和数值模拟研究了绿洲-
沙漠环流是绿洲的自保护机制；⑦河西绿洲系统对环境影响的研究；⑧干旱地区生态环
境保护和建设对策研究；⑨建立了沙漠绿洲陆面过程野外观测资料数据集等。特别是将
绿洲、沙漠和戈壁边界层特征、绿洲土壤蒸发-凝结对地表能量平衡的影响、非均匀零平
面位移及空气动力学粗糙度、高分辨率资料同化技术、遥感信息在模式中的应用和大涡
模拟研究等新观点、新方法及异彩纷呈的新成果呈现给广大读者，为保护绿洲-沙漠生态

系统良性发展提供科学依据，有利于促进我国绿洲地区社会经济发展。同时，还将非均匀下垫面获取的地表参数及能量通量提供给陆面过程模式，从而对陆面过程的参数化进行改进，并为区域性或全球性气候模式提供改进的陆面过程参数化方案。

本书由吕世华、奥银焕、孟宪红、文莉娟、韩博、文小航、陈世强、陈玉春、张宇、徐启运、李万莉、鲍艳、高艳红、王少影、李建刚、陈昊、罗斯琼、李锁锁、马迪、尚伦宇、常燕等编著。全书共 10 章，第 1 章绪论，由吕世华、徐启运、奥银焕撰稿；第 2 章沙漠绿洲观测试验及数值模式介绍，由吕世华、奥银焕、张宇、陈世强撰稿；第 3 章沙漠绿洲小气候和能量水分循环特征，由奥银焕、陈世强、韩博、张宇、李锁锁等撰稿；第 4 章沙漠绿洲陆面过程参数化及应用，由文莉娟、鲍艳、孟宪红、罗斯琼撰稿；第 5 章绿洲自维持机制理论与数值研究，由吕世华、陈玉春、陈世强撰稿；第 6 章遥感资料在沙漠绿洲陆气相互作用研究中的应用，由孟宪红、吕世华撰稿；第 7 章绿洲大气边界层，由李万莉、韩博、常燕等撰稿；第 8 章沙漠大气边界层，由韩博、奥银焕、李建刚、马迪、赵林撰稿；第 9 章沙漠绿洲陆面过程资料同化及应用，由文小航、文莉娟、王少影、尚伦宇等撰稿；第 10 章绿洲的科学保护和利用研究，由吕世华、高艳红和陈玉春等撰稿。全书由奥银焕、徐启运和陈昊统稿编辑，最后由吕世华修改定稿。

金塔试验(JTEXs)和巴丹吉林试验(BDEXs)研究得到了王介民研究员、胡隐樵研究员、沈志宝研究员、卫国安研究员等专家的热情指导。参加外场观测试验的韦志刚研究员、胡泽勇研究员、文军研究员、李振朝副研究员、陈晋北副研究员、侯旭宏高级工程师、李新成工程师，以及李子宁、马晓伟两位师傅等同仁栉风沐雨、不辞辛劳，在此一并表示诚挚的谢意。由于时间仓促，书中难免存在不足之处，恳请广大读者和科研人员指正。

目　　录

第1章 绪 论

我国西北地区地域辽阔，土地面积约占全国总面积的 1/3。西北地区地理环境复杂，自然资源丰富，民族众多，在长期的历史变迁中孕育了灿烂的文化；西北地区不但是全球气候变化响应最敏感的地带，也是生态环境变化最脆弱的地区之一，至今还有许多未被揭露的自然奥秘；西北地区由于地处欧亚大陆腹地且受地形阻挡影响，从海洋输送到该区域的水汽较少，降水量在 160mm 以下，水资源短缺，植被稀少，荒漠广布，是世界上最严酷的干旱区之一。其中高山地貌造就了以水链接的"冰川-河流-绿洲-沙漠"景观格局(Hu and Zuo,2003)，西北地区 95%以上为荒漠地，依靠面积不到该地区 4%～5%的绿洲养育着该地区 95%以上的人口(Chu et al.,2005)。

良好的生态环境是人类赖以生存和发展的基础。在全球气候变化的背景下，我国西部地区荒漠化、水资源危机加剧，已经成为制约区域经济社会发展的重要生态环境问题。"丝绸之路"上昔日浩瀚的罗布泊已经干涸，楼兰等绿洲已沦为荒漠之地，璀璨的楼兰文明也已成为历史。以史为鉴，可以知兴替。因此，我们要更加珍惜和加强干旱区沙漠绿洲生态环境的保护研究，以便为丝绸之路复兴、西北地区经济社会可持续发展和国家生态安全屏障建设提供科学依据。

1.1 陆气相互作用研究的科学意义

陆气相互作用影响着天气过程，进而影响区域气候变化。地气系统为地球科学系统的重要组成部分，它决定着陆地表面和大气之间的物质和能量交换特征。陆面过程(land surface process,LSP)是地球科学系统的重要组成部分，它决定着陆地表面和大气之间的物质和能量交换特征。陆面过程是指发生在控制地表面与大气之间水分、热量和动量交换的过程，包括地面上的热力过程、水文过程和生物过程，地表面与大气间的能量和物质交换以及地面以下土壤中的热传导和水热输送过程等。其时间尺度可以从 10^{-1}s 到几年，空间尺度可以从 1m 到全球。

1.1.1 陆面过程对气候的影响

陆面过程是影响气候变化的基本物理过程之一。陆地下垫面状况在很大程度上决定了陆地表面的能量和水分平衡，从而深刻地影响着局地、区域乃至全球大气环流和气候的基本特征。由于气候变暖和人类生存环境的恶化，全球变化研究对世界各国的经济发展与人类生存有着重大而深远的影响。气候系统概念的提出、气候多平衡态和气候突变现象的发现以及对人类活动的影响，已成为推动气候系统变化强迫力的认识是气候研究取得突破性进展的关键(叶笃正和吕建华，2003)。气候系统的概念对人们研究气候变化的机制有着非常重大的影响。各种时空尺度的气候变化不再只是大气对来自其他圈层强迫的反应，更是大气和其他圈层相互作用的结果。气候系统作为强迫耗散的非线性系统具有向外源强迫的非线性适应过程。

陆面过程作为全球气候系统的主要组成部分，在气候变化过程中起着重要作用。全球变化导致的资源与自然灾害变化是全球变化影响人类社会的基本方式。全球环境变化和可持续发展问题是当前地球科学和环境科学领域的两个极为重要的研究主题，也是国际地圈-生物圈计划中国全国委员会(CNC-IGBP)当前开展工作的两个核心。全球变化的区域响应以及地表变化和人类活动对气候的影响，也是通过大气边界层过程来实现的。大气边界层是地球大气动量、能量和各种物质(水分、二氧化碳和其他温室气体及各种大气污染物质等)上下输送的通道；下垫面作为地圈的重要组成部分，对大气系统产生非常重要的影响。大量研究表明，下垫面的性质和形状，对大气的热量、水分、干洁度和运动状况有明显的影响，在气候的形成过程中起着重要作用(图1.1)。

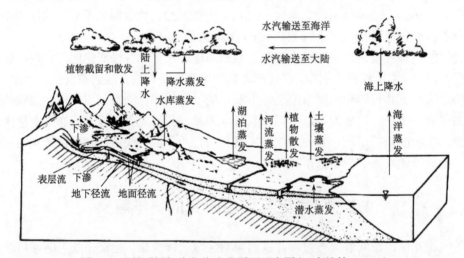

图 1.1　土壤-植被-大气中水分循环示意图(王大纯等，1995)

近地层的基本特征取决于地面和大气之间的动力和热力相互作用。非均匀下垫面状态是近地层大气湍流的一个重要影响因素。植被层本身由于植物种类、生长状态和分布不均而存在巨大差异。大量的研究表明，均匀(或非均匀)植被层的存在改变了近地层大气平均风速的垂直分布，即使植被层的地表覆盖率低至 3%，也能使植被层高度以下的平均风速垂直分布明显偏离对数分布。利用高分辨率区域气候模式模拟中国区域植被发生改变后引起的局地或区域气候变化表明：一方面大范围区域植被变化对区域降水、温度的影响非常显著；另一方面，植被变化对东亚冬季、夏季风强度也有一定程度的影响，从而影响到中国东部地区降水的分布和冬季低温、冷害事件发生的强度。通过均一和非均一土壤下垫面数值模拟试验发现，东半球夏季季风气候区的基本气候特征，主要是由海陆分布和大地形的影响所产生。但是，细致的气候特征却受下垫面土壤物理性质和初始湿度的很大影响。而且通过环流系统的相互作用，除对本地区天气气候产生影响外，还会影响周围地区。使用美国 NCAR (the National Center for Atmospheric Research) 区域气候模式 RegCM2 (a sencond-generation regional climate model) 模拟西北植被覆盖面积变化对我国区域气候变化的影响，结果表明：西北植被扩展和退化都能影响地表温度、高度场和流场、我国夏季风的强度以及季风降水的分布，还能影响到土壤湿度和径流量。植被扩展和季风加强有利于高原及我国北方地区降水增强。植被退化、荒漠化加剧和季风减弱则使北方地区降水减少。因此，认识、预测、延缓或适应全球环境的变化，也成了国际科学界面临的严重挑战。

全球变化研究是 20 世纪 80 年代兴起的跨学科、综合性、规模宏大的国际合作研究活动，涉及自然与社会科学的多个领域，该研究主要有：由世界气候研究计划(WCRP)、国际地圈生物圈计划(international geosphere-biosphere program，IGBP)和全球变化中的人类活动作用计划(HDP 或 IHDP)等机构的协调，已经建立了多个核心计划，致力于地球各圈层之间在自然本身及人类活动影响下相互作用的过程、定量化关系与演变趋势的研究。1988 年在国际科学联合会理事会第 22 届大会上，正式通过了国际地圈-生物圈计划(IGBP)、水文循环的生物圈方面计划 (biosphere aspects of hydrological cycle，BAHC) 得到了世界各国政府的大力支持和水文学者、生态学者、大气动力学者及气候学者们的积极响应。与"全球能量和水循环试验"(global energy and water cycle experiment，GEWEX)等项目不同，BAHC 计划是一项专门侧重于水文学与地圈、生物圈和全球变化交互作用的研究。BAHC 计划对陆面生态-水文过程的深入研究，无疑对评估全球变化对淡水资源的影响、人类对生物圈的影响，以及评估它们对地球可居住性的影响是十分必要的。近几十年来，大量敏感性试验(Charney et al.,1977；Dickinson et al.,1991；Kondo et al.,1990；Sellers et al.,1997；Shukla and Mintz,1982；Sud and Smith,1985)表明：陆地地表状况的异常，往往对大气及气候的变化产生重要的影响。

陆面是大气下边界中最复杂和最主要的组成之一，与均一的海洋表面相比，陆地表面本身的土壤、植被和坡度的不均匀自然特性也使得陆地表面对动量、能量、水分和物质循环速率的不均匀。无论陆-气、海-气相互作用都必须通过边界层的传输才能进行。陆气相互作用对天气气候类型以及气候系统的物质和能量循环具有重要影响(图 1.2)。研究表明：构成多样、性质复杂、分布又很不均匀的下垫面所组成的陆地表面是整个生物圈中一个既重要而又复杂的分量；陆面与大气及其他圈层之间进行的各种时空尺度的相互作用，以及动量、能量、多种物质成分(水汽及 CO_2 等)的交换和辐射传输对于大气环流及气候状况产生极大的影响，在某些局部或某个时段内甚至起着关键性的作用。这种交换的通量强度既与下垫面本身的物理化学性质及其动态变化的状况有关，也与变化的大气状况及太阳辐射强度有关。另外，土地利用方式的改变等人类活动已极大地改变了地球上的生态环境，而这种变化又缺乏可预报性，更增加了这一分支研究的复杂性。

近年来，森林锐减、土地荒漠化、持续干旱、全球变暖以及水资源短缺等一系列重大的全球环境问题和气候异常已引起世界各国政府及科学界空前的重视，已成为科学研究的重大前沿课题，也是当代气候学研究(包括陆气相互作用研究)所面临的紧迫问题之一。因此，深入研究陆地上各种下垫面与大气之间相互作用的物理、生化过程，不断改进和发展陆面过程模式，力求能更精确地预报上述各种交换包括动量、能量、物质(水汽及 CO_2)、辐射交换以及模拟地表温度、湿度和大气边界层的发展变化等与气候研究密切相关的信息，已经成为全球气候变化研究的迫切需要。

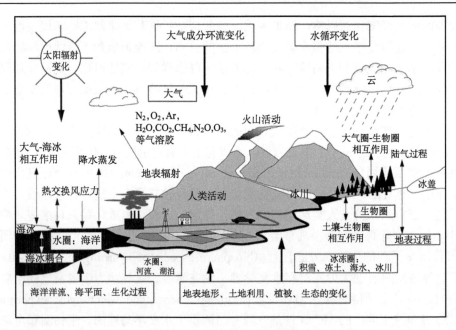

图 1.2　陆气相互作用示意图

　　在大气与陆地下垫面的边界上，由于大气环流的驱动及太阳辐射强迫，界面的上下两侧不断地发生着动量、能量和物质的交换过程。界面的上侧为大气边界层，下侧为包括地圈、生物圈和冰雪圈(有时还包括小部分是水圈)的陆地下垫面本身。在陆地下垫面与大气圈运动密切相关的所有过程的研究，被狭义地称为陆面过程研究；但是这种研究与大气近地层的交换研究密不可分，故有时又把部分大气近地层研究与陆地下垫面内部过程的研究耦合在一起，变成了较广义上的陆面过程研究。陆面过程将地球科学系统各圈层之间有机地联系起来，它深刻地影响着全球大气环流和气候的基本特征。

1.1.2　陆气相互作用研究的重要性

　　陆面过程研究的内容主要包括：地面上的热力过程(包括辐射及热交换过程)、动量交换过程(如摩擦及植被的阻挡等)、水文过程(包括降水、土壤植被蒸散发和径流等)、地表与大气间的物质交换过程(包括 C、N 等通量的循环)等。最初的陆面过程研究主要关注地表-大气相互作用的物理过程。由于多圈层的客观存在和全球变化研究的不断深入，陆面过程研究的内容已从初期的物理过程研究延伸并拓展到生物圈生物化学过程的研究，形成了对整个陆地物理、生物、化学循环的研究分支，已成为全球气候变化及全球变化研究的迫切需要。

　　陆地表面的覆盖状况一般可分为裸地、冰雪覆盖和植被冠层等几部分。目前，对于稠密、均匀的植被有一些较好的参数化，对于稀疏(广义的稀疏植被，包括沙漠、戈壁、草原等)、非均匀的植被则没有很好的解决方法，而且这种植被往往与十分重要的干旱、半干旱区(我国大约有 30%～40% 的国土面积处于干旱、半干旱区)的下垫面物理过程相联系，虽然土壤过程相对于植被过程相对简单，但是土壤质地分类也有数十类，其物理、生化性质也各不相同,进行定量化处理也很复杂。对土壤来说(图1.3),其属性包括质地、结构特征(如孔隙度、颗粒大小)、物理特性(如热力学性质、水力学特性)与光学特性(如反照率)。关于土壤的水力学、热学及光学性质的研究是目前陆面过程中研究的难点,至今没有很好的理论来解决,仍完全依赖于经验测定。

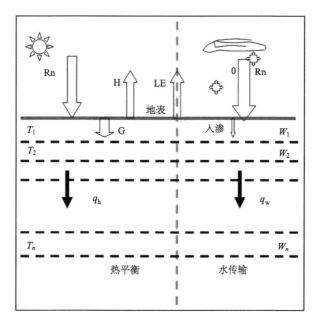

图1.3 土壤物理过程(孙菽芬,2005)

土壤过程和大气过程之间是相互作用、相互反馈的。首先,土壤的比热容较空气比热容大,土壤的热状况及其变化将对大气的陆面下边界条件起着重要的作用;其次,土壤湿度会改变地表的蒸发,从而影响地气间的水分交换以及大气中的潜热释放。这些过程同大气运动相互作用,对气候变化产生了一定的影响。研究表明,土壤的温度变化直接影响地气间的感热通量变换,而土壤湿度变化除了会直接影响地气间的潜热通量外,还对辐射、感热通量和大气的稳定度造成影响。土壤湿度偏高,土壤表面反射率较小,导致地表吸收的太阳辐射增大,会使地表温度增高,发射的长波辐射也增加;同样,比较干的土壤其反射率较大,导致地表吸收的太阳辐射减少。这样,地表失去的热量比较多,地表温度降低。在裸土下垫面的陆气相互作用过程中,这种作用更加显著。

1.2 陆气相互作用研究的内容及特色

陆地表面存在不同时空尺度的非均匀性,这种地表非均匀性必将影响到局地大气环流及能量和物质的传输。

1.2.1 　非均匀地表特性分类

非均匀下垫面边界层过程按地表特性，可分为三类：①地表粗糙度的改变，包括由粗糙地表到光滑地表或由光滑地表到粗糙地表的改变；②地表通量的改变，含感热通量和潜热通量等的变化；③辐射收支的改变，指云和建筑物状况的改变等。地表的改变包括不同下垫面覆盖类型的改变以及海陆、城市、农林、湖泊、沼泽、河流、沙漠和绿洲的变化等。

1.2.2 　干旱区陆气相互作用研究特色

我国西北地区地形分布极不均匀，是水资源变化和气候变化的敏感区与脆弱地区。由于海拔高度起伏造就了以水为主线的上游山区冰雪、冻土-中游森林、绿洲-下游戈壁荒漠的多个自然景观带共存的内陆河流域，是开展陆-气相互作用研究的理想场所。在大气与陆地下垫面的交界面上，由于大气环流的驱动及太阳辐射强迫，界面的上下两侧不断发生着动量、能量和物质的交换过程。

干旱半干旱地区由于绿洲与戈壁、沙漠下垫面土壤、植被分布特征的不同，导致了陆面过程中地表热量、动量及能量收支平衡的差异，并在地气相互作用下形成了一种特有的区域气候特征。例如，"绿洲效应"既是一种区域气候特征，也是一种区域环境生态特征，它在绿洲系统自我维持过程中发挥着比较重要的作用。

绿洲是与荒漠相伴生的一种景观类型，它随荒漠大致呈条带状集中分布于地球的南北回归线上，这一地区处于副热带高压控制区内，下沉气团因绝热增温而变干，降雨稀少，故而发育了热带-亚热带绿洲类型；另外，在亚洲和北美洲内陆 30°～50°N 范围内，或因海岸山丘背风坡的雨影效应，或因远离海洋而发育了大面积的内陆沙漠，同时也伴生了另一种绿洲类型，即温带绿洲。我国绿洲集中分布于贺兰山-乌鞘岭一线以西的干旱区，向西可与中亚地区的绿洲连成一片，同属温带绿洲类型。由于在绿洲分布的干旱区地域之内潜藏了许多还未为世人所认识的自然之谜及大量的后备自然资源，因而在工业化社会日益发展的今天，伴随着自然资源稀缺程度的加深，国内外学者都对干旱区自然资源、环境及开发利用进行了大量研究，并正吸引着更多的研究者来关注这一领域。绿洲虽是干旱区内众多景观中的一类，却是干旱区内最为精华的部分。

干旱区荒漠、戈壁下垫面有许多不同于其他下垫面的特点。例如，地表反照率高(极端干旱区日平均 0.255 左右)、蒸发量小，地表能量输送以感热为主，波文比日变化大(100以上的量级)，大气层结明显，太阳辐射的日变化特征显著，陆面通过对太阳辐射的响应对大气的加热作用很突出等。这些特殊性使干旱区陆气相互作用具有以下四点特色。

第一，陆气相互作用的多层次性。这种多层次性来源于下垫面分布的不均匀，包括地形高低起伏和下垫面覆盖物不均一造成的非均匀性两种。荒漠戈壁下垫面经常存在大规模的沙丘延绵，地形的起伏使得太阳辐射在沙丘向阳面和背阴面上产生差异，净太阳辐射在地表和大气之间能量的分配也相应有所不同；同时，零星点缀在沙漠上的沙区植被、人工绿洲、农牧交错带及季节性积雪冻土的存在，使陆气相互作用的研究不再仅限于某种特定的陆面，也要同时考虑不同下垫面之间的相互作用和影响，如沙漠-绿洲系统激发的次级环流，这种研究已经成为了干旱区区域气候、生态水文学研究的一个分支。

第二，干旱地区土壤水热交换过程与其他下垫面有不同的特点。研究表明，干燥条件下土壤中水蒸气运动对水分循环的贡献比液态水运动有更重要的作用，因此在干旱区的陆面过程研究中必须考虑气态水对土壤中水热输送的重要作用。

第三，干旱半干旱地区植被退化带经常会出现大片的稀疏植被，这种植被与稠密植被的地气交换过程有很大差别，经常会出现所谓的"逆梯度输运"，这使得现有模式中模拟水热交换所基于的 K 理论会有偏差，这也是在陆面过程参数化研究中不得不考虑的一个问题。

第四，干旱半干旱区在晴天状况下大气透明度高，地表吸收的太阳辐射较多，但由于气候干旱及沙漠化，干旱地区土质疏松，在春夏季对流旺盛的天气状况下很容易引起沙尘暴。沙尘气溶胶的直接和间接辐射效应使得太阳辐射在地表的吸收和能量在感热、潜热及地热流量的分配上都产生了变化，对干旱区主要天气过程和短期气候造成了很大影响，因此对沙尘气溶胶有关辐射效应和能见度方面的特殊处理也是干旱区陆面过程模式发展的重点之一。

总之，以上特有的物理状况直接影响到近地面层与大气之间的物质、能量交换，进而影响到大气边界层结构、局地生态环境和大气环流。因此，加强干旱半干旱地区陆气相互作用的机制与机理研究，对于改善气候模拟预测效果、保护生态环境、减缓和防止干旱区绿洲气候演变对人类的影响，有着极其深远的意义。

1.3　沙漠绿洲陆面过程的研究现状

陆面过程研究始于 20 世纪 60 年代，主要以 GCM 敏感性实验为标志。伴随着陆面过程研究的深入，其现场观测试验研究也逐渐得到重视和发展。陆面过程模式的发展寄希望于发展完善的陆面过程参数化方案。国际上曾开展过超过 50 多个陆面过程试验，其中有代表性的是第一次国际卫星陆面气候学计划试验(FIFE)、亚马孙流域大尺度生物圈-大气圈试验(LBA)、水文大气先行试验(HAPEX/MOBILMY)、欧洲沙漠化地区陆面研究计划(EFEDA)、北方生态系统-大气研究(BOKEAS)、北半球气候变化过程陆面试验(NOPEX)、黑河地区地气相互作用野外观测试验研究(HEIFE)、第二次青藏高原科学试验(TIPEX)等计划，我国在同期也相继开展了以 HEIFE 和 TIPEX 等为代表的多个试验研究。试验项目的实施把气候的基础理论研究提高到一个新的层次，大气科学的研究也转向从大气圈、水圈、生物圈、冰雪圈和岩石圈的相互作用来理解全球气候的变化。

沙漠绿洲陆面过程的研究，主要包括理论研究、野外观测试验和数值模拟。在理论研究的基础上，通过局地的土壤-植被-大气相互作用的野外综合观测，借助卫星遥感资料和数值模式由点及面地分析，以便不断完善陆面过程特征及其参数化，最终目的就是发展陆气耦合模式，并利用它开展气候模拟和预测应用。

1.3.1　理论研究现状

自黑河试验(HEIFE)伊始，使用理论方法研究绿洲系统能量水分循环特征得到了长足的发展。胡隐樵(1991)、张强等(2003)参照前人的研究，以热力学第二定律为基础，以非线性热力学方法分析了开放热力系统的熵变过程，给出了开放热力系统发展方向的热力学判据。

在此基础上，把绿洲系统近似看成一个自然界处于定态的开放热力学系统，并给出该系统与外界之间能量流和物质流过程所引起总体熵流的熵变方程，即绿洲系统的总熵流引起的熵变为

$$\frac{d_e S}{dt} = \frac{d_{ee} S}{dt} + \frac{d_{em} S}{dt} = \frac{1}{T}\left(\int_A R_e dA + \int_A R_m dA\right) \approx \frac{1}{T}\left\{\pi R_n R^2 + \rho u h C_p\left[\left(\kappa^2 \pi / \ln(h/z_0)\right)\right.\right.$$
$$\left.\left. f(\alpha T/h, u)\alpha T + 2\delta T\right)R + 2\kappa^2 \pi h u / \ln(h/z_0) f(\alpha T/h, u)\delta T\right] - \lambda\left(\pi R^2 F_w + w_{run}\right)\right\} \tag{1.1}$$

式中，S 为状态函数熵；d 为总的变化；d_e 为外界与热力学系统之间物质和能量交换引起的熵变，也简称熵流项，对孤立系统而言该项为零。d_{ee} 为外界与热力学系统之间能量交换引起的熵变；d_{em} 为外界与热力学系统之间物质交换引起的熵变；A 为热力学系统的闭合界面，是截面 dA 的法向矢量（指向系统外）；R_e 和 R_m 分别为与曲面 dA 相垂直进入热力系统的能量通量和物质通量携带的能量流分量。其中，R_e 主要包括辐射通量、各种扩散通量，R_m 主要包括物质流的温度改变和相变造成的能量输送；R 为绿洲半径；h 为绿洲大气内边界层厚度；u 为平均水平风速；ρ 为大气密度；λ 为水的蒸发潜热 C_p；为大气定压比热容；R_n 为绿洲系统净辐射通量；κ 为 Karman 常数，取 0.4；z_0 为地面动量粗糙度；αT 为绿洲内边界层大气与其上层大气的温差；f 为大气温度层结影响函数；δT 为荒漠环境大气与绿洲大气的温差；F_w 为获得的地下水；w_{run} 为进入绿洲的径流量。

式 (1.1) 右端花括号内的第一项是太阳辐射对绿洲系统的作用，一般情况下全天积分永远为正值，所以它是反抗负熵流产生的因素；第二项是水平湍流扩散输送和平流输送的感热对熵流的贡献，它也总是正值；第三项是流进绿洲系统的水分对系统熵流的贡献，它总是负值。如果绿洲系要维持稳定而不趋向退化，必须使熵流引起的熵变项为负，即

$$\frac{d_e S}{dt} = \frac{1}{T}\left\{\pi R_n R^2 + \rho u h C_p\left[\left(\kappa^2 \pi / \ln(h/z_0) f(\alpha T/h, u)\alpha T + 2\delta T\right)R\right.\right.$$
$$\left.\left. + 2\kappa^2 \pi h^2 u / \ln(h/z_0) f(\alpha T/h, u)\delta T\right] - \lambda\left(\pi R^2 F_w + w_{run}\right)\right\} \tag{1.2}$$

由式 (1.2) 可见，从宏观上讲，太阳辐射以及湍流扩散输送和平流输送都是对绿洲维持的不利因素，而流入水分的蒸发则是绿洲维持的基础。对一些物理因子而言，很显然，风速越大越不利于绿洲系统维持，内边界层越高也给绿洲系统的维持造成困难；绿洲系统与周围环境温度的差异越大对绿洲维持也是负面影响；大气温度层结影响函数越小即逆温或"冷岛效应"越强，越有利于绿洲的维持；径流水的注入、对地下水的吸收和接受的天然降水都对绿洲维持有积极贡献。

绿洲尺度即绿洲半径对维持绿洲系统所起的作用比较复杂，并不能从式 (1.1) 直接看出，为此对式 (1.2) 进行变形有

$$\frac{d_e S}{dt} = \frac{1}{T}\left[aR^2 + bR + c\right] < 0 \tag{1.3}$$

式中，a，b，c 为

$$a = \pi(R_n - \lambda F_w)$$
$$b = \rho u h C_p [\kappa^2 \pi / \ln(h/z_0) \alpha T + 2\delta T]$$
$$c = -\lambda F_{run} + 2\rho C_p \kappa^2 \pi h^2 u / \ln(h/z_0) \delta T$$

因为 a 总是大于零，所以解不等式 (1.3) 有：

$$\frac{-b - \sqrt{b^2 - 4ac}}{2a} < R < \frac{-b + \sqrt{b^2 - 4ac}}{2a} \tag{1.4}$$

因此，从理论上讲绿洲维持需要一个适中的尺度 R，尺度过大或过小都不利于绿洲的维持。

吕世华（2004）从绿洲和沙漠地面能量平衡方程和水分平衡方程出发，得到了绿洲稳定度和绿洲环流的表达式。分析表明，绿洲地表温度低于沙漠的最主要原因是绿洲地表存在明显的蒸发。绿洲上大气稳定度的增加对于维持绿洲是一个重要的自我保护机制。从动力学角度来看，绿洲区明显的下沉（上升）运动将使大气稳定（不稳定）。反照率效应将减弱绿洲风环流，相反，蒸发效应会驱动它。绿洲中过多的蒸发使绿洲地表温度低于周围沙漠。这种温度差异使绿洲风环流产生，并且使绿洲区产生下沉运动、沙漠区产生上升运动。通过对非均匀下垫面近地层大气水汽输送机制研究：发现西北干旱区临近绿洲的荒漠戈壁大气有湿度和负水汽输送特征；特别发现大气逆湿和负水汽通量的出现是不一致的，说明近地面层水汽输送表现出了负梯度输送的特征。这部分研究对复杂下垫面大气边界层的输送机制有重要意义。

$$\frac{dV}{dt} + kV = A_3 M_o (1 - M_o) \left[-\frac{Q_a^*}{1 + A_1 C_H V}(\alpha_D - \alpha_o) + \frac{A_2 C_H V}{1 + A_1 C_H V}(q_o - q_a) \right] \tag{1.5}$$

式中，V 为平均风速；k 为 Karman 常数，取 0.4；A_1 和 A_2 分别为感热和潜热通量对长波辐射的耦合系数；M_o 为绿洲覆盖比率；Q_a^* 为太阳辐射对长波辐射的耦合系数；$C_H \approx 0.0033$；α_D 为沙漠地区反照率；α_o 为绿洲地表反照率；q_o 为绿洲地表比湿；q_a 为空气比湿。式 (1.5) 是绿洲风的一个表达式。从式 (1.5) 中可发现，反照率效应将减弱绿洲风环流，相反，蒸发效应会驱动它。由于绿洲的反照率小于沙漠，这种情况将对绿洲风有减弱，但较强的蒸发可以驱动绿洲风。

1.3.2 野外观测试验研究现状

当前的陆气相互作用观测试验，针对地表的非均匀性，多采用"多尺度嵌套"（multiscale nested）的试验，如 HAPEX（Andre et al.,1986）、FIFE（Hall and Sellers,1995）、BOREAS（Sellers et al.,1997）、NOPEX（Halldin et al.,1998）等对不同的尺度特征进行观测，观测手段也多样化，在区域尺度上多采用超声阵列观测、大孔径闪烁仪（LAS）、雷达观测（Radar、Lidar）、飞机观测、卫星遥感等方法。

1. 国外观测试验研究现状

目前，国际上对干旱半干旱区生态环境的研究越来越重视，在沙漠地区进行了一系列的野外观测试验。例如，1991~1995 年欧共体在西班牙中部开展的以研究沙区植被退化和发展，使用遥感方法进行陆面过程定量化研究为目的的"EFEDA"(Jochum et al., 2006)和 1992 年在非洲尼日尔开展的"HAPEX-SAHEL"(Leblanc et al.,2008)，这些实验都直接关注着干旱半干旱地区水、热交换过程的特点，对干旱区沙漠下垫面陆面过程的发展起了极大的推动作用，遗憾的是这些项目没有涉及绿洲下垫面。

美国和澳大利亚开展了较多的沙漠环境方面的研究，荒漠地带的卫星图片、地图、水资源及气候统计数据都很完备，但这些国家土地面积辽阔，人口压力很小，较少涉及荒漠中绿洲的研究。与我国西北干旱区气候环境相近的以色列，近年来才开展了一些关于绿洲小气候效应的研究(Potchter et al.,2008；Saaroni et al.,2004)。尽管国外开展的绿洲小气候效应研究较少，但与绿洲小气候效应相似的农田灌溉效应则得到了较广泛的研究。

2. 国内观测试验研究现状

近 20 多年来，国内针对陆气相互作用和大气边界层研究，也开展了一系列的试验，包括 1979 年第二次青藏考察试验。苏从先等(1987)通过对微气象塔数据的分析，发现由于绿洲与戈壁、沙漠下垫面土壤、植被分布特征的不同，导致了动力、热力及能量收支平衡的差异，而形成了一种特有的区域气候特征，提出了绿洲的"冷岛效应"，并指出，绿洲戈壁之间的局地环流和平流使戈壁沙漠上空的热空气输送到绿洲上空，形成绿洲上空的所谓"映像热中心"。1989~1992 年中日合作"黑河地区地气相互作用野外观测试验研究(HEIFE)"(胡隐樵等,1994；王介民, 1999)、1998 年青藏高原试验(TIPEX、GAME-TIBET)(陈联寿和徐祥德, 1998；王介民和邱华盛, 2000)、内蒙古草原试验(IMGRASS)(吕达仁等, 2002)、淮河试验(HUBEX)(周小刚和罗云峰, 2004)、西北干旱区陆-气相互作用试验(NWC-ALIEX)(张强等, 2005)，以及国家"十五"计划期间启动的针对非均匀下垫面开展的三次野外试验(白洋淀试验、金塔绿洲试验、南京城市边界层试验)，并且建立了多个长期综合观测站(刘辉志等,2004)。其中，黑河试验(HEIFE)是继 HAPEX/ MOBILHY 和 FIFE 之后的国际第三个大型陆面过程试验研究项目，同时被列为 IGBP 的组成部分(表 1.1)。

张强等(1992)分析了绿洲内农田的微气象特征，用一个二维中尺度土壤-植被-大气连续体数值模式(陆气耦合模式)系统模拟了绿洲与荒漠相互作用下的陆面特征和地表能量输送特征(张强和赵鸣, 1998)。阎宇平(1999, 2001)利用 RAMS 模式模拟了黑河地区非均匀下垫面上的水汽和能量交换及大气边界层过程，再现了由于非均匀地表热力差异所引起的山谷风及沙漠-绿洲环流、夏季的"绿洲效应"和沙漠戈壁上的"逆湿"现象。阎宇平(2001)利用 RAMS 模拟研究了黑河试验区非均匀地表能量通量，模拟结果表明：绿洲地表净辐射通量较沙漠戈壁大，绿洲及沙漠戈壁下垫面上的 Bowen 比分别为 0.4 和 4.0。王澄海和董文杰(2002)运用 NCAR-LSM(land surface model)模式对典型干旱区-沙漠站进行了独立试验表明，在不同的季节，典型干旱地区的感热和潜热有着不同的特征。

表 1.1　不同下垫面地表参数一览表

试验名称	下垫面	CD/10^{-3}	CH/10^{-3}	地表反照率	粗糙度/10^{-3}m
HEIFE	沙漠	1.6(中性)	1.6(中性)	0.25~0.26	4.5
	戈壁	2.2(中性)	2.2(中性)	0.25~0.26	1.2
	绿洲			0.15	
	草甸 (那曲)	3.12~2.23(稳定) 3.60~2.36(不稳定)	3.12~2.23(稳定) 3.60~2.36(不稳定)		2.78 (春季),3.21 (夏季) 3.31 (秋季),2.58 (冬季)
	稀疏草地 (改则)	1.05(稳定),3.0(不稳定) 2.31(中性),2.32(平均)	1.59(稳定),4.0(不稳定) 2.15(中性),3.01(平均)	0.31	2.6 (夏季)
TIPEX GAME - Tibet DLSPFE	当雄	1.8(中性)	1.5(中性)		2.2 (夏季)
	昌都	4.4(中性)	4.7(中性)		1.4 (夏季)
	狮泉河	3.9(稳定),5.03(不稳定), 4.65(中性)	5.15(稳定),6.88(不稳定) 6.27(中性)		
	拉萨	4.43(平均)	5.90(平均)		3.02 (春季),7.11 (夏季) 4.67 (秋季),1.10 (冬季)
	日喀则	3.53(平均)	4.67(平均)		2.22 (春季),4.23 (夏季) 2.44 (秋季),2.00 (冬季)
	林芝	4.07(平均)	5.51(平均)		1.80 (春季),2.57 (夏季) 1.69 (秋季),1.12 (冬季)
	戈壁	2.50±1.87	2.23±1.12	0.255	1.9 ±0.71

CD：动量总体输送系数；CH：感热总量输送系数

　　我国 2000 年在甘肃敦煌荒漠戈壁开展了"我国西北干旱区陆气相互作用野外观测试验"(张强等,2005),该试验确定了干旱区荒漠戈壁和绿洲下垫面陆-气交换能力的总体输送系数,给出了干旱区荒漠戈壁有代表性的陆-气相互作用重要参数,如地表反照率、动量输送系数、感热输送系数、地表粗糙度等;探讨了绿洲与临近荒漠地区大气水分循环的过程和机理,较全面地揭示了非均匀地表大气边界层风场、温度场、湿度场与陆面相互作用的物理机理。

　　吕世华和陈玉春(1995,1999)、吕世华等(2005)采用 NCAR 纬向两维数值模式和 BATS 陆面过程方案耦合和 MM5V3 模式,模拟研究绿洲和沙漠下垫面状态对大气边界层特征的影响,发现绿洲的冷湿气流可以输送到绿洲边缘的沙漠,形成不稳定,增加降水;同时还模拟研究了西北绿洲扩展的气候效应;模拟证实了绿洲有"冷湿气候效应",沙漠有"暖干气候效应",还给出了绿洲的自保护机制。金塔试验(JTEX)是 2003~2008 年在甘肃金塔绿洲启动的"绿洲能量水分循环观测试验和数值研究"。高艳红和吕世华(2001)、高艳红等(2003)模拟研究了不同绿洲分布和绿洲灌溉对绿洲小气候特征的影响。左洪超等(2004)利用黑河试验(HEIFE)绿洲和戈壁的观测资料进一步证实了绿洲"冷岛效应",绿洲在白天与环境相比相当于一个冷源,周围戈壁或沙漠处于超绝热不稳定层结时,绿洲上空处于逆温的稳定层结。陈世强等(2005)指出沙漠绿洲的温度效应可以激发绿洲和沙漠间的次级环流;奥银焕等(2005)分析了绿洲边缘的冷湿舌现象及边界层特征;韦志刚等(2005)分析了夏季夜间和中午风速及风向、温度、湿度的垂直结构;Chu 等(2005)证实了绿洲上空次级环流的自我维持机制,次级环流减少了绿洲和沙漠之间的水分和能量交换。文莉娟等(2005,2006)给出了绿洲冷岛效应的三维结构特征并探讨了不同环境风场对绿洲效应的影响、分析了夏季晴天金塔绿洲不同土壤湿度条件下的辐射收支特征;陈世强等(2006)数值模拟了几个具有代表性的绿洲环流形态、将金塔绿洲不同下垫面辐射特征进行了对比、分析了金塔地区大气温度场结构。Meng 等(2009)利用中尺度模式 MM5 结合卫星反演资料研究了金塔绿洲地表土壤湿度、植被覆盖度和下垫面地表通量,结果表明:卫星反演的下垫面土地利用类型和植被覆盖度加入 MM5 模式后,能改善非均匀下垫面上潜热、感热和空气温湿度变化特征。

　　以上这些观测试验及其研究结果,为西北绿洲的维持和发展提供了有力的科学依据,加深了对中国西北干旱半干旱地区陆面过程和地-气相互作用方面的认识,也有效地改进了数值模式中对干旱半干旱地区陆面过程的描述。但是,由于观测区内布置的测点比较稀疏,因而对非均匀下垫面条件下大气边界层的研究,还需要利用观测与数值模拟相结合的手段。

　　目前,中国西北区涉及绿洲系统能量水分循环研究的大型野外观测试验主要有 4 个,即"黑河试验"(HEIFE)、"敦煌试验"(NWC-ALIEX)、"金塔试验"(JTEXs)和"巴丹吉林试验"(BDEXs)。

1)黑河试验

　　黑河试验(HEIFE),即 1987~1992 年黑河地区地气相互作用观测试验研究,是继 1985~1989 年水文大气先行性试验(HAPEX)、1987~1994 年国际卫星陆面过程气候计划野外试验(FIFE)之后的国际第三个大型陆面过程试验研究项目,同时被列为 IGBP 的组成部分。试验区域位于甘肃省河西走廊黑河流域中段一个 70km×90km 范围内,下垫面主要包括沙漠、戈壁和绿洲,旨在研究干旱气候形成和变化的陆面物理过程,为气候模式的中纬度干旱半干旱地带水分和能量收支的参数化方案提供观测依据,同时研究本地区作物需水规律和节水灌溉技术,为河西农业发展提供节水和合理用水方案。在不同下垫面上,设置了 5 个包括大气、植被和土壤的多学科综合观测站,5 个自动气象站,以及加密的水文站(雨量、地下水位等)。在野外观测期(1990~1992 年),收集到的资料包括加强观测期资料(湍流、系留气球、声雷达、激光雷达、土壤含水量等)、特殊观测期资料 (生物气象观测、干旱地区降水机制观测 、湍流对比观测和远离绿洲的沙漠补充观测等)及 NOAA/ AVHRR、LANDSAT TM 和 ERSATSR 等试验期的大量卫星遥感资料。

　　黑河试验作为影响深远的大型陆面过程试验在我国河西绿洲开展期间获取了大量的野外观测数据,并在此基础上取得了丰硕的研究成果。主要有:①揭示了部分干旱地区的陆面过程特征。通过地面观测和卫星资料反演获得夏季沙漠和戈壁的地表反照率约为 0.25~0.26,绿洲约为 0.15,与湿润地区相当;证实沙漠和戈壁由于绿洲水汽平流作用存在逆湿即水汽向下输送的负水汽通量;观测得到沙漠和戈壁的蒸发量极其微小,热量平衡中的潜热几乎可忽略不计,净辐射主要同感热和地热流量平衡;冬季因绿洲植被枯萎,绿洲同沙漠地表形状差异减小，故无论是辐射平衡还是热量平衡的差异也相应减小。②观测到了绿洲与沙漠环境相互作用的较为完整的图像。这方面最具代表性的是发现了绿洲和沙漠中湖泊的冷岛效应，证实绿洲内存在逆位温，临近绿洲的沙漠戈壁存在逆湿。③通过数值模拟的方法验证和完善了部分观测分析结果(胡隐樵等,1994,王介民,1999)。

2) 敦煌试验

敦煌试验(NWC-ALIEX)，2000～2003 年在跨甘肃和青海两省的广大干旱和高寒地区设置了"我国西北干旱区陆气相互作用野外观测试验(NWC-ALIEX)(张强等,2005)"，观测站分别设在敦煌双墩子戈壁区试验中心站(2000 年至今)、临泽巴丹吉林沙漠区和青藏高原五道梁。其中，在敦煌绿洲有 PAM 站(2000～2003 年)、在绿洲和戈壁交界处设有自动气象观测站(2000～2003 年)。除常规观测外，分别于 2000 年 5 月 25 日至 6 月 17 日、2002 年 8 月 9 日至 9 月 10 日、2008 年 8 月 11～28 日、2009 年 7 月 15 日至 9 月 20 日共进行了 4 次加强观测。

常规观测项目有：风，近地面风场、温度、湿度梯度观测，地表温度、土壤温度和湿度观测，土壤热通量、多个辐射量等。加强观测项目除常规观测外，还增加了超声风场、温度、湿度观测，高空探空、系留气球近地层观测。

敦煌试验(NWC-ALIEX)获得了大量有关我国西北典型干旱区陆面过程和陆-气相互作用的观测数据，取得了许多创新的科学研究成果。主要有：①确定了描述干旱区荒漠戈壁和绿洲下垫面陆-气交换能力的总体输送系数。给出了干旱区荒漠戈壁有代表性的陆-气相互作用重要参数，如地表反照率、动量输送系数、感热输送系数、地表粗糙度等。使用陆面过程模式对这些参数进行检验，改善了典型干旱区陆面过程模拟的效果。②揭示了沙尘暴发生时大气环流场、地面气象要素和地表能量平衡的变化规律。③探讨了绿洲与邻近荒漠地区的大气水分循环的过程和机理，较全面的揭示了非均匀地表大气边界层风场、温度场、湿度场与陆面相互作用的物理机理，验证了野外试验结果。④提出了干旱半干旱地区能量和水分循环的卫星遥感参数化方案，得到了该地区区域地表参数及热量和水分通量的分布特征。⑤比较了干旱半干旱区和高原地区陆-气相互作用的异同。

3) 金塔试验

黑河试验和敦煌试验主要是针对陆面过程的野外观测试验研究，试验区选择在绿洲及其周围的荒漠、戈壁上，而金塔试验(JTEXs)则是针对绿洲系统的特点专门设计的对绿洲与荒漠之间、绿洲与上游山区产水区之间、绿洲下垫面与大气之间以及绿洲影响的内边界层大气与上层大气之间等 4 个关键界面上的能量和水分交换研究的野外试验。

金塔试验(JTEXs)具有方案设计系统性强，观测仪器门类齐全，观测精度高，持续观测时间长。同时结合大气、生态和其他相关学科的同步野外试验和卫星遥感结果，根据多尺度全方位观测，建立了大气-生态-水文系统综合数据库。通过资料分析、理论研究和数值模拟相结合，以绿洲系统土壤、植被和大气，以及绿洲系统与周围荒漠环境、上游山区产水系统和上层大气之间水热循环的相互作用过程为核心，从大气圈、生物圈和土壤圈的相互联系角度，揭示绿洲系统的形成、维持和演变规律，探讨干旱区绿洲的发展、退化机理以及利用小气候资源开发绿洲和发展绿洲的科学途径，取得了系列创新研究成果。主要有：①首次利用非平衡态非线性热力学稳定性理论分析绿洲系统的稳定性，揭示了绿洲系统自组织现象和自维持机制。加深了人们对"良性绿洲"、"退化绿洲"、"低效绿洲"形成、发展和衰退规律的理解，进一步提出了绿洲系统生态环境建设和经济可持续发展的对策；②首次利用非平衡态线性热力学研究大气边界层湍流输送过程，发现垂直速度对能量和物质垂直湍流输送的交叉耦合效应，突破了经典大气边界层物理湍流输送理论的观念，为克服经典大气边界层物理在非均匀下垫面边界层湍流输送困难问题提供了新线索，也为非均匀下垫面陆面过程参数化遭遇的困难提供了新路径；③通过稀疏植被对气候和环境的敏感性研究，为人们理解植被对大气过程的影响，为气候变化陆面过程中植被过程参数化提供了观测依据，也为今后稀疏植被下垫面与大气相互作用的研究提供了一个较好的接口；④基于多次沙漠绿洲观测试验资料，分析沙漠绿洲能量水分循环特征；详细探讨了西北干旱区非均匀下垫面不同模型参数化的改进及应用；⑤应用 MM5、WRF、RAMS 等模式，模拟揭示了沙漠绿洲小气候效应；⑥特别是利用 MODIS 等遥感资料，定量反演西北干旱区沙漠绿洲典型下垫面不同陆面过程参数，利用观测资料及数值模式模拟方法，探讨西北干旱区绿洲、沙漠边界层结构；⑦基于 3D-Var 方法，同化西北干旱区沙漠绿洲观测试验资料及遥感资料，构建了沙漠绿洲高时空分辨率同化数据集；⑧模拟研究了绿洲开发保护的科学方法，为绿洲保护提供科学依据。

　　4) 巴丹吉林试验

　　同一般下垫面相比，沙漠具有独特的地表特征和边界层结构，其反照率、土壤热容量、地表辐射收支与水热交换特征也与其他地区有很大不同，且对局地气候有很大影响。近年来，国内科研工作者在巴丹吉林开展的观测研究，重点是巴丹吉林沙漠内沙丘产生的动力学原因，沙漠湖泊的变化规律以及沙漠表层水文学研究。2009 年 7~9 月及 2012 年 7 月，根据国家重点基础研究发展计划（"973"计划）"全球变暖背景下东亚能量和水分循环变异及其对我国极端气候的影响试验（巴丹吉林试验，BDEXs）"，在巴丹吉林沙漠腹地开展了一系列的野外观测试验。

　　巴丹吉林试验（BDEX）是较为系统、完整的地表能量平衡及大气边界层的观测研究，取得的创新性成果主要有：①利用夏季巴丹吉林沙漠试验观测的两组探空廓线，重点比较了有深厚中性层结覆盖的对流边界层与普通对流边界层在发展过程中的差别。首次发现了 5 个子层结构分布，即从下到上依次为近地层、混合层、逆温层、中性层、次逆温层。这种对流边界层的发展包含 3 个不同的阶段。②分析了沙漠边缘与沙漠腹地湖泊区的湍流变化特征。除了雨后时段外，沙漠边缘潜热很小，而湖区可达 600 W·m^{-2} 以上，感热则相反，且两地夜间都有明显的负感热。③分析了沙漠边缘和湖区不同下垫面条件下的陆气相互作用参数和地表能量平衡特征。典型晴天时，两地地表反照率均呈较规则的 U 形，中午沙漠反照率约为 0.26，湖区沙地为 0.22。④利用观测资料分析了湖区特殊的次级环流和小气候特征。

1.3.3　数值模拟和资料同化研究现状

　　研究大尺度和流域尺度的水分和能量循环，获取完备的地球表层系统的时空信息，都离不开模型模拟和观测这两种基本手段。它们有着各自的优势,模型模拟的优势在于依靠其内在物理过程和动力学机制,可以给出模拟对象在时间和空间上的连续演变;而观测的优势在于能得到所测量对象在观测时刻和所代表的空间上的"真值"(李新等,2007)。陆面过程模式是研究陆气相互作用的有力工具,它在全球气候模式和数值天气预报模式中的重要作用已被广泛地证实(Bonan,1995; Dickinson et al.,1991; Zeng et al., 2002)。

从 20 世纪初期英国科学家 L.F.理查逊首先进行了数值天气预报的尝试,到 20 世纪 50 年代研制出具有实用价值的数值天气预报模式后,大气数值模式在大气科学各个领域迅速发展,中尺度数值模式已成为中尺度气象的一个重要研究和应用手段,受到预测、航空航海、环保、军事等部门的重视,并开始获得巨大的经济效益和社会效益,为天气预报定量化和自动化提供了科学的、有效的和理想的方法(陈小菊,2007)。

大气边界层的模拟较为复杂,尤其复杂地形条件下的大气边界层特征一直是边界层气象学研究的热点和难点问题。边界层大气的复杂多变,使得高精度模拟成为边界层模式的重要发展方向。一些边界层专有的模拟技术如大涡模拟等都具有很高的分辨率,在小范围区域的模拟上都取得了较好的成果(Deardorf, 1972; Drobinski et al., 2007),但是在中尺度数值模式中情况则有所不同。现有的中尺度数值模式如 ARPS、MM5、WRF 等以研究较大范围,如水平范围在 $10^2 \sim 10^3 km$ 的天气变化为主(章国材,2004),但经过几十年的发展,已经能够对中小尺度区域和天气过程进行精细化高分辨率模拟。Pielke 等 (1989)分析了不同分辨率下数值模拟的风温场,并认为相较于温度,水平分辨率的提高对风的模拟影响更大;McQueen 等(1995)也认为,高分辨率带来的模拟误差要多于对模拟结果的改进,他们还进一步指出如果不能很好的解决局地强迫问题而单纯的提高分辨率并不能很好的模拟实际观测中发现的现象;Weisman 等(1997)通过对不同物理参数化下水平分辨率高低的模拟方案间的对比研究得出,4km 的水平分辨率足以模拟出诸如飑线之类的各种中尺度天气系统,并且在分辨率高于 20km 时,物理参数化对分辨率的改变更为敏感。所以高分辨率的数值模拟,是目前研究非均匀问题的重要手段,观测可给数值试验提供初始场,并且能检验数值模拟的输出结果,数值模拟能获得时间连续、空间分辨率较高的数据。

数据同化的方法是在考虑到了模型和观测各自优势的基础上被引入的。大气资料同化可以利用各种信息为天气和气候数值模式预报提供尽量准确的初值,获得给定时刻的大气或海洋"真实"状态的分析值(Talagrand, 1997),资料同化是数值模式能否比较准确的描述大气运动状态的关键技术之一。数据同化方法首先在大气和海洋科学中得到应用,主要是解决大尺度模型和观测的时空异质性等问题和精确度(Dobricic,2009; Ghil and Malanotterizzoli,1991; Hoteit and Firoozabadi,2008; Huang and Han, 2003)。它们的结合无疑能改进模型的模拟精度。在过去 20 年间,数据同化系统日趋成熟。目前,美国国家环境预测中心(NCEP)、欧洲中尺度天气预报中心(ECMWF)、中国气象局、日本气象厅(JMA)等部门都采用优化内插或三维变分方法等数据同化方法作为其业务运行系统。

张昕等(2002)指出,经过同化处理的最优分析场作为背景场的资料更接近于实际观测场,验证了 MM5 3D-Var 的可行性;邵明轩和刘还珠(2005)用自动站逐时降水资料加入四维变分同化试验证明，由于它的加入，增加了初始场中的中尺度信息，改进了中尺度数值模式 MM5 的预报，增强了模拟开始阶段的降水量，改进了降水量的落区预报，减弱了模式初期"spin-up"（模式达到平衡调整）的现象。20 世纪 90 年代末期陆面数据同化系统的研究也日益活跃起来(Entekhabi et al., 1994；Galantowicz et al., 1999；Hoeben and Troch, 2000；Houser et al., 1998；Shuttleworth, 1998；Walker et al., 2001)，陆面数据同化已显现出它不同于大气和海洋同化的特征，在理论和方法的探索、实用同化系统的建立等方面都取得了重要的进展(Margulis et al., 2006；Troch et al., 2003)。

国内外建立的几个大区域陆面数据同化系统，包括：北美陆面数据同化系统(North-American land data assimilation system,NLDAS)和全球陆面数据同化系统(global land data assimilation system,GLDAS)(Rodell et al., 2004；Zaitchik et al.,2010；Zhang et al., 2008)，强调利用陆面数据同化系统提供全球和区域性的陆面同化数据集；欧洲陆面数据同化系统(European land data assimilation system to predict floods and droughts, ELDAS)(Jacobs et al.,2008)，是设计和实现数值天气预报环境下的土壤水分数据同化系统，评价对于水文预报(洪水、季节性干旱)的改进效果；中国西部陆面数据同化系统(China land data assimilation system,CLDAS)(李新等, 2007)，目标是以 CoLM 模型作为模型算子，耦合针对土壤(包括融化和冻结)、积雪等不同地表状态的微波辐射传输模型，同化被动微波观测(SSM/I 和 AMSR-E)，使系统最终能够输出较高精度的土壤水分、土壤温度、积雪、冻土、感热、潜热、蒸散发等同化资料。

总之，随着模式分辨率的不断提高以及快速同化更新循环系统建立的需要，高时空分辨率的地面观测资料包括自动站资料在同化系统中的作用越来越重要。因此，将观测所取得地面观测气象要素有效的进入数值模式和同化系统，对改善数值结果，提高模式预报的准确率将是一项有意义的研究工作。

1.3.4　卫星遥感研究现状

随着遥感手段的不断发展和完善，使用卫星遥感研究绿洲系统能量水分分布特征已日趋成熟，在上述的"黑河试验""敦煌试验""金塔试验""巴丹吉林试验"中卫星遥感研究地表特征参数及能量平衡均得到了广泛的应用(Mitsuta, 1995；Wang, 1995；Ma et al., 1999，2002，2004；Ma, 2003；王介民和马耀明, 1995；马耀明等, 1997；文军, 1999；贾立和王介民, 1999；孟宪红等, 2005)。马耀明等(1997)利用陆地资源卫星 TM 资料发展了适合黑河区域的非均匀陆面上区域能量平衡研究的参数化方案，以两个景的 TM 资料为个例，结合"黑河试验"(HEIFE)期间的地面观测资料分析研究了试验区非均匀陆面上地表特征参数(地表反照率、标准化差值植被指数和地表温度)及能量平衡各分量(地表净辐射通量、土壤热通量、感热和潜热通量)的区域分布及季节差异，同时将所得的结果与地面观测的"真值"做了比较。结果表明：①由于黑河试验区下垫面状况十分复杂，戈壁、沙漠与绿洲交错分布，故在整个试验区内各地表特征参数及能量平衡各分量的分布范围也比较广；②地表特征参数及能量平衡各分量在试验区的绿洲、戈壁及沙漠上各有其特定的代表值；③地表能量平衡各分量的区域平均值在整个试验区内基本平衡；④夏季与近冬季的地表特征参数及能量平衡各分量的分布特征存在着显著差异。

贾立和王介民(1999)利用地面湍流观测资料估算了黑河试验区几个典型下垫面的局地地表动量粗糙度,与卫星观测 LandsatTM 资料相结合得到了由标准化差值植被指数(NDVI)计算地表动量粗糙度的经验关系式,进而估算了试验区夏季和近冬季的地表粗糙度的区域分布,并对所得关系式进行了合理性检验。文军(1999)对黑河试验期间收集的野外观测数据与 LandsatTM 资料相结合估算了试验区地表特征参数的区域分布,并着重讨论了大气校正方法。

另外,张远东等(2003)通过利用 1992~1996 年 NOAA/AVHRR 逐旬的归一化植被指数(NDVI)数据和阜康气候、水文资料,分别对绿洲和荒漠进行了 NDVI 与气候、水文因子间的相关分析认为:绿洲与荒漠 NDVI 具有不同的季节变化规律;与绿洲 NDVI 相关显著的因子依次为气温、地下水位和降水,灌溉是影响绿洲 NDVI 的重要因素;荒漠稀疏植被 NDVI 与绿洲气候、水文因子相关不显著且相关分析缺乏实际意义;在进行干旱区 NDVI 与气候等环境因子的相关分析时,必须严格控制时空尺度,将绿洲与荒漠分开考虑,绿洲 NDVI 的分析结果不适用于荒漠植被区。

1.4 小 结

(1)陆地和大气之间是相互作用、相互影响的,不仅陆面分布与地表过程对大气变化有着响应过程,而且陆面物理过程、地表特征分布对大气过程也有着重要影响。我国西北地区地形分布极不均匀,是水资源和气候变化的敏感区、生态脆弱地区。由于海拔高度起伏造就了以水为主线的上游山区冰雪、冻土-中游森林、绿洲-下游戈壁荒漠的多个自然景观带共存的内陆河流域,是研究非均匀下垫面陆面过程的理想场所。

(2)西北干旱区非均匀下垫面陆面过程具有四大特点:一是陆气相互作用的多层次性。这种多层次性来源于下垫面分布的不均匀,包括地形高低起伏和下垫面覆盖物不均一造成的非均匀性。二是干旱地区土壤水热交换过程与其他下垫面有不同特点。近年来的研究表明,干燥条件下土壤中水蒸气运动对水分循环的贡献比液态水运动有更重要的作用,因此在干旱区的陆面过程研究中必须考虑气态水对土壤中水热输送的重要作用。三是干旱、半干旱地区植被退化带经常会出现大片的稀疏植被,这种植被与稠密植被的地气交换过程有很大差别,经常会出现所谓的"逆梯度输运"。四是沙尘气溶胶的直接和间接辐射效应使得太阳辐射在地表的吸收和能量在感热、潜热和地热流量的分配上都产生了变化,对干旱区主要天气过程和短期气候造成了很大影响。

(3)陆面过程研究主要包括理论依据、野外观测试验和数值模拟。在理论研究的基础上,通过局地的土壤-植被-大气相互作用的综合观测,借助卫星遥感资料和数值模式由点及面地分析,完善陆面过程特征及其参数化,最终目的就是发展陆-气耦合模式,并利用它开展气候模拟和预测。目前,西北区涉及绿洲系统能量水分循环研究的大型野外观测试验主要有 4 个,即"黑河试验"(HEIFE)、"敦煌试验"(NWC-ALIEX)、"金塔试验"(JTEXs)和"巴丹吉林试验"(BDEXs)。

参 考 文 献

奥银焕, 吕世华, 陈世强, 等. 2005. 夏季金塔绿洲及邻近戈壁的冷湿舌及边界层特征分析. 高原气象, 24(4): 503-508.

鲍艳, 左洪超, 吕世华, 等. 2004. 陆面过程参数改进对气候模拟效果的影响. 高原气象, 23(2): 220-227.

布和朝鲁, 纪立人. 2002. 夏季我国干旱、半干旱区陆面过程能量平衡及其局地大气环流. 气候与环境, 7(1): 61-73.

曹晓彦, 张强. 2003. 西北干旱区荒漠戈壁陆面过程的数值模拟. 气象学报, 61(2): 119-225.

陈联寿, 徐祥德. 1998. 1998 年青藏高原第二次大气科学试验 (TIPEX)陆气过程、边界层观测预研究进展. 中国气象科学研究院年报, (00): 20-21.

陈世强, 吕世华, 奥银焕, 等. 2005. 夏季金塔绿洲与沙漠次级环流近地层风场的初步分析. 高原气象, 24(4): 534-539.

陈世强, 吕世华, 奥银焕, 等. 2006. 夏季晴空金塔绿洲温度场的初步分析. 中国沙漠, 26(5): 767-772.

陈小菊. 2007. 地面资料质量控制技术与资料同化. 南京信息工程大学硕士学位论文.

陈宜瑜. 2004. 对开展全球变化区域适应研究的几点看法. 地球科学进展, 19(4): 495-499.

成天涛, 沈至宝. 2002. 中国西北大气沙尘的辐射强迫. 高原气象, 21(5): 473-478.

丁一汇, 李巧萍, 董文杰, 等. 2006. 植被变化对中国区域气候影响的数值模拟研究. 气象学报, 63(5): 613-621.

范广洲, 吕世华, 罗四维, 等. 1998. 西北地区绿化对该区及东亚、南亚区域气候影响的数值模拟. 高原气象, 17(3): 300-309.

范广洲, 李洪权, 陈芳丽, 等. 2004. 西北干旱环境对全球气候变化可能影响的数值模拟. 高原气象, 23(1): 89-96.

高艳红, 吕世华. 2001. 不同绿洲分布对局地气候影响的数值模拟. 中国沙漠, 21(2): 108-115.

高艳红, 陈玉春, 吕世华. 2003. 灌溉方式对现代绿洲影响的数值模拟. 中国沙漠, 23(1): 90-94.

顾兆林. 2012. 风扬粉尘: 近地层湍流与气固两相流. 北京: 科学出版社.

胡隐樵. 1991. 黑河地区陆气相互作用观测研究. 地球科学进展, 26(4): 34-38.

胡隐樵, 高由禧, 王介民, 等. 1994. 黑河实验(HEIFE)的一些研究成果. 高原气象, 13(3): 225-236.

胡隐樵, 孙菽芬, 郑元润, 等. 2004. 稀疏植被下垫面与大气相互作用研究进展. 高原气象, 23(6): 281-296.

贾立, 王介民. 1999. 黑河实验区地表植被指数的区域分布及季节变化. 高原气象, 18(2): 245-249.

李建平, 丑纪范. 2003. 气候系统全局分析理论及应用. 科学通报, 48(7): 703-707.

李新, 黄春林, 车涛, 等. 2007. 中国陆面数据同化系统研究的进展与前瞻. 自然科学进展, 17(2): 163-173.

刘罡, 蒋维楣, 罗云峰, 等. 2005. 非均匀下垫面边界层研究现状与展望. 地球科学进展, 20(2): 223-230.

刘辉志, 董文杰, 符淙斌, 等. 2004. 半干旱地区吉林通榆 "干旱化和有序人类活动" 长期观测实验. 气候与环境研究, 9(2): 378-389.

罗哲贤. 1985. 植被覆盖对干旱气候影响的数值研究. 地理研究, 4(2): 1-8.

吕达仁, 陈佐忠, 陈家宜, 等. 2002. 内蒙古半干旱草原土壤-植被-大气互作用 (IM GRASS)综合研究. 地学前缘, 9(2): 295-306.

吕世华. 2004. 盆地绿洲边界层特征的数值模拟. 高原气象, 23(2): 171-176.

吕世华, 陈玉春. 1991. 西北植被覆盖对我国区域气候变化影响的数值模拟. 中国沙漠, 8(3): 416-424.

吕世华, 陈玉春. 1995. 绿洲和沙漠下垫面状态对大气边界层特征影响的数值模拟. 中国沙漠, 15(2):

116-123.

吕世华, 陈玉春. 1999. 西北植被覆盖对我国区域气候变化影响的数值模拟. 高原气象, 18(3): 416-424.

吕世华, 陈玉春, 陈世强, 等. 2004. 夏季河西地区绿洲-沙漠环境相互作用热力过程的初步分析. 高原气象, 23(2): 127-131.

吕世华, 尚伦宇, 梁玲, 等. 2005. 金塔绿洲小气候的数值模拟. 高原气象, 24(5): 1-7.

马耀明, 王介民, Menenti M, 等. 1997. 黑河实验区地表净辐射区域分布及季节变化. 大气科学, 21(6): 743-749.

孟宪红, 吕世华, 陈世强, 等. 2005. 金塔绿洲地表特征参数遥感反演研究. 高原气象, 24(4): 509-515.

邵明轩, 刘还珠. 2005. 用 K 近邻非参数估计技术预报风的研究. 中国气象学会 2005 年年会论文集.

苏从先, 胡隐樵, 张永丰, 等. 1987. 河西地区绿洲的小气候特征和"冷岛效应". 大气科学, 11(4): 390-396.

孙菽芬. 2005. 陆面过程的物理、生化机理和参数化模型. 北京: 气象出版社.

王澄海, 董文杰. 2002. 典型干旱地区陆面特征的模拟及分析. 高原气象, 21(5): 466-472.

王介民. 1999. 陆面过程实验和地气相互作用研究—从 HEIFE 到 IM GRASS 和 GAM E - Tibet/ TIPEX. 高原气象, 18(3): 280-294.

王介民, 马耀明. 1995. 卫星遥感在 HEIFE 非均匀陆面过程研究中的应用. 遥感技术与应用, 10(3): 19-26.

王介民, 邱华盛. 2000. 中日合作亚洲季风实验——青藏高原实验 (GAME-Tibet). 中国科学院院刊, 5: 386-388.

韦志刚, 吕世华, 胡泽勇, 等. 2005. 夏季金塔边界层风, 温度和湿度结构特征点初步分析. 高原气象, 24(6): 846-856.

文军. 1999. 卫星遥感陆面参数及其大气影响校正研究. 中国科学院兰州高原大气物理研究所博士学位论文.

文莉娟, 吕世华, 张宇, 等. 2005. 夏季金塔绿洲风环流的数值模拟及结构分析. 高原气象, 24(4): 478-486.

文莉娟, 吕世华, 孟宪红, 等. 2006. 环境风场对绿洲冷岛效应影响的数值模拟研究. 中国沙漠, 26(5): 754-758.

徐大鹏. 1989. 非均匀下垫面上大气边界层研究进展. 力学进展, 19(2): 211-216.

阎宇平. 1999. 非均匀下垫面地气相互作用的数值模拟研究. 中国科学院寒区旱区环境与工程研究所博士学位论文.

阎宇平. 2001. 黑河实验区非均匀地表能量通量的数值模拟. 高原气象, 20(2): 132-139.

杨兴国, 牛生杰, 郑有飞, 等. 2003. 陆面过程观测试验研究进展. 干旱气象, 21(3): 83-89.

叶笃正, 吕建华. 2003. 气候研究进展和 21 世纪发展战略. 自然科学进展, 13(1): 42-46.

张强, 赵鸣. 1998. 干旱区绿洲与荒漠相互作用下陆面特征的数值模拟. 高原气象, 17(4): 335-346.

张强, 胡隐樵, 王喜红. 1992. 黑河地区绿洲内农田微气象特征. 高原气象, 11(4): 361-370.

张强, 胡隐樵, 侯平. 2003. 绿洲系统维持机制的非线性热力学分析. 中国沙漠, 23(2): 174-181.

张强, 黄荣辉, 王胜, 等. 2005. 西北干旱区陆-气相互作用试验(NWC-ALIEX)及其研究进展. 地球科学进展, 20(4): 427-441.

张昕, 王斌, 季仲贞, 等. 2002. "98.7"武汉暴雨模拟中的三维变分资料同化研究. 自然科学进展, 12(2): 156-160.

张宇, 吕世华, 陈世强, 等. 2005. 绿洲边缘夏季小气候特征及地表辐射与能量平衡特征分析. 高原气象, 24(4): 527-533.

张远东, 徐应涛, 顾峰雪, 等. 2003. 荒漠绿洲 NDVI 与气候、水文因子的相关分析. 植物生态学报, 27(6): 816-822.

章国材. 2004. 预报员在未来天气预报中的作用探讨. 气象, 30(7): 8-11.

周锁铨. 1990. 我国西北下垫面影响大气的初步数值试验. 气象科学, 10(3): 248-257.

周小刚, 罗云峰. 2004. "九五"基金重大项目"淮河流域能量与水分循环试验和研究"介绍与回顾. 中国科学基金, 4: 225-228.

周小刚, 罗云峰, 王革丽, 等. 2007 年度大气科学领域基金项目评审与研究成果. 地球科学进展, 22(12): 1311-1315.

左洪超, 吕世华, 胡隐樵, 等. 2004. 非均匀下垫面边界层的观测和数值模拟研究(I): 冷岛效应和逆湿现象的完整物理图像. 高原气象, 23(2): 155-162.

Andre J C, Goutorbe J P, Perrier A, et al. 1986. HAPEX-MOBLIHY: A hydrologic atmospheric experiment for the study of water budget and Evaporation flux at the climatic scale. Bulletin of the American Meteorological Society, 67(2): 138-144.

Avissar R, Pielke R A. 1989. A parameterization of heterogeneous land surfaces for atmospheric numerical models and its impact on regional meteorology. Monthly Weather Review, 117(10): 2113-2136.

Bonan G B. 1995. Sensitivity of a GCM simulation to inclusion of inland water surfaces. Journal of Climate, 8(11): 2691-2704.

Charney J. 1975. Dynamics of deserts and drought in the Sahel. Quart J Roy Meteor Soc, 101(428): 193-202.

Charney J, Quirk W J, Chow S H, et al. 1977. A comparative study of the effects of albedo change on drought in semi-arid regions. Journal of the Atmospheric Sciences, 34(9): 1366-1385.

Chu P C, Lu S, Chen Y, et al. 2005. A numerical modeling study on desert oasis self-supporting mechanisms. Journal of hydrology, 312(1): 256-276.

Deardorff J W. 1972. Numerical investigation of neutral and unstable planetary boundary cayers. J Atmos Sci, 29(1): 91-115.

Dickinson R E, Henderson-Sellers A, Rosenzweig C, et al. 1991. Evapotranspiration models with canopy resistance for use in climate models, a review. Agricultural and Forest Meteorology, 54(2): 373-388.

Dobricic S. 2009. A sequential variational algorithm for data assimilation in oceanography and meteorology. Monthly Weather Review, 137(1): 269-287.

Drobinski P, Carlotti P, Redelsperger J L, et al. 2007. Numerical and experimental investigation of the neutral atmospheric surface layer. Journal of the Atmospheric Sciences, 64(1): 137-156.

Entekhabi D, Nakamura H, Njoku E G, et al. 1994. Solving the inverse problem for soil moisture and temperature profiles by sequential assimilation of multifrequency remotely sensed observations. Geoscience and Remote Sensing, IEEE Transactions on, 32(2): 438-448.

Galantowicz J F, Entekhabi D, Njoku E G, et al. 1999. Tests of sequential data assimilation for retrieving profile soil moisture and temperature from observed L-band radiobrightness. Geoscience and Remote Sensing, IEEE Transactions on, 37(4): 1860-1870.

Ghil M, Malanotte-Rizzoli P. 1991. Data assimilation in meteorology and oceanography. Adv Geophys, 33: 141-266.

Hall F G, Sellers P J. 1995. First international satellite land surface climatology project (ISLSCP) field experiment (FIFE) in 1995. Journal of Geophysical Research: Atmospheres (1984–2012), 100(D12): 25383-25395.

Halldin S, Gottschalk L, van de Griend A A, et al. 1998. NOPEX—A northern hemisphere climate processes land surface experiment. Journal of Hydrology, 212: 172-187.

Henderson-Sellers A. 1993. The project of inter-comparison of land surface parameterization schemes. Bull Amer Meteor Soc, 74(7): 1335-1348.

Henderson-Sellers A, Gornitz V. 1984. Possible climatic impacts of land cover transformations, with particular emphasis on tropical deforestation. Clim Change, 6(3): 231-258.

Hoeben R, Troch P A. 2000. Assimilation of active microwave observation data for soil moisture profile estimation. Water Resources Research, 36(10): 2805-2819.

Hoteit H, Firoozabadi A. 2008. An efficient numerical model for incompressible two-phase flow in fractured media. Advances in Water Resources, 31(6): 891-905.

Houser P R, Shuttleworth W J, Famiglietti J S, et al. 1998. Integration of soil moisture remote sensing and hydrologic modeling using data assimilation. Water Resources Research, 34(12): 3405-3420.

Houser P R, Rodell M, Jambor U, et al. 2001. The global land data assimilation system. GEWEX News, 11(2): 11-13.

Hu Y Q, Zuo H. 2003. Forming mechanism of oasis environment and building countermeasure of ecological environment in arid area. Plateau Meteorology, 22(6): 537-544.

Huang S, Han W. 2003. Application of techniques in inverse problems to variational data assimilation in meteorology and oceanography. Recent Development in Theories and Numerics, Int Conf on Inverse Problems, World Scientific: 349-355.

Jacobs C, Moors E, Ter Maat H, et al. 2008. Evaluation of European land Data Assimilation system(ELDAS)products using in situ observations. Tellus A, 60(5): 1023-1037.

Jochum M A O, de Bruin H A R, Holtslag A A M, et al. 2006. Area-averaged surface fluxes in a semiarid region with partly irrigated land: lessons learned from EFEDA. Journal of Applied Meteorology and Climatology, 45(6): 856-874.

Julia Walker, Rowntree P. 1977. The effect of soil moisture on circulation and rainfall in tropical model. Quart J Roy Meteor Soc, 103(435): 29-46.

Kondo J, Saigusa N, Sato T, et al. 1990. A parameterization of evaporation from bare soil surfaces. Journal of Applied Meteorology, 29(5): 385-389.

Laval K, Picon L. 1986. Effect of a change of the surface albedo of the Sahel on climate. J Atmos Sci, 43: 2418-2429.

Leblanc M J, Favreau G, Massuel S, et al. 2008. Land clearance and hydrological change in the Sahel: SW Niger. Global and Planetary Change, 61(3): 135-150.

Ma Y. 2003. Remote sensing Darameterization of regional net radiation over heterogeneous land surface of Tibetan plateau and arid area. International Journal of Remote Sensing, 24(15): 3137-3148.

Ma Y, Wang J, Menenti M, et al. 1999. Estimation of fluxes over the heterogeneous land surface with the aid of satellite remote sensing and field observation. Acta Meteor Sinica, 57(2): 180-189.

Ma Y, Tsukamoto O, Ishikawa H, et al. 2002. Determination of regional land surface heat flux densities over heterogeneous landscape of HEIFE integrating satellite remote sensing with field observations. J Meteor Soc Japan, 80(3): 485-501.

Ma Y, Menenti M, Tsukamoto O, et al. 2004. Rernote Sensing parameterization of regional land surface heat fluxes over arid area in north western China. Journal of Arid Environments, 57: 117-133.

Margulis S A, Entekhabi D, McLaughlin D, et al. 2006. Spatiotemporal disaggregation of remotely sensed precipitation for ensemble hydrologic modeling and data assimilation. Journal of Hydrometeorology,

7(3): 511-533.

McQueen J T, Draxler R R, Rolph G D, et al. 1995. Influence of grid size and terrain resolution on wind field predictions from an operational mesoscale model. Journal of Applied Meteorology, 34(10): 2166-2181.

Meng X, Lü S, Zhang T, et al. 2009. Numerical simulations of the atmospheric and land conditions over the Jinta oasis in northwestern China with satellite‐derived land surface parameters. Journal of Geophysical Research: Atmospheres(1984–2012), 114(D6): 1-6.

Mitsuta Y, Hayashi T, Takemi T, et al. 1995. Two severe local storms as observed in the arid area of Northwest China: HEIFE. Journal of the Meteorological Society of Japan, 73(6): 1269-1284.

Pielke R A, Kallos G, Segal M. 1989. Horizontal resolution heeds for adequate lower tropospheric profiling involved with atmospheric systems forced by horizontal gradients in surface heating. J. Atrnos. Ocenanic Technol, 6(5): 741-758.

Potchter O, Goldman D, Kadish , et al. 2008. The oasis effect in an extremely hot and arid climate: The case of southern Israel. Journal of Arid Environments, 72(9): 1721-1733.

Randal D K, Paul A, Dirmeyer, et al. 2004. Regions of Strong Coupling Between Soil Moisture and Precipitation. Science, 305 (5687): 1138-1140.

Rodell M, Houser P R, Jambor U, et al. 2004. The global land data assimilation system. Bulletin of the American Meteorological Society, 85(3): 381-394.

Saaroni H, Bitan A, Dor E B, et al. 2004. The mixed results concerning the 'oasis effect' in a rural settlement in the Negev Desert, Israel. Journal of arid environments, 58(2): 235-248.

Sellers P J, Dickinson R E, Randall D A, et al. 1997. Modeling the exchanges of energy, water, and carbon between continents and the atmosphere. Science, 275(5299): 502-509.

Sellers P J, Hall F G, Kelly R D, et al. 1997. BOREAS in 1997: Experiment overview, scientific results, and future directions. Journal of Geophysical Research: Atmospheres (1984–2012), 102(D24): 28731-28769.

Shukla J, Mintz Y. 1982. Influence of land-surface evapotranspiration on the Earth's climate. Science, 215(4539): 1498-1501.

Shuttleworth W J. 1998. Combining remotely sensed data using aggregation algorithms. Hydrology and Earth System Sciences Discussions, 2(2-3): 149-158.

Simmonds I, Lynch A H. 1992. The influence of pre-existing soil moisture content on Australian winter climate. Int J Climatol, 12(1): 33-54.

Sud Y C, Smith W E. 1985. The influence of surface roughness of deserts on the July circulation. Boundary-Layer Meteorology, 33(1): 15-49.

Talagrand O. 1997. Assimilation of observations, an introduction. Journal-Meteorological Society of Japan Series, 75(1B): 81-99.

Troch P A, Paniconi C, McLaughlin D, et al. 2003. Catchment-scale hydrological modeling and data assimilation. Advances in Water Resources, 26(2): 131-135.

Wang J, Sahashi K, Ohtaki E, et al. 1995. The scaling-up of processes in the heterogeneous landscape of HEIFE with the aid of satellite remote sensing. J Meteor Soc Japan, 73(6): 1235-1244.

Walker J P, Willgoose G R, Kalma J D. 2001. One-dimensional soil moisture profile retrieval by assimilation of near-surface observations: a comparison of retrieval algorithms. Advances in water kesources, 24(6): 631-650.

Weisman M L, Skamarock W C, Klemp J B, et al. 1997. The resolution dependence of explicitly modeled convective systems. Monthly Weather Review, 125(4): 527-548.

Xue Y, Shukla J. 1996. The influence of land-surface properties on Sahel Climate, Part II: Deforestation. J Climate, 9(12): 3260-3275.

Yaoming M, Jiemin W, Ronghui H, et al. 2003. Remote sensing parameterization of land surface heat fluxes over arid and semi-arid areas. Advances in Atmospheric Sciences, 20(4): 530-539.

Zaitchik B F, Rodell M, Olivera F, et al. 2010. Evaluation of the Global Land Data Assimilation System using global river discharge data and a source-to-sink routing scheme. Water Resources Research, 46(6): 1-17.

Zeng X, Shaikh M, Dai Y, et al. 2002. Coupling of the common land model to the NCAR community climate model. Journal of Climate, 15(14): 1832-1854.

Zhang J, Wang W C, Wei J. 2008. Assessing land-atmosphere coupling using soil moisture from the Global Land Data Assimilation System and observational precipitation. Journal of Geophysical Research: Atmospheres, 113(D17): 1161-1165.

Zuo C, Hu G, Zhang H, et al. 2003. Study on soil and water erosion orderliness on sloping land of fourth century red soil. Journal of Soil Water Conservation, 17(6): 89-91.

第2章　沙漠绿洲观测试验及数值模式介绍

我国西北地区是全球主要干旱区之一，地理生态环境独特，有沙漠、戈壁、绿洲、冰川、雪盖、森林、草原、河流和湖泊等多种地表景观。其中绿洲、戈壁和沙漠下垫面是其独具特色的地理景观，是具有典型性和代表性的非均匀下垫面和复杂的非线性系统。一方面绿洲系统作为典型的非均匀系统，为研究非均匀下垫面的能量物质交换过程及大气边界层的结构特征提供了良好的平台。另一方面绿洲系统的非均匀不仅在绿洲尺度，还有次绿洲尺度的非均匀分布，由于是水资源分布的非均匀性，在绿洲地区大面积的裸土，也为研究农牧交错的复杂下垫面提供了良好的条件。

绿洲系统作为典型的非均匀系统，绿洲气候效应及维持机理研究，不仅具有重要科学意义，而且对国家战略需求、西北干旱区生态环境保护和经济持续发展具有重大的现实意义。金塔县地处青藏高原北缘与蒙古高原接壤地区，受特殊的地理位置和复杂多变的下垫面影响是气候变化的敏感区，生态环境的脆弱区。

为了获得我国西北干旱区非均匀下垫面绿洲系统观测信息，2003～2008 年通过在该地区的 4 次野外科学观测实验，首次所获取的不同下垫面多圈层综合信息，对于分析非均匀下垫面陆面近地面层与大气之间的物质、能量交换过程，掌握地表动力、热力结构、水汽和各类能量收支平衡的差异,揭示在地-气相互作用下特有的区域气候演变特征和绿洲的自保护机制等，丰富了我国沙漠绿洲非均匀下垫面陆气特征观测资料。它对提高气候模式、特别是在不同下垫面局地中小尺度气候模式和大气边界层模式的研究方面极其重要，为绿洲保护和开发提供了科学依据和理论指导。

我国干旱区面积占国土面积的 11%，沙漠是其中的重要组成部分。同一般下垫面相比，沙漠具有独特的地表特征和边界层结构，其反照率、土壤热容量、地表辐射收支与水热交换特征也与其他地区有很大不同，且对局地气候乃至全国都有很大影响。我国干旱地区沙漠下垫面是其中的重要组成部分。西北地区沙漠总面积约 $70 \times 10^4 \, \text{km}^2$，约占全国沙漠总面积的 80%。巴丹吉林沙漠及其邻近的腾格里沙漠，总面积近 $10 \times 10^4 \, \text{km}^2$，海拔为 1200～1700 m，沙山相对高度达 500 m 以上，腹地分布着 140 多个内陆沙湖，由于其地处河西走廊北缘，是青藏高原绕流作用产生的西风北支气流的必经之地，也是气候变化响应敏感和生态环境最为脆弱的地区之一。

2009 年 7～9 月及 2012 年 7 月，通过在巴丹吉林沙漠腹地开展得大气边界层和陆面辐射能量平衡的野外观测试验，首次发现了有深厚中性层结覆盖的对流边界层特征，取得了沙漠边缘与沙漠腹地湖泊地区不同下垫面的地表能量平衡特征等成果，取得了沙漠腹地的第一手野外观测资料。

2.1　陆气相互作用观测面临的挑战

能量与水分循环是气候系统中的重要过程。20 世纪 80 年代从全球变化研究开展以来，科学界更为强调气候、环境、生态和人类活动之间高度复杂的相互作用和对人类活动引起的全球变化过程的干预作用(吕达仁等，2005)。对于人类主要活动区域的陆地，其与大气之间的相互作用规律越来越受到重视。相对于海气相互作用，陆气相互作用是一个包含了岩石圈、水圈、生物圈和大气圈相互作用的更加复杂的过程，而且人类活动，如开荒、放牧等都会影响这一过程，这极大地增加了问题的复杂性和研究难度。

为了更客观的了解陆气相互作用对气候态异常的贡献，作为陆面模式的基础，陆气相互作用的物理机制必须得到充分的认识。Raupach(1989)将陆气耦合作用总结为 4 种反馈机制：①辐射反馈(radiation feedback)，主要指的是有效能量(净辐射能通量减去地表土壤热通量)，通过调整地表温度来影响向上长波辐射通量；②生理反馈(physiological feedback)，指的是生物活动，如蒸腾作用、光合作用等，对于地表能量平衡的影响；③空气动力学反馈(air dynamics feedback)，指的是大气运动形态、稳定度等动力学参数对于地表与大气之间的感热、潜热通量的影响；④对流边界层反馈(convective boundary layer feedback)，是指地表能通量与对流边界层发展之间的相互作用。由于陆气相互作用具有很强的局地性，这些反馈机制在不同的下垫面上会有不同的表现形式，这就必须利用观测试验来进行较为定量的研究。

陆气相互作用是一个理论与观测试验结合得非常紧密地研究领域，因而其发展不仅依赖于对物理过程的了解和数学模型的建立，更加依赖于试验仪器的发展与观测手段的改进。正因为如此，陆气相互作用研究面临的困难和挑战，往往不仅体现在理论认识层面，还更多受到观测手段局限。陆气相互作用研究主要面临 4 个方面的挑战，即不同下垫面的观测对比、土壤水热变化的观测、非均匀下垫面边界层的观测和对流边界层的观测。

2.1.1　不同下垫面的观测对比

陆气相互作用研究的重要特点是,陆地地表的不同气候-生态类型在相互作用的过程与陆气交换量的强度与季节变化方面有巨大的差别。因此，需要在具有代表性的各类陆地生态系统区域进行外场试验，以认识系统的过程和对交换量模式的参数化。研究地表陆气交换遇到的首要困难，就是其需要进行大量不同下垫面的观测试验，以便积累数据和确定陆面模式中的具体参数。

陆地表面状况非常多样和复杂，即便相邻纬度或同一气候带内，海拔、地形、植被、土壤性质等的差异都会对陆气交换过程带来明显的影响。从 20 世纪 60 年代开始，世界范围内开展的野外观测试验如 WCRP、IGBP、IHDP 等，极大地推动了人们对不同下垫面能量、水分传输过程的了解。尽管如此，伴随着人们对数值模式描述的物理过程的准确性和模式自身分辨率不断提高，对全球下垫面状况的描述也必须越来越精细，而这必须通过开展更为广泛的陆面观测，同时与遥感反演等手段相结合才能实现。因此，在不同区域野外观测试验的实施以及观测资料的积累，仍然是陆气交换研究发展的基础和关键。

2.1.2　土壤水热变化的观测

陆气交换研究的第二个困难，在于对自然界土壤内的水热变化过程的观测和认识水平还需要进一步提高。

涡动相关技术不断发展的前提下，地表附近大气湍流能量通量的观测已经取得了很大的进步，尽管对于观测资料的质量控制本身也是一个复杂和需要技巧的过程（Foken et al.,2004）。相比较大气而言，在野外试验中，土壤内的观测目前还仅限于温度、湿度、土壤水势以及土壤热通量等。对于土壤孔隙中的液态水和水汽二者的运动，尽管土壤物理学家根据在试验室内获得的数据，并且建立了很有启发性的数学模型（Liu et al.,1998），但直接的观测目前尚无很好的办法，这也制约了陆面模式的进一步发展。即便对于土壤水热变化过程考虑的更加精细的水文模式，也很难对于自然土壤中水的运动过程给出非常精确地描述（Shao and Irannejad，1999）。因此，如何利用有限的观测手段，对于各种土壤内部复杂的水热过程给出更加准确的描述，就是当前陆气交换研究的一个重要方向。

2.1.3　非均匀下垫面大气边界层的观测

考虑到大气边界层的结构显著的取决于其下垫面状况，所以与陆气交换的研究一样，大气边界层的研究也需要在不同区域开展大量的观测试验。

相似性理论的提出，为近地层结构研究提供了很大的便利，具体表现在满足理想、均匀下垫面的前提情况下，利用有限的观测资料，结合半经验的公式和参数，就可以对一类近地层大气的结构进行描述，而不需要考虑其内部具体而复杂的大气运动过程（Foken，2006）。20世纪70年代开始至今的边界层观测，都很好的验证了相似性理论的适用性（Businger et al.,1971）。但随着人们开始越来越关注非均匀边界层，相似性理论的发展越来越受到挑战。非均匀边界层的一个显著特点就是大气边界层内的平均风场、温度场等存在水平方向的差异，由此造成各个区域的湍流发展状况也不相同。那么在近地层这样一个湍流运动尺度较小的区域，非均匀下垫面会对其发展产生什么样的影响，就是一个需要回答的问题。虽然利用大涡模拟对于这一问题已有研究（Huang et al.,2008），但如何设计合理的观测试验来对其进行更加客观的描述，仍然是一个亟须研究的问题。

2.1.4　对流边界层的观测

对流边界层是白天大气边界层的主要存在形式，其主体混合层一般位于距地表$100\sim1000$ m之间的高度，这无疑给观测带来了很大的困难。利用无线电探空仪或者探空雷达，虽然能对大气的垂直温度、湿度、风场等进行观测，但一般仅限能输出平均值，且难以连续观测（Curry，2000）。利用飞机或者气球携带新式的高频响应探头在高空进行观测，可以部分了解对流边界层内大气瞬变场的特征，这可能是未来大气边界层观测的发展方向，目前还未能在世界范围内应用。

目前，对于对流边界层结构及其发展机制的认识，主要还是依赖于数值模式，尤其是对大涡模拟结果的分析（Frehlich et al.,2003）。观测的大气垂直位温度、湿度和风场的分布，常常是用来作为模式的初始场或者与模拟结果进行对比。大量的观测、模拟研究表明，影响晴空下对流边界层发展的主要因素包括下垫面加热作用和垂直风切变（Sorbjan,1994）。这种观点主要针对最为典型的 3 层对流边界层结构，而实际上观测到的对流边界层结构多种多样，对流边界层之上大气层结状况是否可以显著影响其发展过程，就是一个非常值得关注的问题。受观测手段的限制，在研究这个问题时，必须同时借助数值模拟的手段。

2.2　金塔绿洲观测试验

2.2.1　试验区概况

金塔绿洲位于酒泉市东北部、河西走廊中段北侧。地势平坦，海拔为 1120~1300 m。金塔绿洲是西北黑河流域典型的灌溉农业区，位于巴丹吉林沙漠西部，黑河中游沿岸，河西走廊中段北侧。经纬度介于 98.39°~99.08°E ，39.56°~40.17°N，面积约 2152 km^2。金塔绿洲是面积仍能继续扩大的绿洲，从北向南呈倒三角状，周围被沙漠、戈壁包围，局地气候独特。金塔地区光热资源充足，土地肥沃，主要农作物有小麦、玉米、棉花、甜菜、籽瓜、胡麻、孜然和各种果品等 100 多个品种，属典型的农业绿洲。近年来，随着农业的快速发展，水资源短缺的矛盾日益突出，致使土地盐渍化、沙漠化严重，绿洲周围的沙丘活化，沙带向绿洲侵入，严重威胁着当地的生态平衡和经济发展。

金塔县属于温带大陆性气候，年平均气温 8.3 ℃，年降水量约 62.1 mm，≥10 ℃的有效积温为 3250 ℃，≥15 ℃的有效积温为 2600 ℃，无霜期 140~150 天。全年日照时数为 3200 小时，4~9 月的日照时数为 1800 小时，太阳总辐射为 6100 MJ·m^{-2}·a^{-1} 以上（陈少勇等,2010），属全国高值区之一。年平均自然蒸发量为 2560 mm，属典型的干旱荒漠气候。

2.2.2　观测试验设计

金塔试验（JTEXs）共分四个阶段：第一阶段为典型绿洲对比观测试验，于 2003 年 7 月 22 日至 8 月 3 日针对不同下垫面（绿洲、戈壁和沙漠）进行的观测；第二阶段为基本观测试验，于 2004 年 6 月 5 日至 8 月 18 日进行，主要观测目标是绿洲沙漠系统的陆气相互作用及大气边界层结构；第三阶段为加强观测试验，于 2005 年 6 月 20 日至 7 月 8 日；第四阶段为绿洲能量水分及边界层观测试验，于 2008 年 6 月 10 日至 8 月 5 日进行。

各试验阶段，所有仪器均经过标定且在试验正式开始前进行了对比试验，具有很好的一致性，所获资料已经过质量控制检验。

1. 典型绿洲的观测试验

2003 年针对不同的绿洲系统分别开展了典型绿洲——金塔绿洲观测试验、退化绿洲——额济纳绿洲观测试验。

2003 年 7 月 22 日至 8 月 3 日，开展了典型绿洲—金塔绿洲的野外观测试验。该试验方案的设计：分别在不同的下垫面(绿洲、戈壁和沙漠)进行观测试验，站点分布如图 2.1 所示。图中，"1" 为绿洲站点(98°51.330′E，39°59.125′N)，该站设在金塔县气象观测站内，观测仪器为：VAISALA 公司生产的低探空探测系统、CAMPBELL 公司生产的开路涡动相关系统、气象站常规观测系统和一套七层的土壤温度和水分观测系统；"2" 为戈壁点(98°52.173′E，39°59.558′N)，一个 8 m 高的微气象塔(VAISALA)，观测风速及风向、温度、湿度、气压(VAISALA 公司生产)梯度，以及土壤温度、水分(CAMPBELL 公司生产)。"3" 号站点观测项目为 VAISALA 公司生产的多层低探空探测系统、开路涡动相关系统。在各系统观测的同时，不定时的在绿洲的北面、东面和西面利用便携式风速风向仪观测风速风向。

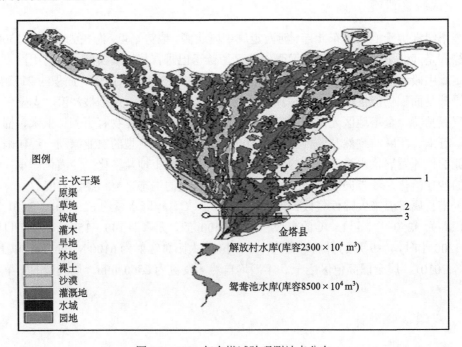

图 2.1　2003 年金塔试验观测站点分布

2003 年 8 月 4~15 日，进行了退化绿洲——额济纳绿洲的野外观测试验。额济纳绿洲位于内蒙古阿拉善盟最西端，黑河流域下游(97°10′ E~102°59′ E, 37°52′ N~43°39′ N)。1980 年以来，随着黑河中游用水量的不断增加，致使黑河下游的额济纳绿洲生态环境急剧恶化，胡杨林和柽柳林面积锐减，草地载畜量下降，绿洲面积缩小了近 1/3，土地沙漠化日益加剧。因此，选择额济纳绿洲作为退化绿洲观测点。站点分布如图 2.2 所示。观测项目包括近地层风速及风向、温度、气压、湿度；土壤温度、湿度；湍流涡动相关和低探空探测。

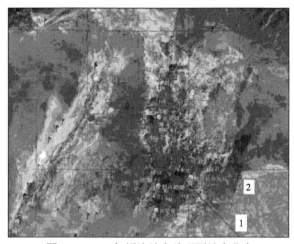

图 2.2　2003 年额济纳实验观测站点分布

"1"号站点为绿洲站,设在中国科学院寒区旱区环境与工程研究所额济纳生态站附近的柽柳林里;"2"号站点位于绿洲东面的戈壁滩上,该点距绿洲边缘约 2~3km

2. 沙漠绿洲观测试验

2004 年 6 月 5 日～8 月 18 日,沙漠绿洲观测试验项目包括沙漠绿洲 10 m 风场、2 m 温度、湿度、大气压观测资料、超声观测资料、土壤温度、水分、热通量观测资料,辐射资料,系留汽艇观测资料、测风雷达观测的高空温度、湿度、风速及风向资料等;收集观测期间同期遥感数据提取陆面参数。

为了获得沙漠绿洲定点观测的气象资料,尤其是获得晴好天气条件下的绿洲与周围戈壁沙漠的对比气象资料。在金塔绿洲共设置了 7 个自动气象站分别架设在绿洲的周边和中心位置(图 2.3)。在绿洲架设了 2 个自动气象站,分别位于绿洲东部边缘的东点和东

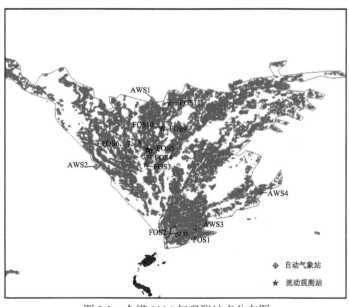

图 2.3　金塔 2004 年观测站点分布图

南点；一个 PAM 站以及金塔县气象站的观测资料。PAM 站位于金塔绿洲中心略偏西的古城乡。各站点观测项目、经纬度位置及海拔高度见表 2.1。

表 2.1 观测站点及项目

	站　名	观测项目	经纬度	海拔
沙漠观测点	北沙漠点(ND)	2 m 温度、湿度，2 m 气压，10 m 风向风速，太阳短波辐射，地面短波反射辐射，红外天空温度，红外地表温度，1 层土壤水分，3 层土壤温度，1 层土壤热通量（下垫面为板结的沙土）	40°12.960′N 98°51.607′E	1222.7 m
	东北沙漠点(NED)	2 m 温度、湿度，3 m 风向风速（下垫面为沙丘）	40°15.344′N 99°12.589′E	1190.7 m
	西沙漠点(WD)	2 m 温度、湿度，10 m 风向风速，太阳短波辐射，地面短波反射辐射，红外天空温度，红外地表温度，1 层土壤水分，3 层土壤温度，1 层土壤热通量（下垫面为沙丘）	40°05.934′N 98°45.541′E	1238.8 m
	西南沙漠点(SWD)	2 m 温度、湿度，2 m 气压，10 m 风向风速，4 层土壤水分，4 层土壤温度（下垫面为戈壁）	39°59.436′N 98°52.030′E	1261.1 m
	东南沙漠点(SED)	2 m 温度、湿度，3 m 风向风速（下垫面为戈壁）	39°58.479′N 98°57.509′E	1256.8 m
绿洲观测点	东南绿洲点(SEO)	2 m 温度、湿度，2 m 气压，3 m 风向风速，总辐射，地表温度（下垫面为生长良好的棉花地）	39°59.217′N 98°55.972′E	1255.4 m
	东绿洲点(EO)	2 m 温度、湿度，10 m 风向风速，太阳短波辐射，地面短波反射辐射，红外天空温度，红外地表温度，1 层土壤水分，3 层土壤温度，1 层土壤热通量。涡动相关观测系统（下垫面为小麦地）	40°03.279′N 99°03.346′E	1228.4 m
	绿洲中心点(CO)	PAM 站一套。（下垫面为小麦地）两层温度和湿度：2.3 m 和 7.8 m 超声风温仪和带通温度和湿度：5.6 m 风向风速和地表温度：9.8 m 辐射计：1.5 m 土壤温度和湿度：5 cm, 10 cm, 20 cm, 40 cm	40°07.572′N 98°51.067′E	1234.9 m

同期在绿洲东部的边缘绿洲和沙漠架设了涡动相关系统，观测湍流、水汽、能量平衡等。后期分别将两套涡动相关系统移至古城乡和鼎新镇。在 8 月初，又将两套涡动相关系统全部移至鼎新观测站，架设高度分别为 3 m 和 6 m。

为了观测绿洲沙漠系统的边界层结构，利用系留探空在绿洲和沙漠上进行流动观测。同时，利用 701 测风雷达进行小球探空观测。雷达车位置(图 2.3)处于绿洲东面，小球探空放球点选择在古城乡 PAM 站和雷达车附近。

3. 沙漠绿洲加强观测试验

2005 年 5 月 24 日至 7 月 8 日，开展了绿洲梯度、及绿洲沙漠对比观测试验。

1) 绿洲梯度观测(5 月 24 日至 6 月 18 日)

在绿洲(E 98°56.177′，N 39°59.488′)内选择小麦田架设 20 m 梯度观测塔，包括 5 层风向、风速、温度、湿度，2 层净辐射，3 层涡动相关系统，4 层热通量、6 层土壤温度和 4 层土壤水分观测。观测的高度设置和仪器设备如表 2.2 和表 2.3 所示。

表 2.2　观测项目及探头高度

观测项目	仪器型号	生产厂家	探头高度/m	接入数采器
温度、湿度	HMP45C	VAISALA	1.87	CR23XTD
风速、风向	034B		1.69	
温度、湿度	HMP45C	VAISALA	2.41	
风速、风向	034B		2.52	
涡动相关系统	CSAT3	CAMPBELL SCIENTIFIC INC	3.33	CR5000-1
	KH20			
	HMP45C	VAISALA	3.56	
辐射	CNR-1	Kipp & Zone	3.17	
温度、湿度	HMP45C	VAISALA	4.52	CR23XTD
风速、风向	034B		4.39	
涡动相关系统	CSAT3	CAMPBELL SCIENTIFIC INC	8.41	CR5000-2
	KH20			
风速、风向	HMP45C	VAISALA	8.66	CR23XTD
	034B		8.37	
涡动相关系统	CSAT3	CAMPBELL SCIENTIFIC INC	16.60	CR5000-3
	KH20			
	HMP45C	VAISALA	16.73	
辐射	CNR-1	Kipp & Zone	16.25	
温度、湿度	HMP45C	VAISALA	18.53	CR23XTD
风速、风向	034B		18.43	

表 2.3　土壤热通量、温度、湿度观测

观测项目	仪器型号	生产厂家	埋设深度/m	接入数采器
土壤热通量	HFP01	Hukeflux	0.02，0.10，0.20，0.40	CR5000-1 CR5000-2
土壤温度	107L	CAMPBELL SCIENTIFIC INC	0.02，0.05，0.10，0.20，0.30，0.40	CR5000-1 CR5000-2
土壤湿度	CS616	CAMPBELL SCIENTIFIC INC	0.05，0.10，0.20，0.40	CR5000-1

2) 绿洲沙漠对比观测(6 月 20 日至 7 月 8 日)

绿洲观测点设在距戈壁点 3 km 的绿洲西南边小麦地里，下垫面为乳熟期小麦，植株高约 1 m，东西向 50 m，南北向 200 m 处有高约 15 m 的防风林带；戈壁观测点位于绿洲西南边戈壁滩上，下垫面布满碎石，四周开阔，有零星骆驼刺；沙漠观测点位于绿洲西南边一条宽约 20 m，高近 10 m 的条形沙丘上，下垫面均匀，布满细小沙粒,(不同观测点下垫面状况见图 2.4)。每个观测点的观测仪器一致，均包含：CSAT3、KH20、空气温湿度、净辐射、2 层土壤热通量、4 层土壤温度和水分观测。

(a)　　　　　　　　　　(b)　　　　　　　　　　(c)

图 2.4　不同观测点下垫面状况

(a)沙漠点；(b)戈壁点；(c)绿洲点

4. 绿洲系统能量水分交换和边界层观测试验

2008 年 6 月 10 日至 8 月 5 日，开展的"绿洲系统能量水分交换和边界层观测试验"观测站点及观测项目设计方案如下。

该试验分别在不同下垫面(绿洲、沙漠)进行观测，试验站点分布如图 2.5 所示。其中戈壁(99.05°E，39.90°N，下垫面为裸土、石子)与绿洲(98.93°E，40.01°N，下垫面为棉花地、小麦地)，进行能量水分交换涡动相关系统观测、梯度塔观测包括绿洲 4 层和戈壁 6 层的风向、风速、空气温度、空气相对湿度、2 层土壤热通量、4 层土壤湿度和土壤温度；用 4 个围绕绿洲的自动气象站(AWS 1：98.97°E，40.02°N)、(AWS 2：98.74°E，40.13°N)、(AWS 3：98.83°E，40.05°N)、(AWS 4：99.08°E，40.25°N)观测面上的风速场、温度场和湿度场。试验期间除 6 月 30 日至 7 月 3 日因停电造成数据丢失，其余数据完整准确。观测项目和相关信息详见表 2.4。

表 2.4　金塔试验观测项目及相关信息

测站项目	观测高度/m		名称	型号	生产厂家
	绿洲	戈壁			
空气温度/℃	1.8、5.8、13、18.9	1.35、2.6、4.3、7.8、11.8、17.8	温湿度传感器	HMP45C	VAISALA
空气湿度/%	1.8、5.8、13、18.9	1.35、2.6、4.3、7.8、11.8、17.8	温湿度传感器	HMP45C	VAISALA
辐射/(W·m⁻²)	1.5	1.5	辐射传感器	CNR-1	Kipp & Zonen
风速/(m·s⁻²)	1.8、5.8、13、18.9	1.35、2.6、4.3、7.8、11.8、17.8	风速风向传感器	034B	MetOne

续表

测站项目	观测高度/m		名称	型号	生产厂家
	绿洲	戈壁			
风向/(°)	1.8、5.8、13、18.9	1.35、2.6、4.3、7.8、11.8、17.8	风速风向传感器	034B	MetOne
气压/hPa	1.8	1.8	气压传感器	CS106	VAISALA
土壤体积含水量 /(cm^3·cm^{-3})	0.05、0.1、0.2、0.4	0.05、0.1、0.2、0.8、1.0	土壤水传感器	CS616	CAMPELL
土壤温度/℃	0.05、0.1、0.2、0.4	0.05、0.1、0.2、0.8、1.0	热电偶温度传感器	107L	CAMPELL
土壤热通量 /(W·m^{-2})	0.02、0.05	0.02、0.05	土壤热通量传感器	HFP01	Hukeflux
潜热、感热通量 /(W·m^{-2})	3.2	3.2	涡动相关系统	CSAT3/ Li7500	CAMPELL/ LICOR

(a)

(b)

(c)

(d)

图 2.5 试验站点下垫面状况比较

(a)绿洲梯度塔；(b)戈壁梯度塔；(c)自动气象站；(d)涡动相关系统

由图 2.5 可看出，绿洲下垫面为灌溉农田，主要由玉米地、棉花地、小麦地组成，而戈壁区域下垫面则为裸土、石子，有少量的骆驼刺。两种下垫面土地利用类型、植被类型、下垫面土壤温湿度和植被覆盖度各不相同，导致下垫面反照率、空气动力学粗糙度也各不相同。

2.3　巴丹吉林沙漠观测试验

2.3.1　试验区概况

巴丹吉林沙漠位于内蒙古自治区阿拉善右旗北部，地处阿拉善高原荒漠中心，雅布赖山以西、北大山以北、弱水以东、拐子湖以南。巴丹吉林沙漠位于 39°04′～42°12′N，99°23′～104°34′E，总面积约 $4.7 \times 10^4 \, km^2$，是中国第三，世界第四大沙漠。奇峰、鸣沙、湖泊、神泉、寺庙堪称巴丹吉林"五绝"。受风力作用影响，沙丘呈现沧海巨浪、巍巍古塔之奇观。地貌形态缓和，平均海拔高度为 1200～1700 m，主要为剥蚀低山残丘与山间凹地相间组成，流动沙丘占沙漠面积的 83 %，移动速度较小，地势总体东南高西北低，沙山相对高度可达 500 m，堪称"沙漠珠穆朗玛峰"。巴丹吉林沙漠占阿拉善右旗总面积的 39 %，东南部沙山间分布有 144 个内陆湖，面积一般为 1～1.5 km^2，由于蒸发强烈，大多数已变成矿化度较高的盐碱湖。

巴丹吉林沙漠处于亚洲季风西北边缘区，主要受西风带、高原季风和东亚季风的影响，属温带大陆性沙漠气候，气候极为干旱，冬春季盛行西风和西北风，夏秋季盛行东南风。巴丹吉林沙漠地区年平均降水量呈现由东南向西北减少分布，东南部大约为 120 mm，西北部不足 40 mm，且降水主要集中在 6～8 月；年平均气温为 7～8 ℃，最高气温为 37～41 ℃，最低为–37～–30℃，夏季沙面温度可达 70～80 ℃，年蒸发量大于 3500 mm。光照强烈，太阳能资源丰富。年平均风速为 4 $m \cdot s^{-1}$，八级大风日数达 30 天左右。

1960~2009 年，巴丹吉林沙漠周边地区年平均气温以 0.40 ℃·$(10a)^{-1}$ 的速率显著升高；四季平均气温的升高也很显著，以冬季的升温速率最大；年、季节平均最高（最低）气温均呈显著升高趋势；年、季平均日较差则显著减小，且以最低气温的升温速率大于最高气温的升温速率为特点。年降水量以 0.87 mm·$(10a)^{-1}$ 的速率呈不显著增加趋势，其中春季降水量略有减少，夏、秋和冬季略有增加。年日照时数以 34.8 h·$(10a)^{-1}$ 的速率显著增加，各季节日照时数以春季增加最为明显。年平均风速以– 0.092 $m \cdot s^{-1} \cdot (10a)^{-1}$ 的速率呈显著减小趋势，以冬季的减小速率最大(马宁等，2011)。

2.3.2　观测试验设计

2009 年 7～9 月及 2012 年 7 月，在巴丹吉林沙漠腹地开展了大气边界层和陆面辐射能量平衡的野外加强观测试验。野外观测试验设立的 2 个观测点，分别位于沙漠东南部的沙漠(102°22′E，39°28′N，海拔高度为 1418m)，以及该站西北方向的沙湖岸边(俗称大沙枣海子，102°08.920′E，39°46.094′N，海拔为 1158 m，沙湖水域面积约 1.4 km^2，东西最大距离 1.6 km，南北最宽处约 1.1 km），2 个观测点相距 38.44 km(图 2.6)。其中沙漠观测站四周开阔，下垫面均为黄沙，代表了巴丹吉林沙漠地表特征，离观测点南部约 1 km 为沙漠-戈壁过渡带，植被相对较多；沙湖区由高大沙山和沙湖组成，观测点地处沙湖南部向北延伸的半岛上，下垫面为沙土，周围有芦苇为主的稀疏植被分布，观测点离湖边 10 m 左右。除半岛外沙湖周围有一排 3~5 m 高的杨树林带，向外为沙山，地势逐步抬高。沙湖面积约 1km^2，最大深度约 6 m，为盐碱湖。

观测区沙漠地形起伏不大，可作为均匀下垫面处理；沙山-湖泊区为盆地地形，下垫面既有湖泊、沙地，也有高矮交错的植被区，为非均一下垫面。由于地广人稀且处于沙漠腹地，气候环境较为恶劣。

1. 沙漠腹地及边缘对比观测试验

2009 年 7 月 21 日至 9 月 12 日，在巴丹吉林沙漠进行了大气边界层和陆面辐射能量平衡的野外加强观测，两个观测点(图 2.7)架设的仪器一致。观测项目包括：空气温度、风速、风向、潜热、感热、土壤热通量、净辐射、长波辐射、短波辐射、不同深度的土壤温湿度及降水量、系留汽艇探测系统和 GPS 探空仪等(表 2.5)。另外，为了解沙湖产生的局地环流，在其周围架设了 4 套自动气象站、1 套涡动相关系统。观测期间共有 9 次降水过程，其中 8 次为阵性降水(大多在半小时之内)，降水量为 0.1~0.6 mm，这也反映了沙漠地区夏季降水量小，时间短的特征。

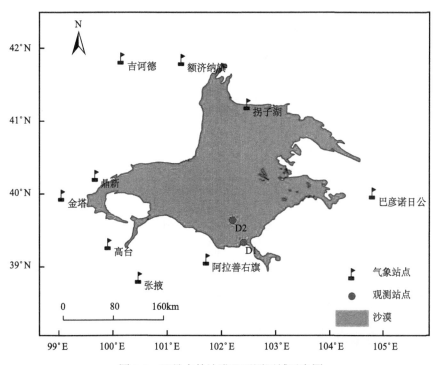

图 2.6　巴丹吉林沙漠及观测区域示意图

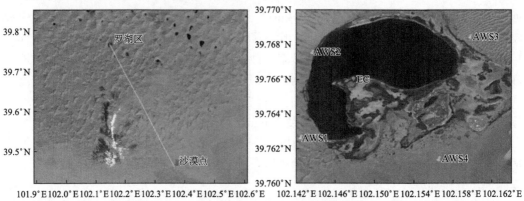

图 2.7　沙漠腹地及对比观测示意图

(a)观测点分布；(b)沙湖仪器架设分布

AWS.自动气象站；EC.涡动相关通量站；黑色区域.沙湖；灰色区域.沙漠

表 2.5　主要观测仪器型号、架设高度及技术指标

观测项目	仪器型号	生产厂家	探头高度/m	技术指标
系留飞艇	TTS-111	VAISALA/芬兰		采样频率 1 Hz；上升速度 1～2 m·s^{-1}；垂直分辨率 1～3m
GPS 探空仪	RS-92	VAISALA/芬兰		采样频率 0.5 Hz；测量范围-90～60 ℃(温度)，0～100%RH(湿度)；分辨率 0.1 ℃(温度)，1% RH(湿度)，0.1 hPa(气压)垂直分辨率 8～12 m
超声风速仪	CSAT3	CAMPBELL/美国	3.0	测量范围±65 m/s；分辨率 U_x，U_x 为 1 mm/s RMS，U_z 为 0.5 mm/s RMS
水汽/CO_2	LI-7500	LI-COR/美国	3.0	采样频率 5 Hz，10 Hz 或 20 Hz；工作温度-25～50℃
空气温湿度	HMP155	VAISALA/芬兰	3.0	测量范围-80～60℃(气温)；0～100 %(相对湿度)；精度-0.17～0.12℃，-1.7%～1.7%
辐射	CNR1(2009)	Kipp&Zonen/荷兰	1.5	测量范围 0.3～2.8 µm(CMP3)；5～42 µm(CGR3)；工作温度-40～80℃
土壤热通量	HFP01	Hukeflux/荷兰	-0.05 -0.20	测量范围-2000～2000W·m^{-2}；分辨率 50 µV·W^{-1}·m^{-2}；精度-15%～5%
土壤温湿度	109L, CS616	CAMPBELL/美国	-0.05 -0.10 -0.20 -0.40	测量范围-40～70℃；0～100% VWC；分辨率 0.1 %；精度≤0.03℃，±2.5 %
降水量	RG3-M	Onset/美国	1.5	工作温度 0～50℃；量程 0～127 cm·hr^{-1}；分辨率 0.2 mm；精度±1.0%

2. 沙漠边界层观测试验

2012 年 7 月 3～7 日，在 2009 年边缘观测点[图 2.8(a)沙漠点]进行了第二次野外观测。由于对 2009 年系留飞艇观测数据进行分析后，发现数据无法显现整个大气边界层随时间的变化规律，加上设备笨重，在沙漠腹地观测边界层结构与发展存在着较大的困难。

因此，本次试验大气边界层探测主要用 GPS 探空仪和多通道微波辐射计。另外辐射四分量仪和水汽/CO_2 开路红外气体分析仪也进行了升级。

为开展精细化对比观测，GPS 探空仪与微波辐射计放置地点相同，涡动相关系统放置距微波辐射计 50 m 处，主要考虑避免数据采集的人为干扰。涡动相关系统使用了 CR3000（Campbell INC.，USA）进行数据采集（表 2.6）。观测试验期间，7 月 3 日为多云，4 日、5 日、7 日为晴天，6 日小雨转晴。

表 2.6 升级的主要观测仪器型号、架设高度及技术指标

观测项目	仪器型号	生产厂家	探头高度/m	技术指标
GPS 探空仪	IMet-1-AB	International Met Systems/美国		采样频率 1 Hz；分辨率 0.01 hPa（气压），0.01 ℃（温度），5 % RH（湿度）；垂直分辨率 10 m
多通道微波辐射计	RPG-HATPRO-G3	RPG/德国		采样频率 22～31 GHz，51～59 GHz；工作温度−45～50 ℃
水汽/CO_2	EC150	CAMPBELL	3.0	采样频率 1～60 Hz；工作温度−80～60 ℃；
辐射	CNR4	Kipp&Zonen/荷兰	1.5	测量范围 0.3～2.8 μm（CMP3）；5～42 μm（CGR3）；工作温度−40～80 ℃

2.4 观测试验资料预处理

2.4.1 涡动相关法资料处理与质量控制

目前，许多试验除进行风向、风速、温度及湿度的梯度，大气辐射和土壤参数观测外，普遍以涡动相关方法为依据观测地表能量通量。湍流观测理论是建立在如平坦地形、均匀下垫面、平稳湍流等理想假设下的结果，但由于观测场地、架设方法及设备本身的故障，在实际观测过程中数据难免会出现各种问题。因此，质量控制是非常重要的。

涡动相关方法（或涡动协方差方法，简称 EC）是一种微气象学测量方法。它可以通过测量三维风速、温度、水汽和二氧化碳浓度等的快速变化，由计算水平风速分量或某一标量浓度与垂直风速分量的协方差得到湍流输送量，直接测量生物圈与大气圈之间的湍流交换通量，已成为当前地气交换研究中最先进和首选的通量观测方法。

根据雷诺分解（Reynolds，1895），标量 x 在半小时取样平均周期下的垂直湍流输送通量可以用式（2.1）来表示：

$$Q_X = \overline{W(\rho x)} = \rho \overline{Wx} \tag{2.1}$$

式中，Q_X 为垂直湍流输送通量；W 为垂直风速，$m \cdot s^{-1}$；ρ 为干空气密度，$g \cdot m^{-3}$。

根据雷诺分解有：$W = \overline{W} + W'$，$X = \overline{X} + X'$（其中—表示时间平均，′表示扰动量）。

假设下垫面为平坦均一，则 $\overline{W} = 0$，可得出某标量的垂直湍流通量计算公式：

$$Q_X = \rho \overline{WX} = \rho \overline{W'x'} + \rho \overline{W}x \approx \rho \overline{W'x'} \tag{2.2}$$

由式（2.2），涡动相关法通过计算某标量的浓度和垂向风速分量的协方差来得到垂直

输送通量。

　　尽管涡动相关通量观测仪器及其野外应用有了很大的进步，但通量的计算仍然需要一些修正过程。依据王介民编写的《涡动相关通量观测指导手册》，湍流资料的计算及质量控制步骤主要包括以下三方面：①原始湍流数据的检查和预处理　检查超声风速仪和水汽/CO_2红外气体分析仪的传感器异常标志(flag)→ 检查u, v, w, T等原始记录的异常情况，去除超出阈值点→去除"野点"→计算各量的平均值($\bar{u}, \bar{v}, \bar{w}, \bar{T}_S$)→水汽和$CO_2$的时间滞后性订正。②涡动通量的计算及修正　倾斜修正(即坐标旋转)→对各观测量计算均值、方差、协方差，以及偏斜度、峰度等统计量→对水汽和CO_2单位做必要的校正或转换(一般为浓度，$mg \cdot m^{-3}$ 或 $g \cdot m^{-3}$)→频率响应修正→对感热通量做超声虚温(湿度影响)订正→对潜热通量和CO_2通量做 WPL 修正(空气密度脉动修正)→大气稳定度计算→计算得出感热、潜热等。③质量控制及评价　原始数据异常比例检查 →平稳性、相似性(湍流特征)检验与通量质量评级→通量代表性(footprint)检验等。

　　(1)湍流资料处理软件的选择。涡动相关系统的原始数据是一个频率为 10 Hz、后缀名为.dat 的二进制文件，称为 TS 数据，文件大小为内存卡的大小相当(一般为 1 G 或 2 G)。用户无法直接打开它，必须首先对其进行分割、转换处理，所用软件为 LoggerNet 3.3，将 TS 数据处理为平均时长为 30 min 的 TOB1 文件。此软件是 Campbell 公司开发的一款集数据传输、查看及处理的综合软件，它能实时查看数采器的运行及数据的采集状态，将数采器中的数据传输至计算机，并进行后续处理(图略)。

　　目前，涡动协方差通量数据处理软件常见的有 3 个，分别是英国爱丁堡大学的 EdiRe 软件、德国拜罗伊特大学 TK3 软件及美国 LI-COR 公司的 EddyPro 软件。这些数据处理软件可能在数据修正计算中略有不同，因此造成数据的处理结果也有所差异。EddyPro 是一款处理原始涡动相关(EC)数据的软件，它能计算 CO_2、H_2O、CH_4 以及其他微量气体的生物/大气通量及能量。它基于 IMECC-EU 计划发布的 ECO_2S 软件包，能有效地处理 LI-COR 公司的气体分析仪日志文件(.ghg 文件)所对应的涡动数据，它还支持 ASCII 表文件、TOB1 二进制文件及 SLT 格式的文件。

　　EddyPro3.0 中包含了快速版(express mode)和高级版(advanced mode)两种处理数据的模块。在快速版中，数据校正和处理方法已经进行了固定设置，用户无需选择，可较快地处理数据；高级版中，每一个处理步骤中提供多种处理方法，用户可以根据研究需要选择适当的方法进行处理。

　　在 EddyPro3.0 软件高级版中。数据输入量包括 CAST3 测得的风速三维分量 u、v 和 w($m \cdot s^{-1}$)；Li-7500 可观测 CO_2($mg \cdot m^{-3}$)和 H_2O($g \cdot m^{-3}$)值。数据输出主要包括：未经(或经过)WPL 修正的湍流通量、CO_2 和 H_2O 值，还包括三维风速分量之间及与超声虚温、CO_2 和 H_2O 之间的协方差等。

　　(2)资料的质量控制。采用 EddyPro 3.0 对湍流数据进行处理，并加入了一系列校正计算，包括异常值及野点剔除、倾斜修正、超声虚温修正、时间滞后校正、频率响应订正、空气密度效应修正(WPL)等，通过大气状态平稳性检验、总体湍流特征检验、湍流通量统计特征与 Footprint 分析，对缺失数据进行插补，形成一套精确、完整的采样周期为 30 分钟的通量数据产品。

2.4.2　GPS 探空及系留数据处理与质量控制

（1）GPS 探空系统。它由 GPS 接收站、GPS 解码器、GPS 探空仪及系统终端处理系统组成。由于整个试验进行了 2 次观测，使用的 GPS 探空系统虽然原理相同，但是探空仪的型号和生产商不同，因此所测得的数据也不尽相同。

InternationalMet Systems 公司的 IMet-1-AB 探空仪瞬时数据采集频率为 1.0 Hz，所观测的项目为风速、温度、湿度、大气压强及海拔高度数据。Vaisala 公司的 RS-92 探空仪采集频率为 0.5 Hz，观测项目与 IMet-1-AB 探空仪相同。为了数据分析的需要，利用观测资料计算了比湿和位温，公式如下：

$$S = \frac{mr}{1 + \frac{mr}{1000}} \tag{2.3}$$

式中，S 为比湿，$g \cdot kg^{-1}$；mr 为混合比，$g \cdot kg^{-1}$。

$$\theta = (t + 273.15) \times (\frac{1000}{P})^{0.286} \tag{2.4}$$

式中，t 为位温，K；P 为气压，hPa。

IMet-1-AB 探空仪在放飞过程中，由于地物干扰等原因，GPS 天线有时在底层（0～300 m）会出现无法获取气球位置的情况，即软件无法进入飞行状态（flight mode），针对这种情况可以利用软件的模拟飞行模式（simulated flight）对底层数据进行补全。另外，对两种 GPS 探空数据中出现的异常值和野点进行了剔除。试验中释放高度不小于 10 000 m。

（2）系留数据处理。系留气球系统一般由球体、系缆、锚泊设施、测控、供电等主要部分组成。TTS-111 系留气球采样频率为每一分钟一组数据，这要比 GPS 探空仪高。观测项目包括温度、湿度、大气压、风速及风向等气象要素，利用式（2.3）、式（2.4）可求得比湿和位温。

由于沙漠地区夏季热力对流较强，风向和风速变化频繁，加上气球体积不大，因此系留气球的抗风能力较弱。这也是此次试验过程中系留气球释放高度不宜过高的原因。观测数据中经常因为风的原因出现同一高度有多组数据的现象，依据数据连续性的特点，对重复数据进行了合理的删除，缺失数据进行了线性插补，以保证释放高度由小到大排列且一个高度对应一组数据。

2.4.3　雷达探空数据预处理

探空观测场地设在金塔绿洲中部（98°51′E，40°8′N），海拔高度为 1 234.9 m，地面平均气压为 869.8 hPa，资料包括风速、风向、温度、相对湿度和气压。

使用式（2.5）来计算探空站点处整层大气水汽含量：

$$w = \frac{1}{g} \int_{P_s}^{P_t} q(P) \mathrm{d}P \tag{2.5}$$

式中，w 为整层大气水汽含量；P_s、P_t 分别为地面气压和大气顶部气压，因为高空 300 hPa以上，大气水汽含量非常少，因此以地面到 300 hPa 的大气水汽含量代表整层大气水汽含量。

2.4.4　卫星遥感资料预处理

金塔试验还收集了观测期间可用的 EOS/MODIS、Landsat TM 资料，并注意到卫星过境时间与野外观测时间的同步。

(1) 数据的采集与预处理。卫星遥感资料采用的是 2004 年 7 月的 EOS/MODIS 资料，野外观测数据主要包括同步的基本气象资料，辐射及能量平衡各分量的数据。

(2) EOS/MODIS 卫星资料预处理。为了更加精确的使用 MODIS 资料提取相关数据，首先将 MODIS 资料进行预处理，主要包括以下几个步骤：①辐射亮度值的获取。一般来说，从 MODIS 网站上下载的 MODIS 初级产品分为反射率和辐射亮度值两种，可以根据研究的需要使用。②大气校正。由于地物信息被传感器接收经过大气，因此大气的影响不可忽视，为精确反演地表参数及地表能量，必须首先消除大气的干扰。研究使用的 MODIS 资料有 20 个反射波段和 16 个热红外波段，因此，反射波段通过 6S 和 MODTRAN 相结合的方法进行校正，而热红外波段由于整层大气水汽含量是影响热波段的主要因素，因此热波段大气校正主要通过消除大气水汽含量对该波段的影响来完成；③几何校正。由于 MODIS 资料本身提供了几何校正的信息，因此几何校正直接用 Built GLT 的方法使用 ENVI 软件实现，并利用野外实测 GPS 数据进行检验。

(3) 观测资料预处理。由于检验遥感反演结果的需要，在野外观测期间针对检验需要进行了地表温度等参数的加强观测，对这些资料，需要将其处理成和卫星同步的观测资料使用。对于探空数据，由于获取的是比湿廓线，因此将其积分计算得到整层大气水汽含量，对于短波辐射数据，为验证地表反照率的反演结果，将短波辐射各分量计算成地表反照率。

2.5　数值预报模式介绍

陆气相互作用是一个理论与观测试验结合得非常紧密地研究领域，但是，由于观测区内布置的测点比较稀疏，因而对非均匀下垫面条件下大气边界层的研究，还需要利用观测与数值模拟相结合的手段。随着全球干旱化日益严重，干旱半干旱区特别是沙漠绿洲等非均匀下垫面陆面过程参数化，对提高数值预报模式的模拟水平至关重要。在诸多模式中，主要采用 MM5、RAMS 和 WRF 模式，对沙漠绿洲非均匀下垫面的陆气相互作用等进行了全面研究（详见第 9 章）。

2.5.1　MM5 模式

MM5V3.6 是美国宾州大学（PUS）和美国大气研究中心（NCAR），20 世纪 1970 年代末到 1980 年代初在流体静力中尺度模式 MM4 基础上发展起来的新一代中尺度模式（见第 5.4.1 节）。MM5V3.6 模式采用高分辨率 30 s(0.925 km) 地形及植被资料，具有多层网格嵌套，非静力平衡动力学和多项物理方案可供选择，对降水和辐射等物理过程描述和处理更为周密合理。在降水物理过程隐式积云参数化方案中，除与 MM4 相同的

Anthes-Kuo 方案外，增加了改进的 Arakawa-Schubert 方案、Grell 方案、Kain-Fritsch 方案、Fritsch-Chappell 方案、Betts-Miller 方案等。

在显式方案中增加了冰相过程、Reisner 混合冰相过程等；在辐射方案中，除了用能量平衡方程计算地面温度时考虑辐射过程外，在模式各层上均考虑辐射过程的能量收支，包括云水、云冰、雪和二氧化碳对辐射的吸收、散射和反射等。MM5V3.6 还增加了 Noah LSM 陆面过程模型。

Noah LSM[N:National Centes for Environmental Predection(NCEP)，O: Oregon State University, A: Air Force, H: Hydrology Research Lab]。该模式的前身是由 Mahrt 和 Pan(1984)、Pan 和 Mahrt(1987)于 20 世纪 80 年代中期发展的 OSU/LSM(Oregen State University/Land State University/LandSurface Model)(Mahrt，1991)，后来经 Chen 等(1996)扩展，它包含显式的茎阻滞计算(Jacquemin and Noilhan，1990)和一个径流计算方案(Schaake et al.，1996)。经过大量的检验，该模式不仅在单点模式中使用，而且被耦合在大气模式 MM5、ETA 和 WRF 中(Angevine et al.，2001；Chen and Dudhia，2001a，2001b)。同时，该模式是北美和全球实时陆面数据同化系统所选择的陆面模式之一，曾被纳入了 PILPS(the Project for Intercomparison of Land Surface Parameterization) 和 the Global Soil Wetness Project and the Distributed Model Intercomparison Project。

Noah LSM 是一维陆面模式，用来描述土壤温度、土壤湿度、地表温度、雪水当量、冠层水含量以及地球表面能量和水分通量。模式包含一层植被，四层土壤，默认的每层土壤距地面的厚度分别为 0.1 m、0.3 m、0.6 m 与 1.0 m，总的土壤深为 2 m，上面的 1 m 为根区。模式输出的诊断量有：每层土壤的温度与湿度，植被截留水分，地表积雪。

1. 土壤温度(soil temperature)

地表温度的计算运用一个线性地表能量平衡方程(Mahrt and Ek,1984)。土壤热通量由土壤温度(T)扩散方程决定：

$$C(\theta)\frac{\partial T}{\partial t} = \frac{\partial}{\partial z}\left[K_{t}(\theta)\frac{\partial T}{\partial z}\right] \tag{2.6}$$

式中，K_t 和 C 分别为导热率(W·m^{-1}·K^{-1})和体积热容量(J·m^{-3}·K^{-1})，是土壤体积含水量 θ 的函数

$$K_{t}(\theta)\begin{cases}420\exp\left[-(2.7+\text{Pf})\right], & \text{Pf} \leqslant 5.1 \\ 0.1744, & \text{Pf} > 5.1\end{cases} \tag{2.7}$$

$$C = \theta C_{\text{water}} + (1-\theta)C_{\text{soil}} + (\theta_{\text{s}} - \theta)C_{\text{air}}$$

式中，$\text{Pf} = \log[\Psi_{\text{s}}(\theta_{\text{s}}/\theta)]$，体积热容量分别为 $C_{\text{water}} = 4.2\times10^{6}$ J·m^{-3}·K^{-1}、$C_{\text{soil}} = 1.26\times10^{6}$ J·m^{-3}·K^{-1}、$C_{\text{air}} = 1004$ J·m^{-3}·K^{-1}。这里 θ_{s} 与 Ψ_{s} 分别为最大土壤湿度(孔隙度)和饱和土壤势(最大吸力)，与土壤结构有关(Cosby,1984)。

第 i 层土壤层温度的计算式为

$$\Delta z_i C_i \frac{\partial T_i}{\partial t} = \left[K_t \frac{\partial T}{\partial Z} \right]_{z_{i-1}} - \left[K_t \frac{\partial T}{\partial Z} \right]_{z_i} \tag{2.8}$$

预测的第 i 层土壤温度 T_i 用 Crank-Nicholson 方案求解。

2. 土壤湿度(soil moisture)

在模式中体积含水量(θ)的诊断方程为

$$\frac{\partial \theta}{\partial t} = \frac{\partial}{\partial z}\left(D \frac{\partial \theta}{\partial z} \right) + \frac{\partial K}{\partial z} + F_\theta \tag{2.9}$$

式中，F_θ 为土壤水的源、汇项(比如降水、蒸发、径流等)；土壤导水率 $K(\Theta) = K_s (\Theta / \Theta_s)^{2b+3}$ (Cosby et al.,1984)；土壤水扩散率 D 定义为

$$D = K(\theta)\left(\frac{\partial \Psi}{\partial \theta} \right) \tag{2.10}$$

式中，Ψ 为土壤水张力的函数，$\Psi(\theta) = \Psi_s / (\theta / \theta_s)^b$；$\Psi_s$、$K_s$ 和 b 都由土壤类型确定。导水率 K、扩散率 D 与土壤体积含水量之间均为高度的非线性关系，土壤湿度一些细微的变化就会引起 K、D 发生几个量级的改变，所以土壤湿度的初始化至关重要。

相对于传统的陆面过程模式，LSM 中增加了径流机制，采用简单水平衡模式(simple water balance，SWB)中的径流计算。SWB 模式(Schaake et al.，1996)是一个两层水文模型，充分考虑了降水、土壤湿度以及径流的空间非均匀性。地表径流 R 定义为降水经过下渗后的剩余部分($R=P_d-I_{max}$)，最大下渗 I_{max}，由式(2.11)计算：

$$I_{max} = P_d \frac{D_x \left[1 - \exp(-kdt\delta_i) \right]}{P_d + D_x \left[1 - \exp(-kdt\delta_i) \right]} \tag{2.11}$$

$$D_x = \sum_{i=1}^4 \Delta z_i (\theta_s - \theta_i) \tag{2.12}$$

$$kdt = kdt_{ref} \frac{K_s}{K_{ref}} \tag{2.13}$$

式中，δ_i 为模式时间步长 δ_t 以秒 (s) 为单位的变形，以天 (d) 为单位，也就是说 $\delta_i = \delta_t / 86400$；$K_s$ 为于土壤类型有关的饱和导水率；$kdt_{ref} = 3.0$；$K_{ref} = 2\times10^{-6}\,\mathrm{m\cdot s^{-1}}$。

3. 蒸发(Evaporation)

总蒸发 $E=E_{dir}+E_c+E_t$，其中，E_{dir} 为上层土壤直接蒸发；E_c 为植被截留的降水的蒸发；E_t 为植被与根部的蒸腾。

根据 Betts 等(1997)的敏感性试验，模式中采用一个简单的线性方法(Mahfouf and Noilhan,1991)计算地表直接蒸发：

$$E_{dir} = (1-\sigma_f)\beta E_p \tag{2.14}$$

$$\beta = \frac{\theta_i - \theta_w}{\theta_{ref} - \theta_w} \tag{2.15}$$

式中，E_p 为可能蒸发，由以 Penman 方程为基础的能量平衡方法计算，其中包含了依赖稳定度的空气动力阻滞（Mahrt and Ek,1984）；θ_{ref}、θ_w 分别为田间持水量与凋萎点；σ_f 为植被覆盖度。

植被截留降水的直接蒸发为

$$E_c = \sigma_f E_p \left(\frac{W_c}{S}\right)^n \tag{2.16}$$

式中，W_c 为植被截留水量；S 为植被最大可截留水量；$n = 0.5$。类似于 Noilhan 和 Planton（1989）与 Jacquemin 和 Noilhan（1990）的公式。截留水平衡方程为

$$\frac{\partial W_c}{\partial t} = \sigma_f P - D - E \tag{2.17}$$

式中，P 为总的降水，假如 W_c 超过 S，就会形成落地水 D，$P_d = (1-\sigma_f)P + D$。植被蒸腾的计算如下：

$$E_t = \sigma_f E_p B_c \left[1 - \left(\frac{W_c}{S}\right)^n\right] \tag{2.18}$$

$$B_c = \frac{1 + \dfrac{\Delta}{R_r}}{1 + R_c C_h + \dfrac{\Delta}{R_r}} \tag{2.19}$$

式中，B_c 为茎阻滞 R_c 的函数，C_h 为地表热量与水汽交换系数；Δ 为依赖于饱和比湿曲线的斜率；R_r 为地表空气温度、地表气压及 C_h 函数 R。

$$R_r = \frac{\sigma T^4}{P C_h} + 1.0 \tag{2.20}$$

$$R_c = \frac{R_{cmin}}{LAI F_1 F_2 F_3 F_4} \tag{2.21}$$

$$F_1 = \frac{\dfrac{R_{cmin}}{R_{cmin}} + f}{1 + f} \tag{2.22}$$

$$f = 0.55 \frac{R_g}{R_{g1}} \frac{2}{LAI} \tag{2.23}$$

$$F_2 = \frac{1}{1 + h_s \left[Q_s(T_a) - q_a\right]} \tag{2.24}$$

$$F_3 = 1 - 0.0016(T_{ref} - T_a)^2 \tag{2.25}$$

$$F_4 = \sum_{i=1}^{3} \frac{(\theta_i - \theta_w) d_{zi}}{(\theta_{ref} - \theta_w)(d_{z1} - d_{z2})} \tag{2.26}$$

式中，R_c 为茎阻滞；F_1、F_2、F_3 与 F_4 的值介于 0~1 之间，分别代表太阳辐射、水汽压、空气温度及土壤湿度（Jacquemin and Noilhan,1990）；$Q_s(T_a)$ 为当空气温度为 T_a 时水汽的

饱和混合比；R_{cmin} 为最小气孔阻滞；LAI 为叶面积指数；R_{cmax} 是叶子的环流阻滞，取值为 5000s·m^{-1}；T_{ref} 值为 298K（Noilhan and Planton,1989）。

4. 地表特征参数（surface parameters）

植被类型与土壤类型是陆面过程模式中的两个基本变量，其他的参数，如最小茎阻滞、土壤水特性等都是由这两个变量决定的。植被的分类大多应用 1km 分辨率[美国 U.S. Geological Survey（USGS）的植被分类]，包括 25 种土地利用类型，该分类数据是 1992 年 4 月至 1993 年 3 月期间由 1km 卫星先进的高分辨率射线探测仪探测所得。绿色植被百分比 σ_f，以及叶面积指数 LAI 都是很重要的植被参数，另一个由卫星反演的关键植被参数是地表反照率。

土壤分类数据取自 Miller 和 White（1998）基于美国农业部土壤地理数据库（USDA）发展的 1km 分辨率多层 16 类土壤特征数据，土壤特征参数包括土壤结构、体积密度、孔隙度、田间持水量等。其中，孔隙度（θ_s）、饱和水势（ψ_s）、饱和导水率（K_s）与滞留曲线斜率（b）这四个土壤参数由 Cosby 等（1984）对土壤的分析确定。田间持水量（θ_{ref}）与凋萎水量（θ_w）不是由 Cosby 等（1984）确定，而是计算出来的。计算公式为

$$\theta_{ref} = \theta_s\left[\frac{1}{3}+\frac{2}{3}\left(\frac{5.79\times10^{-9}}{K_s}\right)^{\frac{1}{2b+3}}\right], \theta_w = 0.5\theta_s\left(\frac{200}{\Psi_s}\right)^{-\frac{1}{b}} \tag{2.27}$$

2.5.2　RAMS 模式

RAMS 模式是美国科罗拉多州立大学结合 3 个相关模式（CSU 云/中尺度模式、流体静力的云模式和海陆风模式）发展起来的具有多用途的区域大气模拟系统（regional atmosphere modeling system）RAMSv4.4（Pielke et al.，1992；Cotton et al.，2003）。RAMS 模式经常用于中尺度系统的模拟（水平尺度 2~2000 km），如对流云、龙卷、雷暴、积云、卷云、非均匀地表上对流边界层中涡流和陆气相互作用等中尺度现象，RAMS 甚至被用于模拟风洞内的湍流和建筑物扰流等微尺度现象。

选用美国科罗拉多州州立大学开发的中尺度数值模式系统 RAMSv4.4 和美国宾夕法尼亚州立大学、美国大气研究中心开发的 MM5V3.6，这 2 种中尺度模式有很多的共同点：三维非静力、沿地形的垂直坐标、四维数据同化允许外部驱动项来运行模式，许多相似的次网格湍流、积云、辐射参数化方案。为合理对比 RAMS 和 MM5V3.6 的输出结果，两种模式设置保持一致。RAMS 模式的下垫面分类及地表植被参数见表 2.7。

表 2.7　下垫面分类及地表植被参数

代号	下垫面类型	反照率	比辐射率	叶面积指数	植被覆盖度	粗糙度
1	湖、河	0.14	0.99	0.00	0.00	0.00
3	常绿针叶树	0.10	0.97	6.00	0.80	1.00
4	落叶针叶树	0.10	0.95	6.00	0.80	1.00

续表

代号	下垫面类型	反照率	比辐射率	叶面积指数	植被覆盖度	粗糙度
5	落叶阔叶树	0.20	0.95	6.00	0.80	0.80
6	常绿阔叶树	0.15	0.95	6.00	0.90	2.00
7	短草	0.26	0.96	2.00	0.80	0.02
8	长草	0.16	0.96	6.00	0.80	0.10
9	沙漠	0.30	0.86	0.00	0.00	0.05
10	半沙漠	0.25	0.96	6.00	0.10	0.10
12	长绿灌木	0.10	0.97	6.00	0.80	0.10
13	非长绿灌木	0.20	0.97	6.00	0.80	0.10
14	混合林地	0.15	0.96	6.00	0.80	0.80
15	混合型农田	0.20	0.95	6.00	0.85	0.06
16	灌溉型农田	0.18	0.95	6.00	0.80	0.06
18	常绿针叶林	0.06	0.97	6.00	0.80	0.98
19	常绿阔叶林	0.08	0.95	6.00	0.80	2.21
20	落叶针叶林	0.06	0.95	6.00	0.80	0.92
21	落叶阔叶林	0.09	0.95	6.00	0.80	0.91
22	混合型覆盖	0.07	0.96	6.00	0.80	0.87
23	森林	0.08	0.96	5.70	0.80	0.83
29	裸地	0.16	0.86	0.70	0.07	0.05
30	城市	0.15	0.90	4.80	0.74	0.80

2.5.3 WRF 模式

WRF 模式系统是由许多美国研究部门及大学的科学家共同参与进行开发研究的新一代中尺度预报模式和同化系统。WRF 模式是在 MM5 模式上发展起来的新一代中尺度模式。WRF 模式分为 ARW (the advanced research WRF) 和 NMM (the nonhydrostatic mesoscale model) 两种，即研究用和业务用两种形式，分别由 NCEP 和 NCAR 管理维持。WRF 模式主要有三大特点：一是具有复杂的动态核心；二是三维数据同化系统；三是具有并行计算的软件结构和系统的可扩展性。

1. 模式特点

WRF 模式作为一个公共模式，免费对外发布 (Gallus and Bresch, 2006; Joseph, 2004)，2000 年 11 月 30 日发布了第一版，此后又多次发布改进版本。3.1 版本是 2009 年 4 月发布的改进版本，在此版本中，加入了新的微物理方案、积云参数化方案等。例如，新长波-短波辐射参数化方案(RRTMG)，改进了 Noah-LSM 陆面过程方案，更好地考虑的过程包括根区及其他的植被作用和水流失，可以为边界层提供感热和潜热通量；Mellor-Yamada Nakanishi and Niino Level 2.5 PBL 行星边界层方案，可以预报次网格的湍流动能、湍流混合层高度及考虑局地垂直混合等；重点考虑 1～10 km、时效为 60 小时以内的模拟能力，近地面层方案中考虑了黏性层采用显式参数化，在陆地上考虑了黏性层的粗糙度对温度和湿度的影响，这对于绿洲-戈壁的非均匀下垫面模拟有所改观(见第4.4 节)。并且模式还改进了前处理模块、后处理模块和完善同化模块(图 2.8)，使应用更加方便。

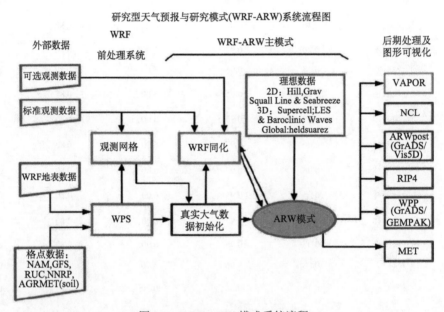

图 2.8　WRF-ARW 模式系统流程

目前，模式发展到 V3 版本，新增加功能如下：

- 用 WPS 取代了 WRFSI；
- 实现了分析和观测的 nudging 技术；
- 实现了标量的正定平流方案；
- 更新了微物理过程的 Thompson 方案；
- 添加了城市冠层模式；
- 输入输出支持 GRIB2 格式；
- 积分时间从几天到几个月；
- 重点考虑 1～10km 高分辨率模拟；
- 外部数据，如格点、站点、船舶、浮标、探空、飞机、卫星、地形资料等；
- (WPS)作为前期处理程序，这是进行区域选择、把格点数据插值到模式领域的前处理程序，WRF-Var 为同化程序；
- ARW solver 为 WRF 的主体积分运算程序；
- Post-processing & Visualization tools 为后期处理的一些软件。

2. WRF 模式的动力框架

WRF 采用地形追随质量垂直坐标(Laprise, 1992)，也称为地形追随流体静力气压垂直坐标，即垂直质量坐标 η(修正的 σ 面坐标)(图 2.9)，形式如下：

$$\eta = (p_h - p_{ht}) / \mu \tag{2.28}$$

式中，$\mu = p_{hs} - p_{ht}$；p_h 为气压的静力平衡分量，p_{hs} 和 p_{ht} 分别为地表和上边界的气压。从地表到模式层顶，η 由 1 变化到 0。由于 $\mu(x, y)$ 可看成是模式区域 (x, y) 内格点上的单位水平面积上气柱的质量，因此以近似的通量形式的保守量则可写为

$$\vec{V} = \mu\vec{v} = (U, V, W), \Omega = \mu\dot{\eta}, \Theta = \mu\theta \tag{2.29}$$

式中，$\vec{V} = (U, V, W)$ 为水平和垂直方向上的协变速率；$\Omega = \dot{\eta}$ 为逆变"垂直"速率；θ 为位温。另外，定义位势 $\phi = gz$、气压 p 和密度的倒数 $\alpha = 1/\rho$。

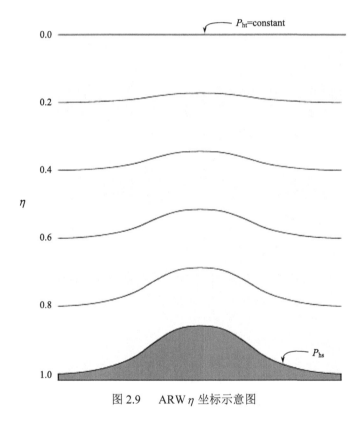

图 2.9　ARW η 坐标示意图

则可得到如下通量形式的欧拉方程：

$$\partial_t U + (\nabla \cdot \vec{V}u) - \partial_x(p\phi_\eta) + \partial_\eta(p\phi_x) = F_U \tag{2.30}$$

$$\partial_t V + (\nabla \cdot \vec{V}v) - \partial_y(p\phi_\eta) + \partial_\eta(p\phi_y) = F_V \tag{2.31}$$

$$\partial_t W + (\nabla \cdot \vec{V}w) - g(\partial_\eta p - \mu) = F_W \tag{2.32}$$

$$\partial_t \Theta + (\nabla \cdot \vec{V}\theta) = F_\Theta \tag{2.33}$$

$$\partial_t \mu + (\nabla \cdot \vec{V}) = 0 \tag{2.34}$$

$$\partial_t \phi + \mu^{-1}[(\vec{V} \cdot \nabla \phi) - gW] = 0 \tag{2.35}$$

且方程组要求满足对于密度倒数的诊断关系：

$$\partial_\eta \phi = -\alpha \mu \tag{2.36}$$

和气体状态方程：

$$p = p_0 \left(R_d \theta / p_0 \alpha \right)^{\gamma} \tag{2.37}$$

式(2.30)~式(2.32)中的下标 x、y 和 η 分别表示微分，且

$$\nabla \cdot \vec{V}a = \partial_x (U a) + \partial_y (V a) + \partial_\eta (\Omega a) \tag{2.38}$$

$$\vec{V} \cdot \nabla a = U \partial_x a + V \partial_y a + \Omega \partial_\eta a \tag{2.39}$$

式中，α 为任意一个一般变量；$\gamma = \dfrac{c_p}{c_v} = 1.4$；$R_d$ 为干空气的气体常数；p_0 为参考气压。

WRF 计算差分格式在空间上采用 Arakawa-C 跳点格式，将热力学变量和水汽变量定义在整数网格点上，u、v 和 w 则交错排列于 $1/2\Delta x$、$1/2\Delta y$ 和 $1/2\Delta z$，使得 w 与 u、v 在垂直方向上相差半个格距，从而使求解 w 时精度更高，θ 与 u、v 在水平方向上错开半个格距可提高 π 的精度，减小地形影响。

时间上采用时间分裂差分方案，即热力学变量向前差分、速度分量和气压项采用二阶蛙跃格式。采用 Runge-kutta 积分方案，垂直方向上采用隐式方案，在隐式方案下求解垂直气压梯度和垂直辐射时可取较大的时间步长。非静力方程完全可压缩，允许声波的存在，从数值计算的稳定性角度考虑，对快波处理采用短时间步长。模式采用张弛侧边界条件(Skamarock,2004,2006;Skamarock and Klemp, 2008; Skamarock and Weisman, 2009; Wicker and Skamarock,2002)。

3. WRF 物理模块及参数化方案

WRF3.1 版本包含了众多物理参数化方案：微物理方案，长波短波方案；近地面层、行星边界层方案；积云对流参数化方案；陆面过程参数化方案和城市近地面层方案。模式中对各物理过程可选择的方案如下。

1) 微物理过程参数化

微物理过程包括水汽、云和降水过程等。WRFV3.1 中微物理过程参数化方案主要有：

(1) Kessler 方案。

该方案为由 Kessler(1969)提出，其为简单的暖云方案，包括水汽、云水和降水。该方案中微物理过程包括雨的形成降落和蒸发、云水的积累和自转变、凝结过程中云水的形成。

(2) Purdue Lin 方案。

该方案为较复杂的参数化方案，包括冰、雪和霰过程。主要用于实时高精度模拟，其具有 6 种水相：水汽、云水、雨、云冰、雪和霰。其主要基于 Lin 等(1983)、Rutledge 和 Hobbs(1984)的工作，另外该方案采用了 Tao 等(1989)的饱和调整。

(3) WSM3 方案。

该方案为对冰、雪过程简单但有效的参数化方案,适用于中尺度网格。该方案由 Hong 和 Lancaster(2004)提出,其包括冰沉降和其他新的冰相参数化方案。其诊断关系利用冰的数浓度而不是温度。该方案包括 3 种水物质:水汽、云水/冰、雨/雪。

(4) WSM5 方案。

该方案和 WSM3 方案类似,方案中对水汽、雨、雪、云冰和云水分别处理,并允许过冷水的存在,且考虑了雪在降落过程中的逐步融化过程。

(5) Eta 微物理过程参数化方案。

该参数化方案可预报平流项中的水汽和总凝结降水变化。其利用局域数组变量来保存初始场信息,然后从中分解得到雨水、云水、云冰以及降冰的变化的密度。该处理方法伴随对快速微物理过程处理方法的修改,使得方案在大时间步长时计算结果更稳定。

2) 积云参数化

积云参数化方案主要用于对流和(或)浅云的次网格尺度效应,但理论上其只对较粗网格才有效,如格距大于 10km,所以在格距小于 5~10km 时一般不采用积云参数化方案。

(1) Eta Kain-Fritsch 方案。

该方案主要基于 Kain 和 Fritsch(1990)提出的方法,但对其做了调整,利用一个简单的伴随水汽的上升和下沉的云模式,同时包括卷入、卷出和相对简单的微物理过程的影响。

(2) Betts-Miller-Janjic 方案。

该积云参数化方案(Janjic,1994,2000)是在 Betts-Miller(Betts and Miller, 1986)对流调整方案基础上发展而来。在给定时间内,对热力廓线做张弛调整,在张弛时间内对流的质量通量会消耗一定的有效浮力能,其主要适用于格距大于 30 km,无显式下沉。此方案为浅对流调整方案,对强对流不适用。

(3) Grell-Dévényi 集合参数化方案。

Grell 和 Dévényi(2002)引入一个集合积云参数化方案,几个积云参数化方案和变量在每个网格上计算,然后对各结果取平均后回馈给模式。理论上可采取不同的权重以优化积云参数化,但模式中默认取相同的权重。该方案为完全质量通量参数方案,但采用了不同的上升和下沉气流夹卷、夹卷参数化和降水效率。

(4) Kain-Fritsch 方案。

该方案利用一个质量通量方法的深对流参数化方案,其包含水汽抬升和下沉运动。

3) 边界层参数化

边界层参数化方案决定在混合均匀的大气边界层和稳定层内的通量廓线,进而提供整个大气柱内的温度、湿度(云)和水平动量的变化趋势。大多数的边界层参数化方案只考虑干混合,但也包含了决定混合作用的垂直稳定度的饱和效应。这些参数化方案均为一维的且假设有个明确的尺度界限以区分次网格湍涡和尺度化湍涡,但当网格距小于几百米时该假设将会变得不明确。

(1)YSU 参数化方案。

其为 MRF PBL 的二代参数化方案,采用反梯度项来表示由于非局地梯度引起的通量,但其在 MRF PBL 的基础上对 PBL 顶的夹卷层做了明确的处理。由大涡模拟可知夹卷和地面浮力通量为线性关系。PBL 顶定义为临界体积理查德数为 0 的高度。

(2)Eta MYJ 参数化方案。

该参数化方案(Janjic,1990,2002)包含局地垂直混合的一维湍流动能预报参数化方案,其用边界层和自由大气的湍流参数化过程在大气湍流区域的全尺度上代替 Mellor-Yamada 2.5 阶湍流闭合模型(Mellor and Yamada,1982)。该参数化方案利用 SLAB(薄层)模式以计算地面温度,在 SLAB 前利用相似理论计算交换系数,之后则利用隐式扩散方案计算垂直通量。

(3)MRF 边界层参数化方案。

Hong 和 Pan(1996)利用所谓的在不稳定调节下热量和湿度的反梯度通量理论,使用加大的边界层垂直通量系数,并利用临界体积理查德数来决定边界层高度。该方案基于局地理查德数并采用隐式局地方案处理垂直扩散。

4)陆面过程参数化

陆面模式利用近地层方案的大气信息、辐射方案的辐射强迫、微物理过程和对流参数化方案的降水强迫,以及地表状态变量和地表特征量的内部信息来计算热量和湿度通量。这些通量可提供 PBL 方案中垂直输送的边界层低层的状态。

(1)热量扩散参数化方案。

此方案为 5 层土壤温度参数化方案,土壤层分别为 1 cm、2 cm、4 cm、8 cm 和 16 cm 厚。在该 5 层之下,用深层土壤温度平均来代替。能量收支包括辐射、感热和潜热通量。其也考虑了雪效应,但雪覆盖量随时间是固定。土壤湿度随土地利用和季节也是固定不变的。

(2)Noah 陆面过程参数化方案。

此方案(Chen and Dudhia,2001a,2001b)为 4 层土壤温度和湿度陆面过程参数化方案,其对雪覆盖量和冻土分区域考虑。在该方案中包括了根系区、土壤水分蒸发折腾损失、土壤排水和流失,并考虑了植被类型、月平均植被指数。其可为边界层参数化方案提供感热和潜热通量。Noah 陆面过程参数化方案也可预报土壤结冰和雪覆盖效应,并改进了城市下垫面的处理。

(3)RUC 陆面过程参数化方案。

此方案(Smirnova et al.,1997; Smirnova et al.,2000)为 6 层土壤温度和湿度、2 层雪参数化方案,并考虑了冻土和片状雪的温度和密度变化、植被效应和水汽遮盖效应。

5)辐射参数化

辐射参数化方案可提供由于辐射通量辐散引起的大气加热以及用于地面能量收支的向下长波和短波辐射。长波辐射包括由于气体和地面吸收和发射的红外或热辐射。地面向上长波辐射通量取决于地面出射状况,也即取决于土地利用和地面温度。短波辐射则包括可见光与可见光波段附近的太阳辐射,辐射过程包括吸收、反射和散射。对于短波辐射，向上辐射通量主要是由于地表反照率的反射引起的。整个大气层内，辐射过程和模式预报的云、水汽分布以及 CO_2、O_3 和示踪气体浓度有关。WRF 的辐射参数化方案均为柱（一维）方案，因此每个柱均独立处理，且柱内的通量水平均匀，在模式层垂直厚度远小于水平格距的条件下其为合理的近似。但当水平精度较高时该等假设的精度将减小。

(1) RRTM 长波辐射参数化方案。

该方案基于 Mlawer 等（1997）的研究工作，其利用相关-κ 方法的光谱带参数化方案。RRTM 利用一个事先处理好的对照表来反映由于水汽、O_3、CO_2 和示踪气体以及云的光学厚度引起的长波辐射过程。

(2) Dudhia 短波辐射参数化方案。

该方案基于 Dudhia（1989）的研究工作，其主要利用 Stephens（1978）提出的查算表，对由于晴空散射、水汽吸收（Lacis and Hansen, 1974）、云反照率和吸收引起的太阳辐射通量进行累加。

(3) Goddard 短波辐射参数化方案。

该方案主要基于 Chou 和 Suarez（1994）的研究工作，其具有 11 个光谱带，并利用流方法计算了由于散射和反射组分引起的散射和直接太阳辐射，另外该方案考虑了 O_3 的影响。

2.6　小　　结

(1) 金塔受特殊的地理位置和复杂多变的下垫面影响是气候变化的敏感区，生态环境的脆弱区。通过在该地区系统、全面的 4 次科学观测试验，首次所获得的大量翔实的第一手不同下垫面综合信息资料，填补了我国沙漠绿洲非均匀下垫面陆气特征观测资料的空白。对于了解非均匀下垫面陆面近地面层与大气之间的物质、能量交换过程，掌握地表热量、动量和能量收支平衡的差异，揭示在地-气相互作用下特有的区域气候演变特征和绿洲的自保护机制等非常重要，为绿洲保护和开发提供了科学依据和理论指导。

(2) 在巴丹吉林沙漠地区开展了大气边界层和陆面辐射能量平衡的野外加强观测试验。观测项目除了涡动相关系统、土壤热通量、土壤温度和水分、辐射、雨量等观测外，同时利用 GPS 探空等观测手段，为深入了解沙漠陆气能量与物质交换提供了有利条件。

(3) 观测试验所有仪器均经过严格标定和检验，对资料进行预处理及质量控制，并建立了观测试验数据库。

参 考 文 献

安兴琴, 吕世华. 2004. 金塔绿洲大气边界层特征的数值模拟研究. 高原气象, 23(2): 200-207.

安兴琴, 吕世华, 陈玉春. 2004. 河西绿洲效应的数值模拟研究. 高原气象, 23(2): 208-214.

巢纪平, 井宇. 2012. 一个简单的绿洲和荒漠共存时距平气候形成的动力理论. 中国科学: 地球科学, 42(3): 424-433.

陈仲全, 詹启仁. 1995. 甘肃绿洲. 北京: 中国林业出版社.

程国栋, 肖笃宁, 王根绪. 1999. 论干旱区景观生态特征与景观生态建设. 地球科学进展, 14(1): 11-15.

段慧平. 2009. 西北干旱区金塔绿洲土地利用变化及其环境影响研究. 山东师范大学硕士学位论文.

范广洲, 吕世华, 罗四维. 1998. 西北地区绿化对该地区及东亚、南亚区域气候影响的数值模拟. 高原气象, 17(3): 300-309.

高艳红, 吕世华. 2001. 不同绿洲分布对局地气候影响的数值模拟. 中国沙漠, 21(2): 108-115.

高艳红, 程国栋. 2008. 黑河流域陆地-大气相互作用研究的几点思考. 地球科学进展, 23(7): 779-784.

高由禧. 1992. HEIFE 专刊(2) 前言. 高原气象, 11(4): 1.

韩德林. 1992. 绿洲系统与绿洲地理建设. 干旱区地理, 15(增刊): 5-11.

韩德林. 1995. 关于绿洲若干问题的认识. 干旱区资源与环境, 9(3): 13-31.

韩德林. 1999. 中国绿洲研究之进展. 地理科学, 19(4): 313-319.

胡隐樵, 王俊勤, 左洪超. 1993. 邻近绿洲的沙漠上空近地面层内水汽输送特征. 高原气象, 12(2): 125-132.

胡隐樵, 高由禧, 王介民, 等. 1994. 黑河实验(HEIFE)的一些研究成果. 高原气象, 13(3), 225-236.

胡泽勇, 吕世华, 高洪春, 等. 2005. 夏季金塔绿洲及邻近沙漠地面风场、气温和湿度场特性的对比分析. 高原气象, 24(4): 522-526.

季国良, 邹基玲. 1994. 干旱地区绿洲和沙漠辐射收支的季节变化. 高原气象, 13(3): 323-329.

贾宝全, 慈龙骏, 韩得林. 2000. 干旱区绿洲研究回顾与问题分析. 地球科学进展, 15(4), 281-288.

贾宝全. 1996. 绿洲景观若干理论问题的探讨. 干旱区地理, 19(3): 58-65.

刘树华, 洪钟祥, 李军, 等. 1995. 戈壁下垫面大气边界层温、湿结构的数值模拟. 北京大学学报(自然科学版), 31(3): 345-350.

罗格平, 周成虎, 陈曦. 2003. 干旱区绿洲土地利用与覆被变化过程. 地理学报, 58(1): 63-72.

吕达仁, 陈佐忠, 陈家宜, 等. 2005. 内蒙古半干旱草原土壤-植被-大气相互作用综合研究. 气象学报, 63(05): 571-593.

吕世华, 陈玉春. 1995. 绿洲和沙漠下垫面状态对大气边界层特征影响的数值模拟. 中国沙漠, 15(2): 116-123.

吕世华, 陈玉春. 1999. 西北植被覆盖对我国区域气候变化影响的数值模拟. 高原气象, 18(3): 416-424.

吕世华, 尚伦宇. 2005. 金塔绿洲风场与温湿场特征的数值模拟. 中国沙漠, 25(5): 623-628.

吕世华, 尚伦宇, 梁玲, 等. 2005. 金塔绿洲小气候效应的数值模拟. 高原气象, 24(5): 649-655.

马宁, 王乃昂, 朱金锋, 等. 2011. 巴丹吉林沙漠周边地区近 50a 来气候变化特征. 中国沙漠, 31(6): 1541-1547.

潘晓玲. 2001. 干旱区绿洲生态系统动态稳定性的初步分析. 第四纪研究, 21(4): 345-351.

潘晓玲, 王学才, 雷加强. 2000. 关于中国西部干旱区生态环境演变与调控研究的思考. 地球科学进展, 16(1): 24-27.

苏从先, 胡隐樵. 1987. 绿洲和湖泊的冷岛效应. 科学通报, 32(10): 756-758.

苏从先, 胡隐樵, 张永丰, 等. 1987. 河西地区绿洲的小气候特征和"冷岛效应". 大气科学, 11(4): 390-396.

汪久文. 1995. 论绿洲、绿洲化过程与绿洲建设. 干旱区资源与环境, 9(3): 1-12.

王根绪, 程国栋. 2000. 干旱荒漠绿洲景观空间格局及其受水资源条件的影响分析. 生态学报, 20(3): 363-368.

王介民, 刘晓虎, 马耀明. 1993. HEIFE 戈壁地区近地层大气的湍流结构和输送特征. 气象学报, 51(3): 343-350.

王亚俊, 米尼热. 2000. 中国绿洲研究回顾. 干旱区资源与环境, 14(3): 92-96.

王永兴. 2000. 绿洲生态系统及其环境特征. 干旱区地理, 23(1): 7-12.

魏文寿, 张璞, 高卫东, 等. 2003. 新疆沙尘暴源区的气候与荒漠环境变化. 中国沙漠, 23(5): 483-487.

文军, 王介民. 1998. 绿洲边缘内外大气中水汽影响辐射传输分析. 干旱区地理, 21(2): 21-28.

徐中民, 张志强, 程国栋. 2002. 额济纳旗生态系统恢复的总经济价值评估. 地理学报, 57(1): 107-116.

薛具奎, 胡隐樵. 2001. 绿洲与沙漠相互作用的数值试验研究. 自然科学进展, 11(5): 514-517.

阎宇平, 王介民, M. Menenti, 等. 2001. 黑河地区绿洲-沙漠环流的数值模拟研究. 高原气象, 4(4): 435-440.

张强, 曹晓彦. 2003. 敦煌地区荒漠戈壁地表热量和辐射平衡特征的研究. 大气科学, 27(2): 245-254.

张强, 卫国安. 2004. 荒漠戈壁大气总体曳力系数和输送系数观测研究. 高原气象, 23(3): 305-312.

张强, 赵鸣. 1999. 绿洲附近荒漠大气逆湿的外场观测和数值模拟. 气象学报, 57(6): 729-740.

张强, 周毅. 2002. 敦煌绿洲夏季典型晴天地表辐射和能量平衡及小气候特征. 植物生态学报, 26(6): 717-723.

张强, 卫国安, 黄荣辉. 2002. 绿洲对其临近荒漠大气水分循环的影响——敦煌试验数据分析. 自然科学进展, 12(2): 170-175.

左洪超, 胡隐樵. 1992. 黑河试验区沙漠和戈壁的总体输送系数. 高原气象, 11(4): 371-380.

左洪超, 吕世华, 胡隐樵, 等. 2004. 非均匀下垫面边界层的观测和数值模拟研究[I]: 冷岛效应和逆湿现象的完整物理图像. 高原气象, 23(2): 155-162.

Angevine W M, Baltink H K, Bosveld F C. 2001. Observations of the morning transition of the convective boundary layer. Boundary-layer Meteorology, 101(2): 209-227.

Betts A K, Miller M J. 1986. A new convective adjustment scheme. Part II: Single column tests using GATE wave, BOMEX, ATEX and arctic air-mass data sets. Quarterly Journal of the Royal Meteorological Society, 112(473): 693-709.

Betts R A, Cox P M, Lee S E et al. 1997. Contrasting physiological and structural vegetation feedbacks in climate change simulations. Nature, 387(6635): 796-799.

Businger J A, Wyngaard J C, Izumi Y et al. 1971. Flux-profile relationships in the atmospheric surface layer. J Atmos Sci, 28(2) 181-189.

Chen F, Dudhia J. 2001a. Coupling an advanced land surface-hydrology model with the Penn State-NCAR MM5 modeling system. Part I: Model implementation and sensitivity. Monthly Weather Review, 129(4): 569-585.

Chen F, Dudhia J. 2001b. Coupling an advanced land surface-hydrology model with the Penn State-NCAR MM5 modeling system. Part II: Preliminary model validation. Monthly Weather Review, 129(4): 587-604.

Chen F, Mitchell K, Schaake J, et al. 1996. Modeling of land surface evaporation by four schemes and comparison with FIFE observations. Journal of Geophysical Research D Atmospheres, 101(D3): 7251-7268.

Chou M D., Suarez M J. 1994. An efficient thermal infrared radiation parameterization for use in general circulation models. NASA Tech Memo, 104606(3): 85.

Cosby B J, Hornberger G M, Clapp R B et al. 1984. A statistical exploration of the relationships of soil moisture characteristics to the physical properties of soils. Water Resour Res, 20(6): 682-690.

Cotton W R, Pielke Sr R A, Walko R L et al. 2003. RAMS 2001: Current status and future directions. Meteorology and Atmospheric Physics, 82(1-4): 5-29.

Curry J A. 2000. FIRE Arctic clouds experiment. Bull Am Meteorol Soc, 81(1): 5-29.

Dudhia J. 1989. Numerical study of convection observed during the winter monsoon experiment using a mesoscale two-dimensional model. Journal of the Atmospheric Sciences, 46(20): 3077-3107.

Foken T. 2006. 50 years of Monin-Obukhov similarity theory. Boundary-Layer Meteorology, 119(3): 431-447.

Foken T, Gockede M, Mauder M et al. 2004. Post-field data quality control. Handbook of Micrometeorology, A Guide for Surface Flux Measurement and Analysis. Netherlands: Kluwer Academic Publishers: 181-208.

Frehlich R, Meirllier Y, Jensen M L et al. 2003. Turbulence measurements with the CIRES tethered lifting system during CASE-99: Calibration and spectral analysis of temperature and velocity. J Atmos Sci, 60(20): 2487-2495.

Fritsch J M, Murphy J D, Kain J S. 1994. Warm core vortex amplification over land. Journal of the atmospheric sciences, 51(13): 1780-1807.

Gallus Jr W A, Bresch J F. 2006. Comparison of impacts of WRF dynamic core, physics package, and initial conditions on warm season rainfall forecasts. Monthly weather review, 134(9): 2632-2641.

Grell G A, Dévényi D. 2002. A generalized approach to parameterizing convection combining ensemble and data assimilation techniques. Geophysical Research Letters, 29(14): 38-1-38-4.

Hong J S G, Lancaster M J. 2004. Microstrip filters for RF/microwave applications. Hoboken: John Wiley & Sons.

Hong S Y, Pan H L. 1996. Nonlocal boundary layer vertical diffusion in a medium-range forecast model. Monthly weather review, 124(10): 2322-2339.

Hu Yinqiao, Su Congxian, Zhang Yongfeng. 1988. Research on the Microclimate Characteristics and Cold island Effect over a Reservoir in the Hexi Region. Advances in Atmospheric Sciences, 5(1): 117-126.

Huang J, Lee X, Patton E G. 2008. A modeling study of flux imbalance and the influence of entrainment in the convective boundary layer. Boundary-Layer Meteorology, 127(2): 273-292.

Jacquemin B, Noilhan J. 1990. Sensitivity study and validation of a land surface parameterization using the HAPEX-MOBILHY data set. Boundary-Layer Meteorology, 52(1-2): 93-134.

Janjic Z I. 1990. The step-mountain coordinate: Physical package. Monthly Weather Review, 118(7): 1429-1443.

Janjic Z I. 1994. The step-mountain eta coordinate model: Further developments of the convection, viscous sublayer, and turbulence closure schemes. Monthly Weather Review, 122(5): 927-945.

Janjic Z I. 2000. Comments on "Development and evaluation of a convection scheme for use in climate models". Journal of the Atmospheric Sciences, 57(21): 3686-3686.

Janjić Z I. 2002. Nonsingular implementation of the Mellor - Yamada level 2. 5 scheme in the NCEP Meso model. NCEP Office Note, 436: 61.

Joseph B K. 2004. Weather research and forecasting model: Atechnical overview. 84th AMS Annual Meeting Seattle, USA.

Kain J S, Fritsch J M. 1990. A one-dimensional entraining/detraining plume model and its application in convective parameterization. Journal of the Atmospheric Sciences, 47(23): 2784-2802.

Kessler E. 1969. On the distribution and continuity of water substance in atmospheric circulation. Amoncan Meteorological Society.

Lacis A A, Hansen J. 1974. A parameterization for the absorption of solar radiation in the earth's atmosphere. Journal of the Atmospheric Sciences, 31(1): 118-133.

Laprise R. 1992. The Euler equations of motion with hydrostatic pressure as an independent variable. Monthly weather review, 120(1): 197-207.

Lin Y L, Farley R D, Orville H D. 1983. Bulk parameterization of the snow field in a cloud model. Journal of Climate and Applied Meteorology, 22(6): 1065-1092.

Liu W, Zhao X X, Mizukami K. 1998. 2-D numerical simulation for simultaneous heat, water and gas migration in soil bed under different environmental conditions. Heat and Mass Transfer, 34: 307-316.

Mahfouf J F, Noilhan J. 1991. Comparative study of various formulations of evaporations from bare soil using in situ data. Journal of Applied Meteorology, 30(9): 1354-1365.

Mahrt L. 1991. Boundary-layer moisture regimes. Quarterly Journal of the Royal Meteorological Society, Part A: 151-176.

Mahrt L, Ek M. 1984. The influence of atmospheric stability on potential evaporation. J Clim Appl Meteorol, 23(2): 222-234.

Mahrt L, Pan H L. 1984. A two-layer model of soil hydrology. Bound-Layer Meteorol, 29(1): 1-20. .

Mellor G L, Yamada T. 1982. Development of a turbulence closure model for geophysical fluid problems. Reviews of Geophysics and Space Physics, 20(4): 851-875.

Miller D A, White R A. 1998. A conterminous United States multilayer soil characteristics dataset for regional climate and hydrology modeling. Earth Interactions, 2(2): 1-26.

Mlawer E J, Taubman S J, Brown P D, et al. 1997. Radiative transfer for inhomogeneous atmospheres: RRTM, a validated correlated-k model for the longwave. Journal of Geophysical Research: Atmospheres (1984-2012), 102(D14): 16663-16682.

Moeng C H, Sullivan P P. 1994. A comparison of shear-and buoyancy-driven boundary layer flows. J Atmos Sci, 51(7): 999-1022.

Muschinski, Frehlich R, Jensen M L, et al. 2001. Fine-scale measurements of turbulence in the lower troposphere: An intercomparison between a kite-and ballon-borne, and a helicopter-borne measurement system. Boundary-layer Meteorology, 98(2): 219-250.

Noilhan J, Planton S. 1989. A simple parameterization of land surface processes for meteorological models. Monthly Weather Review, 117(3): 536-549.

Pan H L, Mahrt L. 1987: Interaction between soil hydrology and boundary-layer development. Bound-Layer Meteorol, 38(1-2): 185-202.

Pielke R A, Cotton W R, Walko R L, et al. 1992. A comprehensive meteorological modeling system—RAMS. Meteorology and Atmospheric Physics, 49(1-4): 69-91.

Raupach M R. 1989. Stand overstorey processes. Philosophical Transactions of the Royal Society of London, 324(1223): 175-186.

Reynolds O. 1895. On the dynamical theory of incompressible viscous fluids and the determination of the criterion. Phil Trans R Lond Soc A, 186: 123-164.

Rutledge S A, Hobbs P V. 1984. The mesoscale and microscale structure and organization of clouds and precipitation in midlatitude cyclones. XII: A diagnostic modeling study of precipitation development in narrow cold-frontal rainbands. Journal of the Atmospheric Sciences, 41(20): 2949-2972.

Schaake J C, Koren V I, Duan Q Y, et al. 1996. Simple water balance model for estimating runoff at different spatial and temporal scales. Journal of Geophysical Research D Atmospheres, 101(D3): 7461-7475.

Shao Y, Irannejad P. 1999. On the Choice of Soil Hydraulic Models in Land-Surface Schemes. Boundary-Layer Meteorlgy, 90(1): 83-115.

Skamarock W C. 2004. Evaluating mesoscale NWP models using kinetic energy spectra. Monthly Weather Review, 132(12): 3019-3032.

Skamarock W C. 2006. Positive-definite and monotonic limiters for unrestricted-time-step transport schemes. Monthly Weather Review, 134(8): 2241-2250.

Skamarock W C, Klemp J B. 2008. A time-split nonhydrostatic atmospheric model for weather research and forecasting applications. Journal of Computational Physics, 227(7): 3465-3485.

Skamarock W C, Weisman M L. 2009. The impact of positive-definite moisture transport on NWP precipitation forecasts. Monthly Weather Review, 137(1): 488-494.

Smirnova T G, Brown J M, Benjamin S G. 1997. Performance of different soil model configurations in simulating ground surface temperature and surface fluxes. Monthly Weather Review, 125(8): 1870-1884.

Smirnova T G, Brown J M, Benjamin S G, et al. 2000. Parameterization of cold-season processes in the MAPS land-surface scheme. Journal of Geophysical Research: Atmospheres (1984-2012), 105(D3): 4077-4086.

Sorbjan Z. 2004. Large-eddy simulations of the baroclinic mixed layer. Boundary-Layer Meteorology, 112(1): 57-80.

Stephens G L. 1978. Radiation profiles in extended water clouds. II: Parameterization schemes. Journal of the Atmospheric Sciences, 35(11): 2123-2132.

Tao W K, Simpson J, McCumber M. 1989. An ice-water saturation adjustment. Monthly Weather Review, 117(1): 231-235.

Wicker L J, Skamarock W C. 2002. Time-splitting methods for elastic models using forward time schemes. Monthly Weather Review, 130(8): 2088-2097.

Xue J K, Hu Y Q. 2001. Numerical simulation of oasis-desert interaction. Progress in Natural Science, 11(9): 675-680.

Young G S. 1988. Turbulence structure of the convective boundary layer. Part Ⅱ: Phoenix 78 aircraft observations of thermals and theirenvironment. J Atmos Sci, 45(4): 727-735.

第3章　沙漠绿洲小气候和能量水分循环特征

我国西北干旱半干旱区绿洲依存于特殊的自然环境。一方面，由于绿洲在干旱区分布比较广泛，它对区域气候的影响是不可忽视的。另一方面，绿洲系统是相对脆弱的生态系统，它对区域气候变化的响应会比较敏感。绿洲是自然环境严酷的干旱荒漠地区人类生存繁衍的基地，也是干旱荒漠地区生态系统结构的核心。

在全球气候变暖和人类活动加强的大背景下，我国西北绿洲生态正在逐步退化，严重影响着人民群众的生产生活和国家生态安全。绿洲是在大尺度荒漠背景上，小尺度范围内具有相当规模的生物群落奇特的生态景观。绿洲的地表植被形态、温度、湿度、粗糙度等性质在空间上不均匀分布，它们能够在较小尺度上引起大气的响应和影响大气的运动，形成一些特殊的微气候特征。特别是不同下垫面生态环境的能量输送特征有着很大差异。因此，研究不同下垫面生态条件下能量和物质的输送过程是陆-气相互作用过程研究的重要组成部分，也是国际地圈生物圈计划(IGBP)中水循环的生物学过程研究(BAHC)的主要内容。西北干旱区的绿洲和其周围的戈壁沙漠就是这种极端对立的生态类型，它们在相互作用过程中形成了生态系统之间的自然平衡。

从20世纪80年代开始，众多专家学者先后对西北干旱区沙漠绿洲陆面过程的局地气候特征及对周围区域气候的影响做了大量研究。苏从先等(1987)、Hu等(1988)和胡隐樵等(1993)通过观测研究最早发现绿洲的"冷岛效应"和邻近绿洲的沙漠戈壁的"逆湿现象"。左洪超等(2004)给出了绿洲"冷岛效应"和邻近绿洲的沙漠戈壁"逆湿现象"的完整物理图像。季国良等(1994)、张强和周毅(2002)、张强和曹晓彦(2003)研究发现，干旱半干旱区绿洲生态系统通过有效地对抗干旱气候环境而维持了绿洲系统本身的稳定和发展，绿洲及其周围的沙漠戈壁辐射和能量平衡特征与湿润地区有很大不同；冯起等(2006)研究指出，荒漠绿洲具有改变太阳辐射、调节近地层地表及地下温度、缩小温差、降低风速、提高土壤及大气湿度等重要生态作用。

3.1　绿洲小气候特征

我国西北干旱区地域广阔，自然环境多样，绿洲与戈壁沙漠相互共存，形成了独特的沙漠绿洲系统气候特征。以甘肃省金塔县为例，年平均降水量62.1mm，年平均气温8.3℃，最高气温40.5℃，最低气温-29.6℃，年平均风速2.4m·s^{-1}，日照百分率达到75%。

为全面分析绿洲独特的气候特征，2003年7月22日至8月3日，在"金塔绿洲能量水分循环观测实验(JTEXs)"项目的支持下，获得了大量的第一手观测资料(见第2.2节，下同)。

3.1.1　气温

观测资料分析发现，在 5:00(北京时，下同)之前，由于夜间的长波辐射冷却作用，绿洲和荒漠的气温均处于下降过程[图 3.1(a)]。由于荒漠土壤较干燥，热容量较小，因此气温的下降速率比绿洲快。夜晚 00:00~2:00 荒漠的气温略高，但 2:00 之后，绿洲的气温略高于荒漠。

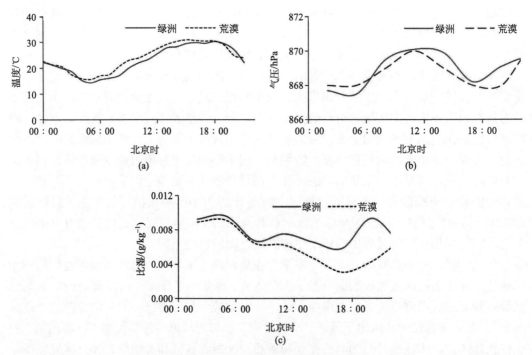

图 3.1　绿洲和荒漠气温、气压和比湿的日变化

(a)气温；(b)气压；(c)比湿

凌晨 5:00 后，荒漠和绿洲的气温均处于回升阶段，荒漠的气温上升速率较快，所以气温很快超过绿洲；到 15:00 荒漠的气温达到最大值(30.9℃)，而绿洲气温却为 29.4℃；18:00 绿洲最高气温达到当天最高(30.2℃)，平均比荒漠地区延迟近 3h；18:00 后由于日落，荒漠与绿洲温度曲线再次交叉，之后气温开始下降(荒漠温度下降快于绿洲)。总之，从清晨到傍晚 18:00，荒漠的气温均高于绿洲，平均温差为 1~2℃，最大温差接近 4℃；夜晚气温的变化比较复杂，接近凌晨时，绿洲的气温高于荒漠。

另外，12:00 前后绿洲和荒漠的气温廓线均为单一的随高度增加而减小[图 3.2(a)]，递减率为 0.77℃ / 100m,绿洲较荒漠略微偏低。19:00~19:30 低层绿洲的气温为 28.4℃ [图 3.2(b)]，荒漠的气温为 30.2℃，两地相差 2℃；随着高度的增加，荒漠的气温呈连续下降趋势，而绿洲上空 50m 以下出现逆温，在此高度二者温差已减为 0.2℃。60~400m 绿洲气温随高度的递减略小于荒漠，420m 荒漠和绿洲温度曲线重合，高层大气温度差异消失，至此，大气温度递减率约为 0.9℃ / 100m。

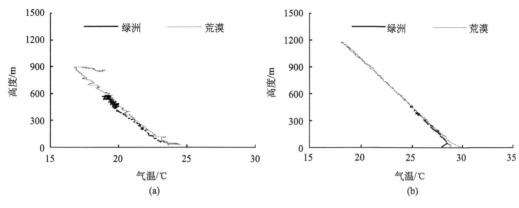

图 3.2 绿洲和荒漠的气温廓线图

(a) 12:00; (b) 19:00

3.1.2 气压

夜间，沙漠与绿洲两种下垫面上的近地层气压均处于下降阶段[图 3.1(b)]。其中绿洲的气压低于荒漠。与气温变化相对应，凌晨 5:00 气压开始上升；8:00 绿洲地区气压高于荒漠；11:00 左右绿洲和荒漠地区气压达到当日极大值，之后荒漠地区气压开始下降，绿洲的气压直到 14:00 才下降，滞后约 3h；17:00 绿洲地区的气压开始回升，而荒漠地区却滞后到 23:00 才回升。

白天，绿洲相对于荒漠是高压区，绿洲和荒漠间的温差和气压差是反位相的，这与公式 $P = \rho RT$ 一致。尽管温差将导致绿洲和荒漠间出现密度差，但由于密度变化对气压的影响远小于气温，因而绿洲和荒漠间的水平温差形成了两地间的气压差。

3.1.3 比湿

荒漠地区的水汽含量呈单波变化[图 3.1(c)]，绿洲的水汽变化呈多波状。白天绿洲近地层大气比荒漠湿润，夜晚两地差异较小。在 8:00 前，可能由于夜间水汽凝结的作用，绿洲内的水汽呈下降趋势；8:00~11:00，绿洲内空气比湿增加；11:00 后，由于荒漠无水汽补充，使得荒漠地区水汽较绿洲下降得更快。

根据贾立等(1994)的研究还发现，当环境温度达到 27℃时，植被蒸腾作用将被抑制，这可能也是绿洲相应时段比湿下降的原因；17:00~20:00 由于气温降低、蒸腾作用增强、水汽的垂直扩散减弱，绿洲与荒漠大气中水汽含量增加。

3.1.4 风场

为了揭示绿洲风形成及演变特征，采用 2003 年 8 月 1 日金塔绿洲为暖高压脊控制期间的观测资料，当地高空盛行西北风，获得了具有代表性的绿洲风场观测结果。其中绿洲观测站点位于金塔绿洲内部，荒漠站位于绿洲西南边的戈壁中。由于两个站点的位置分布，当戈壁低层吹偏东风时，说明风由绿洲吹向荒漠；当低层主体风向为偏西风时，则风是从荒漠吹向绿洲。

1. 近地层风场

荒漠站点观测主要以自动气象站观测为主，同时利用手持风速表进行了辅助观测。当地全天风向呈顺时针方向变化：由 00:00 的 130°起［图 3.3(a)］，04:00 转为南风；06:20 前后风向由西南风(218°)跃变西西南风(248°)；在风向沿顺时针方向变化过程中，08:00~12:00 背景风向是西北风；从 12:00~18:00 风向在北西北和北东北之间来回交替。

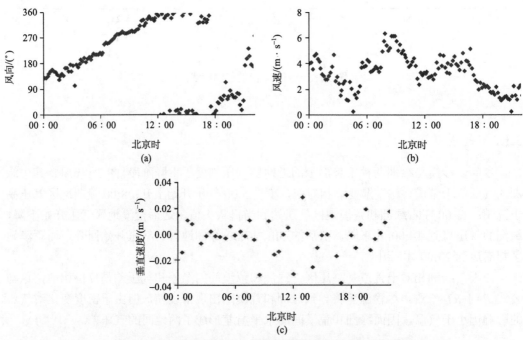

图 3.3   近地层荒漠风向、风速以及绿洲垂直速度的日变化
(a)风向；(b)风速；(c)垂直速度

表 3.1 是 17:45 时位于金塔绿洲西南侧的荒漠自动站和在金塔绿洲北边、距绿洲边缘约 1~3km(简称北站)手持风速表的风向、风速对照表。当北站吹南风，而西南站的观测结果为北风，绿洲南北两侧的风向则反向。这说明在绿洲周围存在辐散气流，故荒漠自动站观测的北东北风，可能是由绿洲非均匀气压场强迫产生的。

表 3.1   17:45 时荒漠上的风向和风速

站点	观测时间	经度	纬度	风向/(°)	风速/(m·s⁻¹)
西南点	8月1日17:45	98°52'10″E	39°59'33″N	282	2.5
北点	8月1日17:45	99°04'47″E	40°17'25″N	135~180	1.0

在风速图［图 3.3(b)］上也可看到，这种局地风强度较小，盛行时段的风速维持在 3~5 m·s⁻¹，比上午时段的风速偏小。东北风大致可维持到 20:55，之后跃变为西南风，此时祁连山山风开始影响研究区。当风向转为来自绿洲时，风速减小为约 2m·s⁻¹。

总体来说，当夜间以祁连山山风和荒漠风(西南风)为主时，平均环流与绿洲次级环流风向在观测点汇合，因此风速较小（1～5m·s^{-1}）；相反，当上午背景风与次级环流风向一致时，近地层风速可达 6m·s^{-1}，为全天的最大风速；而当风场间断地维持为绿洲风或背景风时，风速减小，但振幅较大。

白天受地面加热影响，荒漠上的空气一直处于上升运动（图略）；对应绿洲的垂直速度波动较大 [图 3.3(c)]，上升和下沉运动并存，这与白天绿洲风不强盛是一致的。白天绿洲的垂直速度总体趋势为负，13:30~17:00 的平均垂直速度为–0.01m·s^{-1}，其中 14:00~15:00 垂直运动最强盛；夜晚绿洲为下沉运动区。

2. 垂直风廓线

绿洲-荒漠之间次级环流的垂直结构可达 1 km 以上，因此必须对其上空的垂直风廓线进行分析。荒漠地区采用系留气球观测，由于系留气球最大探测高度为 900 m，10:00 左右（图略）风向以背景风为主（为西北风），风速大多为 4～6m·s^{-1}。在 600m 高度内风向基本不随高度变化，风速为 2m·s^{-1} [图 3.4(a)]。12:00 的荒漠风速在探测最高处迅速增加 [图 3.4(b)]。当风速超过 10 m·s^{-1}，出于安全考虑便停止继续观测。

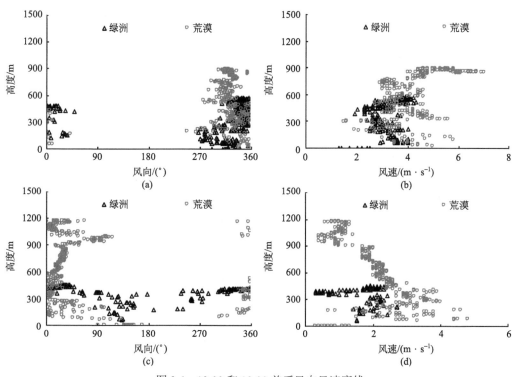

图 3.4　12:00 和 19:00 前后风向风速廓线

(a)12:00 风向；(b)12:00 风速；(c) 19:00 风向；(d) 19:00 风速

分析表明，荒漠地区上相近高度对应的风速变化幅度大于绿洲，变化也较为复杂。风速由低层的 4.2 m·s^{-1} 开始，随高度减小，300m 高度处在 3 m·s^{-1} 附近；随后高度略增风速跃变为 4.8m·s^{-1}，在 550m 高度又递减至 3.4 m·s^{-1}；之后从该处到风速迅速增加的 820m 范围内，风速主要为 3～4.5m·s^{-1}。

10:00, 绿洲探空观测情形与荒漠相似, 风速不是很大, 探测高度仅能达到 600m 左右。观测高度内以西北风为主, 风向随高度基本保持不变。绿洲低层风速约 4 m·s⁻¹, 风速随高度的增加而减小, 在 470m 达到最小值 2.3 m·s⁻¹; 之后风速随着高度的增加而增大, 探测到绿洲最高处时风速增为 4 m·s⁻¹。

19:00 [图 3.4(c)], 绿洲和荒漠地区风场与中午出现的显著不同。其中, 绿洲低层至 300m 基本为东南风, 300~500m 风向较为凌乱, 各方向的风向都存在; 在 350m 以下, 风速则随高度增加 [图 3.4(d)], 低层风速为 1.5m·s⁻¹, 350m 增大至 2.1m·s⁻¹, 350m 以上风速变化无规律可循, 基本为 0~2.5m·s⁻¹。与此不同的是荒漠上空则由原来一致的西北风转为在低层 200m 为东南风和东北风, 200~1200m 为偏北风和东北风, 这几种风场都是来自绿洲方向。大约 500m 以下荒漠上的风速变化较无规律, 500~900m 风速普遍减小 (由 2.5m·s⁻¹ 减至 1.7m·s⁻¹), 900 m 以上呈 z 形变化。

胡泽勇等 (2005) 对金塔绿洲及邻近沙漠近地层风、温湿及气压场的综合分析也表明, 绿洲及邻近沙漠的温湿和风速差异明显, 绿洲内部冷湿风弱, 而外部干热风稍大; 绿洲内的温湿场为非对称结构, 冷湿中心偏离绿洲的几何中心, 出现在绿洲东部盛行风向的上风方位置上; 但风场结构对称, 弱风中心与绿洲的几何中心一致; 在不同的风向时, 空气比湿有较大的差异, 是因为分别受来自东北沙漠戈壁的干平流或来自西南水库及绿洲的湿平流影响的结果。

3.1.5　不同类型绿洲小气候对比

河西走廊绿洲的形成、发展和演化与祁连山水资源的丰歉息息相关。若没有祁连山水的滋养, 在极端干旱的荒漠景观条件下是不可能有绿洲出现和延续至今的。

近年来, 由于当地人口剧增和工农业的快速发展以及对水资源的不合理分配, 导致现在河西绿洲基本处于 3 类不同状态: 一类是旺盛的, 面积仍能继续扩大的新绿洲(如金塔绿洲); 一类是面积相对稳定的绿洲(如敦煌绿洲); 还有一类就是不愿看到的退化绿洲(如额济纳绿洲和民勤绿洲)。为了揭示 3 类绿洲气候特征, 分别用金塔、敦煌和额济纳旗 3 站 1991 年 1 月 1 日~2000 年 12 月 31 日观测资料, 重点分析了 3 类绿洲近 10 年夏季(6 月、7 月、8 月)气温、降水和风场演变特征。鉴于 3 类绿洲夏季各月平均气温、降水及风场演变趋势基本相同, 限于篇幅, 下面以 7 月为代表进行重点分析。

1. 温度

不同类型绿洲夏季月平均温度分布(图 3.5)分析表明, 近 10 年夏季月平均温度值都是旺盛绿洲<稳定绿洲<退化绿洲。3 类绿洲夏季月平均温度都以 7 月最高, 6 月和 8 月不同类型绿洲的温度差平均为 1℃。但是 7 月 3 个绿洲的温度差有点特别, 其中金塔和敦煌仍相差 1℃左右, 但敦煌和额济纳温度差值超过了 2℃, 这可能是由该时段两类绿洲强烈的下垫面性质差异造成。事实说明, 不同类型绿洲温度值的差异, 除受大背景天气系统影响外, 主要受绿洲面积大小和植被覆盖程度高低影响。当绿洲面积大, 植被覆盖度高时, 气温就低; 反之, 则气温高。

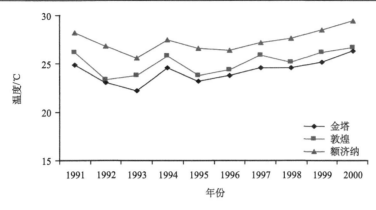

图 3.5　7 月不同类型绿洲夏季月平均温度分布

李锁锁等(2007)利用中尺度模式 MM5V3.7,设计了河西绿洲对祁连山区环境影响的控制试验和河西绿洲退化为沙漠稀疏植被的敏感性试验,结果也表明:河西绿洲的退化对祁连山区环境有较大的影响,绿洲退化之后激发出一个局地热力环流,使得祁连山区的谷风增大,气温升高,湿度减小,这种热力作用可以到达高空 550hPa 左右。另外,绿洲的退化对局地环境也会产生较大的影响,如局地气温升高,湿度减小,感热通量增大,潜热通量减小。

2. 风场

不同类型绿洲夏季风场有一个显著特点(图 3.6),那就是退化绿洲的风速值明显高于旺盛和稳定绿洲约 $1 \sim 1.5 \mathrm{m \cdot s^{-1}}$,但金塔和敦煌两绿洲风速值差异不明显。风向频率(图 3.7)各个绿洲略有不同,受祁连山山体和大尺度风场影响,金塔以东风和西北风为主,敦煌盛行偏东风和偏西风;额济纳绿洲基本不受祁连山地形影响,盛行偏东风和偏北风。

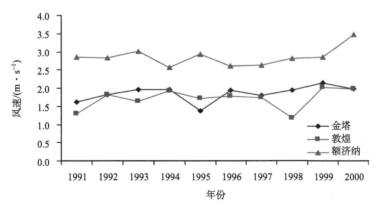

图 3.6　7 月不同类型绿洲夏季月平均风速分布

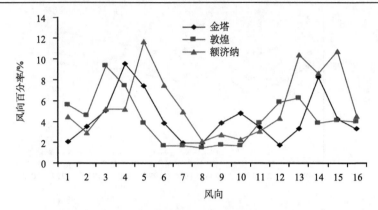

图 3.7　7 月不同类型绿洲夏季月平均风向频率分布

1～16 分别表示风向 16 个方位

　　以上事实表明，不同类型绿洲上空近地层的风速大小，除了受大尺度风场背景影响外，主要受地面粗糙度的影响，即受地面植被覆盖度的影响很大。金塔和敦煌绿洲发育良好，面积稳定，植被覆盖度高，减弱了风速；而额济纳绿洲因绿洲大面积退化，绿洲面积萎缩，绿洲上的植被稀疏，覆盖度低，对盛行的夏季风阻挡减缓作用不大，故风速平均值远远高于状态良好的金塔和敦煌绿洲。

3. 降水

　　水是绿洲生物的命脉，降水变化可能是绿洲退化与否的重要原因之一。常兆丰等 (2005) 通过对民勤沙区植被退化与年际降水量关系的定位研究表明，全年降水量主要影响植被总盖度。5 月下旬到 7 月下旬的降水量对植被的影响较全年降水量更为明显。

　　在西北干旱半干旱地区夏季降水占全年降水的 80% 以上，从 3 类绿洲夏季月平均降水曲线可看出，不同状态绿洲的夏季降水，以金塔绿洲降水整体多于敦煌和额济纳。降水最多的 7 月 3 类绿洲差异明显(图 3.8)，其中，金塔和敦煌绿洲降水明显高于额济纳绿洲。事实说明尽管降水主要是受大气候影响，但局地小气候的作用也不可忽视，这一点可从不同类型绿洲 7 月平均降水观测得到证实。

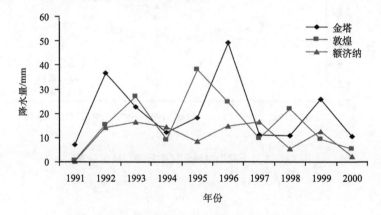

图 3.8　7 月不同类型绿洲夏季月平均降水量分布

分析发现，由于金塔、敦煌绿洲保持良好，植被覆盖度高，能促进局地水分及能量的良性循环，会产生一些阵性降水；相比之下，额济纳退化绿洲则局地阵性降水较少。

3.2　沙漠绿洲能量水分循环特征

太阳辐射是地球系统的能量来源，也是维持气候系统中物理过程和生命活动的基本动力。它对气候变化的影响主要通过对地表热量和辐射平衡的改变来实现。近 20 年来，国际上科学界在全球具有代表性的气候或生态区相继开展了一系列重要的陆面过程试验研究，具有代表性的有 HAPEX-MOBILMY（水文大气先行试验-法国试验）、FIFE（第一次国际卫星陆面气候学计划试验）、EFEDA（欧洲荒漠化威胁区试验）、BO-REAS（加拿大北方生态系统-大气研究）、NOPEX（北半球气候变化过程陆面试验）、GAME（全球能量水循环之亚洲季风试验）、EBEX-2000（国际能量平衡试验）等试验计划，并取得了一系列进展。

绿洲农业是干旱地区生态环境的核心（王德忠和孙永强，2004）。西北绿洲一般地处沙漠、戈壁之中，景观与沙漠、戈壁截然不同，能量与水分循环有其独特之处。因此，绿洲系统的能量与水分循环过程一直为我国广大地球科学工作者所关注。

我国自 20 世纪 80 年代开始紧跟国际地学研究的步伐，也相继开展了一些重要的陆面综合观测实验研究，如"黑河地区地气相互作用观测试验研究"（HEIFE）、"内蒙古半干旱草原土壤-植被-大气相互作用"（IMGRASS）、"第二次青藏高原大气科学试验"（TIPEX）和"西北干旱区陆-气相互作用试验"（NWC-ALIEX）等，取得了大量珍贵资料和一系列研究成果，从而在国际陆面过程（LSP）研究中居于领先地位（王介民等，1999）。具有代表性的研究成果包括：王介民等（1990）利用涡旋相关方法分析了戈壁地区湍流输送特征；胡隐樵等（1990）对河西戈壁的小气候和热量平衡特征进行了研究；邹基玲等（1992）利用绿洲、戈壁和沙漠的辐射资料分析了不同下垫面的太阳辐射特征；卞林根等（2001）分析了青藏高原辐射平衡分量特征；季国良等（1995）分析了青藏高原的长波辐射特征；陈渭民和洪刚（1997）利用卫星资料对我国夏季地表辐射收支进行了分析；张强和曹晓彦（2003）指出地表能量交换过程表现为地表热量平衡和辐射平衡的过程，是地-气之间相互作用的主要内容，它集中反映了地气耦合过程的能量纽带作用；杨兴国等（2005）分析了陇中黄土高原夏季地表辐射特征；李宏宇等（2010）认为地气之间的动量、能量和物质交换，深刻影响着全球大气环流和气候系统，是极端天气形成和气候变化的关键环节之一。

总之，尽管对地表能量收支等进行了几次大型科学试验，但限于当时观测仪器、观测方法等诸多条件制约，在揭示绿洲同戈壁沙漠的水分能量相互作用方面还不完善。因此，深入分析自然条件下的地面辐射平衡和能量平衡，对认识能量在绿洲生态系统结构和功能中的作用具有重要意义。

3.2.1　地表辐射和能量平衡特征

非均匀性下垫面形成的水热条件差异，首先是由获得太阳辐射量不同（因为不同的地表反照率)而产生的,其次通过下垫面的湍流能通量的差异(波文比)进一步决定了贴地气层与土壤上层气候特征。为了加强对西北干旱区绿洲与其周围沙漠等的水热交换研究,利用金塔绿洲观测试验资料,深入研究了下垫面状况和热力性质对地面辐射平衡的影响,以及地面辐射能收支和差异。

1. 辐射和地表能量一般特征

辐射平衡、地表能量收支、土壤温度的日变化形态主要表现为晴天状况下的特征(观测期间晴天占主要,晴天各分量的变化形态决定了这期间的平均形态)。对比有云情况下的辐射各分量[图 3.9(a)]可知:由于云反射作用,平均向下短波辐射、净辐射明显被削弱,二者峰值分别削弱了 183 $W \cdot m^{-2}$ 和 112 $W \cdot m^{-2}$;向下长波辐射比晴天强,峰值高于晴天 40$W \cdot m^{-2}$;向上短波辐射明显低于晴天,仅 30$W \cdot m^{-2}$,而向上长波辐射和晴天无较大差别。

由于云对净辐射的削弱[图 3.9(b)],平均感热通量和地表土壤热通量峰值也被削弱了,减弱幅度分别为 54$W \cdot m^{-2}$ 和 53$W \cdot m^{-2}$,但平均潜热通量峰值比晴天时大(10 $W \cdot m^{-2}$)。这是因为云或降水的影响使大气中的水汽含量增多,从而水发生相变时的热量输送增大。由于云对净辐射、感热通量和地表土壤热通量的削弱,平均 5cm 土壤温度峰值低于晴天1.0℃。10cm 土壤温度差异较小,平均 20cm 和 40cm 土壤温度反而比晴天大,可见云在一定程度上起到了"保温"作用。张强等(2003)也指出晴天敦煌沙漠地区云和降水的扰动,使地表温度的峰值比晴天减小了 8℃,而 10cm 以下的土壤温度却没有变化。

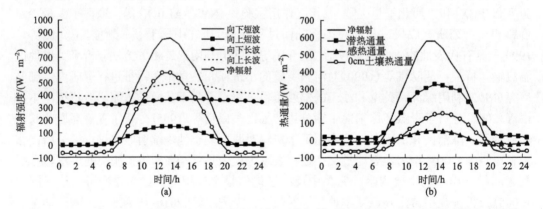

图 3.9　2005 年 5 月 23 日到 7 月 8 日金塔绿洲(a)平均辐射平衡各分量、(b)地表能量收支各分量

2. 不同天气绿洲辐射和地表能量特征

由图 3.9 可知,晴天,辐射平衡各分量均表现出了标准的日循环变化规律:即太阳向下短波辐射在夜间为零,早晚很小,最大太阳辐射出现在约 13:00(约 1000$W \cdot m^{-2}$);地表向上的短波辐射随着向下短波辐射的增大(减小)而增大(减小),在 13:00 达到最大,峰值约 180$W \cdot m^{-2}$;

晴天,大气向下长波辐射全天无较大波动,维持在 270~320 $W \cdot m^{-2}$ 之间;地表向上

长波辐射夜间为 380W·m^{-2}，但白天 14:00 达到最大（为 490 W·m^{-2}）；净辐射在 7:00~19:00
为正值，13:00 达到最大（峰值为 700W·m^{-2}），夜间则为负值（图 3.10）。

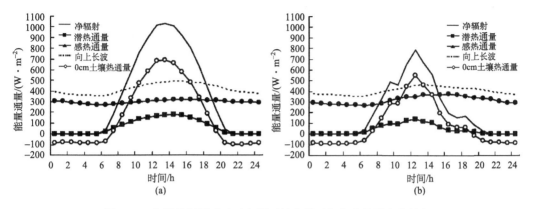

图 3.10　金塔绿洲夏季晴天和阴天的能量平衡各分量日变化特征

(a)晴天；(b)阴天

　　阴天，辐射平衡各分量的日变化规律不如晴天显著，这主要是受云量、云的高度、
厚度以及观测位置的影响。由于云的反射和吸收作用白天向下短波辐射明显减弱，12:00
达到最大值（最大值出现的时刻与云随时间的变化密切相关），为 790W·m^{-2}；地表向上短
波辐射峰值也出现在 12:00 为 140W·m^{-2}；净辐射在 12:00 达到最大，峰值约为
550W·m^{-2}（图 3.10）。总之，上述 3 个变量，相对晴天而言，它们各自衰减约 20%~25%，
可见云影响向下的短波辐射是造成阴天特殊辐射特征的最根本原因。

　　通过晴天和阴天的辐射整体特征分析表明（表 3.2）：无论昼夜，对向下和向上短波辐
射而言，晴天大于阴天。这主要是由云量决定的，云量的大小直接影响太阳短波辐射；
对昼间的向下长波辐射而言，晴天小于阴天，可见云的出现会加大昼间的向下长波辐射，
究其原因，水汽凝结的潜热释放、水气和云对太阳短波辐射的吸收，最终都会以向下长
波辐射返回地表；对夜间的向下长波辐射而言，晴天大于阴天，此时长波辐射主要来源
于大气和云体，大气的热量主要来源于地面的感热加热。对昼夜的向上长波辐射而言，
晴天与阴天相当；对净辐射而言，昼间晴天大于阴天，夜间晴天小于阴天。

表 3.2　晴天和阴天条件下辐射平衡各分量积分值对比（单位：MJ·m^{-2}）

时间		向下短波	向上短波	向下长波	向上长波	净辐射
晴天	昼	31.91	6.12	14.42	21.23	18.99
	夜	0.31	0.22	11.67	15.02	-3.26
阴天	昼	18.24	3.58	16.04	19.96	10.74
	夜	0.23	0.16	11.59	14.8	-3.16

注：昼(7:00~19:00)、夜(20:00~次日 6:00)

　　由此可见，从辐射整体效果来看，晴天和阴天昼间的各辐射分量差异很大，夜间也
有一定差异。云在白天减弱地表吸收的净辐射通量，而在晚上却通过逆辐射产生保温作

用。王可丽(1996)也指出，地表净辐射是云量的线性函数，云对地表净辐射的影响有明显的季节性差异。春夏季，云对地表净辐射的影响非常强烈，地表净辐射随云量的增多而减小；秋冬季，云对地表净辐射的影响较小，并且地表净辐射随云量的增多而增大；不同云状对地表净辐射的影响差异明显；对年平均情况而言，中云对地表净辐射的影响最大，即对地表的辐射冷却效应最强，低云次之，高云相对较小。白天，太阳辐射被地面吸收后使土壤增温，这是土壤最重要的能量来源。大气的能量则主要来源于地面的感热加热和长波辐射。张强和赵鸣(1997)晴天、阴天的太阳向下短波辐射和净辐射、土壤水分含量以及土壤热容量有较大差别。因此，地表能量也必然有一定的差别，以下对晴天和阴天的地表能量进行对比分析。

　　图 3.11 是金塔绿洲夏季不同天气条件下的地表能量平衡各分量的日变化。晴天，各分量都表现出典型的日变化规律，随着太阳高度角的增大各分量逐渐增大，约 13:00 净辐射达到最大；14:00 潜热通量、感热通量和 0cm 土壤热通量也达到峰值(但比净辐射滞后 1h)，然后逐渐减小。潜热通量、感热通量和 0cm 土壤热通量的峰值分别约为 320 $W \cdot m^{-2}$、110 $W \cdot m^{-2}$、210 $W \cdot m^{-2}$。

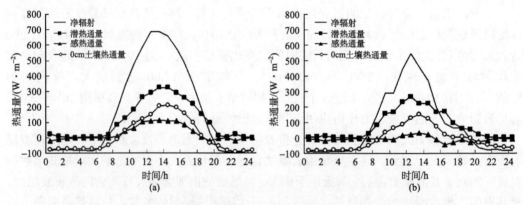

图 3.11　金塔绿洲夏季不同天气条件下的地表能量收支各分量日变化比较

(a)晴天；(b)阴天

　　阴天，潜热、感热、0cm 土壤热通量的日变化趋势与净辐射大致相同(潜热通量峰值出现的时刻与净辐射一致即 13:00，而 0cm 土壤热通量和感热通量的峰值出现时刻仍比净辐射峰值晚 1h)，有较明显的日变化趋势，随净辐射的增大(减小)而增大(减小)，潜热通量、感热通量、0cm 土壤热通量峰值分别约为 267$W \cdot m^{-2}$、31$W \cdot m^{-2}$、152$W \cdot m^{-2}$，均比晴天小。

　　表 3.3 给出了晴天和阴天条件下金塔地区地表各能量通量的积分值。白天，对于净辐射而言晴天大于阴天，而在夜间则相反，这是因为没有云的作用，晴天时地表能量"日间进的多，夜间散得快"。潜热通量日间和夜间均有晴天>阴天。由潜热通量的计算公式可知，水汽的梯度是一个重要因子，晴天水汽梯度较大(绿洲近地面较湿而上层空气较干)，阴天较小；对感热通量而言，白天晴天(正值)>阴天(负值)，晴天地面温度较高，因而感热通量较大；阴天由于云的作用地面温度降低，而凝结潜热的释放则使得大气的

温度较高，从而出现这种由大气到地表的白天感热逆流；夜间(负值)晴天＞阴天，阴天地-气间的温度差较大从而向下的感热通量较大。对 0cm 土壤热通量取绝对值可知，无论昼夜，均有晴天＞阴天。

表3.3　晴天和阴天条件下地表能量各分量积分值对比(单位：MJ·m⁻²)

时间		净辐射	潜热通量	感热通量	0cm 土壤热通量
晴天	昼	18.99	9.48	2.69	4.33
	夜	−3.26	0.32	−0.26	−2.95
阴天	昼	10.74	7.02	−0.24	2.29
	夜	−3.16	0.25	−0.41	−2.60

注：昼(7:00~19:00)；夜(20:00~次日 6:00)

3.2.2　绿洲不同下垫面辐射特征

陆面过程中地气之间的能量交换包括了发生在土壤-植被-大气之间的辐射过程(短波直射、短波散射、反射辐射、透射和长波辐射)，所以在研究陆气相互作用中的水分和能量平衡之前，对地表辐射能量的收支特征进行深入分析非常必要。

选取 2005 年 6 月 20~30 日金塔观测试验资料，进行不同下垫面辐射特征分析。其中 4 个站点分别设在戈壁、沙漠、绿洲和临近绿洲边缘的沙漠。

1. 短波辐射

地表反照率(surface albedo)是地表辐射平衡中的重要参数，表征地表对太阳短波辐射(0.3~3 μm)的吸收和反射能力。对某特定地表而言，一般定义为总反射辐射通量与入射辐射通量之比。众所周知，影响地表反照率的因素主要有下垫面的状况(如颜色、粗糙度、植被覆盖、土壤干湿等)、太阳高度角和天气状况等。地表反照率决定了地表和大气间的辐射能量分配，进而影响生态系统的物理、生理、生物化学过程(如地表温度、蒸腾、能量平衡、光合作用和呼吸作用等)，从而直接或间接地影响全球及区域气候。

在 2005 年 6 月 25~28 日试验中，戈壁、沙漠和绿洲具有截然不同的下垫面，这种差异导致了地表反照率的不同(图 3.12)。几个测站的地表反照率都具有明显的日变化规律，呈 U 形分布[图 3.12(a)]。正午太阳高度角较小时，地表反照率出现最小值，而在早上、傍晚时分，反照率较大。其中，戈壁地区反照率最大，不过戈壁的地面反射率日变化较为平缓，除 20:00 外全天取值为 0.213~0.248，平均反照率为 0.23(表 3.4)。

沙漠地区反射率较小，从 10:00~17:00 取值范围为 0.177~0.190，沙漠上全天平均反照率为 0.20。绿洲和临近沙漠的绿洲观测点的地面反照率基本重合，但临近沙漠绿洲上的略小一些，平均值为 0.18，绿洲内部的观测点的平均反照率为 0.19。

绿洲边缘与中心反照率的差异可能是因为绿洲内部观测点的麦田的小麦当时已成熟发黄，以及其周围作物较矮小、稀疏，而临近沙漠的绿洲点的小麦处于发育期，颜色为绿色，并且周围植被较好。但在 11:00~13:00，绿洲内部的反照率略低于临近沙漠的绿洲站，差值为 0.004；13:00 时其反照率最小，为 0.155。

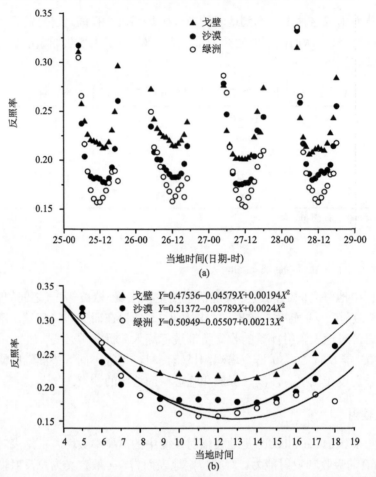

图 3.12　6 月 25~29 日不同下垫面反照率和 25 日反照率日变化及其拟合曲线

(a) 6 月 25~29 日；(b) 6 月 25 日

表 3.4　金塔绿洲、绿洲边缘、戈壁和沙漠日地表辐射各分量

名称		绿洲中心	绿洲边缘	戈壁	沙漠
平均地表反射率		0.19	0.18	0.23	0.20
向下 短波辐射	辐射峰值/(W·m^{-2})	1000	1000	1000	1000
	日平均积分值/(MJ·m^{-2})	28.73	27.18	28.12	28.77
向上 短波辐射	辐射峰值/(W·m^{-2})	150	150	202.96	180.74
	日平均积分值/(MJ·m^{-2})	5.09	4.74	6.18	5.49
向下 长波辐射	辐射峰值/(W·m^{-2})	360~370	360~370	360~370	360~370
	日平均积分值/(MJ·m^{-2})	29.52	29.63	28.58	29.15
向上 长波辐射	辐射峰值/(W·m^{-2})	488.933	446.433	635.067	652.9
	日平均积分值/(MJ·m^{-2})	37.18	35.17	41.83	42.33
地表 净辐射	辐射峰值/(W·m^{-2})	702.262	702.262	464.73	524.77
	日平均积分值/(MJ·m^{-2})	15.912	16.9	8.72	10.1
地表吸收辐射/(W·m^{-2})		835.8	799.4	767.2	767.2
地表有效辐射与地表吸收辐射之比/%		0.33	0.25	0.6	0.57

　　引起反照率日变化的主要因素是土壤湿度和太阳高度角。由图 3.12(b)可看出，典型晴天金塔绿洲及其邻近戈壁沙漠反照率有明显随着太阳高度角变化的日变化规律，其表现为早晚反照率较高，中午时候反照率较低，并不对称于地方时中午 12:00，也就是说一天中的同一太阳高度角其反照率并不相同，绿洲比戈壁和沙漠更为明显。其拟合曲线方程(X 为当地时间)如下：

$$戈壁 \quad Y = 0.4742 - 0.04558X + 0.00194X^2 \tag{3.1}$$

$$沙漠 \quad Y = 0.51393 - 0.0577X + 0.0024X^2 \tag{3.2}$$

$$绿洲 \quad Y = 0.50873 - 0.05493X + 0.00212X^2 \tag{3.3}$$

　　采用式(3.1)~式(3.3)计算得到金塔实验各个观测区的多日(6 月 25~28 日)平均反照率：绿洲为 0.172、戈壁为 0.223、沙漠为 0.188。虽然计算值比 6 月多日平均观测值小，但拟合曲线方程是干旱区不同地表反照率研究的参考依据。另外，计算的戈壁和沙漠的反照率明显大于绿洲的主要原因，一是绿洲植被的覆盖通过对太阳辐射形成阴影面积而减小反照率，二是由于绿洲土壤含有更多的水分，包围在土壤粒子外围的水分增加了对太阳光的吸收路径，一般情况土壤湿度越大反照率越小。

　　虽然金塔绿洲邻近戈壁和沙漠的反照率观测和计算值，比黑河地区 0.228、0.246(高志球等，2000)和敦煌地区 0.265(张强和曹晓彦，2003)要小；但金塔绿洲的反照率 0.172与 HEIFE 实验中玉米地下垫面反照率 0.174(季国良等，2003)相当，却比在临泽绿洲小麦地下垫面 0.206(范丽军等，2002)略低。

　　文莉娟等(2009)研究发现，绿洲的地表反照率变化，并不是呈现关于太阳高度角的典型对称分布。早上的地表反照率略大于相同太阳高度角的下午，在太阳高度角 30°附近早上比下午平均大 0.031，为平均反照率的 13.3%。进一步分析表明白天风速较小、风向变化不定的风场和当日的土壤湿度差异对地表反照率不对称的影响较小。早晚地表反照率差异主要是由于夜晚绿洲内空气较为湿润，风速较小且气温下降迅速，这就容易形成露水，从而在早上增大对太阳辐射的散射。而在日出后露水迅速蒸发，当太阳高度角为 40°~50°，上午和下午的地表反照率基本重合。孙俊等(2011)研究也证明；表层土壤湿度对反照率的影响非常显著，零星小雨虽然不能渗透到地表以下，但仍会引起表层土壤湿度增加，导致反照率出现短时明显降低。不同的降雨量对反照率的影响也不同。

　　如果不考虑土壤湿度的影响，反照率和太阳高度角(用地方时替代)的关系可用式(3.4)~式(3.6)表示。

$$戈壁 \quad \alpha = 0.00101(t_{local} - 11.8)^2 + 0.20 \tag{3.4}$$

$$沙漠 \quad \alpha = 0.00097(t_{local} - 12.0)^2 + 0.17 \tag{3.5}$$

$$绿洲 \quad \alpha = 0.00213(t_{local} - 12.9)^2 + 0.15 \tag{3.6}$$

　　而影响向下短波辐射吸收的主要因素包括：空气密度、气溶胶含量以及大气光学厚度等。

　　由于 4 个观测站分布在金塔绿洲内外，相距不是很远，因此影响太阳辐射的纬度因子没有太大的差别，而同时在研究范围内影响向下辐射的气象条件的差异也较小。所以，观测到的金塔地区夏季向下的短波辐射日变化趋势和辐射总量基本重合[图 3.13(a)]。

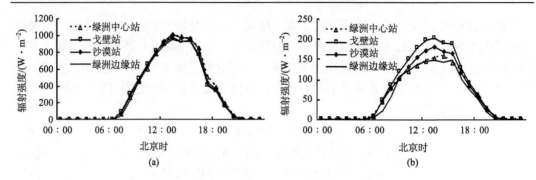

图 3.13　4 个观测站晴天的向下、上的短波辐射的日变化

(a)向下；(b)向上

受太阳短波辐射日变化的影响，向下的短波辐射具有明显的日变化。夜间为零，早晚较小，最大太阳辐射出现在 13:00 左右(约 1000W·m^{-2})，这个值与青藏高原(马伟强等，2005)同期相比偏低约 100 W·m^{-2}，同敦煌戈壁荒漠(张强和曹晓彦，2003)的观测值相当；4 站日积分总量依次是：沙漠为 28.77 MJ·m^{-2}、绿洲为 28.73 MJ·m^{-2}、戈壁为 28.12 MJ·m^{-2}、临近沙漠的绿洲为 27.18 MJ·m^{-2}，略大于黑河实验区沙漠、化音、平川和临泽地区太阳总辐射平均日积分总量：25.4 MJ·m^{-2}、24.6 MJ·m^{-2}、24.4 MJ·m^{-2}、23.4 MJ·m^{-2}(邹基玲等，1992)，而接近于敦煌戈壁总辐射的日积分值 28.68 MJ·m^{-2}(6 月 3 日)。这种差异主要是由于 3 个地区的纬度差别及分析时段的不同造成的。由于金塔位置稍微偏北，同敦煌一样，金塔地区在观测期没有出现超太阳常数的现象。

金塔 4 个观测站的向上短波辐射[图 3.13(b)]也呈现相同的变化趋势，向上的短波辐射有明显的日变化规律，其值在夜晚为零，白天随着总辐射的增大(减小)而增大(减小)。受反照率等的影响，戈壁站的向上短波辐射最大，在 13:00 达到最大，峰值约 202.96 W·m^{-2}；沙漠次之，峰值约 180.74 W·m^{-2}；最小的是绿洲上的两个点，最大值在 150 W·m^{-2} 左右。它们的日积分值分别为戈壁 6.18MJ·m^{-2}、沙漠 5.49MJ·m^{-2}、绿洲内部 5.09MJ·m^{-2}、临近沙漠的绿洲 4.74 MJ·m^{-2}。于涛(2010)在绿洲沙漠系统地表辐射收支的模拟研究中也指出，金塔绿洲、沙漠的向下短波辐射相似，峰值在 1050 W·m^{-2} 左右；绿洲向上短波辐射峰值略小，约 166 W·m^{-2}，沙漠向上短波辐射峰值约 261 W·m^{-2}；绿洲、沙漠的长波辐射相差不大，全天基本上分布在 300W·m^{-2} 左右；绿洲净辐射峰值约 914 W·m^{-2}，大于 800W·m^{-2} 左右的沙漠地区。

净辐射在沙漠或绿洲同种地表类型上基本与区域一致，分布均匀，下垫面上数值相差不超过 10 W·m^{-2}。白天不同下垫面上的净辐射有较大的差别，最大差异可达 100 W·m^{-2}。

2. 长波辐射

大气在吸收地面长波辐射的同时，又以辐射的方式向外放射能量。大气这种向外放射能量的方式，称为大气辐射。由于大气本身的温度也低，放射的辐射能的波长较长，故也称为大气长波辐射。大气辐射的方向既有向上的，也有向下的。大气辐射中向下的那一部分，刚好和地面辐射的方向相反，所以称为大气逆辐射(atmospheric counter radiation)，即向下大气长波辐射(downward atmospheric long wave radiation)。大气逆辐射是地面获得热量的重要来源。大气长波向下辐射主要受大气状况(温度层结、大气密度和水汽含量等)、大气气溶胶浓度以及云(云状、云量以及云底温度)等因素影响。其中，由于水汽红外区吸收带很强，又占有较宽的波段，是最主要的吸收物质，因而大气长波向下辐射主要表现为对水汽的敏感性。大气中的云、CO_2、水汽和气溶胶等对太阳辐射的直接吸收很小，但是它们能吸收 75%～95% 的地表辐射(王永生等，1987)。李超等(2008)在合肥大气逆辐射对草地下垫面地表温度的影响研究中指出，大气逆辐射对地表温度日平均值的影响程度在夏季最大、秋季次之、冬季最小。

金塔在 4 个不同观测站点的大气逆辐射，也存在基本相同的量值和变化趋势[图3.14(a)]。早上 7:00 左右达到 1 d 内的最小值，约在 300～320 $W \cdot m^{-2}$；在傍晚 21:00 达到最大，约在 360～370 $W \cdot m^{-2}$。各观测站的峰值由大到小依次为临近沙漠的绿洲、绿洲、沙漠、戈壁，日积分值分别为 29.63 $MJ \cdot m^{-2}$、29.52 $MJ \cdot m^{-2}$、29.15 $MJ \cdot m^{-2}$ 和 28.58 $MJ \cdot m^{-2}$。一天中大气逆辐射的日较差不是很大，仅约 70 $W \cdot m^{-2}$。在达到极大值之前 17:00~20:00 大气逆辐射有下降趋势。大气逆辐射易受大气状况、大气气溶胶浓度及云状等因素影响而掺杂一些个别变化(左大康等，1991；季国良等，1987)，由于 4 个观测站的变化趋势均一致，因而这很可能是由于天气系统造成的。

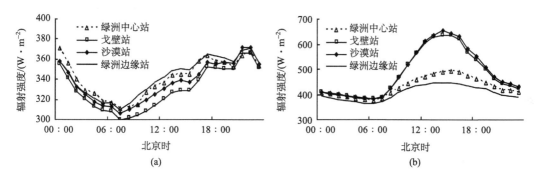

图 3.14 4 个观测站晴天的大气逆辐射和地表长波辐射的日变化
(a)大气逆辐射；(b)地表长波辐射

地表长波辐射具有明显的日变化[图3.14(b)]，在 14:00 达到最大值。同样 4 个观测站的最大值根据地表类型和所处的位置有很显著的差异。农田土壤含水量大，作物层或土壤的温度较低，因此地面向上的辐射不仅强度小，日变化也不明显，白天略大于夜间。

戈壁和沙漠白天的地表温度较大且日较差较大，因而其向上长波辐射强度就比较大，日变化较明显，其峰值远大于绿洲和临近沙漠的绿洲，沙漠的地表长波辐射的峰值最大(为 652.9 $W \cdot m^{-2}$)，戈壁次之(为 635.067 $W \cdot m^{-2}$)，绿洲中心和临近沙漠的绿洲的最大值分别为 488.933 $W \cdot m^{-2}$ 和 446.433 $W \cdot m^{-2}$，4 个站最大值相差 200 $W \cdot m^{-2}$。相反，4 个观测站的最小值都出现在 06:00，谷值基本相当为 380 $W \cdot m^{-2}$。地表长波辐射的日积分值大小，依次为沙漠 42.33 $MJ \cdot m^{-2}$、戈壁 41.83 $MJ \cdot m^{-2}$、绿洲 37.18 $MJ \cdot m^{-2}$、临近沙漠的绿洲 35.17 $MJ \cdot m^{-2}$。

3. 净辐射

地表吸收辐射表征了地表吸收的净短波辐射,主要受地表反照率和太阳辐射的影响。由于反射辐射较小,而 4 个测站的总辐射相差不大,因而地表吸收辐射基本重合(图略),但峰值仍可相差 70 $W \cdot m^{-2}$。其中最大的为绿洲 835.8 $W \cdot m^{-2}$,最小的为戈壁 767.2 $W \cdot m^{-2}$,居中的是临近沙漠的绿洲 799.4 $W \cdot m^{-2}$ 和沙漠 767.2 $W \cdot m^{-2}$。

地面有效辐射(effective radiation of the surface)为地面长波辐射和大气辐射之差,表征了地表放射的净长波辐射,受大气状况和地表温度等的影响。通常,地面温度高于大气温度,所以地面辐射要比大气逆辐射强。金塔相距不远的 4 个观测站,绿洲的地面有效辐射全天均小于戈壁和沙漠[图 3.15(b)],白天最大可差 200 $W \cdot m^{-2}$。戈壁和沙漠的地面有效辐射的日变化显著,受地表温度日变化的影响日差较大,而绿洲上的地面有效辐射日变化较缓。由于夜晚绿洲和沙漠的地表温度较为接近,4 个站的地面有效辐射日变化基本一致。

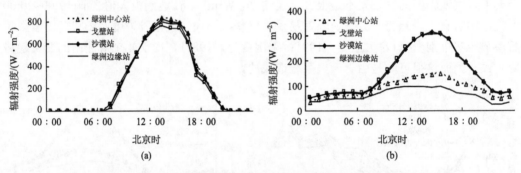

图 3.15　4 个观测站晴天的地表吸收辐射和地面有效辐射的日变化

(a)地表吸收辐射；(b)地面有效辐射

从日积分的地表有效辐射与地表吸收辐射之比(表 3.5)可知,绿洲上由于有植被覆盖,地表吸收辐射的能量有 25%~33%以长波形式放出,绿洲地表放射的净长波辐射与短波吸收辐射之比远小于沙漠和戈壁地区的比值,仅为沙漠和戈壁地区的比值的 50%左右。白天沙漠和戈壁地区地表温度较高,地表所吸收的能量有一半多以长波形式放出用于加热空气。

表 3.5　4 个观测站的地表有效辐射与地表吸收辐射之比

测站	比值
戈壁	0.6
沙漠	0.57
绿洲	0.33
临近沙漠的绿洲	0.25

净辐射作为地表能量收支的重要组成部分,地表净辐射是下垫面从短波到长波辐射能量收支的代数和,是地表辐射平衡、地气能量交换以及各种天气气候的形成等过程中

的关键因子。准确估算地表净辐射时空分布对研究全球气候演变、生态环境问题和水资源评价具有重要意义。地表净辐射的日变化规律是白天为正值[图 3.16(a)]，向地下传输热量，在 13:00 可达到最大，随太阳高度角的变化而减小；在夜晚为负，由地下向大气输送热量，随时间负值越来越大，在清晨达到最小值。戈壁和沙漠的净辐射零值比绿洲上出现的早，但由负转正时时间差不大，但由正转负时戈壁和沙漠可比绿洲上早将近 1h。对绿洲、戈壁和沙漠不同下垫面来说，其辐射收支的差异主要表现在地表反照率和地面向上长波辐射两个分量上，从而影响了它们的地表净辐射。绿洲上 2 个站的净辐射基本重合，峰值为 702.26 W·m^{-2}，大于沙漠和戈壁上的峰值 524.77 W·m^{-2} 和 464.73 W·m^{-2}。地表净辐射的日积分值依次为临近沙漠的绿洲 16.9 MJ·m^{-2}、绿洲 15.91 MJ·m^{-2}、沙漠 10.1 MJ·m^{-2}、戈壁 8.72 MJ·m^{-2}。

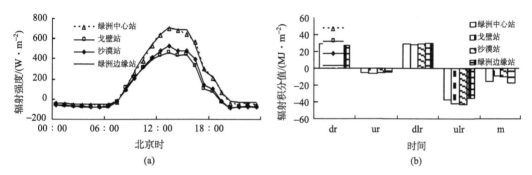

图 3.16　4 个观测站晴天的地表净辐射的日变化和各辐射分量日积分值的直方图
(a)地表净辐射的日变化；(b)各辐射分量日积分值

从各种辐射分量日积分值[图 3.16(b)]比较可知，在辐射平衡中地表长波贡献最大，大气逆辐射次之，总辐射第三，净辐射第四，反射辐射最小。对于绿洲上的 2 个观测点，他们的净辐射可达总辐射的 50% 以上，而对于戈壁和沙漠则略大于 30%。在位置比金塔实验偏北的敦煌实验中，尽管同金塔实验一样，地表长波辐射在辐射平衡中的比例最大，但居于第二位的是总辐射而不是大气逆辐射。

3.2.3　不同土壤湿度条件下的辐射特征

目前，在我国西北干旱区针对非均匀下垫面开展的"黑河实验"中，典型晴天绿洲和沙漠的辐射收支平衡状况得到了研究；张强和曹晓彦(2003)分析了敦煌试验中极度干旱地区(年降水量小于 50 mm 地区)在不同天气条件下的荒漠戈壁地表的辐射收支状况。另外，其他学者对沙漠及绿洲地表辐射和能量平衡的研究，也取得了许多成果。但是，现有研究却很少关注不同土壤湿度条件下绿洲的辐射、能量平衡特征变化。

为了科学合理开发利用绿洲光热资源，特选用 2005 年 5 月 23 日到 6 月 17 日金塔观测实验资料，重点分析不同土壤湿度条件下绿洲的地表辐射和能量平衡特征。

1. 土壤湿度特征

观测试验期内，5 月 28 日 10:00~15:00(北京时间，下同)有一次降水天气过程；6 月

3 日 23:00 对农田进行了灌溉。在观测期内降水、灌溉过程对 5cm 土壤湿度影响显著 [图 3.17(a)]，降水前期 5cm 土壤湿度为 0.45m³·m⁻³，降水后增加为 0.735m³·m⁻³。5 月 29 日以后受晴天蒸发及作物耗水等影响，土壤含水量逐渐减小，至 6 月 3 日灌溉前减小为 0.35m³·m⁻³。6 月 3 日灌溉结束后，土壤湿度得到大幅提高，并达到过饱和状态。随着土壤表层水分迅速下渗，4 日土壤湿度已降至略低于 5 月 29 日。在接下来的观测期间，天气基本晴好，土壤湿度一直处于衰减过程，到观测结束时(6 月 17 日)土壤较为干燥，含水量仅为 0.16。

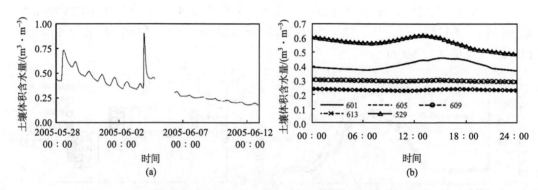

图 3.17　观测期内 5 个个例的 5 cm 土壤湿度的时间序列图

(a)观测期内土壤湿度变化；(b) 5 个个例土壤湿度日变化

为研究不同土壤湿度绿洲的辐射特征，结合图 3.17 特点选取观测期内基本不受云等因素影响和向下短波辐射接近的晴天的个例进行分析。选取 5 月 29 日、6 月 1 日、6 月 5 日、6 月 9 日和 6 月 13 日共 5 个个例进行分析(以下依次称为个例 529、个例 601、个例 605、个例 609、个例 613)。其中，个例 601 在 15:00 受云层影响显著；6 月 5 日部分仪器断电造成土壤湿度数据缺测；个例 613 的 5cm 土壤最干燥，导致其日变化幅度也最小，个例 609 次之；个例 529 为湿润土壤，日变化最明显。

尽管选择的研究时段较长(为 20 天)，但正处于绿洲内作物成熟期，观测前期和后期植被作用会有所不同，结合其他观测数据认为个例 529 和个例 601 的植被特征比较典型，有别于 6 月 5~13 日。

2. 辐射特征

1)短波辐射

5 个个例的向下短波辐射具有明显的日变化[图 3.18(a)]。夜间为零，最大太阳辐射出现在 13:00 左右，略大于 1000 W·m⁻²，日积分总量约为 32 MJ·m⁻²。向上短波辐射 [图 3.18(b)]同太阳短波辐射相对应，也具有明显的日变化，夜晚为零，正午最大。

向上短波辐射是地表反射的太阳短波辐射。5 个个例中，较为湿润的个例 529 和个例 605 的峰值最小(为 180 W·m⁻²)，日积分总量分别为 6.1 MJ·m⁻² 和 6.5 MJ·m⁻²；土壤湿度居中的个例 601 和个例 609 的峰值为 195~200 W·m⁻²，日积分总量分别为 6.91 MJ·m⁻² 和 6.58 MJ·m⁻²；最干燥的个例 613 的峰值最大(表 3.6)，约 210 W·m⁻²，日积分总量为 7.23 MJ·m⁻²。

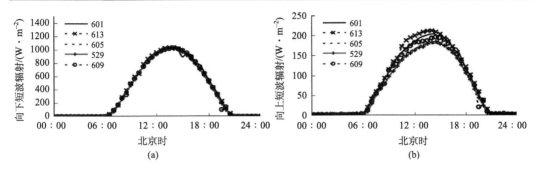

图 3.18　　5 个个例向下与向上短波辐射的日变化

(a)向下；(b)向上

分析表明，受土壤湿度不同引起的反射短波辐射的峰值相差较大为 30 W·m^{-2}，而日积分总量相差较小(为 1.13 MJ·m^{-2})，说明土壤较湿有利于绿洲地表吸收辐射的存储。因此，在研究非均匀下垫面地气相互作用时，土壤湿度差异对大气逆辐射的影响是不可忽略的。陈世强等(2011)在研究夏季不同天气背景和灌溉条件下绿洲地表辐射和能量平衡特征时，也强调指出，不同天气和土壤湿度背景下的辐射和能量平衡特征有较大差异。观测试验中发现，有较大的能量不平衡差额，晴天时的能量亏损大于阴天的。

表 3.6　　湿润和干旱土壤日地表辐射各分量

名称		湿润土壤个例(529、605)	干旱土壤个例(613)
向下短波辐射	辐射峰值/(W·m^{-2})	1000	1000
	日平均积分值/(MJ·m^{-2})	32.0	32.0
向上短波辐射	辐射峰值/(W·m^{-2})	180	210
	日平均积分值/(MJ·m^{-2})	6.3	7.23
向下长波辐射	辐射峰值/(W·m^{-2})	270	300
	日平均积分值/(MJ·m^{-2})	23.0	26.0
向上长波辐射	辐射峰值/(W·m^{-2})	498	509
	日平均积分值/(MJ·m^{-2})	36.28	33.7.3
地表净辐射	辐射峰值/(W·m^{-2})	670	640
	日平均积分值/(MJ·m^{-2})	15.18	14.02

相反，土壤湿度较大时，向上短波辐射则较小。地表向上的短波辐射，即反射辐射受地表反照率的影响，反射率则由地表土壤颜色、粗糙度长度、土壤湿度和太阳高度决定。由于水的反照率非常小，包裹在土壤颗粒外围的水分子增加了对太阳光的吸收路径。由于反射辐射 $R_k = Q\alpha$，因此，土壤湿度大时，反射辐射小。其实并不是所有的个例都是土壤湿度越大，反射的短波辐射越小。虽然都是土壤湿度居中(个例 601 和个例 609)，个例 601 的土壤湿度较个例 609 大，但个例 609 的反射辐射较小，这主要是观测后期植被好于观测前期，因下垫面植被的差异所致。总之，从以上分析发现这样的规律：即当植被处于同一生长期的晴天，土壤湿度越大，反射辐射越小。

大气逆辐射是大气视发射率及天空有效温度共同作用的结果。5 个个例的大气逆辐射(图 3.19)日变化趋势一致，符合标准曲线，均为早上较小，傍晚最大，日变化幅度较小为 50 W·m^{-2}。大气逆辐射值全天基本维持在 300 W·m^{-2}，日积分总量基本分布为 26 MJ·m^{-2}。大气逆辐射易受大气状况、大气气溶胶浓度及云等因素影响。土壤湿度差异造成大气状况的改变，从而使不同个例的辐射值之间存在一定差异。观测前期土壤较为湿润(个例 529)的大气逆辐射,17:00 之前一直比土壤较为干燥的(个例 601)略小 10 W·m^{-2}，而 17:00 后出现了个例 529 大于个例 601 的特殊现象[图 3.19(a)]。该特殊现象的产生，可由大气逆辐射=$\delta\varepsilon_0 T_a^4$ 公式得到解释。大气逆辐射式中 δ 为斯蒂芬–玻尔兹曼常数, T_a 为天空有效温度，ε_0 为晴空视发射率，为水汽压的函数。其中 ε_0 较 T_a^4 变化慢，因此 T_a 对大气逆辐射的影响较大。在土壤较湿润时，空气中的水汽较多，比热容较大，空气受辐射加热时升温较慢，而在辐射加热减弱时空气温度下降较慢，这就导致了该现象的形成。该现象在个例 609 和个例 613 中也有所体现[图 3.19(b)]，但由于其土壤较干，故天空有效温度相差不多，以致二者的大气逆辐射差别不是特别明显。

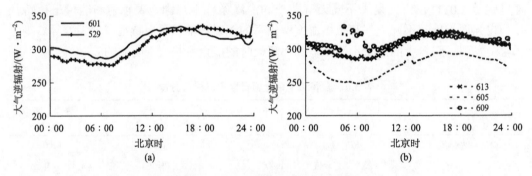

图 3.19　5 个个例大气逆辐射日变化

(a)个例 601、个例 529 日变化；(b)个例 613、个例 605、个例 609 日变化

6 月 3 日灌溉后，个例 605 的土壤湿度较大，当天源源不断向空气中输送的水汽造成比湿最大，所以该个例的大气逆辐射是 5 个个例中最小。个例 605 的大气逆辐射全天各时次比其他个例小 30 W·m^{-2}，日积分总量比其他个例小 3 MJ·m^{-2}。由于空气中水汽比其他个例大，尽管差值较小(为 30 W·m^{-2})，但可达日变化幅度的 60%，峰值的 10% 左右。由此可见，土壤湿度差异对大气逆辐射的影响是不可小觑的。

2) 长波辐射

地表长波辐射也具有明显的日变化。15:00 左右达到最大值，峰值分布在 500 W·m^{-2}附近，日积分总量分布在 37 MJ·m^{-2} 附近。观测前期土壤较干燥(个例 601)的地表长波辐射[图 3.20(a)]全天大于较湿润土壤(个例 529)；早晨和夜晚则相差较小，有部分重叠，中午时分峰值分别为 522 W·m^{-2} 和 498 W·m^{-2}，可相差 20 W·m^{-2}；日积分总量分别为 37.67 MJ·m^{-2} 和 36.28 MJ·m^{-2}。观测后期个例 605、个例 609、个例 613 的辐射值依次递增[图 3.20(b)]，峰值分别为 480 W·m^{-2}、492 W·m^{-2} 和 509 W·m^{-2}，日积分总量分别为 35.34 MJ·m^{-2}、37.33 MJ·m^{-2} 和 37.73 MJ·m^{-2}。同向上长波辐射一样，受不同生长期植被差异的影响，土壤较为湿润的个例 601 地表辐射大于较为干燥的个例 609。对于植被处于同一生长期的农田，土壤越湿润则地表长波辐射就越小。

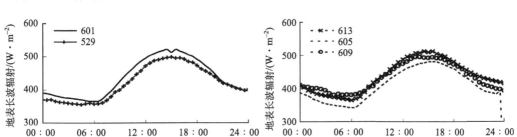

图 3.20 5 个个例的地表长波辐射日变化

(a)个例 601、个例 529 日变化；(b)个例 613、个例 605、个例 609 日变化

3) 净辐射

净辐射(图 3.21)的日变化规律是白天为正值，向地下传输热量，13:00 左右达到最大，峰值大致分散在 650 $W\cdot m^{-2}$ 左右；在夜晚为负，由地下向大气输送热量，随时间负值越来越大，21:00 达到最大负值，分布在-96 $W\cdot m^{-2}$ 和-126 $W\cdot m^{-2}$ 之间，日积分总量约为 14.5 $MJ\cdot m^{-2}$ 左右。观测前期个例 601 的净辐射峰值最小(为 635 $W\cdot m^{-2}$)，谷值居中为-112 $W\cdot m^{-2}$，日积分总量为 14.06 $MJ\cdot m^{-2}$；峰值次小的是个例 613 为 640 $W\cdot m^{-2}$，谷值最小为-126 $W\cdot m^{-2}$，日积分总量也最小为 14.02 $MJ\cdot m^{-2}$；峰值最大的个例 605 为 679.5 $W\cdot m^{-2}$，谷值为-117 $W\cdot m^{-2}$，日积分总量为 14.63 $MJ\cdot m^{-2}$；峰值次大的个例 529 为 670 $W\cdot m^{-2}$，谷值为-96 $W\cdot m^{-2}$，其绝对值最小，净辐射 12:00 之前大于个例 605 的，因而日积分总量最大(为 15.18 $MJ\cdot m^{-2}$)；峰值居中的个例 609 为 662 $W\cdot m^{-2}$，谷值居中为-110 $W\cdot m^{-2}$，日积分总量为 14.8 $MJ\cdot m^{-2}$。

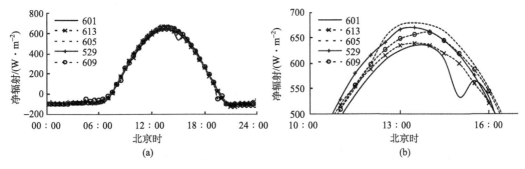

图 3.21 5 个个例的净辐射的日变化

(a)日变化；(b)仅为 (a)顶部的放大图

由以上分析可知，对于植被要素略有不同的观测前(后)期来说，各自时段内的个例辐射值与土壤湿度具有较好的对应关系。土壤湿润时，净辐射峰值偏大，谷值绝对值偏小，日积分总量偏大；白天向地下输入的能量多，夜晚向大气输送的能量少，存储的能量较多。

通过分析夏季晴天金塔绿洲不同土壤湿度条件下的辐射收支特征，结果表明，向下短波辐射不受土壤湿度的影响；当植被处于同一生长期，土壤湿度越大，向上的辐射就越小，净辐射就越大；当空气中的水汽含量相差不大时，土壤较湿润则大气逆辐射白天较小，夜晚较大。但当水汽含量差别较大时，水汽含水量起主要影响作用，空气越湿润，大气逆辐射越小。

3.3　沙漠绿洲下垫面土壤变化特征

陆面过程的核心是研究地气之间的能量和水分等物质的相互交换和传输，土壤温、湿度是陆面过程研究中的一个重要参量。土壤是地球生态环境系统重要的水热储存场所，影响着地表和大气之间的物质和能量交换，对地球大气边界层物理过程、大气环流和区域气候产生着重要影响。土壤温度和土壤热通量是表征土壤热状况的主要参量，对不同生态系统的能量平衡有较大影响。地表热量平衡是地气相互作用的主要内容之一，集中反映了地气耦合过程的能量纽带作用。太阳活动、地核能量释放以及人类活动等因素对气候变化的影响主要通过对地表热量和辐射平衡的改变来实现，而且它们对气候变化的响应也是通过地表热量传输等过程来传递，所以地表热量的表现是全球变化和气候异常研究中极为关注的方面。

近年来，随着对非均匀下垫面研究的关注，绿洲系统也越来越受到大气边界层工作者的重视。季国良等(1986，2001)深入研究了青藏高原的地面加热场特征；杨梅学等(1999)分析了藏北高原的两个站点(D110 和安多)20 cm、100 cm 和 160 cm 的土壤温湿特性，表明浅层土壤温度的变化幅度明显比深层的要大，而且浅层土壤温度受天气过程的影响较大。李韧等(2005)讨论了藏北高原五道梁地区地表加热场和土壤热状况特征；张强和曹晓彦(2003)分析了绿洲荒漠戈壁夏末土壤湿度的特征，揭示了呼吸过程影响这一特殊区域 5cm 土壤的水分收支。谢志清等(2005)则分析了干旱和高寒荒漠区这两种典型下垫面土壤温湿度的时空分布特征及其相互作用，分析认为下垫面的非均匀性及其季节变化和温度梯度变化对土壤水分运动有很大的影响。蒲金涌等(2005)利用甘肃陇西黄土高原干旱区 6 个农业气象基本观测站的 1982~2000 年 0~200cm 土壤湿度资料，分析了该地域土壤水分构成特征及变化规律。张立杰等(2005)利用多年地温资料计算了青藏高原的土壤热流分布特征；陈世强等(2006)利用观测资料揭示了夏季晴天绿洲、荒漠等的温度场特征；尹光彩等(2006)研究了华南针阔混交林地的土壤热状况。

在我国西北干旱半干旱地区存在着被戈壁、荒漠、裸土、石砾地和沙漠化土地等围绕的以天然草甸、林灌植被、人工耕地和水域等构成的绿洲景观，这种以荒漠为景观基质、绿洲为景观镶嵌的基本格局的非均匀下垫面的陆面过程机理与其他湿润地区相比具有其特殊性。因此，研究绿洲系统的陆面过程变化规律和特征，对绿洲的保护和可持续发展有着重大的现实意义。

3.3.1　不同下垫面土壤热状况对比

众所周知，土壤温度变化对土壤表层水分运动有重要的影响，而地表层土壤的水分状况又与径流、蒸发及地下水补给等过程有着重要的相互作用，从而直接或间接地影响作物和土壤对太阳辐射热量吸收和放射。下面以金塔绿洲及其临近戈壁沙漠为个例，从该地区土壤温度梯度与净辐射、土壤热通量、土壤导热率等方面对该地区土壤热状况进行分析讨论。

1. 土壤温度梯度

温度梯度是自然界中气温、水温或土壤温度随陆地高度或水域及土壤深度变化而出现的阶梯式递增(或递减)的现象。它也是体现垂直方向热量传输的一个很重要的物理量，热量传递的方向与土壤梯度的方向相反。

土壤温度梯度关系式

$$\text{Gra} = \frac{\partial T}{\partial z} \approx \frac{1}{2}\left(\frac{\Delta T_1}{\Delta Z_1} + \frac{\Delta T_2}{\Delta Z_2}\right) \tag{3.7}$$

式中，Gra 为土壤温度梯度(℃/m)，$\Delta Z_1 = \Delta Z_2 = 0.1m$；$\Delta T_1$ 和 ΔT_2 分别为

$$\Delta T_1 = T_{10} - T_{00}$$
$$\Delta T_2 = T_{20} - T_{10} \tag{3.8}$$

式中，T_{00}、T_{10}、T_{20} 分别为 0cm、10cm、20cm 地温。利用式(3.7)、式(3.8)可计算了金塔地区戈壁、沙漠、绿洲的土壤温度梯度。

图 3.22 是典型晴天(2005 年 6 月 25 日)戈壁、沙漠、绿洲土壤温度梯度日变化。从图看出，土壤温度梯度具有明显的日变化特征。从午夜 0:00 点到 7:00 点前后，戈壁、绿洲和沙漠都出现了正的温度梯度，意味着在这期间，土壤的热量是从深层传向地表的；而随着太阳高度角的加大,土壤温度梯度转为负值，深层土壤从地表获得能量，到了 19:00 左右，温度梯度又转为正值。戈壁、沙漠地区的土壤温度梯度日变化有着很好的一致性。从温度梯度的变幅来看，绿洲要明显小于戈壁和沙漠。这主要是由于绿洲下垫面有大量植被覆盖，有效地减少了地表接受的太阳辐射，使得土壤对太阳加热的响应变得迟缓；晚上绿洲地表的长波辐射小于戈壁和沙漠，地表冷却得也比较缓慢，所以土壤的温度梯度变化也不如戈壁和沙漠变化明显。

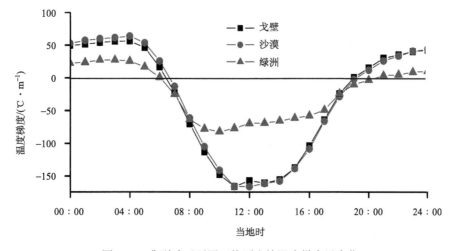

图 3.22　典型晴天不同下垫面土壤温度梯度日变化

　　土壤温度梯度的日变化主要由地表接受的净辐射以及土壤自身的热状况(土壤含水量、土壤比热容、土壤导热率等)决定。通过对土壤温度梯度和地表净辐射做了相关分析,两者呈良好的线性关系。其中戈壁、沙漠和绿洲地区土壤温度梯度和净辐射相关系数分别为 -0.91、-0.90、-0.92,且均通过 0.01 的置信度检验,拟合得到的回归方程为

戈壁　　$Gra = -0.361 \times Rn - 1.886$　　　　　　　　　　　(3.9)

沙漠　　$Gra = -0.331 \times Rn + 2.500$　　　　　　　　　　　(3.10)

绿洲　　$Gra = -0.123 \times Rn + 1.139$　　　　　　　　　　　(3.11)

式中,Rn 为地表净辐射。

2. 土壤热通量

　　土壤热通量(heat flux of soil)为土壤表面与下层土壤间,单位时间内通过单位截面的热量。土壤热通量在地表能量交换中扮演着重要角色,特别是干旱半干旱地区的土壤热通量研究,具有更加重要的意义。

　　土壤热通量的表达式为

$$G = -\lambda \frac{\partial T}{\partial Z} \qquad\qquad\qquad (3.12)$$

式中,G 为土壤热通量,$W \cdot m^{-2}$(下同);λ 为土壤导热率,$W \cdot (mK)^{-1}$;$\frac{\partial T}{\partial Z}$ 为土壤温度梯度,$°C \cdot m^{-1}$。

　　试验中,利用在 5cm 和 20cm 深度处戈壁土壤热流板测定的平均值,表示观测区不同深度的土壤热通量。选择 2005 年 6 月 25 日(典型晴天),分析了不同下垫面不同深度土壤热通量的日变化。从戈壁、沙漠、绿洲土壤热通量随时间和深度的日变化(图 3.23)看出,不同下垫面 2 层(5cm 和 20cm)土壤热通量都具有明显的日变化特征,深层土壤热通量(20cm)较浅层土壤(5cm)峰值的出现时间明显滞后,且变化幅度较小,这是深层土壤对外界影响响应的速度较慢的缘故。在戈壁和沙漠,5cm 和 20cm 土壤热通量出现的峰值分别是 13:00 和 18:00;但沙漠地区变化更为剧烈,热通量从负转向正的时间也基本一致,5cm 在当地时间 7:00 左右,20cm 为 11:00 左右。

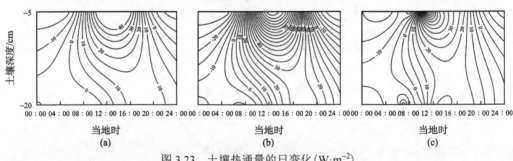

图 3.23　土壤热通量的日变化($W \cdot m^{-2}$)

(a)戈壁；(b)沙漠；(c)绿洲

　　与戈壁和沙漠相比,绿洲 5cm 和 20cm 土壤热通量峰值出现的时间均偏早,分别为当地时间 11:00 和 15:00。其中,绿洲 5cm 热通量由正转负的时间为 9:00,比戈壁和沙漠

迟 2h，但 20cm 热通量在上午 10:00 就转为正值。这说明在植被覆盖的作用下，绿洲表层土壤对外界影响的响应要迟缓，但由于绿洲土壤湿度较大，水的热容量远比土壤中空气的热容量大，所以随着水分的增加，土壤的热容量自然增大，这就不难理解绿洲 20cm土壤热通量为什么能在较短的时间内达到峰值。

在试验中，我们测量了 5cm 和 20cm 的土壤热通量，它们均表现出了规律的日变化特征，其实随着土壤深度的增加，土壤热通量的日变化特征要比表层复杂得多。罗斯琼等（2005）应用 NCAR 的非静力平衡中尺度数值模式 MM5V3.6，设计了三种不同土壤湿度对金塔绿洲边界层的特征影响的敏感性试验。研究表明：土壤灌溉后地表温度和气温升温率较灌溉前有所减小。土壤湿度越大，绿洲温度越低，绿洲的“冷岛效应”越显著。绿洲灌溉后地面感热通量较灌溉前偏低，潜热通量比灌溉前高；土壤湿度越大，这种差异越显著。土壤湿度为 0.35 时，绿洲能够很好地表现绿洲特性，维持其自身的发展。张立杰等（2005）利用土壤地温计算了安多、沱沱河和那曲 3 个站的土壤热通量，结果显示，土壤热通量随时间和深度的变化非常复杂。李亮等（2012）研究了不同土壤类型的热通量变化特征，结果也表明，由于导热率越大，热量传输就越快；热容量越小，热量传输也越快，造成土壤热通量的日较差和年较差较大。

3. 土壤热传导率

地表温度在陆-气相互作用过程中扮演了极其重要的角色，而地表温度取决于土壤热传输过程，主要包括热传导和热对流。土壤热传导率（soil heat conductivity），又称土壤导热系数或热扩散率，是指单位体积的土壤，通过热传导从法向获得（或失去）单位（等于土壤的导热率）热量时，所能引起的温度变化量。土壤热通量是地球表面能量平衡的重要分量之一。

将土壤热通量式（3.12）稍做变形，便可求出土壤导热率 λ：

$$\lambda = -G\left(\frac{\partial T}{\partial z}\right)^{-1} \tag{3.13}$$

式中，G 为 5cm 土壤热通量，T 为温度梯度，G 和 T 均直接由观测得到；$\frac{\partial T}{\partial Z}$ 是 5cm 和10cm 的温度梯度。土壤导热率不仅是描述土壤中温度变化、能量传输的前提，也是研究其他土壤物理过程，如水热耦合传输、气体扩散、物质运移的基础（李婷等，2008）。土壤导热率受土壤水分、地表温度、土壤质地、体积质量、土壤孔隙度和有机质含量等因素的影响。各地方土壤类型差异较大，土壤质地也各不相同，因此对土壤导热率影响较大。研究表明，在相同含水率条件下，砂粒含量越高，土壤的导热率越大，土壤导热能力越强（王铄等，2012）。

金塔戈壁、沙漠和绿洲 5cm 土壤导热率计算值分别为 0.193 W·(mK)$^{-1}$、0.317W·(mK)$^{-1}$、0.374 W·(mK)$^{-1}$。这可能是试验期间处于绿洲的灌溉期，戈壁观测点距离绿洲很近，土壤湿度较大的原因所致。其中，戈壁 5cm 土壤导热率值（为 0.193 W·(mK)$^{-1}$）比敦煌地区的要大 （为 0.177 W·(mK)$^{-1}$），但比李锁锁等（2009）对黄河上游地区辐射及土壤热状况年变化特征分析研究得到的该地区季节平均土壤导热率小，其中春季为 0.27

W·(mK)$^{-1}$、夏季为 0.38 W·(mK)$^{-1}$、秋季为 0.55 W·(mK)$^{-1}$、冬季为 0.83 W·(mK)$^{-1}$。

3.3.2　不同天气条件下土壤温湿变化

土壤湿度作为气候变化研究中的一个重要的物理量而受到国内外的高度重视。它的重要性具体表现在它能够通过改变地表的反照率、热容量和向大气输送的感热、潜热等而影响气候变化。研究表明，土壤湿度在气候变化中的作用是仅次于 SST(海温)的重要参量，在陆地上，它的作用甚至超过 SST 的作用(Shukla，1993)。土壤水分可以是液态或气态，并且在土壤中移动时可以改变自己的物态，因而产生热量的吸收和释放，这样当水在土壤中上下移动时同时携带热量一起运动。另外，土壤水分也可以改变地表植被的生长状况。

土壤湿度在陆面水文过程的参数化中始终是一个非常重要而又难以定量化的因子。在非均匀地表条件下，土壤表层水分分布的空间变率相当大，即使在同一种下垫面条件下，土壤水分分布的不均匀性也普遍存在。长期以来，由于土壤水分观测资料的匮乏以及土壤水分时空分布具有相当大的变率特点，因此，土壤湿度时空分布类型及其变化规律，特别是沙漠绿洲土壤湿度演变特征的研究，对完善陆面水文过程的参数化和保护绿洲可持续发展非常重要。

以往的诸多研究主要集中于晴天的土壤温湿场的研究，然而不同深度土壤温湿场既受天气背景的影响，也受土壤含水量等的影响。下面针对不同土壤湿度和天气背景条件下的绿洲农田单点的土壤温湿场进行分析，以便揭示绿洲系统土壤温湿结构的特征。

1. 土壤温湿基本特征

为了分析不同土壤湿度和天气背景条件下绿洲的土壤温湿特征，进行了如下设计：

(1)选取 2005 年 6 月 1 日晴天和 6 月 2 日阴天两个个例，对比分析由于太阳总辐射的不同而导致的绿洲温湿的差异。这个工作是在一个假设的基础上进行的，即如果相邻两天内没有天气过程发生、也无灌溉，则可以认为这两天土壤湿度特征差异是由辐射所引起。

(2)在灌溉后天气晴好，无天气过程出现的情况下，选取与 6 月 1 日总辐射基本相似的灌溉后第 5 天(6 月 9 日)和第 9 天(6 月 13 日)来分析相同背景下，不同土壤含水量下的温湿变化特征；

(3)选取降水日(5 月 28 日)和刚灌溉后的(6 月 4 日)作为特殊个例进行绿洲温湿特征的分析。

在没有天气过程和没有灌溉情况下,绿洲农田土壤湿度(图 3.24)在 0~40cm 内随着深度的增加而增大。6 月 1 日[图 3.24(a)]和 2 日[图 3.24(b)]的 5cm、10cm 土壤湿度都具有较明显的日变化，其变化趋势同空气湿度相反，则与地表温度(图 3.25)有很好的一致性。在早晨 6:00 ~7:00 最小，在 15:00 左右达到最大值。5cm、10cm 土壤湿度差值不是很大(为 0.4 左右)，5cm、10cm 土壤湿度分布曲线相互交叉。

晴天 5cm、10cm 土壤湿度的日变化大于阴天，且晴天的浅层土壤比阴天的湿润。晴天 5cm 的土壤湿度和变化幅度较大，从 13:30 到 17:00 期间的 5cm 土壤湿度高于 20cm；

阴天个例中 5cm 土壤湿度则一直低于 20cm。20cm 土壤湿度日变化较小，变化趋势也不同于浅层土壤的，在中午时土壤最干。晴天和阴天 40cm 土壤都非常湿润，不存在明显的日变化。

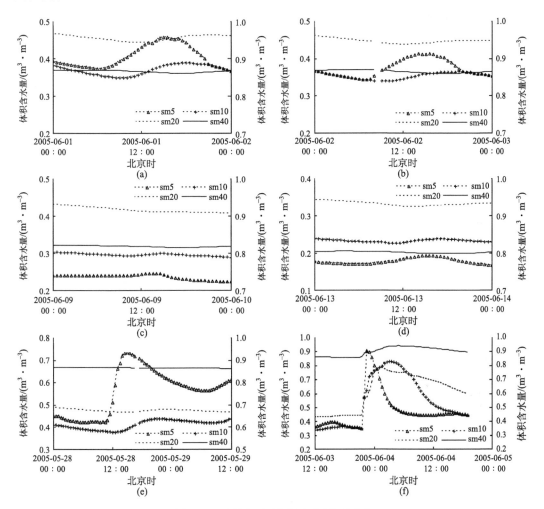

图 3.24　土壤湿度(体积含水量)日变化

5cm、10cm 和 20cm 土壤湿度的纵坐标位于左侧，40cm 的纵坐标位于右侧

　　晴天(6 月 1 日)的地表和土壤温度特征曲线为较标准的波形[图 3.25(a)]。在 15:00 左右地表温度达到最大，在 6:00 左右最小。地表温度同土壤温度相比，变化幅度最大。在白天地表温度高于土壤温度，夜晚则相反。5cm、10cm、20cm、40cm 土壤温度也都具有明显的日变化特征，离地面距离越大，峰值出现的时间比地表温度滞后的越多，变化幅度也越小；40cm 土壤温度的日变化不再明显。阴天(6 月 2 日)的地表温度和土壤温度曲线同阴天(6 月 1 日)相似[图 3.25(b)]，只是变化幅度受到达地面短波辐射的减少而变小。

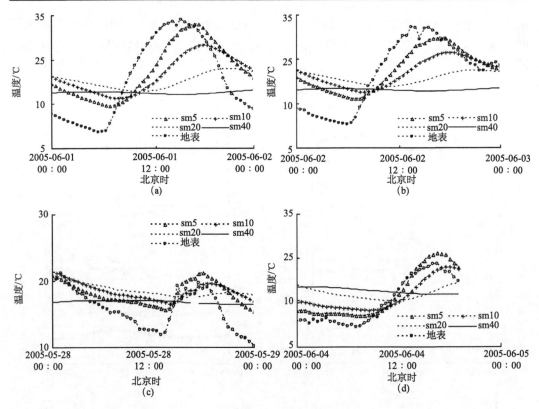

图 3.25　绿洲土壤和地表温度日变化

2. 灌溉及降水对土壤温湿变化的影响

选取与 6 月 1 日太阳辐射接近的 6 月 9 日[图 3.24(c)]和 6 月 13 日[图 3.24(d)]进行对比，分析发现，各层土壤湿度的曲线较为相似，随着时间推移土壤逐渐变干，湿度逐渐减小。与 6 月 1 日不同的是灌溉后期是持续晴天，土壤湿度较小，浅层的日变化也不太明显，灌溉后期 10cm 土壤湿度大于 5cm。而 6 月 1 日 5cm 的土壤较湿润，仅存在夜晚到凌晨期间 5cm、10cm 土壤湿度才较接近或相等。

观测后期的土壤温度和地表温度类似 6 月 1 日，其变化幅度略小。但是观测后期的土壤却比 6 月 1 日干燥，也许这是由于小麦处于不同的生长期，由植被作用的结果。随着时间的推移观测后期(图略)土壤逐渐干燥，各层土壤温度逐渐增高。尽管 40cm 的土壤温度的日变化很小，然而随着土壤逐渐干燥，其土壤温度也在逐渐增高；灌溉后 12 天(即 6 月 15 日)晴天环境下，40cm 的土壤温度比灌溉后 4 天(即 6 月 7 日晴天)土壤温度高 2℃左右(图略)。

5 月 28 日降水过程从 10:00~15:00 结束。5cm 土壤湿度[图 3.24(e)]随着降水过程持续增加，降水过程结束时增大为 0.735%；次日 7:00 则降至 0.56%。10cm 土壤湿度与 5cm 有很大区别，其值与变化趋势同 6 月 2 日较为相似，仅仅是峰值出现的时间较晚(约滞后 3h)。这是因为降水量较小，雨水下渗的很少且速度缓慢。相反，20cm 和 40cm 的土壤湿度变化很小，下渗到此深度的雨水基本可以忽略不计了。

　　灌溉时（6 月 4 日）浅层土壤湿度响应迅速［图 3.24(f)］，5cm 土壤湿度由 $0.35m^3 \cdot m^{-3}$ 迅速上升到 $0.91m^3 \cdot m^{-3}$。灌溉结束 5 小时后，则迅速下降到 $0.5m^3 \cdot m^{-3}$ 左右；9 小时后 5cm 土壤湿度基本维持在 $0.45m^3 \cdot m^{-3}$。而 10cm 土壤峰值 $0.827m^3 \cdot m^{-3}$ 的出现时间比 5cm 滞后大约 4 小时，此时 5cm 的已降为 $0.515m^3 \cdot m^{-3}$；达到最大值 12 小时后 10cm 土壤湿度下降到与 5cm 相同的值。20cm 土壤湿度峰值最小，出现的时间在 5cm 和 10cm 土壤达到最湿润时之间。40cm 土壤湿度缓慢增加，极值 $0.943m^3 \cdot m^{-3}$ 出现时间比 10cm 滞后 2 小时，随后减小，变化幅度不是很大。研究发现，灌溉水充足时可一直下渗到 40cm 的地方。

　　与降水过程日（5 月 28 日）土壤湿度变化的比较，再次证明，在干旱和半干旱地区农业发展主要依靠人工灌溉而不是降水。有水则绿洲可以较好地发展，但为了使绿洲良性发展就需要很好的控制地表径流和地下水所能承载的绿洲范围、农田面积等。降水过程发生时，地表温度［图 3.25(c)］的变化完全随着降水的开始和结束而变化。降水结束前 2 小时地表温度一直降低，之后地表温度处于升温过程，在 17:30 左右遵循日变化规律降温。土壤温度和地表温度的曲线类似，同样也是峰值的出现存在滞后性。

　　与晴天不同的是，白天后期地表温度低于 5cm 土壤温度，但接近 10cm。同晴天相一致的是灌溉后的地表温度和 5cm、10cm、20cm 土壤温度［图 3.25(d)］也具有明显的日变化特征，而 40cm 的日变化很小。

　　以上分析表明，各层土壤温度在一个中心值周围分布，40cm 深度以上土壤温度均具有明显的日变化；土壤温度的极值出现时间滞后于地表温度，离地面的距离越大，峰值出现的时间比地表温度滞后的越长，且变化幅度越小。晴天的土壤湿度越小，浅层土壤湿度日变化幅度就越大，各层土壤温度也就越高。深层土壤基本不受天气条件的影响，但受灌溉的影响较大。

3. 一次强降水对土壤温湿变化的影响

　　土壤温度是陆面研究过程中的一个重要参量。了解土壤温度变化规律及变化原因不仅是陆面模式发展的关键，而且对于了解大气边界层与地表土壤之间的相互作用关系，以及大气中的各种尺度波动的产生的原因意义重大。

　　2004 年 7 月 24 日下午至 25 日夜，金塔县突降罕见暴雨，暴雨持续 40 分钟后转为中雨，并持续 38 小时，降水量达到 38mm。深入分析这次罕见暴雨（以下简称强降水）前后土壤温度、含水量及大气要素场之间的变化，对于丰富干旱半干旱地区野外观测试验强降水前后土壤温度资料，揭示西北地区不同下垫面的热力性质、变化规律及与大气之间的相互作用弥足珍贵。

　　1）10 厘米土壤温度变化的小波分析

　　用 2004 年 6 月 22 日至 8 月 18 日金塔试验（JTEXs）资料，采用 Morlet 小波进行小波分析，Morlet 小波的公式如下

$$\Psi_0(\eta) = \pi^{-1/4} e^{i\omega_0\eta} e^{-\eta^2/2} \tag{3.14}$$

　　小波变换分析的优点在于它可以将一个时间序列在时域和频域同时展开，便于比较

各个周期的波动随时间的变化规律。

传统的热传导返程只考虑土壤的热传输过程，假设研究的土壤有如下特性：①各向同性、均一；②土壤含水量不随土壤深度变化，且能量交换仅发生在垂直方向上，则得到经典的热传导方程(Elias et al., 2004)，就可以简单的描述土壤温度随时间的变化规律。

$$\frac{\partial T}{\partial t} = K \frac{\partial^2 T}{\partial z^2} \tag{3.15}$$

式中，$T(z, t)$为某时刻局地表z米深的土壤温度；K为土壤热扩散率。要对式(3.15)进行求解，还必须确定上下边界条件。郭维栋等(2003)研究表明，不同层次上土壤湿度的变化特征有很好的一致性。已有的研究表明，深层土壤温度在一定深度时可以近似认为不随时间变化，用公式表示为

$$\lim_{z \to \infty} \frac{\partial T(z,t)}{\partial t} = 0 \tag{3.16}$$

而在表层，一般认为若不不考虑天气过程对土壤温度的影响，土壤温度主要表现为日变化和季节变化两个最主要周期的变化。用公式表示为

$$T(0,t) = T_{ay} + A_y \sin(\omega_y t + \phi_y) + A_d \sin(\omega_d t + \phi_d) \tag{3.17}$$

式中，T_{ay}为年平均地表温度；A_y为地表温度年变化的振幅；A_d为地表温度日变化的振幅；ω_y和ω_d分别为年变化频率(1.99×10^{-7} s^{-1})和日变化频率(7.27×10^{-5} s^{-1})，Φ_y和Φ_d分别表示年变化和日变化的初始位相。在此基础上求得式(3.17)的解为

$$T(z,t) = T_{ay} + A_y \exp(-z / D_y) \sin[\omega_y t - (z / D_y) + \phi_y] \\ + A_d \exp(-z / D_d) \sin(\omega_d t - z / D_d + \phi_d) \tag{3.18}$$

在式(3.18)中，$D_y = \sqrt{2k / \omega_y}$，$D_d = \sqrt{2k / \omega_d}$。由于所用观测资料仅是夏季的一部分，因而式(3.18)中等号右边第二项在可以忽略。而式(3.18)中第三项反映了土壤温度日变化随深度的递变关系，可以看到若假设A_d和D_d(即假设K为常数)均为常数，则伴随深度加深，土壤温度日变化振幅呈现指数衰减，并且位相滞后(z/D_d)。

图3.26(a)给出了2004年6月22日至8月18日观测时段,10cm、20cm和40cm深度的土壤温度变化(分别用T10、T20和T40表示，下同)。图3.26(b)为各层深度的土壤温度的平均日变化分布。由图可看出，各层土壤温度日变化规律与式(3.17)的模型分析的结果一致。分析结果表明，若对表层土壤温度变化进行更为准确的描述(改进式(3.17)的上边界条件)，并且对于式(3.17)中热扩散率K取消定常性假设而代之以函数形式，那么式(3.17)的模型也可以模拟出其他实际观测土壤温度的独特变化规律。

为分析不同周期土壤温度变化规律，对10cm土壤温度[图3.26(a)]用Morlet小波进行分解，分别得到T10能谱变化[图3.27(a)]、实部变化[图3.27(b)]和虚部变化[图3.27(c)]。其中，图3.27(a)左边纵轴(10min)表示小波变换的尺度，右边纵轴(10min)表示对应的波动周期；图中粗虚线之下表示由于边界效应对计算产生的影响区域，等值线标出了波动能量等于1、2、4、8的等值线，这些等值线所包含区域均已通过原资料滞后1自相关系数为0.72的红噪声95%信度检验。图3.36(b)为小波变换的实部变化(℃)，图中坐标和虚线意义与图3.36(a)相同，等值线间隔为0.5，0线未标出。图3.27(c)意义

及标注与图 3.27(b) 相同，但为小波变换的虚部变化(℃)。

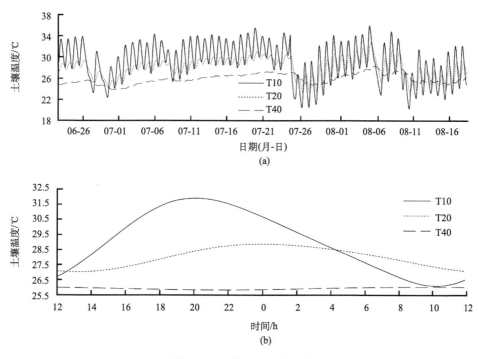

图 3.26　土壤温度变化规律

(a)不同深度土壤温度变化序列；(b)平均日变化

在整个观测时段内[图 3.26(a)]，T10 有 2 个明显的周期扰动。第一个是周期约为 24h(图中表示为 1320min)的日变化，另一个是周期约为 16d(21150 min)的准双周振荡。除了这 2 个一直持续且在波动能谱上非常显著的波动外，另外在 7 月下旬和 8 月中旬突然增强的周期约为 4d(5180min)的准 4d 振荡。

从波动能量来看[图 3.27(a)]，T10 准双周的波动能量从 6 月下旬开始一直增加，并在 7 月底 8 月初达到最大值，而后开始衰减。同样的日变化波动能量在 7 月底 8 月初左右，波动能量也有一个明显的极大值。有趣的是准 4d 周期的波动，它的波动能量呈现双峰的结构，第一个峰值为 7 月 24 日左右，第二个为 8 月 5~11 日之间。

小波变换得到的实部变化，反映了 T10 的异常在不同周期上随时间的变化规律。从图 3.27(b)看到，在强降水发生的 7 月 25 日前后，T10 的准双周振荡有一次明显的变化，降水之前为正异常，降水之后为负异常。同样，T10 的准 4d 波动也在 25 日前后经历了从正到负的变化。这两个周期的波动同时在强降水前后发生明显的正负变化，反映了地表与大气在降水前后位于不同时间尺度上的作用规律。

2) 土壤含水量变化特征

已有研究表明，土壤温度受土壤含水量变化的影响显著(范爱武等，2002；秦旭等，2003)，这既表现在土壤温度与地表水分蒸发率的关系，也表现在水分下渗对深层土壤温度的调节作用。

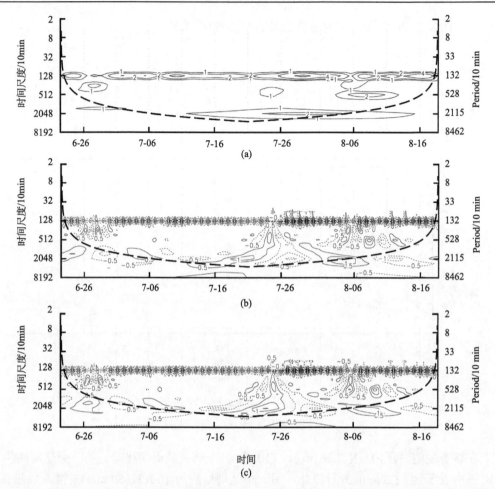

图 3.27 (a)Morlet 小波分析得到 T10 能谱变化，(b)小波变换的实部变化，(c)小波变换的虚部变化

图 3.28(a)给出了 2004 年 6 月 22 日至 8 月 18 日的 10cm 和 20cm 深度的土壤含水量（分别用 W10、W20 表示，下同）随时间的变化曲线。伴随 7 月 25 日的强降水天气，W10 出现一个明显的快速增长（从 3.0%猛增至 33.0%），随后由于土壤水分下渗及地表蒸发等原因逐渐减小，到 8 月 6 日以后基本维持在 12.0%左右；W20 在强降水前约为 3.5%，强降水出现后缓慢增加，至 8 月 1 日以后稳定维持在 10.0%左右。

观测事实表明，强降水过程出现前后土壤温度与含水量的变化有 3 个特征：土壤含水量增加，表层土壤温度升高，土壤温度与含水量平均日变化的位相前移。第一降水前（为 7 月 2~22 日，下同）[图 3.28(b)]与降水后（为 7 月 28~17 日，下同）W10 与 W20 的平均日变化曲线[图 3.28(d)]特征，是在降水前 W10 的平均日较差约为 0.12%，在降水后达到 1.4%，增大了 10 倍多；W20 在降水前的平均日较差约为 0.07%，降水后达到 0.5%，增大了近 8 倍。第二降水前后 T10 的平均日变化[图 3.28(c)]增高。在强降水前，T10 的平均日较差约为 5.0℃，降水后则大于 7.0℃，增大为 2.0℃。在降水前 T20 的平均日较差约为 1.4℃[图 3.28(e)]，而在降水后则超过 3.0℃，增大为 1.6℃。第三强降水前后土壤温度与含水量平均日变化的位相分析表明，T10 与 W10 在强降雨前的最大值位于

22:00 左右，而在强降水后则都提前至 19:00 左右，位相前移 π/4；T20 与 W20 在强降水前的最大值位于凌晨 3:00 左右，而在强降水后则提前到 23:00，位相前移 π/3。

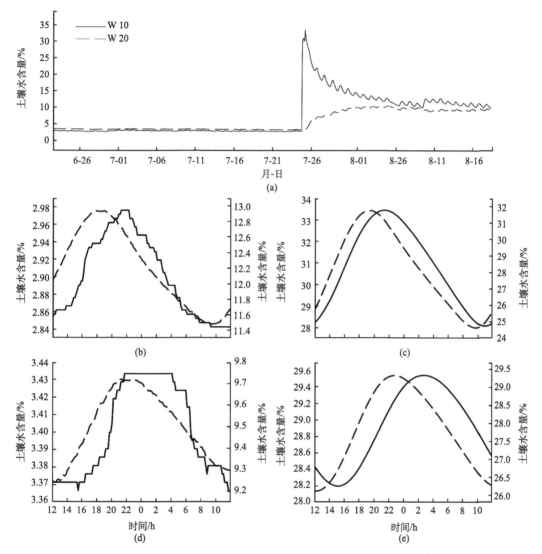

图 3.28　2014 年 6 月 26 日至 8 月 18 日 10cm 和 20cm 深度的土壤含水量的时间变化

(a) W10 和 W20 逐日变化序列、(b) 降水前的 W10 平均日变化(实线，数值为左边坐标轴，)和降水后的 W10 平均日变化(虚线，数值为右边坐标轴)、(c) 降水前的 T10 平均日变化(实线，数值为左边坐标轴，℃)和降水后的 T10 平均日变化(虚线，数值为右边坐标轴)、(d) 同(b)，但为 W20 的日变化、(e) 同(c)，但为 T20 的日变化

观测事实即降水后土壤温度与含水量平均日变化位相前移的成因，可以用式(3.15)的模型来解释。将式(3.17)简化为

$$T(z,t) \approx T_{aw} + A_d \exp(-z/D_d)\sin(\omega_d t - z/D_d + \phi_d) \tag{3.19}$$

式中，T_{aw} 为观测时段的整层土壤温度平均，这里暂不考虑其他周期的振荡。可以看到无论是日变化的振幅还是位相，都与 (z/D_d) 项密切相关。由于深度不变，假定地表温度

日变化在降水前后差异不大，即式(3.15)的上边界条件不变，而 $D_d = (2K/\omega_d)^{0.5}$，那么 K 在降水前后的变化不仅可以影响到 T10、T20 的日变化振幅，而且也可以影响到二者的日变化位相。

研究表明，K 不仅是土壤温度、土壤含水量的函数，同时 K 还与土壤的组成、质地以及物理结构关系密切，其函数关系式较为复杂，但当土壤湿度在一定范围内增大时，K 也会随之增大(Bachmann et al., 2001；Sen et al., 2006；李彗星等，2007)。金塔 W10 与 W20 在降水前后的变化范围，符合这个前提条件。在降水后，由于土壤含水量增加使得 K 增大(相应 D_d 也增大)，进而使得土壤温度日变化振幅随深度的 e 指数衰减作用减小[式(3.14)]，从而就造成了降水后的深层土壤温度日较差比降水前增大。同时，由于土壤温度日变化位相随深度的滞后作用也减小[式(3.14)]，降水后深层土壤温度日变化的位相也比降水前前移。

高红贝等(2011)也指出，降雨过程对土壤水分和土壤温度在时间动态变化和深度变化过程有着重要影响。降雨影响周期中，土壤含水率在一定深度范围内有一次明显的升高过程，从降雨前到降雨后呈现低→高→低的变化趋势，其变异程度随着深度的增加而逐渐减小；在该范围之下降雨过程对土壤水分含量没有明显影响；不同深度下土壤温度在降雨过程中均有不同程度的减小，在时间序列上呈高→低→高的变化趋势，并且随着深度的增加受影响程度逐渐减小。

3.3.3　土壤蒸发-凝结过程

在水资源极其匮乏的干旱区，任何补充性的水资源都可能对其生态系统产生积极的影响。凝结水作为稳定持续的水资源，尽管凝结量相对较小，但对于维持干旱半干旱地区生态系统的稳定性具有非常重要的作用。虽然地表水汽通量的产生以及地表或其上冠层的凝露过程(Garratt and segal., 1988；Jacobs et al., 1994；Luo and Goudriaon., 2000)早已被气象学家关注，但对于土壤内部的蒸发-凝结过程，边界层领域的研究还比较少。造成这一现象的重要原因，就是受实际野外观测条件所限，难以得到例如土壤中的水汽密度、水汽运动速度等资料。

为了揭示干旱区绿洲土壤内部的蒸发-凝结过程变化及能量特征，采用简单的一维土壤热传导数学模型，利用 2005 年 6 月 20 日至 7 月 8 日在金塔绿洲观测到的表层和 40cm 处的土壤温度分别作为上、下边界条件，通过对原有模型的改进，以及改进后与改进前模型的偏差比较，分析这一时段土壤中可能存在的水汽相变过程。并从能量闭合的角度说明土壤中的水汽运动和气液相变对于边界层能量通量观测及计算可能产生的影响。

1. 土壤蒸发-凝结过程建模

1) TDE 模型

一维土壤热传导方程(thermal diffusion equation, TDE)(以下简称为 TDE 模型)可以写成

$$\frac{\partial \rho_s c_s T}{\partial t} = \frac{\partial}{\partial z}\left(\lambda_s \frac{\partial T}{\partial z}\right) \tag{3.20}$$

$$G = \lambda_s \frac{\partial T}{\partial z} \tag{3.21}$$

式中，t 为时间，s；z 为土壤深度，m；T 为土壤温度，℃；ρ_s 为土壤密度kg·m^{-3}；c_s 为土壤比热 J·kg^{-1}℃$^{-1}$；λ_s 为土壤热传导系数，W·℃$^{-1}$m^{-1}。对于 ρ_s、c_s 采用如下的经验计算方法(Yang et al.，2005)：

$$\rho_s c_s = \rho_{dry} c_{dry} + \rho_w c_w \theta \tag{3.22}$$

$$\rho_{dry} c_{dry} = (0.076 + 0.748 \times (1 - \theta_{sat})) \times 2.65 \times 10^6 \tag{3.23}$$

$$\rho_w c_w = 4.2 \times 10^6 \tag{3.24}$$

式中，θ 为土壤体积含水量，%；θ_{sat} 为土壤孔隙率，%，取为 0.6；ρ_w 为液态水的密度，kg·m^{-3}；c_w 为比热 J·kg^{-1}℃。由于缺少对 λ_s 的观测，分析取其为 0.1～1.5 的一组数值来分别计算土壤温度。

　　TDE 模型的网格构建和具体结构，参照阳坤等(2008)由多层土壤温度和湿度观测资料估算土壤热通量的新方法，这里仅对 TDE 模型作简要介绍。模型利用观测的地表和较深处某层的土壤温度作为上、下边界条件，将 TDE 的离散形式表示为以下三对角方程

　　第一层

$$T_1 = T_{sfc} \tag{3.25}$$

式中，T_{sfc} 为地表温度，利用长波辐射与地表温度的关系计算

$$T_{sdc} = [(R_{lw}^{\uparrow} - (1 - \varepsilon_g) R_{lw}^{\downarrow})/(\varepsilon_g \sigma)]^{1/4} \tag{3.26}$$

式中，ε_g 为地表发射率，取 0.98，由经验给定；σ 为 Stefan-Boltzmann 常数，取 σ =5.67 $\times 10^{-8}$W·m^{-2} ℃$^{-4}$。

　　第 i 层

$$A_i T_i^{t+\Delta t} = B_i T_{i+1}^{t+\Delta t} + C_i T_{i-1}^{t+\Delta t} + D_i \tag{3.27}$$

　　其中，$A_i = \frac{1}{2}\rho_s c_s (\Delta z_{i-1} + \Delta z_i) + \frac{\lambda_{s,i-1}\Delta t}{\Delta z_{i-1}} + \frac{\lambda_{s,i}\Delta t}{\Delta z_i}$；$B_i = \frac{\lambda_{s,i}\Delta t}{\Delta z_i}$；$C_i = \frac{\lambda_{s,i-1}\Delta t}{\Delta z_{i-1}}$；

$D_i = \frac{1}{2}\rho_s c_s (\Delta z_{i-1} + \Delta z_i) T_i^t$，$\Delta t$ 与 Δz_i 分别为模型的时间和空间步长。为简单起见，假定 λ_s 计算时在各层面保持不变。

　　第 n 层(底层)

$$T_n = T_{bot} \tag{3.28}$$

采用 40cm 处的土壤温度。在计算中，垂直分层数 n=160，时间步长Δt=100s。

　　利用式(3.25)～式(3.27)可求解表层至地下 40cm 之间层间的土壤温度。用模型输出结果与实际观测进行对比，并通过模型的参数和设计进行调整，可以研究实际土壤温度扩线的变化规律，及其可能对应的土壤中的物理过程。

　　为方便比较模拟结果与实际观测的差异，定义温度偏差为

$$T_{ba}(t,z) = T_{ob}(t,z) - T_c(t,z) \tag{3.29}$$

式中，T_{ob} 为观测值，℃；T_c 为模型的计算值，℃。均方根偏差

$$\delta(z) = \frac{1}{n_t - 1} \sqrt{\sum_{t=1}^{t=n_t \Delta t} T_{ba}(t,z)^2} \tag{3.30}$$

式中，n_t 表示观测的时间样本总数。所用观测资料时间段为金塔 2004 年 6 月 27 日 00:00 至 7 月 4 日 00:00 时段，相应的各层土壤温度计算值相同。

2) TDE 模型的试验结果分析

表 3.7 给出了 TDE 模型选取不同 λ_s 模拟结果 δ 在不同深度 (Z) 的分布。可以看到，假定 λ_s 为常值的情况下，δ 主要位于 5cm 层面，且在 λ_s=0.4 时，数值最小。10cm 层面的 δ 大约只有 5cm 处的 1/3，而在 20cm 处偏差只有 5cm 处的 1/7 甚至更小。根据 δ 的分布规律，发现 5cm 之上土壤温度的模拟结果对于模型效果改善最为关键。

表 3.7　不同 λ_s 的 TDE 计算结果的均方根偏差分布

Z/cm	δ/℃								
	λ_s=0.1	λ_s=0.2	λ_s=0.3	λ_s=0.4	λ_s=0.5	λ_s=0.6	λ_s=0.7	λ_s=1.0	λ_s=1.5
5	7.14E-3	6.91E-3	6.76E-3	6.72E-3	6.78E-3	6.93E-3	7.16E-3	8.00E-3	1.12E-2
10	2.68E-3	2.48E-3	2.25E-3	2.03E-3	1.80E-3	1.59E-3	1.37E-3	9.47E-4	1.89E-3
20	1.35E-3	1.26E-3	1.15E-3	1.08E-3	9.98E-4	9.22E-4	8.52E-4	6.38E-4	3.17E-4

图 3.29 给出了不同 λ_s 模拟的温度偏差 (T_{ba}) 在 5cm 层面上的平均日变化分布。可看到各 λ_s 对应的 T_{ba} 变化比较一致，且 10:00 左右为极大值，20:00 左右为极小值。这说明不同 λ_s 模拟的 5cm 处土壤温度在 10:00 左右比实际值明显偏小，而在 20:00 左右比实际值偏大。尤其在 8:00 至 12:00 之间时段，各 λ_s 对应的模拟结果非常相似，说明该时段 T_{ba} 的产生原因，可能不是由于 λ_s 与实际不符造成的（以下 δ 和 T_{ba} 如无特别说明，均指 5cm 处）。

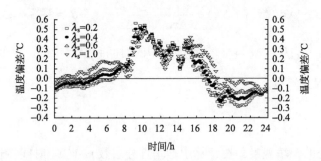

图 3.29　TDE 模型计算的不同 λ_s 对应的绿洲 5cm 处 T_{ba} 的平均日变化

3）土壤中其他热力与 T_{ba}

考虑土壤中的其他热力过程，那么热传导方程可以写成：

$$\frac{\partial \rho_s c_s T_{ob}}{\partial t} = \frac{\partial}{\partial z}\left(\lambda_s \frac{\partial T_{ob}}{\partial z}\right) + Q \tag{3.31}$$

式中，T_{ob} 为实际观测的土壤温度；Q 为实际土壤中存在的，但未被式(3.1)考虑的热力过程。将式(3.1)中的 T 换为 T_c，用式(3.25)与式(3.1)相减，并利用式(3.29)可得

$$\frac{\partial \rho_s c_s T_{ba}}{\partial t} = \frac{\partial}{\partial z}\left(\lambda_s \frac{\partial T_{ba}}{\partial z}\right) + Q \tag{3.32}$$

假定式(3.32)等号右边第一项近似等于 0，那么式(3.31)可以写成：

$$\frac{\partial T_{ba}}{\partial t} \approx \frac{Q}{\rho_s c_s} \tag{3.33}$$

式(3.33)说明热力过程 Q 的变化应该与 T_{ba} 的时间变率相似。将式(3.33)写为差分的形式

$$T_{ba}\mid_{t=t_0+\Delta t} \approx \left(\frac{\overline{Q}}{\rho_s c_s}\right)\Delta t_1 + T_{ba}\mid_{t=t_0} \approx \left(\frac{Q}{\rho_s c_s}\right)\Delta t_1 \tag{3.34}$$

式中，t_0 为某一参考时刻，该时刻的 T_{ba} 近似为 0，Δt_1 为差分时间步长，则 $\overline{Q} = \frac{1}{\Delta t_1}\int_{t=t_0}^{t=t_0+\Delta t_1} Q \mathrm{d}t$。

式(3.28)说明在 Δt_1 取为定值，且 Q 在 Δt_1 变化可以忽略的情况下，Q 会与 T_{ba} 呈现出相似的变化规律。换句话说，当 T_{ba} 为正值时（由图 3.29 可知，一般为 8:00~16:00），Q 对应有浅层土壤升温，反之当 T_{ba} 为负值时，Q 对应有浅层土壤降温。对 Q 的这种考虑就成为改进原有 TDE 模型时，对新加入热力学过程是否关键的判定依据。

4）热对流过程与 T_{ba}

土壤中液态水的垂直运动对于土壤温度的影响，被称为土壤中的"热对流"（高志球等，2003，2005），此时的土壤热传导方程可以写成：

$$\frac{\partial \rho_s c_s T}{\partial t} = \frac{\partial}{\partial z}\left(\lambda_s \frac{\partial T}{\partial z}\right) + \rho_w c_w w\theta \frac{\partial T}{\partial z} \tag{3.35}$$

式中，w 为土壤中液态水的垂直运动速度，m·s；取向上为正。已有研究表明，w 一般为正，说明表层土壤总会从其下土壤中"吸水"，并通过自身蒸发而补充近地层大气由于向上的潜热通量而损失的水汽。然而，这个"吸水"过程是否为温度偏差(T_{ba})产生的直接原因呢？

图 3.30 给出了观测表层温度 T_{sfc} 与 5cm 处的土壤温度 T_{05} 之差 ΔT_1，以及 T_{05} 与 10cm 处温度 T_{10} 之差 ΔT_2。由图看到在 8:00 至 16:00 之间，浅层土壤温度随深度递减，此时 w 为正(方向相上)，那么热对流对浅层土壤引起的是为降温作用。根据图 3.29 可知 T_{ba} 在这一时段为正，此时若考虑土壤内的热对流作用会使得 T_{ba} 比原来的 TDE 模型更加偏大[式(3.29)]。在其他时段热对流对浅层土壤起到了增温的作用，但这些时段 T_{ba} 为负值，

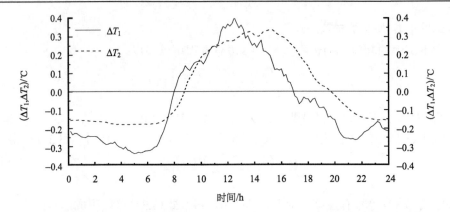

图 3.30　观测地表与 5cm 处土壤温度差 ΔT_1，及 5cm 与 10cm 处土壤温度差 ΔT_2 的平均日变化

同样会使得 T_{ba} 绝对值偏大。

综上可知，如果考虑土壤中热对流作用，往往会造成浅层温度偏差（T_{ba}）的绝对值增大，从而使得模型计算结果更加偏离观测结果。因此，在绿洲土壤中的热对流过程可能不是影响土壤温度变化的关键因子。

5）土壤蒸发-凝结与 T_{ba}

将土壤湿度时间变率记为 $\theta_t = \partial\theta/\partial t$，用式（3.25）将土壤温度方程写为另一种形式：

$$\frac{\partial \rho_s c_s T}{\partial t} = \frac{\partial}{\partial z}\left(\lambda_s \frac{\partial T}{\partial z}\right) + C \rho_w c_w \theta_t \tag{3.36}$$

对式（3.36）作与式（3.31）～式（3.34）相同的近似，得到

$$T_{ba} \approx \left(\frac{C \rho_w c_w \theta_t}{\rho_s c_s}\right)\Delta t \tag{3.37}$$

式中，C 为单位体积比 θ 变化对应的能量变化所产生的土壤温度改变量，℃·%，它与引起 θ 变化的物理过程关系密切。这里已经假定 θ_t 在 Δt 内的变化可以忽略。

为了验证式（3.37）的结论，图 3.31 给出了金塔绿洲观测的 5cm 处 T_{ba} 与 θ_t 从 6 月 27 日 00:00 至 7 月 4 日 00:00 时段的分布规律。从图 3.31 看到二者均在中午前后出现正的极大值，在午后出现负的极小值。根据之前对于 Q 的讨论，如果此时存在土壤湿度增大对应放热，减小对应吸热的过程，那么这一过程未被考虑就可能是原 TDE 模型 T_{ba} 的产生原因。这种放热-增湿过程容易被联系到土壤中水汽的凝结，而对应的吸热-干燥过程就是土壤中液态水的蒸发。将蒸发-凝结过程简称为相变过程，以对原 TDE 模型改进来证明绿洲浅层土壤中存在比较剧烈的相变过程。

考虑土壤相变过程对于土壤温度的影响，式（3.36）可以写成：

$$\frac{\partial \rho_s c_s T}{\partial t} = \frac{\partial}{\partial z}\left(\lambda_s \frac{\partial T}{\partial z}\right) + l \rho_w \theta_t p \tag{3.38}$$

式中，l 为单位质量水的蒸发和（或）凝结潜热，2.4×10^6 J·kg^{-1}；p 为相变造成的土壤湿度变化与该层土壤湿度总体变化的比值，%。

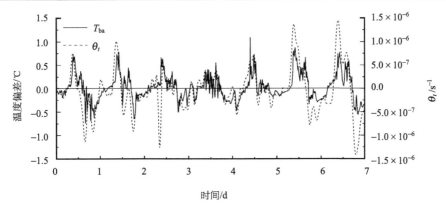

图 3.31　TDE 模型计算的 5cm 处 T_{ba} 与观测的 θ_t 的逐日变化

引入 p 主要是考虑到液态水垂直运动产生的能量通量对于土壤湿度的影响。如果液态水的垂直通量在垂直方向上分布不均，那么就会改变土壤的湿度扩线分布，如果把这部分湿度变化理解为由相变过程产生，可能会产生新的误差。图 3.32 给出了 θ 在 5cm、10cm 和 20cm 上的分布，可看到土壤湿度变化振幅并不随深度增加而呈现明显的 e 指数衰减。

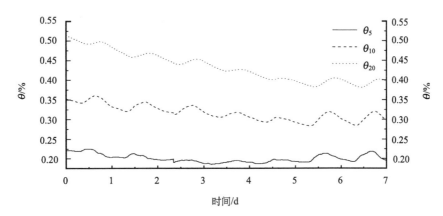

图 3.32　观测的土壤含水量在 5cm(θ_5)、10cm(θ_{10})以及 20cm(θ_{20})的变化

前面的分析指出 T_{ba} 在深层很小，所以这里假定相变过程主要发生在浅层土壤，在模型进行计算时，对 p 作如下的简单定义：

$$p = \exp(-z / D_w) \tag{3.39}$$

式中，z 为深度，m；D_w 为新引进的参数，表示 $p=1/e$ 时的深度，m。式(3.33)的定义表示，越接近地表，相变过程在土壤含水量变化中占的比例越大；随着深度加深，相变过程对土壤含水量变化贡献呈 e 指数衰减。将式(3.39)代入式(3.38)，建立差分方程，上下边界条件仍采用式(3.27)和式(3.28)。计算时先将实际观测的 θ_t 平滑后插值到模型格点上，写为 $\theta_{t,\,i}^{\,t}$，与式(3.27)类似的有

$$A_i' T_i^{t+\Delta t} = B_i' T_{i+1}^{t+\Delta t} + C_i' T_{i-1}^{t+\Delta t} + D_i' \tag{3.40}$$

其中，$A_i' = A_i$，$B_i' = B_i$，$C_i' = C_i$，$D_i' = \frac{1}{2}(\Delta z_{i-1} + \Delta z_i)(\rho_s c_s T_i^t + l\rho_w \theta_{t,i}^t p_i \Delta t)$。将式(3.38)称为考虑了蒸发-凝结过程的热传导方程(thermal diffusion equation with evaporation and condensation；TDE_EC)，相应的改进模型就称为 TDE_EC 模型。

表 3.8 给出了 D_w 等于 2cm、5cm 和 10cm 时，TDE_EC 模型取不同的 λ_s 计算的 δ。分析说明除了少数情况外，TDE_EC 的计算结果要好于 TDE。尤其在 λ_s 取较小值时，TDE_EC 计算得到的 δ 比 TDE 减小约 1/3，这就说明考虑土壤中的相变过程的确对于计算浅层土壤温度扩线有较大的改进。

表3.8　不同 D_w 以及 λ_s 对应的 TDE_EC 计算结果的均方根偏差分布

D_w/cm	δ/℃								
	λ_s=0.1	λ_s=0.2	λ_s=0.3	λ_s=0.4	λ_s=0.5	λ_s=0.6	λ_s=0.7	λ_s=1.0	λ_s=1.5
2	4.63E-3	4.22E-3	4.59E-3	4.80E-3	5.13E-3	5.53E-3	5.98E-3	8.25E-3	1.08E-2
5	3.94E-3	4.06E-3	4.31E-3	4.68E-3	5.12E-3	5.62E-3	6.15E-3	7.75E-3	1.02E-2
10	5.04E-3	5.25E-3	5.52E-3	5.86E-3	6.27E-3	6.73E-3	7.21E-3	8.70E-3	1.02E-2

图 3.33 进一步给出了 D_w=5cm 时，不同 λ_s 的 TDE_EC 的 T_{ba} 平均日变化分布。与 TDE 的结果对比发现，TDE 模型在这一时段模拟值比观测值明显偏小，而 TDE_EC 的模拟值则与观测值比较接近，这说明该时段绿洲浅层土壤中的确存在有类似于水汽的凝结放热的过程。同时，TDE_EC 模型在 18:00 至 0:00 时段模拟值普遍比观测值偏小，而 TDE 模型在这一时段模拟值则大于观测值，这种差异可能是由于 TDE 模型忽略了浅层土壤蒸发降温的作用而造成，而 TDE_EC 模型则还原了这一作用。

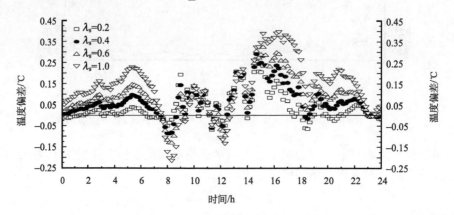

图 3.33　D_w 等于 5cm 时，TDE_EC 模型计算的不同 λ_s 对应的 5cm 处 T_{ba} 的平均日变化

以上分析可知，TDE_EC 模型考虑了浅层土壤的相变过程，计算得到的土壤温度比原有的 TDE 模型结果更加接近实际观测，这种相变过程一定对应有土壤中的能量传输转化过程。

2. 土壤蒸发-凝结过程的影响

1）土壤-大气能量传输模型

蒸发-凝结过程不仅在计算土壤温度时必须考虑,而且其自身对应的能量传输过程也非常重要。由于土壤内部的物理过程难以直接观测,所以先从简单的模型来进行分析。图 3.34 给出了一个疏松土壤局部垂直剖面内能量传输示意图。图中各变量意义与地表能量平衡方程一致。

$$R_n - G_0 = lE_s + H_s \tag{3.41}$$

式中,R_n 为净辐射通量,$W \cdot m^{-2}$;G_0 为地表的土壤热通量,$W \cdot m^{-2}$;H_s 为地表感热通量,$W \cdot m^{-2}$;l 与式(3.38)中相同,E_s 为地表产生的水汽通量 $kg \cdot m^{-2} \cdot s^{-1}$。与一般的土壤-大气能量传输概念模型不同,图 3.34 重点突出了内部土壤穿过土壤孔隙与外界大气之间的能量、水汽交换。

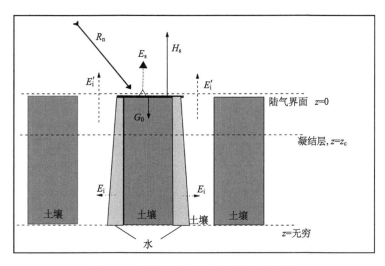

图 3.34　绿洲土壤-大气能量传输示意图

由图 3.34 可知,在实际观测中得到的水汽通量 E 应为

$$E = E_s + E_i' \tag{3.42}$$

式中,E_i' 为土壤内部水汽通过孔隙与地表之上大气交换的通量。如果不考虑土壤空隙内水汽密度变化,那么 E_i' 与深层土壤的蒸发或凝结总量 E_i 是相等的。

注意到式(3.41)成立的前提是陆-气交界面(图 3.34 中)是各能量通量的源(对 lE_s,H_s,G_0)或者汇(对 R_n),而 E_i' 是穿越这一界面的通量,不应包含在其中。从另一个角度说,在白天,lE_s,H_s,G_0 的能量直接来自于 R_n,而 E_i'(或者 E_i)的能量直接来源于深层土壤的放热。由此可见,在不考虑深层土壤蒸发-凝结的情况下,观测得到的 E 并不是真实的地表吸收净辐射后产生的水汽通量 E_s。

土壤蒸发-凝结过程同样会影响到地表热通量。由于实际土壤热通量的观测通常是在某一参考深度 z_{ref},而利用 z_{ref} 处的观测值计算表层土壤热通量时,一般要计算 z_{ref} 之上土壤的热储(Garratt et al.，2005)。常用的土壤热储计算方法，只考虑 z_{ref} 之上土壤的水热变化，不会考虑更深层的土壤。此类方法的适用性，是以临近层面土壤只能通过热通量的形式交换能量为前提。如果土壤孔隙较大，且孔隙中水汽较多，不同层面的土壤就可以通过蒸发-凝结过程来交换能量，这样在计算土壤热储时就可能出现误差。TDE_EC 的模拟结果已经指出，浅层土壤的凝结作用在 8:00 至 12:00 点间非常重要。

如果土壤孔隙较大，那么深层土壤自身的蒸发凝结所产生的土壤水汽通量可能会进入近地层大气，从而使得涡动相关系统观测的地表水汽通量偏大；同时如果深层土壤蒸发的同时伴随有浅层土壤的凝结，那么还会显著影响浅层土壤热储的计算。如图 3.34 所示，假定在凝结主要发生在 $z=z_c$ 的层面，并假定此时 $E_i'=0$，即凝结消耗的水汽通量与 E_i 相同。当热通量板的埋设深度 z_{ref} 小于 z_c 时，由于没有能量通量穿过 $z=z_{ref}$ 的层面，此时的浅层凝结以及深层的蒸发作用不会对地表能量平衡产生影响。而根据之前 TDE_EC 模型关于相变过程的考虑[式(3.39)]，$z_c<z_{ref}$ 可能在绝大多数情况下更接近实际的情况。引入考虑土壤热储的能量平衡方程：

$$R_n - G_{ref} - \int_{z=0}^{z=z_{ref}} \rho_s c_s \frac{\partial T}{\partial t} dz = H_s + lE_s \tag{3.43}$$

式中，G_{ref} 为 $z=z_{ref}$ 处观测的土壤热通量。等号左边第三项即为地表至 z_{ref} 深度处土壤的热储项。根据前面的分析，此时浅层土壤的凝结作用会使得等号左边第三项绝对值增大，这样使得方程左边数值减小。而同时地表热通量 G_0 会减小(浅层土壤温度梯度减小)，使得等号右边增大，这样便会出现能量的不平衡。这种能量的不平衡是由于忽略了由下向上进入 $z=z_{ref}$ 层面 E_i 对应的能量通量。此时完整的能量平衡方程应为

$$R_n - G_{ref} - \int_{z=0}^{z=z_{ref}} \rho_s c_s \frac{\partial T}{\partial t} dz = H_s + l(E_s - E_i) \tag{3.44}$$

式中，E_i 取负号是由于在凝结过程中浅层土壤是它的汇。

2) 土壤蒸发-凝结对地表能量平衡的影响

在金塔实验中，土壤热通量板埋设在 5cm 处，即 $z_{ref}=5cm$，由 TED_EC 模型模拟结果分析可知，凝结过程在 8:00 至 12:00 之间可能主要位于 5cm 之上。为了避免土壤热通量板的观测结果有误(Weber et al.，2007)，对观测的土壤热通量使用土壤温度观测值进行订正(阳坤等，2008)，结果发现土壤热通量板的观测结果比较准确(图略)，所以这里就直接采用观测值。由式(3.43)进行如下定义：

$$R = R_n - G_{ref} - H_s - lE_s \tag{3.45}$$

式中，R 为同时忽略热储与蒸发-凝结作用时不平衡能通量。同时将式(3.37)等号左边第三项(热储项)记为

$$S = \int_{z=0}^{z=z_{ref}} \rho_s c_s \frac{\partial T}{\partial t} dz \tag{3.46}$$

实际计算式(3.46)时利用地表与 5cm 处的土壤温度、湿度，近似写为

$$S \approx \frac{1}{2} \left(\frac{\partial}{\partial t} T_{sfc} + \frac{\partial}{\partial t} T_{05} \right) \rho_s c_s z_{ref} \tag{3.47}$$

式中，T_{05} 为 5cm 处的观测土壤温度，$c_s\rho_s$ 的计算采用式(3.16)。凝结对应的 E_i 直接利用 TDE_EC 中的表示

$$E_i = \int_{z=0}^{z=z_{ref}} \rho_w \theta_t p\mathrm{d}z \qquad (3.48)$$

对式(3.48)进一步简化为

$$E_i \propto \theta_t \,|\, z = z_{ref} \qquad (3.49)$$

利用式(3.43)、式(3.47)及式(3.48)计算 R、S、E_i(用 θ_t 表示)，从它们的变化就可以验证土壤蒸发-凝结作用是否对于地表能量平衡有影响。

在不考虑土壤内部相变过程的情况下，由式(3.37)可知 R 与 S 的分布应当一致。图 3.35 为 R 与 S 在观测时段的分布，可以看到无论数值还是位相，二者都存在较明显差异。尤其在 12:00 前，当 S 出现极大值时，R 一般很小甚至为负。这就说明这个时段的浅层土壤增温可能并不是由地表吸收的净辐射直接提供的。

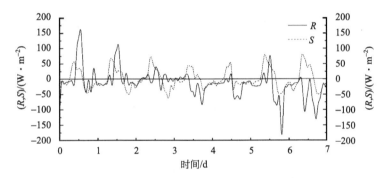

图 3.35　不平衡能量项 R 与土壤热储项 S 的变化分布

图 3.36 为 R、S、θ_t 的平均日变化分布。在图中 S 与 θ_t 变化非常一致，这就说明此时的浅层土壤增温的确是与浅层土壤的相变过程密切相关，这与之前利用图 3.34 的模型分析结论是一致的。尤其是在 8:00~12:00 时段，S 呈现明显的正值(为 50 W·m^{-2})，而 R 在则接近为零甚至为负值。证明该时段浅层土壤增温并不是由地表吸收太阳辐射，再以 G_0 向下传导的方式产生的，而是由于较深层土壤通过蒸发放出的能量在浅层土壤通过凝结重新被土壤吸收。

分析图 3.36 还发现，R 在 14:00 至 18:00 时段会出现明显的负值(为-100 W·m^{-2})，其数值远大于这一时段浅层土壤放出的热量(S 为负时)。由于该时段绿洲以潜热通量为主(图略)，此时不平衡能通量的产生原因，可能是地表附近观测的水汽通量(Es)中实际包含了 Ei' 而比实际地表产生的水汽通量偏大的缘故。

土壤凝结水是干旱半干旱地区生态系统重要的水分来源之一。在绿洲地区，由于土壤蒸发剧烈，并且土壤疏松，便于土壤孔隙中的水汽在垂直方向运动，这一方面会使得观测的地表水汽通量 Es 偏大，另一方面当土壤内部水汽在浅层土壤凝结时，会显著影响浅层土壤热储的计算；同时还会直接影响当地地表能量平衡的分析。

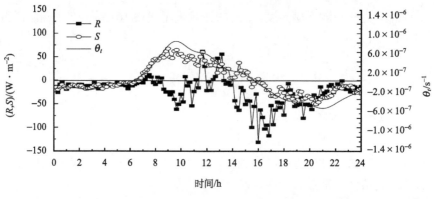

图 3.36　　R、S 和 θ_t 的平均日变化分布

　　总之，通过以上分析发现，8:00 至 12:00 时刻的土壤内水汽凝结原因，可能是土壤温度梯度力促使部分土壤中水汽向下运动，造成土壤局部水汽过饱和而最终凝结。土壤内部蒸发-凝结对于地表水汽通量和土壤热储计算的影响都非常显著，因此，在分析地表能量平衡时必须考虑。郭斌等(2011)也证明，不同下垫面类型土壤的日均凝结水量之间存在极显著差异；凝结水量主要受气温、大气相对湿度、地温、风速以及下垫面等因素的影响。

3.4　沙漠绿洲边界层结构

　　地球和大气之间物质和能量交换是通过大气边界层来实现的。由于大气边界层主要受湍流运动控制，其运动规律相当复杂。多年来，人们对大气边界层已进行了许多观测和试验研究。复杂地形条件下非均匀下垫面的陆面过程和大气边界层，是近年来研究的热点与难点问题。绿洲处于沙漠围绕之中，它们是两种完全不同的物理特性的下垫面，可以较明显地影响大气边界层，改变局地气候条件。

　　由于绿洲与沙漠下垫面具有截然不同的热力特性，结果产生了绿洲沙漠间的局地环流。研究表明，绿洲荒漠的蒸发、地表热量平衡、辐射平衡、大气边界层结构及陆面均有其独有的特征。苏从先等(1987)利用 1984 和 1985 年夏季在河西的野外观测资料，结果表明，夏季晴天或少云的天气条件下，由于日照辐射对不同下垫面加热的非均匀性使沙漠或戈壁等干旱地区的绿洲或湖泊相对于周围环境是一个冷源，形成一种与热岛效应相反的"冷岛效应"。冷岛效应同城市热岛效应一样是行星边界层内的一种特有的气象现象。在 1987~1992 年中日合作进行的 HEIFE 试验，也得出了很多有益的研究成果：一是绿洲的逆位温"冷岛效应"；二是临近绿洲的沙漠戈壁上层大气是逆湿，水汽通量是向下输送的。白天，感热通量和潜热通量使绿洲冷而湿，绿洲的地表温度比沙漠的低。沙漠地表全天都比绿洲干。白天的这种绿洲和沙漠地表的差异可以产生绿洲风环流：在绿洲低层存在风的流出，高层存在风的流入，并且在绿洲上还存在下沉运动。安兴琴和吕世华(2004)利用美国 NCAR 中心的天气研究与预报模式 WRF(weather research and forecast model)，对金塔绿洲的环流场、温度场及湿度场结构及日变化的模拟研究，再现了绿洲"冷岛效应"和邻近绿洲的沙漠"逆湿"等边界层特征，还发现了白天绿洲湿度场"凹型槽"式分布的特征。吕世华(2005)模拟研究了金塔绿洲风场与温湿场特征指出，由于绿洲的存在，绿洲沙漠系统产生的次级环流对局地环流有一定影响；平流作用将沙漠中的干热空气送向绿洲，绿洲近地层会出现逆温，感热向地表输送；沙漠上由于临近绿洲的水汽平流作用，上层大气湿度比低层更大(逆湿现象)。文莉娟等(2006)研究发现，环境场对造成绿洲冷岛、高湿中心的偏离起着非常重要的作用，同时绿洲的存在对于冷岛、高湿起了决定性作用。模拟结果表明，风场风速越小，冷岛效应越显著；风速越强，偏离中心程度越大，但增大至一定量值后，冷中心将无法激发，即不再呈现出冷岛效应作用。

由此可见，深入研究干旱半干旱区边界层特征，首先可以获取绿洲和沙漠地区局地环流及其能量和水分的循环等系统性资料；其次可以应用观测试验信息了解绿洲的形成、发展及衰退机理，证明已有研究成果，揭示许多尚未发现的自然现象；最后可以为我国沙漠绿洲天气气候、水文和农业开发等理论研究、数值模拟预测业务开展等提供参考依据。

3.4.1　绿洲过渡带的冷湿舌特征

大气冷湿舌(cold wet tongue)是西部干旱区非均匀下垫面最主要的内边界层特征之一，它集中地反映了绿洲对荒漠的影响。冷(或湿)舌是指在天气图中等值线的某一段呈现 U 形，类似舌头的形状，表明该部分区域为偏冷(或高湿)的特征。左洪超和胡隐樵(1994)指出夏季绿洲和戈壁的小气候特征相差甚远，各有其特殊性。晴天白天绿洲中存在冷岛效应，临近绿洲的戈壁上观测到逆湿现象。陈世强等(2009)模拟结果显示，逆湿出现在沙漠和绿洲交界附近，主要出现在临近绿洲的沙漠上。在临近绿洲的沙漠低层存在大范围的逆湿，随着高度的增加，逆湿范围由绿洲向外围沙漠逐渐减少，强度也在减弱。深入分析和了解戈壁绿洲边缘存在冷湿舌现象，对今后戈壁绿洲边缘内外的水热交换研究有着非常重要的意义。

1. 资料选取

利用 2004 年 7 月初金塔"绿洲系统能量与水分循环过程观测与数值研究"加强期系留梯度探测资料等，对金塔戈壁绿洲边缘内外的冷湿舌现象及其边界层特征进行分析研究。其中系留探空以 2 种方式进行流动观测：一是在 PAM 站附近定点观测，观测点下垫面为大面积农作物(棉花、小麦、辣椒等)，植被覆盖度较好；二是在金塔戈壁绿洲东南和西南方向进行剖面观测，分别在戈壁、过渡带、绿洲上各设一个相对固定的观测点，使三个观测点的位置处在一条线上，最近的两点相距约 600m。戈壁观测点设在较平坦的戈壁滩上，周围没有植被覆盖；过渡带观测点下垫面有少量植被；绿洲观测点设在植被覆盖较好的绿洲内，下垫面为大片农作物。根据冷湿舌现象分析的需要，对观测的气压(hPa)、海拔高度(m)和空气相对湿度(%)分别转化成相对高度(m)和比湿(g·kg^{-1})。分别对 7 月 1 日、3 日、9 日(观测期间没有天气系统过境，为晴好天气)冷湿舌的观测资料绘制了风、温、湿剖面等值线图(图略)，分析发现 3 天观测的冷湿舌时空特征基本一致。

因此，重点分析 7 月 9 日的冷湿舌现象及对应时段的边界层特征变化。

2. 冷湿舌时空分布

1）上午冷湿舌特征

7 月 9 日 9:00 前后，金塔戈壁绿洲盛行偏东风和东南风(图 3.37)。为了便于观测从绿洲向戈壁荒漠输送的冷湿舌，我们把观测方位定在金塔县城的西南面，使戈壁观测点位于绿洲的下风向。

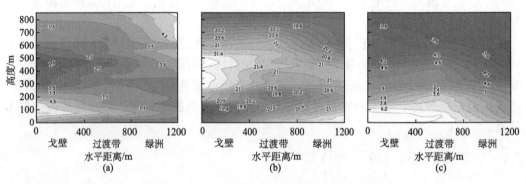

图 3.37　9 日冷湿舌剖面(09:00)等值线

(a)风速；(b)温度；(c)比湿

从图 3.37(a)风速等值线可看到，戈壁上空 200m 以下被东南风控制，风向变化不大(风向图略，下同)，但风速变化剧烈，由下至上先增加后减小。在 100m 处风速最大值达 $6m \cdot s^{-1}$；200～500m 区间风向波动较大，由东南风转为偏东风，随后再转为东南风，500m 以上维持东南风；200m 以上风速也经历了先减小再缓慢增大的过程，最小风速为 $1.5 \ m \cdot s^{-1}$。过渡带上空风向、风速和戈壁上的情况类似，但转变高度略高，变化幅度略小。绿洲上空整层风向为东南风控制，300m 以下风速值很小，看得出绿洲植被对近地层风力的减缓作用很大。另外，在有冷湿舌的区间风速变化较剧烈，风速偏大。这表明冷湿舌的强弱、出现频率与风速、风向关系很大。

从图 3.37(b)温度等值线可看到，戈壁、过渡带和绿洲上空分别在 130～450m、220～550m、200～400m 区间存在逆温。其逆温成因可能是观测时间较早，太阳对地面加热弱，不同下垫面近地层湍流混合高度低，夜间存在于荒漠绿洲上空的逆温层还没有消亡。从绿洲到戈壁在 200～130m 以下、300～400m 的区间温度逐渐减小，

图 3.37(c)比湿等值线对应区间比湿逐渐增大，这是典型的冷湿舌现象。这说明白天 9:00 前后，戈壁绿洲边缘处已有冷湿舌产生。早晨，戈壁绿洲低层冷湿舌较高层明显。其中温度较高层减小(最大为 3℃)、比湿增大(为 $1.2 \ g \cdot kg^{-1}$)。该现象与戈壁、绿洲近地层夜间温湿差异显著有关。

2）中午冷湿舌特征

9 日 13:00 前后，戈壁、过渡带和绿洲上风向、风速变化不大[图 3.38(a)]，整个剖面被偏东风控制，戈壁、过渡带依旧处在绿洲的下风向。值得一提的是，在绿洲 650m

以下的风速比戈壁和过渡带上低 1～2 m·s^{-1}，这再次验证了绿洲植被的良好屏障作用。

在图 3.38(b)中，不同下垫面近地面层温度迅速升高，戈壁近地面温度达 33.1℃，过渡带近地面温度达 32.4℃，绿洲近地面温度也达到 31.7℃。非常有意思的是此时戈壁在 100m 处还残存一薄层逆温，这一反常现象值得关注。鉴于类似观测资料有限，拟在今后的观测中通过设计更细致的观测计划，对其进行深入研究。相反，从绿洲到戈壁在 130～600m 区间温度都在缓慢减小，减小幅度约为 0.3～1.0℃。另外，中午不同下垫面上近地层温度变化缓慢，但影响区间大，这与该时段太阳辐射对地面加热充分，向上的湍流混合减弱了平流输送的强度，湍流混合层向上扩展抬升有关。

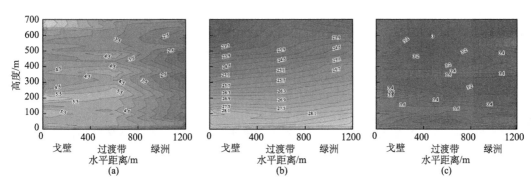

图 3.38　　9 日冷湿舌剖面(13:00)等值线

(a)风速；(b)温度；(c)比湿

比湿图[图 3.38(c)]中，从绿洲到戈壁比湿变化剧烈，强度较大，说明该时段冷湿舌发展旺盛。分析成因，这与该时段绿洲的辐散风强盛，进一步加强了同方向的偏东风所致。另外，在 130～350m 上下比湿增大，最大增加 0.6 g·kg^{-1}，符合冷湿舌特征；在较低和较高层，比湿值是先减小后增大，湿舌特征不明显。

3) 傍晚冷湿舌特征

18:00 前后，该时段戈壁、过渡带和绿洲上风向变化不大，主流风向依旧是偏东风，因此戈壁、过渡带仍然处在绿洲的下风方。戈壁、过渡带和绿洲 400m 以下整层风速变化不大[图 3.39(a)]，但戈壁和过渡带 400m 以上风速逐渐增大。

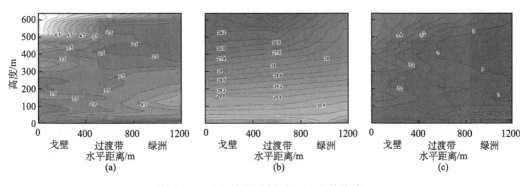

图 3.39　　9 日冷湿舌剖面(18:00)等值线。

(a)风速；(b)温度；(c)比湿

　　傍晚，戈壁和过渡带近地面温度分别为 33.9℃、34.2℃［图 3.39(b)］，绿洲近地面温度较低(为 28.5℃)，这可能是在绿洲近地面已开始冷却。从绿洲到戈壁在 200m 以上的温度都在缓慢减小，减小幅度约 0.3～1℃。相反，比湿变化则相应增大［图 3.39(c)］，最大增幅达 0.5 g·kg^{-1}，说明此时还有绿洲向戈壁荒漠输送的冷湿舌存在。

　　综上所述，早晨(9:00)戈壁绿洲低层冷湿舌较高层明显；中午(13:00)在中间层冷湿舌发展旺盛；傍晚(18:00)有绿洲向戈壁荒漠输送的冷湿舌存在。

3.4.2　绿洲边界层垂直结构特征

　　目前，对于我国西北干旱区边界层特征，特别是边界层厚度的观测试验和分析十分有限。彭新东和程麟生 (1994)利用高分辨 Blackadar 边界层模式对黑河地区边界层结构进行了 24 小时模拟，得到了与观测分析比较一致的结果。刘树华等(1995)的模拟研究则表明，戈壁地区的夜间逆湿与下沉气流有关，日出后逆湿的形成和持续时间与太阳辐射、地表温度、湿度、垂直湍流混合强度和局地环流有关。张强和赵鸣(1997)利用一个二维边界层模式模拟了绿洲和周围荒漠之间下垫面物理特征差异引起的大气内边界层结构。陈玉春等(2004)使用美国 MM5V3.5 非静力平衡模式，通过三重嵌套的降尺度方法分别模拟了不同绿洲环流和边界层特征，发现绿洲大小不同则能量与水分的输送不同，尺度大(15km 以上)的绿洲才可以形成局地绿洲-沙漠环流和小气候，其边界层较低，可以在绿洲边缘的沙漠形成湿气柱，有利于绿洲生态的维持和发展。

　　虽然已有部分理论分析和数值模拟研究，但由于野外观测试验太少，干旱区大气边界层特别是沙漠绿洲方面的许多科学问题悬而未决。有鉴于此，下面用金塔 2004 年 6 月 25 日～7 月 12 日观测试验资料进行分析。该试验的小球和系留气球探测基本是同时观测的，试验期间共成功进行小球观测 30 次，多在晴天中午前后进行观测(内容包括仰角、方位、斜距和温、湿、压等)，其观测方法严格按照中国气象局观测规范执行。风速和风向的垂直分辨率不高，并且随高度降低，从地面到 6000m 高空分辨率的变化范围约为 40～300m；温、湿、压要素的垂直分辨率相对较高，从地面到 6000 m 高空分辨率的变化范围约为 5～100m。重点选择典型时次的小球探空资料进行研究，对特殊个例则辅以系留气球的观测资料。系留气球探测时每秒接收 1 次数据，所以垂直分辨率很高，为 1～3m，但它的探测高度低。选择天气状况晴好，且低空风速较小的资料，分析风、温、湿的边界层廓线，研究它们随高度的变化特征，确定出大气边界层高度。

1. 夜间边界层过程

　　夜间，两次完整的观测过程都是在金塔绿洲中部的古城乡放球，放球时先在雷达站做好地面准备工作。为避免计算误差，首先将读取的最底层地面资料舍弃，再进行分析，低层的情况则以系留观测资料来分析。图 3.40 为 7 月 4 日 22:00 (北京时间，下同)和 5 日 21:00 释放小球观测的风速、风向、位温和比湿廓线。7 月 4 日夜间，金塔绿洲上空约 1600m 以下基本为偏北风气流，1600m 以上直到 6000m 的高空为偏西风气流，地面到 2000m 风速在 10m·s^{-1} 以下摆动，从 2000～6000m 风速随高度增加，最后达到 19 m·s^{-1}，说明夜间高空西风很强。7 月 5 日夜间与 4 日明显不同，金塔绿洲上空 3500m 以下为东南风气流，在 2900m 有超过 $11\mathrm{m\cdot s^{-1}}$ 的风速相对高值区(为东风急流)；相反，从 3200m 以上直到 6000m 的高空，由底层的东南风转为北风，而后再迅速转变为偏西风气流，但整层风速变化不大(小于 $7.5\mathrm{m\cdot s^{-1}}$)，且西风气流较弱。

7 月 5 日夜间[图 3.40(c)、(d)]，金塔绿洲上空各层大气温度要比 4 日平均高 2~4℃，在 3500m 以下位温随高度增加很缓慢，变化幅度小；在 3500~4000m 位温随高度明显增加，但变化幅度增大。3500m 以下位温随高度变化小的原因，应该是受白天对流边界层的残留层有限。7 月 4 日至 5 日金塔绿洲上空的比湿都是随高度缓慢减小的，在 3500~4000m 比湿的减小速度相对要大。同时 7 月 5 日的大气在 1600m 以下比 7 月 4 日更干燥。

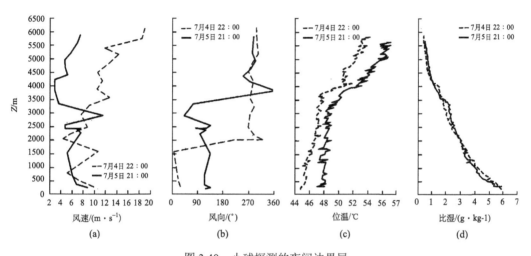

图 3.40　小球探测的夜间边界层
(a)风速；(b)风向；(c)位温；(d)比湿廓线

从天气状况来看，7 月 4 日天气系统不稳定，高空西风强，地面风速不稳定，下午和夜间未能进行系留气球观测；而 7 月 5 日天气晴好，系统稳定，在 20:30 进行了 1 次系留气球观测，探测高度为 530m。由 7 月 5 日 20:30 系留气球探测的边界层风速、风向、位温和比湿廓线(图 3.41)看出，低层为东南风，风速在 $6\mathrm{m\cdot s^{-1}}$ 以内，这和小球探测的结果是一致的，在约 190m 高度有风速极大值出现；位温(比湿)在 100m 以下随高度明显增加(减小)，在 100~530m 基本不变。这种现象是典型的稳定边界层结构，稳定边界层顶大约在 100~190m。

分析表明，金塔夏季(晴天)夜间边界层温度、湿度和风的垂直分布特征是:地面风较小时，绿洲高空基本为偏西风气流；地面为偏北风气流时，从偏北风向偏西风的转换高度较低(为 1600m)，这时高空偏西风相对较强，并且随高度增大；当地面为东南风气流时，从东南风向偏西风的转换高度较高(为 3500m)，对应高空的偏西风相对较弱，边界层风速最大值高度为 2900m(为东风急流)；同时，从地面到 190m 也有个风速极大值区，风速随高度增大而增大；地面到 100m 位温(比湿)是随高度明显增大(减小)，夜间稳定层高度为 100~190m;从 100~3500m 位温和比湿随高度基本少变,3500~4000m 位温(比湿)随高度明显增大(减小)。

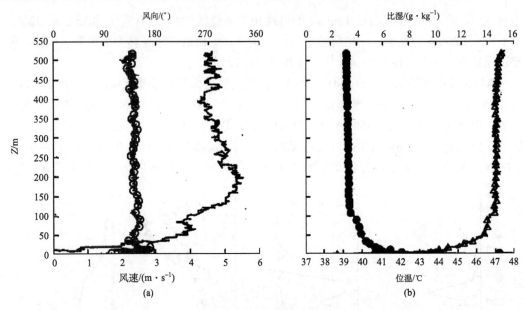

图3.41　7月5日20:30系留气球探测的边界层气象要素廓线

— .风速；〇风向；△位温；● 比湿

2. 边界层过程

在半个月多的时间里，总计进行了 11 次(11:00~15:00)小球探空观测。分析发现，该地区 4000m 以上基本为西北风或偏西风气流，4000m 以下基本为偏东风和西北风。将边界层低空按照偏东风和西北风分类，每类分别选择 3 个代表时次，重点分析中午边界层的结构特征。

1) 当低空为偏东风时大气边界层特征

当低空为偏东风时，3 个代表时次(7月11日11:00、7月12日11:00和14:00)释放小球观测的风速、风向、位温和比湿的廓线如图3.42所示。其中，7月12日11:00的观测由于探测仪出现故障在较高层无资料。如图3.42中(a)、(b)所示，4000m 以下为非常规则的东风，7月11日11:00高空虽然为西北风，但风速不大(另外两个时次因小球探测地高度比较低，没有观测到高空的偏西风)。在低空，风速随高度增加到一定高度后达到极值。如7月11日极大值高度较低(为1000m)，风速为12m·s^{-1}；在2700m高度存在另一极大值，但风速较小(为10m·s^{-1})。 7月12日11:00的极大值高度在2300m，风速达17 m·s^{-1}；而14:00则极大值高度升高到4000m，风速降低(为14m·s^{-1})。

当低空为明显的东风情形下，白天存在着东风急流，急流高度在1000~4000m之间变换。位温在3000m高度以下随高度缓慢增加[图3.42(c)]，但在500~800m之间存在相对快速变暖层.特别是在7月12日11:00，位温升高到3000~3600m高度后，变暖的速度明显加快。比湿随高度减小[图3.42(d)]，超过4000m后就基本稳定了；14:00接近地面的空气比湿要比11:00的明显偏低，这是太阳暴晒的结果。

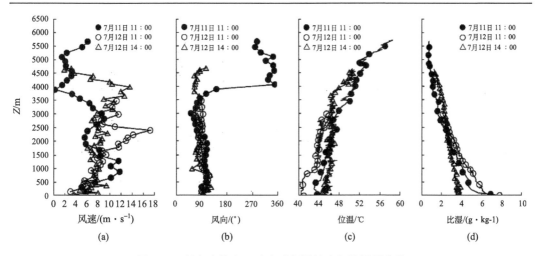

图 3.42　低空为偏东风时小球探测的中午边界层廓线

(a)风速；(b)风向；(c)位温；(d)比湿

　　为了分析小球探测的边界层结构可信度，结合 7 月 12 日 14:00（低空为偏东风）系留气球观测的风速、风向、位温和比湿廓线（图 3.43）进行对比分析。从地面到 600m 高度是明显的偏东风[图 3.43(a)]，且风速较小（不到 6m·s^{-1})，但在 150m 和 420m 高度存在风速极大值。在 120m 以上高度[图 3.43(b)]，位温和比湿随高度基本不变，在此高度之下，位温（比湿）随高度在扰动中增加（减小）；在 30m 和 100m 左右分别存在位温和比湿的极大值，但由于该层很薄，有待进一步观测考证。

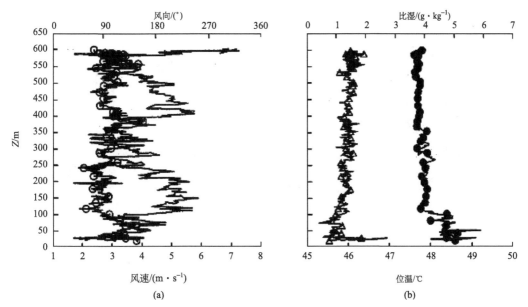

图 3.43　7 月 12 日 14:00 系留气球探测的边界层风速、风向(a)、位温和比湿(b)廓线

—.风速；○.风向；△.位温；●.比湿

总之,当低空为偏东风时,风速随高度的变化比较复杂。总的来说,白天在1000～4000m存在东风急流,600m以下低空东风风速存在极大值。位温从地面到3000m随高度缓慢增大,在3000～3600m高度变暖的速度明显加快,有时在500～800m会出现相对快速变暖层;比湿随高度减小,超过4000m后就基本不变了;在120m高度附近,位温(比湿)随高度在扰动中增加(减小)。分析表明,白天大气边界层顶盖(即逆温层底)在3000～3600m高度,这可能是绿洲周围荒漠上空大气边界层的高度,在500～800m高度存在绿洲内边界层。

2) 当低空为西北风时大气边界层特征

当低空为西北风时,3个代表时次(7月2日11:00、7月3日11:00和7月5日12:00)释放小球观测的风速、风向、位温和比湿廓线见图3.45。低空基本为偏北风或西北风气流[图3.44(a)、(b)]时,高空均为偏西风或西北风气流。7月2日11:00从地面到1700m风速随高度增大,在1700m以上维持在12m·s⁻¹左右;而7月3日11:00近地面风速先有所减小,然后维持在5 m·s⁻¹左右(为1800m),此后风速随高度明显增加,在3500m达到极值(为18m·s⁻¹);7月5日12:00风速很小,2300m以下不到4m·s⁻¹,2300m以上风速在4～10 m·s⁻¹之间。

位温在3500m存在一个随高度缓慢增加到明显增加的转折点[图3.44(c)]。7月2日11:00在1300m以下位温随高度明显增加,7月3日11:00在1200m以下位温基本不变,在1200～2200m快速变暖,2200m以上又维持稳定;7月5日12:00从地面到3500m位温基本不变。比湿随高度减小[图3.44(d)]。7月3日11:00和5日12:00在3500～4000m范围存在一个相对快速减小时段。

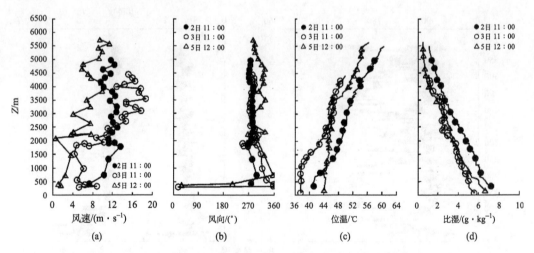

图3.44　低空为偏西北风时小球探测的午间边界层廓线
(a)风速; (b)风向; (c)位温; (d)比湿

结合7月5日12:00系留气球观测的风速、风向、位温和比湿的廓线(图略),来分析低空为西北风时低层的边界层结构。7月5日12:00在600m以下仍是明显的西北风和偏北风,但风速从地面到60m有所增大(为4 m·s⁻¹左右);在50m以上位温和比湿随高度都基本不变；在 10~50m 位温随高度增加，比湿存在一个极值扰动，先增加，后减少，在约 30m 存在极大值；从地面至 10m 位温随高度降低，比湿随高度增加。

分析表明，当低空为偏北风(或西北风)时，高空均为偏西风(或西北风)气流，风速随高度的变化在低空比较平缓，有时存在极大值(其高度随西风强度的不同而不同)；位温在 3500m 存在一个随高度缓慢增加到明显增加的转折点，在 1200~2200m 存在快速变暖现象；比湿随高度减小，有时在 3500~4000m 存在一个相对快速减小时段；在 10~50m 位温随高度增加，比湿存在一个极值扰动(先增加，后减少，在约 30m 存在极大值)。白天大气边界层顶盖 (即逆温层底)为 3500m，在 1200m 以下为绿洲内边界层(绿洲内边界层高度有时会很低)。

3. 日变化特征

7 月 5 日是野外试验期间日放球最多日，选用 5 次(为 10:00、12:00、15:00、18:00 和 21:00)观测的风、温度和湿度资料来分析日变化特征。其中 10:00、15:00、18:00 的小球观测的风速、风向、位温和比湿的垂直廓线分布(图略)与 21:00 和 12:00 基本相同。

日变化特征分析说明：一是风向的变化，从 10:00~18:00 低空都是偏北风和西北风气流，高空都是偏西风或西北风气流，21:00 低空变为东南风，高空仍为偏西风；高空风速从 10:00~21:00 基本是越来越小 (图略)，低空风速随时间时大时小，但风速不大；上述风的变化过程表现为一个高气压系统逐渐稳定的过程。二是位温从地面到约 3500m 随高度增加基本不变，在 3500m 高度以上，位温相对明显增大；各层位温从 10:00~18:00 都在增大，直到 21:00 又减小。三是比湿在 4000m 以上随高度基本不变，在该高度以下随高度减小，减小的时间为 10:00~15:00，而 15:00~21:00 又在增大。四是夏季白天 3500m 存在大气边界层顶盖(即逆温层底)，且逆温层的厚度比较厚，在 500~800m 以下存在绿洲内边界层。

大气边界层的变化与天气、气候的形成和演化密切相关，其中发生的气象现象直接影响到人类和其他生物，故大气边界层对人类而言，十分重要。由于剧烈的湍流混合作用，边界层内的水汽、空气分子、污染物等主要集中在湍流特征不连续界面边界层高度的范围内。因此，大气边界层厚度一直是大气数值模式和大气环境评价的重要物理参数之一。

根据以上不同情况下大气边界层顶盖高度的分析，夏季白天金塔沙漠绿洲系统的对流边界层顶在 3500m 以上，虽然比一般地区的要高，但比敦煌地区 4400m 的对流边界层高度要低。金塔和敦煌都属于河西走廊地区，由此看来以荒漠为主要下垫面的西北干旱区，特别是河西地区的边界层要比其他地区厚。敦煌地表白天强烈加热和夜间快速冷却，是极端干旱荒漠区出现超常厚度大气热力边界层的最根本原因(张强，2007)；而金塔绿洲相对较小，其四周广阔的荒漠和戈壁向大气释放很强的感热是造成边界层偏厚的主要原因。谷良雷等(2007)通过分析敦煌和金塔地区夏季典型晴天和阴天气象要素变化特征也证明，敦煌地区夏季晴天和阴天的风速比金塔地区的大，但风速切变金塔要比敦煌地区的大；两地阴天稳定边界层厚度和对流边界层的高度较晴天时的都低；比湿夜间比白天的大，阴天比晴天的大；在敦煌和金塔地区都出现了逆湿现象，强逆湿主要出现在夜间。

3.4.3　绿洲温度场及次级环流特征

为了全面揭示沙漠绿洲地区温度场变化特征,在 2004 年 7 月 5 日野外观测实验的设计中,整体科学设置了 7 个自动气象站(其中绿洲 2 个,其余架设在绿洲边缘的沙漠),以便全面分析夏季晴空条件下沙漠绿洲温度场和环流场的演变特征。

1. 温度变化

1)气温日变化

通过分析绿洲、沙漠各观测点实测气温(设备架设高度为距地面 2m,下同)的变化(图 3.45)发现:沙漠和绿洲气温日变化趋势基本是一致的,最低值大约出现在清晨 6:00,最大值基本上都出现于 17:00 左右(表 3.9)。其中,绿洲气温的极大值比沙漠的低,绿洲-沙漠温差最大值出现在绿洲东观测点(以下简称点)和沙漠东北点之间(为 3.47℃);沙漠上东北点(NED)与西点(WD)的气温极值相差也较大(为 5.17℃)。

表 3.9　7 月 5 日各观测点气温极大值及出现时间

项目	沙漠观测站点					绿洲观测站点	
	ND	WD	SWD	SED	NED	SEO	EO
气温极大值/℃	31.5	31.2	34.81	35.01	36.37	34.28	31.9
极大值出现时间	17:00	16:00	18:00	17:00	17:00	18:00	17:40

绿洲的东和东南点气温有较大差别[图 3.45(a)],东点温度极大值低于东南点。其成因一是观测点的位置不同,东点处于绿洲沙漠的边缘,而东南点处于金塔县城附近;二是下垫面不同,东观测点的下垫面是种植密集的小麦,而东南点处于种植稀疏的棉花地。同时,沙漠观测点间的气温也有较大差别[图 3.45(b)],夜晚的差异小于白天。

根据白天气温曲线演变特征,可以将整个观测区分为三类。即西点和北点曲线相似,而西南和东南点的气温变化比较一致,东北沙漠点自成一类。从 5 日金塔沙漠绿洲 7 站的气温距平图[图 3.45(c)、(d)]中可知,在白天东北、西南、东南沙漠点的气温距平为正,绿洲点为负;而沙漠北和西点在白天不仅气温距平为负,而且变化趋势同东点绿洲相似;较为特殊的还有东南绿洲,它的气温白天(夜晚)大于(小于)沙漠地区的西和北点。

2)气温分布特征

分析表明,气温等值线中心在 6:00 [图 3.46(a)]和 18:00 [图 3.46(b)]分别为暖中心和冷中心;气温从 20:00 开始迅速降低,到早上 6:00 达到最低。绿洲和沙漠相互影响,在气温最低的时刻,尽管绿洲等值线分析为冷中心,但并不是所有的沙漠点的温度都低于绿洲[图 3.46(a)]。

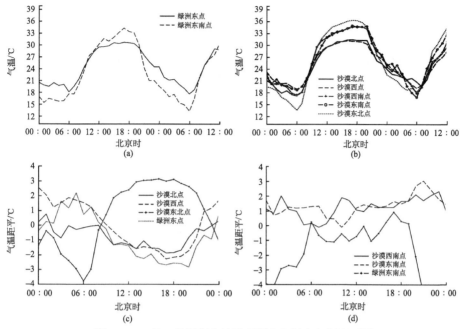

图 3.45　7 月 5 日绿洲和沙漠观测点气温和气温距平图

(a) 绿洲气温；(b) 沙漠气温；(c) 绿洲气温距平；(d) 沙漠气温距平

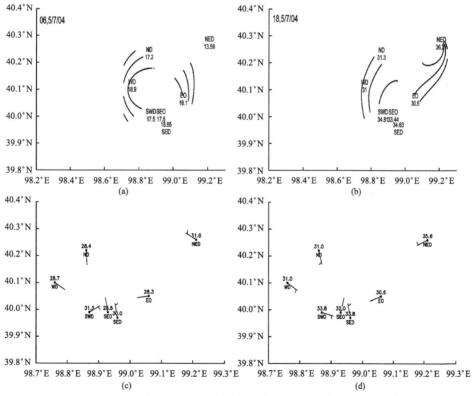

图 3.46　7 月 5 日 6:00、18:00 温度场和 11:00、15:00 温度和风场图

(a) 6：00 温度场；(b) 18：00 温度场；(c) 11：00 温度和风场；(d) 15：00 温度和风场

例如，沙漠的西和东南点温度高于绿洲东和东南点，尽管沙漠北点和西南点比绿洲的东南点温度低，但相差幅度并不大(为 0.5℃)。11:00[图 3.46(c)]2 个绿洲点和沙漠西和北点的温度基本相当(为 28.3~28.7℃)，为 4 个观测站点气温最为接近的时刻，其他站点为 30.0~31.8℃。下午 15:00，除绿洲的东点(EO)温度为 30.6℃(略低)外，绿洲东南点的温度为 32.0℃[图 3.46(d)]，仍高于沙漠西和北点的 31.0℃。

总之，白天 7 个观测点气温分布特征是东北(NED)和西南点(SED)始终高于中部地区。这是因为在受太阳加热影响，气温在逐渐升高的同时，不同地理纬度及下垫面也会影响气温的变化，所以才形成了西北沙漠点的升温速率低于东南绿洲的缘故。

3)地表温度日变化

由金塔地表温度日变化(图 3.47)可知，4 个站点的地表温度除日变化趋势一致外，地表温度变化幅度均不相同。11:00 之前，东南绿洲的地表温度大于东点，之后它的地表温度上升速度减弱，低于东点；17:00 后由于温度减弱较慢，地表温度再次超过东点。按照最大地表温度递减排序，依次为西沙漠点、北沙漠点、东绿洲点、东南绿洲点。

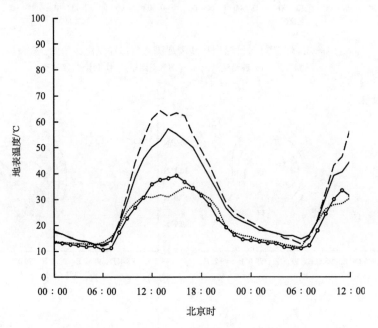

图3.47　7月5日各观测站点的地表温度日变化

北沙漠点(—)；西沙漠点(----)；东南绿洲点(——)；东绿洲点(—○—)

沙漠和绿洲两种不同地表特征下，地表温度最小相差 20℃左右，最大相差 30℃左右，即使在绿洲植被表面，也可相差 5~10℃，这可能是由于植被种类和种植物稀疏度不同的缘故。由于受地表下垫面特征不同(西沙漠观测站是建在沙丘上，东南绿洲点是建立在板结的戈壁上，而北沙漠点是建立在板结的沙块地上)的影响，反照率和地表温度也不同。在绿洲影响范围内，离绿洲越远的沙漠戈壁，白天的地表温度就越高。

2. 次级环流

1）风场

5日各时次各个站点的风速[图3.46(d)]均很小（1.0 m·s⁻¹左右）。5日夜间到清晨，绿洲的风场主要为偏西风，虽然绿洲沙漠夜间的局地环流（吹进绿洲的辐合风场）并不是很明显。其中西点（WD）和西南点（SWD）的风向风速有些异常，不但风向是偏南风，而且风速比其他各点都大，这可能是不同下垫面、地形和绿洲的共同作用所致。

金塔地区并不是一个封闭的盆地，距金塔绿洲的西点（WD）、西南点（SWD）和北点（ND）约5.0～6.0km，有座80～100m高的山体，而其他方向没有山体（或者山体离绿洲都很远）。由于绿洲和山体的共同作用，局地环流会增强，背景风场弱于局地环流，使得这两个点的风场出现异常。该结论与吕世华等（2004）利用MM5模式模拟的类似，即盆地山谷绿洲形成的环流与地形环流一致。盆地山谷的绿洲环境有利于加强地形环流，但地形形成的环流强度比绿洲要弱得多。因此，风场显然受背景风和绿洲影响，风向有微弱的辐合。对于绿洲来说，夜间的辐合气流有利于降低绿洲的温度，减少绿洲水分的散失。陈世强等（2005）也指出，夜间绿洲周围各点的风向绿洲辐合，而白天绿洲周围各点的风则向外辐散。由于受大背景风场偏西气流的影响，绿洲东西方向上的局地环流被背景风场所掩盖，所以东西方向的局地环流并不明显；由于绿洲沙漠间和地形的热力差异而导致的局地环流，在南北方向上近地层的辐合（夜间）辐散（白天）场却清晰可见。白天，太阳的加热作用使绿洲和沙漠都在升温，但是由于绿洲内的蒸散作用降低了升温速度，绿洲比沙漠升温慢，绿洲沙漠之间出现温差。由于环流形势处于由西风转为东风的过程中，背景风场减弱，从11:00开始金塔绿洲的近地层风场出现明显变化[图3.46(c)]，在14:30局地环流远大于背景风场时，东北点（NED）风向受绿洲效应的影响而变化。

2）次级环流

以上分析表明，绿洲沙漠的温差效应可以激发绿洲和沙漠间的次级环流（secondary circulation）。其中，西点（WD）风向为偏东风，北点（ND）为偏南风，东点（EO）为偏西风，南面各点为偏北风。白天绿洲有吹向沙漠的辐散风，而且局地次级环流的辐散气流明显。20:00开始，绿洲风向转为偏东风。由于沙漠绿洲低层辐散风的存在可以推断，在绿洲的中心是下沉气流，而在绿洲边缘的沙漠上应该为上升气流。张宇等（2005）用设置在东观测点（EO）的涡动相关仪器观测数据，分析证实，白天绿洲边缘有上升气流。

事实证明，绿洲具有自我保护机制，白天在绿洲低层周围存在着向沙漠流出的气流，而在绿洲的边缘存在上升气流，像一道保护墙阻挡了沙漠的干热气流从低层流入绿洲，而绿洲上空的下沉气流加大了大气的稳定度，抑止了绿洲水汽的散失；夜间，由沙漠流入绿洲内的冷气流，降低了绿洲的温度，减少了绿洲的蒸散作用。另外，夜间和白天沙漠绿洲的局地环流强度是不一样的。白天，辐散环流比夜间的辐合环流明显，但绿洲效应的影响范围远没有夜间的沙漠效应大；虽说绿洲风带去了冷湿气流，但由于绿洲的面积远小于沙漠，绿洲风影响的范围相对沙漠的面积小得多，所以绿洲吹向沙漠的绿洲风对沙漠的影响较小。相反，夜间沙漠的冷干气流吹进绿洲，白天冷干气流影响绿洲的范围相对绿洲的面积就大得多，所以绿洲与沙漠的温差减小了。

3.4.4　绿洲空气动力学参数

空气动力学粗糙度 z_0(aerodynamics roughness) 和零平面位移高度 d(zero plane displacement) 是现代流体力学中的重要概念，表征了陆面和大气之间的湍流强度和在湍流中热量、水分、动量的交换，一定程度上反映了近地表气流与下垫面之间的物质与能量交换、传输强度以及它们之间相互作用特征。植被对气流的影响和对地表的保护作用主要是通过增大空气动力学粗糙度和提高摩阻速度来实现的。

绿洲系统对于干旱地区的生态和经济意义已经得到了广泛的认识，关于绿洲系统的研究在地学研究领域也引起了极大关注。张强等(1992)通过对农田内的微气象特征分析，指出上层风与下层风受不同的位移高度和粗糙度影响。通过对金塔试验的风速梯度资料分析，也得到了类似的结果。利用 Martano(2000)方法对绿洲农田内不同高度的超声观测资料，分析了非均匀下垫面不同空间尺度的零平面位移和空气动力学粗糙度等特征参数。

Monin-Obukhov 相似性关系广泛地应用于数值模式和湍流观测资料的分析研究中。例如，湍流过程参数化、湍流特征分析、印痕或源区分析等。其中两个重要的地表参数零平面位移和空气动力学粗糙度依赖于站点和观测源区的下垫面类型，是应用 Monin-Obukhov 相似性关系的基本参数。绿洲系统非均匀下垫面，零平面位移和空气动力学粗糙度随着观测高度及源区不同，存在着比较大的差异。

1. 理论方法

应用 2005 年 5 月 23 日至 6 月 18 日，绿洲农田内非均匀下垫面大气边界层特征和地表能量与水分平衡观测资料，分析绿洲非均匀下垫面零平面位移和空气动力学粗糙度的特征。

大家知道，地表粗糙度 z_0 是描述下垫面空气动力学特征的主要参数之一。它是空气动力、热力学因子和地表粗糙元共同作用的结果。Martano(2000)发展了利用单层超声观测资料分析地表粗糙度和零平面位移的方法，高志球等(2003，2004)曾用该方法对水稻田和北京城市下垫面的超声观测资料进行了分析，Martano 与其他方法(牛顿迭代法、TVM 法等)相比，有一定的优越性。

根据 Monin-Obukhov 相似性理论，风速廓线 $U(z)$ 可写为

$$U(z)=(u_*/k)\left\{\ln\left[(z-d)/z_0\right]-\psi\left[(z-d)/L, z_0/L\right]\right\} \tag{3.50}$$

式中，u_* 为摩擦速率；k 为 Von Karman 常数；L 为 Monin-Obukhov 长度；$\psi\left[(z-d)/L, z_0/L\right]=\psi\left[(z-d)/L\right]-\psi(z_0/L)$ 为集成了稳定度修正的函数，为计算式 (3.50)中的 d 和 z_0，使用最小二乘法拟合进行估算，可写为

$$\left\langle\left\{kU/u_*-\ln\left[(z-d)/z_0\right]+\psi\left((z-d)/L, z_0/L\right)\right\}^2\right\rangle=\min(z_0, d) \tag{3.51}$$

式中，算子 $\langle\rangle \equiv (1/N)\sum\limits_{i=1}^{N}$ ，定义为 N 组数据的平均值，U_i, T_i, u_{*i}, L_i 在同一高度 z 上，$u_* = (-\langle uw\rangle)^{1/2}, \theta_* = -\langle w\theta\rangle/u_*; L = u_*^2 T/(kg\theta_*)$ ，这里，T 为热力学温度，g 为重力加速度。$\min(z_0, d)$ 对应于 z_0, d 的最小值，这是一个二元的非线性最小二乘问题，式(3.51)可写为

$$\langle [S(z_0, d) - p(z_0, d)]^2\rangle = \min(z_0, d) \tag{3.52}$$

式中，$p(z_0, d) = \ln(z - d)/z_0$ ，为一参数(仅为 z, z_0, d 的函数)。

当满足条件

$$\langle S(z_0, d)\rangle - p(z_0, d) = 0 \tag{3.53}$$

或

$$\ln[(z - d)/z_0] = \langle kU/u_* + \psi[(z - d)/L, z_0/L]\rangle \tag{3.54}$$

式(3.52)可写为

$$\langle [S(z_0, d) - p(z_0, d) - \langle S(z_0, d) - p(z_0, d)\rangle]^2\rangle = \min(z_0, d) \tag{3.55}$$

由于 p 为参数，$\langle p\rangle = p$ ，则

$$\langle [S(z_0, d) - p(z_0, d) - \langle S(z_0, d) - p(z_0, d)\rangle]^2\rangle$$
$$= [S(z_0, d) - \langle S(z_0, d)\rangle]^2 = \sigma_S^2 \tag{3.56}$$

当 $\psi(z_0/L) = O(z_0/L)$ ，一般情况下，$z_0 \ll (z - d) \ll |L|$ ，则有 $\psi[(z - d)/L, z_0/L] = \psi[(z - d)/L] - \psi(z_0/L) = \psi[(z - d)/L]$ ，在此约束条件下，变量为 d, z_0 的式 (3.51)，等价于寻找 $S = kU/u_* + \psi[(z - d)/L]$ 随 d 变化的最小方差问题。换句话说，式(3.51)是退化为单变量的条件最小化问题。当方差 σ_s^2 最小，可确定 d 值，根据式(3.54)，利用最小方差法则，可以容易地算出粗糙度 z_0

$$z_0 = (z - d)\exp\langle -S\rangle \cong (z - d)\langle\exp(-S)\rangle = \langle z_0\rangle_m \tag{3.57}$$

对分析结果的检验可通过由上述方法得到的 d、z_0 ，以及观测得到的 u_* 和 L 由 Monin-Obukhov 相似性原理求得的风速与观测值进行比较。

2. 结果分析

1) 湍流通量的基本特征

图 3.48 为 3 层(1～3.30m、2～8.41m、3～16.60m)超声观测的动量通量 τ 、感热通量 H 和潜热通量 LE；图 3.49 为各层的动量通量 τ 、感热通量 H 和潜热通量 LE 的散点图，横坐标分别为 3.30m 和 16.60m 的观测值，纵坐标为 8.41m 的观测值。由图看到热通量表现出了比较好的一致性，而动量通量则出现了较大的差异，下面分析 3 层通量的

平均差异。

$$\text{Bias}_{\tau 1} = \sum_{i=1}^{n} \frac{\tau_{3.30\text{m}} - \tau_{8.41\text{m}}}{n},$$

$$\text{Bias}_{\tau 2} = \sum_{i=1}^{n} \frac{\tau_{16.60\text{m}} - \tau_{8.41\text{m}}}{n}$$

$$\text{Bias}_{H1} = \sum_{i=1}^{n} \frac{H_{3.30\text{m}} - H_{8.41\text{m}}}{n},$$

$$\text{Bias}_{H2} = \sum_{i=1}^{n} \frac{H_{16.60\text{m}} - H_{8.41\text{m}}}{n} \qquad (3.58)$$

$$\text{Bias}_{LE1} = \sum_{i=1}^{n} \frac{\text{LE}_{3.30\text{m}} - \text{LE}_{8.41\text{m}}}{n},$$

$$\text{Bias}_{LE2} = \sum_{i=1}^{n} \frac{\text{LE}_{16.60\text{m}} - \text{LE}_{8.41\text{m}}}{n}$$

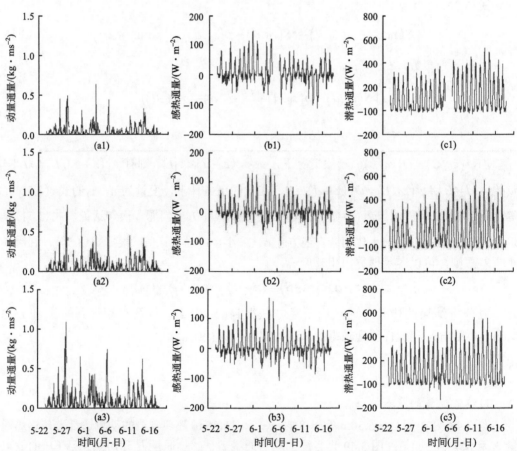

图 3.48　观测的各层动量通量、感热通量和潜热通量的比较

(a1)～(a3)动量通量；(b1)～(b3)感热通量；(c1)～(c3)潜热通量

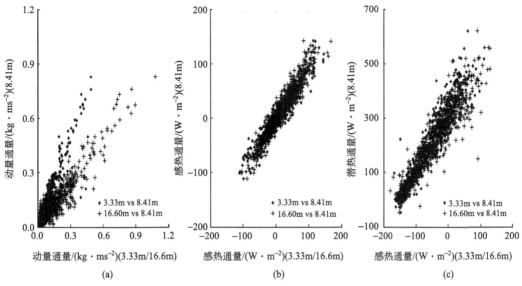

图 3.49　动量通量、感热通量和潜热通量比较的散点图

(a)动量通量；(b)感热通量；(c)潜热通量

以 8.41m 观测值为 y 轴，3.33m、16.60m 观测值为 x 轴

其中，$\tau_{3.30m}, \tau_{8.41m}, \tau_{16.60m}$（$H_{3.30m}, H_{8.41m}, H_{16.60m}$ 和 $LE_{3.30m}, LE_{8.41m}, LE_{16.60m}$）分别为 3.30m、8.41m、16.60m 高度上的动量、感热和潜热通量。由计算得到

$\text{Bias}_{\tau 1} = -0.0271\text{kg} \cdot \text{m}^{-1} \cdot \text{s}^{-2}, \text{Bias}_{\tau 2} = -0.02261\text{kg} \cdot \text{m}^{-1} \cdot \text{s}^{-2}, \text{Bias}_{H1} = 2.7156\text{W} \cdot \text{m}^{-2}$,

$\text{Bias}_{H2} = 0.8526\text{W} \cdot \text{m}^{-2}, \text{Bias}_{LE1} = -7.3043\text{W} \cdot \text{m}^{-2}, \text{Bias}_{LE2} = -2.0469\text{W} \cdot \text{m}^{-2}$,

对各层通量进行线性拟合得到

$\tau_{8.41m} = 1.479\tau_{3.33m}$，　$\tau_{16.60m} = 1.225\tau_{8.41m}$

$H_{8.41m} = 0.886H_{3.33m}$，　$H_{16.60m} = 0.9542H_{8.41m}$,

$LE_{8.41m} = 1.052LE_{3.33m}$，　$LE_{16.60m} = 0.9759LE_{8.41m}$。

各层间动量通量的差异较大，而 3.30m 和 8.41m 之间的感热通量和潜热通量差异大于 8.41m 和 16.60m 的差异。就热通量而言，可作为常通量层，而上层的动量通量受防护林影响较大，与下层存在较大的差异，上层通量大于下层。

2)零平面位移和动量粗糙度

$$S = kU/u_* + \psi[(z-d)/L] \tag{3.59}$$

图 3.50 给出由 Martano 方法计算的 $S = kU/u_* + \psi\left[(z-d)/L\right]$ 的标准差 σ_S 随 d 的变化。由不同高度的超声资料算出的零平面位移分别为 1.26m、2.62m、6.99m。周艳莲等(2007)长白山森林在各种大气层结条件下的地表粗糙度,用拟合迭代法得到的 2003 年稳定、中性和不稳定条件下的地表粗糙度年平均值分别为 2.642m、2.103m 和 1.616m。

由式(3.57)计算出三层超声所测量区域内的粗糙度分别为 0.042m、0.143m、0.195m，由以上得到的 d 和 z_0，同时算出相应高度观测数据的源区范围分别为 360m、960m 和 1700m。

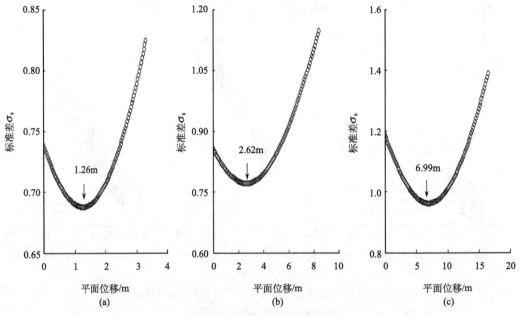

图 3.50　S 的标准差 σ_s 随零平面位移 d 的变化

(a) 3.33m；　(b) 8.41m；　(c) 16.60m

　　参照 Stull(1991) 所给出的典型地表类型的空气动力学粗糙度长度,范围($10^{-2}\sim10^{-1}$)所对应的是"有少数树的农田",及范围($10^{-1}\sim10^{0}$)所对应的是"有相当高度的多林乡村",可见以上计算得到的粗糙度是合理的。张强等(1992)通过分析农田内微气象特征,指出在农田内上层受林带大粗糙度和位移高度控制,而下层则受农作物小粗糙度和位移高度控制。

　　关于零平面位移,一般认为是观测下垫面植被高度的 2/3 或 3/4。对于农田这样的非均匀下垫面,在同一方向有小麦、棉花、玉米,甚至 10m 多高的防护林,且分布很不规则,很难求出观测源区的平均植被高度。分析证明,随着观测高度的增加,所观测的源区范围增大,3.33m 的观测高度包含了农田和部分的防护林带,但农田的贡献更大；8.41m 观测高度的源区范围包含了农田和四周的防护林带；在 16.60m 观测高度的观测源区包含了四周的防护林带和周围村庄。

　　由于不同高度的超声观测系统所测量通量的空间代表性不同,在非均匀下垫面条件下,不同高度的观测资料所计算的 d 和 z_0 有较大的差异,这也可以看出利用单层超声资料计算 d 和 z_0 的 Martano 方法在非均匀下垫面研究中的优越性。

　　3) 利用风速对零平面位移和动量粗糙度的检验

　　在求得零平面位移和动量粗糙度后,可结合观测得到的 u_*, L,利用式(3.50)计算风速 U_E 与观测值 U_M 进行比较,其中相似性函数使用 Businger-Dyer 的系数。观测与模拟结果表明,近中性层结-地表无跃移过程下测定的空气动力学粗糙度对起动摩阻风速是有效的,而非中性层结下测定的空气动力学粗糙度对起动摩阻风速的作用不显著(梅凡民等, 2006)。

图 3.51 给出了各层风速的拟合情况，各层的拟合度分别为 1.001、1.021、0.9514；其标准差分别为 0.4315、0.5653、0.7617。

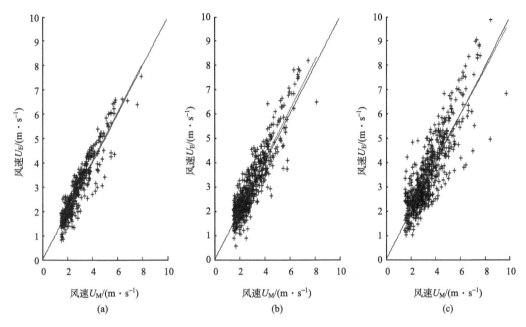

图 3.51　由 Moini-Obukhov 相似性关系估算的不同高度风速 U_E 与观测风速 U_M 的比较

(a) 3.33m；(b) 8.41m；(c) 16.60m

总之，空气动力学粗糙度 z_0、零平面位移高度 d 是植被覆盖地表的两个重要的空气动力学特征参数。分析表明，在绿洲农田非均匀下垫面条件下，一是绿洲农田内近地层的不同层次的感热通量和潜热通量的差异不大，可作为常通量层处理，受四周防护林的影响，动量通量存在比较大的差异；二是由于通量观测高度的不同，所观测的空间代表性也不同，对通量产生影响的源区存在着较大的差异，除农田内种植的不同作物外，影响绿洲农田的非均匀性的最主要因素是四周的防护林；三是利用 Martano 单层超声资料计算的零平面位移 d 分别为 1.26m、2.62m、6.99m，计算出三层超声所测量区域内的粗糙度 z_0 分别为 0.042m、0.143m、0.195m。该结果与已有研究对比证明金塔绿洲计算得到的粗糙度是合理的。在中性条件下，不同高度的湍流观测资料所代表的源区范围，表明在非均匀下垫面进行通量的梯度观测，反映了非均匀下垫面的空间多尺度特征。

3.5　小　　结

(1) 绿洲小气候特征。一是绿洲-荒漠下垫面的不同水热特性使荒漠白天升温和晚上的降温都比绿洲快，夏季白天绿洲是冷源，夜晚则转为热源；绿洲与荒漠的这种非均匀热力作用，导致白天绿洲相对于荒漠是一高压区。二是绿洲在灌溉后，土壤湿度大，地表温度低，表现为全天地表温度低于空气温度；经过充分加热，在白天，地表温度高于空气温度，夜间则低于空气温度。三是绿洲与荒漠大气相比温度要低，而湿度却要高，这是绿洲生态系统对近地层大气降温和增湿的小气候效应。戈壁日平均水平风速和摩擦速度分别是绿洲的 2.9 和 1.1 倍。绿洲的屏障效应不仅耗散大气的平均动能，而且耗散大气的湍流动能。绿洲内风速切变控制着绿洲的动量湍流通量，而在戈壁主要是由热力稳定度所控制。

(2) 金塔地表反照率呈 U 形分布，日平均地表反照率由大到小依次为：戈壁(0.23)、沙漠(0.2)、绿洲(0.19)。绿洲、沙漠的向下短波辐射相似，绿洲向上短波辐射峰值略小，绿洲、沙漠的长波辐射相差不大；绿洲净辐射峰值约 914W·m^{-2}，大于 800W·m^{-2} 左右的沙漠地区。净辐射在沙漠或绿洲同种地表类型上基本与区域一致，分布均匀，下垫面上数值相差不超过 10 W·m^{-2}。绿洲地表放射的净长波辐射与短波吸收辐射之比分别为 25% 和 33%，远小于沙漠(戈壁)地区的比值 57%(60%)，仅为沙漠和戈壁地区比值的 50% 左右。

(3) 戈壁、沙漠和绿洲 5cm 土壤导热率分别为 0.193 W·(km)$^{-1}$、0.317 W·(km)$^{-1}$、0.374 W·(km)$^{-1}$。表层土壤温度梯度(0~20cm)有很明显的日变化特征，戈壁和沙漠的变幅明显要大于绿洲。40cm 深度以上土壤温度均具有明显的日变化；土壤温度的极值出现时间滞后于地表温度，离地面的距离越大，峰值出现的时间比地表温度滞后的越长，且变化幅度越小。5~40cm 深度的土壤，随着深度的增加其湿度也随之增加。土壤深层基本不受天气情况的影响，但受灌溉的影响较大。晴天的土壤湿度越小，浅层土壤温度日变化幅度就越大。在观测时段土壤温度除了有明显的日变化外，还存在周期为准 4 天和准 2 周的波动。土壤温度和含水量的日变化在降水后与降水前相比，具有显著的振幅增大，位相前移特征。蒸发-凝结过程不仅在计算土壤温度时必须考虑，而且其自身对应的能量传输过程也非常重要。

(4) 沙漠绿洲边缘内外存在冷湿舌现象，冷湿舌强度和频率多少还受戈壁绿洲白天另一重要现象绿洲辐散风的影响，午后辐散风加强时，冷湿舌出现较多，湿平流特征明显。绿洲夜间和白天风、温、湿的垂直结构特征为：夜间当地面风较小时，绿洲高空为偏西风气流，夜间稳定层高度大致在 100~190m；白天当低空为偏东风时，风速随高度的变化比较复杂，存在着东风急流(高度为 1000~4000m)，大气边界层顶盖(即逆温层底)为 3000~3600m，在 500~800m 高度以下存在绿洲内边界层。绿洲在白天(夜晚)相比周围环境是冷(暖)中心，与周围温差最大分别可达 6.0℃和 4.0℃。沙漠绿洲的温差效应可以激发绿洲和沙漠间的次级环流，证实白天绿洲中心是下沉气流，绿洲边缘有上升气流，具有自我保护机制，白天在绿洲低层周围存在着向沙漠流出的气流，而在绿洲的边缘存在上升气流，像一道保护墙阻挡了沙漠的干热气流从低层流入绿洲，而绿洲上空的下沉气流加大了大气的稳定度，抑止了绿洲水汽的散失；夜间，由沙漠流入绿洲内的冷气流，降低了绿洲的温度，减少了绿洲的蒸散作用。

(5) 绿洲内近地层不同高度的感热通量和潜热通量差异不大，可作为常通量层处理，受四周防护林的影响，动量通量存在比较大的差异。由于通量观测高度的不同，所观测的空间代表性也不同，除农田内种植的不同作物外，影响绿洲农田的非均匀性的最主要因素是四周的防护林。利用 Martano 单层超声资料计算金塔零平面位移 d 分别为 1.26m、2.62m、6.99m，计算出 3 层超声所测量区域内的粗糙度分别为 0.042m、0.143m、0.195m。

参 考 文 献

安兴琴, 吕世华. 2004. 金塔绿洲大气边界层特征的数值模拟研究. 高原气象, 23(2): 200-207.

奥银焕, 吕世华, 陈玉春. 2004. 河西地区同下垫面边界层特征. 高原气象, 23(2): 215-219.

奥银焕, 吕世华, 陈世强, 等. 2005. 夏季金塔绿洲及邻近戈壁的冷湿舌及边界层特征分析. 高原气象, 24(4): 503-508.

卞林根, 陆龙骅, 逯昌贵, 等. 2001. 1998 年夏季青藏高原辐射平衡分量特征. 大气科学, 25(5): 577-588.

常兆丰, 韩福贵, 仲生年, 等. 2005. 石羊河下游沙漠化的自然因素和人为因素及其位移. 干旱区地理, 02: 150-155.

陈家宜. 1992. 黑河地区地气相互作用观测实验研究. 地球科学进展, 7(4): 90-91.

陈世强, 吕世华, 奥银焕, 等. 2005. 夏季金塔绿洲与沙漠次级环流近地层风场的初步分析. 高原气象, 04: 534-539.

陈世强, 文莉娟, 吕世华, 等. 2006. 夏季金塔地区绿洲环流的数值模拟. 高原气象, 25(1): 66-73.

陈世强, 吕世华, 奥银焕, 等. 2009. 绿洲沙漠边缘逆湿的数值研究. 干旱区研究, 26(2): 277-281.

陈世强, 吕世华, 奥银焕, 等. 2011. 夏季不同天气背景和灌溉条件下绿洲地表辐射和能量平衡特征. 冰川冻土, 33(3): 532-538.

陈渭民, 洪刚. 1997. 由 CMS 卫星资料获取我国夏季地表辐射收支. 大气科学, 21(2): 238-246.

陈玉春, 吕世华, 高艳红. 2004. 不同尺度绿洲环流和边界层特征的数值模拟. 高原气象, 23(2): 177-183.

丁辉, 凌文洲. 1996. 大面积地表反射率的气候计算模式. 地理学和国土研究, 12(2): 60-64.

范爱武, 刘伟, 王崇琦. 2002. 土壤温度和水分日变化实验. 太阳能学报, 23(6): 721-724.

范丽军, 韦志刚, 董文杰, 等. 2002. 西北干旱区地表辐射特性的初步研究. 高原气象, 21(3): 309-314.

冯起, 司建华, 张艳武, 等. 2006. 极端干旱地区绿洲小气候特征及其生态意义. 地理学报, (1): 99-108.

高红贝, 邵明安. 2011. 干旱区降雨过程对土壤水分与温度变化影响研究. 灌溉排水学报, 30(1): 40-45.

高艳红, 刘伟, 柳媛普, 等. 2007. 黑河流域土壤参数修正及其对大气要素模拟的影响. 高原气象, 26(5): 958-966.

高志球, 王介民, 马耀明, 等. 2000. 不同下垫面的粗糙度和中性曳力系数研究. 高原气象, 19(1): 17-24.

高志球, 卞林根, 陆龙骅, 等. 2004. 水稻不同生长期稻田能量收支、CO_2 通量模拟研究. 应用气象学报, 15(2): 129-140.

谷良雷, 胡泽勇, 吕世华, 等. 2007. 敦煌和酒泉夏季晴天和阴天边界层气象要素特征分析. 干旱区地理, 30(6): 871-878.

郭斌, 陈亚宁, 郝兴明, 等. 2011. 不同下垫面土壤凝结水特征及其影响因素. 自然资源学报, 26(11): 1963-1974.

郭维栋, 马柱国, 姚永红. 2003. 近 50 年中国北方土壤湿度的区域演变特征. 地理学报, 58(S1): 83-90.

韩博, 吕世华, 奥银焕. 2009. 西北戈壁区夏季一次降水前后土壤温度变化规律分析. 高原气象, 28(1): 36-45.

韩博, 吕世华, 奥银焕. 2011. 金塔绿洲土壤中蒸发/凝结过程的初步分析. 高原气象, 30(6): 1462-1471.

胡隐樵, 高由禧. 1994. 黑河实验(HEIFE)-对干旱地区陆面过程的一些新认识. 气象学报, 52(3): 285-229.

胡隐樵, 张强. 2002. 开展干旱环境动力学研究的若干问题. 地球科学进展, 16(1): 18-23.

胡隐樵, 奇跃进, 杨选利. 1990. 河西戈壁(化音)小气候和热量平衡特征的初步分析. 高原气象, 9(2): 113-119.

胡隐樵, 王俊勤, 左洪超. 1993. 临近绿洲的沙漠上空近地面层内水汽输送特征. 高原气象, 12(2): 125-132.

胡隐樵, 孙菽芬, 郑元润, 等. 2004. 稀疏植被下垫面与大气相互作用研究进展. 高原气象, 23(3): 281-296.

胡泽勇, 吕世华, 高洪春, 等. 2005. 夏季金塔绿洲及邻近沙漠地面风场、气温和湿度场特性的对比分析. 高原气象, 04: 522-526.

季国良, 蒲明, 席蕴玉. 1986. 1983 年夏季青藏高原地区的地面和大气加热场. 高原气象, 5(2): 155-166.

季国良, 江灏, 查树芳. 1987. 青藏高原地区有效辐射的计算及其分布特征. 高原气象, 6(2): 141-149.

季国良, 江灏, 吕兰芝. 1995. 青藏高原的长波辐射特征. 高原气象, 14(4): 451-458.

季国良, 时兴和, 高务祥. 2001. 藏北高原地面加热场的变化及其对气候的影响. 高原气象, 20(03): 239-244.

季国良, 马晓燕, 邹基玲, 等. 2003. 黑河地区绿洲和沙漠地区地面辐射收支的若干特征. 干旱气象, 21(3): 29-33.

季国良, 侯旭宏, 吕兰芝, 等. 2004. 干旱地区不同下垫面的辐射收支. 太阳能学报, 25(1): 37-40.

季国良, 邹基玲. 1994. 干旱地区绿洲和沙漠辐射收支的季节变化. 高原气象, 13(3): 100-106.

贾立, 王介民, 刘巍. 1994. 黑河试验区春小麦田间的环境因子对蒸腾和光合作用的影响. 高原气象, 13(3): 136-145.

姜金华, 胡非, 角媛梅. 2005. 黑河绿洲区不均匀下垫面大气边界层结构的大涡模拟研究. 高原气象, 23(6): 857-864.

李超, 魏合理, 刘厚通, 等. 2008. 大气逆辐射对草地下垫面地表温度的影响研究. 大气与环境光学学报, 3(6): 407-414.

李宏宇, 张强, 王胜. 2010. 陇中黄土高原夏季陆面辐射和热量特征研究. 地球科学进展, 25(10): 1070-1081.

李亮, 张宏, 胡波, 等. 2012. 不同土壤类型的热通量变化特征[J]. 高原气象, 31(2): 322-328.

李韧, 杨文, 季国良, 等. 2005. 40 年来藏北高原五道梁地区地表加热场的变化特征. 太阳能学报, 26(6): 868-873.

李锁锁, 吕世华, 柳媛普. 2007. 河西绿洲对祁连山区环境影响的数值模拟. 干旱区资源与环境, 21(3): 67-71.

李锁锁, 吕世华, 奥银焕, 等. 2009. 黄河上游地区辐射收支及土壤热状况季节变化特征. 太阳能学报, 30(2): 156-162.

李婷, 肖焱波, 马兴旺, 等. 2008. 55 年来策勒绿洲耕地变化及驱动力研究. 新疆农业科学, 45(1): 142-146.

刘辉志, 涂钢, 董文杰. 2008. 半干旱区不同下垫面地表反照率变化特征. 科学通报, 53(10):

1220-1227.

刘树华, 洪钟祥, 李军, 等. 1995. 戈壁下垫面大气边界层温、湿结构的数值模拟. 北京大学学报 (自然科学版), 31(3): 345-350.

罗斯琼, 陈世强, 吕世华. 2005. 不同土壤湿度条件下绿洲边界层特征的敏感性试验. 高原气象, 24(4): 471-477.

吕世华. 2004. 山地绿洲边界层特征的数值模拟. 中国沙漠, 24(1): 43-48.

吕世华, 陈玉春, 陈世强, 等. 2004. 夏季河西地区绿洲—沙漠环境相互作用热力过程的初步分析. 高原气象, 23(2): 127-131.

吕世华, 陈玉春. 1995. 绿洲和沙漠下垫面状态对大气边界层特征影响的数值模拟. 中国沙漠, 15(2): 116-123.

吕世华, 罗斯琼. 2004. 敦煌绿洲夏季边界层特征的数值模拟. 高原气象, 23(2): 147-154.

吕世华, 罗斯琼. 2005. 沙漠—绿洲大气边界层结构的数值模拟. 高原气象, 24(4): 465-470.

吕世华, 尚伦宇. 2005. 金塔绿洲风场与温湿场特征的数值模拟. 中国沙漠, 25(5): 623-628.

马迪, 吕世华, 陈晋北, 等. 2010. 大孔径闪烁仪测量戈壁地区感热通量. 高原气象, 29(1): 56-62.

马明国, 王雪梅, 程国栋. 2003. 基于 RS 与 GIS 方法的金塔绿洲景观动态变化分析. 中国沙漠, 23(1): 53-58.

马伟强, 马耀明, 李茂善, 等. 2005. 藏北高原地区地表辐射出支和能量平衡的季节变化. 冰川冻土, 27(5): 673-679.

梅凡民, 王涛, 张小曳, 等. 2006. 阴山以北沙漠化地区表土的起动摩阻风速. 纺织高校基础科学学报, 19(3): 264-270.

彭新东, 程麟生. 1994. 黑河地区边界层平均结构和通量的数值模拟. 兰州大学学报 (自然科学版), 30(3): 151-161.

蒲金涌, 姚小英, 贾海源, 等. 2005. 甘肃陇西黄土高原旱作区土壤水分变化规律及有效利用程度研究. 土壤通报, 36(4): 483-486.

钱泽雨, 胡泽勇, 杜萍, 等. 2003. 藏北高原典型草甸下垫面与 HEIFE 沙漠区辐射平衡气候学特征对比分析. 太阳能学报, 24(4): 453-460.

沈志宝, 邹基玲. 1994. 黑河地区沙漠和绿洲的地面辐射能收支. 高原气象, 13(3): 314-322.

苏从先, 胡隐樵, 张永丰, 等. 1987. 河西地区绿洲的小气候特征和"冷岛效应". 大气科学, 11(4): 390-396.

孙俊, 胡泽勇, 荀学义, 等. 2011. 黑河中上游不同下垫面反照率特征及其影响因子分析. 高原气象, 30(3): 607-613.

王德忠, 孙永强. 2004. 绿洲农业结构调整的问题探讨. 干旱区地理, 27(3): 447-450.

王介民, 刘晓虎, 祁永强. 1990. 应用涡旋相关方法对戈壁地区湍流输送特征的初步研究. 高原气象, 9(2): 120-129.

王介民, 刘晓虎, 马耀明. 1992. HEIFE 戈壁地区近地层大气的湍流结构和输送特征. 气象学报, 51(3): 343-350.

王介民, 孙新义, 樊爱英. 1999. 大流量 U 形渡槽止水缝施工工艺. 山西水利, (5): 22-23.

王俊勤, 胡隐樵, 陈家宜, 等. 1994. HEIFE 区边界层某些结构特征. 高原气象, 13(3): 209-306.

王可丽. 1996. 青藏高原地区云对地表净辐射的影响. 高原气象, 15(3): 12-18.

王少影, 张宇, 吕世华, 等. 2009. 金塔绿洲湍流资料的质量控制研究. 高原气象, 28(6): 1260-1273.

王少影, 张宇, 吕世华, 等. 2010. 应用通量方差法估算戈壁绿洲下垫面湍流通量的研究. 大气科学, 34(6): 1214-1222.

王胜, 张强, 卫国安, 等. 2004. 降水对荒漠土壤水热性质强迫研究. 高原气象, 23(2): 253-258.

王铄, 王全九, 樊军, 等. 2012. 土壤导热率测定及其计算模型的对比分析. 农业工程学报, 28(5): 78-84.

王永生, 盛裴轩, 刘式达. 1987. 大气物理学. 北京: 气象出版社.

王维真, 徐自为, 刘绍民, 等. 2009. 黑河流域不同下垫面水热通量特征分析. 地球科学进展, 24(7): 714-723.

文莉娟, 吕世华, 陈世强, 等. 2009. 干旱区绿洲地表反照率不对称观测研究. 太阳能学报, 30(7): 953-956.

文莉娟, 吕世华, 韦志刚, 等. 2006. 南水北调西线引水区与黄河上游降水过程的水汽特征分析. 冰川冻土, 28(2): 157-163.

吴锦奎, 丁永建, 魏智, 等. 2007. 黑河中游间作农田的辐射收支特征分析. 高原气象, 26(2): 286-292.

肖登攀, 陶福禄, MoiwoJuanaP. 2011. 全球变化下地表反照率研究进展. 地球科学进展, 26(11): 1217-1224.

谢志清, 刘晶淼, 丁裕国, 等. 2005. 干旱及高寒荒漠区土壤温湿度特征及相互影响的分析. 高原气象, 24(1): 16-22.

徐自为, 刘绍民, 宫丽娟, 等. 2008. 涡动相关仪观测数据的处理与质量评价研究. 地球科学进展, 23(4): 357-370.

阳坤, 王介民. 2008. 一种基于土壤温湿资料计算地表土壤热通量的温度预报校正法. 中国科学(D辑: 地球科学), 38(2): 243-250.

杨梅学, 姚檀栋, 丁永建, 等. 1999. 藏北高原 D110 点不同季节土壤温度的日变化特征. 地理科学, 19(6): 570-574.

杨兴国, 马鹏里, 王润元, 等. 2005. 陇中黄土高原夏季地表辐射特征分析. 中国沙漠, 25(1): 55-62.

姚小英, 王澄海, 蒲金涌, 等. 2006. 甘肃黄土地区土壤水热特征分析研究. 土壤通报, 37(4): 666-670.

尹光彩, 王旭, 周国逸, 等. 2006. 鼎湖山针阔混交林土壤热状况研究. 华南农业大学学报, 27(3): 16-20.

于涛. 2010. 绿洲沙漠系统地表辐射收支的模拟研究. 中国沙漠, 30(03): 686-690.

张立杰, 李磊, 沈永平. 2005. 基于多时间尺度分析的青藏铁路沿线土壤热流研究. 物理学报, 54(4): 1958-1964.

张强. 2007. 极端干旱荒漠地区大气热力边界层厚度研究. 中国沙漠, 27(4): 614-620.

张强, 曹晓彦. 2003. 敦煌地区荒漠戈壁地表热量和辐射平衡特征的研究. 大气科学, 27(2): 245-254.

张强, 胡隐樵, 王喜红. 1992. 黑河地区绿洲内农田微气象特征. 高原气象, 11(4): 361-370.

张强, 赵鸣. 1997. 中国西北地区荒漠绿洲大气内边界层的数值模拟. 干旱区地理, 20(4): 17-26.

张强, 周毅. 2002. 敦煌绿洲夏季典型晴天地表辐射和能量平衡及小气候特征. 植物生态学报, 26(6): 717-738.

张宇, 吕世华, 陈世强, 等. 2005. 绿洲边缘夏季小气候特征及地表辐射与能量平衡特征分析. 高原气象, 24(4): 527-533.

周艳莲, 孙晓敏, 朱治林, 等. 2007. 几种典型地表粗糙度计算方法的比较研究. 地理研究, 26(5): 887-896.

邹基玲, 侯旭宏, 季国良. 1992. 黑河地区夏末太阳辐射特征的初步分析. 高原气象, 11(4): 381-388.

左大康, 周允华, 项月琴, 等. 1991. 地球表层辐射研究. 北京: 科学出版社: 37-49.

左洪超, 胡隐樵. 1994. 黑河地区绿洲和戈壁小气候特征的季节变化及其对比分析. 高原气象, 13(3): 23-33.

左洪超, 吕世华, 胡隐樵, 等. 2004. 非均匀下垫面边界层的观测和数值模拟研究(I): 冷岛效应和逆湿现象的完整物理图像. 高原气象, 23(2): 155-162.

Abu-Hamdeh N H, Reeder R C. 2000. Soil thermal conductivity: Effects of density, moisture, salt concentration and organic matter. Soil Sci Am J, 64(4): 1285-1290.

Baehmann J, Horton R, Ren T, et al. 2001. Comparison of the thermal properties of four wettable and four waterrepellent soils. Soil Sci Am J, 65(6): 1675-1679.

Chen C, Cotton W R. 1983. A one dimensional simulation of the stratocumulus-capped mixed layer. Boundary-Layer Meteorology, 25(3), 289-321.

Elias E A, Cichota R, Torriani H H, et al. 2004. Analytical soil- temperature model: Correction for temporal variation of daily amplitude. Soil Sci Am J, 68(3): 784-788.

Gao Z Q, Bian L G. 2004. Estimation of aerodynamic roughness length and displacement height of an urban surface from single-level sonic anemometer data. Australian Meteorology Magazine, 53(1): 21-28.

Garratt J R. 1992. The Atmospheric Boundary Layer. Cambridge: Cambridge University Press.

Garratt J R, Segal M. 1988. On the contribution to dew formation. Boundary-Layer Meteorol, 45(3): 209-236.

Gao Z Q, Bian L G, Wang J X, et al. 2003. Discussion on calculation methods of sensible heat flux during GAME/Tibet in 1998. Advances in Atmospheric Sciences 20(3): 357-368.

Hu Y Q, Ji Y J. 1993. the combinatory method for determination of the turbulent fluxes and universal functions Hu Y Q in the surface layer. Acta meteorologica sinica, 7(1): 101-109.

Hu Y Q, Su C X, Ge M Z. 1988a. A two-dimensional and steady-state numerical model of the planetary boundary layer. Advances in Atmospheric Sciences, 5(4): 523-534.

Hu Y Q, Su C X, Zhang Y F. 1988b. Research on the microclimate characteristics and cold island effect over a reservoir in the Hexi region. Advances in Atmospheric Sciences, 5(1): 117-126.

Jacobs, A F G, van Pul A, El-kilani R M M. 1994. Dew formation and the drying process within a maize canopy. Boundary-Layer Meteorology, 69(4): 367-378.

Logan U T. 1989. KH20 Krypton Hygrometer Manual. Logan, U T: Campbell Scientific.

Luo W H, Jan Goudriaan. 2000. Measuring dew formation and its threshold value for netradiation loss on top leaves in a paddy rice crop by using the dewball: a new and simple instrument. Int J Biometeorol, 44(4): 167-171.

Martano P. 2000. Estimation of surface roughness length and displacement height form single-level sonic anemometer data. Journal of Applied Meteorology, 39(5): 708-715.

Molders N. 2001. On the uncertainty in mesoscale modeling caused by surface parameters. Meteor Atmos Phys, 76(1): 119-141.

Ookouehi Y, Segal M, Pielke R A. 1987. On the effect of soil wetness on thermal stress. Int J Biometeor, 31(1): 45-55.

Schmid H P. 1997. Experimental design for flux measurements: matching scales of observation and fluxes. Agricultural and Forest Meteorology, 87(2): 179-200.

Schuepp P H, Leclerc M Y, Macpherson J I, et al. 1990. Footprint prediction of scalar fluxes from analytical solutions of the diffusion equation. Boundary-Layer Meteorology, 50(1): 355-373.

Webb E K, Pearman G I, Leuning R. 1980. Correction of flux measurements for density effects due to heat and water vapor transfer. Q J R Meteorol Soc, 106(477): 85-100.

Xu Q, Zhou B B. 2003. Retrieving soil water contents from soil temperature measurement by using linear regression. Adv Atmos Sci, 20(6): 849-858.

Yang K, Koike T, Ye B et al. 2005. Inverse analysis of the role of soil vertical heterogeneity in controlling surface soil state and energy partition. J Geophys Res, 110(D8): D08101.

Zhang A C, Chen J Y, Chui Y. 1993. Turbulence structure over the oasis forest shelter. Proceedings of International Symposium on HEIFE, Kyoto, JAPAN 294-305.

第4章 沙漠绿洲陆面过程参数化及应用

地气相互作用对区域和全球陆面物理过程、大气环流及气候变化起着重要作用，在陆面模式、数值预报和气候模式中具有重要的意义。区域模式或 GCM 模式预报的准确性在很大程度上取决于陆面过程参数化的准确性，即地气间热量、水汽、辐射、动量交换等的描述是否真实。不同地域的地形、土地利用、植被和土壤属性的差异，甚至小尺度、局地和次网格区域气象、水文和生态条件下，都会对陆面过程地气能量和水分交换产生影响。

陆面各种特征参量的时空非均匀性及陆面过程本身高度非线性的特征，可造成大气边界层结构和运动状态在时空域上的重大差异，明显地影响陆面与大气之间的动量、水分和能量交换。陆面模式和陆面参数化的核心内容是对地表过程进行详细的描述、准确计算各种通量，为大气(气候)模式提供合理的下边界条件。对地气交换影响最大的参数是地表反照率、土壤热力学性质、粗糙度长度等。因此，准确表征陆面性质的地表物理参数的描述就成了陆面过程参数化方案中最为关键，也最能体现陆面过程特征的部分。

由于非均匀陆面过程参数化是当前大气边界层和陆面过程模式研究的热点和难点问题之一，而我国已有的陆面过程试验大都是在湿润和半干旱地区进行，对干旱区绿洲-沙漠陆面过程的实验较少。因此，通过开展金塔野外观测试验，加深对陆面过程物理规律的认识，确定更符合实际的绿洲沙漠地气间的动量、热量、水分等陆面过程参数化方案，对发展绿洲沙漠陆面过程模式具有重要的科学意义。

4.1 反照率参数化

沙漠、戈壁是干旱、半干旱地区的主要下垫面类型，其土壤水热传输过程及下垫面与大气界面的能量、物质交换具有特殊的规律。目前，关于裸土定量化研究还存在物理机制不明、参数和方案多凭经验确定及过程描述过于简单等诸多问题，且模型中土壤方程的建立也仅针对湿润土壤，而对长期处于干燥状态的沙漠、戈壁裸土不适合。如何在耦合模式中更为精确地描述干旱区裸土的陆面过程，是提高干旱区域模式预报效果的重要内容。

4.1.1 裸土

在多数陆面过程模式中，裸土的光学特性被认为是各向同性的，地表反照率也仅定义为土壤颜色、质地及表层含水量的函数(Tsvetsinskaya et al.,2002)，与太阳天顶角的变化无关，甚至在部分模式中将沙漠的反照率定义为常数。卫星遥感数据和场地观测表明，裸土表面具有产生黑色阴影的光学垂直结构，具有各向异性(Wang et al.,2004)；Tsvetsinskaya 等(2002)及 Idso 等(1975)通过对遥感数据的研究也发现，裸土反照率具有很大的空间变率。Monteith 和 Szeice(1961)的研究结果表明，裸土反照率在太阳天顶角从 30°变化到 70°的范围内可以从 0.16 增加到 0.19；Idso 等(1975)研究也发现，如果在太阳反照率变化中考虑太阳天顶角的变化，无论土壤干湿与否，获得的地表反照率曲线随时间的变化都一致。其他使用不同算法计算地表反照率的研究也发现(Schaaf et al., 2002)，裸土的反照率在太阳天顶角已经偏离正午时期时仍会增加。因此，如果在反照率计算方法中不考虑太阳天顶角的变化，会给地表反照率计算带来误差。

在太阳天顶角与裸土地表反照率的关系研究方面，Paltridge 等(1981)得出了地表反照率和太阳高度角的理论关系式；Zhou 等(2005)利用 30 个沙漠站点的地表反照率观测资料，在 Briegleb 等(1986)经典反照率算法和 MODIS/BDRF 算法(Schaaf et al.,2002；Jin et al.,2003)的基础上，重新确定了公式中的参数，基于太阳天顶得出一个单参数和一个双参数的反照率纠正因子，数值试验表明这两个参数化方法可以减少陆面模式对地表温度(尤其是正午时分)模拟的负偏差；使用敦煌试验 2001 年夏季近两个月的资料拟合了干燥土壤的反照率公式，使用陆面过程模式检验效果良好(王胜和张强，2006)；吴艾笙和钟强(1993)对 Paltridge 等发展的关系式进行了改造，使用 HEIFE 试验中戈壁、沙漠站的资料拟合了一个新的关系式，已用于实际计算。

以下将几个考虑太阳天顶角的裸土反照率方案引入单点陆面过程模式中，重点研究太阳天顶角日变化对与地表反照率的关系，并通过模拟对比试验，检验方案的模拟效果，以改进模式中由于反照率变化引起的能量和热量平衡及温度计算偏差，为参数化方案的优化和天气气候模式改进提供依据。

在陆面过程模式 BATS 和 LSM 中，裸土的反照率为土壤质地和表层土壤含水量的函数，基本表达式采用 Dickinson and kenney(1986)发展的方法：

$$\alpha = \alpha_{\text{sat}} + 0.11 - 0.4w_{\text{s}} \tag{4.1}$$

式中，α_{sat} 为饱和土壤反照率，与土壤的质地有关；w_{s} 为表层土壤体积含水量。

考虑光分波段多角度入射性质，模式中的反照率分为直射可见光(aldirs)、直射近红外(aldirl)，散射可见光、散射近红反照率 4 种。其中可见光和近红外的反照率遵从 2 倍关系。在 BATS 中仅考虑了直射反照率(albdir)在地表能量平衡中的作用，在这种情况下，直射反照率可表达为 albdir = 0.5×aldirs+ 0.5×aldirl。式(4.1)被大多数陆面过程模型(如 SSIB、LSM 和 CLM 等)所采用，应用非常广泛，但因为没有考虑太阳天顶角对反照率计算的影响，缺点也非常明显。

Wang 等(2005)在 30 个沙漠站点的观测基础上得到了以下两个修正公式：

$$\alpha(\theta) = \alpha_{\text{r}} \frac{1+C}{1+2C\cos\theta} \tag{4.2}$$

$$\alpha(\theta) = \alpha_{\text{r}}\{1 + B_1[g_1(\theta) - g_1(60°)] + B_2[g_2(\theta) - g_2(60°)]\} \tag{4.3}$$

式中，α_{r} 为天顶角为 60°时的地表反照率，计算依赖于地理纬度和季节变化；θ 为太阳天顶角；B_1、B_2 分别为 MODIS 算法中体积和几何参数与 30 个像素 α_{r} 比率的平均值，在 MODIS/BRDF 方案中，C、B_1 和 B_2 分别取为 0.15、0.346 和 0.063(原公式中 C、B_1、B_2 分别取为 0.1、0.346、0.343)。太阳天顶角是太阳高度角和经纬度的函数。散射反照率为式(4.2)、式(4.3)以太阳天顶角余弦 cos θ 为权重在 0～π/2 内的积分。$g_1(\theta)$、$g_2(\theta)$ 函数分别定义为

$$g_1(\theta) = -0.007574 - 0.070987\theta^2 + 0.307588\theta^3$$
$$g_2(\theta) = -1.284909 - 0.166314\theta^2 + 0.04184\theta^3$$

$$(4.4)$$

其中，太阳天顶角是太阳高度角和经纬度的函数。

张强等(2001)拟合得到的反照率公式

$$\alpha = (1 - 0.0074w_s)(0.20 + 0.090^{-0.01h_\theta})$$

$$(4.5)$$

式中，w_s 为土壤含水量；h_θ 为太阳高度角。

下面将式(4.1)～式(4.5)分别引入模式，进行模拟对比试验。试验根据参数化方法的名称分别称为 BATS 试验、BRDF 试验、B 试验和 ZQ 试验。模拟试验时间同金塔试验(JTEXs)，试验结果使用当地地方时(比北京时晚 2 小时左右)。

1. 地表反照率和地表反射的太阳辐射

地表反照率是地表辐射平衡中的重要参数，表征地表对太阳短波辐射的吸收和反射能力。在给定的波段(可见光或近红外波段)，模式模拟的太阳辐射分直射和散射两部分，由于缺乏相应的观测资料，主要对太阳总辐射特征进行分析。

图 4.1 给出了观测值和各个试验戈壁、沙漠(图略)地表反照率日变化情况。在不同天气状况下，反照率显示出不同的变化曲线。在戈壁地表的晴天(如 6 月 21 日、25 日，7 月 2 日、3 日)，曲线变化接近浅 U 形，正午时分反照率达到最小值，在有云或者阴天的状况下(如 6 月 22 日，7 月 4 日、5 日)，反照率随云量的多寡变化剧烈，这是由于地

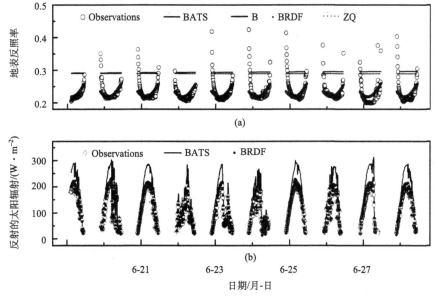

图 4.1　戈壁地表反照率和反射太阳辐射的日变化

(a)地表反照率；(b)反射太阳辐射

表吸收的太阳辐射主要来自散射辐射，而散射辐射受云量影响较大。该现象说明直射辐射和散射辐射并非模式中假设的那样平均分配，而是受天气状况控制，云量多少是影响地表反射辐射的重要因素。晴天的日变化大于阴天。沙漠地表和戈壁地表有类似的反照率日变化规律。本次试验测得得沙漠日平均的反照率小于戈壁地表，这种情况与沙漠地表土壤颜色较深有关）。

刘辉志等（2008）也证实：地表反照率的日变化随天气条件的不同而不同，晴天日变化曲线如 U 形，雨后晴天地表反照率的日变化是先低后高，雪后晴天是先高后低，多云天日变化波动较大，阴天几乎没有日变化。值得注意的是，沙漠和戈壁的观测资料（尤其是沙漠）均显示出清晨的反照率略高于傍晚，这种现象在植被下垫面的野外观测试验中曾被发现（邹基铃等，1992；Minnis et al.,1997；Song et al.,1998），但在裸土下垫面的观测中还未明确提出。这种现象可能与清晨沙漠、戈壁地表正处于潜热释放和降温时期，容易发生凝露现象，近地面和地表水汽的出现使清晨的散射辐射增加较大，导致了总的地表反照率增加有关。

与观测资料相比，BATS 试验模拟的戈壁地表反照率为 0.29 左右［图 4.1(a)］，沙漠地表反照率接近 0.27，均超出了地理纬度相近的 HEIFE 戈壁、沙漠和敦煌戈壁的观测值（表 4.1），且几乎不存在日变化。BRDF 算法和 B 算法方法模拟的反照率变化与观测值有较好的一致性，其中，戈壁地表在 0.2～0.3 之间变化，沙漠地表在 0.15～0.25 之间变动，符合观测常识。这与蔡福等（2005）林地、水稻和小麦地为 0.17～0.23，草地为 0.20～0.32，雪被为 0.44～0.76，沙漠为 0.35 左右的反照率估计值比较接近。

表 4.1　晴天戈壁、沙漠地表反照率

野外试验	观测点	经纬度	海拔高度/m	下垫面类型	反照率
黑河试验	化音	39°09′N，100°05′E	1454	戈壁	0.228（刘立超等,2001）
	化音附近	39°26′N，100°12′E	1378	沙漠	0.246（刘立超等,2001）
敦煌试验	敦煌	40°10′N，94°31′E	1150	戈壁	0.265(Baldocci et al,2000)
金塔试验	金塔	39°58′N，98°52′E	1280	戈壁	0.239
		39°58′N，98°51′E	1280	沙漠	0.185

以上 2 种算法获得的地表反照率量值差别很小，只是 BRDF 算法对于早晚的模拟稍大，这说明 BRDF 算法对于太阳天顶角较大时的变化更为敏感。早晚反照率计算的负偏差除与公式计算产生的偏差有关外，与观测值本身偏大也有关系。清晨和傍晚，仪器接收的太阳辐射以散射为主，较小的太阳光入射角会导致仪器的观测误差，空气中水汽含量和密度以及气柱光学厚度的增加也会导致仪器测得的散射辐射增大，因此较大的误差主要出现在早晚。

有趣的现象是 B 算法和 BRDF 算法，对于沙漠地表反照率的模拟出现了在观测值中类似的不对称，但在戈壁模拟中表现的不明显。目前，反照率参数化中并未涉及水汽散射效应对反射辐射的影响，因此还无法给出合理解释。ZQ 算法模拟的反照率也显示了微弱的日变化特征（戈壁值为 0.28～0.29），量值较 BATS 模拟值稍小，反映了该方法对于天顶角的日变化不敏感。上述方法在晴天模拟的反照率日变化情况明显好于阴天，这与上述公式均没有考虑云量对散射辐射的影响有关。

　　根据地表反照率，计算了金塔戈壁、沙漠地表反射太阳辐射的日变化情况。图 4.1 中 BATS 算法对戈壁地表的反射辐射模拟较观测值在正午时分明显偏高，均方根差高达 73.2 W·m^{-2}；B 算法、BRDF 算法和 ZQ 算法对此有不同程度的改进，将均方根差分别降低为 8.2 W·m^{-2}、8.4 W·m^{-2} 和 68.4 W·m^{-2}[图 4.1(b)]，前两者与观测值的相对误差分别为 5.6 %，5.2 %和 33.3 %，沙漠点的偏差更小(图略)。由于 BATS 原模式模拟的反照率为一常量，而测量值在正午最小，因此，最大的改进之处出现在当地正午时分(此时太阳天顶角最小)，偏差产生的原因也与上述方案在此时模拟的地表反照率略微偏大有关。

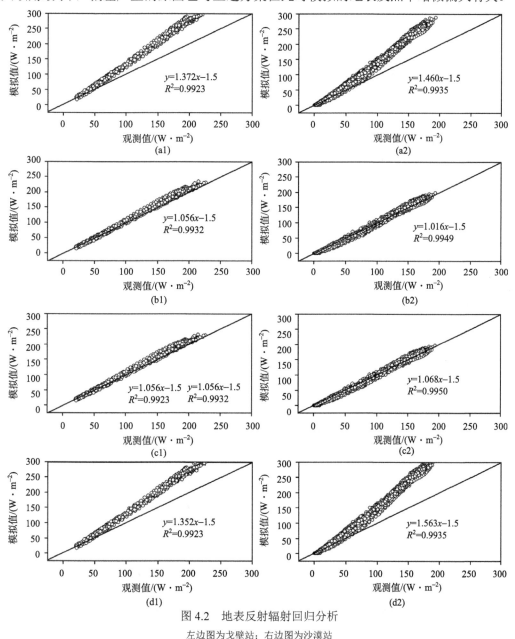

图 4.2　地表反射辐射回归分析

左边图为戈壁站；右边图为沙漠站

(a1)、(a2).BATS 算法；(b1)、(b2).B 算法；(c1)、(c2).BRDF 算法；(d1)、(d2).ZQ 试验

观测和模拟的反射太阳辐射 1∶1 图和回归分析(图 4.2)中显示,Dickinson 算法和 ZQ 算法计算的地表反射辐射在大于 100 W·m^{-2} 的域值外明显偏离观测值[图 4.2(a1)、(a2)],对应的太阳天顶角在 0°～50°之间变化。B 算法和 BRDF 算法计算的反射辐射和观测值则比较接近,相关均在 0.9 以上,但回归方程的斜率和截距仍显示模拟值略微偏大,这仍与反照率在正午时分的正偏差有关。沙漠与戈壁地表相比有类似的模拟。地表反照率随着太阳高度角增大而减小。当太阳高度角大于 40°时,地表反照率基本上趋于不变。在生长季地表反照率与表层土壤湿度存在负指数关系(刘辉志等,2008)。

2. 地表通量和地表温度

戈壁、沙漠地表吸收的太阳辐射相对于 BATS 和观测值在模拟期前 10 天(6 月 19~28 日)的偏差合成情况见图 4.3。图中显示,B 试验、BRDF 试验和 ZQ 试验相对于 BATS 的模拟[图 4.3(a)、(c)、(e)]表现出明显的日变化,变化最显著地方为正午,3 个方案分别使 BATS 模式在正午时分对于沙漠、戈壁地表平均吸收的太阳辐射提高了 67.16 W·m^{-2}、67.97 W·m^{-2} 和 3.75 W·m^{-2},这部分能量的 63 % 转化为感热通量,14%转化为地表热通量,余下的用来增加地表温度和发射长波辐射。这使正午 B 试验、BBRDF 试验和 ZQ 试验模拟的地表感热通量分别比 BATS 方案模拟提高了 40.76 W·m^{-2}、40.95 W·m^{-2} 和 2.33 W·m^{-2},而地表温度分别提高了 4.56 K、4.58 K 和 0.26 K(表 4.2)。

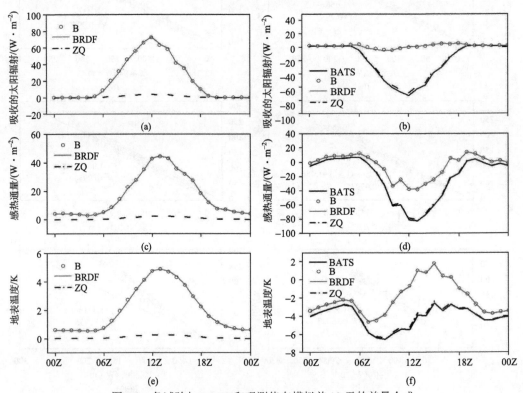

图 4.3　各试验与 BATS 和观测值在模拟前 10 天的差量合成

各试验与 BATS 试验的差量[(a)、(c)、(e)];各试验与观测值的差量[(b)、(d)、(f)]

表 4.2 模拟值与 BATS(CTL)方案和观测值对于正午地表热状况的模拟偏差

偏差	地表吸收的太阳辐射 /(W·m^{-2})		感热通量 /(W·m^{-2})		地表温度/K	
	BATS	观测值	BATS	观测值	BATS	观测值
BATS		−67.75		−74.52		−4.93
B	67.16	−0.59	40.76	−33.76	4.56	0.37
BRDF	67.97	0.22	40.95	−33.56	4.58	0.35
ZQ	3.75	−64.00	2.33	−72.19	0.26	−4.67

同反照率偏差日变化一致，各试验相对于观测值的最大偏差也出现在正午[图 4.3(b)、(d)、(f)]这种偏差主要以负偏差为主。在干旱的沙漠戈壁地区，地气热通量交换以感热为主，地表温度计算与地表吸收的太阳辐射和感热通量密切相关[图 4.3(b)]，BATS 方案由于正午时分模拟了过高的反照率和反射辐射通量，使地表吸收的太阳辐射和感热通量分别产生了−67.75 W·m^{-2} 和−74.52 W·m^{-2} 的负偏差[图 4.3(b)、(d)]，导致了地表温度−4.93K 的负偏差产生[图 4.3(f)]。BRDF 方案和 B 方案显著地改善了地表热状况的模拟，将地表净辐射的负偏差分别提高到−0.59 W·m^{-2} 和 0.22 W·m^{-2}，感热偏差减少了一半左右，最终使地表温度的负偏差缩减到−0.35 K 和−0.33 K；ZQ 试验略微减少了地表通量的负偏差(吸收的太阳辐射和感热通量偏差分别减少了 4 W·m^{-2} 和 24 W·m^{-2})，使地表温度的模拟偏差减少了 0.2 K。

4.1.2 绿洲

2005 年 5 月 24 日到 6 月 15 日金塔试验观测期内，除 5 月 28 日有一次降水过程(10:00~15:00)外，其他时间均无降水。另外 6 月 3 日 23:00 左右农田进行了灌溉。观测期内的 5 cm 土壤湿度(图 4.4)对降水、灌溉都有很好地反映。降水前土壤湿度在 0.45 左右，降水结束后土壤湿度为 0.735cm^3·cm^{-3}，随后水分迅速流向低层土壤，到 30 日 0:00 土壤湿度减小为 0.487，且变化趋势趋于平稳。6 月 3 日晚，灌溉时土壤湿度为 0.35，灌溉后土壤湿度为 0.856，然后土壤湿度同降水后一样迅速减小，到 4 日下午已降至 0.44(4 日晚至 6 日上午由于电瓶故障，使土壤湿度观测资料缺失)。6 日中午土壤湿度为 0.312，在接下来的观测期间，天气基本晴好，土壤湿度在日变化较明显的波动中平稳衰减。

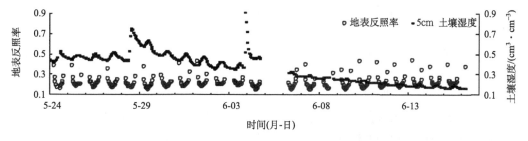

图 4.4 观测期(2005 年 5 月 24 日至 6 月 15 日)内 5 cm 土壤湿度和地表反照率的时间序列

地表反照率具有明显的日变化(图 4.5),呈 U 形分布,早晚大而中午小,地表反照率随太阳高度角的增大而减小。但早晚的地表反照率随太阳高度角呈不对称分布[图 4.5(a)]。即早上的反照率略高于傍晚,在太阳高度角 30°附近,平均的早晚反照率差值为 0.04;太阳高度角越大差值越小,直至重合。

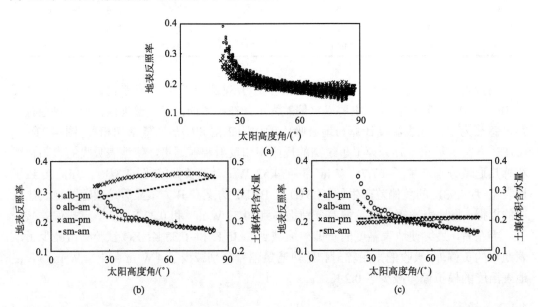

图 4.5　上午(○、-)和下午(+、×)的地表反照率(○、+)以及 5cm 土壤湿度(×、+)随太阳高度角的变化
(a)观测期;(b)6 月 1 日;(c)6 月 11 日

在观测试验期间下午反照率普遍小于上午,对应土壤湿度变化主要有两种:一是清晨土壤较干燥。如 5 月 24 日到 6 月 3 日、6 月 12~15 日,共 12 天,选用 6 月 1 日代表该类型[图 4.5(b)]。分析发现早晨较小的土壤湿度形成了较大的地表反照率。当太阳高度角大于 45°后,虽然 5cm 土壤湿差异较大,但地表反照率的差异基本消失。二是下午的土壤湿度较小,对应地表反照率也较小。例如,6 月 7~11 日,共 5 天,选用 6 月 11 日代表该类型[图 4.5(c)]。类似的现象在有植被下垫面也曾被观测到(Wang et al,2005;Song,1998;Minnis,1997),Song 等认为是盛行风向导致植被倾斜造成了这种现象,而 Minnis 等学者则认为是夜晚露水的散射特性加大了早晨的反照率。由于金塔观测试验时段内下午反照率普遍小于上午,而风向多变。因此,金塔绿洲的观测现象应当属于 Minnis 等(1997)的解释。夏季绿洲内水汽较为充沛,夜晚的冷却极易形成露水。早上露水增加了对短波辐射的散射,才造成了早上地表反照率变大。随后,当露水受到地表加热逐渐蒸发后,使早晚地表反照率随太阳高度角的增大而逐渐变为对称形态。

地表反照率和地表颜色、粗糙度长度、植被覆盖率、土壤湿度和太阳高度角等有关。地表土壤颜色对地表反照率影响非常大,但土壤一般为灰体,随其灰度的不同反照率会有明显变化。表面粗糙度长度能够通过其对太阳辐射所形成的阴影面积而影响反照率,粗糙度长度越大,地表反照率就越小,由于太阳光入射角度的变化,而改变了粗糙度长度对反照率的影响过程。植被的反照率小于裸土,植被覆盖率越大则地表反照率越小。

水的反照率非常小，包裹在土壤粒子外围的水分能增加对太阳光的吸收路径，所以土壤湿度越大反照率越小。

1. 地表反照率参数计算

对绿洲效应的分析主要是集中在植被状况较好的 6 月和 7 月。每年 6 月和 7 月植被指数差异较小(图 4.6)，可忽略 6 月和 7 月内植被覆盖的变化。在较短时期内，由于粗糙度长度变化差异小，局地的土壤灰度基本不会有明显的动态变化，所以在局地地表反照率参数化公式中可以不考虑它们的影响。土壤湿度和太阳高度角不仅从气候角度来看变化较大，而且还有较明显的日变化特征。所以，在模拟较短时间和日变化过程的中小尺度数值模式中，重点把太阳高度角和土壤湿度作为地表反照率的参数化因子是合理的。

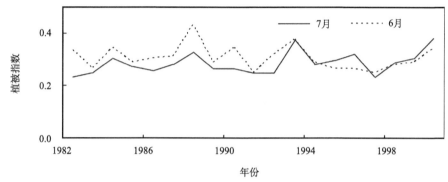

图 4.6　金塔绿洲 1982~2000 年 6 月和 7 月的植被指数序列

由于地表反照率受土壤湿度和太阳高度角变化的影响，直接拟合关系不明显。假设太阳高度角和土壤湿度无相互作用，则地表反照率 α 可表示为

$$\alpha = f(h_\theta, w_s) = F[f_1(w_s), f_2(h_\theta)] \tag{4.6}$$

式中，f_1、f_2 为未知函数；w_s 为土壤湿度；h_θ 为太阳高度角；F 为 f_1、f_2 的相互作用关系。

由于观测期内绿洲土壤湿度较为湿润，无法像张强等(2003)选取干土壤样本直接得到反照率随太阳高度角的变化关系 f_2。正午太阳高度角对反照率的影响较小，可以忽略观测期内正午太阳高度角的日变化。因此，由式(4.6)首先得到正午反照率与土壤湿度的关系式 f_1，然后再计算 f_2。

金塔试验观测期内，每天 13:00 的反照率与土壤湿度[图 4.7(a)]具有很好的反相关性。当土壤变得较为湿润时，地表反照率随之减小；反之，则增大。尽管观测前后期反射率同土壤湿度的斜率以及土壤湿度差异较大，但地表反射率的取值范围较为相近。灌溉前土壤湿度衰减较慢，而灌溉后在连续晴天的作用下土壤会迅速变干。造成这种差异的部分原因可能是植被覆盖的变化，下垫面的小麦 6 月和 7 月正处于生长旺盛期，植被密度会有所不同，但这绝不是主要原因，因为在小麦灌溉前后土壤湿度相同的情况下，地表反照率差异也很显著。灌溉前后期的一个明显不同是 5 cm 和 10 cm 土壤湿度的相对关系上，灌溉前 5 cm 土壤较湿润，而灌溉后相对较干燥。鉴于此，将观测时段以灌溉为界分为前后两段进行研究。

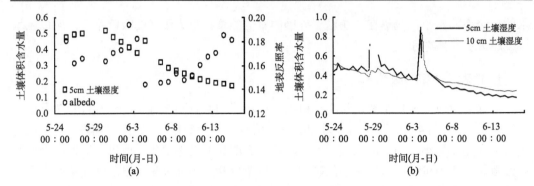

图 4.7　观测期(2005 年 5 月 24 日至 6 月 13 日)内(a)13:00 地表反照率与 5 cm 土壤湿度及(b)5 cm 和
10 cm 土壤湿度的时间序列图

　　中午反照率与土壤湿度的关系式为 $f_1(w_s)=a+bw_s$。观测前后土壤湿度日变率不同,会导致 f_1 中 b 不同;当 $w_s=0$(即为干土壤时),正午地表反照率应该是一致的(即 a 相同)。分析发现:当取不同时段样本时, $f_1(w_s)$ 的截距在 0.24 和 0.26 之间浮动。为确保干土壤的地表反照率一致,观测前后期间 a 均取为 0.25。

　　选取金塔观测试验第一段,即灌溉前 3 天和后 2 天的 12:30~14:30 间隔 10 min 的资料,样本数为 65 个,拟合出每日正午地表反照率与土壤湿度的关系式 $f_1(w_s)=0.25-0.16w_s$,相关系数为 0.5[图 4.8(a)]。同样,选取第二段前 2 天和后 2 天相同时段的资料,样本数 50 个,得到关系式 $f_1(w_s)=0.25-0.37w_s$,相关系数约为 0.92[图 4.8(b)]。

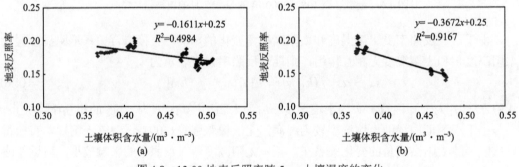

图 4.8　13:00 地表反照率随 5cm 土壤湿度的变化
(a)观测前期、(b)观测后期

　　F 为 $f_1(w_s)$ 、 $f_2(h_\theta)$ 的相互作用关系,一般为相加或相乘。首先,探讨 $f_1(w_s)$ 、 $f_2(h_\theta)$ 乘积关系。利用相同时段内向上短波辐射大于 50 的整点资料,给出了两阶段 albedo/f_1 同太阳高度角之间的近似拟合关系式:

$$f_2(h_\theta)-0.9=0.96\,\mathrm{e}^{-0.032h_\theta} \tag{4.7}$$

$$f_2(h_\theta)-0.9=0.89\,\mathrm{e}^{-0.026h_\theta} \tag{4.8}$$

　　其中,相关系数分别为 0.63 和 0.71。由于同一地区观测的太阳高度角对地表反照率影响是一致的,故将前后两个样本混合取值得到较为一致的近似通用关系式[图 4.9(a)]:

$$f_2(h_\theta)-0.9=0.89\,\mathrm{e}^{-0.028h_\theta} \tag{4.9}$$

因此，得到地表反照率：

$$\alpha = f(h_\theta, w_s) = (0.25 + b\mathrm{Sm})(0.9 + 0.89\,\mathrm{e}^{-0.028h_\theta})\qquad(4.10)$$

式中，$\mathrm{Sm}_{5\mathrm{cm}} > \mathrm{Sm}_{10\mathrm{cm}}$，$b = -0.16$，　$\mathrm{Sm}_{5\mathrm{cm}} < \mathrm{Sm}_{10\mathrm{cm}}$，$b = -0.37$。

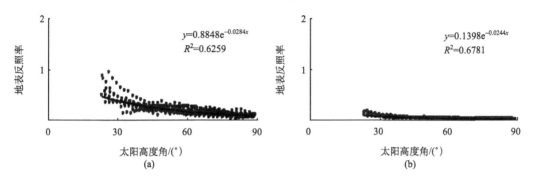

图 4.9　地表反照率随太阳高度角的变化

(a) 观测前 $f_2(h_\theta) - 0.9$；(b) 观测后 $f_2(h_\theta) + 0.02$

其中，讨论 $f_1(w_s)$、$f_2(h_\theta)$ 相加的关系。利用相同资料，给出了两阶段 albedo-f_1 与太阳高度角之间的近似拟合关系式：

$$f_2(h_\theta) + 0.02 = 0.1357\,\mathrm{e}^{-0.0246h_\theta}\qquad(4.11)$$

$$f_2(h_\theta) + 0.02 = 0.1495\,\mathrm{e}^{-0.0245h_\theta}\qquad(4.12)$$

式 (4.11) 和式 (4.12) 的相关系数分别为 0.63 和 0.68。混合前后两个样本拟合的关系式 [图 4.9(b)] 为

$$f_2(h_\theta) + 0.02 = 0.14\,\mathrm{e}^{-0.0244h_\theta}\qquad(4.13)$$

由以上可得，地表反照率：

$$\begin{aligned}\alpha = f(h_\theta, w_s) &= (0.25 + b\mathrm{Sm}) + (0.14\,\mathrm{e}^{-0.0244h_\theta} - 0.02)\\ &= 0.23 + b\mathrm{Sm} + 0.14\,\mathrm{e}^{-0.0244h_\theta}\end{aligned}\qquad(4.14)$$

式中，$\mathrm{Sm}_{5\mathrm{cm}} > \mathrm{Sm}_{10\mathrm{cm}}$，$b = -0.16$；　$\mathrm{Sm}_{5\mathrm{cm}} < \mathrm{Sm}_{10\mathrm{cm}}$，$b = -0.37$。

2. 地表反照率参数验证

通过利用金塔观测试验前期 [图 4.10(a)] 和后期 [图 4.10(b)] 剩余时段的资料，对拟合式 (4.10) 和式 (4.14) 进行验证。结果表明：计算的观测前和后期地表反照率与观测值之间存在较好的一致性，但计算值略小于观测值。图 4.11 是利用乘积经验公式计算的观测期内的地表反照率与观测值的时间序列图，计算值与观测值除早晨外基本重合；同时式 (4.10) 较好的给出了地表反照率的取值及其日变化。

观测数据比计算值偏高的原因，主要是在拟合公式中没有考虑清晨露水的作用和观测数据在太阳高度角较小时比较分散造成的。尽管计算的早晨地表反照率有一定误差，但由于清晨太阳辐射较小，因此将地表反照率的经验公式应用到模式中是可行的。

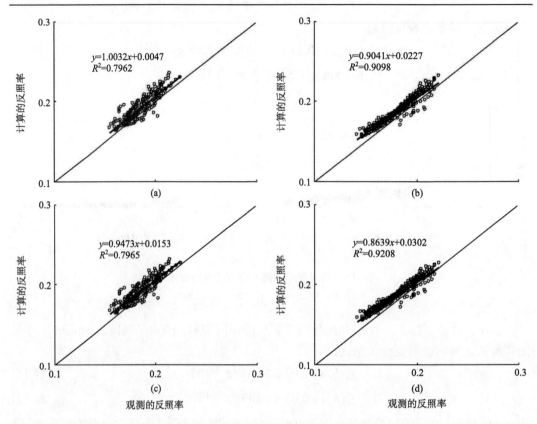

图 4.10　观测前[(a)、(c)]、后期[(b)、(d)]由式(4.10)[(a)、(b)]和式(4.14)[(c)、(d)]计算的地表
反照率与观测值之间的比较

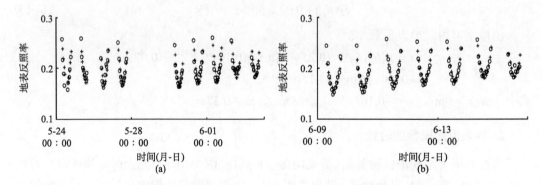

图 4.11　由式(4.10)计算的地表反照率(+)和观测值(o)的时间序列图

(a)观测前期；(b)观测后期

分别对式(4.10)中的太阳高度角，从 30°到 85°求积分和平均得到反照率公式：

$$\text{albedo} = 0.275 + 1.1b\text{Sm} \tag{4.15}$$

$$\text{albedo} = 0.267 + b\text{Sm} \tag{4.16}$$

式中，$\text{Sm}_{5\text{cm}} > \text{Sm}_{10\text{cm}}$，$b = -0.16$；　$\text{Sm}_{5\text{cm}} < \text{Sm}_{10\text{cm}}$，$b = -0.37$。

观测后期资料连续且持续晴天，基本代表了金塔绿洲地区的基本情况。另外，乘积关系对反照率的拟合较为理想，以下讨论观测后期乘积经验公式平均地表反照率：

$$albedo=0.275-1.1\times0.37Sm=0.275-0.407Sm \qquad (4.17)$$

张强(2003)等得到的敦煌戈壁的地表反照率为

$$albedo=0.255-0.189Sm \qquad (4.18)$$

Dickson 等(1986)在 BATS 模式中给出的沙土地表反照率公式为

$$albedo=0.27-0.4Sm \qquad (4.19)$$

虽然式(4.17)与式(4.18)和式(4.19)间有一定差异，但与 BATS 模式中的比较接近。其中式(4.18)、式(4.19)都是类似裸土地表反照率，而式(4.17)则是代表绿洲农田地表反照率。

4.1.3 荒漠

金塔观测试验期内 6 月 30 日、7 月 1 日、4 日为阴天(无降水过程)。阴天时戈壁、沙漠地表反照率具有明显的日变化(图 4.12)，呈 U 形分布，早晚较大而中午较小，地表反照率随太阳高度角的增大而减小。早上沙漠地表反照率大于傍晚，相反，戈壁地区地表反照率早晚相等，各自较大的情况都有出现。阴天早晨荒漠地表反照率偏大可能与露水有关，但下午戈壁上土壤湿度较大时地表反照率也较大的原因还需进一步研究。

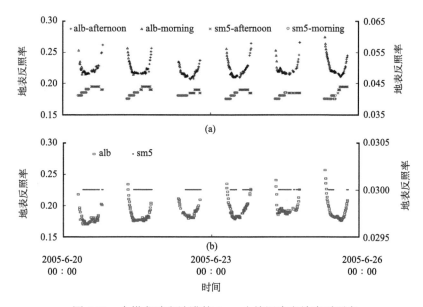

图 4.12　金塔戈壁和沙漠的 5 cm 土壤湿度和地表反照率
(a)戈壁；(b)沙漠

在无降水事件发生时，金塔观测试验期戈壁和沙漠的 5 cm 土壤湿度波动很小，一般维持在 0.04 和 0.03 左右。其中，沙漠上、下午土壤湿度的日变化不明显，但戈壁下午 5 cm 土壤湿度总是略大于上午，这说明戈壁土壤深层的水汽存在蒸发过程。根据已有的地表反照率公式，最大约 0.005 的戈壁的日变化所导致地表反照率的变化都可以被忽略。

利用 Dickson 等的公式 $a = a_0 + 0.11 - 0.4\mathrm{Sm}$, $\delta_{\mathrm{alb}} = 0.002$ ；利用张强等(2003)的公式 $\alpha_1 = 0.255 - 0.189w_{\mathrm{s}}$ 得到 $\delta_{\mathrm{alb}} = 0.0009$ 。

　　戈壁、沙漠地区土壤湿度的日变化和长时间内变化范围很小。因此，在戈壁和沙漠地表反照率的研究中，可以忽略土壤湿度的影响，对同一荒漠区域地表反照率仅与太阳高度角有关。而金塔绿洲、沙漠、戈壁地表反照率与太阳高度角的关系应一致。依照绿洲地表反照率经验关系式确定的方法，可得到戈壁(gobi)上的地表反照率公式：

$$a = 0.2 + 0.075\,\mathrm{e}^{-0.024h_\theta} \tag{4.20}$$

　　沙漠(desert)观测站点的地表反照率比戈壁的小很多，这是由于该点的下垫面为黑沙，拟合的关系式：

$$a = 0.168 + 0.075\,\mathrm{e}^{-0.024h_\theta} \tag{4.21}$$

　　其中，戈壁和沙漠上的地表反照率计算公式分别为式(4.20)和式(4.21)。尽管上述公式过于简单，但弥补了绿洲沙漠区地表反照率空白，相对于原模式中冬季、夏季各对应一个无日变化的地表反照率常值也是一个进步；同时，可随时将观测和遥感获得的资料应用到模式中，提高模式的模拟精度。

4.2　土壤热性质参数

　　近地面层的热量交换，取决于净辐射、湍流交换系数和土壤的热特性，其中土壤热特性极大的影响着由地表面传递到土壤中的热通量和储存于土壤中热量。此外，观测表明总体能量存在不平衡，约20%的净辐射无法用能量平衡方程说明，用模式或观测数据分析地球表面的能量平衡都需要正确估计土壤的热通量和土壤表面的温度，这些都迫切需要深入认识土壤的热性质，如热传导率、总体热扩散率以及体积热容量等。

4.2.1　土壤热性质参数

　　利用2005年金塔试验获得的观测资料,对绿洲系统不同下垫面的土壤热性质参数进行分析。土壤热容、导热率、热扩散率的表达式分别为：

$$C_{\mathrm{s}} = \left(G_i - G_{i+1}\right) \div \left[\delta z(\partial t_{\mathrm{g}} \div \partial t)\right] \tag{4.22}$$

$$\lambda_{\mathrm{s}i} = -G_i \div \left[(\partial t_{\mathrm{g}} \div \partial t)\right] \tag{4.23}$$

$$K_{\mathrm{s}i} = \lambda_{\mathrm{s}i} \div C_{\mathrm{s}} \tag{4.24}$$

式中，C_{s} 为土壤比热容，$\mathrm{J \cdot m^{-3} \cdot K^{-1}}$ ；λ_{s} 为土壤导热率，$\mathrm{W \cdot (m \cdot K)^{-1}}$ ；K_{s} 为土壤热扩散率，$\mathrm{m^2 \cdot s^{-1}}$ ；G 为土壤热通量，$\mathrm{W \cdot m^{-2}}$ ；T_{g} 土壤温度，℃。

4.2.2　不同下垫面土壤热性质参数

　　由 5cm 和 20cm 土壤热通量及分别采取相对密度为 0.333 的 5 cm、10 cm、20 cm 的土壤温度时间变化得到的沙漠平均比热容约为 $1.36 \times 10^6\ \mathrm{J \cdot m^{-3} \cdot K^{-1}}$ (表4.3)。Oke 等(1978)给出的沙漠比热容为 $1.28 \times 10^6\ \mathrm{J \cdot m^{-3} \cdot K^{-1}}$ ，计算的金塔沙漠地区比热容偏大，但在合理范

围内。造成这种结果的原因是由于地域差异，以及计算过程中土壤温度采用平均所引起。因为浅层土壤温度的日变化范围大于深层，采用平均土壤温度时间变率小于实际值，因此得到的沙漠比热容略大。敦煌戈壁(张强，2003)和黑河戈壁 $2.5\sim7.5$ cm 的比热容分别为 $(1.12\pm0.27)\times10^6$ J·m^{-3}·K^{-1} 和 1.23×10^6 J·m^{-3}·K^{-1}。金塔戈壁的比热容介于其他观测实验的数值范围，略小于金塔沙漠的。

表 4.3　金塔戈壁、沙漠和绿洲的土壤热性质参数

下垫面类型	戈壁	沙漠	绿洲
土壤比热容(C_s)/(J·m^{-3}·K^{-1})	1.2×10^6	1.36×10^6	2.03×10^6
土壤导热率(λ_s)/ W·(m·K)$^{-1}$	0.234	0.32	1.07
土壤热扩散率(K_s)/(m^{-2}·s^{-1})	1.9×10^{-7}	2.35×10^{-7}	5.5×10^{-7}

金塔戈壁的热传导率为 0.234 W·m^{-1}·K^{-1}，介于敦煌实验 2.5 cm 的 (0.177 ± 0.019) 和 7.5 cm 的 (0.274 ± 0.017) W·m^{-1}·K^{-1} 的热传导率之间。金塔沙漠 0.32 W·m^{-1}·K^{-1} 的热传导率大于戈壁，与 Oke 等给出的沙漠 0.30 W·m^{-1}·K^{-1} 的热传率较为接近。

金塔戈壁的热扩散率约 1.9×10^{-7} m^2·s^{-1}，也介于敦煌实验戈壁 2.5 cm$(1.65\pm 0.49)\times10^{-7}$ m^2·s^{-1} 和 7.5 cm 的 $(2.52\pm0.63)\times10^{-7}$ m^2·s^{-1} 之间。金塔沙漠的热扩散率为 2.35×10^{-7} m^2·s^{-1}，接近 oke 等给出的 0.24×10^{-6} m^2·s^{-1}。

金塔绿洲的比热容为 2.03×10^6 J·m^{-3}·K^{-1}，导热系数分布在 1.0 W·(m·K)$^{-1}$ 左右，20 cm 热扩散系数为 5.5×10^{-7} m^2·s^{-1}，与 Stull(1991) 给出的农田 5.0×10^{-7} m^2·s^{-1} 基本一致。

4.3　荒漠下垫面粗糙度长度

在模式中地表通量的定量描述，主要是依靠总体输送法或称曳力系数法来实现。所以，获得正确的陆面能量和物质湍流输送的总体输送系数(the bulk transfer coefficients)及代表研究区域的粗糙度长度(roughness length)是陆面过程参数化的一个关键问题。Chen and Lamb(1997)利用一维陆面模式和中尺度模式，分析 3 种不同地表总体输送系数的计算方案、2 种标量粗糙度和动力学粗糙度对模式的影响，发现不同总体输送系数的参数化方案对模式模拟影响不大，但是 z_{0m}/z_{0t} 的改变，会直接影响模拟结果。

为了提高模式对我国西北干旱、半干旱地区的模拟能力，利用 2005 年 JTEX 资料，以下选取日变化曲线最标准晴天型的日期进行分析，研究获得金塔绿洲粗糙度长度和总体输送系数的同时，并应用在 Noah LSM 模式中进行模拟效果检验。

4.3.1　计算方法

湍流热输送系数表示为

$$Ch = k^2 / \left\{ k(u-u_s)/u^* \right\} / \left\{ k(T-T_s)/T^* \right\} \tag{4.25}$$

$$k(u-u_s)/u^* = \ln\left[(z-d)/z_{0m}\right] - \psi_m(z/L) + \psi_m(z_{0m}/L) \ ;$$

$$k(T-T_s)/T^* = \ln\left[(z-d)/z_{0m}\right] - \psi_h(z/L) + \psi_h(z_{0t}/L) \ 。$$

式中，k 为常数，取为 0.4；u_s 为接近地表的风速，取为零；u^* 为摩擦速度；u、T 为观测高度上的风速和气温；T^* 为温度特征量；T_s 为接近地表的大气温度；$\Psi_m(z/L)$、$\Psi_h(z/L)$ 为通用相似函数，是稳定度修正函数，在中性条件下等于零；z 为 u、T 的观测高度；L 为相似性长度。

由于 z_{0m}/L 与 $z_{0t}/L \ll 0$，$\Psi_m(z_{0m}/L)$, $\Psi_h(z_{0t}/L) \approx 0$》，普适函数在引用的 MM5 模式和 Noah Lsm 模式中为

$$\psi_m = \begin{cases} -5\zeta & 0<\zeta<1 \\ 2\ln\left[(1+x)/2\right]+\ln\left[(1+x^2)/2\right]-2\tan^{-1}(x)+\Pi/2 & -5<\zeta<0 \end{cases} \tag{4.26}$$

$$\psi_h = \begin{cases} -5\zeta & 0<\zeta<1 \\ 2\ln\left[(1+x^2)/2\right] & -5<\zeta<0 \end{cases} \tag{4.27}$$

其中，$x=(1\text{-}16\,\zeta)^{-1/4}$；

$$\zeta = \begin{cases} R_i/(1-5R_i) & R_i>0 \\ R_i & R_i<0 \end{cases} \tag{4.28}$$

$$R_i = gz(T-T_S)T/V^2 \tag{4.29}$$

由 $\Psi_m(z_{0m}/L)$、$\Psi_h(z_{0t}/L) \approx 0$，在中性条件下 $\Psi_m(z/L)$、$\Psi_h(z/L)$ 为零时，可得出中性条件下的地表动力、热力粗糙度长度的近似表达：

$$z_{0m} = z\,\mathrm{e}^{-ku/u^*} \tag{4.30}$$

$$z_{0t} = z\,\mathrm{e}^{-k(T-T_s)/T^*} \tag{4.31}$$

表 4.4 给出了金塔实验和 Gao 等（2000）计算中性条件下的总体输送系数和粗糙度长度。分析发现有 3 个特点：一是青藏高原的输送系数最大，金塔戈壁、沙漠的输送系数为 $(2.57\sim2.79)\times10^{-3}$，较黑河实验的 $(1.48\sim1.54)\times10^{-3}$ 大；黑河实验的沙漠输送系数大于戈壁，而金塔实验相反，是沙漠小于戈壁；二是高原粗糙度长度为 11.3×10^{-3} m 为最大，而戈壁、沙漠的量级仅为 1.0×10^{-3}m，黑河实验的沙漠、戈壁的动力粗糙度长度为 2.12×10^{-3} m、1.79×10^{-3} m；金塔实验的沙漠、戈壁的分别为 1.81×10^{-3}m、1.64×10^{-3} m；其中黑河和金塔实验中沙漠的动力粗糙度均大于戈壁；三是金塔地区沙漠、戈壁的热力粗糙度长度分别是 0.28×10^{-3}m、0.62×10^{-3} m，戈壁大于沙漠。

表 4.4　金塔实验、黑河实验及高原的总体输送系数和粗糙度长度

地区及地表类型	中性条件的总体输送系数/$\times10^{-3}$	动力粗糙度长度/$\times10^{-3}$ m	热力粗糙度长度/$\times10^{-3}$ m
金塔沙漠	2.57	1.81	0.28
金塔沙漠	2.79	1.64	0.62
黑河沙漠（Gao et al.,2000）	1.54	2.12	
黑河戈壁（Gao et al.,2000）	1.48	1.79	
青藏高原（Gao et al.,2000）	3.73	11.3	

利用空气动力学法计算的戈壁和沙漠 6 天的感热通量(图 4.13)和用涡动相关法测量得到的数值和变化趋势基本一致。除戈壁 6 月 23 日计算的峰值比观测值稍小外,其他都比较接近。戈壁计算的感热通量[图 4.14(a)]为涡动相关法观测得到的 94 %,散点较均匀集中的分布在趋势线周围,相关性达到 94%;沙漠计算的感热通量[图 4.14(b)]略大于涡动相关法观测的值,二者之比为 103%,散点比戈壁上的更为集中,相关性达到 95 %。

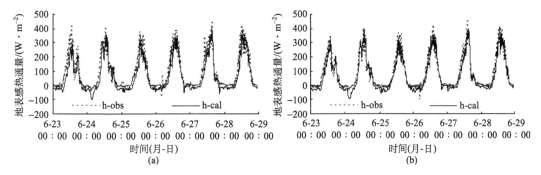

图 4.13　空气动力学方法计算(实线)与涡动相关方法(虚线)获得的感热通量

(a)戈壁; (b)沙漠

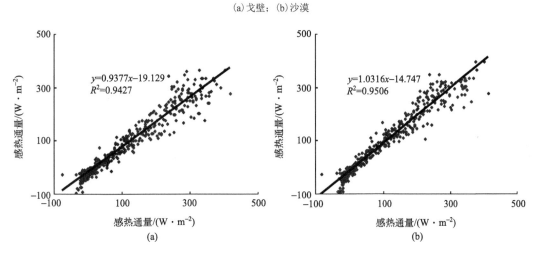

图 4.14　空气动力学方法计算(横坐标)与涡动相关方法(纵坐标)获得的感热通量相关图

(a)戈壁; (b)沙漠

在稳定和不稳定情况下,戈壁和沙漠的总体输送系数都是以 1.5×10^{-3} 为界变化(图 4.15)。不稳定时的总体输送系数为 $1.5 \times 10^{-3} \sim 5.0 \times 10^{-3}$;当 $0.0 > R_i > -0.005$ 时,总体输送系数与 R_i 相关性较差;而当 $R_i < -0.005$,总体输送系数随 R_i 的减小而增大。在稳定情况下,总体输送系数主要分布在 $0.0 \sim 1.5 \times 10^{-3}$ 之间,与 R_i 的大小关系不密切。对比分析发现:戈壁的总体输送系数[图 4.15(a)]大于沙漠[图 4.15(b)],而沙漠在不稳定情况下比戈壁的相对更有规律,更集中。

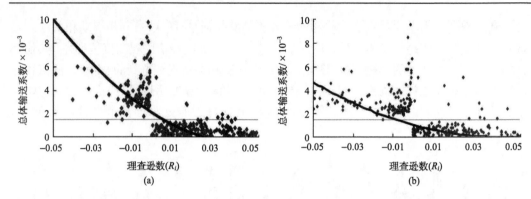

图 4.15　戈壁(a)和沙漠(b)总体输送系数(×10⁻³，纵坐标)与理查逊数(R_i)关系

$R_i < 0$ 时戈壁、沙漠的总体输送系数随着风速的增加而减小[图 4.16(a)、(b)]，当风速增加到 6.0 m·s⁻¹ 时，总体输送系数变化趋势平缓；戈壁为 $2.8 \times 10^{-3} \sim 3.0 \times 10^{-3}$，沙漠略小，为 2.6×10^{-3}。$R_i > 0$ 时[图 4.16 (c)、(d)]戈壁、沙漠的总体输送系数随风速变化不明显，主要集中在风速为 2.0～5.0 m·s⁻¹，在此范围内戈壁的集中度高于沙漠。

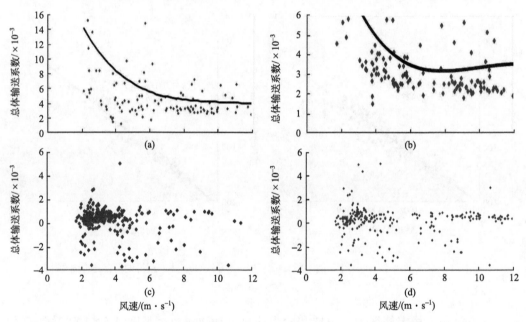

图 4.16　$R_i < 0$ 时[(a)、(b)]和 $R_i > 0$ 时[(c)、(d)]金塔戈壁、沙漠总体输送系数(纵坐标)与风速(横坐标)的关系

通过对总体输送系数和 R_i 与风速关系分析表明：戈壁和沙漠上都是风速越大 R_i 的绝对值越小(图 4.17)，当风速增加到 5.0 m·s⁻¹ 后，大气基本处于中性情况，稳定状态下这种趋势非常明显；但大气不稳定且风速也较小时，它随风速的衰减不是很显著，落点较离散。

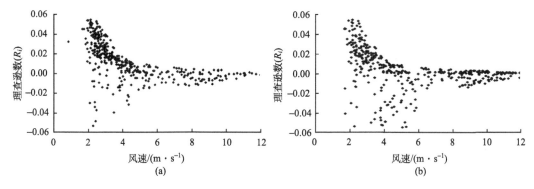

图 4.17　金塔戈壁和沙漠理查逊数(纵坐标)与风速(横坐标)关系

(a)戈壁；(b)沙漠

　　陇中黄土高原半干旱区动量和感热总体输送系数平均值分别为 2.9×10^{-3} 和 3.1×10^{-3}。当大气处于不稳定状态时，总体输送系数随着风速的增大而减小；相反当大气处于稳定状态时，随着风速的增大而增大。陇中黄土高原半干旱区的总体输送系数高于戈壁、平原草地和海洋下垫面的值，但低于青藏高原草地和城市下垫面的值(杨兴国等，2010)。

4.3.2　模式应用及效果分析

　　观测的地表温度具有明显的日变化[图 4.18(a)]，在中午 13:00 左右达到日最大值，在凌晨 06:00 左右达到日最小值。观测期间的日较差最大为 45℃，一般维持在 30～40℃ 左右；观测期内每日的峰值在波动变化，峰值的变化范围为 45～57℃ 之间；观测期内每日谷值为 11～16℃，变化幅度不超过 5℃。

　　在原 Noah LSM 中，代表戈壁、沙漠的第 11 种植被类型的动力学粗糙度长度 $z_{0m}=0.011$, $C=0.075$, 而热力学粗糙度长度 $z_{0t}=z_{0m}\exp^{(-kcv\sqrt{Re^*})}$, $Re^*=U_0\times z_{0m}$。利用模式自带的粗糙度长度模拟的戈壁地表温度同观测值之间具有相同的日变化及变化趋势，模式也较好地模拟了峰值和谷值的日变化趋势，模拟的谷值与实际值也较为接近，但是对峰值的模拟不太理想，基本上每天比观测地表温度低 10℃ 左右[图 4.18(a)]。这么大的误差对中尺度模式真实模拟白天绿洲、沙漠和戈壁地表温差导致的绿洲冷岛效应和绿洲风环流是不利的。

　　由于戈壁和沙漠两种地表类型在原模式中没有被区分。为了改进模式效果，将计算的金塔戈壁和沙漠 z_{0m}(分别为 1.81×10^{-3} m 和 1.64×10^{-3} m)，在模式中 z_{0m} 取为 1.7×10^{-3} m，根据计算的热力学粗糙度等将 C 设为 1，进行模拟[图 4.18(b)]。结果表明：根据计算得到的金塔粗糙度长度 z_{0m} 和 C 值，大大提高了模式对地表温度峰值的模拟能力。其中模式模拟的地表温度日变化基本与观测值重合，再现了每日峰值、谷值的波动演变，特别是将峰值模拟的准确性大大提高，通过比较发现模拟的峰值与观测峰值较一致。这种改进有利提高该陆面模式耦合的中尺度模式的模拟水平，真实地再现了由地表温度差异等激发的绿洲效应、绿洲边界层等。

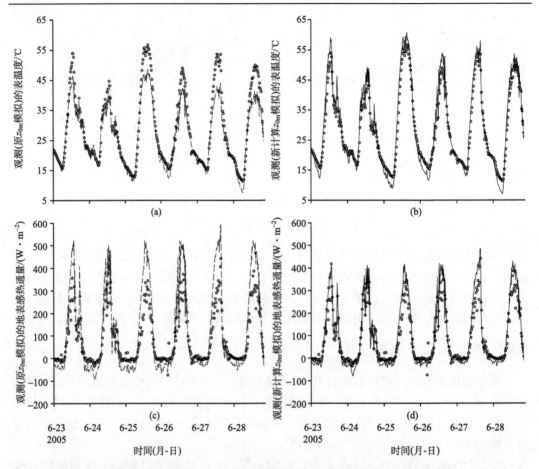

图 4.18　观测和利用模式中原有[(a)、(c)]和新计算[(b)、(d)]粗糙度长度模拟的戈壁地表温度[(a)、(b)]和感热通量[(c)、(d)]

○.观测值；----.模拟值

　　夏季晴天在沙漠和戈壁上白天以感热通量为主。感热通量也存在显著的日变化，白天以正值为主，极大值出现在 13:00 左右，在观测期内最大峰值略低于 500 $W·m^{-2}$，一般维持在 400 $W·m^{-2}$ 左右；晚上主要以较小的负值形式存在。原模式对感热通量日变化的模拟[图 4.18(c)]与地表温度的模拟相似，仍然是对峰值的模拟能力较差，模拟值比观测值偏大 100～200 $W·m^{-2}$，并且夜晚感热通量负值的模拟也偏大。当利用新计算的金塔粗糙度长度模拟时，就能够准确地描绘感热通量[图 4.18(d)]峰值(负值)和日变化趋势，其模拟值同观测值的重合都很高。采用计算的参数后，模式对感热通量的模拟能力也得到显著提高。

　　同样，原模式对沙漠点的地表温度和感热通量模拟效果类似戈壁，除日变化外，对峰值的模差异较大(图略)。通过采用计算的金塔粗糙度长度后，模式模拟的沙漠地表温度和感热通量(图 4.19)与观测值相比较为一致。

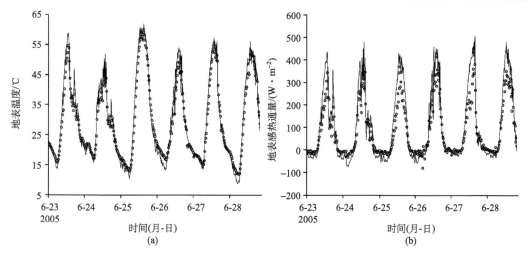

图 4.19　观测和利用改进模式模拟的沙漠地表温度（a）和感热通量（b）

○.观测值；----.模拟值

4.4　绿洲陆面参数在 WRF 模式中的应用

绿洲系统主要特点是不同类型的下垫面(农田、沙漠、戈壁、水库等)的水热差异明显，便于进行由热力差异引起的非均匀性下垫面研究，并且其非均匀性的尺度(10～100 km)对中尺度通量的影响也最为明显。绿洲系统的非均匀不仅体现在绿洲尺度；由于水源分布的非均匀性，以及在绿洲内存在大面积的裸土等，还有次绿洲尺度的非均匀分布，如此丰富的地表类型，为研究交错复杂的下垫面提供了良好的条件。

绿洲效应会受到多尺度大气流动的影响，其影响因子包括风的垂直和水平切变以及垂直混合等(Liu et al.,2007；吕世华和罗斯琼, 2005；吕世华、尚伦宇, 2005；文莉娟等, 2005b；文小航等, 2010)。由于大气边界层的物理过程与下垫面物理性质具有紧密关系，因此研究非均匀下垫面边界层问题的实质性工作主要在于：一是认识地表下垫面作为大气唯一物理边界(尽可能接近实际的边界条件)的一些特殊物理意义和物理过程，并设计出如何确定它的方案;二是进一步确定如何对这些物理过程实施各种模拟(含全尺度的试验观测和数值模拟或多种研究手段联合进行)，给出非均匀下垫面条件下边界层物理过程的参数化方案，并在不同尺度的数值模式中运用(Wang et al., 2002；刘罡等，2005)。在数值模拟中，有关地表发射率、热容、粗糙度及土壤含水量等物理过程，通常使用给定的土地利用类型(landuse type)资料，并进行参数化(Chen and Dudhia,2001)，进而使模式大气和地表产生作用。

下面利用 2008 年 7 月 21～23 日金塔"绿洲系统非均匀下垫面能量水分交换和边界层过程观测与理论研究"的野外试验资料(见第 2.2 节)，通过精心设计不同方案的敏感性试验，其目的是检验有关影响我国干旱区绿洲系统的参数和参数化方案，探讨 WRF 模式对金塔绿洲非均匀下垫面的模拟效果，促进我国绿洲非均匀下垫面陆面过程参数化方案的研究。

4.4.1　模拟试验设计

采用三重嵌套网格，试验参数见表 4.5，模拟时间为 2008 年 7 月 21 日 02:00 至 23 日 02:00（北京时，下同）共计 48 小时，设计每隔 1 小时输出一次结果。WRF 模式采用地形追随质量 η 坐标，垂直层面采用 35 层，顶层大气压为 50 hPa。

表 4.5　模拟区域嵌套网格参数

网格域	中心经纬度/(°E °N)	格点数	水平格距/km	积分时间步长/s	地形分辨率
1		37×37	9	54	10km
2	98.8，40.1	40×40	3	18	2km
3		61×61	1	6	1km

WRF 模拟试验参数化方案选择如下：选用 Lin 等（1983）的微物理方案，长波辐射方案选用 RRTM 方案（Mlawer et al., 1997），短波辐射方案选用 Dudhia 方案（Dudhia, 1989），近地面层方案选用 Eta similarity，陆面过程方案选用 4 层土壤温湿度的 Noah Land Surface Model（Chen and Dudhia,2001），行星边界层方案选用 Mellor-Yamada-Janjic scheme（Janjic, 1990, 1996, 2002），积云参数化方案第一、第二重网格选用 Grell 3d ensemble cumulus scheme 方案（WRF users manuel，2009），第三重网格不采用积云参数化方案。由于非均匀下垫面绿洲与戈壁湍流输送非常强烈，以上方案可以预报次网格的湍流动能、湍流混合层高度、考虑局地垂直混合等；近地面层方案中考虑了黏性层采用显式参数化，在陆地上考虑了黏性层的粗糙度对温度和湿度的影响，这对于绿洲和戈壁的非均匀下垫面的模拟会有更好的改观（文小航等，2010）。

WRF 模式使用的下垫面土地利用类型/植被类型选用美国地质勘探调查局 USGS 的 30 s 高分辨率资料（约 1 km），　NCEP/NCAR 的 1°×1°再分析资料经处理后作为 WRF 模式的初始场和边界条件。USGS 把土地利用类型分为 33 类，按照夏半年和冬半年分别给出不同地表类型的反照率（ALBD）、土壤含水量（SLMO）、地表发射率（SFEM）、地表粗糙度（SFZ0）、热惯性（THERIN）等地表参数。由于下垫面类型不同，会导致地表能量输送不同。为了更好地分析下垫面参数对模拟准确率的影响，我们设计了 8 组不同的试验（表 4.6），以此来检验模拟结果，探讨最优绿洲系统参数化方案。

表 4.6　各组试验更改项目类型

更改项目	方案1	方案2	方案3	方案4	方案5	方案6	方案7	方案8
无更改	√							
同化试验		√						
USGS 下垫面土地利用/植被类型			√					
土壤温度				√		√	√	√
土壤湿度					√	√	√	√

续表

更改项目	方案 1	方案 2	方案 3	方案 4	方案 5	方案 6	方案 7	方案 8
MODIS 下垫面土地利用/植被类型							√	√
地表粗糙度							√	√
地表反照率							√	√
植被覆盖度								√

方案 1：模式无任何更改的控制性试验。物理参数化方案均选用以上定义的参数化方案，模式初始场无任何更改。下垫面土壤温湿度均采用 NCEP-FNL 1°×1°再分析资料，经过 WRF Preprocessing System（WPS）（WRF manual, 2009）插值到模拟区域。土地利用类型/植被类型均为 USGS 默认分类，模拟区域的下垫面土地利用类型/植被类型分为：灌溉农田（irrigate cropland）、混合旱地/灌溉农田（mixed dry land/ irrigate cropland）、农田/草地（cropland/grassland mosaic）、草地（grassland）、灌木丛（shrub land）、荒芜稀疏植被区（barren or sparsely vegetated）和水体（water bodies）。默认的 USGS 分类把模拟区域内大部分地区农田当成草地处理，只有少量灌溉农田（irrigate crop land）和旱地农田（mixed dryland、cropland/grassland mosaic），并且还有混交林存在（mixed forest）。

金塔绿洲实际下垫面是棉田、玉米地和小麦地，在小块绿洲之间存在草地（grassland）和植被荒芜稀疏地（barren or sparsely vegetated）。结合金塔绿洲的特点把研究区域的土地利用分为 4 个类型，即草地/草原（grassland）、灌溉农田（irrigate cropland）、植被荒芜稀疏地（barren or sparsely vegetated）和水体（water bodies）。最后对分类结果进行分类精度评估检验，实测样品点 30 个，不符合结果的有 5 个点，分类精度为 83.3 %，与马明国等（2003）制作的 2003a 金塔绿洲景观图结果接近（图略），证明本文的分类结果科学可行，总体上 MOIDS 反演结果相对模式默认分类更精细和准确（Meng et al., 2009）。

方案 2：同化试验。经过 WRF-3Dvar 模块，同化 6 个地面观测站点的气压/（hPa）、空气温度（℃）、相对湿度（%）、风速（m·s^{-1}）和风向（°），模式积分 6 h 后，通过热启动更新边界条件，继续同化当时次的观测资料（见第 8.2 节）。同化试验目的是给出一个全局最优的近地面大气状态的变化，不断矫正模式的预报结果使其与观测结果相似。

方案 3：修改 USGS 下垫面土地利用类型/植被类型。WRF 模式初始场原始植被类型包含短草、干旱区农田、混交林等，其中绿洲内部大部分区域为草地和灌木丛。由于植被覆盖是影响大气-植被间热量、水分和 CO_2 等交换的重要陆面参数（姚凤梅等，2006）。本方案把草地和灌木丛修改为灌溉农田。试验目的是把金塔绿洲区域看成是个已经扩大的农业灌溉区，通过下垫面植被类型的改变，探讨陆面模式对干旱区气候变化、生态系统和环境变化的影响。

方案 4：修改下垫面土壤温度。由于初始场的 NCEP 资料为 1°×1°，经过 WRF 模式插值处理后在金塔地区为整体均一，体现不出非均匀下垫面上土壤温度的差异性。所以，根据实际观测资料,在绿洲和戈壁区域分别以观测的土壤温度值替换初始场的土壤温度。WRF 模式耦合的 Noah 陆面过程模式把土壤分为 4 层（0～10 cm、10～40 cm、40～100 cm 和 100～200 cm）（Chen and Dudhia, 2001），因此，在垂直方向上分别把观测的金塔土壤温度值插值到以上 4 层。

方案 5：修改下垫面土壤湿度。根据观测资料，在绿洲和戈壁区域分别以观测的土壤湿度值替换初始场的土壤湿度。其中，深层土壤湿度修改方法与方案 4 一致。

方案 6：利用金塔观测的土壤温湿度，同时修改模式初始场下垫面土壤温度、土壤湿度。目的是综合方案 4 和方案 5 的模拟试验，分析绿洲的"冷岛效应"、"湿岛效应"和模拟区域的环流场变化情况。

方案 7：根据 MODIS 反演的下垫面土地利用类型/植被类型资料替换原模式中的 USGS 资料，并同时修改模式初始场的下垫面土壤温度、土壤湿度、下垫面土地利用类型/植被类型。MODIS 下垫面土地利用类型/植被类型分为：灌溉农田、草地、植被稀疏地（戈壁）和水体四类。原模式默认的地表反照率农田为 0.19、草地为 0.18、戈壁为 0.25，根据辐射观测资料计算出 2008 年金塔夏季试验期间农田平均反照率为 0.183、戈壁为 0.226（马迪，2009），替换原模式默认的值；WRF 模式默认地表粗糙度：绿洲农田为 0.15 m，草地为 0.12 m，戈壁为 0.01 m，根据研究结果替换为：农田 0.23 m，草地 0.12 m，戈壁 0.0012 m（马迪，2009）。该方案的目的，一是体现绿洲水土资源的大规模开发而产生的土地利用类型、植被类型改变、植被区域分布的改变对局地温度场、湿度场和环流场的影响；二是更改了下垫面反照率和粗糙度，实验结果可能会在一个区域面上呈现出有别于原模式的辐射能量分布和土壤温度非均匀的特征，分析其对近地面空气温度和湿度的影响。

方案 8：在方案 7 的基础上再用卫星反演的植被覆盖度资料，替换原模式中的植被覆盖度（图略）。卫星资料反演的植被覆盖平面分布状况与金塔绿洲部分植被覆盖度的值多大于 50 %，并呈现倒三角形的绿洲形状；周围戈壁的覆盖度在 15 %以下，说明金塔地区 2008 年 7 月植被生长旺盛，有植被区的覆盖度远高于周围戈壁。金塔绿洲内部的农田大部分为棉花地和小麦地，7 月正是植被生长状况良好的季节，所以植被覆盖度较高；而周围戈壁地区的植被为骆驼刺等稀疏植被，并且数量稀少，所以植被覆盖度低。由于金塔绿洲和周围戈壁的植被覆盖度存在较大差别，植物蒸腾以及叶面对辐射遮盖作用等过程会影响到地表辐射及能量平衡各部分的分配关系，WRF 模拟结果会在一个区域平面上反映出辐射和能量非均匀的分布特征。该方案的目的是给模式一个尽量准确的下垫面植被参数后，再进行模式对比检验，以此来研究绿洲区域下垫面植被覆盖变化对能量传输特别是潜热、感热输送的影响。

4.4.2　参数化方案的适用性分析

1. 土壤湿度

原下垫面土壤温度和土壤湿度经 NCEP-FNL 再分析格点资料插值到模拟区域后，形成一个"均匀"的土壤湿度分布，体现不出非均匀下垫面上有（无）植被区的土壤温湿度的差异。因绿洲有灌溉，所以实际观测为绿洲的土壤温度低于戈壁，并且土壤湿度高于戈壁。

1)绿洲土壤湿度日变化特征

对 8 组试验模拟的金塔绿洲、戈壁观测点 10cm 土壤湿度与观测值时间序列进行比较(图 4.20)。首先，绿洲观测点采用 5 个站点的平均观测值，戈壁观测点为戈壁塔站的观测值；其次，将模拟值分别双线性插值到绿洲和戈壁观测点上(下同)，作为模式初始场。

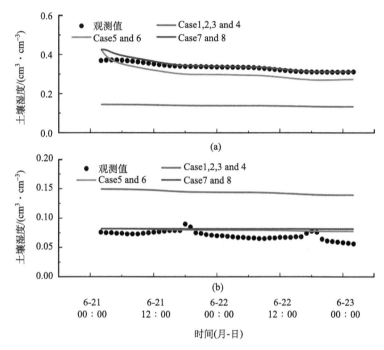

图 4.20　2008 年 7 月 21 日 02:00 至 23 日 02:00 的 10cm 土壤湿度观测值与模拟值对比

(a)绿洲；(b)戈壁

由图 4.20(a)可以看出：21 日 02:00 绿洲 10cm 土壤湿度为 0.38 $cm^3 \cdot cm^{-3}$，其后缓慢下降到 0.35 $cm^3 \cdot cm^{-3}$。在方案 1、方案 2、方案 3 和方案 4 连续 2 天的模拟中，基本保持在 0.15 $cm^3 \cdot cm^{-3}$；而在方案 5、方案 6、方案 7 和方案 8 方案模拟初始时刻加入观测的土壤湿度值后，使绿洲的土壤湿度增大，并且在 10 cm 处略大于观测值，这是为了使模式积分过程中土壤湿度在时间连续变化过程中和观测值保持较为一致，但方案 5 和方案 6 在模拟期间土壤湿度值开始几小时之内下降比方案 7 和方案 8 快，10cm 土壤湿度在 7 月 21 日 02:00 从 0.42 $cm^3 \cdot cm^{-3}$ 下降到 0.28 $cm^3 \cdot cm^{-3}$；方案 7 和方案 8 土壤湿度值在模拟期下降速度缓慢，与观测值保持较为一致，从 0.42 $cm^3 \cdot cm^{-3}$ 下降到 0.31 $cm^3 \cdot cm^{-3}$。究其原因，可能是因为方案 5 和方案 6 试验下垫面土地利用类型和植被类型还是默认的旱地农田和草地混合类型，地表粗糙度低于方案 7 和方案 8，并且植被稀疏，导致土壤蒸发较快，所以土壤含水量下降较快。

绿洲 40cm 土壤湿度变化状况(图略)和 10cm 类似，同样是方案 1、方案 2、方案 3 和方案 4 土壤湿度值(0.13 $cm^3 \cdot cm^{-3}$)远低于观测值，而方案 5、方案 6、方案 7 和方案 8

在较为深层的土壤中也呈缓慢下降的趋势，但没有体现出 10cm 土壤湿度随昼夜变化的峰值、谷值交替出现状况。方案 5 和方案 6 从 21 日 02:00 的 0.42 $cm^3 \cdot cm^{-3}$ 下降到 0.28 $cm^3 \cdot cm^{-3}$，而方案 7 和方案 8 从 0.42 $cm^3 \cdot cm^{-3}$ 下降到 0.32 $cm^3 \cdot cm^{-3}$。

2) 戈壁土壤湿度日变化特征

戈壁因干旱缺少植被，没有灌溉，地表裸露，若外界没有水分进入土壤(如降雨过程)，土壤湿度就会处于一个极低的水平。戈壁观测点 10cm 的土壤湿度变化特征为[图 4.20(b)]：戈壁点土壤湿度一直保持在 0.08 $cm^3 \cdot cm^{-3}$，在方案 1、方案 2、方案 3 和方案 4 试验中，因引用模式默认的原初始场土壤湿度值，所以一直保持在 0.15 $cm^3 \cdot cm^{-3}$，明显比观测值偏高；相反在方案 5、方案 6、方案 7 和方案 8 试验中，却给出接近干旱区戈壁下垫面的土壤湿度值(0.08 $cm^3 \cdot cm^{-3}$)。分析表明：WRF 模式较真实的模拟出实际戈壁下垫面对大气的影响和地表能量分配的关系。

3) 模拟的 10cm 土壤温度的区域分布特征

图 4.21 为 WRF 模式运行 16h 后(21 日 17:00)下垫面的土壤湿度分布情况。从图中可看出：在原模式默认状况下[图 4.21(a)]，10cm 土壤湿度，在整个模拟区域为 0.15～0.2 $cm^3 \cdot cm^{-3}$ 之间，并且区分不出绿洲和戈壁下垫面的真实土壤含水分布，仅在网格下方区域体现出水域和陆地间的差异(如水域的湿度为 1.0 $cm^3 \cdot cm^{-3}$)；当 WRF 模式初始场中加入了金塔观测资料的土壤湿度则能明显体现出绿洲区域和周围戈壁的差别[图 4.21(b)]；图 4.21(c) 为 MOIDS 下垫面土地利用类型的土壤湿度区域分布状况，与 USGS 土地利用类型比较，最大的不同是绿洲的轮廓发生改变，绿洲明显比 USGS 类型缩小，金塔倒三角形地理分布出现，并且绿洲内部斑块状裸地的土壤湿度值较低 (0.1 $cm^3 \cdot cm^{-3}$)，而周围戈壁地区的土壤湿度在 0.08 $cm^3 \cdot cm^{-3}$，这与实际情况相符合。方案 7 和方案 8 的土壤湿度分布和金塔绿洲的景观图相似(图略)，绿洲内部确实有分布不均匀的小块裸地和无种植区。与整体绿洲相比，采用 MODIS 资料能更精细地反映出绿洲内部的状况。

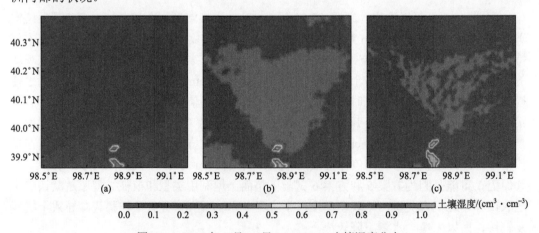

图 4.21　2008 年 7 月 21 日 17:00 10cm 土壤湿度分布

(a)方案 1；方案 2；方案 3 和方案 4；(b)方案 5 和方案 6；(c)方案 7 和方案 8

4) 模拟误差统计分析

均方根误差 RMSE(root-mean-square error)代表模式总误差组成的系统性的和非系统性的(随机)误差,Bias 是模拟值和观测值的平均偏差,代表误差的系统性部分(Case et al., 2008),它通常与模式的物理过程、参数化方案、数值计算等有关。下面分别给出了 8 组试验的土壤湿度观测值与模拟值的相关系数和误差统计(表 4.7)。

表 4.7　绿洲土壤湿度观测值与模拟值误差统计

项目	方案 1	方案 2	方案 3	方案 4	方案 5	方案 6	方案 7	方案 8
R	0.99*	0.95*	0.99*	0.99*	0.91*	0.89*	0.97*	0.96*
RMSE	0.20	0.19	0.19	0.19	0.04	0.03	0.02	0.02
Bias	−0.20	−0.19	−0.19	−0.19	−0.03	−0.03	0.01	0.01

*表示通过 $\alpha=0.01$ 的显著性水平检验。

从绿洲模拟与观测值的误差统计(表 4.7)可以看出:8 组试验的相关系数 R 都在 0.9 以上,说明模拟结果与观测值极为相关,相关系数均通过 $\alpha=0.01$ 的显著性水平检验。其中,方案 1~方案 4 的 RMSE(均方根误差)和 Bias(平均偏差)都在 0.2 cm³·cm⁻³;但是方案 5 和方案 6 下降为 0.04 cm³·cm⁻³ 和 0.03 cm³·cm⁻³;而方案 7 和方案 8 仅为 0.02 cm³·cm⁻³。这进一步证明方案 7 和方案 8 模拟的土壤湿度误差非常小,更接近与观测值。

戈壁土壤湿度模拟值与观测值的误差统计结果也表明(表 4.8),8 组试验的相关系数虽然没有绿洲高,但均在 0.6 以上,并且通过 $\alpha=0.01$ 的显著性水平检验。其中,方案 7、方案 8 试验的 RMSE(均方根误差,下同)和 Bias(平均偏差,下同)最小(为 0.01 cm³·cm⁻³)。实践表明:只有给出准确的下垫面土壤湿度初值,才能保证 Noah 陆面模式中土壤-大气之间能量水分交换过程的准确模拟。

表 4.8　戈壁土壤湿度观测值与模拟值误差统计

项目	方案 1	方案 2	方案 3	方案 4	方案 5	方案 6	方案 7	方案 8
R	0.60*	0.60*	0.61*	0.61*	0.61*	0.60*	0.62*	0.62*
RMSE	0.07	0.07	0.08	0.08	0.02	0.02	0.01	0.01
Bias	0.07	0.07	0.08	0.08	0.02	0.02	0.01	0.01

*表示通过 $\alpha=0.01$ 的显著性水平检验。

总之,绿洲表层土壤水分每天都有大量的蒸发损失,而戈壁的蒸发损失却极小。这种现象在模拟中也得到证实,即戈壁表层土壤水分的变化要比绿洲小得多。在灌溉后戈壁表层土壤水分比绿洲的小许多倍,且绿洲表层土壤水分有明显的逐日减小趋势,而戈壁不明显。但 40cm 土壤水分虽然没有 24 小时的周期波动,这一点与表层土壤有本质的区别(图略),但也有逐日减小的趋势,且绿洲的减小要远快于戈壁,每日沙漠下层土壤水分损失远小于绿洲。很显然,绿洲下层土壤每日损失的水分主要是补充给表层土壤以供蒸散,而每日下层给表层的补充量远小于表层土壤本身的蒸散损失。

2. 土壤温度

因绿洲植被生长茂盛，而戈壁土壤裸露，这两种不同下垫面土壤吸收的太阳辐射能量不同，从而影响到绿洲和戈壁的土壤温度也有显著差别。而初始的 NCEP-FNL 1°×1° 格点土壤温度资料经过水平差值在金塔绿洲区域，形成较为"均匀"的土壤温度平面分布，体现不出非均匀下垫面的差异。在方案 4、方案 6、方案 7、方案 8 的初始场中加入土壤温度观测值后，使模拟效果有显著改善。土壤温度的水平、垂直修改方法和土壤湿度修改方法相同。

1) 绿洲土壤温度日变化特征

由于受太阳辐射影响，下垫面土壤温度有典型的日变化规律。即白天太阳辐射被地面吸收后使土壤增温，夜间土壤则缓慢降温，呈正弦曲线变化趋势。土壤温度白天达到峰值比太阳辐射滞后约 2～3 h。通过对模拟期间 10 cm 土壤温度观测值(绿洲观测值为绿洲 5 个观测点的平均观测值，戈壁点为戈壁塔站的观测值)与模拟值进行比较(图 4.22)表明：绿洲 10 cm 土壤温度为 17.0～25.0 ℃，凌晨(07:00)达到最低值，随后土壤温度缓慢升高，在 17:00 达到日最高值，土壤温度日变化呈单峰变化规律。7 月 22 日 17:00 绿洲 10 cm 土壤温度的最高值为 24.7℃ [图 4.22(a)]，而戈壁为 47.7 ℃ [图 4.22(b)]，两地温差达 23.0 ℃。在夜间绿洲的土壤温度最低为 17.7 ℃，戈壁则为 27.1 ℃，也相差 9.4℃。40 cm 处的土壤温度变化和 10 cm 处相似(图略)。即无论白天还是夜间，绿洲土壤温度均低于戈壁，只是振幅比 10 cm 处的小。

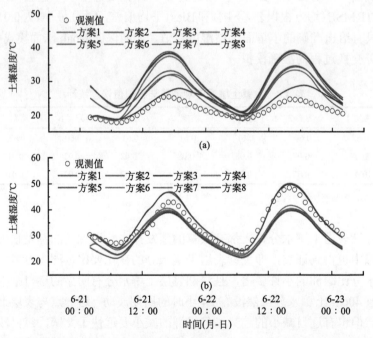

图 4.22　2008 年 7 月 21 日 02:00 至 23 日 02:00 的 10cm 土壤温度观测值与模拟值对比

(a)绿洲；(b)戈壁

在方案 1、方案 2、方案 3 试验中,因对下垫面土壤温度没有采用观测值订正,用原参数模拟的绿洲值比实际观测值偏高。如 7 月 21 日 17:00 模拟值达到 38.5 ℃,远高于 25.4 ℃ 的观测值。这是因为在模式默认情况下,土壤温度的初始值原本就已经偏高 7.0～8.0 ℃,并且绿洲下垫面土壤湿度值极低(0.15 $cm^3 \cdot cm^{-3}$),太阳辐射很容易使地表的土壤温度升高。在方案 4 试验中,仅仅修改了下垫面的土壤温度,结果 WRF 模式在运行的 6 h 内土壤温度和观测值较吻合;但 6h 后,模拟的土壤温度又会快速升高,这是由于土壤湿度极低致使土壤较快升温的结果。方案 5 试验只修改下垫面的土壤湿度,没有修改土壤温度,虽然在模式运行后几小时内土壤温度要高于方案 4 试验,但 11:00 后,方案 5 试验的土壤温度就低于方案 4 试验,并一直持续到模式运行结束。这说明下垫面土壤湿度初始值对土壤温度模拟的影响非常重要。

因为土壤含水量大,就需要更多的太阳辐射能量才能使土壤温度升高。所以,在吸收相同的太阳辐射能量情况下,土壤湿度值越高,土壤温度就越低。方案 8 模拟的土壤温度要低于方案 7 试验,并且和观测值相接近,这正是因为植被覆盖度的差异所致。在方案 1～方案 7 试验中,植被覆盖度在整个模拟区域都在 18% 以下(图略),相当于非常稀疏的灌木丛。方案 8 试验不仅修改了下垫面土壤温湿度状况,还更改了植被覆盖度(绿洲区域的植被覆盖达到 60 %),使其更符合实际绿洲农田收获期的植被覆盖状况。绿洲植被生长茂盛时,有更多的太阳辐射会被植被吸收,所以模拟的土壤温度变化与观测值最为接近。

2) 戈壁土壤温度日变化特征

戈壁塔站点 10cm 土壤温度的日变化特征[图 4.22(b)]与绿洲基本相似。由于戈壁点的土壤含水量极低(为 0.08 $cm^3 \cdot cm^{-3}$),太阳辐射的作用使戈壁土壤升温较快,土壤温度的峰值也较高,振幅较大,白天土壤温度的峰值能达到 48.7℃。当修改了下垫面地表反照率(原模式的戈壁地表反照率为 0.25,修改后为 0.226)后,方案 7 和方案 8 试验土壤温度模拟值与观测值吻合较好。降低戈壁地表反照率后(即反射的短波辐射减少),使地表能够吸收到更多的太阳辐射,所以模拟的土壤温度高于其他敏感性试验结果。而 40 cm 土壤温度日变化情况与 10 cm 类似,只是振幅减小(图略)。

3) 模拟误差统计分析

绿洲的土壤温度误差统计表明(表 4.9):模拟值与观测值的相关系数 R 都在 0.9 以上;方案 1、方案 2、方案 3 和方案 4 实验的 RMSE 均在 8.0 ℃ 以上,方案 5 实验的 RMSE 降为 6.35 ℃,方案 8 降为 2.8℃;8 组试验的 Bias 都为正值,说明偏差高于观测值,但 Bias 从方案 1 试验的 8.19℃ 到方案 8 试验的已降为 2.44℃,说明改进模式下垫面土壤温湿度状况和植被覆盖度(为 60 %)后,模拟效果显著(方案 8 比方案 1 试验降低 5.75 ℃)。

表 4.9 绿洲土壤温度观测值与模拟值误差统计

项目	方案 1	方案 2	方案 3	方案 4	方案 5	方案 6	方案 7	方案 8
R	0.97*	0.94*	0.94*	0.97*	0.90*	0.97*	0.97*	0.93*
RMSE	9.23	9.42	9.32	8.15	6.35	4.76	5.37	2.80
Bias	8.19	8.64	8.51	6.73	5.78	3.73	4.49	2.44

*表示通过 $\alpha=0.01$ 的显著性水平检验。

戈壁模拟的土壤温度误差统计分析(表 4.10)表明, 8 组试验模拟值与观测值相关性较高, 相关系数均在 0.93 以上; 均方根误差 RMSE 从方案 1 试验的 4.85 ℃下降到方案 8 的 2.73 ℃, 模式改进了 2.12 ℃; 方案 1～方案 6 试验的 Bias 均为负值, 说明模拟值小于观测值, 但在方案 7 和方案 8 试验中 Bias 分别为 1.47℃和 1.42℃, 比方案 1 改进了 2.7 ℃, 且方案 7 和方案 8 的 Bias 为正, 说明降低戈壁地表反照率后, 模拟值与观测比较接近(略高 1.4 ℃)。

表 4.10　戈壁土壤温度观测值与模拟值误差统计

项目	方案 1	方案 2	方案 3	方案 4	方案 5	方案 6	方案 7	方案 8
R	0.94*	0.95*	0.94*	0.93*	0.94*	0.93*	0.97*	0.96*
RMSE	4.85	4.51	4.54	3.75	4.39	3.57	2.73	2.73
Bias	−4.17	−3.84	−3.82	−2.53	−.63	−2.47	1.47	1.42

*表示通过 $\alpha=0.01$ 的显著性水平检验。

4) 模拟的 10cm 土壤温度的区域分布特征

模式运行 16 小时后得到 10 cm 土壤温度的区域分布(图 4.23)。可看出: 方案 1～方案 3 试验因下垫面没有加入观测的土壤温湿度, 所以在整个模拟区域下垫面土壤温度基本均一, 绿洲和戈壁温差不大; 方案 4 试验虽然在初始时刻加入了观测的土壤温度, 但随着模拟时间增加, 绿洲的土壤温度升高加快, 保持在 39.0 ℃; 方案 5 和方案 6 试验就能体现出绿洲区域土壤温度值较低, 绿洲区域的土壤温度为 31.0 ℃, 而周围戈壁为 39.0 ℃; 相反在方案 7[图 4.23(g)]和方案 8 试验中, 用 MODIS 资料替换了原有默认的 USGS 下垫面土地利用类型和植被类型后, 整个模拟区域在绿洲有植被或作物种植的地方土壤温度低于周围戈壁, 且绿洲内部的斑块状裸地土壤温度也较高。这进一步证明 MODIS 卫星资料更能精细化地反映出绿洲实际的下垫面状况。方案 8 试验[图 4.23(h)]加入了卫星反演的植被覆盖度后, 模拟的绿洲土壤温度为 23.0 ℃, 比方案 7 试验降低 8.0 ℃。

总之, 下垫面植被茂盛 (植被覆盖度为 50%～60%)的土壤温度比植被稀少的(植被覆盖为 10%～15%)更低。因为下垫面植被对太阳辐射的吸收和遮盖作用, 使达到地表的辐射能量减少, 相应土壤吸收的能量也减少, 因此土壤温度也较低。由此可见, 非均匀下垫面上的植被覆盖度对地表土壤温度的影响非常大。

3. 气温场

选取金塔绿洲塔站观测点(98.93°E, 40.01°N)和戈壁塔站观测点(99.05°E, 39.90°N), 对近地面气温的模拟和观测值进行比较。21 日 03:00 在绿点附近进行过灌溉, 所以近地面气温明显下降, 相对湿度升高。从模拟期间近地面 2m 气温(图 4.24)的比较看出: 绿洲和戈壁点的近地面气温为 20～35 ℃, 但绿洲的气温总体低于戈壁。其中, 凌晨(06:00) 为谷值, 17:00 为峰值, 近地面气温最大值分别为 33.9℃和 34.5 ℃; 绿洲平均气温为 26.6 ℃, 而戈壁为 27.2 ℃, 戈壁比绿洲观测点平均偏高 0.6 ℃; 夜间绿洲的气温也略低于戈壁。

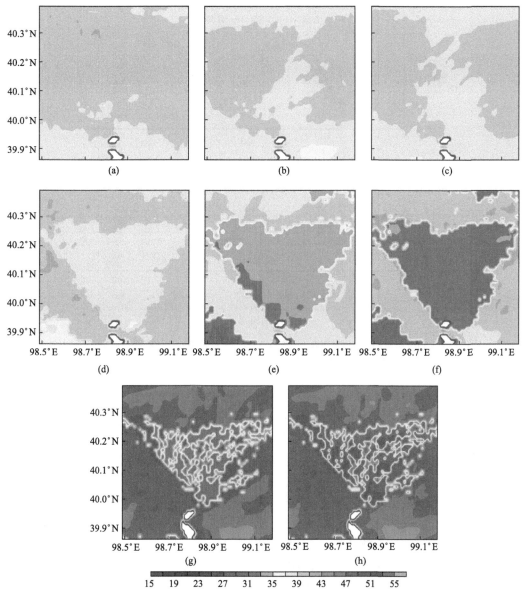

图 4.23　　7 月 21 日 17:00 的 10cm 土壤温度分布(℃)

(a)方案 1；(b 方案 2；(c)方案 3；(d)方案 4；(e)方案 5；(f)方案 6；(g)方案 7；(h)方案 8

1)近地面 2m 气温场的分布特征

由于绿洲观测点附近在 7 月 21 日 04:00 进行过灌溉，所以土壤湿度增加，白天气温比无灌溉日低 5.0 ℃。方案 2 同化试验通过 01:00~03:00 的时间窗口同化了气温观测值，使正午气温模拟值降至 32.0 ℃；但是其他试验的直接模拟结果却体现不出因土壤湿度突然增加，气温下降的变化。当天戈壁观测点由于靠近绿洲(离绿洲观测点 10 km)，受到绿洲水平风的影响，气温也有较大的降幅；方案 2 试验能较好地模拟出绿洲和戈壁气温的变化规律和下降幅度，7 月 22 日模拟值也与观测值相差不大。

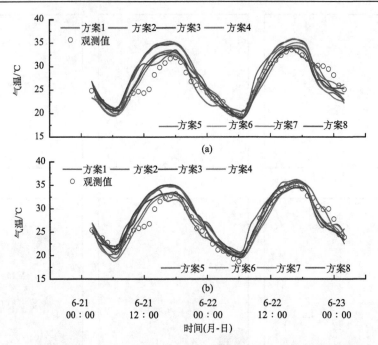

图 4.24　2008 年 7 月 21 日 02:00 至 23 日 02:00 近地面 2m 气温观测值与模拟值对比

(a) 绿洲；(b) 戈壁

方案 1 和方案 2 模拟值与观测值的 RMSE 分别为 3.2 ℃和 3.0 ℃，平均 MAPE 分别为 8.32 %和 7.38 %，Bias 分别为 1.44℃和 1.26℃。模拟试验结果表明：采用高分辨率同化试验资料有效降低了均方根误差和平均偏差，对改善绿洲附近的近地面气温效果明显。方案 3、方案 4 相比方案 1 试验的 RMSE 虽有所降低，但不是很明显。表明只改变下垫面土地利用类型/植被类型，并不能过多改善气温的模拟效果。

方案 4 初始场采用土壤温度观测值后，气温模拟效果得到改善，但没有土壤湿度的共同作用，在模式积分过程中土壤温度逐步升高，结果导致偏差较大。方案 5 和方案 6 初始场加入了土壤湿度观测值后，RMSE（Bias）分别为 2.18 ℃、2.14 ℃（为 0.3 ℃、0.26 ℃）（表 4.11），反映出绿洲土壤湿度增大后，明显改善了气温场的模拟效果，证明土壤湿度是影响下垫面能量传输和引起近地面气温变化的最重要因素。方案 7 试验模拟值与观测值的相关系数是 8 组试验中最高（为 0.93）。方案 8 试验的 RMSE 为 1.86 ℃，是方案 1~8 组试验里最低。这说明初始场引进观测的气温、土壤湿度和遥感信息后，模拟的植被茂盛区气温比植被稀疏区的气温低。

表 4.11　绿洲 2m 气温观测值与模拟值误差统计

项目	方案 1	方案 2	方案 3	方案 4	方案 5	方案 6	方案 7	方案 8
R	0.882*	0.885*	0.875*	0.884*	0.896*	0.896*	0.934*	0.920*
RMSE	3.15	3.0	3.05	3.03	2.18	2.14	2.02	1.86
Bias	1.44	1.26	1.5	1.27	0.3	0.26	0.98	0.32

*表示通过 $\alpha=0.01$ 的显著性水平检验。

戈壁观测点 2 m 空气温度观测值与模拟值的相关系数都在 0.9 以上(表 4.12),RMSE 在 2.0 ℃,除方案 5 和方案 6 试验外,其他试验的偏差 Bias 都为正值。其中,方案 5 的误差 RMSE 和 Bias 为 8 组实验中最小,同样说明戈壁下垫面土壤湿度的改变对近地面空气温度的影响十分明显。方案 8 误差也很小,表明综合考虑了下垫面土壤温湿度、植被类型、植被覆盖状况等因素后,WRF 模式对近地面空气温度模拟更接近实际。

表 4.12 戈壁 2 m 空气温度观测值与模拟值误差统计

项目	方案 1	方案 2	方案 3	方案 4	方案 5	方案 6	方案 7	方案 8
R	0.92*	0.93*	0.92*	0.92*	0.94*	0.94*	0.94*	0.92*
RMSE	2.32	2.27	2.39	2.31	1.64	1.80	1.99	1.88
Bias	1.0	1.33	1.37	0.91	-0.09	-0.54	0.74	0.37

*表示通过 $\alpha=0.01$ 的显著性水平检验。

总之,绿洲植被生长旺盛区的蒸发作用强烈,耗热量多,近地层空气湿度增加,气温较周边更低。绿洲相比戈壁独特的"冷湿源"气候特征,是下垫面非均匀土壤水分状况、植被分布、土地利用状况造成的。

从模式运行 16 小时后近地面 2m 气温的分布(图 4.25)可看出,方案 1 试验未作任何改动时[图 4.25(a)],绿洲相对戈壁温度较高,形成一个"热岛",绿洲近地面气温为 35.0 ℃,戈壁比绿洲气温低(为 33.0℃);方案 2 实验[图 4.25(b)]当同化了近地面的风温湿压等气象要素后,绿洲气温在 17:00 明显降低(为 33.0 ℃),说明同化试验的效果明显;但戈壁气温反而更低(为 31.0 ℃),这与实况不符。分析原因是由于 6 个观测站点中,戈壁只有 1 个,所以引入同化资料后,绿洲气温模拟值与观测值相符,而戈壁模拟效果较差。所以,要提高同化模拟的效果,增加更密集的观测站点是关键性因素。

在方案 3、方案 4 敏感性试验中,由于改变了近地面植被类型和下垫面土壤温度[图 4.25(c)、(d)],但还是没有出现绿洲比戈壁气温低的特征;方案 5 实验[图 4.25(e)]当绿洲下垫面土壤湿度增大后,绿洲出现了"冷岛效应",此时绿洲温度为 33.5 ℃,戈壁为 35.0 ℃;方案 6 实验[图 4.25(f)]在初始场土壤温度和土壤湿度的共同作用下,模拟的绿洲"冷岛效应"更明显,倒三角形的低温区与戈壁高温区差异显著;方案 7 实验[图 4.25(g)]当 WRF 模式加入 MODIS 土地利用类型资料后,绿洲内的斑块状裸地呈现出高温,而有植被或种植区则为低温分布。试验结果表明:金塔绿洲内的斑块状裸地气温比绿洲高,可能会导致绿洲内部出现次级环流,从而影响到绿洲"冷岛效应"的平衡;方案 8 实验[图 4.25(h)]模拟的绿洲温度比方案 7 低,戈壁则相差不大,说明植被覆盖度增大后,能明显降低近地面空气温度 3.0~4.0 ℃,戈壁的气温为 36.0℃。另外,在金塔南部地区 8 组试验均为低温区,这与南部海拔较高有关。

2)850hPa 空气温度场分布特征

7 月 21 日 17:00,在 850hPa(此高度距金塔绿洲地面大约 100 m)气温场的平面分布(图 4.26)中,8 组实验除方案 1、方案 3 和方案 4 试验模拟的绿洲和戈壁气温差异不明显(整个区域的气温为 31.0 ℃)外,方案 2 同化试验则显示出整个区域的气温偏低(为 29.0 ℃),

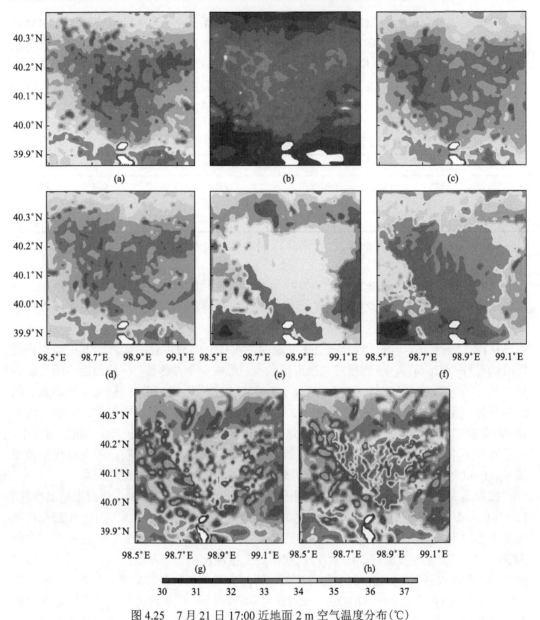

图 4.25　7 月 21 日 17:00 近地面 2 m 空气温度分布(℃)

(a)方案 1；(b)方案 2；(c)方案 3；(d)方案 4；(e)方案 5；(f)方案 6；(g)方案 7；(h)方案 8

这可能是采用地面气温资料同化后，影响了高空温度场；方案 5 和方案 6 试验绿洲区域的下垫面整体较为均一，所以在绿洲区域低值(为 30.6℃)戈壁高值(为 31.6 ℃)中心的分布，且低温中心呈向外围扩散趋势[图 4.26(e)、(f)]。正是由于绿洲和戈壁地区温度场的热力差异，驱动了绿洲和戈壁局地环流的形成，导致白天风场变化；方案 7 和方案 8 试验也同样模拟出了绿洲上空温度低值中心(为 31.2 ℃，比方案 5、方案 6 略高 0.6 ℃)，戈壁上空气温比绿洲高 1℃(为 32.2 ℃，比方案 5、方案 6 略高 0.7 ℃)。

以上试验表明：模式加入卫星资料反演的下垫面土地利用类型/植被类型后，绿洲上空虽然也是"冷岛",但没有整体均一显著的绿洲"冷岛效应"。这可能是受绿洲大量斑块状裸地上空高温影响,是绿洲上空低温场难以维持,才形成了"支离破碎"的绿洲低温区,从而影响了整体"冷岛效应"的保持。

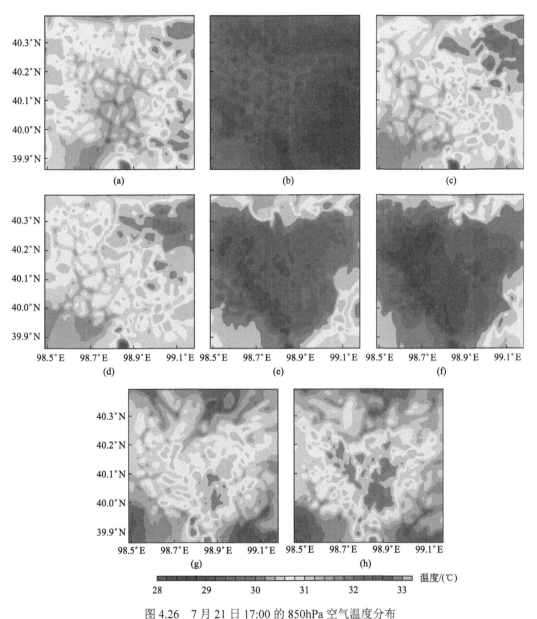

图 4.26　7 月 21 日 17:00 的 850hPa 空气温度分布

(a)方案 1；(b)方案 2；(c)方案 3；(d)方案 4；(e)方案 5；(f)方案 6；(g)方案 7；(h)方案 8

4. 湿度场

绿洲和戈壁非均匀下垫面土壤温度和湿度的不同分布,下垫面土壤湿度大的地方通过植被和土壤蒸发作用，会影响到近地层大气含水量的变化。金塔绿洲下垫面农作物的存在，以及长期灌溉使得绿洲下垫面水分充足，与周围戈壁下垫面相比，形成了明显的湿岛特征。

1）近地面 2m 相对湿度场分布特征

通过对 8 组试验模拟的近地面 2m 相对湿度与观测值（图 4.27）比较表明：绿洲与戈壁观测点的相对湿度都呈 U 形分布，且夜间峰值接近 50 %，白天谷值为 20 %。这是因为白天地表加热后引起土壤水分蒸发，使水汽从土壤向大气传输；而夜间随着气温降低，凝结作用使大气中的水分含量降低所致。

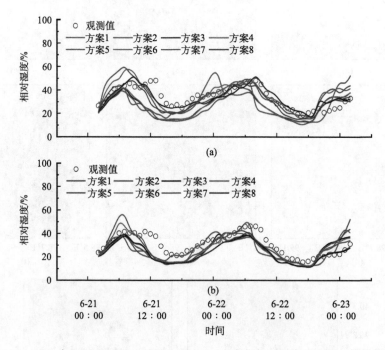

图 4.27　2008 年 7 月 21 日 2:00 至 23 日 2:00 2m 空气相对湿度观测值与模拟值对比
(a) 绿洲；(b) 戈壁

绿洲因土壤含水量大，有充足的水汽向大气释放，所以绿洲上空的相对湿度要高于戈壁。相反，戈壁观测点与绿洲相距不足 10 km，由于平流作用会把水汽从绿洲传输到戈壁上空，使戈壁观测点的相对湿度峰值在 07:00 达到 46 %（绿洲点为 48 %）。如 7 月 22 日 17:00 戈壁点相对湿度谷值为 15 %，而绿洲点为 19 %。总之，绿洲上空的相对湿度总是高于戈壁。

（1）绿洲相对湿度场特征。8 组试验都能把绿洲相对湿度的日变化趋势（包括峰值和谷值）很好地模拟出来，并且模拟值和观测值的相关系数都在 0.5 以上（表 4.13）。其中，方案 8 试验的相关系数最高（为 0.83）；RMSE 为方案 2 试验最高（为 12.6 %），方案 8 最低（为 5.4 %）；Bias 除方案 5 和方案 6 试验为正值以外，其余都为负值。模拟结果表明：方案 5 和方案 6 模拟值偏高，方案 1 的偏差最大（为−8.7 %），方案 8 的偏差最小（为−0.2 %），效果最好。

表 4.13　绿洲 2 m 空气相对湿度观测值与模拟值误差统计

项目	方案 1	方案 2	方案 3	方案 4	方案 5	方案 6	方案 7	方案 8
R	0.56[*]	0.5[*]	0.57[*]	0.58[*]	0.68[*]	0.72[*]	0.80[*]	0.83[*]
RMSE	12.1	12.6	11.6	11.5	8.9	8.1	6.8	5.4
Bias	-8.7	−5.5	−7.8	−7.3	1.2	1.3	−2.9	−0.2

＊表示通过 α=0.01 的显著性水平检验。

分析同化试验误差较大的原因，可能是由于系统性误差偏大所致。方案 5 试验初始场加入下垫面土壤湿度观测值的误差明显降低，降低幅度比仅改变土壤温度(方案 4 试验)和植被类型(方案 3 试验)的大，说明土壤湿度在陆气相互作用水分传输过程中的重要性。方案 8 试验误差最小，说明植被生长状况能影响到非均匀下垫面上的水分传输。当植被生长茂盛时，产生大量蒸发，能提高近地面空气中的水汽含量；绿洲近地面上空湿度(温度)较大(低)时，绿洲的"湿(冷)岛效应"显著，有利于绿洲生态的良性循环发展。

(2)戈壁相对湿度场特征。同样，在 8 组试验中戈壁观测点模拟的近地面相对湿度与观测值吻合较好，其值略低于观测值[图 4.27(b)]。其中，绿洲和戈壁近地面相对湿度观测值与模拟值的相关系数都较高(表 4.14)。方案 5 和方案 6 因降低了初始场戈壁的土壤湿度，模拟值与观测值的误差比方案 1～方案 4 试验低；方案 5 的 RMSE 略比方案 7 和方案 8 试验高（为8.4 %)，Bias 为 8 组试验里最低(为–1.8 %)；方案 7 和方案 8 试验的 RMSE 为 8.3 %，也比方案 1～方案 4 低，但 Bias 较高，分别为–6.6 %和–6.7 %，可能是模拟的系统性误差影响的。

表 4.14　戈壁 2 m 空气相对湿度观测值与模拟值误差统计

项目	方案 1	方案 2	方案 3	方案 4	方案 5	方案 6	方案 7	方案 8
R	0.65[*]	0.67[*]	0.66[*]	0.68[*]	0.71[*]	0.71[*]	0.84[*]	0.85[*]
RMSE	9.1	9.1	8.9	8.8	8.4	7.9	8.3	8.3
Bias	−5.6	−3.6	−4.7	−5.1	−1.8	−2.3	−6.6	−6.7

＊表示通过 α=0.01 的显著性水平检验。

总之，8 组试验都能模拟出近地面空气湿度的日变化趋势及变化规律，但是经过改进的敏感性实验明显提高了模拟的准确率，降低了模拟误差。结果表明：影响非均匀下垫面能量和水分传输的关键性因子不仅是土壤湿度，还应当考虑土壤温度、植被类型和植被覆盖度等因素，才能较为准确的反映出非均匀下垫面的能量水分传输特征。

(3)近地面比湿的空间分布特征。通过 7 月 21 日 17:00 金塔绿洲地区近地面比湿的8 组试验模拟(图 4.28)，从图中看出：方案 1 引用模式默认参数，模拟的结果是分不出绿洲与戈壁比湿的差别，整个区域的比湿为 6.0 g·kg^{-1}；方案 2 同化试验提高了模拟区域的空气含水量(比湿在 6.6～7.4 g·kg^{-1})，虽然出现南部比湿高于北部地区，但仍分不出绿洲和戈壁之间的差别[图 4.28(b)]；方案 3 和方案 4 试验中，模拟区东北部的比湿值增加明显[图 4.28(c)、(d)]；方案 5 实验明显地反映出绿洲与戈壁之间的比湿差异[图4.28(e)]，绿洲因土壤湿度大，白天地表蒸发作用在近地面形成比湿的高值区(为 7.4

$g \cdot kg^{-1}$），而戈壁土壤湿度极小（比湿为 5.5 $g \cdot kg^{-1}$），与绿洲相差 1.9 $g \cdot kg^{-1}$；方案 6 试验在初始场增大土壤湿度，降低土壤温度后，形成更有利于土壤水分蒸发的条件，绿洲区域的比湿比方案 5 高［图 4.28(f)］；而方案 7 和方案 8 因下垫面土地利用类型/植被类型参数的改变［图 4.28(g)、(h)］模拟效果更显著，真实反映出绿洲内斑块状裸地上空的比湿较周围绿洲低的特征。其中，绿洲上空比湿值方案 7 试验为 7.0～8.0 $g \cdot kg^{-1}$，而方案 8 试验最大为 9.0 $g \cdot kg^{-1}$。说明植被覆盖度作用较大，生长旺盛的植被可以形成大量蒸发，使绿洲土壤与大气间的水分交换更为强烈。

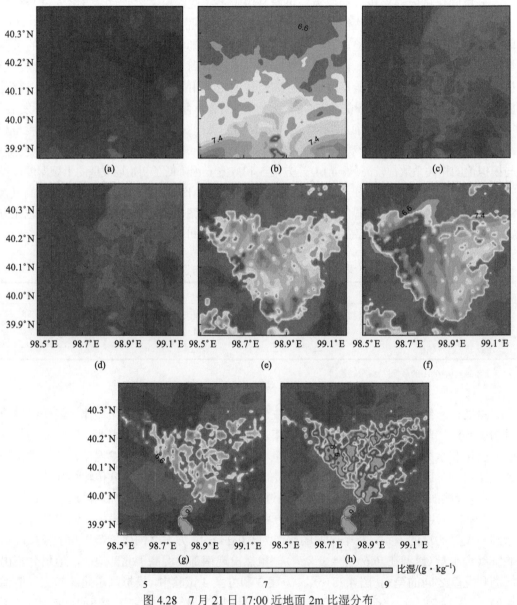

图 4.28　7 月 21 日 17:00 近地面 2m 比湿分布

(a)方案 1；(b)方案 2；(c)方案 3；(d)方案 4；(e)方案 5；(f)方案 6；(g)方案 7；(h)方案 8

2）850hPa 比湿场分布特征

金塔绿洲下垫面的非均匀性，使近地面比湿呈明显的非均匀分布状况，从而影响到高空比湿分布和能量与水分交换的不同。

图 4.29 为 8 组试验模拟的 850hPa 比湿分布。与近地面 2m 比湿分布类似，方案 5～8 试验模拟的 850 hPa 高空场，同样呈现出绿洲上空比湿高值的特征，与近地面 2 m 相比绿洲偏低 $1.0\sim2.0$ g·kg^{-1}，戈壁偏高 0.5 g·kg^{-1}。这是因为水平辐散的作用，使空气从

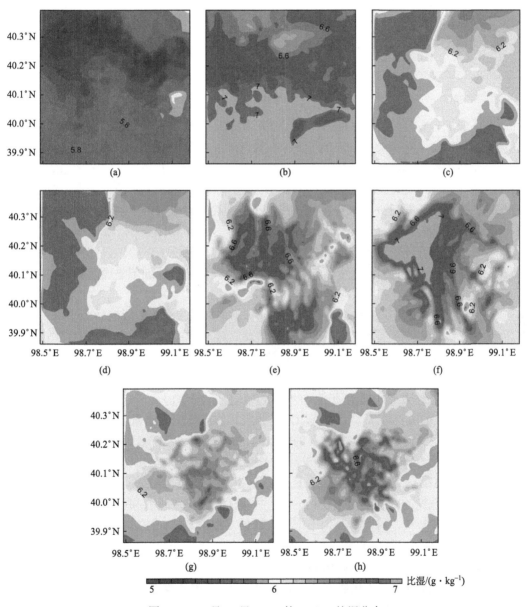

图 4.29　7 月 21 日 17:00 的 850hPa 比湿分布

(a)方案 1；(b)方案 2；(c)方案 3；(d)方案 4；(e)方案 5；(f)方案 6；(g)方案 7；(h)方案 8

绿洲中心向周围戈壁辐散的过程中，将水分从绿洲输送到了周围边缘区域；该特征也进一步证实绿洲和戈壁存在局地环流系统。方案 5 和方案 6[图 4.29(e)、(f)]形成的比湿高值区域比方案 7 和方案 8[图 4.29(g)、(h)]范围大，这与 850 hPa 气温的模拟结果类似(图 4.27)，说明绿洲上空虽然也是"湿岛"，却没有整体均一显著的绿洲"湿岛效应"强。

分析表明：绿洲系统形成的"冷湿岛效应"保护机制与绿洲的形态和面积息息相关。绿洲内草地或斑块状裸地会形成空气湿度低值区域，从而影响绿洲上空水汽输送。所以，加强绿洲内部的灌溉，把小型绿洲连接成片，逐渐消除绿洲内部斑块状裸地，扩大成整体均一的绿洲，减少了绿洲水分、热量与外界交换，增强绿洲和戈壁系统的自我维持效果。

5. 环流场

金塔绿洲具有独特的倒三角形地理特征，绿洲被戈壁和沙漠所包围，这种独特的非均匀下垫面形成了独特的大气局地环流。从绿洲和戈壁对边界层温湿场的影响来看，由于下垫面热力作用不同，形成了绿洲边界层冷湿，戈壁干热的差异。绿洲形态的变化，改变了原有沙漠、戈壁地区的环流结构及温湿场，形成局地环流系统。绿洲上空较大湿冷气柱，使绿洲蒸发减少，水分耗散降低，在绿洲边缘形成了由干到湿的强湿度梯度带围绕着绿洲，起到保护绿洲的作用(吕世华和罗斯琼，2005)。

从 8 组试验环流场的模拟结果中，选取 3 组具有代表性的试验，以此来研究金塔绿洲和戈壁系统的大气局地环流和绿洲内次级环流特征，分析绿洲下垫面土壤温湿度和绿洲形态改变后对局地环流的影响。

选取 7 月 21 日 17:00 的方案 1、方案 6 和方案 8 试验模拟的近地面水平风矢量[图 4.30(a)、(b)、(c)]和沿 40.15°N 垂直剖面垂直风速 w[图 4.30(d)、(e)、(f)]结果进行对比。分析表明：当模式为默认参数时，模拟区域不会形成近地面辐散风场[图 4.30(a)]，当修改了下垫面土壤温湿度后，绿洲区域的土壤湿度在原有基础上增大，土壤温度也比默认结果低，这时会形成近地面强烈的辐散风场[图 4.30(b)]，风速为 2.0~4.0m·s^{-1}之间；当用 MODIS 卫星资料代替 WRF 模式默认的下垫面土地利用类型/植被类型后，绿洲内部的小块绿洲之间会形成各自的辐散风，并形成次级环流。

但作为整体绿洲，还是会出现绿洲和戈壁局地环流[图 4.30(c)]；Case1 试验[图 4.30(d)]在 98.5°E 到 98.7°E 之间出现下沉气流，垂直速度约为-0.2 m·s^{-1}；98.7°E 到 99.1°E 范围内出现上升气流，速度约为 0.4 m·s^{-1}。方案 1 试验结果没有模拟出明显的绿洲和戈壁系统局地环流特征，这可能是由于土壤湿度低，植被蒸发作用过小的缘故。方案 6 试验[图 4.30(e)]沿 40.15°N 整个剖面一直到 4.5km 的上空都在下沉气流的控制范围内。方案 8 试验模拟的近地面 10 m 风场[图 4.30(c)]，在近地面出现由绿洲吹向周围戈壁的辐散风场；由于绿洲内有斑块状裸地形成的热力差异，使绿洲内部出现小范围的水平辐散；同时，方案 8 试验模拟的海拔 2.5 km 以下绿洲上空有强烈的下沉气流活动，垂直速度约为-0.1~-0.3 m·s^{-1}之间[图 4.30(f)]，并伴随上升气流的存在，上升气流越靠近绿洲近地面越强烈。

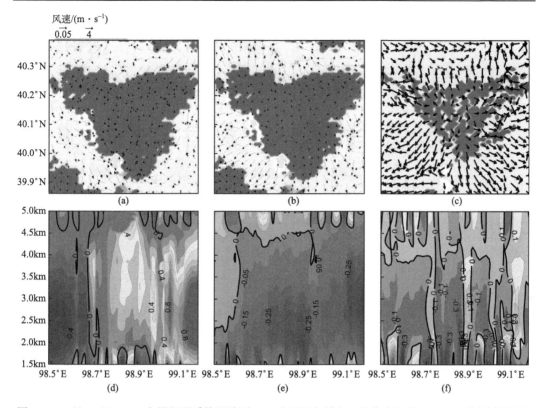

图 4.30　7 月 21 日 17:00 金塔绿洲系统近地面 10m 水平风矢量 $(u; v)$ 分布与沿 40.15°N 垂直剖面垂直风速 (w) 分布

(a)、(d) 方案 1 模式默认；(b)、(e) 方案 6 修改下垫面土壤温湿度；(c)、(f) 方案 8 用 MODIS 资料修正土地利用类型/植被类型并修改下垫面土壤温湿度

虚线.负；实线.正；单位：m·s^{-1}

　　与整体均一的绿洲相比，这种大尺度的次级环流运动，可能会破坏绿洲上空冷湿气柱的结构，而干旱区灌溉农田上空存在的湿冷气柱和绿洲-戈壁环流机制，正是减缓农田水汽蒸发、实施自我保护的重要过程。

　　通过对比不同敏感性实验对绿洲和戈壁系统局地环流的影响表明：方案 8 试验能够较为真实反映下垫面状况的环流场特征。因此，以方案 8 试验的模拟结果为例，深入分析金塔绿洲不同时刻的水平和垂直环流特征。

　　选取绿洲周围 4 个自动气象站(AWS)和 2 个气象塔站(Tower)实测的风向资料，与模拟值进行对比。从风向的变化可看出(图 4.31)：由于模拟期间 7 月 21~22 日为晴天，背景风速较小，白天绿洲产生的近地面辐散风场占据主导地位，下午近地面风向在短时间有很大转变。因为湍流的作用和风向的不确定性，目前中尺度模式还很难把瞬时风向和风速模拟好，但能较好的模拟出风向变化的总体趋势(Li et al., 2011)。总之，绿洲周围各个观测点风向的变化与"绿洲效应"产生的近地面风场辐散紧密相关。由于绿洲系统存在局地环流，近地面的辐散风由绿洲吹向周围戈壁地区，所以方案 8 试验较为准确的模拟出绿洲周围风向变化的趋势。

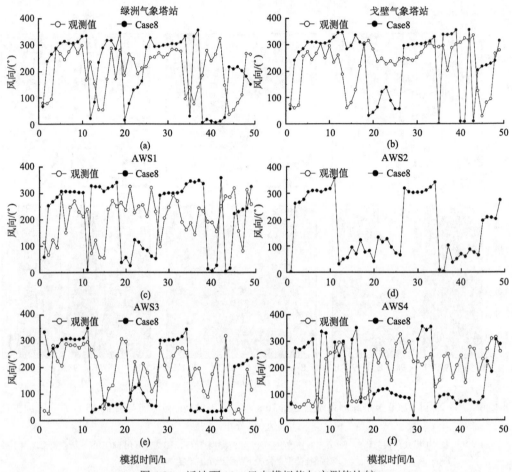

图 4.31　近地面 10m 风向模拟值与实测值比较

(a)绿洲气象塔站；(b)戈壁气象塔站；(c)AWS1；(d)AWS2；(e)AWS3；(f)AWS4

通过 7 月 21 日 2:00、8:00、14:00 和 22:00 模拟区域近地面风场和温度场的变化(图 4.32)分析表明：2:00 绿洲东部戈壁吹偏东北风，绿洲西部戈壁吹偏西北风，即风是从周围戈壁吹向绿洲，在绿洲汇合后，形成偏北风往南吹；8:00 日出后绿洲北部则全部为偏北风[图 4.32(b)]，在模拟区中心附近偏转为西北风，这时绿洲气温为 24.0 ℃，戈壁比绿洲气温高 2.0 ℃，绿洲的"冷岛效应"已出现；14:00 绿洲近地面上空出现一个低温(为 28.0 ℃)辐散中心，水平风从绿洲吹向戈壁高温区(为 29.0 ℃)。

从模式每小时的输出结果看(图略)：日出后绿洲近地面升温慢，沙漠升温快，10:00 沙漠气温升高为 25.4 ℃，绿洲为 24.4 ℃，绿洲相对于周围沙漠仍是个低温中心；在水平风辐散的作用下将绿洲水汽带向周围戈壁，这与 850 hPa 辐散风场相一致(图略)；

夜晚 22:00[图 4.32(d)]绿洲相对于戈壁是低温区，虽然绿洲还能产生近地面辐散风场，但已没有 14:00 强烈。17:00 近地面辐散风最强烈(图略)，这种状况只能在系统性强迫较弱的天气条件下才能被模拟出来。在晴天条件下，绿洲相对戈壁都是低温区，这与潘林林等(1997)的研究结果一致。绿洲夜间保持低温场的原因，是因为风速较小和夜间蒸发较强的缘故。

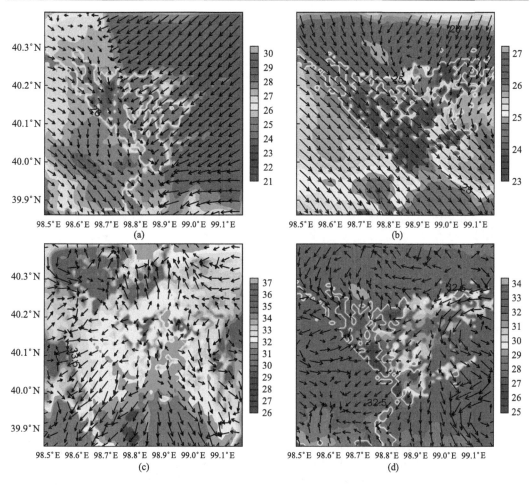

图 4.32 7 月 21 日模拟的金塔绿洲近地面 10m 风场（矢量线）与温度场（阴影，下同）分布

(a) 02:00；(b) 08:00；(c) 14:00；(d) 22:00

白天，绿洲近地面午后会出现强烈的辐散风场，高空的风场又有何变化呢？从 7 月 21 日 2:00、8:00、14:00 和 22:00 模拟区域 750 hPa 温度场和水平风场分布（图 4.33）看出：02:00 模拟区域的整体风向主要为偏东风，温度差异较小（为 20.0 ℃）；8:00 风向转变为偏北风，这与近地面 10 m 的主风向较为一致，北部地区的气温（为 18.0～19.5 ℃）高于南部，但仍低于 02:00；14:00 绿洲上空出现低温（19.7 ℃）中心，而戈壁是高温区（21.0 ℃，二者相差 1.3 ℃），绿洲的冷岛效应能够影响到 1500m，绿洲整体风向还是偏北风，由于风向的作用，冷中心向南部移动；到了 22:00 高空的冷岛效应消失，在 750 hPa 绿洲上空整体温度要比 14:00 高。

综上所述，由于绿洲与戈壁地表热力性质的强烈差异，使绿洲与戈壁间形成一种热力内边界层。通过系统性的平流和湍流扩散，戈壁上空的干热空气向绿洲输送，同时绿洲的冷湿空气向戈壁输送。当 WRF 模式初始场加入土壤湿温度的观测值和土地利用类型/植被类型后，由于植被蒸发较强，绿洲是一个较强的水汽源和低温中心，绿洲表面较四周戈壁冷而湿，形成了相应的局地环流（即绿洲效应），在绿洲近地面会形成较强的水平辐散风场。所以，绿洲与荒漠间地表和低层大气的热力改变，必然导致边界层环流相应的变化。

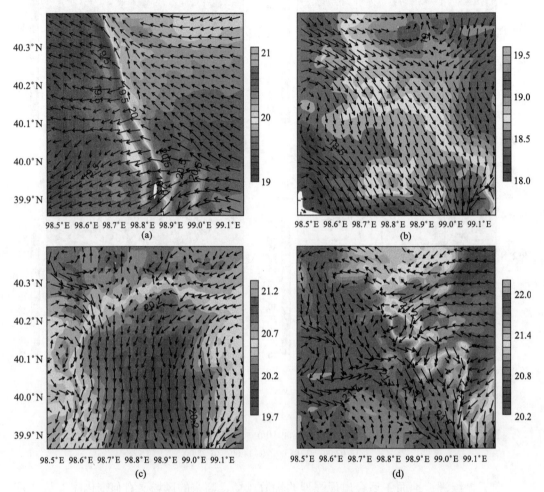

图 4.33　7 月 21 日模拟的金塔绿洲 750hPa 风场与温度场分布（单位：℃）

(a) 2:00；(b) 8:00；(c) 14:00；(d) 22:00

　　由于绿洲近地面水平风向外辐散，必定会在高层辐合。戈壁对大气产生"暖干效应"（吕世华和陈玉春, 1995；Chu et al., 2005），使戈壁上空形成干热气流，绿洲的这种冷湿效应与沙漠暖干效应的相互作用，可产生局地环流，这种局地环流可将沙漠地区上空的热空气输送到绿洲上空。

　　从 7 月 21 日金塔绿洲和戈壁系统沿 40.15°N 垂直剖面图上，垂直风速 w 分布（1.5 km 为近地面底层）可看出，绿洲和戈壁独特的环流场特征（图 4.34）。02:00［图 4.34(a)］绿洲上空的垂直速度大部分为正（为 0.2 m·s^{-1}），在高层 0.4 m·s^{-1} 的上升气流，仅在 98.65°E 处的高空为下沉气流。这说明 02:00 绿洲内部的环流还比较弱，没有出现下沉气流，戈壁区域上升气流逐渐减弱，这可能是由于夜间绿洲效应减弱的缘故；

　　08:00 绿洲在 1.5～4.5 km 的区域形成上升气流［图 4.34(b)］，但垂直速度梯度较小，内部没有强烈的变化；14:00［图 4.34(c)］模拟区域绿洲上空由-(0.2～0.6) m·s⁻¹ 的下沉气流控制［这与图 4.32(c)地面辐散相对应］。绿洲近地面为水平风辐散时，必然会在高空产生下沉运动。这种近地面辐散，高空辐合的绿洲和戈壁环流系统，就是由典型的干旱区 "绿洲效应" 所造成。绿洲下沉气流从 1.5 km 的近地面一直延伸到 5 km 的高空，说明在晴天且绿洲土壤水分充足时，绿洲上空冷湿气柱可以延伸到更高的高度。在绿洲西边缘到戈壁下垫面(98.5°E～98.6°E)的高空是上升气流过度区，说明戈壁气流上升，然后在绿洲上空下沉。

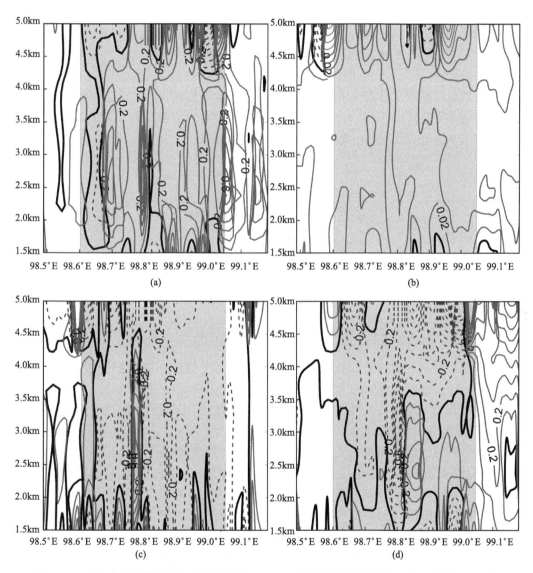

图 4.34　7 月 21 日金塔绿洲和戈壁系统沿 40.15°N 垂直剖面垂直风速(w)分布(单位：m·s⁻¹)

(a) 2:00. (b) 8:00. (c) 14:00. (d) 22:00

虚线.负；粗实线.0 值；细实线.正；灰色区域为绿洲上空

到了 22:00［图 4.34(d)］绿洲附近的气温虽比下午低，但仍是冷岛，而戈壁气温高于绿洲；对应绿洲上空仍维持下沉气流，戈壁为上升气流。另外，在 98.8°E 的高空有一支下沉气流，最大的垂直速度为-0.6 m·s^{-1}；绿洲上空也会出现上升气流，这是冷岛效应减弱，绿洲和戈壁自我维持环流系统不稳定的体现。

6. 位温和比湿特征

定常水平均匀平坦地形上的近地层问题，在相似理论的指引下已得到较好解决。然而这种理想的均匀下垫面边界层，是对自然界真实大气最粗略的近似，实际地表的边界层结构和物理过程显然要比均匀下垫面上的复杂得多。由下垫面非均匀引起的边界层结构变化决定了空间上感热、潜热和水汽通量的改变，进而改变边界层大气的物理过程(张强等，2009)。

大气边界层高度也是数值模拟和遥感反演非常重要的参数，尤其在金塔绿洲这样一个非均匀复杂下垫面地区(图 4.35)。一般而言，分析大气边界层高度主要依靠位温，它是公认的大气边界层高度的一个良好指标(Stull,1991)。

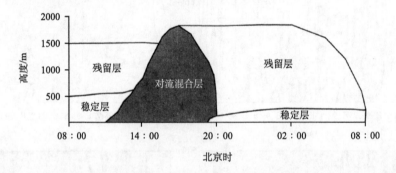

图 4.35　边界层高度日变化示意图(吕雅琼等，2008)

由于金塔绿洲独特的倒三角形地形，绿洲周围是戈壁和沙漠，这种独特下垫面非均匀性分布，必然会形成特殊的大气边界层结构。由于绿洲和戈壁系统是一个复杂的非线性系统，非均匀下垫面与大气边界层相互影响比较复杂。下面重点探讨不同时段和不同下垫面状况下的边界层特征的差异。

通过不同时次的绿洲和戈壁大气边界层位温和比湿廓线演变对比，结果表明：绿洲下垫面上［图 4.36(a)］，08:00 位温随高度的增加而增加，10:00 位温在对流混合层形成并逐渐向上伸展，一直到 18:00 混合层高度达到最大，20:00 后整个边界层已经形成了稳定的层结，转化为稳定的夜间大气边界层结构。戈壁下垫面上［图 4.36(b)］，由于地面温度较高，土壤水分含量极小，08:00 的位温廓线和绿洲一致，到了 10:00 在 0.0～1.0 km 之间形成弱的不稳定层结，12:00 在 500 m 以下形成不稳定层结，此后对流混合层开始发展，一直到 18:00 形成稳定的边界层结构。沙漠下垫面与绿洲下垫面相比，由于近地面气温更高，更干燥，边界层对流混合的时间比绿洲下垫面上长，强烈的对流混合不利于降水产生。

金塔绿洲边界层的日变化符合晴天条件下边界层变化的一般规律，即白天为对流边界层，夜晚为稳定边界层。但由于绿洲和戈壁间地表不均一，边界层在日出后一方面太阳开始加热地表，另一方面上层空气冷却，边界层湍流也得以发展；日出后 1 h，最靠近地表的部分应该慢慢发展为对流边界层(上空有稳定边界层覆盖)，随着时间的变化对流边界层发展旺盛；中午整层都为对流边界层控制，在日落后，整个边界层又回到稳定边界层状态。

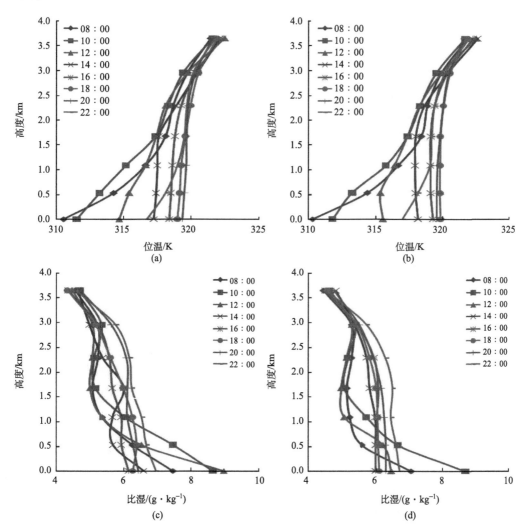

图 4.36　7 月 21 日绿洲和戈壁边界层位温和比湿廓线比较

(a)绿洲位温；(b)戈壁位温；(c)绿洲比湿；(d)戈壁比湿

绿洲和沙漠边界层的比湿廓线随时间的变化[图 4.36(c)、(d)]特征是：近地层比湿最高，随着时间的推移，混合层向上伸展，水汽从地表向上输送，混合层内比湿近似为常数(6 g·kg^{-1})，水汽混合较均匀，混合层顶以上的比湿随高度很快减小。在近地层 500 m 以下，10:00~14:00 比湿随高度的增加迅速减小，但 14:00 是先减小，在 1.0~1.5 km 增加，1.5 km 以上又减小。戈壁下垫面上的情况和绿洲相比略有不同[图 4.36(d)]，近地层在 10:00 的比湿最大，08:00~12:00 随高度增加比湿减小，到 1.5~3.0km 又逐步增大，3km 以上又开始减小，这说明对流混合层的发展更容易把水汽带向高空；16:00~22:00 从近地面到混合层顶比湿近似为常数，说明午后戈壁下垫面十分干燥，近地面没有足够水汽向上混合。

4.5　小　　结

（1）通过将几个考虑天顶角变化的反照率参数化公式引入陆面过程 BATS 中，并对沙漠、戈壁地区的热状况进行了模拟验证，结果表明太阳天顶角日变化是裸土反照率计算中必须考虑的一个因素，在较为干燥的下垫面，这种作用有可能超过土壤水变化对地表反照率的影响。同时，云量也对散射辐射的重要影响，有必要在地表反照率参数化中包含直射和散射光的比率随云量的变化。

（2）通过对绿洲系统的土壤热性质参数、粗糙度长度及地表反照率进行分析，拟合了地表反照率同太阳高度角、土壤湿度的经验关系式，通过计算得到了金塔戈壁上 20 cm 的土壤热容、导热系数、热扩散系数分别是 1.26×10^6 J·m^{-3}·K^{-1}、0.234 W·(m·K)$^{-1}$ 和 1.9×10^{-7} m^2·s^{-1}，沙漠的依次为 1.36×10^6 J·m^{-3}·K^{-1}、0.32 W·(m·K)$^{-1}$ 和 2.35×10^{-7} m^2·s^{-1}；绿洲的依次为 1.9×10^6 J·m^{-3}·K^{-1}、1.07 W·(m·K)$^{-1}$ 和 5.5×10^{-7} m^2·s^{-1}。

（3）利用空气动力学方法计算了金塔试验区沙漠、戈壁下垫面上的总体输送系数和动力、热力粗糙度长度。利用金塔实验得到的粗糙度长度替代了 Noah 模式中的原有值，替代后的模式很好的改进了模式对戈壁、沙漠的地表温度峰值模拟较低和感热通量模拟较大的情况，提高了该模式在西北地区绿洲系统的模拟效果。

（4）采用 WRF 模式分别设计敏感性试验，在模式初始场中加入绿洲观测的土壤温湿度等参数，模拟检验了金塔绿洲非均匀下垫面土壤温度、土壤湿度、近地面空气温度(相对湿度)日变化规律及区域分布的模拟能力,分析了环流场的时空变化特征等,结果表明,土壤湿度和土壤温度是影响干旱区绿洲陆气相互作用和能量水分循环的关键性因子。

通过综合考虑下垫面的植被类型、植被覆盖度、地表反照率和地表粗糙度等因素的共同作用，才能较为准确地模拟出非均匀下垫面的能量水分传输特征。在 WRF 模式初始场中加入绿洲土壤温湿度观测资料后，各气象要素的模拟值与观测值误差明显减小，观测值与模拟值的相关系较高，并且能模拟出绿洲和戈壁系统的"冷岛效应"和"湿岛效应"。

参 考 文 献

鲍艳, 吕世华, 奥银焕, 等. 2007. 反照率参数化改进对裸土地表能量和热过程模拟的影响. 太阳能学报, 28 (7): 775-782.

蔡福, 祝青林, 何洪林, 等. 2005. 中国月平均地表反照率的估算及其时空分布. 资源科学, 27(1): 114-120.

陈斌, 丁裕国, 刘晶淼, 等. 2008. 非均匀地表陆面过程参数化研究. 高原气象, 27 (5): 1172-1180.

陈斌, 徐祥德, 丁裕国, 等. 2010. 地表粗糙度非均匀性对模式湍流通量计算的影响. 高原气象, 29(2):

340-348.

胡隐樵, 孙菽芬, 郑元润, 等. 2004. 稀疏植被下垫面与大气相互作用研究进展. 高原气象, 23 (2): 281-296.

李英. 2006. 藏北高原地表反照率时空特征分析及参数化研究. 兰州: 中国科学院寒区旱区环境与工程研究所..

刘罡. 蒋维楣. 罗云峰. 2005. 非均匀下垫面边界层研究现状与展望. 地球科学进展, 20(2): 223-230.

刘辉志, 涂钢, 董文杰, 等. 2008. 半干旱区不同下垫面地表反照率变化特征. 科学通报, 53 (10): 1220-1227.

刘立超, 李新荣, 刘树华等. 2001. 一种适合干旱地区的陆面过程模式—LSMP 的介绍. 中国沙漠, 21(3): 317-318.

刘永强, 何清, 张宏升, 等. 2011. 塔克拉玛干沙漠腹地地气相互作用参数研究. 高原气象, 30 (5): 1294-1299.

罗斯琼, 吕世华, 张宇. 2009. 青藏高原中部土壤热传导率参数化方案的确立及在数值模式中的应用. 地球物理学报, 4: 919-928.

吕世华, 陈玉春. 1995. 绿洲和沙漠下垫面状态对大气边界及特征影响的数值模拟. 中国沙漠, 15(1): 166-123.

吕世华, 罗斯琼. 2005. 沙漠-绿洲大气边界层结构的数值模拟. 高原气象, 24(4): 466-470.

吕世华, 尚伦宇. 2005. 金塔绿洲风场与温湿场特征的数据模拟. 高原气象, 25(5): 624-628.

孟春雷. 2006. 陆面过程模式中土壤蒸发与水热耦合传输的进一步研究. 北京: 北京师范大学..

牛国跃, 洪钟祥, 孙菽芬. 1997. 地表湿度及粗糙度非均匀分布情况下整体输送方法的初步研究. 大气科学, 21 (6): 717-724.

王胜, 张强. 2006. 降水条件下典型干旱区陆面过程模拟验证. 地球物理学报, 49(2): 383-390.

王万秋. 1991. 土壤温湿异常对短期气候影响的数值模拟试验. 大气科学, 15 (5): 155~123.

文莉娟, 吕世华, 张宁, 等. 2005. 夏季金塔绿洲风环流的数值模拟及结构分析. 高原气象, 24(4): 478-486.

文莉娟, 吕世华, 陈世强, 等. 2009. 干旱区绿洲地表反照率不对称观测研究. 太阳能学报, 30 (7): 953-956.

文小航, 吕世华, 孟宪红, 等. 2010. WRF 模式对金塔绿洲效率的数据模拟. 高原气象, 29(5): 1163-1173.

吴艾笙, 钟强. 1993. 黑河试验区若干下垫面总辐射、地表反照率与太阳高度角的关系. 高原气象, 12 (2): 147-155.

杨兴国, 张强, 杨启国等. 2010. 陇中黄土高原半干旱区总体输送系数的特征. 高原气象, 29(1):44-50.

张杰, 黄建平, 张强. 2010. 稀疏植被区空气动力学粗糙度特征及遥感反演. 生态学报, 30 (11): 2819-2827.

张强, 王胜, 卫国安. 2003. 西北地区戈壁局地陆面物理参数的研究. 地球物理学报, 46 (5): 616-622.

张强, 卫国安, 黄荣辉. 2001. 西北干旱区荒漠戈壁动量和感热总体输送系数. 中国科学(D 辑), 31 (9): 783-792.

邹基铃, 候旭宏. 1992. 黑河地区夏末太阳辐射特征的初步分析. 高原气象, 11(4):381-388.

Stull R B. 1991. 边界层气象学导论. 杨长新译. 北京: 气象出版社..

Angevine W M, Mitchell K E. 2001. Evaluation of the NCEP mesoscale Eta model convective boundary layer for air quality application. Mon. Wea. Rev. 129: 2761-2775.

Baldocci D, Kellliher F M, Black T A, et al. 2000. Climate and vegetation controls on boreal zone energy exchange. Glob Change Biol, 6(Suppll): 69-83.

Betts A K, Ball J H. 1997. Albedo over the boreal forest. J Geophys Res, 102 (24): 28901-28910.

Briegleb B P, Minnis P, Ramanmthan V, et al. 1986. Comparison of regional clear sky albedos inferred from satellite observations and model calculations. J Clim Appl Meteorol, 25: 214-226.

Chen C, Lamb P J. 1997. Improved treatment of surface evaportranspiration in a meso-scale numerical model PartI: Via the installation of the Penman-Monteith method, TAO, 8 (4): 481-508.

Chen F, Dudhia J. 2001. Coupling an advanced land surface-hydrology model with the Penn State-NCAR MM5 modeling system. PartI: Model implementation and sensitivity. Mon Wea Rev, 129: 569-585.

Chen F, Janjic Z, Mitchell K E. 1997. Impact of Atmospheric Surface Layer Parameterizations in the New Land Surface Scheme of the NCEP Mesoscale ETA Modeal. Boundary Layer Meteorol. , 85: 391-421.

Chen F, Mitchell K, Schaake J, et al. 1996. Modeling of land-surface evaporation by four schemes and comparison with FIFE observations. J Geophys Res, 101 (D3): 7251-7268.

Chu P C, Lu S H, Chen Y C. 2005. A numerical modeling study on desert oasis self-supporting mechanisms. J. Hydrol., 312(1-4): 256-276.

Clapp R B, Hornberger G M. 1978. : Empirical Equations for Some Soil Hydraulic Properties. Water Resour Res, 14, 4.

Cosby B J, Hornberger G M, Clapp R B, et al. 1984a. Statistical exploration of the relationships of soil moisture characteristics to the physical properties of soils. Water Resour Res, 20 (6): 682-690.

Cote J, Konrad J M, 2005a. Ageneralized thermal conductivity model for soils and construction materials. Can Geotech J, 42 (2): 443-458.

Cote J, Konrad J M. 2005b. Thermal conductivity of base-course materials. Can Geotech J, 42 (1): 61-78.

De Vries, D A. 1963. Thermal properties of soils. In: Van Wijk W R. Physics of Plant Environment.

Dickinson R E, Kenney P J. 1986. Biosphere atmsphere transfer scheme (BATS) for the NCAR community climate model national center for atmospheric research. Boulder Co Teth Note Tn-275+STR, 12-51.

Ek M, L Mahrt. 1991. OSU 1-D PBL model user's guide. Version 1. 04, 1-200. .

Farouki O T. 1981. The thermal properties of soils in cold regions. Cold Regions Sci Tech, 5: 67-75.

Gao Z Q, Wang J M, Ma Y M. 2000. Study of Roughness Lengths and Drag Coefficients over NanshaSea Region, Gobi, Desert, Oasis and Tibetan Plateau. Phys Chem Earth (B), 25 (2): 141-145.

Grell G, Dudhia J, Stauffer D. 1994. A description of the fifth-generation PennState/NCAR Mesoscale Model (MM5). NCAR Tech. Note NCAR/TN-398+STR. 1-200.

Guymon G L, Luthin J N. 1974. A Coupled Heat and Moisture Transport Model for Arctic Soils. Water Resour Res, 10: 995-1001.

Henderson Sellers A. 1993. The project for intercomparison of landsurface paramterization schemes. Bull Amer Meteor Soc, 74 (7): 1335-348.

Hong S Y, Pan H L. 1996. Nonlocal boundary layer vertical diffusion in a medium-range forecast model. Mon Wea Rev, 124: 2322-2339.

Idso S B, Jackson R D, Reginato R J. 1975. The dependence of bare soil albedo on soil water content. J Appl Meteorol, 14: 109-113.

Jacquemin B, Noilhan J. 1990. Sensitivity study and validation of a land surface parameterization using the HAPEX-MOBILHY data set. Boundary Layer Meteorology, 52: 93-134.

Jin Y, Schaaf, Woodcock C E et al. 2003. Consistency of MODIS surface bidirectional reflectance distribution function and albedo retrievals: 2. Validation. J Geophys Res, 108 (5): 41-59.

Johansen O. 1975. Thermal conductivity of soils, University of Trondheim [Ph. D. thesis]. .

Kersten M S. 1949. Laboratory Research for the Determination of the Thermal Properties of Soils: Final Report: June. Engineering Experiment Station, University of Minnesota. .

Kimes D S. 1983. Dynamics of directional reflectance factor distributions for vegetation canopies. Appl Opt, 22 : 1364-1372.

Koster R, Milly C P. 1997. The interplay between transpiration and runoffformulations in land surface schemes used with atmospheric models. J Climate, 10 : 1578-1591.

Lakhtakia M N, Warner T T. 1994. A comparison of simple and complex treatments of surface hydrology and thermodynamics suitable for mesoscale models. Mon Wea Rev, 122 : 880-896. .

Lin Y L, Farley R D, Orville H D. 1983. Bulk parameterization of the Snow Field in a cloud model. J chim Appl Meteorol, 22(6): 1065-1092.

Lu S, RenT, Gong Y et al. 2007. An Improved model for predicting soil thermal conductivity from water content at room temperature. Soil Sci Soc Am J, 71 : 8-14.

Liu S H, Liu H P, Hu Y, et al. 2007. Numerical simulations of land surface physical processes and land-atmosphere interactions over oasis-desert/Gobi region. Sci China Ser D, 50(2): 290-295.

McCumber M C, Pielke R A. 1981. Simulation of the effects of surface fluxes of heat and moisture in a mesoscale numerical model. J Geophys Res, 86(C10): 9929-9938.

Meng X H, Lu S H, Zhang T T, et al. 2009. Numerical simulation of the atmospheric and land Conditions over the Jinta oasis in northwestern china with satellite-derived land surface parameters, J Geophys Res, 114: D06114.

Mlaner E J, Taubman S J, Brown P D, et al. 1997. Radiative transfer for inhomogeneous atmospheres:RRTM, a validated correlated-K model for the longwave . J aeophys Res-Atmos, 102(D14): 1663-16682.

Minnis P, Mayor S, Smith W L et al. 1996. Asymmetry in the diurnal variation of surface albedo IEEE Geosci. Remote. 4(4): 879-890.

Monteith J, Szeice G. 1961. The radiation balance of bare soil and vegetation. Q J R Meteorol Soc, 87 : 159-170.

Otterman J, Chou M D, Arking A. 1984. Effects of nontropical forest cover on climate. J Clim Appl Meteorol, 23 : 762-767.

Paltridge G W, Partt C M R. 1981. The radiation processes in meteorology and climatology. Beijing: Science Press. .

Pan H L, Mahrt L. 1987. Interaction between soil hydrology and boundary-layer development. Bound. -Layer Meteor, 38 : 185-202.

Peters-Lidard C D, Blackburn E, Liang X, et al. 1998. The Effect of Soil Thermal Conductivity Parameterization on Surface Energy Fluxes and Temperatures. J Atmos Sci, 55 (7): 1209-1224.

Ranson K J, Irons J R, Daughtry G S T. 1991. Surface albedo from bidirectional reflectance. Remote Sens Environ, 35 : 201-211.

Rawls W J, Brakensiek D L, Saxton K E. 1982. Estimation of Soil Water Properties. Transactionsof the ASAE. 25 (5): 1316-1320.

Schaaf C B, Gao F, Strahler A H, et al. 2002. First operational BRDF, albedo nadir reflectance preoducts from MODIS. Remote Sens Environ, 83 : 135-148.

Schaake J C, Koren V I, Duan Q Y, et al. 1996. A simple water balance model (SWB) for estimating runoff at different spatial and temporal scales. Geophys Res. 101 : 7461-7475.

Song J. 1998. Diurnal asymmetry in surfale albedo. Agric Forest Meteorol, 92(3): 181-189.

Tsvetsinskaya E A, Schaaf C B, Gao F, et al. 2002. Relating MODIS-derived surface albedo to soils and rock types over northern Africa and the Arabian peninsula Geophys. Res Lett, 29 (9): 13-53.

Wang J M, Zhou M, Xu M, et al. 2002. Study on development and application of a regional PBL, numerical model. Bound-Lay Meteorol, 103(3): 491-503.

Wang S. 2005. Dynamics of surface albedo of a boreal forest and its simulation. Ecological modeling, 183: 477-494.

Wang S, Grant R F, Verseghy D L, et al. 2001. Modelling plant carbon and nitrogen dynamics of a boreal aspen forest in CLASS-the Canadian Land surface scheme. Ecol Model, 142(1): 135-142.

Wang S, Grant R F, Verseghy D L, et al. 2002a. Modelling carbon dynamics of boreal forest ecosystems using the Candadian Land surface scheme. Glim Change, 55(4): 451-477.

Wang S, Grant R F, Verseghy D L, et al. 2002b. Modelling carboncoupled energy and water dynamics of a boreal aspen forest in a general Circulation Model Land surface scheme. Int J Climatol, 22: 1249-1265.

Wang Z, Barlage M, Zeng X. 2005. The solar zenith angle dependenceof desert albedo. Geophysical Research Letters, 32: 1-4.

Wang Z, et al. 2004. Using MODIS BKDF and albedo data to evaluate global model land surface albedo. J Hydromete-oral, 5: 3-14.

Yuce, Shunleworth W J, Washburme J, et al. 1998. Evaluating NCEP Eta model derived data against obseNations. Mon Wea Rev, 126: 1997-1991.

Zhang Q, Wei G A, Cao X Y, et al. 2002. Observation and study of land surface parameters over Gobi in typical arid region. Adance in Atmospheric Science, 19(1): 121-135.

Zhou W, Barlage M, Zeng X B. 2005. The solar zenith angle dependence of desert albedo. Geophys Res Let, 32(L05403):1-4.

第5章 绿洲自维持机制理论与数值研究

大量观测事实表明,绿洲系统存在自身特有的小气候特征。绿洲处于荒漠的环绕之中,因下垫面具有两种完全不同的物理特性而明显影响了它们大气边界层的气象特征,改变了局地气候条件。因此,有必要将绿洲沙漠这个统一矛盾体,作为一个独立系统来研究绿洲沙漠系统的局地环流以及能量、水分循环和物质交换过程,分析绿洲和沙漠之间是如何相互作用,研究绿洲的形成、发展、维持及衰退过程,对科学保护和合理开发利用绿洲生态系统都有着重要的现实意义。

本章从动力和热力学出发分析研究沙漠绿洲地区低层温度、风的物理结构和绿洲自我保护机制的原理,在此基础上,对其进行数值模拟研究,其目的是为我国沙漠绿洲科学保护、合理开发利用提供科学支撑。

5.1 绿洲系统的动力学特点

绿洲演变的研究有着重要的理论和应用价值。Charney(1975)最早从理论上将生物通过反照率变化的反馈机制引入到 Sahel 地区的干旱研究中,他指出由于植被破坏导致反照率增加,会进一步导致干旱的加剧和植被的减少。沙漠和绿洲下垫面不同的热力特性可激发绿洲沙漠间的局地环流。沙漠戈壁、绿洲地区之间的温度差,是绿洲风环流产生的原因之一,并使绿洲区产生下沉运动、沙漠区产生上升运动。根据观测事实,提出如下假设:

(1)沙漠绿洲环流的厚度约为 100~2000 m,环流的主体在边界层内,必须考虑湍流摩擦力的作用,可以采用 Boussinesq 近似。

(2)一般来说,绿洲的面积约为 500~1000 km²,而沙漠的面积则比绿洲的大得多。西北地区绿洲的面积大约为沙漠的 5%,可将绿洲看成质点;沙漠绿洲环流属于小尺度的局地环流,假设绿洲的形状是一个近似圆。

(3)假设扰动大气是静止的。

(4)假设绿洲处于沙漠的环绕中。

(5)假设绿洲内植被均一,灌溉度相同。

根据以上假设,引入以下方程组:

$$\frac{\partial u}{\partial t} + u\frac{\partial u}{\partial x} + v\frac{\partial u}{\partial y} + w\frac{\partial u}{\partial z} = -\frac{1}{\rho}\frac{\partial p}{\partial x} + \frac{\partial}{\partial z}\left(k\frac{\partial u}{\partial z}\right) + fv \tag{5.1}$$

$$\frac{\partial v}{\partial t} + u\frac{\partial v}{\partial x} + v\frac{\partial v}{\partial y} + w\frac{\partial v}{\partial z} = -\frac{1}{\rho}\frac{\partial p}{\partial y} + \frac{\partial}{\partial z}\left(k\frac{\partial v}{\partial z}\right) - fu \tag{5.2}$$

$$\frac{\partial u}{\partial x} + \frac{\partial v}{\partial y} + \frac{\partial w}{\partial z} = 0 \tag{5.3}$$

$$\frac{\partial p}{\partial z} = -\rho g \tag{5.4}$$

$$\frac{\partial \theta'}{\partial t} + u\frac{\partial \theta'}{\partial x} + v\frac{\partial \theta'}{\partial y} + w\frac{\partial \theta'}{\partial z} + \alpha w = -\frac{\partial}{\partial z}\left(\kappa\frac{\partial \theta'}{\partial z}\right) \tag{5.5}$$

令

$$\pi = C_p \Theta_0 \left(\frac{p}{p_0}\right)^{R/C_p} \tag{5.6}$$

式中，Θ_0 为常数，为位温的平均值；$p_0 = 1000\ \text{hPa}$。则得到：

$$-\frac{1}{\rho}\frac{\partial p}{\partial x} = -\frac{\theta}{\Theta_0}\frac{\partial \pi}{\partial x} \cong -\frac{\partial \pi}{\partial x} \tag{5.7}$$

$$-\frac{1}{\rho}\frac{\partial p}{\partial z} = -\frac{\theta}{\Theta_0}\frac{\partial \pi}{\partial z} = -\frac{\Theta + \theta'}{\Theta_0}\left(\frac{\partial \Pi}{\partial z} + \frac{\partial \pi'}{\partial z}\right)$$

$$= -\left(\frac{\Theta}{\Theta_0}\frac{\partial \Pi}{\partial z} + \frac{\Theta}{\Theta_0}\frac{\partial \pi'}{\partial z} + \frac{\theta'}{\Theta_0}\frac{\partial \Pi}{\partial z} + \frac{\theta'}{\Theta_0}\frac{\partial \pi'}{\partial z}\right) \tag{5.8}$$

$$\approx -g\frac{\partial \pi'}{\partial z} + \lambda\theta'$$

式中，$\theta = \Theta + \theta'$，$\Theta$ 为平均量，θ' 为扰动量；$\pi = \Pi + \pi'$，Π、π' 分别为平均量和扰动量；$\lambda = \dfrac{g}{\Theta}$。

将式(5.7)和式(5.8)代入式(5.1)、式(5.2)、式(5.4)中，并省略表示扰动量的撇号项，则得

$$\frac{\partial u}{\partial t} + u\frac{\partial u}{\partial x} + v\frac{\partial u}{\partial y} + w\frac{\partial u}{\partial z} = -\frac{\partial \pi}{\partial x} + \frac{\partial}{\partial z}\left(\kappa\frac{\partial u}{\partial z}\right) + fv \tag{5.9}$$

$$\frac{\partial v}{\partial t} + u\frac{\partial v}{\partial x} + v\frac{\partial v}{\partial y} + w\frac{\partial v}{\partial z} = \frac{\partial \pi}{\partial y} + \frac{\partial}{\partial z}\left(\kappa\frac{\partial v}{\partial z}\right) - fu \tag{5.10}$$

$$\frac{\partial u}{\partial x} + \frac{\partial v}{\partial y} + \frac{\partial w}{\partial z} = 0 \tag{5.11}$$

$$\frac{\partial \pi}{\partial z} = \lambda\theta \tag{5.12}$$

$$\frac{\partial \theta}{\partial t} + u\frac{\partial \theta}{\partial x} + v\frac{\partial \theta}{\partial y} + w\frac{\partial \theta}{\partial z} + \alpha w = \frac{\partial}{\partial z}\left(\kappa\frac{\partial \theta}{\partial z}\right) \tag{5.13}$$

式中，$\alpha = \dfrac{N^2}{g}$。

绿洲、沙漠表面和近地层大气间的温差具有周期性变化(24 小时)是绿洲沙漠环流机制的最基本特征。考虑最简单的情况，即：①考虑在水平各个方向上温度属性为各向同

性；②近地层大气和下垫面的温度在时间上具有周期性，并且在水平方向上为突变变化。即考虑在绿洲与沙漠的交界处，温度突变，在同一时刻，绿洲的温度是一个值，沙漠的温度为一个值；③只考虑水平 x 方向和垂直 z 方向的二维情况。坐标原点设在绿洲的中心，不考虑科氏力的作用，κ 为常数。式(5.9)～式(5.13)可简化成如下形式：

$$\frac{\partial u}{\partial t} + u\frac{\partial u}{\partial x} + w\frac{\partial u}{\partial z} = -\frac{\partial \pi}{\partial x} + \frac{\partial}{\partial z}\left(\kappa\frac{\partial u}{\partial z}\right) \tag{5.14}$$

$$\frac{\partial u}{\partial x} + \frac{\partial w}{\partial z} = 0 \tag{5.15}$$

$$\frac{\partial \pi}{\partial z} = \lambda\theta \tag{5.16}$$

$$\frac{\partial \theta}{\partial t} + u\frac{\partial \theta}{\partial x} + w\frac{\partial \theta}{\partial z} + \alpha w = \frac{\partial}{\partial z}\left(\kappa\frac{\partial \theta}{\partial z}\right) \tag{5.17}$$

由于方程中含有湍流项，要求空气黏附于下垫面，可得 3 个边界条件：

$$z=0 \text{ 且 } t=0 \text{ 时，} u = w = 0$$

假定下垫面的温度扰动是坐标和时间的函数：

$$z=0 \text{ 且 } t>0 \text{ 时，} \quad \theta = \theta_o(x,t)$$

根据观测，绿洲-沙漠环流的垂直厚度较薄，下垫面的影响应随高度的增加而减弱，并且环流具有局地性，可假定：

$$z=\pm\infty \text{ 时，} u = \theta = \pi = 0$$
$$x,y=\pm\infty \text{ 时，} \theta = \vartheta(x)=0, \text{ 且 } u = \theta = 0$$

绿洲处于沙漠的环绕之中，假定各物理量对于 x 轴是对称的：

$$\theta(x,t) = \theta_o(-x,t)$$
$$x=0, \quad u = \frac{\partial \theta}{\partial x} = 0$$

根据条件 2，可以给出 u、θ 和 π 的函数(只考虑 x 方向的正方向)：

$$u = u(z,t) \tag{5.18}$$
$$\theta = \vartheta(x_0 - x)\theta_o(z,t) + \vartheta(x - x_0)\theta_d(z,t) \tag{5.19}$$
$$\pi = \vartheta(x_0 - x)\pi_o(z,t) + \vartheta(x - x_0)\pi_d(z,t) \tag{5.20}$$

式中，$\vartheta(x)$ 函数为 $\vartheta(x) = \begin{cases} 1 \cdots x \subseteq [0,+\infty) \\ 0 \cdots x \subset (-\infty,0) \end{cases}$

这里，θ_o, θ_d，π_o, π_d 分别为绿洲、沙漠温度和气压，x_0 为绿洲沙漠的交界点。

由初始和边界条件可得出：

$$w \equiv 0 \tag{5.21}$$

考虑对于同一水平高度来说，物理量只是在 $x=x_0$(沙漠绿洲边缘)时发生突变，将式(5.18)至式(5.21)代入式(5.14)至式(5.17)可得：

$$\frac{\partial u}{\partial t} = (\pi_o - \pi_d) + \kappa\frac{\partial^2 u}{\partial z^2} \tag{5.22}$$

$$\frac{\partial \pi_{\mathrm{o}}}{\partial z} = \lambda \theta_{\mathrm{o}} \tag{5.23}$$

$$\frac{\partial \pi_{\mathrm{d}}}{\partial z} = \lambda \theta_{\mathrm{d}} \tag{5.24}$$

$$\frac{\partial \theta}{\partial t} = \kappa \frac{\partial^2 \theta}{\partial z^2} - u(\theta_{\mathrm{d}} - \theta_{\mathrm{o}}) \tag{5.25}$$

式(5.22)至式(5.25)反映了绿洲风物理因子之间的一连串的相互作用。其中,式(5.28)说明绿洲风是与水平气压梯度和湍流扩散有关;式(5.23)和式(5.24)说明由于两种不同下垫面的温度不同,导致气压的不同;式(5.25)表达了风对温度的反作用。

以上主要是从观测得到的沙漠绿洲温差出发探讨绿洲环流的成因,方程里没有考虑大气中水汽的作用。但实际上水汽和土壤水分在沙漠绿洲系统中起着至关重要的作用,绿洲土壤湿度和植被分布度远大于沙漠,绿洲土壤的热容量比沙漠的高,绿洲土壤和植被吸收和存储的热量远高于沙漠;在天气晴好状况下,绿洲内的蒸发远大于沙漠,水的相变带走了大量的热量,使得绿洲的温度低于沙漠的温度,产生了绿洲与沙漠之间的水平温度梯度。

从经典物理传导学来说,水汽从浓度高的地方传导到浓度低的地方,即在白天水汽从绿洲向沙漠输送,绿洲、沙漠的水平方向上的温度和水汽的差异驱动了绿洲环流的形成。陈玉春等(2004)研究西北地区不同尺度绿洲环流及边界层特征,发现不同绿洲系统地面能量和水分的输送是不同的,尺度较小的绿洲其地面潜热大,感热相对小。尺度在15km^{2}以上的绿洲可以形成绿洲-沙漠环流和绿洲的小气候,有较低的边界层,同时在绿洲边缘的沙漠形成湿气柱。尺度在几公里的绿洲不能形成绿洲-沙漠环流和绿洲边缘的湿气柱。尺度较大的绿洲形成的温度和湿度边界层结构和环流配合,使绿洲形成具有自我保护的绿洲小气候环境,有利于绿洲生态的发展。

尽管观测表明绿洲风确实存在,但在有些时段背景风速较大,由地表热力非均匀激发的局地绿洲风将被大尺度环流掩盖。观测试验结果显示:夏季白天在一定高度内绿洲相对于荒漠温度较低,气压较高;随着荒漠绿洲热力差异增大,低层将产生由绿洲向四周荒漠辐散的风场,绿洲上的垂直运动以下沉气流为主。探测高度内的荒漠风向也相应地转变为来自绿洲,而同期绿洲探测高度内的风向较为凌乱。模拟结果也表明:绿洲及邻近沙漠的温湿和风速差异明显,绿洲内部冷湿风弱,而外部干热风稍大;绿洲内的温度场、湿度场为非对称结构,冷湿中心偏离绿洲的几何中心,在绿洲东部,当地盛行风向的上风方位置上;而风速场结构对称,弱风中心与绿洲的几何中心一致;在不同的风向时空气比湿有较大的差异,存在明显的来自东北方沙漠戈壁的干平流和来自西南方水库及绿洲的湿平流。

5.2　绿洲系统热力学性质

5.2.1　地表能量平衡

对陆气交换影响最大的陆面性质是地表反照率、土壤热传导率、土壤湿度和表面粗糙程度等。地表反照率直接决定着地表对太阳辐射的吸收能力,其他几个性质则决定着地面获得净辐射能后以不同形式热能(感热、潜热和地热通量)的分配过程(张强和曹晓彦，2003)。绿洲和沙漠的地表能量平衡方程分别表示为

$$R^{(O)} = H_S^{(O)} + H_L^{(O)} + G^{(O)} \tag{5.26}$$

$$R^{(D)} = H_S^{(D)} + H_L^{(D)} + G^{(D)} \tag{5.27}$$

其中，各量的角上标"O"和"D"分别表示绿洲和沙漠的物理量。绿洲和沙漠的地表能量平衡方程之差，为

$$R^{(D)} - R^{(O)} = (H_S^{(D)} - H_S^{(O)}) + (H_L^{(D)} - H_L^{(O)}) + (G^{(D)} - G^{(O)}) \tag{5.28}$$

其中，式(5.28)右端第一项为感热通量，第二项为潜热通量，第三项为土壤热通量。

通过分析黑河试验的数据，(Kai et al.,1997)发现绿洲和沙漠的土壤热通量相差较小，式(5.28)简化为

$$R^{(D)} - R^{(O)} = (H_S^{(D)} - H_S^{(O)}) + (H_L^{(D)} - H_L^{(O)}) \tag{5.29}$$

利用黑河地区沙漠和张掖(绿洲)站的观测资料分析和比较了绿洲和沙漠的地表辐射 $R^{(D)}$，$R^{(O)}$ 特征。沈志宝和邹基玲(1994)发现晴空时，到达地面的向下短波和长波辐射的瞬时通量和他们的日变化在绿洲和沙漠接近一致。地表反照率(albedo)表征地球表面对太阳辐射的反射能力。然而由于绿洲和沙漠地表反照率的差异，$R^{(O)}$ 总是大于 $R^{(D)}$：

$R^{(O)} - R^{(D)} > 129.6 \mathrm{W \cdot m^{-2}}$ 夏季，　$R^{(O)} - R^{(D)} > 16.6 \mathrm{W \cdot m^{-2}}$ 冬季。

净向下辐射可用下式近似计算：

$$R^{(D)} = [1 - \alpha_D]Q_a - 4\varepsilon\sigma T_*^3(T_D - T_a) \tag{5.30}$$

$$R^{(O)} = [1 - \alpha_O]Q_a - 4\varepsilon\sigma T_*^3(T_O - T_a) \tag{5.31}$$

式中，Q_a 为到达地表的太阳辐射，在绿洲和沙漠基本一致(沈志宝和邹基玲,1994)；T_a 为地面大气温度；$T_*(= 273\mathrm{K})$ 为特征温度；α_D，α_O 分别为沙漠和绿洲的地表反照率；T_o，T_D 分别是绿洲和沙漠的地表温度；σ 为 Stefan-Boltzman 常数；ε 为灰体系数。

感热通量计算可近似表达为

$$H_S^{(D)} = \rho_a C_p C_H V(T_D - T_a) \tag{5.32}$$

$$H_S^{(O)} = \rho_a C_p C_H V(T_O - T_a) \tag{5.33}$$

式中，ρ_a 为空气密度；C_p 为空气的定压比热；C_H 为空气动力的热传输系数；V 为地面的平均风速。潜热通量计算可近似表达为

$$H_L^{(D)} = \rho_a L_v C_H V(q_D - q_a) \tag{5.34}$$

$$H_L^{(O)} = \rho_a L_v C_H V(q_O - q_a) \tag{5.35}$$

式中，L_v 为水汽的潜热系数；q_D, q_O 分别为沙漠和绿洲地表的比湿；q_a 为空气的比湿，$\mathrm{g \cdot kg^{-1}}$。利用黑河试验数据，左洪超和胡隐樵(1994)、佴抗和胡隐樵(1994)、Kai 和 Huang(1997)都指出沙漠上的潜热通量(为 67.0 $\mathrm{W \cdot m^{-2}}$)比绿洲上小一个量级(为 634.0 $\mathrm{W \cdot m^{-2}}$)。因此式(5.29)可简化为

$$R^{(D)} - R^{(O)} = (H_S^{(D)} - H_S^{(O)}) - H_L^{(O)} \tag{5.36}$$

将式(5.30)至式(5.35)代入式(5.36)得

$$(H_S^{(D)} - H_S^{(O)}) - H_L^{(O)} = \rho_a C_p C_H V(T_D - T_O) - \rho_a L_V C_H V(q_O - q_a) \tag{5.37}$$

$$R^{(D)} - R^{(O)} = -(\alpha_D - \alpha_O)Q_a - 4\varepsilon\delta T_*^3(T_D - T_O) \tag{5.38}$$

$$T_D - T_O = -\frac{Q_a}{\rho_a C_P C_H V + 4\varepsilon\delta T_*^3}(\alpha_D - \alpha_O) + \frac{\rho_a L_V C_H V}{\rho_a C_P C_H V + 4\varepsilon\delta T_*^3}(q_O - q_a) \tag{5.39}$$

$$\Delta T = -\frac{Q_a^*}{1 + A_1 C_H V}(\alpha_D - \alpha_O) + \frac{A_2 C_H V}{1 + A_1 C_H V}(q_O - q_a) \tag{5.40}$$

式中，$\Delta T \equiv T_D - T_O$，$Q_a^* \equiv \dfrac{Q_a}{4\varepsilon\sigma T_*^3}$，$A_1 \equiv \dfrac{\rho_a C_p}{4\varepsilon\sigma T_*^3}$，$A_2 \equiv \dfrac{\rho_a L_v}{4\varepsilon\sigma T_*^3}$ （5.41）

参数 Q_a^*，A_1，A_2 分别为太阳辐射、感热和潜热通量对长波辐射的耦合系数。沙漠的反照率通常大于绿洲的，故 $\alpha_D - \alpha_O > 0$，这将减少 ΔT，且具有使绿洲地表温度高于沙漠的趋势。

令：比热容 C_p=1004J·(K·kg)$^{-1}$，σ=5.6696×10^{-8}J·(s·m)$^{-1}$·K^{-4}，T_*= 273K，L_v=2.25×10^{6}J·g(kg)$^{-1}$，C_H≈0.0033，Q_a≈700w，ρ_a ≈1.225kg·m^{-3}，ε ≈0.97，V≈2m·s^{-1}，$q_O - q_a$≈5×10^{-3}K·g(kg)$^{-1}$，$\alpha_D - \alpha_O$≈0.11，则：ΔT≈1.50K，其中方程右边第一项 $-\dfrac{Q_a^*}{1 + A_1 C_H V}(\alpha_D - \alpha_O)$ 的值约为–6.12K，第二项 $\dfrac{A_2 C_H V}{1 + A_1 C_H V}(q_O - q_a)$ 的值约为7.62K。这与观测事实基本相符。

式(5.40)表明，影响绿洲地表温度比沙漠的低的最主要原因，是绿洲地表存在明显的蒸发。实际上绿洲需要大量水的补充来维持。绿洲水分的蒸发耗费了热量，使得绿洲温度明显低于沙漠，这就是绿洲"冷岛效应"形成的根本原因。

5.2.2　水分平衡

绿洲通常是指荒漠地区中水源丰富、草木繁盛、农牧业较为发达的地方，一般见于河流两岸、井泉附近以及受高山冰雪融水灌注的山麓地带。绿洲的形成与发展要受到所处环境和所拥有的资源特别是水资源的强烈限制，一定的水资源量在一定阶段只能维持相适应的绿洲规模。研究认为，干旱内陆河区绿洲的重要特征是绿洲的唯水性，最显著的特点就是脆弱性与易变性。"有水便为绿洲，无水便为荒漠"是对绿洲唯水性的真实写照(李海涛，2008)。而水是自然界物质循环和能量转化的主要媒介。绿洲对外部干扰因素反应敏感，且一旦外部条件发生变化，它对绿洲内部产生的影响往往是不可逆的，尤其是自然生态，被破坏后极难恢复原状。水物质(液态和气态)循环在绿洲尤其重要，研究绿洲-沙漠系统的水循环和平衡具有重要意义。

简单绿洲出发，假设系统由沙漠和绿洲及其上空大气组成，沙漠围绕绿洲，假设绿洲和沙漠的总面积为1，绿洲的占 $M^{(O)}$，沙漠则为 $1–M^{(O)}$。$M^{(O)}$ 可称为绿洲覆盖度。令 $F^{(O)}$ 代表由降水和灌溉减去截留、地上和地下的出流及蒸发后的净水分的供应。绿洲土壤湿度随时间的变化率，可简单表示为

$$\frac{dE^{(O)}}{dt} = -\rho_a C_H V(q_O - q_a) + F^{(O)} \tag{5.42}$$

式中，$E^{(O)}$ 是绿洲上层土壤的水分含量。$E^{(O)}$ 越大，$M^{(O)}$ 也就越大。这样，可以给出一个 $M^{(O)}$ 和 $E^{(O)}$ 之间的简单假设：

$$E^{(O)} = \mu M^{(O)} \tag{5.43}$$

这里，μ 为绿洲水分系数。将式 (5.43) 代入式 (5.42) 中，可得到

$$\frac{dM^{(O)}}{dt} = -\frac{\rho_a}{\mu} C_H V(q_O - q_a) + \frac{F^{(O)}}{\mu} \tag{5.44}$$

式 (5.44) 表示了绿洲的增长和衰减速率。由于沙漠中绿洲的降水率较低，水资源的增加 (通常是人类活动的结果) 和绿洲蒸发率的减小有利于维持沙漠中的绿洲。观测事实发现，尺度小的绿洲蒸发能力大，尺度大的绿洲蒸发能力小。从式 (5.44) 还发现，蒸发能力小的绿洲有利于维持，蒸发能力大的绿洲不利于维持。由于绿洲和周围荒漠之间地表热容量和地表热量平衡的巨大差异，白天绿洲地表受太阳辐射加热程度远不如周围荒漠显著。绿洲地表温度低于沙漠的最主要原因是绿洲地表存在明显的蒸发现象。绿洲中过多的蒸发，使绿洲地表温度低于周围沙漠地区。

5.2.3　大气稳定度

考虑到地转风拖曳的作用，热力传输系数 C_H 可由式 (5.50) 计算。

$$C_H = \frac{k}{Pr}\left[\ln\frac{h}{z_0} - C(Ri_B)\right]^{-1} \tag{5.45}$$

式中，k 为 Von Karmen 常数 (通常取为 0.4)；Pr 为中性时的扰动 Prandtl 数，根据 Businger 等 (1971) 的结果取为 0.74；z_0 为粗糙度；h 为边界层厚度的高度尺度，与 $u_*/|f|$ 成比例，比例系数取为 0.15～0.3；u^* 为摩擦速度；f 为科氏参数；Ri_B 为总体 Richardson 数，代表大气稳定度，定义为

$$Ri_B = \frac{gh\delta T_s}{TV^2} \tag{5.46}$$

式中，δT_s 为空气和地表温度差；T 为地表温度。

随着大气稳定度的加强，C_H 在迅速减小。这样绿洲大气稳定度的增加有利于维持绿洲系统。从动力学角度来看，绿洲明显的下沉运动将使大气稳定，绿洲明显的上升运动将使大气不稳定。绿洲上大气稳定度的增加对于维持绿洲是一个重要的自我保护机制。郭亚娜和潘益农 (2002) 研究了粗糙度和稳定度等对绿洲生态系统能量平衡的影响指出，地表粗糙度和大气稳定度是控制地气间能量交换的重要因子。金塔试验研究也表明，绿洲中植被的温度不仅受反照率、空气温度影响，而且受大气稳定性和地表粗糙度的影响，在其他条件相同的情况下，大气稳定度越高 (低)，植被的温度越高 (低)，地表粗糙度越小 (大) 植被的温度也越高 (低)。

5.3　绿洲效应的基本特征

绿洲系统如同生命体一样。绿洲效应（oasis effect）尤其会受到这种多尺度大气流动的影响，其影响因子包括风的垂直、水平切变以及垂直混合等。绿洲系统内的物质循环与能量流动的相互作用所产生的自校稳态机制，使系统具有自我维持和调节能力。

5.3.1　温度的垂直分布

由于 $M^{(O)}$ 较小（中国西北 $M^{(O)} \cong 0.05$），在行星边界层顶气压 p_1 处温度被认为是水平均一的。空气柱内的平均温度（带'—'项）仅用边界层顶 p_1 处的温度 T 和地面 p_0 处的温度 T_0 表示，利用算术平均求得，$\bar{T}_D = \frac{1}{2}(T + T_D)$，$\bar{T}_O = \frac{1}{2}(T + T_O)$。水平平均的 $\bar{T}_D$ 和 $\bar{T}_O$ 表示为

$$\langle \bar{T} \rangle = \bar{T}_D (1 - M_O) + \bar{T}_O M_O \tag{5.47}$$

沙漠和绿洲之间平均温度的垂直方向对比可定义为

$$DT \equiv [(1 - M_O)(T_D - \langle \bar{T} \rangle) - M_O(T_D - \langle \bar{T} \rangle)] \tag{5.48}$$

将式（5.47）代入式（5.48），得到：

$$DT = 2M_O(1 - M_O)\Delta T \tag{5.49}$$

如果绿洲不存在（$M_O = 0$），温度差异为零（$DT = 0$）。如果绿洲占 50%，温度差为地面温度的一半（$DT = 0.5\Delta T$）。

5.3.2　绿洲风环流成因

将绿洲看成一个与其中心重合的柱状体，绿洲和其周围的沙漠的温度差将驱动绿洲风环流的产生。由于绿洲尺度比 Rossby 变形半径小得多，科氏力可忽略。在对称假设前提下，柱坐标系中的运动方程，可按如下形式给出：

$$\frac{du}{dt} + ku = -\frac{1}{\rho}\frac{\partial p}{\partial r} \tag{5.50}$$

$$\frac{dw}{dt} + kw = -\frac{1}{\rho}\frac{\partial p}{\partial z} \tag{5.51}$$

式中，u, w 分别为径向和垂直方向的风分量；p 为气压；ρ 为空气密度；g 为重力加速度；k 为表示摩擦力强度的常数。计算环流通过：

$$C = \int (u dr + w dr) = LV \tag{5.52}$$

式中，L 为积分路径长度；V 为沿积分路径的绿洲风的平均速度。

通过式（5.50）~式（5.52），可得出绿洲风环流随时间的变化：

$$\frac{dc}{dt} = \int \left(\frac{du}{dt} dr + \frac{dw}{dt} dz \right) = -\int \frac{dp}{p} - \int g dz - kC \tag{5.53}$$

第二项积分为零。将式 (5.57) 代入式 (5.58)，得到 V 的一个方程：

$$\frac{\mathrm{d}V}{\mathrm{d}t} + kV = DT\frac{R}{L}\ln\frac{p_0}{p_1} \tag{5.54}$$

式中，$R = 287 \ \mathrm{N\cdot(kg\cdot K)^{-1}}$，为气体常数。将式 (5.49) 代入式 (5.54) 可得到关于绿洲风环流、绿洲比例及绿洲与其周围沙漠的地面温度差的方程式：

$$\frac{\mathrm{d}V}{\mathrm{d}t} + kV = A_3 M_O (1 - M_O)\Delta T, \quad A_3 \equiv \frac{R}{L}\ln\frac{p_0}{p_1} \tag{5.55}$$

将式 (5.8) 代入式 (5.55)，得

$$\frac{\mathrm{d}V}{\mathrm{d}t} + kV = A_3 M_O (1 - M_O)\left[-\frac{Q_a^*}{(1 + A_1 C_H V)}(\alpha_D - \alpha_O) + \frac{A_2 C_H V}{(1 + A_1 C_H V)}(q_O - q_a)\right] \tag{5.56}$$

式 (5.61) 是绿洲风的一个表达式。从式中发现，反照率效应将减弱绿洲风环流，相反，蒸发效应会驱动它。由于绿洲的反照率小于沙漠，这种情况将对绿洲风有减弱作用。但较强的蒸发可以驱动绿洲风。

5.3.3　绿洲自维持机制

通过上述研究，提出绿洲的自我维持机制，即陆气反馈作用。绿洲过多的蒸发使得绿洲地表温度低于周围沙漠的。这种温度差异驱动绿洲风环流产生，并且在绿洲上空存在下沉运动、沙漠上空存在上升运动。绿洲风环流减少了绿洲和沙漠上的热量和水分的交换，主要通过两种途径：①沙漠上空的绿洲风环流的上升支就像一堵墙一样，阻止了低层热而干的气流流向绿洲（保护墙机制）；②绿洲上空的绿洲环流的下沉作用加大了大气的稳定度，减少了绿洲的蒸发（稳定机制）。

当绿洲上的蒸发减弱，绿洲和其周围沙漠的温度差减小，这将减弱绿洲风环流及绿洲上的下沉运动。蒸发的减弱增加了大气的不稳定，加大了热传输系数 C_H。如果持续存在净的水汽供应 $F^{(O)}$，将保持着一个相对大值。

绿洲系统如同生命体一样。绿洲效应尤其会受到这种多尺度大气流动的影响，其影响因子包括风的垂直和水平切变以及垂直混合等（吕世华和罗斯琼，2005；吕世华和尚伦宇，2005；文莉娟等，2005；Liu et al.，2007；文小航等，2010）。但是，绿洲系统的这种稳态机制是有限的，当外力与人为干扰超过系统可调节能力或可承载能力范围时，系统平衡将被破坏，甚至瓦解。正如刘金鹏等 (2010) 指出，衡量绿洲的生态安全，简单易行的方法是确定 3 个控制性指标，即维护适宜的绿洲规模、适宜的耕作面积和适宜的绿洲地下水位值。三者之间的关系如图 5.1 所示。

人类对土地开发最重要的积极影响就是增加耕地、扩大灌溉面积，绿洲的扩大是人类对荒漠生态系统的优化。但是，绿洲农业开发对生态环境的影响也是正反两方面的，既有使生态环境向好的方面发展的正向演替，也有使生态环境恶化的逆向演替。随绿洲农业的扩大，灌溉水面扩大，植被蒸腾加强，增加了绿洲的大气水汽、降低了地表温度、改变了荒漠的水热条件，创造了绿洲内新的水热平衡。由于绿洲植被茂密和地面较湿润，降低了地表的反射率、增加了对辐射的吸收，绿洲内温差变小。因此，绿洲植被状况越

好、土壤湿度越大，绿洲气候效应越突出。

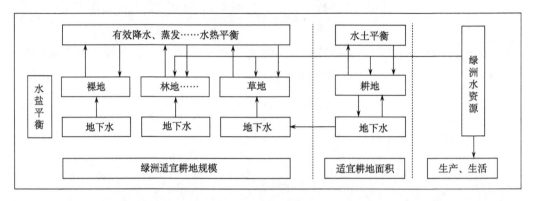

图 5.1　绿洲生态安全 3 项衡量指标关系(刘金鹏等，2010)

　　绿洲稳定性是一个涉及自然与社会学科诸多领域的复杂综合问题。绿洲的空间尺度、植被分布格局、土壤性质、形状走向等内部结构，以及大尺度的动力和热力背景等外部因素都能影响绿洲气候效应的强弱，从而对绿洲自我维持机制产生作用。但是，无论是绿洲的内部结构还是外部因素都可以被改造、影响和选择的，这为通过改变绿洲内外部条件来改进绿洲自我维持机制提供了理论途径。

5.4　理想绿洲数值试验

　　使用美国 NCAR 中尺度非静力平衡 MM5 模式，设计了一个理想的绿洲-沙漠配置场，在大气场为均一静止的情况下，分析不同下垫面是通过什么过程如何驱动绿洲风，如何形成绿洲的"冷岛效应"，并通过模拟验证观测事实，深入研究绿洲风形成的机理。

5.4.1　试验方案

　　MM5 模式采用了非静力平衡方案(详见第 2.5.1 节)。有多种物理方案可供选择，辐射过程采用 CCM3 气候模式的辐射过程。在积云参数化方案中，除了 Anthes-Kuo 方案外，还有 Arakawa-Schubert 方案和 Grell 方案；在显式方案中增加了冰相过程；在辐射物理方案中，考虑了云水、云冰、雪和二氧化碳对辐射的吸收、散射和反射等。MM5模式中还设计了多重网格嵌套方案，可以有效减弱侧边界对模拟结果的影响。

　　MM5 模式中陆面过程使用 NCEP Eta Land-Surface Model(LSM)，可以预报四层(10 cm、30 cm、60 cm 和 100cm)土壤的温(湿)度、植被层的温(湿)度、雪面的水平衡、地表及地下径流，还计算了蒸发、土壤导热率及由于重力作用引起的湿度通量。大气模式通过其风、温、湿、气压和辐射能量来驱动陆面过程，陆面过程也通过近地层的湍流交换给大气提供感热、潜热和地表摩擦来强迫大气运动过程。

　　模拟中物理过程参数化方案选择如下：

　　(1)积云对流参数化方案　采用 Grell 参数化方案；

(2)行星边界层物理过程 采用 MRF PBL 边界层参数化方案;

(3)云物理过程 选用简单冰相过程;

(4)大气辐射方案 选择 CCM3 辐射计算方案。

试验为了模拟下垫面对大气边界层的作用,因此没有考虑云对地面辐射的影响。模式的陆面过程采用 OSU/Eta Land-surface Model;考虑到植被类型和土壤类型对热通量的影响,模式也包括植被层。

由于实际大气中存在大尺度背景场和地形等复杂因素的影响,绿洲与沙漠环流是叠加在背景场的比较复杂的现象。为清楚的了解绿洲与沙漠环流的特征及形成机理,我们在试验设计中,没有考虑地形和大尺度背景场的影响。因此,模式初值场是水平均一的,其水平风在各层为零。大气层结取 2000 年 7 月 24 日张掖市 08:00 探空资料。为了避免模式边界对模拟结果的影响,我们选择了 3 重嵌套网格。最外模式区域侧边界采用固定边界条件,积分时间为 2d。模式中心点位于(38.9°N, 100.35°E),第一模式区域东西向格点数 60,南北向格点数为 80,水平格距 9km;第二模式区域东西向格点数 73,南北向格点数为 91,水平格距 3 km;第三模式区域东西向格点数 85,南北向格点数为 103,水平格距 1km;模式垂直方向分 23 层,使用 Sigma 垂直坐标,对应的 Sigma 值分别为 1.00、0.99、0.98、0.96、0.93、0.89、0.85、0.80、0.75、0.70、0.65、0.60、0.55、0.50、0.45、0.40、0.35、0.30、0.25、0.20、0.15、0.10、0.05、0.00。模式的大气顶气压为 10 hPa。

为了消除地形影响,模拟区域的地形是水平的,海拔高度是 1460 m。模式下垫面第一、第二模式区域是沙漠,第三模式区域 85×10^3 km 的区域中心有 15km×15km 的绿洲,植被类型使用林地和耕作区,其他地方仍然是戈壁沙漠。沙漠区域土壤类型为沙,林地和耕种区土壤类型使用沙土。设计这样一个理想的绿洲与沙漠配置(即典型的沙漠背景下的绿洲),通过模式积分,一是通过模拟分析在非均匀下垫面的强迫下,大气边界层演变对局地气候效应的影响,二是探讨绿洲风形成的过程和基本图像(图 5.2)。

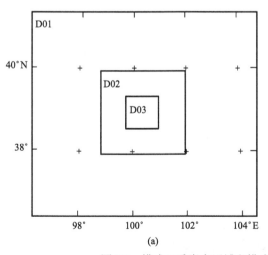
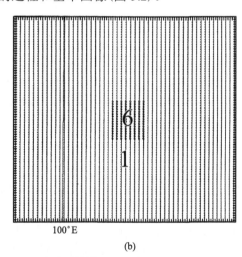

图 5.2 模式三重嵌套区域和模式第三重区域地面植被类型分布

(a)三重嵌套区域; (b)第三重区域

1 为沙漠; 6 为林地和耕地

5.4.2　冷岛效应

　　从图 5.3（a）可知，第三模式域中间有一个边长为 15km 正方形绿洲区域，在绿洲之外是沙漠区域。模式积分 6h 的第三模式区域地面感热分布［图 5.4（a）］，可以看到绿洲区域感热比沙漠小得多。其中，沙漠的感热达到 420W·m^{-2}，而绿洲仅 68.2W·m^{-2}；模拟值与实际观测的结果比较一致。模式积分 6h 是北京时（下同）14:00，仍然不是当地感热的峰值时间。对应模式积分 6h 第三模式区域地面潜热［图 5.4（b）］与感热分布正好相反，绿洲的潜热通量达到 494W·m^{-2}，沙漠地区的潜热通量仅有 110W·m^{-2} 左右。由此可见，感热和潜热在沙漠和绿洲地区差异是由于不同下垫面的土壤湿度造成的，主要取决于土壤中水分的蒸发。

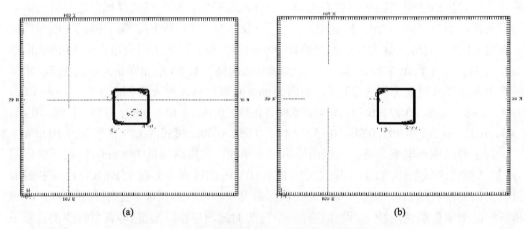

图 5.3　模式积分 6h 第三模式区域地面感热和潜热分布
(a)感热分布；(b)潜热分布

　　由于沙漠土壤含水量小，蒸发小，地面温度高，感热大。而绿洲土壤含水量大，蒸发大，土壤温度低，感热小。分析结果表明，决定绿洲与沙漠系统能量和水分输送的关键是土壤水分，绿洲系统需要大量水资源补充才能够维持。事实上，西北地区大多数绿洲都是由内陆河水灌溉形成，并长期维持。

　　绿洲-沙漠地表特征差异造成的能量和水分通量的差异，必然会反映到大气边界层中。图 5.3（a）为模式积分 6h 第三模式区域 850hPa 大气温度场，结果在绿洲上空，大气温度为 20.3℃，而在沙漠上空大于 22.0℃，二者相差 2℃；绿洲上空的"冷中心"十分明显。这就是 20 世纪 80 年代苏从先等（1987）在河西水热平衡研究中提出的绿洲"冷岛效应"。另外，胡隐樵等（1994）利用黑河实验资料也发现了绿洲存在"冷岛效应"。

　　图 5.4（b）是模式积分 6h 第三模式区域 700hPa 大气温度场，发现在绿洲区域存在一个弱的高温中心（为 8.26℃），边缘接近 8.0℃，而在 800hPa 和 750hPa 绿洲上空，温度场都维持低温中心（图略）。模拟分析表明，绿洲的冷中心高度在 700hPa 以下；700hPa 以上维持一个弱高温中心。如果说绿洲大气低层的冷中心是绿洲冷岛效应形成的，那么为什么在 700hPa 以上产生弱高温中心。模拟结果证实，正是由于绿洲-沙漠地表能量输送的不均，才在绿洲上空形成了"冷岛效应"，大气温度结构的变化必然会反映到环流场。

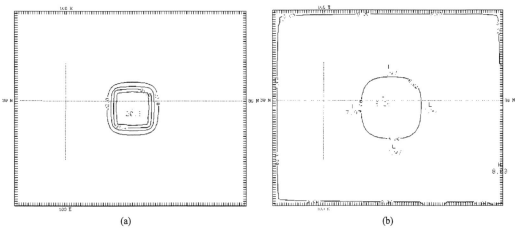

图 5.4　模式积分 6h 第三模式区域 850hPa 和 00hPa 温度场

(a)850hPa；(b)700hPa

5.4.3　绿洲风环流

　　由于绿洲冷岛效应的存在，在绿洲大气边界层中形成低温中心，受绿洲和沙漠边缘气压梯度力影响，驱动绿洲风的形成。当模式积分 6h 第三模式区域 850hPa 大气风场[图 5.5(a)]，在绿洲边缘有大于 $2m \cdot s^{-1}$ 吹向沙漠方向的风，而绿洲中心风速很小；相反 700hPa 绿洲上空气流辐合[图 5.5(b)]，绿洲边缘风速达 $2m \cdot s^{-1}$ 以上。绿洲近地面大气在绿洲冷岛效应的驱动下辐散，导致绿洲区形成下沉气流，相反在绿洲上空 700hPa 以上形成辐合。这一辐合气流可以将沙漠上空的热空气输送到绿洲上空，是绿洲 700hPa 以上形成弱高温中心。该弱高温中心又有加强气流辐合的作用。

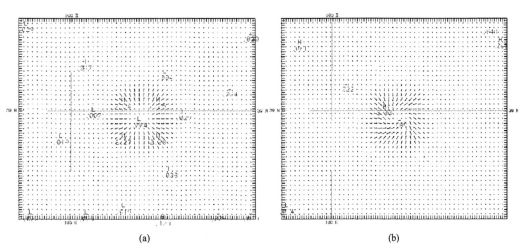

图 5.5　模式积分 6h 第三模式区域 850hPa 和 700hPa 风场

(a)850hPa；(b)700hPa

　　绿洲能量输送的日变化特征决定了绿洲沙漠环流同样存在明显的日变化特征。模式积分 9h 第三模式区域 17:00 的 850hPa 大气风场[图 5.6(a)]，辐散气流覆盖的范围比 14:00

有较大的增加，但风速没有变化。在模式积分 12h 第三模式区域 850hPa 大气风场相当于 20:00［图 5.6(b)］，辐散气流覆盖的范围更大，大约达到 60km×60km 的区域，且风速也达到近 4m·s⁻¹。一个 15km×15km 的绿洲，其形成的绿洲风可以覆盖近 4 倍的绿洲区域，可见其影响范围较大。当然这是理想状况下的模拟结果，实际上绿洲风是叠加在复杂地形的山谷风和大尺度环流的综合结果，因此给观测研究带来了较大的困难。尽管如此，但绿洲的冷岛效应和绿洲风在许多试验中已是不争的观测事实。该模拟结果，一方面能够帮助指导对野外观测地点和时间的选择；另一方面清晰的绿洲风结构图像有利于了解绿洲气候效应形成的机理。

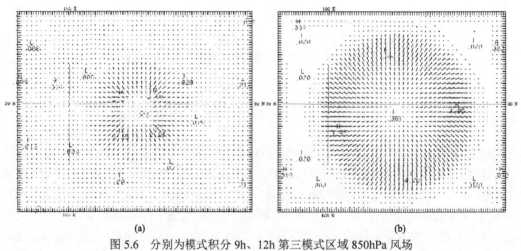

(a)　　　　　　　　　　　　　　　　(b)

图 5.6　分别为模式积分 9h、12h 第三模式区域 850hPa 风场

(a)模式积分 9h；(b)模式积分 12h

5.4.4　逆湿

　　分析模式模拟的水平流场和温度场，发现绿洲有明显的绿洲冷岛效应和绿洲风。在模式积分 9h 第三模式区域温度与流场东西向垂直剖面图［图 5.7(a)］上，绿洲格点从 33 到 47 共 15 个格点(即 15km 长的绿洲)的温度剖面图看到，在 700hPa 以下的绿洲上空，温度比周围偏低；而 700hPa 到 500hPa 温度又比周围偏高。在绿洲上空存在相当强的下沉气流(最大值达 38m·s⁻¹)，绿洲边缘的沙漠也有很强的上升气流，在绿洲两侧形成了两个对称的闭合环流圈，这就是典型的绿洲风模型。

　　当模式积分 9h 第三模式区域水汽与流场垂直剖面图［图 5.7(b)］上，受绿洲上空 700hPa 至 500hPa 水平辐合及下沉气流的影响下，导致这一区域气流较干，低层在辐散气流的影响下，将绿洲大量的水汽输送到绿洲边缘的沙漠地带，形成了高湿区，在上升气流的输送下，像两堵墙阻挡在绿洲系统的外围。高温高湿的"围墙"使沙漠的干热气流无法直接进入绿洲系统，是保护绿洲系统发展的有利屏障。

　　从以上温度、湿度场和环流场的配置分析发现，绿洲系统的边界层大约在 600hPa。环流场在 600hPa 以下比较活跃，湿度场在 600hPa 以下比较均匀，绿洲系统边界层过程相当独特。在绿洲上空是较干冷的下沉气流，在绿洲周围沙漠区是较暖湿的上升气流。

因此，绿洲上空是稳定的边界层结构，而绿洲边缘的沙漠区是不稳定的边界层结构。

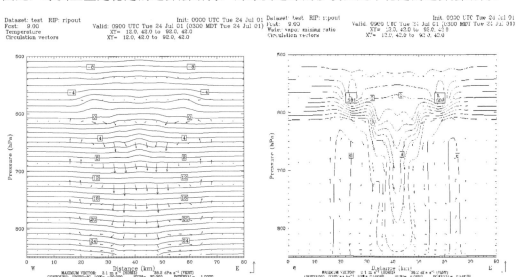

图 5.7　模式积分 9h 第三模式区域垂直剖面

(a)温度与流场；(b)水汽与流场

5.5　实际绿洲数值试验

绿洲-沙漠不同下垫面的能量和水分的输送差异,是形成绿洲系统特殊边界层结构的关键。为了分析理想与实际绿洲的差异特征,采用 2004 年 7 月 5 日晴天(该时段内金塔绿洲植被生长旺盛)资料,重点分析实际绿洲的冷岛效应、绿洲风环流和逆湿的变化特征。

模拟初始时刻为 2004 年 7 月 4 日 20:00 至 7 月 6 日 08:00,共 36h。MM5V3.6 模式采用双向作用的三重嵌套网格系统,模拟区域中心位于 40.2°N、98.9°E,母域和子域同一中心,粗细网格距分别为 9 km、3 km 和 1km,格点数分别为 80×60、91×73 和 105×83;模式层顶气压为 50hPa;模式采用地形追随坐标, σ 位面垂直分层 $k \sigma$=37;地形和下垫面特征分类:D1、D2、D3 分别用精度为 5′、2′和 2′地形资料和 25 类下垫面特征资料,但替换了第三重模拟域中金塔绿洲及其周围地区与实际不符的植被类型等。

模拟试验中参数化方案的选择如下:可分辨尺度降水采用混合冰相方案,次网格尺度降水不采用积云参数化方案;行星边界层物理过程均采用 Blackadar 的高分辨 PBL 参数化方案;大气辐射方案过程均采用简单辐射冷却方案;调用了 Noah 陆面模式。模式使用 NCEP/NCAR 的 1°×1°的再分析资料作为初始场,同时,还用了 7 月 5 日白天 3 小时间隔的探空资料,模式每隔 1 小时输出一次模拟结果。

5.5.1　冷岛效应

MM5V3.6 模拟的沙漠和绿洲气温变化趋势基本一致(图 5.8),最低值出现在 06:00,

最高值出现在 17:00 前后。模拟值与实际观测值相比，模拟的气温变化趋势与实际观测是相一致的，能较好地反映出气温日变化特征。

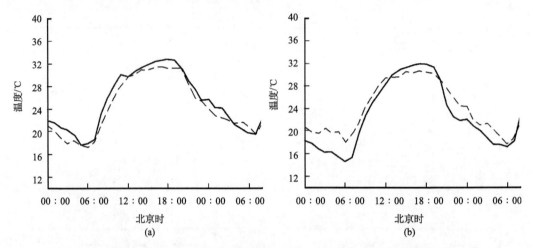

图 5.8　7 月 5 日和 6 日气温演变（虚线为观测值、实线为模拟值）

(a)北沙漠点；(b)东绿洲点

模拟的沙漠和绿洲相对湿度变化趋势也基本一致(图 5.9)，日变化明显。日出后空气变干，日落后空气较湿润，与气温呈反相变化，湿度增长的拐点滞后于气温降低的拐点，大约在 19:00 左右，最大湿度出现的时间各观测点(图略)不一致。其中 06:00 前后为高湿的概率最大。模拟的相对湿度与实际观测值较接近，对相对湿度的数值及波动变化都较好地反映了出来。以上模拟结果与刘树华等(2006)的研究结果相同："绿洲效应"的特征是绿洲比戈壁沙漠区域环境温度低、湿度大、湍流动能输送弱，具有下沉气流而导致与周围戈壁沙漠区域产生水平输送环流。

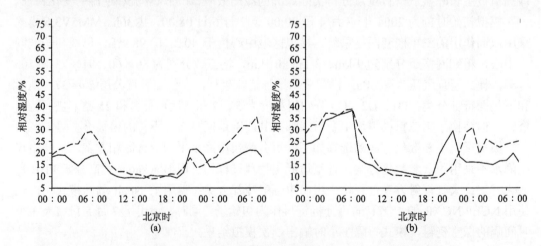

图 5.9　7 月 5 日和 6 日相对湿度演变（虚线为观测值、实线为模拟值）

(a)西沙漠点；(b)北沙漠点

模拟的感热、潜热(实线)与实测值(虚线)的趋势也有较好的一致性(图 5.10),但模拟值比实际偏大。绿洲地区潜热远大于感热,实测和模拟的潜热峰值约为 500W·m^{-2} 左右,而感热峰值不到 100 W·m^{-2}。实测的感热、潜热具有波动性,而模拟的比较平滑。通过与前面的对比发现,该模式较好的再现了绿洲系统的物理量场特征。

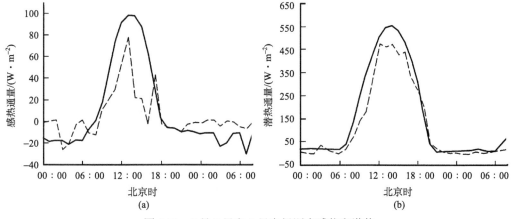

图 5.10 7 月 5 日和 6 日东绿洲点感热和潜热

(a)感热; (b)潜热

虚线.观测值; 实线.模拟值

在 850hPa 绿洲表现为冷中心[图 5.11(a)],冷岛基本随绿洲形状分布,随着高度的增加,绿洲上的温度距平在减小;750hPa 绿洲温度距平为–0.8℃[图 5.11(d)],且当远离地面一定距离后,距平中心逐渐破碎;650hPa(图略)冷中心分裂为好几个,到了600hPa(图略)时,沙漠上的温度已不再高于绿洲。模拟结果表明:绿洲冷中心空间最高达到 3000 m(600hPa)。

5.5.2 绿洲风环流

模拟结果表明,绿洲低层受高压控制[图 5.11(b)],气压距平分布同温度距平场分布相似,与绿洲轮廓基本重合。空间高度越高,高压越弱,且由于高层风场风速较大,气压场在背景风的作用下,高压中心向绿洲下游偏移。750hPa[图 5.11(e)]绿洲上空的高压中心已东移出绿洲,700hPa[图 5.11(h)]高压已经消失,绿洲上空出现了未闭合的低压。随着高度的继续增加,低压加强,到650hPa(图略)时,低压中心已控制绿洲地区上空。

绿洲风控制绿洲低层[图 5.11(c)],风场辐散(divergence)中心位于绿洲中心稍偏东。在低层风场由绿洲吹向沙漠,而高层则应由沙漠吹向绿洲(文莉娟等,2005)。随着高度的增加和背景风速的增大,以及沙漠绿洲温差的减少,辐散风会逐渐减弱、消散。尽管750hPa[图 5.11(f)]绿洲仍为辐散风控制,但已远不如低层那样明显。当以背景风为主导时,垂直空间的辐散较弱。在此高度以上,风场表现为以背景风为主,略微向绿洲中心靠拢[图 5.11(i)]。绿洲受低层高压,高层低压控制,在高层表现出较明显的沙漠风,但强大的背景风遮掩了由于局地地表特征激发出的环流。陈世强等(2006)指出:在背景风较强时,绿洲向四周辐散的风场不易形成,但冷中心依然存在,只是冷中心被环境风场吹离绿洲后，又逐渐生成。

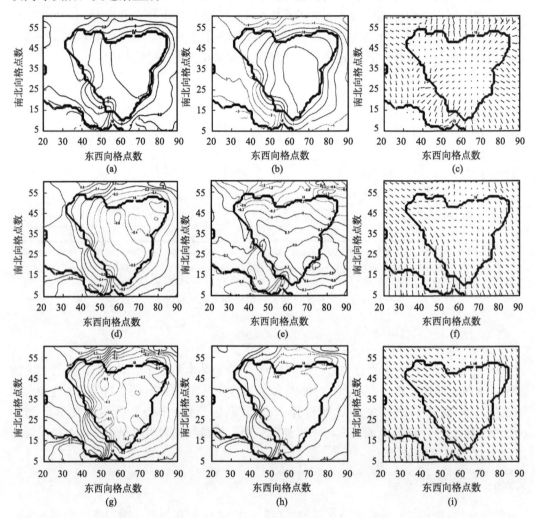

图 5.11　模拟 7 月 5 日 13:00（北京时）[（a）、（b）、（c）]850hPa、[（d）、（e）、（f）]750hPa、700hPa [（g）、（h）、（i）]的温度距平场[（a）、（d）、（g）]、气压距平场[（b）、（e）、（h）]和风场[（c）、（f）、（i）]

在消除平均场后的风场上，低层 850hPa[图 5.12（a）]呈现为绿洲风，而且越远离辐散中心的绿洲风风速越大。随着空间高度的增加，绿洲风在减弱，到了 750hPa [图 5.12（b）]，尽管绿洲内还是辐散气流，但绿洲东部的风场距平已转变为东风，且风速较小。随着不同高度上控制绿洲的高（低）压转型，高层距平风场表现为沙漠风；同时，绿洲中部风速较小，越远离风场辐合（convergence）中心，风速则越大。

在散度图上，850hPa[图 5.13（a）]绿洲是整片的正值区，绿洲上辐散强度基本相同，绿洲内只出现了一条为 $50 \times 10^{-5} \, \mathrm{s}^{-1}$ 的等值线，辐散区将绿洲全部覆盖，绿洲外缘为零散度辐合区，其强度为绿洲强度 2～3 倍的辐合中心。750hPa[图 5.13（b）]上辐散中心开始分裂，绿洲内分布着不同范围的 $20 \times 10^{-5} \, \mathrm{s}^{-1}$ 闭合中心，甚至出现了与辐散强度相当的负值区（$-20 \times 10^{-5} \, \mathrm{s}^{-1}$）；但沙漠仍维持着零散度辐合中心。

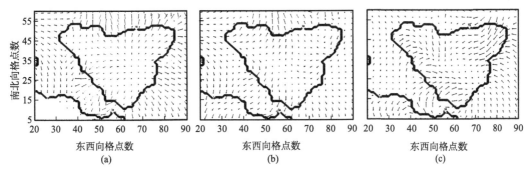

图 5.12　模拟的 2004 年 7 月 5 日 13:00 的风场距平场

(a) 850hPa；(b) 750hPa；(c) 650hPa

随着气压场和风场变化，到达 700hPa[图 5.13(c)]后绿洲内基本变为负值区，在绿洲边缘辐合最强(-30×10^{-5} s^{-1})；相反，沙漠区以辐散为主，其强度为绿洲的 2 倍(60×10^{-5} s^{-1})，同时沙漠区还分布着少许强度弱于绿洲的辐合中心。高度越高，绿洲内辐合越强的地方出现在沙漠辐散较强的附近。沙漠上的辐散并不是高度越高，强度越大，在 650hPa[图 5.13(d)]辐散达到极大值($30\times10^{-5}s^{-1}$)。

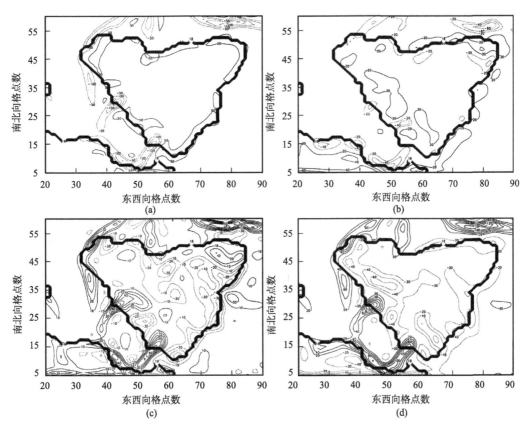

图 5.13　模拟 7 月 5 日 13:00 的散度场

(a) 850hPa；(b) 750hPa；(c) 700hPa；(d) 650hPa

　　白天，绿洲效应最明显的特征就是绿洲的温度低于沙漠地区。负温度距平极值出现在地面的绿洲中心附近(为-1.2℃)，随着空间高度的增加，负温度距平逐步减小，零距平出现在 600hPa 左右(约 3000 m)，越靠近绿洲，距平绝对值越大。绿洲冷岛的边缘受西风气流影响，在与绿洲重叠的基础上向东偏移；而绿洲西侧边缘的温度，则高于绿洲东侧边缘沙漠地区。特别是负温度距平等值线除去顶部部分，基本同水平面垂直，而不是像想象的那样呈"圆锥形"。绿洲地区低层受高压控制，高层为低压，高压向低压转变约为 750hPa 附近(1300 m)。沙漠地区与绿洲相反，在低层绿洲高压两侧分布着负的气压距平区，高层绿洲两侧分布着正距平区。在绿洲高低压配置转变的高度附近，沙漠也同时出现了转型，沙漠和绿洲空间高低压转变基本在同一高度。气压中心两侧的距平等值线同温度距平类似，垂直向的与地面正交，不同高度上同一等值线包围的范围基本相同。

　　在绿洲、沙漠地区高低压的配置下，沙漠地区产生上升气流，绿洲区会形成强迫的下沉气流。13:00 在绿洲东、西侧的沙漠区为上升运动区，受背景风的影响，东侧的上升区不仅比西侧的远离沙漠边界，且强度远小于西侧的。绿洲地区受下沉运动控制，但最大下沉速度出现在沙漠的边界。在绿洲两侧分别存在下沉速度的闭合中心，中心值分别为-0.4 m·s^{-1} 和-0.3 m·s^{-1}，对应中心高度约为 670hPa(2500 m)和 720hPa(1900 m)。上升运动的高度最大可达 600hPa(约 3000 m)，下沉运动的高度低于上升区，且越靠近绿洲中心高度越递减，绿洲中心下沉运动的高度最低约为 680hPa。总之，越接近绿洲中心下沉区的顶部越低，下沉运动的中心也越低。沙漠地区上升运动越强，对应的绿洲下沉运动也越强，上升运动的高度大致决定了下沉运动的高度。白天，沙漠地区上升气流在流场的垂直剖面图上清晰可见。受绿洲两侧上升运动的阻挡，沙漠上升气流越过阻碍，然后下沉到绿洲低层，沙漠区上升气流层越高，影响的地区越接近绿洲中心。

　　垂直剖面图分析表明：在低层存在由绿洲地区向两侧沙漠戈壁的辐散气流，而在高层，则由沙漠戈壁两侧向绿洲中心辐合。受背景西风环流的影响，高低层东西风的交界线并不是垂直于地面，而是随着高度的增加向东偏；地面东西风交界也同样向东偏离绿洲中心。受西风和高层辐合风场的影响，绿洲中心西侧高层的风速较大(为 3m·s^{-1})。明显的低层辐散风场在 780hPa(700m)以下，存在大范围向绿洲内的辐合风向。另外，在散度零线附近为西风区，正是由于无辐散(辐合)区和垂直中心的存在，使绿洲内受到沙漠干热风的影响高度增高。高层最强的辐合区也不是出现在东西风汇聚的地方，而是位于高层风速中心偏向绿洲中心处。

　　在散度剖面图上低层辐散，高层为辐合，但低层辐散的范围大于西风辐散风的范围。无辐散(辐合)区同垂直速度有一定相似性，它的高度随着越靠近绿洲中心而降低，正好穿过垂直速度的低值中心。强垂直速度中心的存在，削弱了水平气流，使得水平方向上散度减小，甚至为零；无辐散(辐合)区的存在，使垂直运动免受干扰，得以维持和发展。

5.5.3　逆湿

　　2004 年 7 月 5 日，模拟的 20:00 相邻两层水汽差(图 5.14)，分别为第一层(a)、第四层(b)、第九层(c)。临近绿洲的沙漠上直到 20:00 才出现逆湿，且为触地逆湿。20:00

由于临近绿洲沙漠的逆湿强度远小于绿洲低层水汽与高层的差值，为便于辨别逆湿的存在范围，在不同层次的水汽差值图上将正值消隐。差值为负，则意味着有逆湿存在。在最低层[图 5.14(a)]，逆湿布满围绕绿洲的沙漠区域，随着高度的增加，逆湿存在的范围逐渐减小[图 5.14(b)、(c)]，由临近绿洲的沙漠上开始向外逐渐消失。随着高度的增加，两层之间的比湿差在迅速减小，最大逆湿出现在第一、第二层之间，水汽差最大可达 $0.5\mathrm{g\cdot kg^{-1}}$。

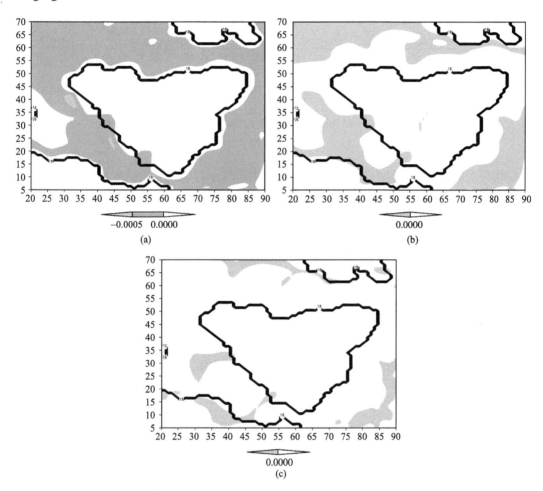

图 5.14　模拟的 20:00 相邻两层水汽差 $q(n)=q(n)-q(n+1)$，阴影为逆湿区

从模拟的第四层(约 20m)下沉运动分布图[图 5.15(a)]可知，沙漠上不同高度比湿差的边界与同高度上升、下沉运动交界的位置有关，两者共同进退，但并不是完全重合。另外，逆湿的范围同散度之间也存在一定的关系。尽管逆湿范围缩退同绿洲上的下沉气流的扩张同步，但他们的轮廓有较大的错位。逆湿西侧空缺是由于那里辐散[图 5.15(b)]所造成的，图中的西侧两辐合区包围的辐散区同图中逆湿区中间出现的正湿度差值分布图形一致。

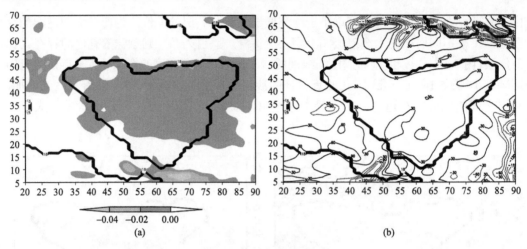

图 5.15　模拟的 20:00 第四层(约 20m)下沉运动(阴影)分布和散度分布

(a)下沉运动分布；(b)散度分布

　　绿洲上的水汽只能影响到距绿洲一定距离的沙漠上，水汽在输送过程中会被逐步截留，湿润沙漠范围是有限度的。在图 5.16(a)中比湿由绿洲向沙漠维持一段剧降过程之后，比湿在沙漠上基本维持一个常值(格点 $x=20$，$y=34$)。由[图 5.16(b)、(c)]看出，20:00 临近绿洲西面沙漠的两点格点($x=32$，$y=30$；$x=40$，$y=30$)上空，均出现了逆湿现象。其中，西格点($x=32$，$y=30$)的比湿拐点出现在近地面 70m 左右，地面比湿为 3.48g·kg^{-1}，最大值为 3.67g·kg^{-1}；东格点($x=40$，$y=30$)的比湿拐点出现在近地面 40m，地面比湿为 4.08g·kg^{-1}，最大值为 4.37 g·kg^{-1}。由此可见，绿洲西侧与沙漠戈壁边缘上的逆湿层分布，呈西高(70m)东低(40m)，但地面东侧比湿大于西侧。这说明越靠近绿洲，比湿越大，水汽零通量层越低。

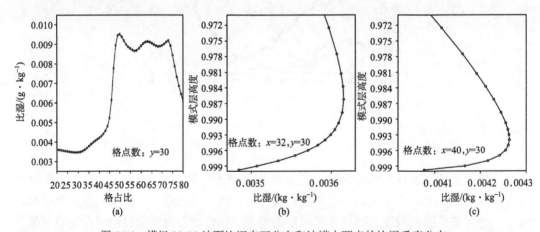

图 5.16　模拟 20:00 地面比湿东西分布和沙漠上两点的比湿垂直分布

(a)格点($y=30$)东西分布；(b)东格点($x=32$，$y=30$)垂直分布；(c)西格点($x=40$，$y=30$)垂直分布

　　绿洲的比湿差值基本都是较大的正值区[图 5.17(a)]，也就是说低层比湿远大于高层。而在临近绿洲两端的沙漠上均有逆湿出现，其高度最高可达 $\sigma=0.985$，大约是 100m

左右。背景风场对逆湿的分布有一定的影响，表现出了"上下游效应"。临近沙漠的绿洲
西边缘上的逆湿范围较小（为 3km），而背景风下游临近绿洲东侧的沙漠上湿润范围约
5km。东侧沙漠上湿润区受源源不断的平流和下沉运动作用，且下沉运动过于强盛，造
成逆湿无法产生。尽管下游紧邻绿洲 5km 距离内未出现逆湿，但增湿明显。这种增湿和
逆湿现象为临近绿洲沙漠边缘的沙生植物的生长为提供了有利的条件，有利于绿洲的良
性发展。

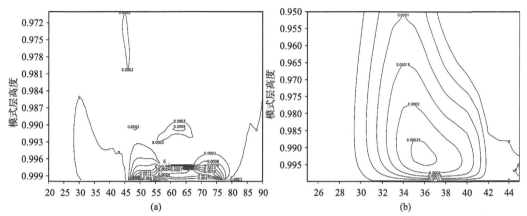

图 5.17　模拟 20:00 过 $y=30$ 相邻两层比湿差东西剖面和减去地面比湿后的比湿纬向分布

(a)东西剖面；(b)纬向分布

　　胡隐樵（1994）用局地相似性概念计算了沙漠的水汽通量廓线，在一维空间上揭示了
沙漠上空水汽输送的复杂特征，指出逆湿现象的本质是平流造成的。张强等（1996）研究
了在绿洲影响下大气的逆湿和负水汽通量与风向和大气稳定度的关系，说明大气逆湿和
负水汽通量的出现不一定完全相关。阎宇平等（2001）采用区域大气模拟系统（RAMS），
模拟了黑河实验区沙漠戈壁上空的"逆湿"表明："逆湿"形成是平流作用的结果，沙
漠戈壁边界层内较小的风速，弱不稳定层结及存在的下沉气流都有利于其近地层内逆湿
的形成。左洪超等（2004）在非均匀下垫面边界层的观测和数值模拟研究（Ⅱ）：逆湿现象
的数值模拟研究中指出：冷岛效应和逆湿现象是下垫面参量非均匀和平流或局地环流共
同作用的产物。现有诸多有关逆湿现象的研究取得了许多成果，但逆湿的空间结构和成
因分析有待完善。陈世强等（2009）指出，在临近绿洲的沙漠低层存在大范围的逆湿，随
着高度的增加，逆湿范围由绿洲向外围沙漠区逐渐减少，强度也减弱。绿洲风携带的水
汽对沙漠区影响有一定距离限制，越靠近绿洲的沙漠比湿越大，逆湿消失的高度也越低。
　　在模拟的 20:00 过 $y=30$ 相邻两层比湿差东西剖面图上[图 5.17(a)]，零水汽通量层
的高度随着绿洲边缘向沙漠的过渡在逐渐升高，在达到最大高度后，逆湿以较快的速度
消失。逆湿区高度越高就距绿洲边缘越远，水平范围越小。距离绿洲最远的逆湿区外侧
的位置随高度变化非常缓慢。纬向剖面上[图 5.17(b)]，绿洲西侧逆湿出现的水平范围约
18km。为进一步分析逆湿的强度分布，采用放大格点（$x=25$–45）区域的比湿纬向剖面图。
在该区域内各层增湿最强中心位于沙漠上格点（$x=36$）左右，其距地面约 60m，距绿洲与
沙漠边界为 6km，两侧零水汽通量层同地面比湿相比增加的水汽在减弱。分析表明，逆
湿中心在绿洲西侧距沙漠边界 6km，距地面 60m，其纬向水平范围为 18km。其中，绿

洲西侧逆湿强度小是由于水汽输送不足造成的，而东侧则是由于地面比较湿润，使得高层水汽增加困难。在一定范围越远离绿洲，逆湿高度越高。乔娟等(2010)也证明，敦煌冬季从地表开始就出现逆湿现象，夏季逆湿则出现在 60~100m 高度范围内。

　　绿洲上水汽的蒸发使水汽分布在不同高度上，而平流对逆湿现象形成的作用不可忽视，低层绿洲风不断向沙漠输送水汽[图 5.18(a)、(b)]，增加了沙漠上的水汽。同时，绿洲上空的下沉气流阻挡了水汽向更高的大气层中输送，抑制了绿洲上水汽的垂直消耗，为逆湿的产生提供了良好的水汽源。临近绿洲沙漠上的下沉气流抑制了向上蒸发的水汽，使有限的水汽在近地面上空堆积。由于沙漠上的水汽较小，近地面上空堆积的水汽使比湿增加，形成逆湿现象。

　　在图 5.18(c)比湿和垂直速度的东西剖面图上，可见逆湿出现在绿洲边缘沙漠下沉和上升运动过渡区内，消失在上升气流中心。尽管在上升运动强的区域无逆湿产生，但较强上升运动的存在对于逆湿的产生是必不可少的。正是由于较强上升运动对辐散平流的阻挡截留作用，使水汽在绿洲与沙漠戈壁边缘不断累积，并被上升气流带到高层，为逆湿的维持创造了有利条件。

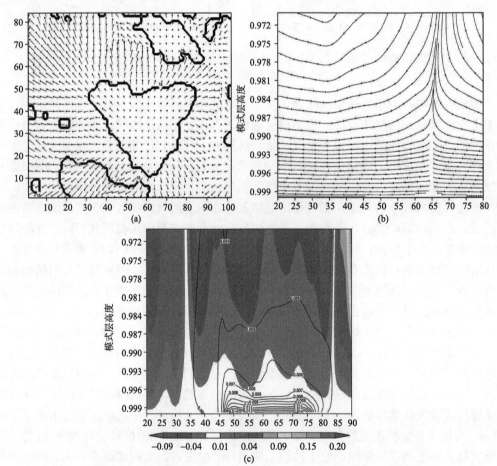

图 5.18　模拟 20:00 的低层流场、过格点 $y=30$ 的纬向流场、比湿(等值线)和垂直速度(阴影)的东西剖面
(a)低层流场；(b)纬向流场(格式 $y=30$)；(c)东西剖面

大面积较有规律的逆湿在日落后才出现，这主要是因为下沉气流在沙漠上出现的时间较晚所致。白天绿洲被下沉运动控制，由于沙漠上升运动太强，使上升与下沉运动的交界区位于绿洲上(图略)。傍晚上升和下沉气流的过渡区才移到沙漠上[图 5.19(a)]。从绿洲与沙漠交界处的垂直速度随时间的演变图 5.19(b)可知，白天沙漠地区为上升气流，它将地面干热空气输送到高空，致使逆湿现象难以形成。15:00 绿洲与沙漠的交界处(高空 σ 层为 0.75，1700 m)上升运动最强，但低空层 σ 约 0.97(约 200m)以下上升气流最弱；从 12:00~16:00 上升运动强度变化不大，之后减弱。大约 20:00 左右下沉气流在沙漠上出现，之后，随着下沉运动的不断增强和逐渐向沙漠地区扩散，逆湿现象随之出现。谷良雷等(2007)也证明：比湿夜间比白天的大，阴天比晴天的大。强逆湿主要出现在夜间，白天虽然也出现逆湿，但强度普遍较弱。

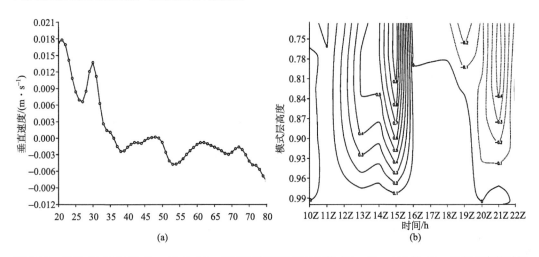

图 5.19　模拟 20:00 过格点 y=30 的 10m 垂直速度东西剖面和格点(x=42,y=30)的 10m 垂直速度的时间演变

(a)东西剖面；(b)时间演变

综上所述，逆湿现象除了受水汽平流作用影响外，沙漠戈壁和绿洲非均匀下垫面上的垂直运动具有重要贡献。逆湿现象出现在绿洲与沙漠边缘下沉和上升运动的过渡区内，消失在上升气流中心；逆湿现象是绿洲与沙漠边缘下沉运动形成并不断增强的产物；大面积较有规律的逆湿在日落后才出现，白天逆湿现象难以形成。绿洲与沙漠边缘从上升运动减弱到较强下沉气流形成的过程，就是逆湿现象逐渐形成的过程。正是由于逆湿的存在，为临近绿洲沙漠边缘的沙生植物的生长为提供了有利的条件，有利于绿洲的良性发展。

5.6　小　　结

(1)绿洲与沙漠下垫面截然不同的热力特性产生的水平温度梯度，激发了绿洲沙漠间的局地环流，使绿洲区产生下沉运动、沙漠区产生上升运动。

（2）绿洲地表温度比沙漠的低的最主要原因，是绿洲地表存在明显的蒸发现象。绿洲水分的蒸发耗费了热量，使得绿洲温度明显低于沙漠，这就是绿洲的"冷岛效应"。反照率效应将减弱绿洲风环流，相反，蒸发效应会驱动它。而绿洲上大气稳定度的增加，对于维持绿洲是一个重要的自我保护机制。

（3）实际绿洲模拟结果表明，绿洲低层为冷中心（高压），高层为暖区（低压）。绿洲冷暖区转换高度为600hPa（高度为3000 m），高低压转变层为750hPa（高度为1300 m），而沙漠地区气压场配置与绿洲恰好相反；绿洲低层为绿洲风控制，在750hPa以上为与背景风向垂直的微弱辐散风；绿洲（沙漠）为下沉（上升）气流。绿洲西侧沙漠区的上升运动（为600hPa）大于东侧，绿洲中心下沉运动的高度为680hPa；绿洲中心地区780hPa以上为低湿度凹槽，湿位温凹槽（为800hPa以上）比比湿的强度更强，维持的高度更高。

（4）逆湿出现在绿洲与沙漠交界的西侧，而临近绿洲的沙漠东侧由于较为湿润，使得高层水汽增加困难，因此无逆湿现象，这两种现象都有利于绿洲的良性发展。逆湿除了受平流影响外，沙漠戈壁和绿洲非均匀下垫面上的垂直运动也具有重要贡献。逆湿现象出现在绿洲与沙漠边缘下沉和上升运动的过渡区内，消失在上升气流中心，是绿洲与沙漠边缘下沉运动形成并不断增强的产物。

参 考 文 献

陈世强, 文莉娟, 吕世华, 等. 2006. 夏季金塔地区绿洲环流的数值模拟. 高原气象, 25(1): 66-73.
陈世强, 吕世华, 奥银焕, 等. 2009. 绿洲沙漠边缘逆湿的数值研究. 干旱区研究, 26(2): 277-281.
陈玉春, 吕世华, 高艳红. 2004. 不同尺度绿洲环流和边界层特征的数值模拟. 高原气象, 23(2): 177-183.
佴抗, 胡隐樵. 1994. 远离绿洲的沙漠近地面观测实验. 高原气象, 13(3): 59-67.
谷良雷, 胡泽勇, 吕世华, 等. 2007. 敦煌和酒泉夏季晴天和阴天边界层气象要素特征分析. 干旱区地理, 30(6): 871-878.
郭亚娜, 潘益农. 2002. 粗糙度和稳定度对绿洲生态系统能量平衡的影响. 南京大学学报(自然科学), 38(6): 820-827.
胡隐樵. 1994. 黑河实验(HEIFE)能量平衡和水汽输送研究进展. 地球科学进展, 9(4): 30-34.
胡隐樵, 高由禧, 王介民, 等. 1994. 黑河实验(HEIFE)的一些研究成果. 高原气象, 13(3): 225-236.
李海涛. 2008. 绿洲水资源利用情景模拟与绿洲生态安全以石羊河流域武威和民勤绿洲为例. 北京: 北京大学博士学位论文
刘金鹏, 费良军, 南忠仁, 等. 2010. 基于生态安全的干旱区绿洲生态需水研究. 水利学报, 41(2): 226-232.
刘树华, 刘和平, 胡予, 等. 2006. 沙漠绿洲陆面物理过程和地气相互作用数值模拟. 中国科学(D辑), 36(11): 1037-1043.
吕世华, 罗斯琼. 2005. 沙漠-绿洲大气边界层结构的数值模拟. 高原气象, 24(4): 465-470.
吕世华, 尚伦宇. 2005. 金塔绿洲风场与温湿场特征的数值模拟. 中国沙漠, 25(5): 623-628.
乔娟, 张强, 张杰, 等. 2010. 西北干旱区冬、夏季大气边界层结构对比研究. 中国沙漠, 30(2): 422-431.
沈志宝, 邹基玲. 1994. 黑河地区沙漠和绿洲的地面辐射能收支. 高原气象, 13(3): 314-322.
苏从先, 胡隐樵, 张永平. 1987. 河西地区的小气候特征和"冷岛效应". 大气科学, 11(4): 390-396.
文莉娟, 吕世华, 张宇, 等. 2005. 夏季金塔绿洲风环流的数值模拟及结构分析. 高原气象, 24(4):

478-486.

文小航, 吕世华, 孟宪红, 等. 2010. WRF 模式对金塔绿洲效应的数值模拟. 高原气象, 29(5): 1163-1173.

张强, 曹晓彦. 2003. 敦煌地区荒漠戈壁地表热量和辐射平衡特征的研究. 大气科学, 27(2): 245-254.

张强, 胡隐樵, 杨瑜峰, 等. 1996. 河西地区非均匀下垫面的大气变性过程. 高原气象, 15(3): 282-292.

左洪超, 胡隐谯. 1994. 黑河地区绿洲和戈壁小气候特征的季节变化及其对比分析. 高原气象, 13(3): 246-256.

左洪超, 吕世华, 胡隐樵, 等. 2004. 非均匀下垫面边界层的观测和数值模拟研究(Ⅱ): 逆湿现象的数值模拟研究. 高原气象, 23(2): 163-170.

Businger J A, Wyngaard J C, Izumi Y, et al. 1971. Flux-profile relationships in atmospheric surface layer. Journal of The Atmospheric Sciences, 28(2): 181.

Charney J G. 1975. Dynamics of deserts and drought in Sahel. Quarterly Journal of The Royal Meteorological Society, 101(428): 193-202.

Kai K, Huang Z C, Shiobara M, et al. 1997. Seasonal variation of aerosol optical thickness over the Zhangye oasis in the Hexi Corridor, China. Journal of The Meteorological Society of Japan. 75(6): 1155-1163.

Liu S H, Liu H P, Hu Y, et al. 2007. Numerical simulations of land surface physical processes and land-atmosphere interactions over oasis-desert/Gobi region. Science in China Series D-Earth Sciences. 50(2): 290-295.

第6章 遥感资料在沙漠绿洲陆气相互作用研究中的应用

地表植被既会对边界层动力过程产生影响（如与地表植被类型相应的地表粗糙度对动量通量的影响），也会对其热力过程产生影响（如地表反照率、发射率、热惯量、热容量等对边界层热量通量的影响）。此外，地表的干湿状况还直接影响到大气水循环过程。

常用的陆气相互作用研究方法中，传统的野外观测只能获得某区域有限站点的各种要素，数值模式却由于尺度较大很难获得精确的物理量区域分布特征，卫星遥感技术作为一种新兴技术手段恰好弥补了二者的不足，可以在一定程度上实现由点到面的转换（Mitsuta et al.，1995；Wang et al.，1995；Ma et al.，1999，2002，2003，2004；王介民和马耀明，1995；马耀明和王介民，1997；文军，1999；贾立和王介民，1999；孟宪红等，2005）。美国国家航空航天局（NASA）自1991年开始实施对地观测系统（EOS）计划以来，EOS／MODIS传感器的高时间分辨率、高光谱分辨率和适中的空间分辨率等特点使其应用十分广泛。下面将应用基于EOS/MODIS数据的遥感反演结合数值模拟进行交叉应用研究，试图给绿洲系统能量水分循环特征的研究带来新的亮点。

6.1 MODIS 资料简介

6.1.1 数据特点

MODIS资料的全称为中分辨率成像光谱仪（moderate resolution imaging spectroradiometer），该资料覆盖包括可见光（0.4～14μm）在内的36个波段。其中，有20个反射波段，16个热红外波段，具有较高的波谱分辨率。MODIS资料地面分辨率有3种：1～2波段是250m，3～7波段是500m，8～36波段是1000m。

MODIS资料的多波段数据可同时提供反映陆地表面状况、云边界、云特性、海洋水色、浮游植物、生物地理、化学、大气中水汽、气溶胶、地表温度、云顶温度、大气温度、臭氧和云顶高度等特征的信息，可用于对陆表、生物圈、固态地球、大气和海洋进行长期全球观测。其各波段的范围、特点及主要用途见表6.1。

表 6.1 MODIS 资料的波段、特点及应用特征（赵英时，2003）

波段	光谱范围	光谱带宽	地面分辨率/m	信噪比	主要应用领域
1	620～670nm	50nm	250	128snr	植物叶绿素吸收
2	841～876nm	35nm	250	201snr	云和植物、土地覆盖
3	459～479nm	20nm	500	243snr	土壤、植被差异
4	545～565nm	20nm	500	228snr	绿色植物
5	1230～1250nm	20nm	500	74snr	叶子/冠层差异
6	1628～1652nm	20nm	500	275snr	雪/云差异

续表

波段	光谱范围	光谱带宽	地面分辨率/m	信噪比	主要应用领域
7	2105～2135nm	50nm	500	110snr	土地和云特性
19	915～965nm	50nm	1000	250snr	云/大气特性
31	10.78～11.28um	0.5um	1000	0.05NEΔT	云/表明温度
32	11.77～12.27um	0.5um	1000	0.05NEΔT	云顶高度/表面温度

6.1.2　预处理

采用的数据是 MODIS 1B 产品。该产品中主要包括以下数据：地球观测反射率波段产品科学数据、地球观测热辐射波段产品科学数据、经纬度和高度等各种属性数据、接收时间/黑体温度/EOD(grid-point-swatch)元数据等、地球观测反射/辐射波段产品的不确定指数。首先对该产品进行预处理，预处理过程包括辐射校正、几何校正和大气校正。

1. 辐射校正

利用传感器观测目标物辐射或反射的电磁能量时，从传感器得到的测量值与目标物的光谱反射率或光谱辐射亮度等物理量是不一致的，这是因为测量值中包含太阳位置及角度条件、薄雾及霭等大气条件引起的失真，为了正确评价目标物的反射率和辐射特性，必须消除这些失真。消除图像数据中依附在辐射亮度中的各种失真的过程称为辐射量校正。辐射量校正包括由传感器的灵敏度引起的畸变校正、由太阳高度及地形等引起的畸变校正和大气校正等，一般来说，辐射量校正主要讨论由传感器灵敏度引起的畸变校正，而大气校正则作为一个独立的分支提出来。

一般的遥感图像给出的数值均是图像亮度值(digital number，以下简称 DN 值)，DN 值需要经过一些简化的算法将其转化为大气顶的辐射或者是反射率(王荣等，2002)。MODIS 1B 产品专门提供了独立的反射率产品和辐射产品，因此直接使用 MODIS 1B 产品进行研究。

2. 几何校正

由于仪器、投影方式等因素的影响，所接收的遥感图像上各像元的位置坐标与地图坐标系中的目标地物坐标有差异，产生一定的几何畸变。从具有几何畸变的图像中消除畸变，即定量地确定图像上的像元坐标与目标地物的地理坐标的对应关系，这个过程称为几何校正。相对于 AVHRR 数据稀疏的地理坐标控制点，MODIS 资料提供高密度的精确经纬度信息，即地学位置场数据 MOD03，该数据包含有 1km 的经纬度信息。使用该数据进行几何校正，并根据实验期间使用 GPS 测量地面点经纬度信息来验证其结果，校正后的图像如图 6.1 所示。

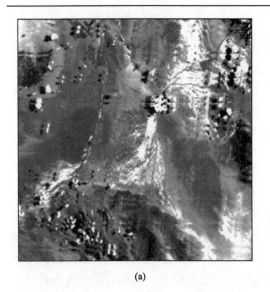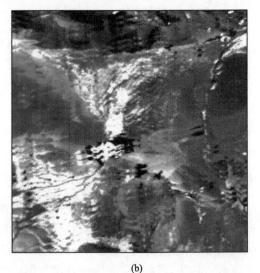

(a)　　　　　　　　　　　　　　　　　　(b)

图 6.1　几何校正结果对比图(1 波段反射率灰度图)
(a)校正前的图像; (b)校正后的图像

3. Bowtie 效应校正

MODIS 是被动式摆动扫描探测器,其摆动扫描角度为±55°,按平面距离计算,扫描带宽应为 1354km。由于地球曲率及探测方式的影响,像素的大小随扫描角度的增大而增大。扫描带实际宽度达到了 2330km。每完成一次扫描,MODIS 探测器沿轨道中心向前前进 10km,而在轨道远端,扫描带距离达到 20km。这样得到的图像在轨道两侧存在很严重的影像重叠,也称为"双眼皮"、"重影"或者"Bowtie 现象"。采用 ENVI 软件中 Bowtie 效应校正模块对 MODIS 资料进行校正,结果显示校正后图像已消除重影(图略)。

4. 大气校正

传感器在空中获取地表信息过程中,受到大气分子、气溶胶和云粒子等大气成分的吸收与散射的影响,以及大气中水汽和气溶胶含量具有很大的时空变化特性,其结果是目标反射辐射能量被衰减,空间分布被改变,部分大气散射辐射进入传感器视场。因此,对于一个经过辐射标定的遥感图像,还必须经过大气校正才能得到地表目标的正确信息。

常用的大气校正方法有 3 类。一是基于经验或统计的方法,如回归分析方法;二是图像特征方法;三是基于理论模型的方法,该方法必须建立大气辐射传输方程,在此基础上近似地求解。目前,基于理论模型的方法应用最为广泛。在可见光/近红外波段,大气(包括大气分子和气溶胶)对辐射的消光包括散射和吸收,改变了传感器接收到的地表反射辐射能量。在可见光波段,主要以大气分子和气溶胶散射为主(宋小宁,2004),而在近红外和短波红外波段,主要是水汽的吸收。大气对可见光/近红外波段遥感资料的影响主要有两个:一是由于地表反射信号的散射和吸收使图像的灰度级降低,二是由于大气程辐射(指太阳辐射在大气传输过程中经大气中气体分子、气溶胶、冰晶等粒子散射后直接到达传感传感器的辐射)以及对环境辐射的散射，使像元间反差降低，造成图像模糊。

假设反射面为朗伯体的条件下，MODIS 仪器接收的可见光/近红外波段大气顶部的反射率可表示为

$$\rho_{TOA}(\mu_s, \mu_V, \phi) = \rho_0(\mu_s, \mu_v, \phi) + \frac{T(\mu_s)T(\mu_v)\rho_s(\mu_s, \mu_v, \phi)}{1 - \rho_s(\mu_s, \mu_v, \phi)S} \tag{6.1}$$

式中，ρ_{TOA} 是大气顶部反射率；ρ_0 为反射单元的路径辐射；$T(\mu_s)$ 为入射太阳光谱从大气顶部到地表沿路径的总透过率；$T(\mu_v)$ 为由地表到大气顶部沿传感器观测方向的总透过率；$\rho_s(\mu_s, \mu_v, \phi)$ 为无大气条件下的表面发射率；S 为大气对各向同性入射光的反射率；μ_s 为太阳天顶角的余弦值；μ_v 为观测方向角的余弦值；ϕ 为太阳天顶角和观测方位角的相对方位角。

大气校正 6S 模型(the second simulation of the satellite signal in the solar spectrum)是由 Tanre 等(1997)用 FORTRAN 编写的适用于太阳反射波段(0.25~4.0μm)的大气辐射传输模型。该模型是在假定无云大气的情况下考虑了水汽、CO_2、O_3 和 O_2 的吸收、分子和气溶胶的散射以及非均一地面和双向反射率的问题，对不同情况下(不同的遥感器、不同地面状况)太阳光在太阳-地面目标-遥感器整个传输路径中所受到的大气影响进行了描述。其中，气体的吸收以 10n 的光谱间隔来计算，且光谱积分的步长达到 2.5nm，软件运行速度相对较快，多用于处理可见、近红外的多角度数据。

在 6S 软件中主要输入以下参数：

(1)太阳天顶角、卫星天顶角、太阳方位角、卫星方位角，也可以输入卫星轨道与时间参数来替代。

(2)大气组分参数，包括水汽、灰尘颗粒度等参数。由于缺乏精确的同步数据，根据卫星资料的地理位置和获取时间，选用 6S 提供的标准模型"中纬度夏季"模型来替代。

(3)气溶胶组分参数，包括水分含量以及烟尘、灰尘等在空气中的百分比等参数。由于缺乏精确的同步数据，选用 6S 提供的标准模型来替代。

(4)气溶胶的大气路径长度，一般可用当地的能见度参数来表示。

(5)观测目标的海拔高度及遥感器高度。

(6)光谱条件，将遥感器波段作为输入条件。

(7)其他参数。选择基于 BRDF 大气校正，在选择了二向性反射模型(如 Ambrals、Rahman 模型等)后，输入像元所对应的模型参数值，并将反演的模型参数与其他大气参数(地-气耦合因子、大气透过率、大气吸收率等)一起作为输入，利用 6S 软件经过迭代计算，最终得到基于 BRDF 的大气校正图像(图 6.2)。

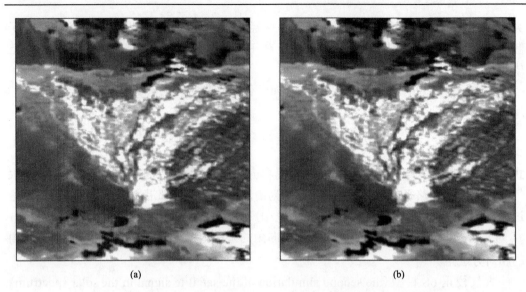

图 6.2　金塔地表可见光波段大气校正结果（1 波段反射率灰度图）

(a) 校正前的图像（0.86μm）；(b) 校正后的图像（0.86μm）

6.2　沙漠绿洲地表特征参数遥感反演

　　地表特征参数与下垫面特征密切相关，是研究地表物质平衡和能量平衡的基础。遥感作为一种重要的地球系统观测手段，提供了持续的全球地表变化信息。通过遥感数据精确估算地表参数，如叶面积指数、植被覆盖度等，实现遥感数据与气象、农业等应用模型的链接，从而为提高模型的预报精度奠定了基础。中长期天气预报和全球大气环流等很多模式都需要宏观、动态、精确的大气下垫面参数，包括影响地气温度的地表温度、反照率和影响气流运动的地表粗糙度、植被覆盖和结构信息，同时包括叶面积指数、叶绿素含量、土壤水分、植冠水分等参数也可以为农业生长监控提供有利的保障。因此，定量遥感反演地表特征参数被广泛应用到与水文、生态、地质、地理、气象、农业等相关的各个领域中。马耀明等（1997；1999）研究了黑河地表净辐射、地表能量通量及其季节变化，文军和王介民（1997）研究了"一种由卫星遥感资料获得的修正的土壤调整植被指数及绿洲边缘内外大气中水汽对辐射传输的影响。高峰等（2001）总结了遥感技术在陆面过程中的进展，指出根据不同特征的地表参数选择光学遥感或微波遥感已成共识。综合利用不同遥感数据获取同一种地表参数已成为当前的研究热点之一。

　　利用 2003 年 7 月 22 日至 8 月 3 日、2004 年 6 月 25 日至 7 月 10 日的金塔试验观测资料。观测期间，自动气象站均匀分布在金塔地区，因此观测数据对整个金塔地区而言具有很好的代表性。观测仪器使用自动气象站，系留气球探空，手持式红外测温仪，超声观测仪等。卫星资料是使用 Landsat-5 TM 资料，轨道高度 705km，轨道倾角 98.2°，卫星每天绕地球 14.5 圈，每天在赤道西移 2752km，每 16 天重复覆盖一次，覆盖地球范围 81°N～81.5°S。使用该数据可以获得以下 5 个具有明确物理意义的特征变量：亮度、绿度、湿度、透射度和热度。选取 2003 年 8 月 2 日和 2004 年 7 月 3 日的 Landsat-5 TM 资料分析金塔地区地表特征参数。

6.2.1　标准化差值植被指数

归一化植被指数(normalized difference vegetation index, NDVI)是表征植被生长状态的参数，被广泛应用到各个与植被相关的研究领域中。在《遥感应用分析原理与方法》中指出，①NDVI 是植被生长状态及植被覆盖度的最佳指示因子。许多研究表明 NDVI 与 LAI(叶面积指数)、绿色生物量、植被覆盖度、光合作用等植被参数有关；②NDVI 经比值处理，可以部分消除与太阳高度角、卫星观测角、地形、云/阴影和大气条件有关的辐照度条件变化(大气程辐射)等的影响；③NDVI 对植被有强烈的指示作用，在有植被覆盖的地方，NDVI 为正值，且随植被覆盖度的增大而增大。但 NDVI 也有明显的局限性：一是 NDVI 增强了近红外与红色通道反照率的对比度，导致对高植被区较低的敏感性；二是 NDVI 对植冠背景的影响较为敏感。其中包括土壤背景、潮湿地面、雪、枯叶、粗糙度等因素的变化，其敏感性与植被覆盖度有关。

对 Landsat TM 而言，标准化差值植被指数可表示为

$$\mathrm{NDVI} = (r_{\mathrm{NIR}} - r_{\mathrm{R}}) / (r_{\mathrm{NIR}} + r_{\mathrm{R}}) \tag{6.2}$$

式中，r_{NIR} 和 r_{R} 分别为 TM 波段 4 和波段 3 的波段反照率。采用 Tanre 等(1997)发展的 6S 模型对各波段进行大气纠正。

6.2.2　修正的土壤调整植被指数

为了解释背景的光学特征变化并修正 NDVI 对土壤背景的敏感，引用了 Qi 等(1994)提出修正的土壤调整植被指数(MSAVI)。对 Landsat TM 而言，修正的土壤调整植被指数 MSAVI 可表示为

$$\mathrm{MSAVI} = \left((2r_{\mathrm{NIR}} + 1) - \sqrt{(2r_{\mathrm{NIR}} + 1)^2 - 8(r_{\mathrm{NIR}} - r_{\mathrm{R}})} \right) / 2 \tag{6.3}$$

式中，r_{NIR} 和 r_{R} 分别为 TM 波段 4 和波段 3 的波段反照率。MSAVI 的优点，一是可以解释背景的光学特征变化并修正 NDVI 对土壤背景的敏感；二是可改善植被指数与叶面积指数 LAI 的线性关系；三是减少了 SAVI 中裸土的影响，且仅由卫星遥感资料或近地面光谱辐射资料得到应用更加广泛。

6.2.3　植被覆盖度

植被覆盖度(vegetation coverage)是指植物群落总体或各个体的地上部份的垂直投影面积与样方面积之比的百分数。它反映植被的茂密程度和植物进行光合作用面积的大小，一般用植被冠层的垂直投影面积与土壤总面积之比表示(P_v)，即

$$P_v = (R - R_s) / (R_v - R_s) \tag{6.4}$$

式中，R_v、R_s 分别为植被、土壤的总反射辐射。利用植被指数也可计算覆盖度(Carlson et al.,1997)：

$$P_{\mathrm{v}} = \left[(\mathrm{NDVI} - \mathrm{NDVI}_{\min}) / (\mathrm{NDVI}_{\max} - \mathrm{NDVI}_{\min}) \right]^2 \tag{6.5}$$

式中，NDVI 为所求像元的植被指数；$\mathrm{NDVI}_{\min}$、$\mathrm{NDVI}_{\max}$ 分别为研究区内 NDVI 的最小值、最大值。实际上，植被覆盖度和叶面积指数 (LAI) 同时随时间、空间而变化，由于健康绿色植物具有较高的湿度值，对于所有土壤背景，绿色植被覆盖度随湿度值的增大而增大，对干燥土壤增加尤其明显 (Stella and Hoffer, 1998)。

6.2.4　比辐射率

比辐射率 ε (emissivity) 是反映物体热辐射性质的一个重要参数，与物质的结构、成分、表面特性、温度以及电磁波发射方向、波长 (频率) 等因素有关。比辐射率又称发射率，由于真实物体的出射度小于同温下黑体的辐射出射度，因此得到了比辐射率的定义，即

$$\varepsilon(T,\lambda) = \frac{M_{\mathrm{S}}(T,\lambda)}{M_{\mathrm{B}}(T,\lambda)} \tag{6.6}$$

式中，λ 为波长；T 为物体的温度；$M_{\mathrm{S}}(T,\lambda)$ 为物体在温度 T，波长 λ 处的辐射出射度；$M_{\mathrm{B}}(T,\lambda)$ 为同温度、同波长下的黑体辐射出射度。对于求解比辐射率的方法，文军 (1999) 做了详细的总结，采用 Valor 等 (1996) 的方法进行计算，即

$$\varepsilon = \varepsilon_{\mathrm{v}} P_{\mathrm{v}} + \varepsilon_{\mathrm{g}} (1 - P_{\mathrm{v}}) + 4\langle d\varepsilon \rangle P_{\mathrm{v}} (1 - P_{\mathrm{v}}) \tag{6.7}$$

式中，ε_{v}、ε_{g} 分别为地表是全植被和裸土时的比辐射率；P_{v} 为植被覆盖度；$\langle d\varepsilon \rangle$ 为比辐射率修正项。

6.2.5　地表反照率

地表反照率 (surface albedo) 是地面反射辐射量与入射辐射量之比，表征地面对太阳辐射的吸收和反射能力。反照率越大，地面吸收太阳辐射越少；反照率越小，地面吸收太阳辐射越多。关于地表反照率的计算，通常使用四流遥感模型或者估算行星反照率的方法计算 (马耀明等，1997)。Zhao 等 (2001) 使用 6S 模型对 TM 数据反演地表反照率的大气纠正和谱纠正进行了探讨；徐兴奎和刘素红 (2002) 使用双向反射模型对我国和青藏高原月平均地表反照率分别做了反演；陈云浩等 (2001) 指出在西北地区，当 NDVI 值由很小开始逐渐增加时，地表反照率随之迅速降低，这一过程在 NDVI 值在 $-0.2 \sim 0.2$ 范围最明显。此后，随着植被指数值继续增加，地表反照率缓慢减少。当 NDVI>0.5 时，地表反照率的变化已趋于平稳。根据宽带行星反射率与地表反射率的关系计算地表反照率。

先求出行星反射率 (Chander and Markham，2003)，即

$$\rho_{\mathrm{p}} = \frac{\pi L_{\lambda} d^2}{\mathrm{ESUN}_{\lambda} \cos\theta_{\mathrm{s}}} \tag{6.8}$$

式中，ρ_{p} 为行星反射率；L_{λ} 为传感器探测的辐射强度；d 为日地距离；ESUN_{λ} 为太阳向大气外层的平均发射量；θ_{s} 为太阳天顶角。那么，宽带行星反射率为

$$r_{\mathrm{p}} = \int_{0.3}^{4.0} \rho_{\mathrm{p}}(\lambda) \mathrm{d}\lambda = \sum_{i=1}^{7(i \neq 6)} \omega_i \rho_{\mathrm{p}}(\lambda)_i \tag{6.9}$$

式中，r_p 为宽带行星反射率；ω_i 为加权系数，满足 $\sum_{i=1}^{7(i \neq 6)} \omega_i = 1$。对于同样的传感器每个通道的权重是相同的，因此引用 Zhao 等(2001)反演方法中的系数。地表反照率与宽带行星反射率之间的关系，即

$$r_0 = ar_p + b \tag{6.10}$$

金塔绿洲位于黑河中游，对于金塔绿洲夏季地表反照率的计算，引用马耀明等(1997)计算黑河流域反照率的反演系数：$a = 1.5053$，$b = -0.0618$。

6.2.6　地表温度

地表温度(land surface temperature，LST)作为陆地表面重要的参数，其研究受到了广泛的重视。使用窗口分裂技术反演地表温度，马耀明等(2003)将 TM 的热红外波段的谱辐射强度与地面实测的地表向上长波辐射相结合来计算地表温度；邓炜等(2000)应用神经网络技术对遥感图像进行热异常信息提取；将窗口分裂技术进一步应用在 TM 遥感数据上，发展了单窗算法。所谓"窗口"指太阳光透过大气层时透过率较高的谱段，主要指紫外、可见光和近红外波段，热红外波段是作为热探测的一个主要窗口。采用的方法，即地表温度可以表示为

$$T_s = \frac{T^B}{1 + (\lambda T^B / \rho) \ln \varepsilon} \tag{6.11}$$

式中，T_s 为地表温度；ε 为比辐射率，可由式(6.7)中方法求出；T^B 为地表每个像元上的黑体辐射温度；ρ 为常数，$\rho = hc/\sigma$ mK；σ 为玻尔兹曼常数，$\sigma = 1.38 \times 10^{-23}$ J/K；h 为普朗克常数，$h = 6.626 \times 10^{-34}$ Js；c 为风速，$c = 2.998 \times 10^8$ m/s。

$$T^B = K_2 / \ln(1 + K_1 / L_\lambda) \tag{6.12}$$

式中，L_λ 为传感器接收到的热辐射强度，即

$$L_\lambda = G_{rescale} DN + B_{rescale} \tag{6.13}$$

式中，$G_{rescale}$、$B_{rescale}$ 的值如 Chander 等(2003)所述；DN 为灰度值。K_2、K_1 为发射前预设的常量，对于 Landsat-5 TM 而言：$K_1 = 607.76$ W/(m² · sr · μm)，$K_2 = 1260.56$ K

6.2.7　反演结果分析

1. NDVI 指数

NDVI 是植被生长状态及植被覆盖度变化的最佳指示因子。在金塔绿洲地表 NDVI 分布图(图 6.3)中，整个金塔绿洲呈典型的倒三角形分布，植被沿着河道的走向发展，河道经过的地方，多有植被的生长。水体 NDVI 值-0.6～-0.3，绿洲植被部分 NDVI 值为 0.1～0.8；荒漠戈壁 NDVI 值为-0.3～-0.1。特别是 2004 年[图 6.3(b)]夏季金塔绿洲的植被覆盖面积(黄色部分)大于 2003 年[图 6.3(a)]。该结果与野外考察情况较一致，由于连年灌溉，部分裸地被开荒利用，使得农田代替裸地上的矮小植被。同时，可以看到 8 月绿洲的北部 NDVI 值稍大于 7 月，这可能是因为 8 月份棉花长势比 7 月份旺盛，在 NDVI

分布中很容易反映出来。

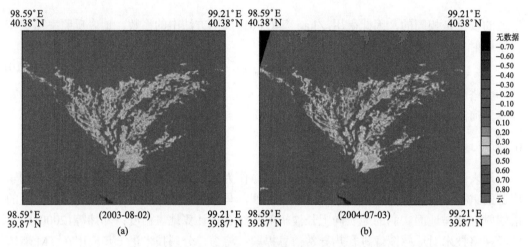

图 6.3　金塔绿洲地表 NDVI 分布图

(a) 2003 年 8 月 2 日；(b) 2004 年 7 月 3 日 NDVI 指数

2. MSAVI 指数

图 6.4 中，MSAVI 分布与 NDVI 比较接近，其分布与试验区地表状况十分吻合。对于没有植被分布的地方，即绿洲外围的沙漠或戈壁区，MSAVI 的值很小，这主要因为 MSAVI 去掉了土壤背景的影响。

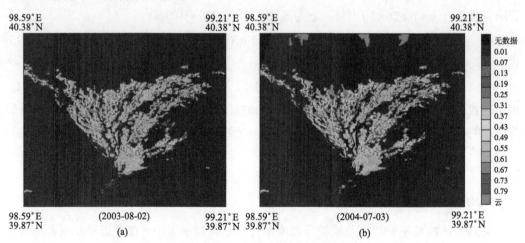

图 6.4　金塔绿洲地表 MSAVI 分布图

(a) 2003 年 8 月 2 日；(b) 2004 年 7 月 3 日 NDVI 指数

3. 植被覆盖度

在金塔地表植被覆盖度分布图 6.5(a) 中，绿洲地表植被覆盖度的值多大于 0.5，而图 6.5(b) 中其值为 0.36~0.43(部分大于 0.5)，这表明金塔地区 2003 年 8 月植被覆盖度大于

2004 年 7 月。进一步分析原因，一是 7 月正值小麦收割季节，农田里的小麦在这个时期都是呈现金黄色；而 8 月小麦已经收割，原来的小麦田里此时已经有野草等矮小植被，因此表现为植被覆盖度变大；二是金塔地表农作物大多种植棉花。结合实地考察发现，7 月的棉花出于打尖阶段，生长状况不如 8 月茂盛。

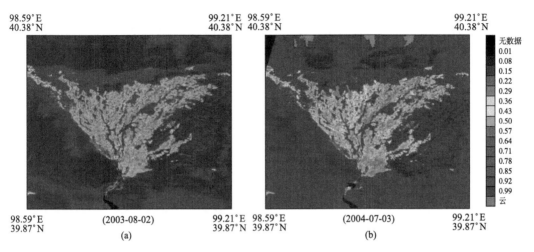

图 6.5　金塔绿洲地表植被覆盖度分布图

(a) 2003 年 8 月 2 日；(b) 2004 年 7 月 4 日

4. 地表反照率

由金塔地表反照率分布图 6.6 可见，沙漠区的地表反照率（为 0.17～0.33）明显高于绿洲区（为 0.09～0.21），这与试验区地表状况相一致。除了三角形绿洲外，其他地区基本

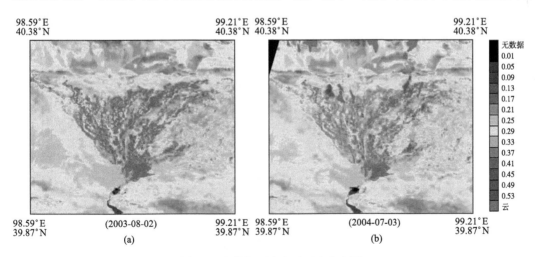

图 6.6　金塔绿洲地表反照率分布图

(a) 2003 年 8 月 2 日；(b) 2004 年 7 月 3 日

没有植被覆盖，反照率相对较高；而绿洲地表反照率相比之下要小一些；但因为绿洲农田交错分布，有的小麦已经收割，有的未收割，且植被种类(棉花等)不同，因此其反照率的分布也有较大的差异。其中，绿洲地表反照率(红色区域)2003 年 8 月[图 6.6(a)]小于 2004 年 7 月[图 6.6(b)]，其原因与植被覆盖度的分布情况类似。

2004 年 7 月在金塔建立了实验站进行短期观测(表 6.2)，对比表明，由于卫星过境期间，金塔地区北部和东部有少量的云，因此第一个测站(40.05°N，99.06°E)地表反照率的反演值较实测值高，而第二测点(40.13°N，98.85°E)反演误差范围在 10% 以内，表明反演结果基本可信。

表 6.2　金塔地区各观测点实测地表反照率与反演结果对比

日期	经纬度	计算值	实测值	误差/%
2004 年 7 月 3 日	40.05°N，99.06°E	0.210027	0.18049	16.4
	40.13°N，98.85°E	0.154191	0.16660	7.45

5. 地表温度

从金塔地表温度分布图(图 6.7)中可看出，2004 年 7 月 3 日[图 6.7(b)]地表温度高于 2003 年 8 月 2 日[图 6.7(a)]，整个地区的地表温度为 15～59℃ 之间，最大值位于沙漠地区，最小值对应南部的水库。其中，沙漠的地表温度(为 39～51℃)明显高于绿洲(为 19～35℃)，植被密集的地方其地表温度低于植被稀疏的地区，表明反演得到的地表温度分布与地表状况比较吻合。

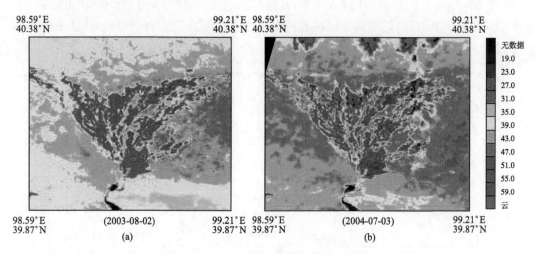

图 6.7　金塔绿洲地表温度/(℃)分布图

(a) 2003 年 8 月 2 日；(b) 2004 年 7 月 3 日

表 6.3 为卫星过境当日地表温度观测值与反演值比较。除第一测站因为云的影响反演结果误差较大以外，其他测站绝对误差均小于 5℃，相对误差均小于 10%，说明该结

果基本可信。

表 6.3　金塔地区各观测点实测地表温度与反演结果对比

日期	经纬度	计算值/℃	实测值/℃	误差/%
2003 年　8 月 2 日	40.00°N，98.90°E	29.75812	28.92	2.9
	39.99°N，98.86°E	43.55707	45.0	3.0
2004 年　7 月 3 日	40.05°N，99.06°E	14.7407	28.1	47.5
	40.22°N，98.86°E	45.7065	45.4	0.68
	40.10°N，98.76°E	48.3354	52.5	7.93
	39.99°N，98.93°E	25.8031	28.34	8.95

6.3　大气水汽含量反演

　　大气中的水汽对全球气候变化有着极其重要的影响，它不仅是成云致雨的条件，同时也是连接海-气系统、地-气系统中物质和能量传输的纽带。由于缺乏精确、稳定及长期的水汽数据，一直是阻碍深入研究气候系统中水汽影响的主要原因。大气水汽含量及其变化是天气和气候的主要驱动力，是预测降雨、中小尺度恶劣天气以及全球气候变化的一个非常重要的物理量。精确测定大气水汽含量，不仅对准确预报降水和灾害性天气具有重要意义，而且对研究全球气候变化、水循环、地-气系统中物质和能量的传输及卫星遥感应用也具有非常重要的作用。黑河流域是我国西北地区第二大内陆河流域，现阶段以土地沙漠化、植被退化为代表的生态环境恶化在全流域范围内迅速发展，已经对整个流域的生态安全构成威胁。绿洲作为黑河流域典型的生态环境系统，其形成与演化的关键就是水。大气水汽含量与水资源密切相关，对绿洲系统的发展和维持起着重要作用；在绿洲上空，水汽含量较高，则地表蒸发相对较小，对绿洲的维持和发展起到保护作用；相反，若绿洲上空水汽含量较小，则地表蒸发较大，土壤含水量减少，植被生长减弱，绿洲趋于衰退，最终导致沙漠化。因此，探讨绿洲上空水汽分布是研究绿洲系统维持和发展的重要前提。

　　水汽是影响遥感应用的主要因素之一，特别是在地表温度反演、遥感影像的大气校正中其影响不可忽略。在热红外遥感反演中，水汽数据被用做大气校正的输入参数。据估计，用通用的分裂窗算法反演陆地表面温度时，1K 精度的地表温度需要 $0.6\text{g}\cdot\text{cm}^{-2}$ 精度大气水汽数据的支持(Li et al.，2003)。因此，对水汽的直接测量和遥感获取历来是十分重要的研究内容。

　　目前，探测大气水汽含量的方法主要有(李国平和黄丁发，2004)：①无线电探空技术，即通过施放探空气球，收集温度、大气压、湿度大气廓线来计算水汽含量；②使用水汽微波辐射计(WVR)；③气象飞机探测。由于成本很高，只能用于个别地区的特殊观测。④地面湿度计观测；⑤GPS 探测。由于红外遥感技术相比被动微波技术空间分辨率高(Sobrino et al.，2002)，较 GPS 技术容易得到过去时间段的数据，而且比其他水汽探测技术价格低廉，数据相对连续。因此，红外遥感技术估算大气水汽含量备受瞩目。Sobrino 等(1999)使用 NOAA/AVHRR 数据先后反演了陆地和海洋表面的水汽含量,李万彪等(1998)、孙凡等(2004)将 GMS-5 卫星资料和常规地面资料结合起来反演大气可降水量等都取得了良好的效果。

6.3.1　方法

利用红外遥感技术估算大气水汽含量可以从辐射传输方程的角度出发,推导如下(毛克彪等，2005)：辐射传输方程可以简化为

$$L_{sensor} = L_{ground}\, \rho\, \tau + L_{atmos} \tag{6.14}$$

式中，L_{sensor} 为传感器接收到的辐射强度；L_{ground} 为地表直接反射和散射的总辐射强度；ρ 为地表反射率；τ 为大气透过率；L_{atmos} 为大气辐射强度。

透过率 τ 和大气辐射强度 L_{atmos} 与大气中的水汽含量 w 有关,可以看成是水汽含量和气溶胶等大气参数的函数。相对于大气水汽,其他气体的影响很小,可以忽略。将式(6.14)两边同时除以 $L_{ground}\, \rho$ 得：

$$\tau(w) = \frac{L_{sensor}}{L_{ground}\, \rho} - \frac{L_{atmos}}{L_{ground}\, \rho} \tag{6.15}$$

在天气晴朗的情况下，式(6.15)右边的

$\dfrac{L_{atmos}}{L_{ground}\, \rho}$ 相对于 $\dfrac{L_{sensor}}{L_{ground}\, \rho}$ 非常小，可以忽略。因此，式(6.15)化简为

$$\tau(w) = \frac{L_{sensor}}{L_{ground}\, \rho} \tag{6.16}$$

大气透过率主要是大气水汽的函数，式(6.16)中 ρ 对于不同的波长，地面的反射率是不一样的。根据 Yoram 等(1992)的研究，对金塔使用 LOWTRAN 辐射传输模型，模拟了研究区夏季和冬季大气水汽含量和气溶胶对透过率随波长变化的影响。模拟结果表明(图 6.8)：0.84～0.885 μm 和 1.00～1.05 μm 两个通道是水汽的非吸收波段，0.915～0.965 μm、0.931～0.941　μm、0.890～0.920 μm 则是吸收波段，而 0.84～0.885 μm、0.915～0.965 μm、0.931～0.941　μm、0.890～0.920 μm 又分别对应 MODIS 数据的 2、17、18、19 通道。

Yoram 等(1992)对 0.85 μm 和 1.25 μm 之间的各种地物反照率进行分析发现，在这个区间，反照率基本上满足线性关系。因此，近红外遥感估算大气水汽含量的物理基础在于探测水汽对反射太阳辐射在大气中传输时的吸收，利用大气吸收波段和大气窗口波段的反射太阳辐射之比近似计算。由此可推导出以下几种算法：

$$T_w(17/2) = \rho_{17}{}^* / \rho_2{}^* \tag{6.17}$$

$$T_w(18/2) = \rho_{18}{}^* / \rho_2{}^* \tag{6.18}$$

$$T_w(19/2) = \rho_{19}{}^* / \rho_2{}^* \tag{6.19}$$

式中，$\rho_{17}{}^*$、$\rho_{18}{}^*$、$\rho_{19}{}^*$ 和 $\rho_2{}^*$ 分别为 17 波段、18 波段、19 波段和 2 波段的反射率，通过对 MODIS1B 数据辐射定标得到。Yoram 等(1992)通过计算得：

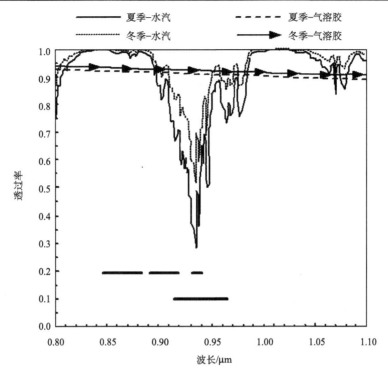

图 6.8   金塔地区冬(夏)季有水汽影响时光谱随波长的变化

$$T_{\mathrm{w}}(19/2) = \exp\left(\alpha - \beta\sqrt{w}\right) \ , \ R^2=0.999 \tag{6.20}$$

$$w = \left(\alpha - \ln T_{\mathrm{w}}(19/2)/\beta\right)^2 \tag{6.21}$$

对于混合型地表， $\alpha = 0.020$ ， $\beta = 0.651$ ；

对于植被覆盖的地表， $\alpha = 0.012$ ， $\beta = 0.651$ ；

对于地表是裸土的情况， $\alpha = -0.040$ ， $\beta = 0.651$ 。

6.3.2   反演结果及检验

根据上述算法，选取金塔地表研究其表面整层大气水汽含量。首先，对 MODIS1B 资料进行几何定位与辐射定标，计算整层大气水汽含量，同时对小球探空观测资料计算，得到整层大气水汽含量对比结果(表 6.4)。每日均有 MODIS 卫星过境，因此选择晴天且能与小球探空观测在时间上相对应的 MODIS 数据进行计算。

由 2004 年金塔上空实测水汽含量与反演结果对比(表 6.4)表明：最大绝对误差为 $0.21\mathrm{g} \cdot \mathrm{cm}^{-2}$ 、最大相对误差为 23.60%；最小绝对误差为 $0.0224\,\mathrm{g} \cdot \mathrm{cm}^{-2}$ 、最小相对误差为 2.60%，平均相对误差为 10.46%，说明反演结果基本可信。从数值大小上看，反演值不仅与观测值相当接近，也与刘世祥等(2005)计算的甘肃地区夏季平均水汽含量的结果一致。何海等(2012)分析结果表明，西北地区的近地面水汽层、水汽空间分布受地形地势影响十分显著。近 50 年来近地面水汽含量呈减少的趋势，并与区域蒸发量的变化呈正相关关系，蒸发量减少是造成近地面水汽含量减少的主要因素。

表 6.4　2004 年 金塔上空实测水汽含量与反演结果对比

时间	观测值/(g·cm⁻²)	反演值/(g·cm⁻²)	绝对误差/(g·cm⁻²)	相对误差/%
7月2日	0.86	0.8824	0.0224	2.60
7月3日	1.198	1.1019	0.0961	8.02
7月4日	1.05	0.9898	0.0602	5.73
7月5日	1.31	1.3465	0.0366	2.79
7月9日	0.89	1.1	0.21	23.60
7月10日	0.75	0.6	0.15	20.00

从金塔地区整层大气水汽含量反演结果分布(图 6.9)看,整个绿洲上空水汽分布有较大的差异,沙漠上空水汽含量低于绿洲上空;即使绿洲内部的水汽含量也有很大差别,这与实地考察结果一致。在戈壁荒漠中,感觉很干燥,而在绿洲农田里,则很湿润。

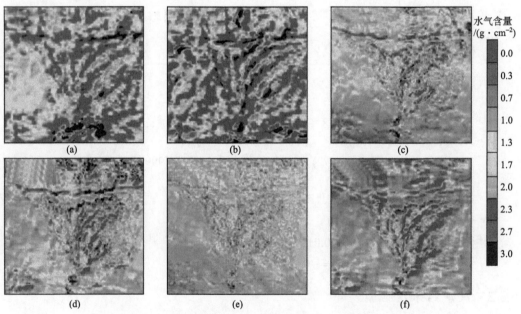

图 6.9　2004 年金塔地区整层大气水汽含量反演结果分布图
(a)7月2日;(b)7月3日;(c)7月4日;(d)7月5日;(e)7月9日;(f)7月10日

在图 6.9 中,7月2 和 3 日沙漠戈壁上空水汽含量甚至和绿洲上空水汽含量相当或者更大一些;而 5 日、9 日、10 日等天气非常晴朗风很小的情况下则不然,这与张强等(2002)的研究结果一致。即输送到沙漠或戈壁的湿空气由于处在较不稳定(白天)或稳定性较弱(夜间)的大气层结中,其湍流垂直输送远比绿洲强,低层水汽总是很快向上输送,造成在较高层沙漠或戈壁上空空气比绿洲更湿润。同时,绿洲内部有公路或者水渠(小球探空区公路的旁边就是水渠)存在的地方,水汽含量出现极低值(5 日、10 日接近零值),这也进一步证实绿洲上存在 Van Bavel 等(1967)和胡隐樵和左洪超(2003)所指出的"晒衣绳效应"。即在绿洲的边缘或通过沙漠的窄长护林带、河流或者水渠,其周围环境非常干热,大量热量通过平流输送给它们蒸散消耗,其后果是加强蒸散率并迅速消耗植物根部土壤或河流或水渠的水分。因此，无论从遥感反演与实测对比，或从水汽分布等结果分析都是可信的。

在绿洲系统内部沙漠戈壁过渡的地方，出现了水汽的极低值。考虑到归一化插值植被指数(NDVI)能在很大程度上表征该区域的下垫面特征(赵英时等，2003)。即对于陆地表面主要覆盖而言，云、水、雪的 NDVI 为负值；岩石、裸土 NDVI 值接近于 0；而在有植被覆盖的情况下，NDVI 为正值。

刘世祥等(2005)指出，甘肃空中水汽含量和水汽输送夏季较多，冬季较少，南部较多，北部较少。为进一步分析整层大气水汽含量的空间分布，以绿洲探空站为中心沿经(纬)向作水汽含量剖面分析(图6.10)。在 7 月 2~5 日、9 日和 10 日的 6 天中，无论从经

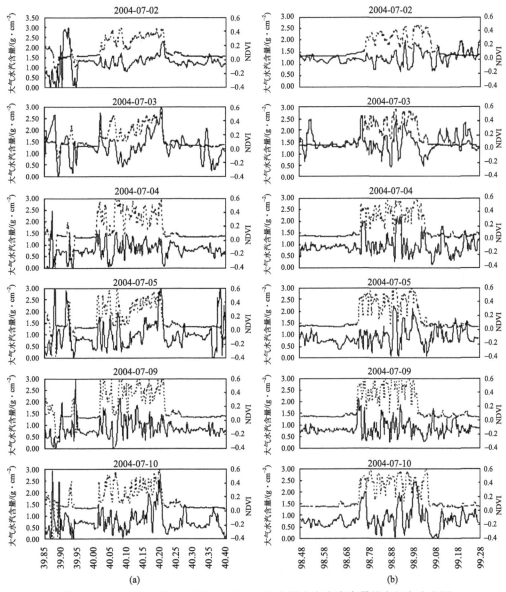

图6.10　2004 年 7 月 2~5 日、9 日、10 日金塔上空水汽含量纬向经向分布图

(a)纬度；(b)经度

向或纬向水汽含量剖面分布图上，每日水汽含量分布都有一定的差异，这主要是由于天气情况不同所致；同时，水汽含量的分布又存在很大的空间差异。一般而言，空中水汽源一般来自下垫面蒸发和大气输送。对于同一地区和天气条件几乎相同的情况下，水汽的空间分布主要取决于下垫面蒸发。

金塔研究区地表下垫面形式多样，有沙漠、戈壁、水渠、农田、水库和城镇等，是一个典型的气候脆弱和多变区，区域内水文循环要素变化及其响应关系尤为复杂。因此，水汽的空间分布也有很大差异。分析结果表明，南北方向，在 39.94°N、40.0 °N、40.10°N、40.22°N 附近，均为水汽和 NDVI 的低值区，而 40.02°N、40.20 °N、40.27°N 等点的附近，则对应着水汽和 NDVI 的高值区，说明在植被覆盖密集向植被覆盖稀疏地区转换时(即绿洲破碎地区)，水汽含量也相应地改变；东西方向，除 2004 年 7 月 3 日外，其他时间段在 98.75°E 以西，水汽含量的变化幅度均较小，98.75°E 以东，98.84°E、98.95°E、99.15°E 等地区附近，均为水汽含量的低值区；98.76°E、98.92°E 附近则均对应着水汽含量的高值区。

以上研究结果表明，戈壁沙漠上空水汽含量相对较少，绿洲上空水汽含量相对较大；绿洲边缘或通过沙漠的窄长护林带、河流以及水渠附近，存在着 Van 等(1967)和胡隐樵和左洪超(2003)所指出的"晒衣绳效应"。因此，绿洲破碎程度越严重，"晒衣绳效应"就越明显，绿洲就越趋于不稳定。

6.4　利用 LANDSAT-5 TM 反演地表温度

美国 NASA 的陆地卫星(Landsat)计划，从 1972 年 7 月 23 日以来，已发射 8 颗(第 6 颗发射失败)。目前 Landsat1～4 均相继失效，Landsat5 于 2013 年 6 月退役，目前在轨运行的为 Landsat 7 和 Landsat 8。Landsat 5 所带 TM 传感器获取近 30 年的资料在环境、地表、地质和大气遥感等领域中都得到了广泛的应用。TM 谱段由 7 个波段组成，其中 6 个位于可见光和近红外区域，一个波段位于热红外区域。TM1 为蓝波段，用于水体研究；TM2 为绿波段，主要用于作物识别及评价植物生产力；TM3、TM4 分别位于红波段和近红外波段，一般用来计算植被指数；TM5、TM7 均位于短波红外区，中心波长分别是 1.65 μm 和 2.22 μm，用来识别云、冰、雪及地质信息；TM6 位于热红外波段，该数据可用来分析地球表面的热辐射和温度区域差异，反演地表温度(LST)。

该波段的波长区间为 10.45～12.5 μm，有效波长 11.457 μm，天顶视角下的像元地面空间分辨率为 120m×120m。这一分辨率远比气象卫星 NOAA-AVHRR 遥感数据的地面空间分辨率(天顶视角下为 1.1km×1.1km)高，因此，选取该数据用于金塔绿洲地表特征参数的遥感反演研究。

6.4.1　观测试验设计

为了得到较多的地表温度观测资料来验证反演结果,我们在金塔观测试验区的东南、东、西、西北等方位分别选取了绿洲下垫面和荒漠下垫面架设自动气象站，每隔 10min 获取一次包括大气温度、压强、湿度、风速、风向及地表温度的资料。同时在卫星过境期间(2004 年 7 月 3 日)沿着金塔绿洲由南向北进行流动观测。使用的观测仪器是红外地表温度探测仪。

为了获得较准确的资料,流动观测期间采取 5 点措施:①流动观测点选取范围较大且植被均一的下垫面类型;②流动观测的时间控制在与自动气象站能同时获取数据的时间;③观测当天的气象条件比较稳定,没有较大的波动;④观测时间选取 11:00 至 13:00,与卫星过境时间(11:38)间隔较小。然后分别按照绿洲和荒漠下垫面类型分类,以自动气象站获取的资料为基础资料,采用插值的方法,将流动观测到的地表温度插值到卫星过境时刻的地表温度。

6.4.2　反演方法

采用 3 种不同的方法,从 TM 热红外波段数据中反演金塔地表温度(图 6.11),再将反演结果与实测值比较分析,其目的是探讨适合绿洲的反演地表温度的方法,为研究绿洲地表特征参数和陆-气相互作用提供科学依据。

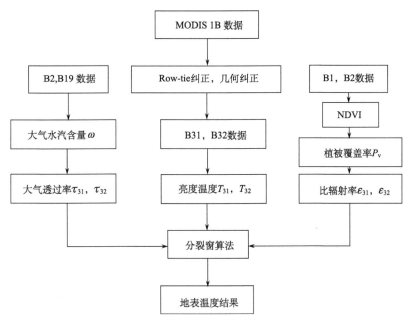

图 6.11　金塔观测实验区地表温度遥感反演流程图

1. Weng 方法

Weng 等(2004)利用以下算法进行地表温度的估算:

$$T_s = \frac{T_{sensor}}{1 + (\lambda T_{sensor}/\rho)\ln\varepsilon} \tag{6.22}$$

式中,λ 为波长;ε 为地表比辐射率(由 6.2.4 节计算获得);$\rho = hc/\sigma$,σ 为玻尔兹曼常数;h 为普朗克常数;c 为光速;T_{sensor} 为传感器的亮度温度,$T_{sensor} = \dfrac{K_2}{\ln\left(\dfrac{K_1}{L_{sensor}}+1\right)}$;$L_{sensor}$

为传感器接收到的辐射强度；K_1，K_2 为发射前预设的常量。对于 Landsat-5 TM（Chander and Markham,2003）而言，$K_1 = 607.76 \text{W} \cdot \text{m}^{-2} \cdot \text{sr}^{-1} \cdot \mu\text{m}^{-1}$，$K_2 = 1260.56 \text{K}$。

2. Qin 单窗算法

Qin 等（2001）发展了一个单窗算法，从 TM6 中反演地表温度，即

$$T_s = \frac{1}{C}\left\{a(1-C-D) + \left[b(1-C-D) + C + D\right]T_{\text{sensor}} - DT_a\right\} \tag{6.23}$$

式中，$C = \varepsilon\tau$；$D = (1-\tau)\left[1+(1-\varepsilon)\tau\right]$；$a = -67.355351$；$b = 0.458606$；$\varepsilon$ 为地表比辐射率；τ 为整层大气透射率；T_{sensor} 为传感器的亮度温度；T_a 为大气平均作用温度，由式（6.24）求出：

$$T_a = 16.0110 + 0.92621T_0 \tag{6.24}$$

式中，T_0 为近地层大气温度。Qin 等（2001）根据大气中的水汽含量对大气透射率进行了估计：

$$\tau = 0.974290 - 0.08007w \ (T_0 \text{ 较高}) \tag{6.25}$$

$$\tau = 0.982007 - 0.09611w \ (T_0 \text{ 较低}) \tag{6.26}$$

式中，w 为大气水汽含量。

3. Jiménez-Muñoz 单波段方法

Jiménez-Muñoz 等（2003）发展了一个比较普遍的单波段算法反演地表温度，即

$$T_s = \gamma\left[\varepsilon^{-1}(\psi_1 L_{\text{sensor}} + \psi_2) + \psi_3\right] + \delta \tag{6.27}$$

$$\gamma = \left\{\frac{c_2 L_{\text{sensor}}}{T_{\text{sensor}}^2}\left[\frac{\lambda^4}{c_1}L_{\text{sensor}} + \lambda^{-1}\right]\right\}^{-1} \tag{6.28}$$

$$\delta = -\gamma L_{\text{sensor}} + T_{\text{sensor}} \tag{6.29}$$

式中，L_{sensor} 为传感器接收到的热辐射强度，$\text{W} \cdot \text{m}^{-2} \cdot \text{sr}^{-1} \cdot \mu\text{m}^{-1}$；$T_{\text{sensor}}$ 为传感器的亮度温度，K；λ 为有效波长（对于 TM6，$\lambda = 11.457 \mu\text{m}$）；$c_1 = 1.19104 \times 10^8 \text{W} \cdot \mu\text{m}^4 \cdot \text{m}^{-2} \cdot \text{sr}^{-1}$；$c_2 = 1.43877 \times 10^4 \mu\text{m} \cdot \text{K}$；$\psi_1$，$\psi_2$，$\psi_3$ 为整层大气水汽含量 w 的函数，根据以下公式可以计算出来：

$$\psi_1 = 0.14714w^2 - 0.15583w + 1.1234 \tag{6.30}$$

$$\psi_2 = -1.1836w^2 - 0.37607w - 0.52894 \tag{6.31}$$

$$\psi_3 = -0.04554w^2 + 1.8719w - 0.39071 \tag{6.32}$$

6.4.3　反演结果检验

用以上 3 种方法，对金塔地表温度进行反演结果（图 6.12）可以看出：①绿洲的地表温度明显低于沙漠上的地表温度（绿洲以绿色为主），地表温度为 23～31℃；沙漠（以橘红色和红色为主）地表温度为 35～55℃；②3 幅图像均在位于绿洲南部的水库为地表温度

的低值区，水面温度在 19℃ 左右；③图 6.12 (a) 和 (b) 在颜色分布上比较一致；荒漠地区地表温度为 43~55℃。由此可见，无论是在荒漠还是绿洲地区，图 6.12 (c) 反演得到的地表温度均偏高。

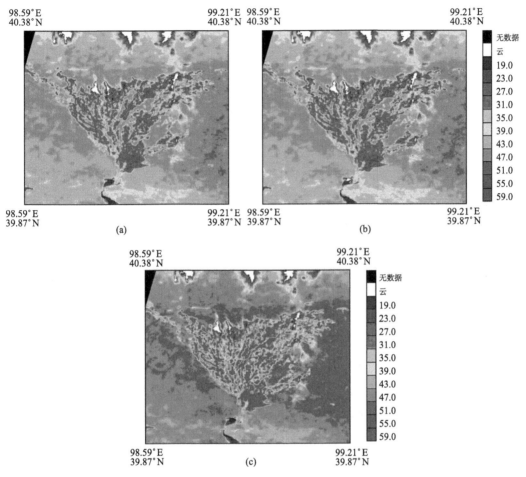

图 6.12　3 种不同方法反演的金塔试验区地表温度分布

(a) Weng 方法；(b) Qin 方法；(c) Jiménez-Muñoz 方法

　　赵林等 (2010) 利用非静力中尺度数值模式 RAMS，模拟了金塔绿洲南部边缘面积约为 $6km^2$ 的小水库 (解放村水库) 夏季晴天的水文气象效应。结果表明:金塔绿洲附近的解放村水库面积虽然很小，但水库水体具有比较明显的"暖湖"、"冷湖"和"湿岛"效应，且有明显的湖风出现。同时，敏感性试验也表明，水库水体总的作用是冷却，最大降温幅度为 2.2℃；水库水体对风场有加速作用，最大增幅为 $1.4\ m\cdot s^{-1}$；水库水汽的影响高度能达到 650m 左右，下风岸影响的最大距离约为 3km,上风岸约为 300m。

　　根据试验设计，将流动观测站 FOS (floating observation station) 得到的值和自动气象站 (automatic weather station) 的观测值插值演算成卫星过境时刻的地表温度，并与卫星反演的结果进行比较。这里定义一个绝对误差，即

$$\Delta T = \left| T_{\rm s}' - T_{\rm s} \right| \tag{6.33}$$

式中，$T_{\rm s}'$ 为卫星反演的地表温度；$T_{\rm s}$ 为实测地表温度，对于流动观测点，$T_{\rm s}$ 为经过插值演算的地表温度观测值。遥感反演的结果和实测结果比较（表 6.5），其中 ΔT_1、ΔT_2、ΔT_3 分别是 Weng 方法、Qin 方法、Jiménez-Muñoz 方法得到的误差。

在表 6.5 中，除 AWS4 点因为云的影响较大，导致反演效果较差以外，其他 3 种方法反演地表温度的效果均较好。在观测资料中，剔除 AWS4 点后的统计表明：Weng 方法的平均误差是 1.88℃，Qin 方法反演的平均误差为 1.87℃，Jiménez-Muñoz 方法的平均误差是 2.86℃，3 种方法的误差均较小，说明 3 种方法均可用来反演地表温度。但就个别点如 AWS2、AWS3 而言，第 3 种方法的反演结果最好。

表 6.5　3 种方法反演的地表温度与实测地表温度对比

观测点	$T_{\rm s}/℃$	$\Delta T_1/℃$	$\Delta T_2/℃$	$\Delta T_3/℃$
AWS1（荒漠）	45.40	0.31	0.30	3.41
AWS2（荒漠）	52.50	4.16	4.01	0.90
AWS3（绿洲）	28.34	2.54	3.66	0.68
AWS4（绿洲）	28.10	13.36	15.23	12.33
FOS1（绿洲）	28.28	0.22	0.69	2.29
FOS2（绿洲）	27.81	1.64	2.73	0.25
FOS3（荒漠）	42.24	0.84	0.71	3.80
FOS4（绿洲）	29.92	1.57	0.84	3.84
FOS5（荒漠）	44.29	5.00	5.48	2.04
FOS6（绿洲）	27.67	1.75	0.89	3.88
FOS7（荒漠）	31.14	1.71	2.58	0.41
FOS8（绿洲）	28.37	1.40	2.43	0.55
FOS9（绿洲）	27.91	3.47	2.61	5.66
FOS10（绿洲）	27.57	2.12	1.42	5.42
FOS11（荒漠）	34.19	0.87	0.26	3.32
除去 AWS4 点的平均误差		1.87	1.88	2.86

对绿洲点（下垫面类型是植被）统计发现，Weng 方法、Qin 方法、Jiménez-Muñoz 方法反演误差均方差分别为 2.178、2.316、3.728，表明 Weng 方法在绿洲地表温度反演中效果最好；对沙漠点（下垫面类型是荒漠）进行统计，3 种方法反演误差均方差分别为 3.059、3.2689、2.9062，表明 Jiménez-Muñoz 方法对沙漠地表温度反演效果较好。

总之，在现有的地表温度遥感反演中，一般采用一种方法（或分别用不同的方法），将多种方法结合起来进行地表温度反演的试验较少。我们同时使用 Weng 方法、Qin 方法、Jiménez-Muñoz 方法对金塔地区地表温度进行反演，并与定点和流动观测获得的地表温度实测值对比，其目的除对比分析 3 种方法的特点外，更希望得到最佳的地表温度分布资料。

6.5　地表辐射反演

太阳辐射(solar radiation)是地球上一切活动的主要能量来源。刘玉洁和潘韬(2012)指出：太阳辐射在地表分布的空间差异，直接或间接导致水热组合、植被和生态系统的不同空间分布格局。同时，太阳辐射要素也是生态系统过程模型、水文模型和生物物理过程模型等研究中的必要参数。

地表净太阳辐射(net surface solar radiation，NSSR)，在地表辐射平衡、地-气能量交换、天气预报、气候变化和太阳能利用等研究方面具有重要的作用。由于太阳辐射受云、地形等的影响，随空间、时间变化很大，现有的辐射观测资料很难反映太阳辐射的时空分布。随着气象卫星的发展，气象卫星对地连续扫描，提供了反映地表、云分布等信息的较高空间分辨率的多通道卫星观测资料，为估算到达地面的太阳辐射提供了有力工具。

地面接收到的太阳辐射有太阳直接辐射(direct solar radiation)和天空辐射(sky radiation，即太阳散射辐射)。地表净辐射(波谱范围为 0.15～5.0μm)是指到达地表的总太阳辐射与地表反射的太阳辐射之差。高精度的地表净辐射数据对整个人类生态环境的研究具有极其重要的意义。因此，研究地表净太阳辐射的基本气候特征及其分布规律是气候学的重要任务之一，有着十分重要的理论和实际意义。

地表净辐射(NSSR)也是我国一级、二级辐射观测项目之一，是地表辐射收支的重要组成部分。地表净辐射的卫星遥感是全球辐射平衡遥感中的一个重要部分，因为它代表了地表吸收的太阳辐射能量，对地表辐射平衡和大气动力过程等有着重要的作用。由于我国地表太阳辐射观测站相对稀疏，由地表净辐射可反演地表温度、地表反照率、比辐射率等地表特征参数，是提高天气预报质量和大气环流模式研究的一个重要参数。

6.5.1　研究方法

利用卫星遥感信息 Landsat-5 TM 数据和地面观测资料，估算地表净太阳短波辐射及地表净辐射通量的区域分布，可分两步进行。第一步，求取地表特征参数(地表反射率和地表温度)；第二步，由所得的地表特征参数根据地表辐射平衡方程确定地表净辐射通量。

$$R_{\text{n-s}} = K_{\downarrow} - K^{\uparrow} \tag{6.34}$$

$$R_{\text{n}} = K_{\downarrow} - K^{\uparrow} + L_{\downarrow} - L^{\uparrow} \tag{6.35}$$

式中，$K_{\downarrow}$ 为向下太阳短波辐射，W·m^{-2}，可由大气辐射传输模型 MODTRAN 模拟得到(Berk et al.，1989)；$K^{\uparrow}$ 为向上太阳短波辐射，W·m^{-2}，可以由地表反照率 ρ_0(由遥感影像 1 波段，2 波段，3 波段，4 波段，5 波段，7 波段求出)结合向下太阳短波辐射计算，即 $K^{\uparrow} = \rho_0 K_{\downarrow}$；$L_{\downarrow}$ 为大气长波向下辐射，W·m^{-2}，由大气透过率 ε_{a} 及空气温度 T_{a} (K) 计算：$L_{\downarrow} = \sigma \varepsilon_{\text{a}} T_{\text{a}}^4$，$\sigma$ 为 Stefan-Boltzmann 常数($5.67 \times 10^{-8} \text{W·m}^{-2} \cdot \text{K}^{-2}$)；$L^{\uparrow}$ 为向上的大气长波辐射，W·m^{-2}，取决于地表比辐射率 ε 及地表温度 T_0 (K)，即 $L^{\uparrow} = \sigma \varepsilon T_0^4$。

引入地表反射率，并考虑到一部分向下长波辐射被反射回大气中(Tenalem et al.，2003)，则式(6.34)、式(6.35)，可分别写为

$$R_{n-s} = (1-\rho_0)K\downarrow \tag{6.36}$$

$$R_n = (1-\rho_0)K\downarrow + \varepsilon_a\sigma T_a^4 - \sigma\varepsilon T_0^4 - (1-\varepsilon)\varepsilon_a\sigma T_a^4 \tag{6.37}$$

地表反照率、比辐射率及地表温度的估算，采用 6.2 节和 6.4 节中的计算方法和反演结果。

6.5.2 结果分析及检验

1. 地表净太阳辐射

地表净太阳辐射(net surface solar radiation)是辐射能量的重要收入部分。同地表反照率一样，地表净太阳辐射的反演与实测对比结果(表 6.6)表明：FLUX-EO 站反演结果比实测值小很多，这恰好与地表反照率的反演结果相对应。由于地表反照率反演比实测值稍大，因此，地表净太阳辐射相对变小。通过两个测站综合分析，其地表净太阳辐射反演相对误差小于 12%，表明反演结果基本可信。结合图 6.13 中的频率分布可以看出，金塔地区地表净太阳辐射主要介于 560~720W·m^{-2}，沙漠地区因为反照率较大导致地表净太阳辐射小于绿洲地区。

表 6.6　金塔地区实测地表净太阳辐射、地表净辐射与反演结果对比

项目	地表净太阳辐射/(W·m^{-2})		地表净辐射/(W·m^{-2})	
	FLUX-EO	PAM	FLUX-EO	PAM
观测值	642.46	715.55	617.3	640.59
反演值	718.3	698.3	597.91	622.67

2. 地表净辐射

由表 6.6 可见，地表净辐射(surface net radiation)反演结果相对地表反照率及地表净太阳辐射则更好一些，绝对误差小于 20W·m^{-2}，相对误差小于 3%，说明该反演结果较好。由频率分布图 6.13 可以看到，金塔地区地表净辐射介于 280~600W·m^{-2}，这与马耀明等(1997)计算的黑河夏季地表净辐射分布相类似。

于涛(2010)也证明，绿洲净辐射峰值约 914 W·m^{-2}，大于 800 W·m^{-2} 左右的沙漠地区。净辐射在沙漠或绿洲同种地表类型上基本与区域一致，分布均匀，下垫面上数值相差不超过 10 W·m^{-2}。白天不同下垫面上的净辐射有较大的差别，最大差异可达 100 W·m^{-2}。高扬子等(2013)指出，全国近 50 年(1961~2010 年)站点平均地表净辐射在年、季均呈现出较明显的下降过程，平均每 10 年降幅为 0.74 W·m^{-2}，不同季节的下降幅度存在差异，夏季降幅最大；逐站点分析显示全国大部分站点(59.8%)年均地表净辐射呈显著下降趋势(0.05)，东部趋势变化比西部明显，夏季在地表净辐射年际变化中的贡献最大，华北、华中、华南地区的站点在春夏秋季均呈显著下降趋势。

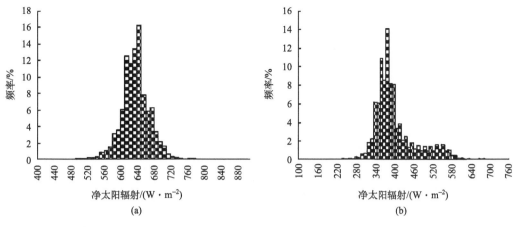

图 6.13　金塔地区地表净太阳辐射频率分布图
(a)绿洲；(b)沙漠

6.6　土壤湿度的遥感估算

　　土壤水分的获取方法可分为 3 类：即田间实测法、土壤水分模型法和遥感法。田间实测法和土壤水分模型法都很难获得精确的大范围土壤湿度信息，遥感技术监测土壤水分，具有宏观、动态和快速等特点，已成为区域性土壤水分和农作物干旱监测、评估的重要手段。但是土壤湿度的遥感监测一直是定量遥感研究方面的前沿和重要难题之一。

　　遥感监测土壤湿度方法主要有 6 种：即热惯量法、微波遥感法、光谱法、距平植被指数法、植被供水指数法、作物缺水指数法。其中，热红外法利用昼夜或白天不同时间下垫面温度变化可间接反映土壤水分的原理，但只适用于裸土或者植被覆盖度低的地方。热惯量法比较常用，它认为土壤热惯量是土壤温度变化的一种内在因素，控制着土壤的温度日较差，可通过土壤温度日较差的遥感获取来反演土壤水分含量。这些方法都被广泛应用在地表湿度的监测中，并取得良好的效果。

　　根据光学遥感反演土壤水分包括 γ 射线技术、可见光和近红外技术、热红外技术 3 种。γ 射线技术的基础是利用潮湿地区和干旱地区天然陆地 γ 辐射量存在的差异，而可见光和近红外技术主要是通过测量地面对太阳辐射的反射来估计土壤含水量，在应用过程中都不是特别有效。目前，遥感反演土壤湿度应用最为广泛的当属热红外遥感和微波遥感。热红外技术的基础是测量日温变化，微波技术的基础是测量土壤介电特性变化，进而建立这些变化与土壤含水量的关系。由于微波遥感受过境时间和数据费用的限制，所以金塔试验利用热红外遥感反演土壤湿度的方法主要是热惯量法。

　　从 Watson 等(1971)提出从地表温度日较差推算热惯量的简单模式后，众多专家学者对热惯量模型进行深入研究，取得了较好的成果(Watson and Pohn，1974；Rosema，1975，1978；Price，1977；1985；Kahle，1977；田国良，1991；张仁华，1990，1991；张仁华等 2002；余涛和田国良，1997；肖乾广等，1994；陈怀亮等，1999；刘振华和赵英时等，2005)。这些研究主要集中在对土壤热惯量的计算反演上，从热平衡和热传导方程简化与计算，环境因子的影响等多方面着手研究，并得到了大量的反演模式，而且考虑到热惯量模型受到植被覆盖状况的影响，开始将植被覆盖因素融合到模型中（杨宝钢和丁裕国，2004），以对其局限性进行完善。此外，还得到了多种土壤水分与土壤热惯量的统计模型，不断改进反演精度，建立了较为完善的土壤湿度反演模型。

6.6.1 理论及方法

热惯量反演土壤水分主要分为：热惯量模型和热惯量与土壤含水量相关分析模型。热惯量是度量物质热惰性的物理量，反映了物质与周围环境能量交换的能力，即反映物质阻止热变化的能量。热惯量 P 被定义为

$$P = \sqrt{K\rho C} \tag{6.38}$$

式中，P 为热惯量；K 为热扩散率，即热通过物体的速率，$J \cdot cm^{-1} \cdot s^{-1} \cdot K^{-1}$；$\rho$ 为物质密度，$g \cdot cm^{-3}$；C 为物质比热容，即物质储存热的能力，$J \cdot g^{-1} \cdot K^{-1}$。

土壤密度、热传导率、热容量等特性的变化在一定条件下主要取决于土壤含水量的变化，土壤热惯量与土壤含水量之间存在一定的相关性。土壤的热传导率、热容量随土壤含水量的增加而增大，土壤热惯量也随土壤含水量的增加而增大。而热惯量是地物的体特性，不能用遥感的方法直接测量，可以通过测量地物的表面温度变化和反射特性并借助于热惯量模型推算出来。土壤湿度强烈影响着土壤温度的日较差，土壤表层昼夜日温差随土壤含水量的增加而减小。而土壤温度日较差可以通过卫星遥感资料获得。土壤温度的日变化幅度是由土壤内外因素所决定的。其内部因素主要为反映土壤传热能力的热传导率和反映土壤储热能力的热容量；外部因素主要指太阳辐射、空气温度、相对湿度、云、雾、风等所引起的地表热平衡。

在地表条件均一的区域，地表的温度变化主要受到各地表通量的作用。地表热平衡方程与热传导方程是热惯量模型的基本理论依据。地表热平衡方程为

$$R_n = H + LE + G \tag{6.39}$$

$$R_n = R_{sun} + R_{sky} - R_{surface} \tag{6.40}$$

热传导方程则为

$$\rho c \frac{\partial T}{\partial t} = \lambda \frac{\partial^2 T}{\partial z^2} \tag{6.41}$$

式中，R_n 为地表净辐射通量；R_{sun} 为地表接收到的净太阳短波辐射通量；R_{sky} 为大气下行长波辐射通量；$R_{surface}$ 为地表土壤向上的长波辐射通量；H 为下垫面到大气的感热通量；LE 为潜热通量；G 为土壤热通量。当然，该平衡方程中还应该包含应用于植物光合作用和生物量增加的能量，这部分能量很小，这里忽略不计。

Price 等（1977；1985）在地表能量平衡方程的基础上，简化潜热蒸散形式，引入地表综合参量 B，通过对热惯量法及热惯量的遥感成像机理的系统研究，提出以下模型：

$$T(1:30\text{p.m.}) - T(2:30\text{a.m.}) = \frac{2SV(1-\alpha)C_1}{\left[\omega P^2 + B^2 + \sqrt{2\omega}PB\right]^{1/2}} \tag{6.42}$$

式中，P 为地表热惯量；α 为地表反照率；$T(1{:}30\text{p.m.})$ 和 $T(2{:}30\text{a.m.})$ 分别表示午后 1:30 和夜间 2:30 的地表温度，K，其差值 ΔT 是昼夜温差（日较差）；S 为太阳常数，$1.37\times10^3\text{J}\cdot\text{m}^{-2}$；$V$ 为大气透过率；C_1 为太阳赤纬（δ）和当地纬度（φ）的函数；$C_1 = 1/\pi\left[\sin\delta\cos\varphi\left(1-\tan^2\delta\tan^2\varphi\right)^{1/2}+\arccos(-\tan\delta\tan\varphi)\cos\delta\cos\varphi\right]$；$\omega$ 为地球自转频率；B 为表征土壤发射率、空气比湿、土壤比湿等天气与地面实况的地表综合参数，可由地面实测数据得到。

根据式(6.42)，可以得到热惯量的近似方程：

$$P = \frac{2SVC_1(1-\alpha)/\sqrt{\omega}}{T_s(1{:}30\text{p.m.}) - T_s(2{:}30\text{a.m.})} - \frac{0.9B}{\sqrt{\omega}} \tag{6.43}$$

式中，SVC_1 是入射到达地面的太阳总辐射量，可用 Q 表示。对于一般均匀的大气条件，平坦地表来说，大气透过率 V 和大气-土壤界面的综合因子 B 均可以认为是常数，则式(6.43)简化为

$$P = 2Q(1-\alpha)/\Delta T \tag{6.44}$$

式中，$Q(1-\alpha)$ 表征地表对太阳辐射的净收入 R_sun。若不考虑测地的纬度、太阳偏角、日照时数、日地距离，只考虑反照率和温差，则式(6.44)简化为表观热惯量(apparent thermal inertia，ATI)：

$$\text{ATI} = (1-\alpha)/\Delta T \tag{6.45}$$

可见，$(1-\alpha)/\Delta T$ 的值唯一由地物的表观热惯量 ATI 的相对大小决定。即 $(1-\alpha)/\Delta T$ 值大，ATI 值也大；反之 ATI 值小。若不同物体 $(1-\alpha)$ 相同，即吸收的太阳能量相同，则表观热惯量 ATI 大的物体，昼夜温差小，反之则大。可见，热惯量是决定地物日温差大小的物理量。

在反演获得热惯量值后，需要建立热惯量与土壤水分的关系模型，从而达到监测土壤水分的目的。一般模型有线性模型、指数模型、幂函数等形式。一般来说，热惯量法只能监测土壤表层水分的分布，以表层至 20cm 深度左右为好，再往下则精度较低。同时，也要注意到热惯量模式存在一定的缺陷(热惯量主要用于研究土壤与岩石)，不能较好地体现植被信息，对于较高植被覆盖地区效果较差。因为植被的温度对其周围环境的变化反应灵敏，而且热存储容量的作用很小。此外，红外传感器易受云天状况干扰。

根据表观热惯量与土壤水分的相关分析，热惯量值越大，对应区域的土壤含水量也就越大。然而在不同植被覆盖条件下，由卫星资料观测反演得到的表观热惯量值也有所差异。植被覆盖状况的变化，对土壤含水量与表观热惯量值的相关关系有很大的影响。程宇(2006)考虑到植被的影响，用归一化植被指数作为一个简单易得的植被状况评价参数，将其引入回归模型。通过实验分析验证，在不同植被覆盖下，该参数与土壤含水量具有较好的相关关系，具有一定的实际可行性。

对实测土壤含水量数据和反演得到的表观热惯量分别进行回归分析指出，NDVI 值相同的情况下，地表观热惯量与土壤含水量之间具有一定的相关关系。他们分别对 3 种植被覆盖状况下(NDVI 值分别为 0.114、0.207、0.237)的土壤含水量与表观热惯量进行

线性回归(图 6.14),观察其回归系数随着 NDVI 值变化的趋势(表 6.7)表明:回归系数随着 NDVI 值的增加而减小。即当植被覆盖率增加时,表观热惯量与土壤含水量的相关性减小。反映出不同植被覆盖状况下的土壤含水量分布具有一定的差异。植被覆盖状况差异越大,土壤水分含量差异越明显。

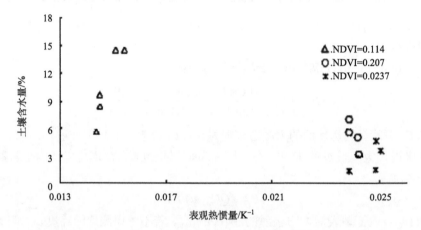

图 6.14　不同 NDVI 情况下土壤含水量与表观热惯量相关分析图(程宇,2006)

表 6.7　不同 NDVI 下表观热惯量和土壤含水量之间的相关关系(程宇,2006)

NDVI	R^2
0.114	0.884
0.207	0.664
0.237	0.362

因此,利用 NDVI 值对热惯量参数进行修正,以最大限度适应高植被覆盖区的反演研究,分别采用 ATI、NDVI 二元一次回归法、ATI、NDVI 二元二次回归和 ATI/NDVI 回归分析验证,最后结果表明:ATI、NDVI 二元二次回归和 ATI/NDVI 回归分析方法相关系数较高,可以用于植被覆盖不是特别高的地区的土壤湿度反演。

6.6.2　结果分析及检验

鉴于程宇等(2006)提出方法的优点,故采用该法研究金塔试验区土壤湿度。首先,采用反演得到的地表温度及由地表反照率获取地金塔试验区地表热惯量分布(图 6.15)资料;其次,根据 2004 年 7 月 4 日至 5 日试验期间所测土壤湿度和获得的 ATI/NDVI 数据,采用最小二乘拟合,得到适合绿洲研究区的回归关系,即

$$SM_{20cm} = -0.4474 \frac{ATI}{NDVI} + 0.2253 \qquad (6.46)$$

$$(R^2 = 0.79)$$

使用热惯量法获得 20cm 土壤湿度,然后根据观测数据对反演结果插值分别得到 10cm(图 6.16)和 200cm 的土壤湿度数据(图略)。

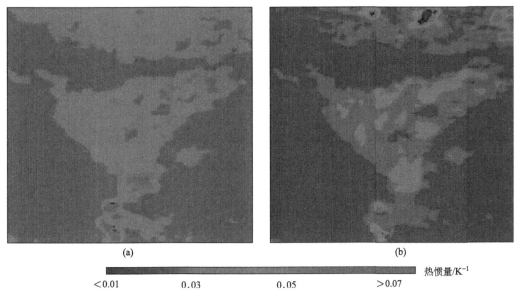

图 6.15　2004 年金塔地区热惯量分布图

(a) 7 月 4 日；(b) 7 月 5 日

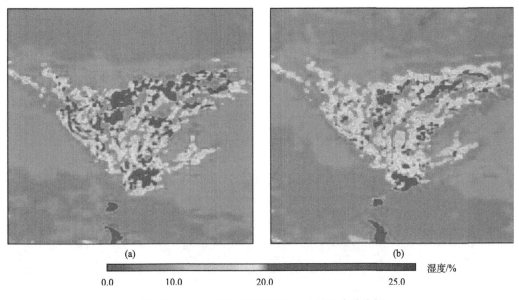

图 6.16　2004 年金塔地区 10cm 土壤湿度分布图

(a) 7 月 4 日；(b) 7 月 5 日

　　从 10cm（图 6.16）和 20cm（图略）土壤湿度分布图可看出，沙漠戈壁地表和绿洲地表土壤湿度存在很大的差别。对于沙漠地区而言，土壤湿度相对比较小，分布比较均匀，绿洲地区则相反。由于绿洲地区植被种类不同，且存在沙漠戈壁过渡带，因此，绿洲内部的土壤湿度分布也不同。在植被覆盖密集的地区，如绿洲南部和绿洲北部两个植被密集区，土壤湿度值相对大一些。在沙漠地区深层（200cm）土壤湿度（图略）基本没有变化，绿洲地区变化幅度也比较小，这与实际情况很接近。虽然表层土壤水分受到降水、灌溉等因素的影响，但是对深层土壤水分的影响却很小。由此可见，反演得到的绿洲土壤湿度比较合理，可用于进一步研究。

6.7 遥感反演参数的应用

地表温度、植被覆盖度、地表反照率等地表生物物理参数，是全球物质能量循环、气候变化、能量平衡的重要影响因素，是目前遥感定量化研究的热点之一。地表特征参数（land-surface parameters）与下垫面特征密切相关，它是研究地表物质平衡和能量平衡的基础，也是水文模型、气候及陆面过程模式中的重要参数。实践表明，地表特征参数的正确与否直接影响到区域陆面过程模式的计算精度，而遥感反演地表参数在陆面过程模式中的应用研究，也越来越受到重视。

6.7.1 模式及试验设计

MM5 模式是国际上应用比较广泛的一种中尺度气象模式（详见 2.5.1 节），它采用了非静力平衡动力框架、可选择的多种物理过程以及四维同化（FDDA）等先进技术，已广泛应用于中尺度对流系统、锋面、海陆风，城市热岛等领域的研究。

为分析不同地表参数对模式的影响，共设计了 5 种模拟试验方案。①对原模式未做任何改动的模拟试验；②用遥感反演的土地利用/土地覆盖类型（图 6.17）替换原模式土地利用类型的模拟试验；③用遥感反演植被覆盖度替换模式 MM5 原始植被覆盖度的模拟试验；④用遥感反演的 10cm 和 200cm 土壤湿度替换原模式中的初始资料的模拟试验；⑤用遥感反演获得的土地利用/土地覆盖类型、植被覆盖度、10cm 和 200cm 土壤湿度（以下统称土壤湿度），同时替换原模式中相应的初始场进行的模拟试验。

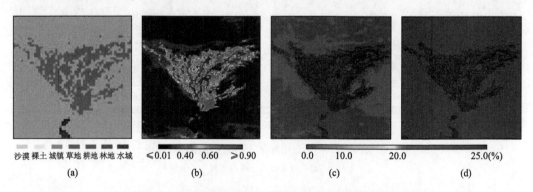

沙漠 裸土 城镇 草地 耕地 林地 水域　　　≤0.01 0.40 0.60 ≥0.90　　　0.0　　10.0　　20.0　　25.0(%)
　　　　　(a)　　　　　　　　　　(b)　　　　　　　　(c)　　　　　　　　(d)

图 6.17　遥感反演得到的金塔各类地表参数分布图

(a) 土地利用类型；(b) 植被覆盖度；(c) 10cm 土壤湿度；(d) 200cm 土壤湿度

　　模拟过程中参数化方案选择如下：水汽方案——简单冰相过程，积云对流参数化方案——Grell 参数化方案；行星边界层物理过程——NRF 大气边界层参数化方案；大气辐射方案——云辐射方案；陆面参数化方案——LSM 陆面过程模式。除上述所述参数使用遥感反演结果外，使用 2004 年 7 月 4 日 NCEP 资料为初值，每 6 小时输入一次。遥感资料则在 INTERPF 初值处理时输入。模拟采用三重嵌套网格进行降尺度运行，只在第三重网格加入遥感反演参数，三重嵌套仅考虑单向反馈，即外嵌套模式对内嵌套模式提供侧边界条件，而内嵌套模式的结果不影响外嵌套模式。

　　模式中心点位于 40.06°N,98.83°E,母域和子域同一中心,粗细网格格局分别为 9 km、3 km 和 1km，格点数分别为 37×37、40×40、61×61，模式垂直方向分 23 层，使用垂直坐标，大气层顶气压 10hPa。

　　模拟时间为北京时间 2004 年 7 月 4 日 20:00 至 7 月 5 日 20:00,对应观测试验期间金塔绿洲天气晴朗，无降水，没有明显的天气过程，绿洲效应比较明显。陈世强等(2005)分析指出：2004 年 7 月 5 日 14:30，背景风场较弱时观测到绿洲吹向沙漠的辐散风，证实了绿洲与沙漠戈壁区温差效应激发的绿洲局地环流存在，绿洲这种独特的自保护机制，有利于绿洲的维持和发展。

6.7.2　近地层要素场

1.气温

　　分析 5 种不同方案模拟得到的 7 月 5 日 14:30 气温分布图(图 6.18)可知，在引入遥感反演的土地利用/土地覆盖类型后[图 6.18(b)]，比模式自带初始场模拟的[图 6.18(a)]气温在量级上没有较大变化，但是温度分布在南部水库地区出现了低值；另外 2 种模拟结果同样显示部分沙漠地区的气温甚至高于绿洲地区，这是与实际情况不相符的，在天气晴朗的条件下，下午 14:30 应该是沙漠地区气温高于绿洲的时刻。

　　对比引入植被覆盖类型[图 6.18(c)]和未引入地表植被覆盖类型的模拟结果表明，两种模拟试验的气温场分布基本变化不大，说明近地面气温(2m)对植被覆盖度不敏感；但是未引入地表植被覆盖类型模拟的南部水库上空气温比周围沙漠戈壁低，与绿洲比较接近，证明水域上空的气温与地表覆盖类型关系密切。

　　引入土壤湿度后[图 6.18(d)]，气温的分布特征发生明显变化，绿洲地区即土壤湿度较高的地区气温较低，而沙漠戈壁区则相反。将 3 种遥感反演的地表参数结果同时引入模式时[图 6.18(e)]，气温的分布特征更接近实际情况。在绿洲地区气温比沙漠低，绿洲内部绿洲上空气温低于周围裸地；而绿洲内部裸地气温由于周围绿洲的影响低于绿洲外围的裸地；同时在绿洲南部水库上空出现气温的极低值，绿洲的冷岛效应很明显。

2. 比湿

　　采用不同方案模拟得到的比湿分布(图 6.19)。由图可知，替换土地利用/土地覆盖后[图 6.19(b)]，在南部水库的上空出现了不同变化，说明土地利用/土地覆盖类型的引入对比湿存在一定影响；引入植被覆盖度后[图 6.19(c)]对比湿的分布也有相应的影响。引入 10cm 和 200cm 土壤湿度使比湿的分布有了明显的变化，对比未做任何参数改动[图 6.19(a)]的情况，在绿洲上空土壤湿度大的地方，比湿也相对大一些。

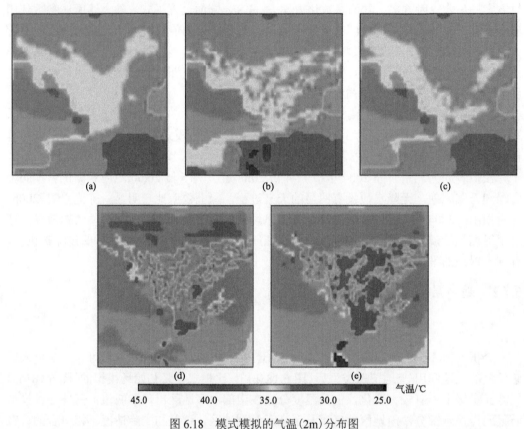

图 6.18　模式模拟的气温(2m)分布图

(a)模式自带初始场；(b)替换土地利用/土地覆盖；(c)替换植被覆盖度；(d)替换 10cm 和 200cm 土壤湿度；
(e)3 个参数都替换

而将 3 种遥感反演参数均引入模式后发现[图 6.19(e)]，在近地面绿洲和水库上空的比湿均比周围沙漠戈壁地区高，直观展示了绿洲的湿岛效应。赵林等(2010)敏感性试验也表明，水库水体总的作用是冷却，最大降温幅度为 2.2℃。

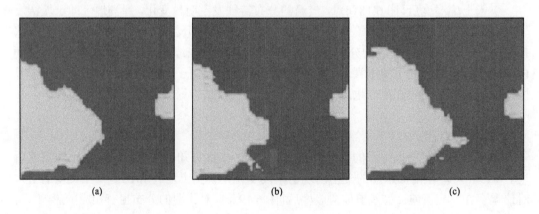

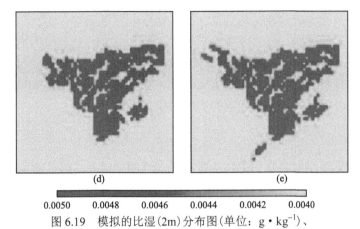

图 6.19　模拟的比湿(2m)分布图(单位：g·kg^{-1})、

(a)模式自带初始场；(b)替换土地利用/土地覆盖；(c)替换植被覆盖度；(d)替换 10cm 和 20cm 土壤温度；(e)3 个参数都替换

3. 地表温度

图 6.20 是采用不同方案模拟得到的地表温度分布。在替换植被类型后同比湿的分布情况类似，地表温度的分布在南部水库处出现了极低值，说明地表温度的模拟对水域的分布有一定的敏感性；而植被覆盖度的引入并没有改变地表温度的分布特征。但是，引入土壤湿度后，绿洲地区地表温度值变小，而沙漠高于绿洲。

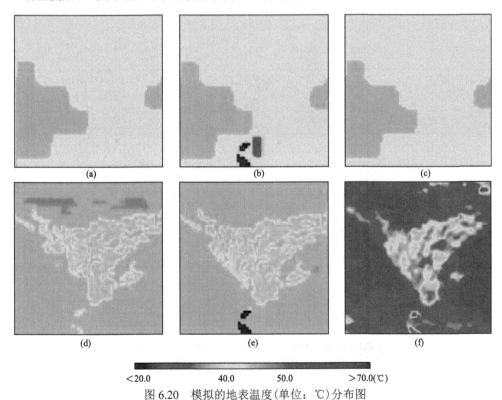

图 6.20　模拟的地表温度(单位：℃)分布图

(a)模式自带初始场；(b)替换土地利用/土地覆盖；(c)替换植被覆盖度；(d)替换 10cm 和 20cm 土壤温度；(e)3 个参数都替换；
(f)反演结果

　　将 3 种遥感反演参数均引入模式后，地表温度分布更加符合实况，此时绿洲的地表温度低于周围的沙漠戈壁，绿洲冷岛效应更显著。图 6.20(f) 是反演的地表温度，对比图 6.20(e) 可看出，虽然引入 3 种遥感反演参数后，模式对地表温度的模拟性能有所提高，但在地表温度的量级上还存在一定误差。因此，有待尝试引入遥感反演的地表温度，改善模式中的地表温度初始场，以期获得更好的模拟结果。

4. 感热通量

　　从采用不同方案模拟得到的感热通量(图 6.21)图上看到，感热通量的分布与土地利用类型分布接近。修改土地利用/土地覆盖类型后[图 6.21(b)]，感热通量在绿洲上的分布是绿洲内部感热大于四周沙漠地区，而南部水库感热通量则减小很多。

　　引入遥感反演的植被覆盖度后，对比未做任何改动的结果，感热通量在绿洲内部的分布基本变化不大。但是，引入土壤湿度数据后，感热通量分布情况发生明显变化[图 6.21(d)]。其中，首先是绿洲内部的感热通量减小，周围沙漠戈壁地区增加；同时，绿洲内部的沙漠戈壁过渡区上可以看到感热出现极大值。结果表明，引入土壤湿度后，对感热通量的分布特征模拟效果更符合绿洲的实际情况。

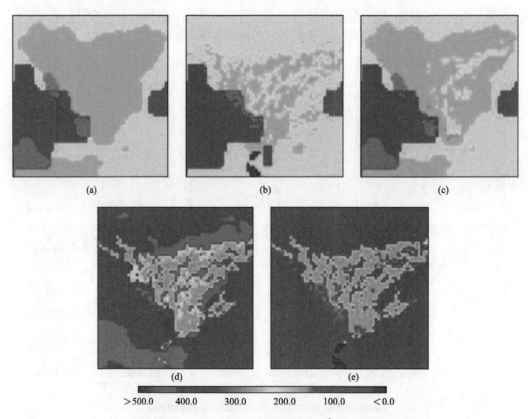

图 6.21　模拟的感热通量(W·m^{-2})分布图

(a)模式自带初始场；(b)替换土地利用/土地覆盖；(c)替换植被覆盖度；(d)替换 10cm 和 20cm 土壤温度；

(e)3 个参数都替换

　　当将 3 种遥感反演参数均引入模式后[图 6.21(e)]，绿洲内过渡带的感热通量没有出现特别明显的极值，但是过渡带感热通量比绿洲内部或者绿洲外部戈壁的要大，而南部绿洲的感热通量则相对较小。

5. 潜热通量

　　图 6.22 是采用不同方案模拟得到的潜热通量分布图。潜热通量的模拟结果和感热通量类似，当分别引入土地利用/土地覆盖类型和植被覆盖度后，潜热的分布除水库上空变化不大外，绿洲上空潜热通量略高于沙漠戈壁。但是在引入土壤湿度后，绿洲内潜热通量分布特征开始发生变化，绿洲上空潜热通量明显增大[图 6.22(d)]，并且在绿洲内部的过渡带，潜热分布也呈现“过渡区域”的特征。

　　将 3 种遥感反演参数均引入模式后[图 6.22(e)]，绿洲上空潜热量级增大为 $300\sim400\mathrm{W}\cdot\mathrm{m}^{-2}$，模拟效果更加合理，更加接近实际情况。

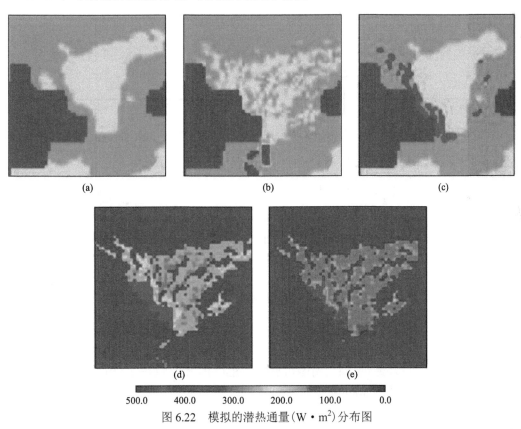

图 6.22　模拟的潜热通量$(\mathrm{W}\cdot\mathrm{m}^2)$分布图

（a）模式自带初始场；（b）替换土地利用/土地覆盖；（c）替换植被覆盖度；（d）替换 10cm 和 20cm 土壤温度；（e）3 个参数都替换

　　总之，通过比较 5 种模拟试验的效果表明：在土地利用/土地覆盖类型、植被覆盖度和土壤湿度遥感反演的地表参数中，土壤湿度对模式 MM5 模拟的精度影响最大。遥感估算的土壤湿度的引入，一方面使模拟的各个要素量级更加接近实际情况；另外也模拟到了绿洲内部过渡带的分布特征，这在以往许多模拟工作中都是很难实现的。

　　土壤湿度异常变化对区域降水有非常显著的影响,土壤湿度的正异常使得异常区域内降水增大,地面空气增湿、蒸发加大,与此相应,地表气温迅速降低,土壤湿度的负异常有与之相反的结果(李巧萍等,2007)。何延波等(2007)认为,土壤含水量的空间差异性导致森林、灌木、草地和耕地等地表覆盖类型的蒸散量具有明显的空间差异性。由此可见,土壤作为湿度陆面过程中重要的物理量之一,通过改变地表反照率、热容量和向大气输送的感热、潜热等途径影响气候变化,其在气候中的作用仅次于海表温度。所以,在我国西北地区数值模拟研究和业务中,应用遥感估算高精度土壤湿度数据是提高模拟精度的重要方法之一。

6.7.3　绿洲环流场

　　根据以上5种模拟实验的经验,下面用原模式参数和同时引入3种遥感反演参数进行模拟试验,进一步深入分析绿洲环流场的演变特征。

1. 水平结构特征

1) 水平风场(horizontal wind field)

7月5日,各自动气象站观测的11:00、14:30风向、风速(m·s^{-1})见图6.23。

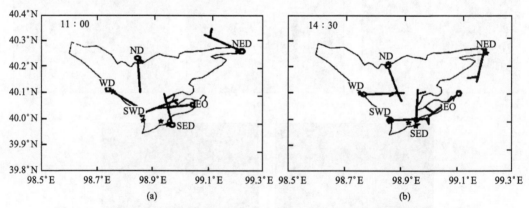

图 6.23　7月5日各自动气象站观测的11:00和14:30风向、风速(陈世强等,2005)

(a)11:00; (b)14:30

　　从模拟的7月5日13:00水平风场分布(图6.24),底图黄色区域为绿洲所在地区,周围灰色区域为戈壁沙漠(下同)。由图可见低空850hPa水平风场在绿洲上空出现强的辐散风场,这种辐散风场到800hPa仍清晰可见,但风速有所减小;在750hPa风场转为以东风为主的背景风,到了650hPa又转为东北风,且风速加大。这种绿洲边缘的辐散风场变化,在实际观测中也有出现。

　　陈世强等(2005)研究指出:7月5日11:00,绿洲边缘已经有弱的辐散风;14:30金塔绿洲近地层整体风场变为绿洲吹向沙漠的辐散风(图6.25),这种辐散气流的存在使白天低层存在流向沙漠的气流,而绿洲边缘存在上升气流,像一道保护墙阻挡了沙漠的干热气流从低层流入绿洲,同时,绿洲上空的下沉气流加大了该区域的大气稳定度,抑制了绿洲水汽的散失,实现了绿洲的自我保护。

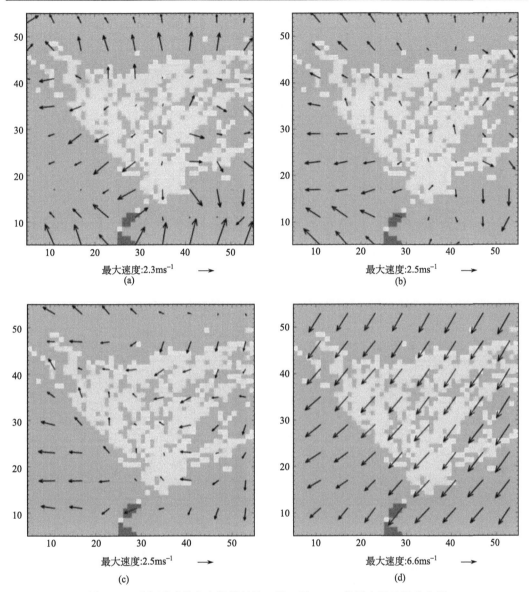

图 6.24　引入遥感地表参数模拟的 7 月 5 日 13:00 各层水平风场分布图

(a) 850hPa 风场；(b) 800hPa 风场；(c) 750hPa 风场；(d) 650hPa 风场

　　对比没有引入遥感地表参数的模拟结果发现，若不改进原模式中的土壤湿度等参数，这种绿洲内部非均匀下垫面上空的辐合(辐散)风场是模拟不出来的(图略)。由图 6.24 可看出，绿洲边缘辐散风场较大，而内部则风速较小，在绿洲东部独立的小绿洲上也可以看到微弱的辐散风场。因此，土壤湿度等反演参数的引进对模式改进有很大的作用。这说明有绿洲存在的地方，容易形成辐散风，绿洲越大，辐散越强；由于绿洲内部存在许多沙漠戈壁斑块，导致绿洲内部辐散比边缘小许多。

　　从模拟的情况看，绿洲辐散风场基本也出现在 11:00 前后，一直维持到 15:00 (图 6.25)，其中 13:00 左右绿洲辐散达到最强。也就是说，在白天绿洲最容易蒸散蒸腾流失水分的时候，辐散风场的出现抵御了来自沙漠戈壁地区的干热空气，使绿洲得到了自我保护。

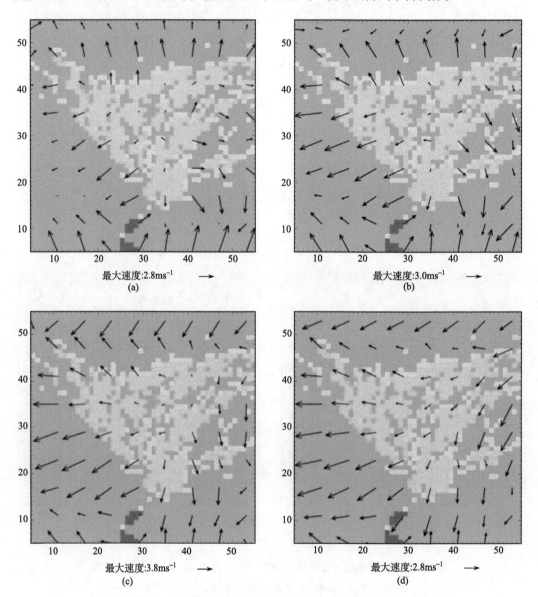

图 6.25　引入遥感地表参数模拟的 7 月 5 日 11:00~14:00 水平风场图

(a)11:00 850hPa 风场；(b)12:00 850hPa 风场；(c)13:00 850hPa 风场；(d)14:00 850hPa 风场

2）散度场（divergence field）

　　分析引入反演参数值后模拟的绿洲上空的散度场（图 6.26），在 850hPa 绿洲密集地区就是辐散中心，而沙漠戈壁地区则是明显的辐合中心，南部水库上空出现了最大辐散中心（138.6×10^{-5}s^{-1}）；在整个三角形绿洲的边缘，存在一条明显的辐合中心等值线。这说明绿洲内部辐散流出的气流在边缘地区辐合（上升），阻挡了周围干热空气向绿洲侵入；到了 800hPa 辐散强度减弱，直至 750hPa 时辐合（辐散）中心才开始转换。由此可见，绿洲上空的辐散(强下沉)气流基本是从 750hPa 开始。在绿洲内部还有一个明显的特点，即绿洲内部沙漠戈壁斑块存在的地方，基本都是辐合中心。

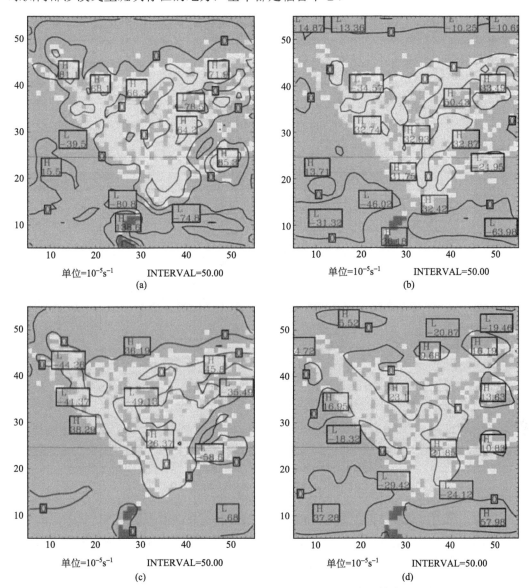

图 6.26　引入反演地表参数后模拟的 7 月 5 日 13:00 各层散度场分布图

(a)850hPa 散度场；(b)800hPa 散度场；(c)750hPa 散度场；(d)650hPa 散度场

而在未引入反演参数时(图略)，绿洲内部相对绿洲边缘总体呈现辐散趋势，但未出现如图 6.26 的绿洲内部不均匀下垫面上空的辐合(辐散)特征。研究发现：引入反演地表参数后，在沙漠戈壁斑块上空，会存在明显的辐合(上升)气流，而植被密集地区则以辐散(下沉)气流为主，并在绿洲低层形成不稳定环流。这种不稳定环流往往会导致绿洲内部下沉气流的减弱，影响绿洲边缘地区上升气流的强度减弱绿洲上空的二级环流，不利于绿洲的维持和发展。

3) 垂直速度场 (vertical velocity field)

引入遥感地表参数反演值后,模拟的垂直速度场(图 6.27)分析表明,垂直速度场分布特征与散度场变化相类似,都在绿洲密集地区出现极值中心。其中在 850hPa 分图上绿洲密集地区是明显的下沉运动,绿洲边缘及周围沙漠地区则出现上升运动,但是在绿洲内部的沙漠戈壁斑块地区存在上升运动,这不利于绿洲的稳定发展;800hPa 分图上绿洲密集区下沉运动明显增强(为 $17.39\mathrm{cm \cdot s^{-1}}$),绿洲边缘的沙漠区上升运动也明显加强,直至 750hPa 这种强度均减弱。绿洲内部从 750hPa 以下出现最强下沉气流,一方面阻挡了近地层的大量水汽流向沙漠,同时也阻挡了沙漠的干热空气流向绿洲,实现了绿洲的维持和发展。

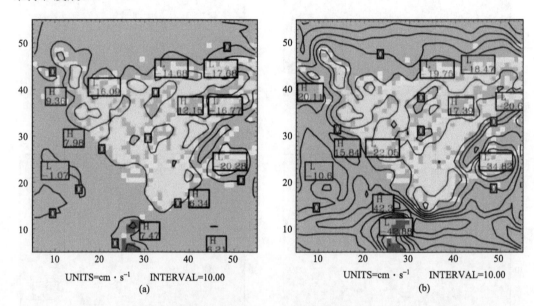

图 6.27　引入反演地表参数后模拟的 7 月 5 日 13:00 各层垂直速度场分布图
(a) 850hPa 垂直速度场;(b) 800hPa 垂直速度场

而在未引入遥感反演地表参数的模拟结果(图略)为绿洲中心均为下沉运动,内部不存在小的上升下沉扰动气流,这显然不符合事实。现实情况是绿洲内部既有农田植被覆盖,又有沙漠戈壁存在,下垫面的差异导致了地表温度和近地层气温存在水平梯度,在气压梯度力的作用下,使绿洲内部的沙漠戈壁斑块地区产生扰动气流,这股扰动气流将不断在绿洲内部的荒漠和绿洲之间传递热量和水分,从而在一定程度上削弱绿洲的"冷岛"和"湿岛"效应,造成绿洲的稳定性被减弱。潘英和刘树华(2008)研究结果也表明,绿洲对沙漠水汽输送是影响沙漠地表能量收支以及绿洲周边区域气候的最重要因子。

4) 温度场 (temperature field)

在未引入反演地表参数模拟的温度场(图略),850hPa 分图和 800hPa 分图上以西北到东南走向的曲线为分界,绿洲的冷岛效应位于该分界线的北部。相反,引入反演地表参数后,模拟结果在 850hPa 分图上除东部小块独立绿洲外(图 6.28),绿洲(为 25℃)与沙漠区(为 28℃)温差为 3℃左右；而东部小块绿洲由于周围主要是沙漠戈壁，因此温度相对主绿洲区要高，但相对沙漠戈壁要低一些，这就是绿洲的冷岛效应。800hPa 也存在明显的冷岛效应，只是绿洲与沙漠温差没有 850hPa 上大。750hPa 绿洲中心出现了一个高值区，绿洲边缘则处于低值区，但是温差不是很明显(为 0.5℃)，而绿洲外围沙漠戈壁仍是高值区，但冷岛效应有所减弱。到了 650hPa 绿洲上空温度已经高于沙漠地区，因此，冷岛效应基本保持在 750hPa 左右的高度。

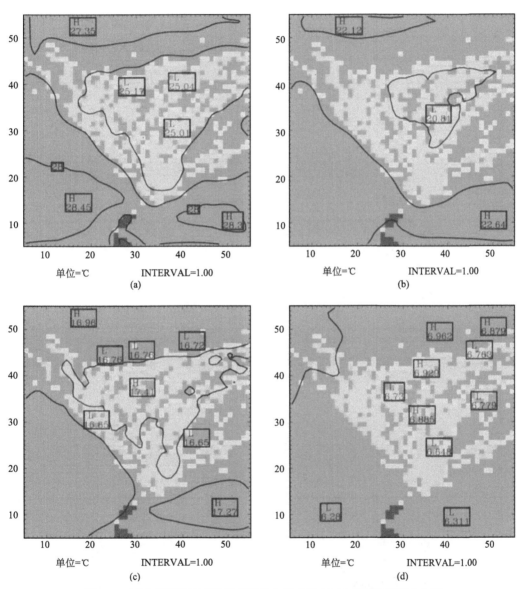

图 6.28　引入反演地表参数后模拟的 7 月 5 日 13:00 各层温度场分布图

(a)850hPa 温度场；(b)800hPa 温度场；(c)750hPa 温度场；(d)650hPa 温度场

5) 比湿场 (specific humidity field)

　　图 6.29 是引入反演地表参数后模拟的各层比湿分布图。在 850hPa 图上绿洲地区存在显著的湿岛效应，而且等值线的分布和绿洲的分布较为一致，绿洲越密集则湿度越大，最大值达 4.9g·kg⁻¹；沙漠地区相对较小（为 3.6g·kg⁻¹），充分说明绿洲不仅是冷岛，同时也是湿岛。800hPa 分布特征也相同，但是绿洲和沙漠的湿度差有所减小，这也类似温度场的分布。在 750hPa 分图上湿中心转移到绿洲西部边缘地区，这可能与高空的东北风有关；而在 650hPa 随着该层东北风场的加强，湿中心位于绿洲南部的水库上空。

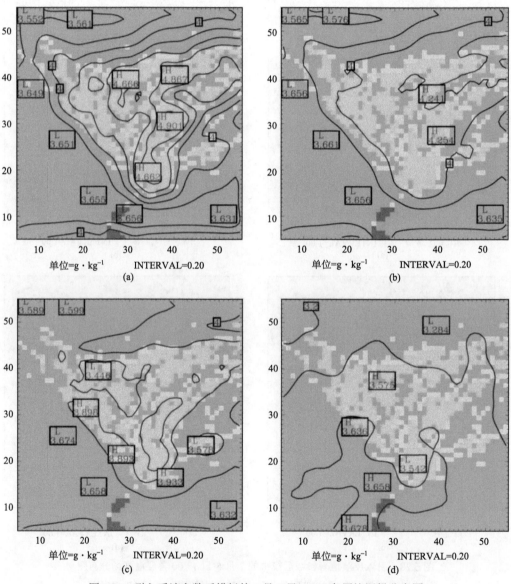

图 6.29　引入反演参数后模拟的 7 月 5 日 13:00 各层比湿场分布图

(a) 850hPa 比湿场；(b) 800hPa 比湿场；(c) 750hPa 比湿场；(d) 650hPa 比湿场

未引入遥感地表反演参数时模拟的各层比湿分布图(图略)上,虽然有绿洲的湿岛效应,但是湿中心位于绿洲西南的荒漠上空。由于 850hPa 和 800hPa 上的辐散风是由绿洲中心向四周辐散,因此不可能导致湿度场中心偏移到绿洲的西南边。在引入遥感反演地表参数模拟的绿洲湿岛效应(图 6.29)在绿洲上空,并在绿洲内部随着农田植被和沙漠戈壁过渡带的不同分布,出现小范围湿(干)中心。这显然符合事实,说明引入遥感反演地表参数后的模拟效果与实况吻合,试验非常成功。

总之,引进 3 种遥感反演参数的模拟试验发现:绿洲的辐合(辐散)中心与绿洲内部农田、沙漠戈壁区的分布特征相同。其中,绿洲低层是冷湿中心,外围沙漠戈壁地区则是暖干中心,这样很容易使绿洲的冷湿气流流向沙漠,导致水分的流失。但是,由于绿洲 750hPa 左右存在下沉气流,低层气流向沙漠戈壁地区辐散,在绿洲边缘由于存在强的辐合上升气流,从而阻止了绿洲和沙漠之间温度及湿度的交换,是绿洲的水汽能够保持在绿洲近地层,从而实现了绿洲系统的能量平衡和水分的循环,使西北绿洲能够长期维持的基础。

2. 垂直结构特征

引入遥感反演地表参数后,模拟的 7 月 5 日 13:00 绿洲效应最为明显时刻的各要素垂直剖面图(图 6.30),分析表明,①散度场的垂直分布为低层 750hPa 以下绿洲上空主要是辐散区[图 6.30(a)],最大值达 $50.0 \times 10^{-5} s^{-1}$;但在 720hPa 左右辐散中心已经消失,开始转变为辐合,并在绿洲边缘形成 2 个强辐合中心(西部与东部中心最大值分别为 $-54.3 \times 10^{-5} s^{-1}$ 和 $-91.0 \times 10^{-5} s^{-1}$),这与前面水平散度场的演变相一致。②垂直速度场在绿洲上空($y=18$,48)存在下沉气流,边缘则为上升气流[图 6.30(b)]。但是在 $y=35$ 附近为小范围的上升中心,结合土地利用/土地覆盖特征分析发现,该地恰好是绿洲边缘的沙漠戈壁,这股上升气流的存在,将加强绿洲内部水汽和热量的交换,在一定程度上减弱绿洲的冷湿效应,可能导致绿洲内部不稳定,影响到整个绿洲的维持和发展。

对比分析引入和未引入遥感反演地表参数(图略)的模拟效果,其共同点是在垂直剖面图上,低层绿洲地区辐散(伴随下沉气流),绿洲边缘沙漠戈壁地区辐合(伴随上升气流);对应温度和比湿在 780hPa 以下绿洲上空为冷湿中心[图 6.30(d)],沙漠戈壁上空则是暖干中心。特别是在引入遥感反演地表参数后,绿洲环流场和冷湿岛效应更显著,更接近实况。

6.7.4 模拟与观测对比

1. 风向和风速

由各自动气象站实测风向风速(图 6.31)和模拟的风向风速对比(图 6.32)(其中,图中模拟 1 为未引入遥感反演参数的模拟效果;模拟 2 为引入遥感反演参数后的模拟效果),引入遥感反演地表参数后,一是对风速值模拟改进最大的是东南沙漠和绿洲点(图 6.31),其他各点(图略)效果一般;二是对风向模拟改进最大的是西点沙漠(图略)、东南沙漠点和东南绿洲点(图 6.32),模拟结果基本和实测风向变化趋势一致。分析表明,引入遥感反演地表参数后，对重点区域风速的模拟效果较佳，其他地区效果一般，但是对风向的模拟是比较合理，效果改进较大。

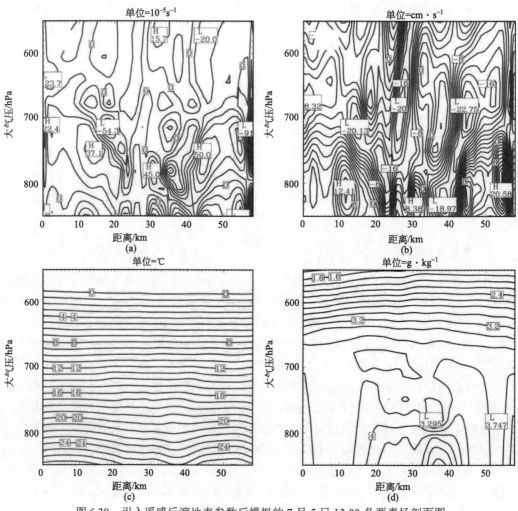

图 6.30　引入遥感反演地表参数后模拟的 7 月 5 日 13:00 各要素场剖面图

(a)散度；(b)垂直速度；(c)温度；(d)比湿

$y=30$

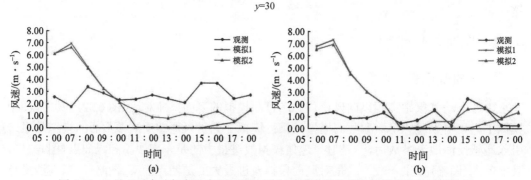

图 6.31　7 月 5 日自动气象站实测风速和引入遥感反演地表参数模拟的风速对比图

(a)东南沙漠；(b)东南绿洲

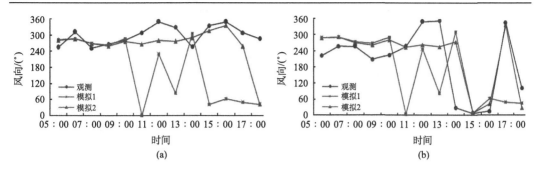

图 6.32　7 月 5 日各自动气象站实测风向和引入遥感反演地表参数模拟的风向对比图

(a) 东南沙漠；(b) 东南绿洲

2. 感热通量

分析模拟的感热通量和观测值日变化对比结果 (图 6.33)，实际观测值比较低，东点绿洲和 PAM 站的感热值均未超过 100 W·m^{-2}，在 13:00 到 21:00 模拟试验结果与观测值明显偏大。在引入 3 种遥感反演地表参数后，模拟值比未引入时更接近观测值；但由于模拟本身的物理过程和参数化方案导致的误差仍较大，有待进一步改进。

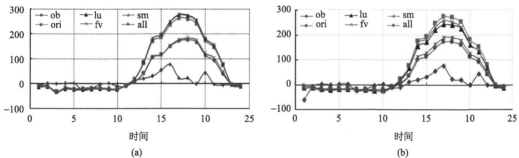

图 6.33　7 月 5 日 13:00 东点绿洲和 PAM 站感热通量的观测值和引入遥感反演地表参数模拟值对比

(a) 东点绿洲站；(b) PAM 站

ob.观测值；ori.初始场未做修改的模拟；lu.引入 land use 反演值；fv.引入植被覆盖度反演值；sm.仅引入土壤湿度；all.3 种遥感反演地表参数均引入

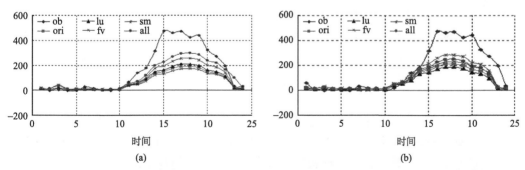

图 6.34　7 月 5 日 13:00 东点绿洲和 PAM 站潜热通量观测值和引入遥感反演地表参数模拟值

(a) 东点绿洲站；(b) PAM 站

ob.观测值；ori.初始场未做修改的模拟；lu.仅引入 land use 反演值；fv.引入植被覆盖度反演值；sm.仅引入土壤湿度；all.3 种遥感反演地表参数均引入

3. 潜热通量

潜热通量模拟值和观测值对比其结果与感热通量类似(图 6.34),不同的是潜热通量的观测值比模拟值大。当同时引入 3 种反演参数后,模拟值和观测值及演变趋势最为接近。与感染通量一样,由于模式本身的物理过程和参数化方案有待完善,因此存在误差在所难免。

6.8 小　　结

本章在介绍了卫星遥感信息应用相关内容后,重点研究了金塔绿洲地表特征参数遥感反演、大气水汽含量反演、地表温度反演、地表净太阳辐射及净辐射参数确定、土壤湿度的遥感估算及遥感反演地表特征参数在绿洲效应研究中的应用,主要取得以下成果:

(1)利用 Landsat TM 卫星资料反演了金塔非均匀下垫面上的标准化差值植被指数 NDVI、修正的土壤调整植被指数 MSAVI、植被覆盖度、地表比辐射率,地表反照率和地表温度,并将地表反照率和地表温度的反演值与观测值进行对比误差在 10% 以内。

(2)利用 EOS-MODIS 资料反演了金塔上空整层大气水汽含量,并将结果与实际观测对比,最大绝对误差为 0.21 g·cm^{-2}、最大相对误差为 23.60%;最小绝对误差为 0.0224 g·cm^{-2}、最小相对误差为 2.60%,平均相对误差为 10.46%,说明结果基本可信。最大相对误差为 8.02%、最小相对误差为 0.70%,平均相对误差为 4.5%,反演结果较好。

(3)采用 Weng 方法、Qin 方法和 Jiménez-Muñoz 方法等,使用 Landsat-TM5 的遥感数据对金塔地区的地表温度进行反演,从结果看 3 种方法反演地表温度平均误差分别为 1.87℃、1.88℃、2.86℃,表明反演效果均较好。其中,沙漠地表温度介于 35~55℃ 之间,明显高于绿洲(23~31℃);水体的温度(19℃左右)低于绿洲,这符合地表水热关系。除去云的影响较大外,Weng 方法对绿洲的地表温度反演精度最高;Jiménez-Muñoz 方法对沙漠点地表温度反演最好。

(4)利用 Landsat TM 卫星资料反演了金塔地表非均匀下垫面上地表温度、地表反射率、地表净太阳辐射及地表净辐射,并将反演值与观测值进行对比表明:反演地表温度的方法较好,从与实测值的对比上看,最大误差为 5℃,平均误差为 1.78℃;从反演结果上看,地表净太阳短波辐射反演相对误差小于 12%;地表净辐射反演绝对误差小于 20W·m^{-2},相对误差小于 3%;且频率分布图上可明显反映出由于下垫面不同造成的分布上的差异,表明反演结果是可信的,为进一步研究金塔地区通量变化及其相互关系奠定了基础。

(5)通过将遥感反演得到的土地利用/土地覆盖、植被覆盖度和土壤湿度(10cm 和 200cm)3 种地表参数引入 MM5 中尺度模式中,采用 5 种不同的实验方案,对绿洲效应进行模拟研究表明:①对比应用原模式参数和引入 3 种遥感反演地表参数后,均在不同程度上改进了 MM5 的模拟结果,其中土壤湿度是对模式模拟精度的影响最大。土壤湿度反演地表参数的引入,一方面使得模拟的各个要素量级更加接近实际情况,另一方面能够模拟到绿洲内部非均匀下垫面的分布特征。②通过对最优模拟结果分析,进一步揭示了绿洲系统自我维持的演变机制。将绿洲作为一个整体看待，金塔绿洲相对周围沙漠戈壁在白天一直处于冷湿状态；绿洲上空存在强的下沉气流，低层有流向沙漠戈壁的辐散风，绿洲沙漠过渡地区存在的强上升气流，阻挡了来自沙漠的干热空气向绿洲侵袭，抑制了绿洲水汽的流失，实现了绿洲的自我保护。③从绿洲内部的角度分析，绿洲土壤湿度的加大能使水汽的输送到更高的高空，有利于降水的形成；风速的增大不利于中尺度通量的输送，但有利于湍流感热和潜热的输送。绿洲内部的破碎斑块不利于绿洲系统稳定发展，但由于这种破碎斑块的存在导致了地表温度和近地层气温存在水平梯度，在气压梯度力的作用下，使绿洲内部的沙漠戈壁斑块地区产生扰动气流，这股扰动气流将不断在绿洲内部荒漠和绿洲之间传递热量和水分，有利于沙漠戈壁斑块地区植被的生长。

参 考 文 献

陈怀亮, 毛留喜, 冯定原. 1999. 遥感监测土壤水分的理论、方法及研究进展. 遥感技术与应用, 14(2): 55-65.

陈世强, 吕世华, 奥银焕, 等. 2005. 夏季金塔绿洲与沙漠次级环流近地层风场的初步分析. 高原气象, 24(4): 534-539.

陈云浩, 李晓兵, 谢锋. 2001. 我国西北地区地表反照率的遥感研究. 地理科学, 21(4): 327-333.

程宇. 2006. 考虑植被覆盖和热辐射方向性的热惯量法土壤水分反演研究. 中国科学院硕士学位论文, 27-48.

邓炜, 万余庆, 赵荣椿. 2000. 应用神经网络进行卫星遥感图像的热异常信息提取. 遥感技术与应用, 15(3): 146-150.

高峰, 王介民, 孙成权, 等. 2001. 遥感技术在陆面过程研究中的应用进展. 地球科学进展, 16(3): 359-366.

高扬子, 何洪林, 张黎, 等. 2013. 近 50 年中国地表净辐射的时空变化特征分析. 地球信息科学学报, 15(1): 1-10.

何海, 陆桂华, 王小锋, 等. 2012. 西北地区近地面水汽特征及其与区域蒸发关系. 水电能源科学, 30(12): 1-5.

何延波, 王石立. 2007. 遥感数据支持下不同地表覆盖的区域蒸散. 应用生态学报, 18(2): 288-296.

胡隐樵, 左洪超. 2003. 绿洲环境形成机制和干旱区生态环境建设对策. 高原气象, 22(6): 537-544.

贾立, 王介民. 1999. 卫星遥感结合地面资料对区域表面动量粗糙度的估算. 大气科学, 23(5): 632-642.

李国平, 黄丁发. 2004. GPS 遥感区域大气水汽总量研究回顾与展望. 气象科技, 32(4): 201-205.

李巧萍, 丁一汇, 董文杰. 2007. 土壤湿度异常对区域短期气候影响的数值模拟试验. 应用气象, 18(1): 1-11.

李万彪, 刘盈辉, 朱元竞, 等. 1998. GMS-5 红外资料反演大气可降水量. 北京大学学报(自然科学版), 34(5): 631-638.

刘世祥, 杨建才, 陈学君, 等. 2005. 甘肃省空中水汽含量、水汽输送的时空分布特征. 气象, 31(1): 49-54.

刘玉洁, 潘韬. 2012. 中国地表太阳辐射资源空间化模拟. 自然资源学报, 27(8): 1392-1403.

刘振华, 赵英时. 2005. 一种改进的遥感热惯量模型初探. 中国科学院研究生院学报, 22(3): 380-385.

马耀明, 王介民, Menenti M, 等. 1997. 黑河实验区地表净辐射区域分布及季节变化. 大气科学, 21(6): 743-749.

马耀明, 王介民, Menenti M, 等. 1999. 卫星遥感结合地面观测估算非均匀地表区域能量通量. 气象学报, 57(2): 180-189.

马耀明, 刘东升, 王介民, 等. 2003. 卫星遥感敦煌地区地表特征参数研究. 高原气象, 22(6): 531-536.

毛克彪, 覃志豪, 王建明, 等. 2005. 针对 MODIS 数据的大气水汽含量反演及 31 和 32 波段透过率计算. 国土资源遥感, 63(1): 26-29.

孟宪红, 吕世华, 陈世强, 等. 2005. 金塔绿洲地表参数遥感反演研究. 高原气象, 24(4): 509-515.

潘英, 刘树华. 2008. 绿洲区域气候效应的数值模拟. 北京大学学报(自然科学版), 44(3): 370-378.

宋小宁. 2004. 基于植被蒸散法的区域缺水遥感监测方法研究. 中科院博士学位论文, 17-19.

孙凡, 陈渭民, 杨昌军, 等. 2004. GMS-5 卫星资料和常规地面资料反演大气可降水量. 南京气象学院学报, 27(5): 641-649.

田国良. 1991. 土壤水分的遥感监测方法. 环境遥感, 16(2): 89-99.

王介民, 马耀明. 1995. 卫星遥感在 HEIFE 非均匀陆面过程研究中的应用. 遥感技术与应用, 10(3), 19-26.

王荣, 唐伶俐, 戴昌达. 2002. MODIS 资料在测量地物辐射亮度和反射率特性中的应用. 遥感信息, (3): 21-25.

文军. 1999. 卫星遥感陆面参数及其大气影响校正研究. 中国科学院兰州高原大气物理研究所博士学位论文. 55-59.

文军, 王介民. 1997. 一种由卫星遥感资料获得的修正的土壤调整植被指数. 气候与环境研究, 2(3): 302-309.

肖乾广, 陈维英, 盛永伟, 等. 1994. 用气象卫星监测土壤水分的试验研究. 应用气象学报, 5(3): 312-318.

徐兴奎, 刘素红. 2002. 中国地表月平均反照率的遥感反演. 气象学报, 60(2): 215-220.

杨宝钢, 丁裕国. 2004. 考虑植被的热惯量法反演土壤湿度的一次试验. 南京气象学院学报, 27(2): 218-223.

于涛. 2010. 绿洲沙漠系统地表辐射收支的模拟研究中国沙漠, 30(3): 686-690.

余涛, 田国良. 1997. 热惯量法在监测土壤表层水分变化中的研究. 遥感学报, 1(1): 24-31.

张强, 卫国安, 黄荣辉. 2002. 绿洲对其临近荒漠大气水分循环的影响—敦煌实验数据分析. 自然科学进展, 12(2): 195-200.

张仁华. 1990. 改进的热惯量模式及遥感土壤水分. 地理研究, 9(2): 101-112.

张仁华. 1991. 土壤含水量的热惯量模型及其应用. 科学通报, 36(12): 924-927.

张仁华, 孙晓敏, 朱治林, 等. 2002. 以微分热惯量为基础的地表蒸发全遥感信息模型及在甘肃沙坡头地区的验证. 中国科学(D 辑), 32(12): 1041-1051.

赵林, 陈玉春, 吕世华, 等. 2010. 金塔绿洲解放村水库夏季晴天水文气象效应的数值模拟. 高原气象, 29(6): 1414-1422.

赵英时, 等. 2003. 遥感应用分析原理与方法. 北京: 科学出版社: 372-394.

Berk A, Bernstein L S, Robertson D C. 1989. Modtran: A Moderate Resolution Model for LOWTRAN 7, Technical Report GL-TR-89-0122. Geophys Lab, Bedford, MA.

Carlson T N, Ripley D A. 1997. On the relation between NDVI, fractional vegetation cover, and leaf area index. Remote Sensing of Environment, 62(3): 241-252.

Chander G, Markham B. 2003. Revised Landsat-5 TM radiometric calibration procedures and post-calibration dynamic ranges. Geoscience and Remote Sensing, 41(11): 2674-2677.

Jiménez-Muñoz J C, Sobrino J A. 2003. A generalized single-channel method for retrieving land surface temperature from remote sensing data. Journal of Geophysical Research-Atmospheres, 108(D22):

2015-2023.

Kahle A B. 1977. A simple thermal model of the earth surface for geologic mapping by remote sensing. Journal of Geophysical Research, 82: 1673-1680.

Li Z L, Jia L, Su Z B, et al. 2003. A new approach for retrieving precipitable water from ATSR2 split-window channel data over land area. International Journal of Remote Sensing, 24(24): 5059-5117.

Ma Y M. 2003. Remote sensing parameterization of regional net radiation over heterogeneous land surface of Tibetan Plateau and arid area. International Journal of Remote Sensing, 24(15): 3137-3148.

Ma Y M, Wang J M, Menenti M, et al. 1999. Estimation of flux densities over the heterogeneous land surface with the aid of satelite remote sensing and field observation. ACTA Meteorological Sinica, 57(2): 180-189.

Ma Y M, Tsukamoto O, Ishikawa H, et al. 2002. Determination of Regional land surface heat flux densities over heterogeneous landscape of HEIFE Integrating satellite remote sensing with field observations. Journal of Meteorological Society of Japan, 80(3): 485-501.

Ma Y M, Menenti M, Tsukamoto O, et al. 2004. Remote sensing parameterization of regional land surface heat fluxes over arid area in northwestern China. Journal of Arid Environments, 57: 117-133.

Mitsuta Y, Tamagawa I, Sahashi K, et al. 1995. Estimation of annual evaporation from the Linze desert during HEIFE. Journal of the Meteorological Society of Japan, 73(5): 967-974.

Price J. 1977. Thermal inertia mapping: a new view of the earth. J Geophs Res, 8218: 2582-2590.

Price J. 1985. On the analysis of thermal infrared imagery the limited utility of apparent thermal inertia. Rem Sens Environ, 18(1): 59-73.

Qi J, Chehbouni A, Huete A R, et al. 1994. A modified soil adjusted vegetation index. Remote Sensing of Environment, 48(27): 119-126.

Qin Z H, Giorgio D O, Arnon K. 2001. Derivation of split window algorithm and its sensitivity analysis for retrieving land surface temperature from NOAA-advanced very high resolution radiometer data. Journal of Geophysical research, 106(D19): 22655-22670.

Rosema A. 1975. A mathematical model for simulation of the thermal behavior of the bare soil, based on the heat and moisture transfer. Kanaalweg: Niwars-Publication: 12-23.

Rosema A. 1978. A combined surface temperature, soil, moisture and evaporation mapping approach. Remote Sensing Environ, 7(5): 2267-2276.

Sobrino J A, Jimenez J C, Raissouni N, et al. 2002. A Simplified Method for Estimating the Total Water Vapor Content Over Sea Surfaces Using NOAA-AVHRR Channels 4 and 5. IEEE Trans. Geosci. Remote Sensing, 40(2): 357-361.

Sobrino J A, Raissouni N, Simarro J, et al. 1999. Atmospheric water vapor content over land surfaces derived from the AVHRR data: Application to the Iberian Peninsula. IEEE Trans. Geosci. Remote Sensing, 37(3): 1425-1434.

Stella W T, Hoffer R M. 1998. Responses of Spectral of Spectral Indices to Variation in Vegetation Cover and Soil Background. Photogrammetric Engineering & Remote Sensing, 64(9): 915-923.

Tanre D, Vermote E F, Deuze J L, et al. 1997. Second simulation of the satellite signal in the solar spectrum, 6S: An overview. IEEE Trans. Geosc Remote Sens, 35(3): 675-686.

Tenalem A. 2003. Evapotranspiration estimation using thematic mapper spectral satellite data in the Ethiopian rift and adjacent highlands. Journal of Hydrology, 279(1-4): 83-93.

Valor E, Caslles V. 1996. Mapping land surface emissivity from NDVI: Application to European, African, and

South American areas. Remote Sensing of Environment, 57(3): 167-184.

Van Bavel C H M, Fritschen L J, Reeves W E. 1967. Transpiration by sudangrassas an externally controlled process. Science, 141(3577): 269(1-4)-270.

Wang J, Ma Y, Menenti M. 1995. The scaling-up of processes in the heterogeneous landscape of HEIFE with the aid of satellite remote sensing. Journal of the Meteorological Society of Japan, 73(6): 1235-1244.

Watson K, Pohn H A. 1974. Thermal Inertia Mapping from Satellites Discrimination of Geologic Units in Oman. J Res Gep Suvr, 2(2): 147-158.

Watson K, Rowen L C, Offield T W. 1971. Application of thermal modeling in the geologic interpretation of IR images. Remote Sens Environ, 3: 2017-2041.

Weng Q H, Lu D S, Schubring J. 2004. Estimation of land surface temperature-vegetation abundance relationship for urban heat island studies. Remote Sens Environ, 89(4): 467-483.

Yoram J, Kaufman, Gao B C. 1992. Remote sensing of water vapor in the near IR from EOS/MODIS. IEEE Trans. Geosci. Remote Sensing, 30(5): 871-884.

Zhao W J, Masayuki T, Hidenori T. 2001. Atmospheric and spectral corrections for estimating surface albedo from satellite data using 6S code. Remote Sensing of Environment, 76(2): 202-212.

第7章 绿洲大气边界层

绿洲、戈壁和沙漠等下垫面的不均匀性特征，不仅可以驱动中、小尺度环流，还会引起大气边界层特征在水平方向上的变化。鉴于绿洲在干旱区国民经济中的重要性，因此，非均匀下垫面的大气边界层结构、湍流特性及边界层物质交换规律研究就变得日益重要。

绿洲的研究虽然已取得了许多成果(苏从先和胡隐樵，1987；桑建国等，1992；胡隐樵等，2003；张强和胡隐樵，2001；王介民，1999；高艳红和吕世华，2001；左洪超等，2004；安兴琴和吕世华，2004；韦志刚等，2005；吕世华等，2005；奥银焕等，2005；文莉娟等，2005；姜金华等，2005；陈世强等，2006)，但对非均匀下垫面上大气边界层结构、湍流特性和边界层通量等研究，还有待深入开展。

利用在甘肃省金塔绿洲开展的"绿洲系统能量与水分循环过程观测实验"所取得的观测资料，将 RAMS 模式与 MM5V3.6 模式的模拟结果与观测资料进行对比，其目的是检验和分析 RAMS 模式在西北干旱区沙漠绿洲下垫面的适应性特点，为促进对沙漠绿洲非均匀下垫面大气边界层等研究，提供科学依据。

7.1 RAMS 模式在绿洲的适用性研究

7.1.1 模拟方案

选用美国科罗拉多州州立大学开发的中尺度数值模式系统 RAMSV4.4 和美国宾州大学、美国大气研究中心开发的 MM5V3.6，这两种中尺度模式有很多的共同点：三维非静力、沿地形的垂直坐标、四维数据同化允许外部驱动项来运行模式，许多相似的次网格湍流、积云、辐射参数化方案。

为合理对比 RAMS 和 MM5V3.6 的输出结果，两种模式设置要保持基本一致。使用 NCEP/NCAR 的 $1°×1°$ 的再分析资料作为初始场，模拟时间为 2005 年 6 月 29 日 18:00 至 7 月 03 日 18:00(世界时，下同)，共计 96 小时，时间间隔为 6 小时，地形和植被资料使用 USGS(30s)。采用三重网格嵌套，三重网格中心点均位于 $40.1°N$、$98.85°E$，格距分别为 9km、3km、1km。

RAMS 模式的三重网格格点数分别为 25×20、47×41、101×74，下边界启用陆面模块，其中近地面通量是用 Louis(1979)的方法计算。辐射参数化方案选用 Chen(1983)方案，由于模拟时段天气为晴，次网格尺度降水不采用积云参数化方案，湍流参数化方案选用 Mellor-Yamada 方案。MM5V3.6 三重网格格点数分别为 25×20、46×40、103×75，次网格尺度降水不采用积云参数化方案，辐射参数化方案采用简单辐射冷却(同 Chen 方案，不考虑云的作用)。

金塔模拟区域(图 7.1)。采用模式默认的金塔绿洲及其邻近戈壁和沙漠形状,模拟前修改了模式从 USGS(30s)资料读取的植被分布中绿洲及周围地区与实际不符的植被类型。普查了模式读取的绿洲土壤体积含水量,根据实际情况对绿洲土壤湿度进行了修改。

7.1.2　观测与模拟效果对比

用于检验模式的观测数据是 2005 年 5 月 23 日至 7 月 8 日金塔地区的观测资料,模式输出结果被双线性插值到观测点位置和观测结果进行比较,分别检验和对比分析了近地面温度、湿度、风速、地表能量等相关统计量。

1. 近地面气温

RAMS 与 MM5 模式在绿洲、戈壁和沙漠下垫面上模拟的近地面温度与观测值比较(图 7.1)表明:3 种下垫面上近地面温度日变化显著,清晨(6:00)左右最低,16:00 左右最高。其中,绿洲[图 7.1(a)]观测的近地面温度最大值分别为 29.95℃(7 月 2 日 16:00)和 31.86℃(3 日 15:00)。RAMS 模拟的近地面温度最大值分别为 26.15℃和 30.04℃,出现的时间与观测一致,相关系数为 0.939;MM5 模拟的近地面温度最大值分别为 30.09℃和 33.73℃,但峰值出现时间滞后(为 2 日和 3 日的 18:00),相关系数为 0.941。

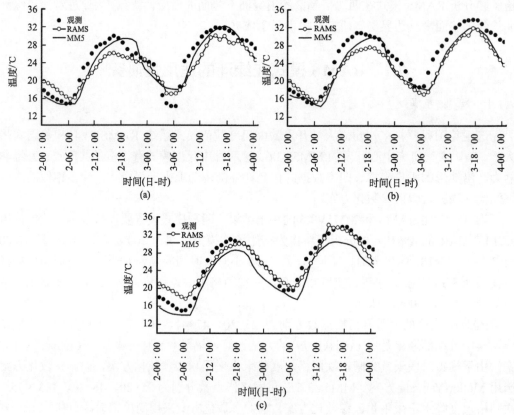

图 7.1　7 月 2 日 00:00~4 日 00:00 下垫面上模拟的近地面温度与观测值的比较

(a)绿洲; (b)戈壁; (c)沙漠

戈壁[图 7.1(b)]观测的近地面温度最大值分别为 30.73℃(2 日 16:00)和 33.72℃(3 日 17:00)。RAMS 模拟的最大值分别为 27.2℃(2 日)和 31.74℃(3 日),出现时间都为 17:00,相关系数为 0.96;MM5 模拟的最大值分别为 29.63℃(2 日 19:00)和 32℃(3 日 17:00),相关系数为 0.96。RAMS 模拟的峰值出现时间更接近观测值,MM5 模拟的 2 日峰值出现时间滞后,但误差小。

沙漠[图 7.1(c)]观测的近地面温度最大值分别为 30.9℃(2 日 16:00)和 33.7℃(3 日 18:00)。RAMS 模拟的近地面温度最大值分别为 30.11℃(2 日 19:00)和 34.06℃(3 日 14:00),相关系数为 0.97;MM5 模拟的近地面温度最大值分别为 30.16℃(2 日 19:00)和 33.85℃(3 日 15:00),相关系数为 0.98。

分析表明,RAMS 模式对戈壁和沙漠近地面温度的模拟效果显著,特别是 RAMS 模拟的沙漠近地面温度最大峰值误差最小;MM5 模拟的绿洲近地面温度更接近实况。由于两个模式对干旱区潜热通量模拟的误差,造成了峰值出现时间不一致。

夏季,晴天或少云条件下,西北干旱区中的湖泊、草原和农田等绿洲其下垫面热力非均匀性使得湖泊与绿洲相对于周围环境是个冷源,形成"冷岛效应"(苏从先等,1987)。冷岛的周围干旱环境(戈壁或沙漠)在强日照下会形成超绝热的不稳定层结,促使湍流发展;由于平流或局地环流的作用将荒漠的干热空气输送到冷岛上空,干热空气与下层冷空气形成了冷岛内部的逆温稳定层结和温度在剖面图上的"映象热中心"(胡隐樵等,1988)。

从 RAMS 模拟的沿 40.1°N 剖面图看到,7 月 2 日、3 日 14:00[图 7.2(b)、(d)]在 400~500m 以下,同一高度上戈壁和沙漠的气温均高于绿洲,绿洲为气温低凹槽区;而在 600m 以上,绿洲、戈壁和沙漠上气温差别不大;夜晚[图 7.2(a)、(c)]随着绿洲和戈壁、沙漠间局地环流的转变和平流作用输送作用,使戈壁和沙漠的干热空气在绿洲上空形成逆温层。特别是 7 月 2 日在绿洲中心形成"映象热中心"(为 20.5℃),同时西侧绿洲与沙漠相邻区的气温明显高于东侧槽;相反 7 月 3 日虽然没有闭合"映象热中心",但 100m 以下逆温现象存在,300m 以上绿洲与戈壁、沙漠的温差不大。

2. 相对湿度

通过绿洲、戈壁和沙漠下垫面上近地面相对湿度模拟值和观测值的比较(图 7.3)表明:3 种下垫面上近地面相对湿度日变化与温度相反,清晨(6:00)左右最高,18:00 左右最低。其中,绿洲观测的相对湿度最大值分别为 79.1%(2 日 5:00)和 76.3%(3 日 6:00)。RAMS 模拟的最大值分别为 67.8%(2 日 8:00)和 60.7%(3 日 8:00),模拟时间比观测晚 2~3 小时,相关系数为 0.94;MM5 模拟的最大值分别为 57.06%(2 日 00:00)和 44.94%(3 日 6:00),2 日模拟时间比观测早 5 小时,相关系数为 0.86。说明 RAMS 模式对绿洲相对湿度的模拟能力强于 MM5 模式。

戈壁观测的相对湿度最大值分别为 82%(2 日 5:00)和 46.7%(3 日 6:00)。RAMS 模式模拟的最大值分别为 59.4%(2 日 6:00)和 42.9%(3 日 6:00),相关系数为 0.94。MM5 模式模拟的最大值分别为 50.3%(2 日 1:00)和 40.39%(3 日 03:00),模拟时间比观测早 3~4 小时,相关系数为 0.91。

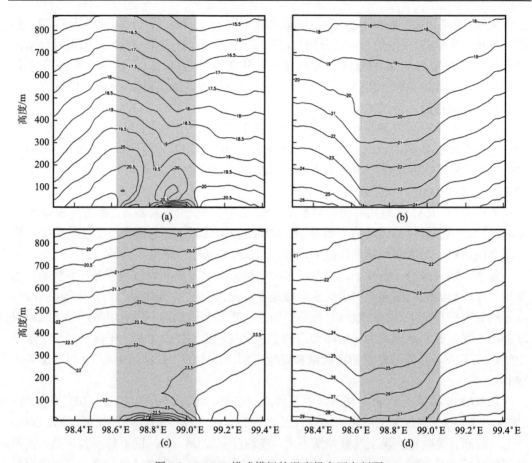

图 7.2　RAMS 模式模拟的温度场东西向剖面

(a) 7 月 2 日 2:00；(b) 14:00；(c) 3 日 2:00；(d) 14:00；
阴影部分为绿洲区，其东、西两侧为戈壁和沙漠区

　　沙漠观测的相对湿度峰值分别为 81.5%（2 日 5:00）和 44.3%（2 日 6:00）。RAMS 模拟的最大值分别为 48.3% 和 30.1%，出现时间均为 2 日和 3 日 6:00，相关系数达 0.95。MM5 模拟的最大值分别为 56.73%（2 日 1:00）和 44.89%（3 日 7:00），相关系数为 0.97；其中 2 日峰值出现时间滞后 2h，但 3 日 00:00～10:00 峰值模拟更接近实况。

　　在干旱和半干旱区，由于绿洲、戈壁及沙漠下垫面土壤及植被分布特征的不同，绿洲具有独特的水汽源效应；戈壁和沙漠近地层大气比湿由地表土壤水的蒸发和来自邻近绿洲的水汽平流共同作用组成。研究表明，当水汽平流的作用大于沙漠地表土壤水的蒸发作用时，就会产生逆湿现象（左洪超等，2004）。

　　分析 RAMS 模拟的 7 月 2～3 日所有时刻的比湿剖面（图略）表明：白天绿洲的水汽源效应很明显，午后绿洲"湿岛效应"最强，一直持续到 20:00 "湿岛效应"才逐渐减弱；但"逆湿"现象就不同了。2 日从 12:00 开始在邻近绿洲的戈壁上空出现逆湿，一直持续到 19:00 结束，维持时间长达 7 小时；而 3 日从 17:00 出现"逆湿"到 18:00 就结束了。由此可见，"逆湿"现象出现及持续的时间、空间高度，主要取决于绿洲、戈壁和

沙漠之间局地环流特征的变化。

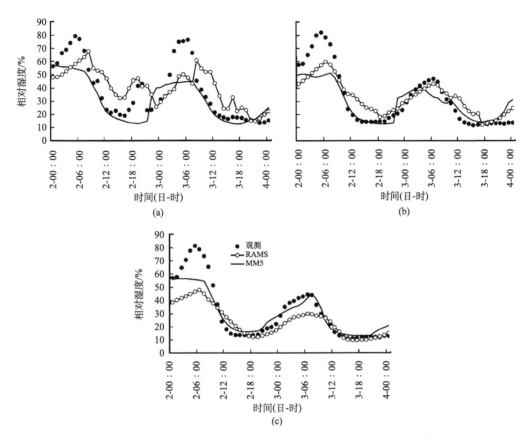

图 7.3 7月2日 00:00 至 4 日 00:00 近地面相对湿度的模拟值和观测值对比

(a)绿洲;(b)戈壁;(c)沙漠

从 RAMS 模拟的沿 40.1°N 比湿剖面看出:2 日[图 7.4(a)]17:00 在 400m 以下"湿岛效应"明显,400m 以上比湿低于两侧荒漠区;在绿洲西侧邻近戈壁 550m 上空有低湿度中心,而在 700m 出现小逆湿中心;3 日[图 7.4(b)] "湿岛效应"边界比 2 日大约低 200m,与其相"伴生"的"逆湿"中心高度也降低(为 350m)。总之,RAMS 模式对 3 种不同下垫面近地面相对湿度的日变化趋势模拟较好,虽然模拟的 2 日峰值偏小,出现时间滞后 2~3 小时,但比 MM5 有规律。RAMS 模式成功再显了绿洲的"湿岛效应"和"逆湿"现象,但"逆湿"空间高度比实况略偏高。

3. 近地层风速

7月2日和3日风速虽无明显的日变化规律(图略),但 RAMS 和 MM5 模式模拟的风速大致和观测值的变化趋势比较接近;受局地湍流随机性变化的影响,风速时而偏差较小,时而较大,这是中尺度气象模式都面临的难题。

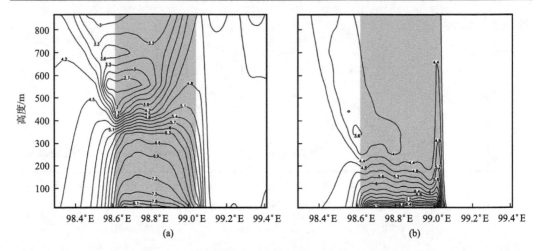

图 7.4　7 月 2 日 17:00 和 3 日 17:00 模拟的沿 40.1°N 比湿(g·kg^{-1})剖面阴影部分为绿洲区，其东、西
两侧为戈壁和沙漠区

(a) 7 月 2 日；(b) 7 月 3 日

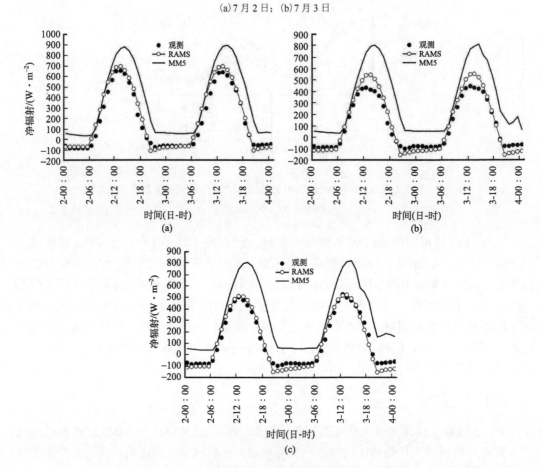

图 7.5　7 月 2 日 00:00 至 4 日 00:00 绿洲、戈壁及沙漠下垫面上模拟的净辐射与观测值比较

(a) 绿洲；(b) 戈壁；(c) 沙漠

4. 地表能量通量

从模拟的 3 种不同下垫面上净辐射与观测值对比图(图 7.5)表明:3 种下垫面上净辐射日变化为夜晚最低,14:00 左右最高。RAMS 模拟的绿洲净辐射值比 MM5 模式更接近实况,其模拟值与观测值的日平均相对误差分别为 23.6% 和 17.6%;而 MM5 模拟的绿洲净辐射峰值明显偏大,在 200W·m^{-2} 以上。

RAMS 模拟的戈壁净辐射与观测值日平均相对误差为 23.9%(2 日)和 10.37%(3 日),夜间误差很小,但 12:00～15:00 峰值偏大(100W·m^{-2}),时间滞后约 1 小时。MM5 模拟的净辐射值与 RAMS 模式相比,误差偏大更多。

RAMS 模拟的沙漠净辐射值与观测值日平均相对误差分别为 3.07%(2 日)和 13.63%(3 日);而 MM5 模拟的净辐射在沙漠下垫面仍然偏大很多。

分析表明,RAMS 除在戈壁净辐射峰值偏大外,其他模拟结果与实况基本一致。通过普查绿洲、戈壁和沙漠上辐射各分量的模拟和观测值(图略)发现:夜晚 RAMS 模式高估了戈壁和沙漠上的净长波辐射损失,影响误差偏大。中午由于模式低估了净长波辐射损失,造成戈壁净辐射值模拟偏大。而 MM5 模拟的 3 种下垫面净辐射普遍比观测值偏大,峰值出现时间滞后较长;所以,RAMS 模式更适合于非均匀下垫面地表能量的模拟研究。

分析潜热通量模拟效果表明:3 种下垫面上潜热通量日变化为中午前后最大,夜晚最小。RAMS 模拟的绿洲潜热通量[图 7.6(a)]和观测值日平均相对误差分别为 16.55%(2 日)和 1.93%(3 日),相关系数为 0.94,仅 3 日潜热通量峰值偏大(100 W·m^{-2});MM5 模拟的绿洲潜热通量与实况趋势一致,但峰值也有偏差,相关系数为 0.93。RAMS 模拟的戈壁和沙漠潜热通量[图 7.6(b)、(c)]略偏大,相关系数分别为 0.57 和 0.31;除 3 日中午沙漠潜热通量模拟误差较大外,其他时间比较接近。由于戈壁和沙漠地区干燥,潜热通量很小(如戈壁模拟的潜热通量不超过 30W·m^{-2}),因此模拟效果就不如其他地表能量显著。RAMS 与 MM5 模拟结果相比,RAMS 模式对干旱区非均匀下垫面上的潜热通量模拟更可信。

分析 3 种下垫面上感热通量的观测和模拟效果(图 7.7),戈壁和沙漠下垫面上 RAMS 模式模拟的感热通量日变化与观测值有较好的一致性。其中,戈壁感热通量模拟值和观测值的日平均相对误差分别为 36.83%(2 日)和 3.38%(3 日),相关系数为 0.97;沙漠感热通量模拟和观测的日平均相对误差分别为 27.84%(2 日)和 1.8%(3 日),相关系数分别为 0.98。MM5 模拟的戈壁和沙漠下垫面上的感热通量峰值与观测值相比偏大(100～200 W·m^{-2})。

RAMS 模拟的绿洲感热通量在 3 日 19:00 前与实况比较接近(峰值相差不到 30W·m^{-2}),之后偏大;但仍模拟出了绿洲夜间的负感热通量,相关系数为 0.75。虽然 MM5 模式也模拟出绿洲感热通量的日变化趋势,但是峰值偏大(100W·m^{-2})。由于感热与摩擦速度成正比,而摩擦速度是风速 u 和拖曳系数的函数,因此感热通量的模拟误差主要是由模拟的风速异常造成的。所以,准确模拟大气稳定度对于湍流量的预报至关重要。

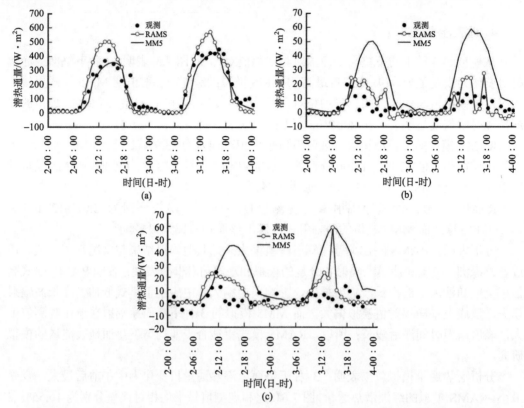

图 7.6　7 月 2 日 00:00～4 日 00:00 绿洲、戈壁及沙漠下垫面上模拟的潜热通量与观测值比较

(a)绿洲；(b)戈壁；(c)沙漠

5. 近地层变量整体比较

　　模拟量的平均偏差代表了模拟值与实测值偏离的程度，也是模式的系统性偏差。它通常与模式的物理过程、参数化方案、数值计算等有关，标准差反映的是模式非线性偏差，一般是由模式的初始条件和边界条件造成的(Zhong et al.，2003)。Shafran 等(2000)和 Hanna 等(2001)指出,BIAS 和 RMSE(RMSVE)可作为评价模式性能的一个重要指标。

　　模拟量的平均偏差计算公式如下：

$$\text{BIAS} = \frac{1}{N}\sum_{i=1}^{N}\ (\phi_\text{p} - \phi_\text{o}) \tag{7.1}$$

$$\text{BMSE} = \left[\frac{1}{N}\sum_{i=1}^{N}(\phi_\text{p} - \phi_\text{o})^2\right]^{\frac{1}{2}} \tag{7.2}$$

$$\text{BMSVE} = \left[\frac{1}{N}\sum_{i=1}^{N}(u'_\text{p} - u'_\text{o})^2 + (v'_\text{p} - v'_\text{o})^2\right]^{\frac{1}{2}} \tag{7.3}$$

式中，ϕ 为标量；u、v 为二维风分量；N 为样本总数；下标 p 为预报量；下标 o 为观测值。

　　对 RAMS 模拟的 7 月 2～3 日共 49 h 的数据求平均，进行统计检验分析(表 7.1)。结果表明：在模拟时段内 RAMS 模式平均对绿洲和戈壁近地面温度模拟比实况偏低(沙漠

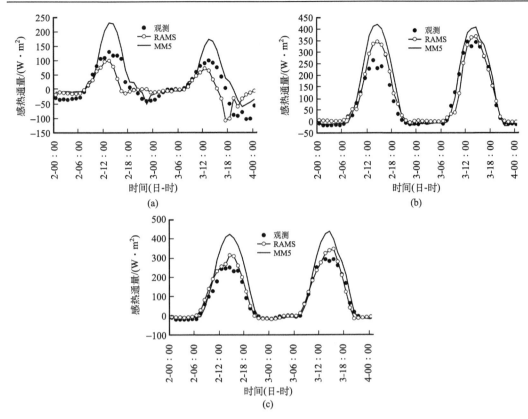

图 7.7　7 月 2 日 00:00 至 4 日 00:00 绿洲、戈壁及沙漠下垫面上模拟的感热通量与观测值的比较
(a)绿洲；(b)戈壁；(c)沙漠

模拟偏高)；模拟的近地面平均风速是绿洲偏大，戈壁和沙漠偏小。整个模拟实验段近地面温度和风速标准差大于模拟量的平均偏差 BIAS，说明模式的偏差是由非系统性偏差造成的。检验结果说明，RAMS 模式更适合于西北干旱区非均匀下垫面的数值模拟研究和业务应用。

表 7.1　不同下垫面上近地面温度和风速统计量模式性能分析

项目	温度/℃			风速/(m/s)		
	绿洲	戈壁	沙漠	绿洲	戈壁	沙漠
平均值(观测)	24.4	25.75	25.71	1.76	4.05	4.75
标准差(观测)	5.8	5.88	5.86	0.89	1.57	1.94
平均值(模拟)	23.05	23.34	25.74	2.84	3.30	3.10
标准差(模拟)	4.25	4.78	4.77	1.56	1.92	1.71
BIAS	−1.35	−2.41	0.03	1.07	−0.75	−1.65
RMSE	2.66	3.01	1.73	1.60	2.31	2.49
RMSVE				3.89	5.78	7.05

7.2　绿洲边界层结构模拟试验

边界层(boundary layer)研究十分重要，边界层过程是大尺度天气、气候形成的重要影响因子，也是天气、气候与人类活动相互影响的通道(刘罡等，2005)。边界层的主要运动形式是湍流，湍流运动会引起各种物理量包括热量、水汽、动量和各种物质如污染物的湍流运动交换和运输。这样的交换过程决定了边界层内各种物理量的空间分布和时间变化，亦影响边界层的变化。非均匀下垫面与边界层过程具有紧密的关系，它直接影响到边界层结构和运动状态，这给大气模式中的边界层参数化造成极大困难(张强等，2001)。

地表的非均匀主要是由地表植被的多样性(如植被类型、密集度、粗糙度、叶面积指数等)、复杂地形和土壤特征的差异(如土壤湿度、颜色等)等引起。非均匀地表作为大气的下边界，吸收的太阳辐射能量再分配为地表通量，下垫面特征的不同会引起感热和潜热通量等地表通量的改变，从而影响地表之上的温度、湿度、湍流等发生变化。近几十年来，我国非均匀下垫面条件下大气边界层观测与数值模拟有了长足的进步。特别是"黑河试验(HEIFE)"、"敦煌试验(NWC-ALIEX)"和"金塔试验(JTEX)"等研究成果，加深了我们对沙漠绿洲系统的认识，也为进一步研究打下了坚实的基础。

目前，国际上对非均匀下垫面边界层的研究主要侧重于三方面，一是研究非均匀下垫面引起的中尺度次网格通量对大尺度网格平均量的影响(Chen et al.，1994；Dalu et al.，1993；牛国跃等，1997)；二是研究非均匀性对中尺度环流的影响(张强等，2001；Shuttleworth et al.，1988)；三是研究小尺度非均匀引起的湍流结构的变化(Shen et al.，1995；Raash et al.，2001)。所以，只有通过对中尺度次网格通量和湍流通量变化特征的定量研究，全面了解大气边界层的变化特征和演变规律，才能为绿洲维持和发展提供可靠的理论基础和科学依据。

7.2.1　模拟方案

选用 RAMS(version 4.4)模式(Pielke et al.,1992)，粗网格的侧边界条件为 Klemp/Wilhelmson 边界条件(Klemp et al.,1978)，下边界启用陆面模块，近地面通量是用 Louis(Louis et al.,1979)的方法计算，湍流参数化选用 Mellor-Yamada 方案(Mellor and Yamada,1982)，辐射方案选用 Chen&Cotton(Chen and Cotton,1983)方案。

采用三重网格嵌套，三重网格中心点均位于 40.06°N、98.83°E，格距分别为 9 km、3 km、1 km，格点数分别为 25×20、47×41、62×62，第三重网格是金塔绿洲及其周围沙漠所在区域；垂直方向取 30 层大气分层和 11 层土壤层，近地面模式大气层的垂直间距为 30m，以上各层的间距依次按照 1.2 倍向上递增，一直增加到 1200m，积分时间步长分别为 20 秒、10 秒、2 秒。利用 NCEP/NCAR 的 1°×1° 再分析资料和观测数据作为初始场。模拟时段为 2008 年夏季具有代表性的晴天，积分时间段为 7 月 13 日 18:00(世界时，对应当地时间 7 月 14 日 2:00，下同)～18:00，模式输出频率设为 30 分钟。

鉴于边界层结构的复杂性，下面重点针对背景风的影响进行两组实验设计。①考虑背景风的控制实验；②去除背景风的静风实验，并将两个实验的结果进行对比分析，以便了解背景风对沙漠绿洲系统的不同影响，揭示两种天气条件下边界层的变化特征。

RAMS 模式默认的植被数据来自 USGS 的 1992 年 4 月到 1993 年 3 月的 AVHRR 数据，在模式中加入了 MODIS 观测的 1km 分辨率的金塔绿洲下垫面植被数据（Meng,2007）。MODIS 多波段数据可以提供陆地表面状况等特征的信息，地面分辨率为250m、500m 和 1000m，扫描宽度 2330km。由图 7.8 可以看出，MODIS 的植被数据更接近于实际下垫面，由于人口的增长，更多的草地开垦为耕地，金塔绿洲北部和西南方向绿洲的部分草地荒漠化，绿洲内出现了斑块状的裸土和沙漠。金塔绿洲植被类型主要以农田为主，模式初始化农田和沙漠植被参数见表 7.2，土壤特征见表 7.3。

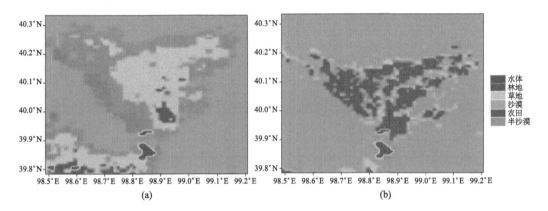

图 7.8 第三重嵌套的植被类型

(a)RAMS 模式默认；(b)MODIS 观测

表 7.2 不同下垫面植被特征

植被类型	反照率 /%	比辐射率/%	叶面积指数(LAI)	叶面积指数偏差	覆盖度 /%	粗糙度 /m
农田	18	95	6.0	5.5	85	0.06
沙漠	30	86	0.0	0.0	0	0.05

表 7.3 土壤特征

土壤类型	饱和水汽含量 /(m³·m⁻³)	饱和水势 /m	饱和水力传导率/(m·s⁻¹)	土壤水势和水汽含量的指数 b
砂质壤土	0.420	−0.299	0.063×10^{-4}	7.12
沙土	0.395	−0.121	1.760×10^{-4}	4.05

7.2.2 控制实验：强背景风的边界层结构

1. 湍流能量通量

由于绿洲和周围荒漠的地表粗糙度、反照率、植被覆盖度和土壤含水量等因素存在较大差异，因此会引起土壤水分蒸发、植物蒸腾以及叶子对辐射遮盖作用等过程的不同，控制地表面能量各部分的比率。

　　图 7.9 给出了模拟的金塔绿洲及其周围沙漠下垫面感热通量的分布。由于绿洲效应一般在 13:00 达到最强(Meng et al., 2009),下面给出了 2008 年 7 月 14 日 13:00 和间隔 12h 后,夜间 1:00 的模拟结果(下同)。13:00 绿洲地区[图7.9(a)]感热通量小于 100 W·m^{-2},沙漠地区感热通量大于 300 W·m^{-2},此时绿洲和沙漠之间的感热通量差异显著,其分布清晰的呈现了金塔绿洲的轮廓;而夜间 1:00[图7.9(b)],整片区域的感热通量为负值。说明夜间地面温度降低,空气向地面传输热量,绿洲和沙漠之间的差别不大。

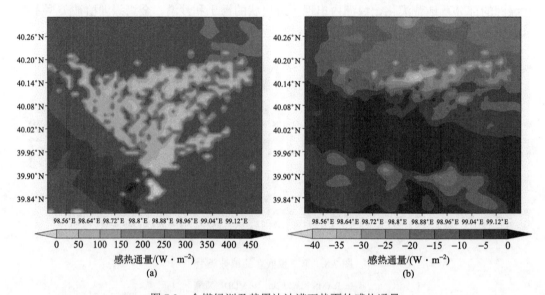

图 7.9　金塔绿洲及其周边沙漠下垫面的感热通量

(a) 13:00;　(b) 1:00

　　金塔绿洲及其周围沙漠地区的潜热通量分布(图 7.10),与感热通量的分布正好相反。13:00 绿洲地区[图 7.10(a)]潜热通量大于 400W·m^{-2},沙漠上的潜热通量小于 50W·m^{-2}。说明白天由于地面和空气温度较高,长期灌溉的绿洲土壤含水量远远大于干旱的沙漠(戈壁),所以绿洲上有更充足的水汽,水汽相变产生的热量远远大于沙漠,相应绿洲潜热通量比沙漠大 350W·m^{-2} 以上。夜间,西北干旱区随着地面和空气温度降低,潜热通量也减小,1:00 绿洲地区[图 7.10(b)]及周围沙漠的潜热通量均小于 40 W·m^{-2},仅在绿洲东北部的局地潜热通量相对较大一些,但整个绿洲和沙漠之间的差别不大。

　　绿洲和沙漠地区的地表通量日变化的特征(图 7.11)是:沙漠地区平均感热通量[图 7.11(a)]在 9:00 后迅速增加,16:00 左右达到日最大值(350 W·m^{-2}),之后又迅速减小,到了 20:00 甚至小于零;相反,绿洲地区平均感热通量 9:00 后,也随着太阳高度角的增加而增加,但是增加幅度远远小于沙漠的平均值。绿洲平均感热通量 13:00 左右达到日最大值(50 W·m^{-2}),随后开始减小,20:00 左右达到最小(−80 W·m^{-2})。模拟结果表明,白天绿洲和沙漠的地表感热通量相差最大值为 300 W·m^{-2},夜间差别较小。

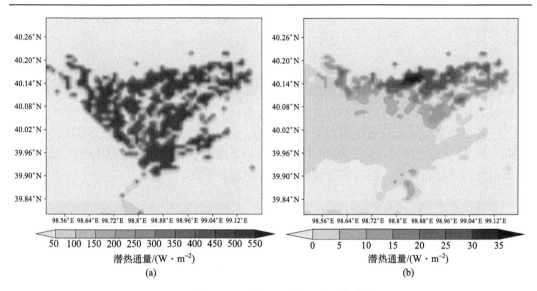

图 7.10　金塔绿洲及其周边沙漠下垫面的潜热通量

(a) 13:00；(b) 1:00

平均地表潜热通量[图 7.11 (b)]的日变化特征，绿洲在 9:00 后迅速增大，15:00 左右达到日最大值(500 W·m^{-2})，而后随着时间的变化而逐渐减小；沙漠地区则是 10:00 左右达到日最大值(100 W·m^{-2})，午后平均潜热通量迅速减小为零值左右。

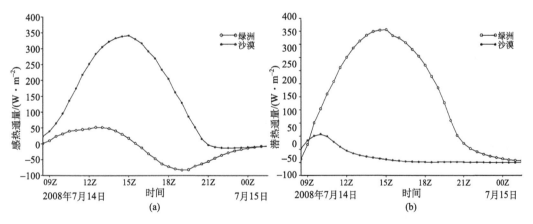

图 7.11　绿洲和沙漠下垫面的地表通量日变化特征

(a) 感热通量；(b) 潜热通量

分析表明：绿洲和沙漠地区由于下垫面特征的不同，白天沙漠上的地表感热通量大于绿洲，相反，绿洲上的地表潜热通量大于沙漠，夜间沙漠和绿洲差别较小。孟宪红等(2012)研究指出：在戈壁荒漠地区，潜热通量非常小，而绿洲集中的地区及水库附近出现了潜热通量的极大值。文小航等(2011)研究也证实:绿洲能量传输主要为潜热输送，戈壁为感热输送；绿洲潜热、感热和地表热流密度分别占净全辐射的 87.1%、9.1% 和 11.1%。这是地表对大气的热力强迫作用产生的水平差异,地-气间的相互作用会导致边界层结构的一系列变化。

2. 温度

绿洲和沙漠地表能量平衡的差异,必然会影响其近地面温度的不同。图 7.12 给出了金塔绿洲及其周围沙漠下垫面的近地面温度分布,中午 13:00[图 7.2.5(a)],绿洲的"冷岛效应"很明显,绿洲的近地面温度小于 29℃,而沙漠比绿洲的温度最大差值高 4℃;夜间 1:00 绿洲的"冷岛效应"减弱[图 7.12(b)],温度分布特征是绿洲中心的低温区,逐渐向外围增温区扩展,但绿洲边缘与沙漠区的温差不大。

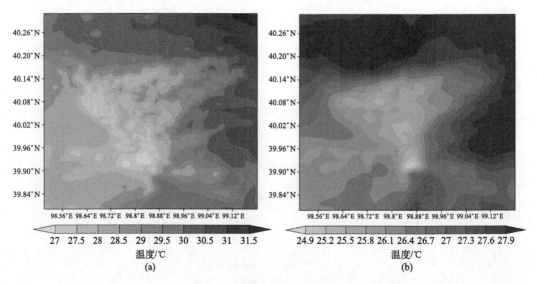

图 7.12　金塔绿洲及其周边沙漠下垫面的近地面温度

(a)13:00;　(b)1:00

另外,由于受背景风影响,绿洲的部分冷空气被平流到了绿洲下风方向,而沙漠的部分热空气也影响了绿洲,近地面整个"冷中心"向西偏移。所以,背景风会造成绿洲的"冷岛中心"向西偏移。

整个边界层不同时间的温度的演变特征,在绿洲的边界层平均温度廓线[图 7.13(a)]上,8:00 绿洲温度从地面开始随着高度逐渐增加(边界层处于逆温状态),在 200m 左右温度达到最大值,之后随着高度的增加而减小。8:00 后近地面温度迅速升高,边界层逆温消失,10:00~16:00 边界层的温度廓线近似于直线,从地面到 2200m 高空温度随着高度的增加迅速减小。18:00 近地面温度达到最大值,边界层内温度出现了弱的逆温现象,逆温层的高度约为 80m,之后温度随着高度的增加迅速减小。太阳落山后,近地面温度开始减小,但是边界层内逆温现象一直存在。18:00~00:00 逆温层的高度逐渐增加,表明夜晚绿洲近地面辐射冷却的情况下,边界层逆温比较明显,边界层稳定。

沙漠的边界层平均温度廓线[图 7.13(b)]与绿洲不同:8:00 沙漠近地面温度随着高度的增加而降低,但在 80m 左右温度又随着高度的增加而增加(其幅度较小),表现为弱的逆温现象,直到 200m 左右后随着高度的增加温度迅速减小。8:00 后近地面温度迅速升高，边界层的温度廓线近似于直线，到 18:00 近地面温度达到最大值，之后又迅速降低；夜间，沙漠边界层的温度廓线在 22:00 开始出现逆温，但是逆温的强度较弱。沙漠地区由于近地面温度较高，与绿洲相比边界层不稳定现象更容易发生。分析表明，绿洲地区早晚边界层都存在逆温现象，特别是 18:00～00:00 逆温层的高度会逐渐增加；早晨沙漠区逆温层比绿洲高，夜间逆温层形成时间(22:00)比绿洲晚。

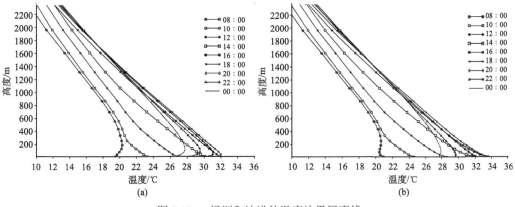

图 7.13　绿洲和沙漠的温度边界层廓线

(a)绿洲；(b)沙漠

3. 位温廓线

位温是干空气块从其原来位置绝热变化到 1000 hPa 时所具有的温度(k)，反映了空气的热力状况和层结稳定度。由于绿洲和沙漠下垫面不同，其热力特征有很大的差别。在金塔绿洲及周边沙漠沿 40.1°N 位温剖面[图 7.14(a)]上，中午 13:00 受背景风的影响，使原本位于绿洲下垫面上的"冷中心"向西偏移了 0.4°(相对于绿洲中心)，绿洲和沙漠下垫面热力差异的影响高度为 1000m 左右；而夜间 1:00[图 7.14(b)]绿洲和沙漠下垫面的位温差异不明显，绿洲在贴近地面表现出弱的冷岛效应。

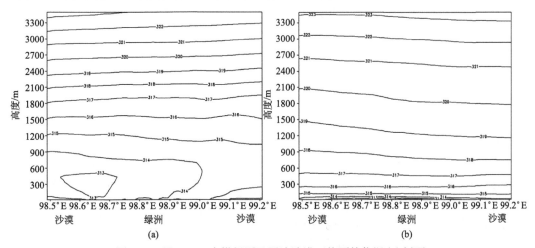

图 7.14　沿 40.1N 金塔绿洲及周边沙漠下垫面的位温(k)剖面

(a)13:00；(b)01:00

　　由绿洲和沙漠下垫面平均位温廓线可看出，8:00 绿洲边界层平均位温［图 7.15(a)］随着高度的增加而增加；8:00 后近地面位温迅速升高，在 100m(10:00) 以下形成一层超绝热层；随后对流混合层逐渐向上伸展，其高度从 258(10:00)、340(12:00) 和 867m(14:00) 一直发展到 1315m(16:00)。随着 18:00 对流混合层高度达到最大，位温廓线走势也发生了改变，近地面位温由不稳定改变为稳定，100~900m 为弱不稳定层结，900~1600m 为弱稳定层结，这表明对流混合开始减弱；夜间 20:00 边界层 100~900m 已为弱的稳定层结，而后整个边界层已经形成稳定的层结，转化为夜间稳定的大气边界层结构。

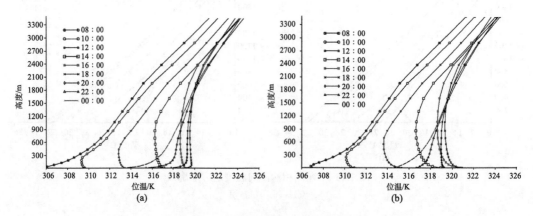

图 7.15　绿洲和沙漠的边界层位温廓线
(a)绿洲；(b)沙漠

　　沙漠地区［图 7.15(b)］由于地面温度较高，土壤水分含量极小，8:00 在贴近地面处就有超绝热层形成，出现对流混合，之后对流混合层的高度随着时间逐渐增加，从 340(10:00)、697(12:00)、1070(14:00) 和 1608m(16:00)；一直到 18:00 对流混合层的高度达到最大，之后对流混合减弱。夜晚 20:00 除贴近地面处大气呈现弱的不稳定外，边界层 1500m 以下均为弱稳定层结，20:00 后大气边界层变为夜间稳定层结的状态。

　　总之，沙漠近地面温度高，其边界层对流混合的起止时间比绿洲长，对流混合层的高度也高。但是由于沙漠上极度干燥，强烈的对流混合运动仍然不利于降水的产生，而绿洲地区则恰恰相反。

4. 湿度

　　根据比湿的变化可以了解大气中水汽含量的变化特点。绿洲和沙漠是两种对比强烈的非均匀下垫面，其比湿的分布特征也是非常独特的。奥银焕等(2005)研究发现：绿洲与周围沙漠相比，不仅是湿岛，而且戈壁与绿洲边缘还存在冷湿舌。冷湿舌受风速、风向、太阳对地面加热强度等因素的影响很大，也与午后绿洲辐散风有密切关系。佴抗等(1994)通过比较远离绿洲沙漠区与临近绿洲沙漠区近地面观测资料发现，临近绿洲沙漠区的逆湿现象主要是受到绿洲干扰的影响。

　　图 7.16 所示为 13:00 和 1:00 金塔绿洲及其周边沙漠近地面比湿特征。从图可知，绿洲下垫面由于农作物需要，长期的灌溉，使下垫面水分充足，与周围沙漠下垫面相比，

形成明显的湿岛；由于受背景风的影响绿洲西部的比湿明显大于东部[图 7.16(a)]，并且位于绿洲西边缘与沙漠交界处的比湿也较大，这是背景风对水汽的平流作用造成的。夜间 1:00 比湿分布没有呈现出绿洲明显的轮廓[图 7.16(b)]，但从绿洲向外到邻近沙漠区，比湿呈梯度减小，绿洲与周围沙漠相比，在近地面层仍然是湿岛，但是湿岛中心明显向西倾斜。

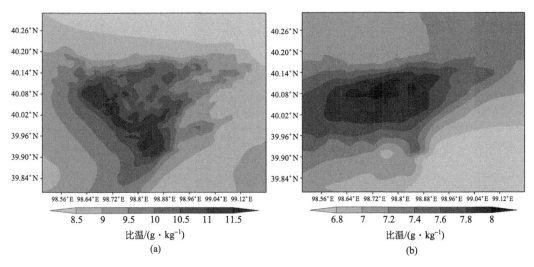

图 7.16　金塔绿洲及周边沙漠近地面比湿特征

(a) 13:00；(b) 1:00

从金塔绿洲与周围沙漠下垫面沿 40.1N 的比湿剖面可看出，13:00 在边界层(600m 以下)绿洲为明显的湿岛[图 7.17(a)]，其"湿岛中心"向西偏移，并且绿洲西侧沙漠区的比湿明显大于绿洲东侧沙漠；在 700~900m 高度有一条通过绿洲与沙漠区上空(自东向西延伸)很狭窄的干舌。相反，在 900~2700m 有一条自西向东延伸的湿舌存在，3000m 以上绿洲与沙漠的比湿差别不明显。

为什么绿洲与邻近沙漠区上空比湿有如此大的变化？对照风场图(图 7.19 和图 7.20)就不难发现，原来这是因为在绿洲与沙漠区近地层吹东风，东风将绿洲湿空气输送到沙漠上空形成的湿岛；从低空到 2000m 以上风场由东风逐渐转变为西南风，由于沙漠区上升气流将低层湿空气输送到较高边界层的同时，又被平流输送到了绿洲与沙漠区上空，甚至延伸到绿洲以东沙漠，这样就造成了边界层绿洲与沙漠区上空逆湿的存在。

夜间(1:00)边界层稳定[图 7.17(b)]，在贴近地面层(50m 以下)绿洲的比湿仍然大于沙漠(厚度明显比中午薄)。50m 以上到 700m 绿洲和沙漠的比湿差异不明显，在 700~1200m 有自东向西横穿模拟区的干舌存在，与 13:00 相比干舌的垂直空间厚度增大很多；在 2400m 左右绿洲西侧沙漠上空有湿舌中心生成，与 13:00 相比，湿舌自西向东的"脊线"由 1800m 升高到 2400m。该湿舌将绿洲以西沙漠相对较湿的空气输送到了绿洲上空，甚至延伸至绿洲以东的沙漠，可见夜间背景风对于比湿的平流作用仍然很明显。

从绿洲和沙漠边界层比湿廓线随时间的变化看，绿洲比湿垂直分布[图 7.18(a)]的特点是：近地层比湿最高，随着时间的推移混合层向上伸展，相应水汽被从地表向上输送；到 16:00 除了 150m 以下的近地层比湿随高度减小外，混合层内比湿近似为常数，说明水汽混合较均匀，混合层顶以上的比湿随高度升高很快减小；18:00 随着底层逆温层的出现，贴近地面的比湿与 14:00 和 16:00 相比显著增大，在近地面逆温层顶比湿达到一个极小值，然后又随高度的增高近似为常数。这与姜金华等(2005)研究的结果相似。造成这一现象的原因是近地面逆温层的出现阻碍了地表水汽向上输送，造成了贴近地面层比湿增加，并维持时间较长。

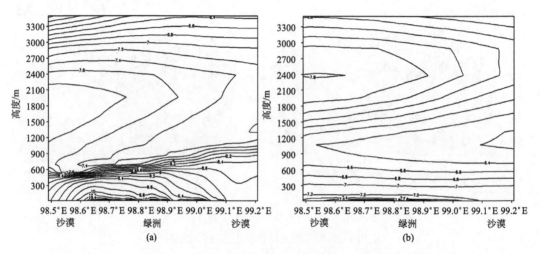

图 7.17　金塔绿洲及周边沙漠下垫面的比湿($g \cdot kg^{-1}$)剖面(沿 40.1°N)

(a) 13:00；(b) 1:00

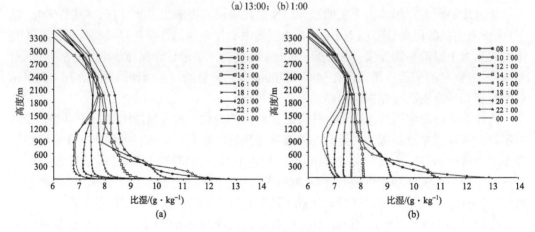

图 7.18　绿洲和沙漠边界层的比湿廓线

(a)绿洲；(b)沙漠

沙漠上比湿的垂直分布特征[图 7.18(b)]与绿洲相比，中午 12:00 前两者的差别不大，12:00 之后沙漠上的近地面比湿迅速减小；14:00 混合层内的比湿，随着高度的增加有减小的趋势；18:00 和 20:00 从近地面到混合层顶比湿近似为常数。由此可见，午后沙漠下垫面干燥，近地面没有足够的水分向上混合输送，才造成比湿随高度增加而减小。

另外，对照位温和比湿的垂直廓线发现，位温和比湿廓线的演变描述了大气从稳定层结到混合层发展，伴随着夹卷层的形成，接着到底层逆温层出现，再从混合层过渡到残留层等演变的全过程，全面揭示了西北干旱区边界层从初始的稳定边界层发展到对流边界层，最后又形成夜间稳定边界层的日变化规律。虽然，沙漠下垫面垂直混合的时间比绿洲更长，但其近地面十分干燥，难以形成水汽凝结，也不会有降水的产生。

总之，通过以上分析表明，7 月 14 日晴天的气温、位温和比湿特征均表现为受背景风的影响，其中绿洲"冷岛"和"湿岛"中心位置偏离了绿洲，位于绿洲以西边缘地区。

5. 低空风场

在 7 月 14 日 13:00 和 1:00 的近地面风场分布（图 7.19）上，近地面以东北风为主，因此"冷岛"和"湿岛"中心在平流作用下才会向西偏移。在金塔绿洲及其周边沙漠 750 hPa 风场图［图 7.20（a）］上，13:00 在绿洲区上空风场发生了变化，由低空东北风转变为西南风。这时绿洲西侧沙漠区近地面来自绿洲的水汽，在上升气流作用下被输送到 2000m 左右高空后，在西南风平流的作用下向东输送。因此在比湿剖面图上有很明显的湿舌［图 7.17（a）］。

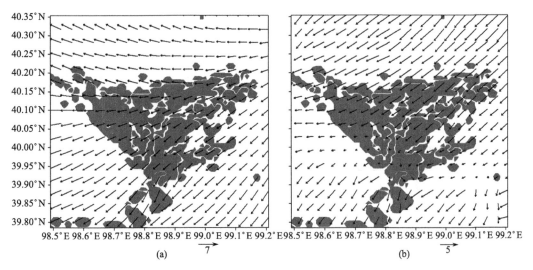

图 7.19　金塔绿洲及其周边沙漠的近地面风场（m · s⁻¹）

(a) 13:00；(b) 1:00

夜间 1:00 在金塔绿洲及其周边沙漠 750 hPa 风场图上，主导风向为东南风，在绿洲以北有偏北风吹向绿洲，东南风和偏北风在绿洲以北（40.2°N 附近）形成了辐合带，有利于水汽的集中。另外，绿洲西侧沙漠区的风速较大，在 2000m 以上高空绿洲西侧沙漠的比湿大于绿洲东侧沙漠区，才形成了高空自西向东北延伸的湿舌［图 7.17（b）］。

从沿 40.1°N 金塔绿洲及其周边沙漠垂直环流的分布看（图略），在 13:00 由于绿洲效应较强，绿洲东侧沙漠上有微弱的上升气流，绿洲上为微弱的下沉气流；1:00 垂直风场平缓，在无上升和下沉气流产生。

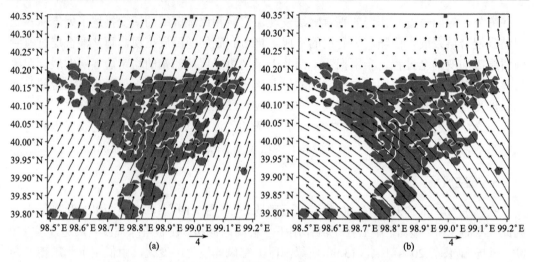

图 7.20　金塔绿洲及其周边沙漠上空 750 hPa 的风场（m·s⁻¹）

(a) 13:00；(b) 1:00

6. 边界层高度

金塔绿洲具有独特的倒三角形状，周围分布着戈壁和沙漠，这种独特的非均匀分布导致其具有特殊的大气边界层结构。在金塔绿洲及其周边沙漠平均边界层高度日变化特征（图 7.21）上，二者的边界层高度均在 9:00 后迅速的增加；17:00 以前沙漠平均边界层高度大于绿洲，17:00 后绿洲迅速超过沙漠；18:00 后达到全天中的最大值（绿洲最大峰值出现时间比沙漠晚），之后又迅速的减小，在 00:00 以后小于 400m。

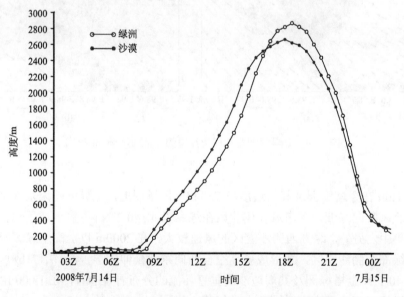

图 7.21　金塔绿洲及其周边沙漠平均边界层高度日变化特征

大家知道，大气边界层高度与外层气流的速度有关，也与大气垂直层结和下垫面不平坦性的尺度及形状有关，一般厚度从几百米到 1500～2000km，平均约为 1000m。金塔绿洲的最大边界层高度能达到 2900m 左右(沙漠地区为 2650m)，这充分说明，受背景风场的影响在金塔绿洲边界层对流强烈，从而抬高了边界层高度。

7. 湍流垂直结构

湍流(turbulence)是有旋的三维涡旋脉动，是区别于层流的不规则随机流动。流场中任意一点的物理量，如速度、温度、压力等均有快速的大幅度起伏变化，并随时间和空间位置的变化在各层流体间有强烈的混合运动。大气湍流运动是输送和混合大气中的动量、能量、热量、水气和物质等的过程，湍流是由各种大小不同的"湍涡"组成的，它比分子尺度大得多，因而湍流扩散产生的输送和混合能力比分子扩散引起的输送和混合能力大几个量级。

边界层内湍流动能和湍流交换系数的大小，表征了湍流运动的强弱和扩散的快慢。图 7.22 所示为金塔绿洲及其周边沙漠区中午 13:00,沿 40.1°N 的湍流动能和湍流交换系数剖面。从图中可看出，湍流混合到达的最大高度是从东向西几乎是阶梯状的下降，但从绿洲西侧沙漠过渡的边缘开始，湍流混合高度又再次增加。中午 13:00 绿洲东侧沙漠区湍流混合高度为 400m 最强，湍流动能中心值达 $1.2m^2 \cdot s^{-2}$，湍流交换系数中心值为 $140m \cdot s^{-1}$；绿洲西侧沙漠的湍流混合高度为 300m 左右最强，湍流动能最大值为 $1.1m^2 \cdot s^{-2}$，湍流交换系数中心值为 $100m^2 \cdot s^{-1}$。绿洲区由于近地面温度较低，湍流的混合运动较弱，大约在 210m 的高度湍流动能和湍流交换系数最大，二者的中心值分别为 $0.8 m^2 \cdot s^{-2}$ 和 $80 m^2 \cdot s^{-1}$。分析表明，夏季晴天沙漠下垫面的湍流混合高度和湍流强度均大于绿洲下垫面。

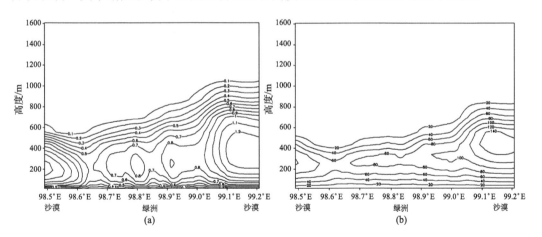

图 7.22　金塔绿洲及其周边沙漠中午 13:00 的湍流动能和湍流交换系数(沿 40.1°N)

(a)湍流动能($m^2 \cdot s^{-2}$)；(b)湍流交换系数($m^2 \cdot s^{-1}$)

鉴于边界层内湍流运动的重要作用，下面分别研究绿洲和沙漠边界层内湍流动能和湍流交换系数的日变化特征。在沙漠绿洲区(图 7.23)夜间晴空条件下边界层稳定，净辐射冷却率几乎不随时间变化，所以湍流动能在 00:00～9:00 几乎为零。白天绿洲和沙漠的日变化特征均表现为在 9:00 后随着地面温度的增高，湍流动能增加。15:00 绿洲和沙漠在大约 300m 的高度湍流动能达到最大，分别为 $1.1\ m^2 \cdot s^{-2}$ 和 $1.4\ m^2 \cdot s^{-2}$；15:00 后虽然湍流动能强度减小，但由于地面温度的不断增高湍流运动也十分活跃，湍流所达到的最大高度仍然在增加，到 18:00 湍流动能达到 2400m 的高空，这以后湍流动能迅速减小。由此可见，太阳辐射和地面温度都是影响湍流运动强弱的重要因子。

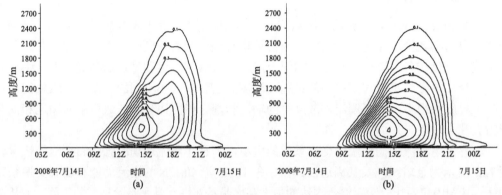

图 7.23　绿洲和沙漠边界层内的湍流动能 $(m^2 \cdot s^{-2})$
(a) 绿洲；(b) 沙漠

　　总之，虽然绿洲和沙漠区湍流动能日变化特征差别不大，但由于沙漠地区受太阳辐射影响增温迅速，温度比绿洲高，沙漠的湍流动能的值更大，其湍流运动持续的时间稍微偏长。
　　湍流交换系数是用于表征湍流水汽通量或其他污染物的扩散通量的系数，在比湿或污染物浓度的梯度一定时，它的大小表征湍流扩散的快慢。图 7.24 所示为绿洲和沙漠边界层内的湍流交换系数的日变化特征。在绿洲边界层[图 7.24(a)]约 600m 高度湍流扩散最快，并且在 15:00 和 18:00 左右分别有一个湍流交换系数的最大中心出现(15:00 为 $140m^2 \cdot s^{-1}$，18:00 为 $120\ m^2 \cdot s^{-1}$)；另外，绿洲区湍流对水汽或污染物的扩散所能到达的最大高度为 1800m；而沙漠边界层[图 7.24(b)]约 500m 左右的高度湍流扩散最快，在 14:00 左右有一个湍流交换系数的最大中心($140m^2 \cdot s^{-2}$ 以上)。

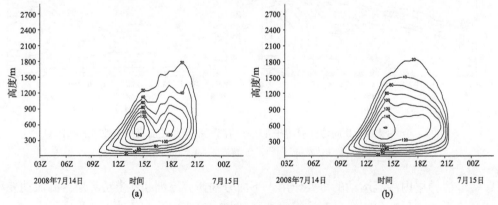

图 7.24　绿洲和沙漠边界层内的湍流交换系数 $(m^2 \cdot s^{-1})$
(a) 绿洲；(b) 沙漠

在金塔绿洲及其周围沙漠区域湍流活动强烈,晴天有背景风时,湍流动能达到2400m左右的高空。因此, 在 2400m 的高度湍流动能的值大于零;由于在沙漠戈壁下垫面水分不如绿洲充足,到了高空的水汽含量已经很小,湍流在高空对水汽的扩散输送也变得很小,所以湍流交换系数的值在 1800m 以上高空几乎为零。

通过7月14日有背景风场影响时,对金塔绿洲及其周围沙漠大气边界层内地表通量、温度、位温、湿度、风场、边界层高度、边界层内湍流动能和湍流交换系数分析表明:一是金塔绿洲非均匀下垫面具有特殊的大气边界层结构,白天边界层内的湍流输送强烈,边界层顶的高度能达到 2400 m 以上;二是绿洲冷(湿)岛效应和逆温(逆湿或湿舌)现象很显著;三是由于受背景风的影响,绿洲-沙漠环流特征不明显,这和吕世华等(2005)的研究结果一致;四是受背景风场影响温度、湿度中心偏离绿洲中心向西偏移;五是绿洲的感热和潜热分布不受背景风的影响,其分布与绿洲的形状重合,背景风并没有引起其变形和偏离。绿洲的感热和潜热分布不受背景风场影响与文丽娟等(2005)的研究结果相同。另外,位温和比湿廓线的演变,全面揭示了西北干旱区沙漠绿洲非均匀下垫面大气,从初始的稳定边界层发展到对流边界层,最后又形成夜间稳定边界层的日变化规律。

7.2.3　敏感性实验:静风边界层

1. 温度

以上研究说明,背景风的存在对绿洲及其周围沙漠区域的边界层结构影响较大。那么在消除了背景风影响后(即静风实验),金塔绿洲及其周围沙漠下垫面的近地面温度、位温、湿度、绿洲-沙漠环流、边界层高度、边界层湍流动能和湍流交换系数的变化有什么不同呢?

图 7.25 所示为 13:00 和 1:00 金塔绿洲及其周边沙漠近地面温度分布,与有背景风(图 7.12)对比表明:背景风造成了绿洲西部的近地面温度偏高,而静风下绿洲的近地面温度高(低)分布比较规律,绿洲的冷岛效应依然明显,并且绿洲内部的温度比其边缘高。另外,背景风有利于土壤水分的蒸发,土壤更干燥,近地面温度更高。其中,沙漠、绿洲近地面温度有背景风(图 7.12)比无背景风(图 7.25)时高 1.5℃左右。

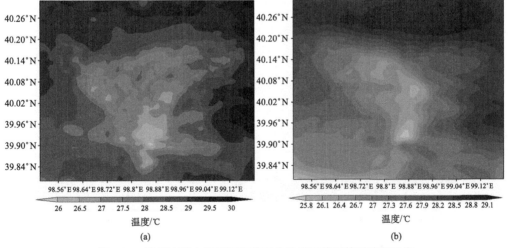

图 7.25　静风实验金塔绿洲及其周边沙漠下垫面的近地面温度

(a) 13:00;　(b) 1:00

在静风实验得到的金塔绿洲及沙漠沿40.1°N的位温剖面(图7.26)上,与有背景风(图7.14)对比可见,中午13:00静风条件下绿洲相对于周围沙漠区是冷岛[图7.26(a)],中午位温在800m以下从绿洲中心到绿洲边缘为闭合"冷中心",没有出现冷中心向西偏移的现象;夜间仅在绿洲贴近地面出现冷中心[图7.26(b)],而高层位温的分布都比较均匀。另外,静风条件下冷中心位于绿洲中部,但有背景风"冷中心"偏离了绿洲中心约0.4°。

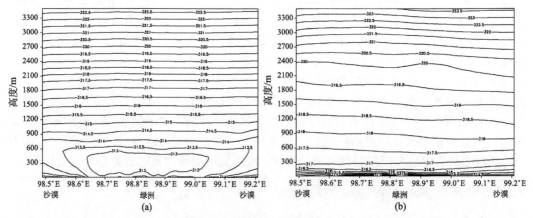

图7.26 静风试验金塔绿洲及周边沙漠下垫面沿40.1°N的位温(k)剖面

(a) 13:00；(b) 1:00

静风试验的结果再次佐证了背景风有利于土壤水分的蒸发,使近地面温度更高,所以绿洲和沙漠下垫面的热力差异所达到的高度更大,相反,静风条件下高度则较小;夜间边界层稳定,背景风对位温的影响不明显。

2. 湿度

图7.27所示为静风实验下金塔绿洲及周边沙漠下垫面沿40.1°N的比湿剖面,可看出13:00[图7.27(a)]从绿洲中心到绿洲边缘整个绿洲下垫面的比湿剖面表现为明显的"湿岛中心",绿洲中心到绿洲边缘的比湿呈阶梯状减小,约在1000 m左右的高空,绿洲有从自西向东延伸的湿舌,在绿洲和沙漠边缘有逆湿存在;但在600 m左右没有干舌存在。

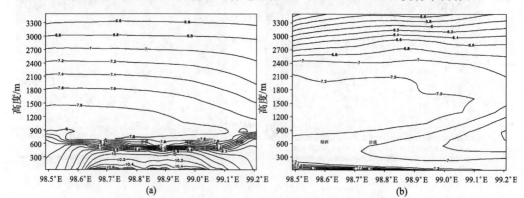

图7.27 静风试验金塔绿洲及周边沙漠下垫面沿40.1°N的比湿(g·kg⁻¹)剖面

(a) 13:00；(b) 1:00

吕世华等(2005)研究认为,逆湿现象的出现主要与绿洲-沙漠环流有关。夜间 1:00[图 7.27(b)]静风条件下,近地层逆湿中心主要出现在绿洲中心到西侧邻近沙漠区,600 m 左右有干舌存在,1500 m 左右有自西侧沙漠经绿洲上空延伸到东侧沙漠区的湿舌,但在 2400 m 没有湿中心。静风与有背景风实验(图 7.17)相比,最大的差异是二者湿舌和逆温所在的高度不同。

3. 环流场

7 月 14 日由于背景风的影响,绿洲-沙漠环流不明显,在金塔绿洲区域近地面以东北风为主。为了突出绿洲和沙漠之间的环流特征,去除了背景风的影响,图 7.28 所示为静风实验得到的 13:00 和 1:00 的金塔绿洲及其周边沙漠近地面风场的分布。绿洲-沙漠环流是由于绿洲-沙漠系统温度在水平方向的分布不均匀而形成的局地环流。

白天,绿洲近地面升温慢,沙漠升温快,绿洲与沙漠温差逐渐增大,受其影响风场开始发生变化。在 13:00 绿洲相对于周围沙漠仍然是个低温中心,这种温度场上的热力差异,会驱动绿洲-沙漠局地环流的产生,从而导致风场发生变化。13:00 近地面风场[图 7.28(a)]绿洲以北的沙漠吹偏南风,风速较小;绿洲以南的沙漠吹偏北风,风速较大;绿洲以的西沙漠吹东北风,绿洲以东的沙漠吹偏北风,总体风场由绿洲向周围沙漠区辐散。

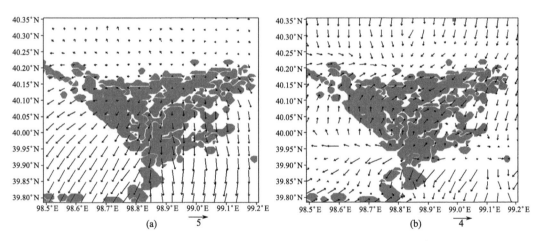

图 7.28　静风实验金塔绿洲及其周边沙漠的近地面风场(m · s⁻¹)

(a) 13:00;　(b) 1:00

近地面的辐散风会导致垂直气流的上升和下沉。图 7.29 所示为静风实验得到的金塔绿洲及其周围沙漠沿 40.1°N 的垂直环流。中午 13:00 在沙漠区上方垂直环流向上,绿洲上方垂直环流向下。这说明绿洲从中心向外辐散的气流,在临近沙漠区后辐合上升。绿洲-沙漠环流的作用非常重要,它的存在有利于绿洲的自我维护。吕世华等(2005)研究指出,沙漠上绿洲风环流的上升气流,阻止了沙漠上低层热而干的空气侵入绿洲(保护墙机制),绿洲风环流的下沉运动加大了大气的稳定度,从而减小了绿洲的蒸发(稳定机制)。

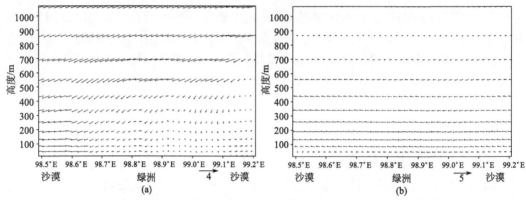

图 7.29　静风实验金塔绿洲及其周边沙漠沿 40.1°N 的垂直环流($m·s^{-1}$)

(a) 13:00；(b) 1:00

日落后，由于绿洲降温慢(土壤热容量大)，沙漠降温快(土壤热容量小)，结果会使绿洲的温度逐渐高于沙漠，绿洲与沙漠温度的热力差异会导致风场发生变化。夜间到了1:00[图 7.29(b)]金塔绿洲及其周围沙漠的风场与白天相比变化较大，绿洲以北沙漠区吹偏北风，绿洲以南沙漠区分别吹偏北风或南风，绿洲以西沙漠区吹西南风，绿洲以东沙漠区吹东北风，有从沙漠吹向绿洲的辐合风场形成，但是由于夜间边界层稳定，湍流活动较弱，没有明显的上升和下沉气流。

4. 边界层高度

图 7.30 所示为静风实验条件下金塔绿洲和沙漠的边界层高度日变化特征。无背景风影响下，在 9:00 后沙漠边界层高度值比绿洲增大快，二者均在 18:00~19:00 平均边界层值达到最大，但绿洲的平均大气边界层高度值(2200m 左右)比沙漠小(2500m 左右)。其中绿洲比有背景风时平均边界层高度偏低 700m，沙漠区则相差不大。有背景风(图 7.22)条件下，17:00 以后绿洲的大气边界层高度值超过沙漠。说明背景风的平流作用对绿洲和沙漠的边界层高度有一定的影响。所以，背景风是影响大气边界层高度十分重要的因子。

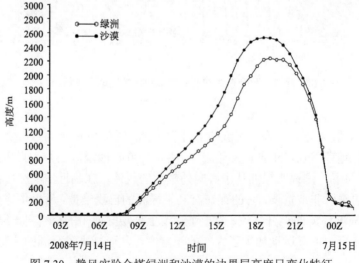

图 7.30　静风实验金塔绿洲和沙漠的边界层高度日变化特征

5. 湍流垂直结构

图 7.31 为静风实验的金塔绿洲及其周边沙漠中午 13:00 沿 40.1°N 的湍流动能和湍流交换系数剖面图。与图 7.22 比较可看出，静风条件下[图 7.31(a)]，绿洲及其周边沙漠的湍流分布形状较规则，绿洲区只有一个湍流动能中心为 0.6m²·s⁻²；在距地面 210m 的绿洲区[图 7.31(b)]分别有两个湍流交换系数中心(分别为 70 m²·s⁻¹ 和 80 m²·s⁻¹)，并且两侧沙漠区湍流动能(湍流交换系数)高度近似为 800m(700 m)左右。与有背景风不同，静风时在绿洲东侧沙漠区没有出现湍流动能(1.2 m²·s⁻²)和湍流交换系数(140m²·s⁻¹)的中心。

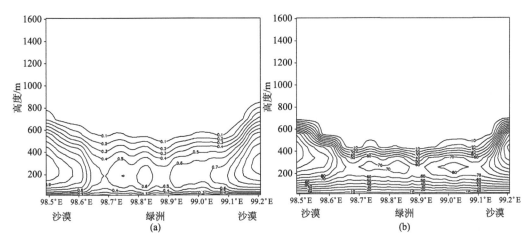

图 7.31 静风实验 13:00 金塔绿洲及其周边沙漠沿 40.1°N 的湍流动能和湍流交换系数剖面图
(a)湍流动能(m²·s⁻²)；(b)湍流交换系数(m²·s⁻¹)

以上分析表明，背景风场对金塔地区的大气边界层结构以及绿洲-沙漠环流的产生有较大的影响。

7.3 非均匀下垫面能量水汽输送

陆地表面作为地-气间物质与能量交换的交界面，其物理特性水平不均匀诱发的一系列中尺度大气运动，在天气预报、气候预测、环境保护和生态农业等问题研究方面会显得越来越重要。绿洲在干旱区所诱发的中尺度大气运动是绿洲与其周围干旱荒漠区进行物质和能量交换的最主要的方式之一。中尺度大气运动强度随水平热力差异的增大而加强，随背景场水平风速和大尺度地表加热率增强而分别减弱(张强和于学良，2001)。所以，中尺度大气运动也是绿洲大气、生态和水文系统研究的一个关键问题。

中尺度环流是指水平尺度为 20～200km，时间尺度为 3～24 小时的大气环流。它的形成机制有两种：一种是由非均匀性质下垫面强迫作用引起的，如海陆风环流、城市热岛等；另一种是由大气内部过程产生出来的，如局地强风暴、中尺度对流复合体等。绿洲与沙漠的下垫面不均匀分布会激发中尺度热力环流，造成绿洲的"冷岛效应"和临近绿洲的沙漠(或戈壁)"逆湿现象"(左洪超等，2004；韦志刚等，2005)。这种绿洲和沙漠之间的中尺度热力环流(绿洲-沙漠环流)表现为:沙漠上绿洲风环流上升阻止了沙漠上低层热而干的空气侵入绿洲,绿洲风环流的下沉又加大了大气的稳定度,从而减小了绿洲的蒸发,阻止了绿洲水汽流失和土壤的荒漠化,有利于植物生长和水资源保护,对绿洲生态系统起到了稳定作用(吕世华等,2004;Chu et al.,2005)。

已有的研究表明:在许多大气背景条件下,由非均匀地表引起的中尺度环流会产生次网格中尺度通量(Pielke et al.,1991;牛国跃等,1997;姜金华等,2006)。近年来,由于下垫面不均匀性产生的中尺度环流,对通量的贡献越来越受到重视(Dalu and Pielke,1993;Noppel and Fiedler,2002;Strunin et al.,2005),这与中尺度环流相关的中尺度通量强于湍流通量有关。一般利用中尺度模式(RAMS 或 Pielke)对中尺度通量随不同的下垫面类型分布及土壤湿度差异、背景风速的变化进行模拟(Chen and Avissar,1994;Avissar et al.,1994;Lynn et al.,1995;牛国跃等,1995;姜金华等,2006),这些数值实验都是建立在理想下垫面上,没有将实际下垫面应用到数值模式中,因而研究结果往往与实际情况存在较大的差异。下面将应用中尺度 RAMS 模式,对夏季金塔沙漠绿洲区晴天的中尺度通量进行数值模拟,其目的是研究由非均匀下垫面产生的中尺度环流对中尺度通量的贡献。

7.3.1　试验方案

1. 模式设置

模拟选用 RAMS(version 4.4)模式(Pielke et al,1992),模式的基本设置与 7.2.1 中的模式设置相同。模拟时段选择夏季晴天,从 2008 年 7 月 13 日 18:00(世界时,对应当地时间 2008 年 7 月 14 日 2:00)开始,积分 24h,模式输出频率为 30 min。使用 NCEP/NCAR 的 1°×1°再分析资料和观测数据初始化模式。

为了研究金塔地区实际下垫面情况下的通量特征,在模式中仍然加入了 MODIS 观测的 1km 分辨率的金塔绿洲下垫面植被数据(Meng,2007),模式初始化农田和沙漠植被参数见表 7.2,模拟区域的土壤特征见表 7.3。

2. 数值试验设计

控制试验的结果通过与当天的观测值进行了比较,模式的模拟结果与实际结果比较接近。考虑到土壤湿度和背景风速的变化对绿洲-沙漠环流引起的中尺度通量会有不同程度的影响,加之土壤的荒漠化和植被覆盖度的变化等对绿洲-沙漠环流的影响不容忽视,因此设计了一系列数值试验,重点分析金塔绿洲在不同土壤湿度、背景风速、植被状况下,绿洲-沙漠之间中尺度通量和湍流通量的变化。

为更好地进行对比研究,除进行不同背景风试验外,其余试验的背景风速为零,数值试验的具体设计方案为:

(1)试验 1 为金塔绿洲及其周围沙漠非均匀下垫面与理想均匀下垫面的对比试验。使用金塔绿洲真实植被类型(MODIS)和观测的土壤湿度(图 7.32)。共进行 3 组试验:控制试验 1、沙漠试验 2 和农田试验 3。

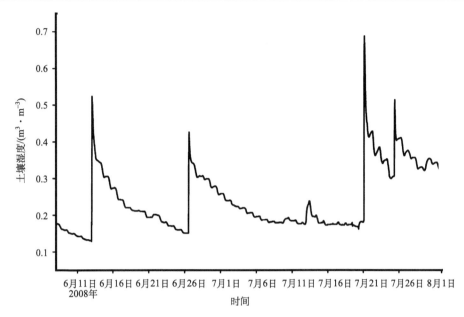

图 7.32　2008 年金塔野外试验期间绿洲站观测的土壤湿度(0.02m)变化趋势

（2）试验 2 为不同绿洲土壤湿度（近地层）的对比试验。总计设计了 5 种不同的绿洲土壤湿度条件进行对比。土壤含水量取为 0.426 $m^3·m^{-3}$、0.382 $m^3·m^{-3}$、0.294 $m^3·m^{-3}$、0.206 $m^3·m^{-3}$、0.147 $m^3·m^{-3}$。

（3）试验 3 为不同背景风速试验（图 7.33）。与试验 1 进行对比，设计不同背景风速如下：东风 2 $m·s^{-1}$、4$m·s^{-1}$、6$m·s^{-1}$、8$m·s^{-1}$。

（4）试验 4 为不同植被（图 7.34）状况的数值试验。绿洲植被覆盖度分别设为 0.85、0.7、0.55、0.15；农田地表反照率分别设为 0.18、0.20、0.25；农田粗糙度分别设为 0.06、0.1、0.5、0.9。

3. 通量的算法

下面分析的范围都是第三重嵌套区域，根据文献（Chen and Avissar,1994; Lynn et al.,1995; Zeng and Pieke,1995; Arola et al.,1999; Noppel and Fiedier,2002；姜金华等，2006）的中尺度通量的定义，任一物理量 Φ 可分解为三部分：大尺度平均量、中尺度脉动量和湍流脉动量，即

$$\Phi(x,y,t) = \langle\Phi\rangle + \Phi' + \Phi'' \tag{7.4}$$

式中，$\langle\Phi\rangle$ 为大尺度单元网格的平均量，即整个模拟区域的平均值，Φ' 为中尺度脉动量，Φ'' 为湍流脉动量。

$$\Phi' = \overline{\Phi} - \langle\Phi\rangle \tag{7.5}$$

式中，$\overline{\Phi}$ 是变量 Φ 的中尺度网格单元的时间和网格体平均值，Strunin 等（2004）对飞机观测资料的分析结果显示，只有非均匀的尺度大于 10km 才有可能促发中尺度热力边界层的形成。试验的中尺度网格单元大小定义为 10km，中尺度网格单元平均值为

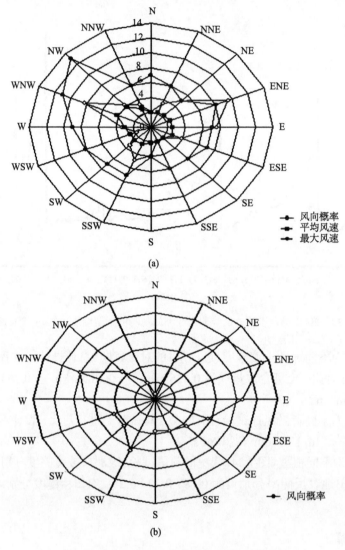

图 7.33　金塔气象站观测不同背示风速试验

(a) 10 年平均金塔气象站观测的 7 月份风向概率、平均风速、最大风速；(b) 2008 年夏季金塔野外试验绿洲站观测的 7 月份
风向概率

$$\overline{\varPhi}(d_i) = \frac{1}{\tau A(d_i)} \int_{dA(d_i)} \int_{t}^{t+\tau} \varPhi(x, y, t) \mathrm{d}t \mathrm{d}A(d_i) \tag{7.6}$$

大尺度单元网格的垂直通量表示为

$$w\varPhi = \langle w \rangle \langle \varPhi \rangle + w'\varPhi' + w''\varPhi'' + \langle w \rangle \varPhi' + w'\langle \varPhi \rangle + \langle w \rangle \varPhi''$$
$$+ w''\langle \varPhi \rangle + w'\varPhi''' + w''\varPhi' \tag{7.7}$$

首先，对中尺度单元网格平均，方程后四项略去，得

$$\overline{w\varPhi} = \langle w \rangle \langle \varPhi \rangle + \overline{w'\varPhi'} + \overline{w''\varPhi''} + \langle w \rangle \varPhi' + w'\langle \varPhi \rangle \tag{7.8}$$

因为 $\overline{\langle \varPhi \rangle} = \langle \varPhi \rangle$；$\overline{\varPhi'} = \varPhi'$；$\overline{\varPhi''} = 0$。

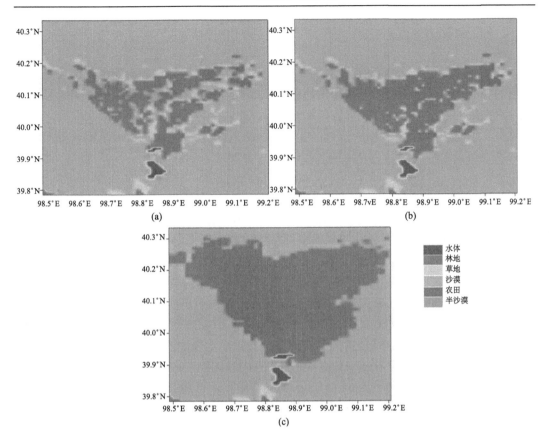

图 7.34　不同植被面积试验

(a)实际下垫面(MODIS 观测)；(b)金塔绿洲内部斑块状的小沙漠上种植作物；(c)金塔绿洲恢复成 1993 年 USGS 观测的形状，并且把金塔绿洲内的植被全部改为农田

其次，对大尺度单元网格平均，上述方程右边最后两项取消，得

$$\langle w\Phi \rangle = \langle w \rangle \langle \Phi \rangle + \langle w'\Phi' \rangle + \left\langle \overline{w''\Phi''} \right\rangle \tag{7.9}$$

因为 $\langle\langle\Phi\rangle\rangle = \langle\Phi\rangle$；$\overline{\langle w\Phi \rangle} = \langle w\Phi \rangle$；$\langle\Phi'\rangle = 0$。式中：$\langle w \rangle \langle \Phi \rangle$ 为大尺度模拟中可分辨部分的通量，$\langle w'\Phi' \rangle$ 为由中尺度环流引起的大尺度模拟网格单元内(以 D 表示)的平均次网格通量(中尺度模拟中可分辨部分的通量，即中尺度通量)；$\left\langle \overline{w''\Phi''} \right\rangle$ 为 D 区域内平均的湍流通量，其中 $w''\Phi''$ 由 Mellor-Yamada(1982)湍流参数化方案(TKE 闭合方案)计算。

为了更明确地分析金塔绿洲通量的日变化特征，根据前人的经验(Chen et al.，1994；Lynn et al.，1995；姜金华等，2006)，将通量作如下处理：

$$\langle w\Phi \rangle_v = \frac{1}{Z} \sum_{i=1}^{N} \langle w\Phi \rangle_k \Delta Z_k \tag{7.10}$$

式中，$\langle w\Phi \rangle_v$ 为通量(中尺度通量、湍流通量或者中尺度通量与湍流通量之和)的垂直平均；$\langle w\Phi \rangle_k$ 为垂直第 k 层上的通量值；ΔZ_k 为第 k 层的厚度；N 为模式中设置的垂直层数；Z 为垂直层的总厚度。

7.3.2　中尺度通量特征

在大气边界层中，地表的非均匀强迫通过大气中的非线性过程影响到从小尺度到中尺度的环流运动，下垫面的非均匀性所造成地表热通量的空间变化能激发出类似于海陆风环流系统的内陆环流。地表非均匀加热激发出有组织湍流涡旋，非均匀尺度越大，越有利于有组织湍流涡旋的维持；当非均匀尺度足够大时，边界层湍流能量明显增大，增大的原因在于水平湍流运动的显著增强（殷雷等，2011）。

1. 中尺度感热通量

图 7.35(a)～(d) 给出了不同时刻金塔绿洲及其周围沙漠(统称为金塔绿洲区域，下同)非均匀下垫面(试验 1)的中尺度感热通量($w'\theta'$)、中尺度潜热通量($w'q'$)、湍流感热通量($w''\theta''$)和湍流潜热通量($w''q''$)，以及均一沙漠下垫面(试验 2)的湍流感热通量[图 7.35(e)]和均一农田下垫面(试验 3)的湍流潜热通量[图 7.35(f)]。

从图 7.35 可见，15:00～21:00 期间金塔绿洲区域的中尺度环流产生的次网格中尺度通量较强，在 15:00～19:00 最强。而湍流感热通量[图 7.35(c)]及均一沙漠下垫面(试验 2)的湍流感热通量[图 7.35(e)]则是 15:00 最强。由于地表面的垂直速度接近于 0，因此试验 1 的中尺度感热通量[图 7.35(a)]在地表面附近趋近于 0 值；然后随着高度的增加中尺度感热通量增加，17:00 在 750～1100m 的高空中尺度感热通量达到最大值($800m$ 时为 6.0×10^{-2}k·m/s^{-1})，之后随着高度的增加中尺度感热通量急剧的减小，甚至转变成负值。

因为在边界层下部，绿洲上空是下沉气流($w'<0$)，由于绿洲的"冷岛效应"，绿洲上空的位温扰动为负($\theta'<0$)，沙漠上空是上升气流($w'>0$)，位温扰动为正($\theta'>0$)，所以在边界层下部中尺度感热通量($w'\theta'$)为正。由于沙漠的上升气流能到达更高的边界层，导致边界层上部沙漠的温度低于绿洲，绿洲上空的 $\theta'>0$，沙漠上空的 $\theta'<0$，所以边界层上部的中尺度感热通量为负。

随着太阳高度角的变化，边界层顶附近的中尺度感热通量有一定的变化。16:00 之前，边界层顶附近的中尺度感热通量转变成负值，最后在边界层顶以上趋近于 0；16:00～22:00 中尺度感热通量在 2500m 以上又出现正值，在 3000m 又形成正峰值中心(1.5×10^{-2}k·m·s^{-1})；之后随着高度的增加中尺度感热通量减小，最后在边界层顶以上趋近于 0。姜金华(2004)研究也得到了类似的结果。但是与 Chen 和 Avissar(1994)的研究结果有一定的差别。通过分析认为，这主要与下垫面特征、绿洲和沙漠的尺度相关。

试验 1 的湍流感热通量[图 7.35(c)]与中尺度感热通量相比，湍流感热通量在 1 200m 以上已接近于 0 值。地表面附近湍流感热通量以正的最大值出现，之后随着高度的增加而减小，最后趋近于 0。由于湍流对通量输送的活跃时段为 9:00～21:00，与试验 2 的湍流感热通量[图 7.35(e)]相比较，均一沙漠下垫面的近地面值要大(32×10^{-2}k·m·s^{-1} 左右)。因为均一沙漠下垫面有更多的热量去加热大气。另外，从量级大小也可看出，金塔绿洲区边界层下部的热量输送主要以湍流为主；但是中尺度环流能将热量输送到更高的边界层，甚至能达到 3000m 的高空。陈晋北等(2012)指出：在典型绿洲-戈壁复杂下垫面上，热量和物质的平流通量比湍流通量的值大 1～2 个量级；在绿洲和戈壁，受平流输送影响和下垫面强迫,不同性质标量湍流的水平和垂直通量分布具有不同的特征。

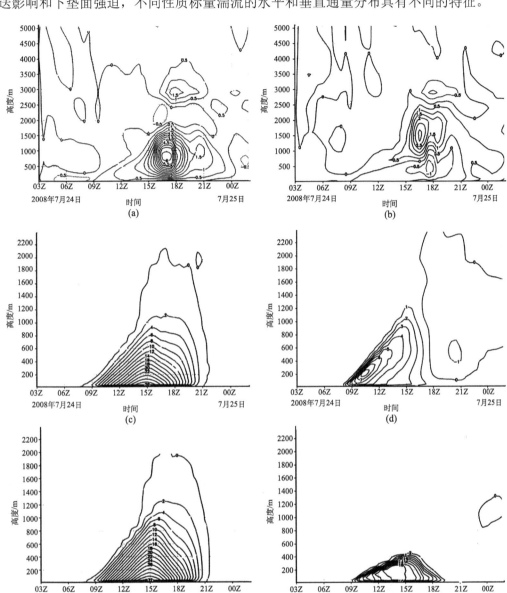

图 7.35　金塔绿洲及其周围沙漠

(a)中尺度感热通量(10^{-2}k·m·s^{-1}); (b)中尺度潜热通量(10^{-5}m·s^{-1}); (c)湍流感热通量(10^{-2}k·m·s^{-1}); (d)湍流潜热通量(10^{-5}m·s^{-1}); (e)均一沙漠下垫面湍流感热通量(10^{-2}k·m·s^{-1}); (f)均一农田下垫面湍流潜热通量(10^{-5}m·s^{-1})

2. 中尺度潜热通量

在 15:00～20:00 期间,试验 1 的中尺度潜热通量[图 7.35(b)]在地表面为 0,随着高度的增加其负值增加,并形成负的最大值中心(为-1.0×10^{-5}m·s^{-1});而后随着高度的增加又急剧减小为 0。16:30 在 1 500m 的高空中尺度潜热通量达到最大值(为 $2.5 \times 10^{-5} m \cdot s^{-1}$),然后随着高度的增加又减小为 0 值。在边界层下部由于绿洲的"湿岛效应",绿洲上的 $q' > 0$,$w' < 0$,沙漠上的 $q' < 0$,$w' > 0$,因此中尺度潜热通量($\overline{w'q'}$) < 0;而在边界层顶部绿洲上的 $q' < 0$,$w' < 0$,沙漠上的 $q' > 0$,$w' > 0$,因此 $\overline{w'q'} > 0$。

10:30 左右,试验 1 的湍流潜热通量[图 7.35(d)]在 200m 高度形成中心(为 $7.0 \times 10^{-5} m \cdot s^{-1}$),之后随着时间的增加湍流潜热通量数值在减弱的同时,又继续向 1 200m 高度发展;18:00 后转变为负值。与试验 3 的湍流潜热通量[图 7.35(f)]相比,在地表面附近小一个量级;由此可见,均一农田下垫面比金塔绿洲非均匀下垫面的湍流潜热输送要强得多,但是试验 1 的湍流潜热输送能达到更高的边界层,垂直高度上与试验 2 相差 800m,这是由于非均匀下垫面中尺度环流的作用,能有助于湍流将水汽输送到更高的高空。

分析表明:近地层的水汽和热量输送以湍流运动为主,但在金塔绿洲区非均匀下垫面的整个边界层,中尺度环流使热量和水汽的输送到了更高的高度,有利于中尺度天气系统的形成,如对流云的产生等,有利于降水的形成。因此,绿洲-沙漠环流不仅保持了绿洲的水汽不流失给周围的沙漠,还有利于绿洲-沙漠地区降水的产生。由此可见,干旱区绿洲-沙漠环流的维持对绿洲的稳定和发展是非常重要。

目前,金塔绿洲内部出现的许多斑块状裸地和沙漠分布应当引起高度重视,如不及早采取保护措施,任由绿洲中心沙漠化扩大,将会破坏金塔绿洲和周围沙漠的环流特征,势必加剧金塔绿洲的荒漠化发展。

3. 中尺度通量的日变化特征

金塔绿洲区非均匀下垫面中尺度通量、湍流通量及总通量(中尺度通量和湍流通量之和)的日变化特征(图略):首先,湍流感热通量的日变化曲线形状比较规则。早晨 9:00 之前湍流感热通量接近于 0,9:00 后随着时间的变化逐渐增大;15:00 湍流感热通量达到极大值(峰值为 $8.0 \times 10^{-3} k \cdot m \cdot s$);然后,随着时间的变化其值逐渐减小,到 21:00 后又接近于 0 值。中尺度感热通量在 14:00 以前变化缓慢,14:00 由于绿洲和沙漠之间的温差开始加大,随着中尺度环流的增强对中尺度感热通量的贡献也逐渐增加,17:00 达到最大值,之后缓慢减弱,00:00 之后接近于 0 值。

绿洲的湍流感热通量日变化与日照有很好的对应关系,而中尺度感热通量日变化主要取决于绿洲和沙漠之间温度差异及垂直运动的强弱。与已有研究(Chen et al., 1994;牛国跃等,1997)不同,晴天金塔绿洲区非均匀下垫面湍流感热通量的最大值滞后于 15:00,而中尺度感热通量滞后于 18:00。其中,9:00~18:00,中尺度感热通量与湍流感热通量相比很小,这说明金塔绿洲区非均匀下垫面的热量以湍流输送为主;18:00 后中尺度感热通量和湍流感热通量的差别逐渐减小,20:00 后中尺度感热通量大于湍流感热通量。金塔绿洲非均匀下垫面的中尺度环流对热量的输送比湍流输送滞后约 3h 左右。

绿洲区非均匀下垫面的湍流潜热通量与感热通量一样,也有较规则的日变化特征。

中午 15:00 最强，从 18:00 开始湍流潜热通量转变为负值，到 20:00 为低谷值，随后又开始回升。相反，绿洲区的中尺度潜热通量在 9:00~15:00 前湍流活跃期间为负值，这可以减小湍流对绿洲水汽的向上输送量。15:00 开始中尺度潜热通量迅速增强，17:00 左右达到日变化的峰值（2.0×10^{-6} m·s^{-1}），之后又迅速减小；18:00 以后在 0~0.5×10^{-6} m·s^{-1} 附近波动。其中，18:00~22:00 负的湍流潜热通量表示将水汽从高处向下传输，这时中尺度环流对中尺度潜热通量的贡献较强，中尺度环流会将绿洲上空较充沛的水汽输送到临近的沙漠上空，使沙漠上空湿度大于低层，形成逆湿现象。

通过对中尺度通量、湍流通量以及总通量日变化特征对比分析表明：湍流通量对总通量的贡献较大，但是中尺度通量具有和湍流通量相同的量级。Sun 等（1998）和 Randow 等（2002）曾指出，中尺度环流对湍流通量的贡献可以占到整个通量的 20%~30%。另外，中尺度环流能将热量和水汽输送到更高的高空，有利对流系统的生成和发展，从而形成降水。总之，在金塔绿洲区边界层下部（上部）的热量和水汽输送主要以湍流（中尺度环流）为主。所以，在沙漠绿洲非均匀下垫面的研究中，中尺度环流对中尺度通量的贡献也不容忽视。

7.3.3 土壤湿度的影响

Chen 等（1994）和姜金华等（2006）研究了土壤湿度空间分布不均匀对中尺度通量的影响，指出土壤湿度是影响中尺度通量的重要因素。水对于绿洲的维持至关重要，没有水，绿洲是根本不会存在的，更谈不上维持和发展（张强等，2001）。

由于干旱区的绿洲天然降水较少，因而地表径流和灌溉是绿洲维持的基本条件。灌溉（假设灌溉是针对整个绿洲区域）会增加绿洲土壤湿度，导致绿洲和沙漠之间的土壤湿度差距加大。那么对绿洲土壤的灌溉，又会引起绿洲沙漠之间的中尺度环流发生何种变化？下面通过分析金塔绿洲不同土壤含水量（这里指近地层，用 Θ 表示，m^3·m^{-3}）条件下，从中尺度通量和湍流通量的变化，来了解绿洲-沙漠环流的演变特征。

1. 大气边界层

图 7.36 为 13:00 沿 40.1°N 金塔绿洲土壤含水量饱和（Θ=0.426m^3·m^{-3}）与极干状态（Θ=0.147 m^3·m^{-3}）的位温、比湿、近地面风场及流场的差值图（饱和状态减去极干状态）。绿洲土壤湿度达到饱和时［图 7.36(a)、(b)］会造成绿洲近地面的空气温度降低，使绿洲和沙漠之间的温差加大，位温的差值在 13:00 到达 800m 左右的高空。同时，绿洲土壤湿度达到饱和时，绿洲上有更充足的水汽蒸发，随着近地层的比湿加大，就会加强绿洲"湿岛效应"，但 500m 以上的比湿差值几乎为 0。所以，当绿洲土壤湿度达到饱和时，对近地层湿度的影响较大。在［图 7.36(c)、(d)］中，绿洲土壤湿度达到饱和时，随着绿洲和沙漠地区的温度和湿度梯度加大，促使近地层绿洲（沙漠）上的辐散（辐合）风场加强的同时，也加大了绿洲的下沉气流和沙漠的上升气流。

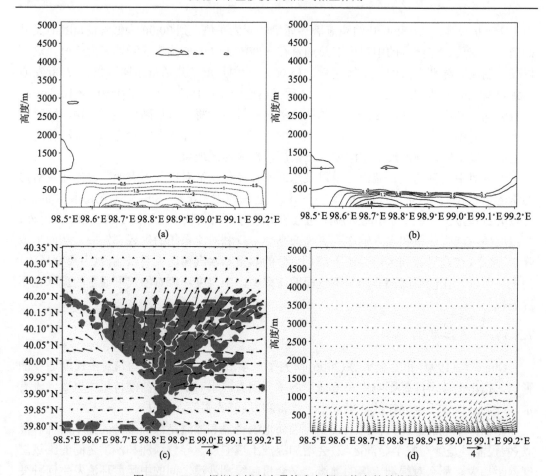

图 7.36　13:00 绿洲土壤含水量饱和与极干状态的差值图

(a) 沿 40.1°N 的位温剖面；(b) 沿 40.1°N 的比湿剖面；(c) 近地面风场；(d) 沿 40.1°N 流场(u×w 垂直剖面)

近地层比湿、气温和湍流动能能综合反映绿洲沙漠区域气候效应(刘树华等，2005)。图 7.37 所示为不同土壤湿度下绿洲及其周围沙漠下垫面的平均温度(1000m 以下)、比湿 (500m 以下)和湍流动能(1000m 以下)的日变化特征。不同土壤湿度下绿洲和沙漠的边界层温度、比湿及湍流动能的日变化趋势相同，但数值有差异。其中，08:00 和 19:00 分别是绿洲、沙漠的温度低谷值和高峰值；10:00 左右绿洲和沙漠比湿最大，然后比湿随不同高度温度的升高而减小，00:00～2:00 达到全天最低；绿洲和沙漠的湍流动能日变化特征是 22:00～09:00 很小(几乎为 0)，15:00 左右最大。

绿洲近地面温度[图 7.37(a)]随着土壤湿度的升高而降低，土壤在极干状态下(土壤湿度 0.147m³·m⁻³)与其他土壤湿度下的近地面温度相差最大，差值在 1℃左右；当土壤达到 0.206 m³·m⁻³ 后再继续灌溉时，近地面的温度差异虽然不大，但还是随着土壤湿度的增大而降低。灌溉对绿洲近地面(500m 以下)比湿[图 7.37(a)]的影响要比近地面温度明显，土壤湿度为 0.206 m³·m⁻³ 与 0.147 m³·m⁻³ 的比湿相比，出现了跳跃；当土壤湿度大于 0.206 m³·m⁻³ 时，随着湿度的增加虽再无突变现象，但减小的趋势未改变。1000 m 以下湍流动能[图 7.37(a)]随着土壤湿度的降低而减小。很明显，土壤湿度降低会引起近地面温度降低，从而抑制了湍流的发展，并使其减弱。

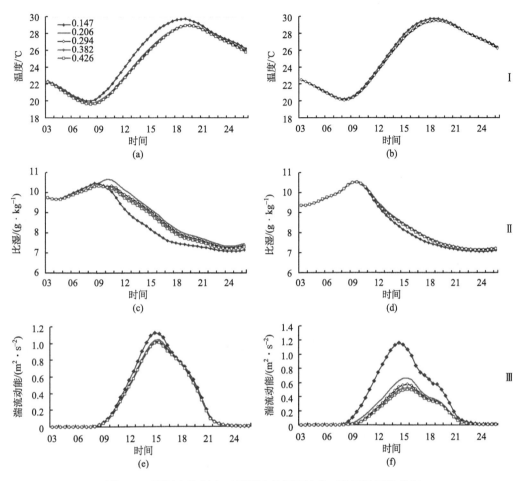

图 7.37　不同土壤湿度下绿洲及其周围沙漠下垫面的平均状况

(a)、(c)和(e)分别为绿洲平均 的 1000m 以下的平均温度、500m 以下的平均比温和 1000m 以下的湍流动能；(b)、(d)和 (f)分别为沙漠平均的 1000m 以下的平均温度、500m 以下的平均比温和 1000m 以下的湍流动能

图 7.37(b)所示为沙漠下垫面近地面温度、比湿和湍流动能在不同绿洲土壤湿度下的分布。沙漠近地层温度随着绿洲土壤湿度的增加会降低，比湿在绿洲土壤湿度增大到 0.206 $m^3 \cdot m^{-3}$ 后增加，但沙漠上这些变化与绿洲相比都较小。由于中尺度环流(绿洲-沙漠环流)能够将绿洲近地面的热量和水汽输送到周边沙漠从而对其造成影响。沙漠近地面的温度和比湿变化，对 1000m 以下的湍流动能影响很大。绿洲土壤湿度为 0.147$m^3 \cdot m^{-3}$ 时，沙漠上的湍流动能最大值为 1.2$m^2 \cdot s^{-2}$；当湿度增大为 0.206 $m^3 \cdot m^{-3}$ 时，沙漠上的湍流动能突然减小，其最大值仅为 0.7 $m^2 \cdot s^{-2}$ 左右，然后随着绿洲土壤湿度的减小而减小，且减小的量值要比绿洲上大。这是由于沙漠很干燥，土壤热容量小，近地面升温快。当绿洲极干时湍流较强，而当绿洲土壤较湿时，中尺度环流会将绿洲上的水汽输送到沙漠近地面形成逆温和逆湿现象。逆温(湿)现象的出现使其边界层稳定，造成湍流减弱。

总之，绿洲的灌溉对绿洲及其周围沙漠下垫面的温度、比湿、近地面风场、湍流动能等有不同程度的影响，这必然会引起中尺度环流的变化。张强和胡隐樵(2001)、Zeng 和 Pielke(1995)的研究也证明，大气运动由两个性质完全不同但相互紧密结合的物理过程控制，中尺度大气运动直接由陆地表面温度和热通量的水平差异产生；另一个过程与生物物理过程有关，即中尺度大气运动是由陆面生态水平不均匀性，通过影响表面温度和热通量的水平分布而间接造成。因此，绿洲下垫面温度、比湿的变化必然会对中尺度大气运动(中尺度环流)造成一定的影响。

2. 中尺度环流

中尺度通量是表征中尺度环流强弱的重要量。图 7.38 为绿洲土壤饱和($\Theta=0.426\mathrm{m}^3\cdot\mathrm{m}^{-3}$)与极干($\Theta=0.147\mathrm{m}^3\cdot\mathrm{m}^{-3}$)状态的中尺度感热通量、中尺度潜热通量、湍流感热通量和湍流潜热通量的差值图(即饱和状态减去极干状态)。图中土壤湿度饱和与极干状态相比，在 12:00～20:00 中尺度感热通量的差值基本为正值，其最大值为 $3.0\times10^{-2}\mathrm{k\,m\cdot s^{-1}}$(位于 800m 附近)；在太阳落山后(18:00～22:00)转变为负差值(最小为 $-0.5\times10^{-2}\mathrm{k\,m\cdot s^{-1}}$)，负差值线从 2000m 的高空迅速下降到近地面。

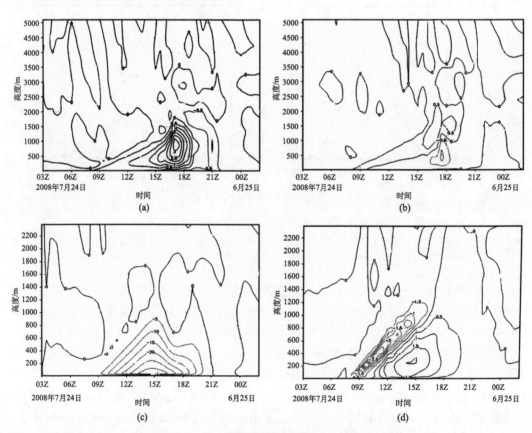

图 7.38　绿洲土壤饱和与极干状态的通量差值图

(a)中尺度感热通量；(b)中尺度潜热通量；(c)湍流感热通量；(d)湍流潜热通量

中尺度感热通量日变化特征表明: 白天受较强太阳辐射影响的饱和与极干土壤相比,绿洲饱和土壤的"冷岛效应"更强,其与周边沙漠的温差越大,绿洲-沙漠中尺度环流更强,所以午后到傍晚的中尺度感热通量就越大。相反,日落后,由于绿洲土壤湿度饱和,土壤热容量大降温更慢,沙漠降温快,受其影响使绿洲和沙漠间的温差逐渐减小(甚至还会出现绿洲的温度高于沙漠),造成中尺度环流更弱。因此 18:00～22:00 的中尺度感热通量为最小。

中尺度潜热通量[图 7.38(b)],在 15:00～20:00 的 1000m 以下(以上)为负(正)差值,18:00 在近地面层出现最大负值中心(-1.0×10^{-5}m・s^{-1})。这说明土壤饱和状态下有更多的水汽输送到更高的层次,有利于降水的产生。

3. 湍流通量

土壤湿度的变化对湍流通量有何影响? 从[图 7.38(c)]中看到,9:00 后近地面湍流感热通量负差值增大,15:00 湍流感热通量在 900m 以下形成闭合中心,其最大值为-30.0×10^{-2}k・m・s^{-1}。这是因为土壤未饱和时的温度高,饱和后更低的缘故所致。对应湍流潜热通量[图 7.38(d)],8:00 为负值,随后边界层负值在增大的同时并向高层发展,10:30 在 300m 高度形成负中心(-2.5×10^{-5} m・s^{-1}),这时近地面却转变为正值,出现了非常有趣的现象,湍流潜热通量负值中心,沿着低空正值线上方向东倾斜伸展至 1200m 以上,15:00 在 250m 形成正差值中心(2.0 $\times10^{-5}$ m・s^{-1}),随后正值从地面向高空延伸,范围逐渐扩大。尽管土壤饱和时的湍流更弱,但是地面有更充足的水汽,随着太阳光照最强和时间的延长,土壤蒸发的水汽也增多,这样湍流对水汽的混合也增强,同时达到的高度也增加。

为了进一步了解绿洲 5 种不同土壤湿度条件下的通量变化,重点分析了中尺度通量与湍流通量垂直平均值的日变化特征(图 7.39)。由于白天中尺度通量的差异最大(特别是 15:00～22:00),其中 15:00～18:00 中尺度感热通量随土壤湿度的增加而增加[图 7.39(a)]。

在土壤极干状态(体积含水量 0.147 $m^3\cdot m^{-3}$)时,中尺度感热通量最大值为 0.003 k・m・s^{-1};相反当土壤湿度大于 0.206 $m^3\cdot m^{-3}$ 后与极干状态相比出现了跃变现象(为 0.005k・m・s^{-1})。这表明白天的午后绿洲与沙漠的土壤湿度差距越大,中尺度感热通量越大。在 15:00～17:00 中尺度潜热通量仍然是随着土壤湿度的加大而加大,17:00 后中尺度潜热通量与土壤湿度间的对应关系并不明显。这是因为日落后绿洲与沙漠之间的比湿差异逐渐减小(贴近地面绿洲的比湿稍大),同时日落后风场的变化也有影响。19:00 后中尺度感热通量反而随着土壤湿度的增加而减小。

在 9:00～21:00 不同土壤湿度下湍流感热通量和潜热通量垂直平均量的对比[图 7.39(c)、(d)]上,当土壤湿度为 0.147 $m^3\cdot m^{-3}$ 时湍流感热通量最大(7.5×10^{-3}k・m・s^{-1}),然后随着土壤湿度的增大湍流感热通量却逐渐减小。相反,湍流潜热通量在 9:00～12:00 随着土壤湿度的增大而减小,12:00 以后湍流潜热通量变化是土壤极干时最小,土壤湿度为 0.206 $m^3\cdot m^{-3}$ 时最大。另外 3 种湍流潜热通量是随着土壤湿度的增加而减小。分析表明: 午后湍流潜热通量的变化在随绿洲效应增强时,其数值大小不仅与土壤含水量有关外，还与地面温度密切相关。较湿润（$0.206\text{m}^3 \cdot \text{m}^{-3}$）与极干（$0.147\text{m}^3 \cdot \text{m}^{-3}$）土壤相比其水汽更充足，同时地面温度也高于其他土壤含水量的温度，对应湍流潜热通量也最大。

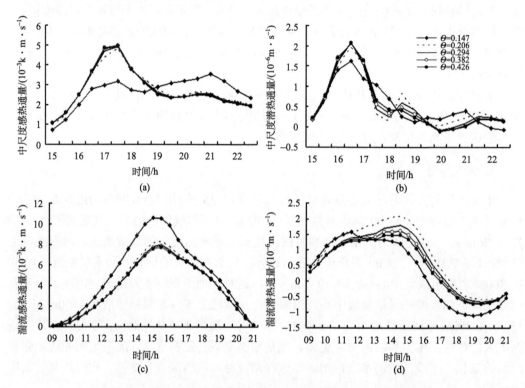

图7.39　不同土壤湿度下金塔绿洲区（第三重网格）的垂直平均值

(a)中尺度感热通量；(b)中尺度潜热通量；(c)湍流感热通量；(d)湍流潜热通量

总之，白天在太阳照射下绿洲土壤湿度的增大，不仅会影响绿洲和沙漠之间的中尺度环流增强，也会造成中尺度感热和潜热通量增加；日落后土壤湿度的增大，反而会造成中尺度环流和感热通量减弱，但中尺度潜热通量变化（由于空气中水汽含量和中尺度环流的共同影响）而不规则。湍流感热通量是随着土壤湿度的增加而减小，相反，湍流潜热通量却在较湿润土壤时（$0.206\text{m}^3 \cdot \text{m}^{-3}$）最大。

研究表明：适度的灌溉是维持绿洲稳定和发展的必要条件。首先，绿洲土壤湿度增大能加强绿洲-沙漠环流，会将更多的水汽输送到高空，有利于降水产生；其次，也会减弱湍流对热量和水汽的输送，使绿洲的水汽不易流失；再次，土壤含水量并不是越湿越好，也存在一个临界值（$0.206\text{m}^3 \cdot \text{m}^{-3}$）。该结论与刘树华等（2005）的研究结果相同。当土壤含水量大于临界值时，绿洲存活的稳定性就强，相反，会减弱绿洲存活的稳定性，引起绿洲退化的可能性增大。所以，要实现我国干旱和半干旱区绿洲长期可持续发展目标，除了积极治理沙漠化外，在改善生态环境和发展其他科技的同时，首要任务是要保持绿洲土壤湿度的稳定（不小于 $0.206\text{m}^3 \cdot \text{m}^{-3}$）。罗斯琼（2005）也指出，土壤湿度越大，绿洲温度越低，绿洲的"冷岛效应"越显著。绿洲灌溉后地面感热通量较灌溉前偏低，潜热通量比灌溉前高；土壤湿度越大，这种差异越显著。土壤湿度为0.35时，绿洲能够很好地表现绿洲特性,维持其自身的发展。随着土壤湿度的增加,绿洲边界层高度逐渐降低。这种较低的边界层对绿洲起到了保护作用,它将绿洲的能量与水分保存在较低边界层中,维护了绿洲的进一步维持和发展。

7.3.4　背景风速的影响

已有的研究表明,半干旱区人类活动引起的自然植被破坏可以影响夏季风的强度,减少水汽向内陆的输送,使干旱化进一步加剧,导致那里沙尘暴发生的频率和强度增加(符淙斌等,2002)。大尺度背景风是影响绿洲-沙漠环流的重要因子。背景风会将绿洲上的热量和水汽带到沙漠上空,造成绿洲冷(湿)岛效应的偏移;同时,由于背景风的影响,会使绿洲近地面的辐散风场变得不明显,造成主导风向发生变化。因此,背景风是影响绿洲和沙漠非均匀下垫面大气边界层的重要因子。

1. 水汽输送

图 7.40 所示为 13:00 东风风速 $4\mathrm{m\cdot s^{-1}}$ 减去静风状态的位温和比湿差值(沿 40.1°N 的剖面)。在 700m 以下绿洲及东侧沙漠为正的位温差值[图 7.40(a)],绿洲西侧沙漠边缘是负差值。其负差值是背景风将绿洲近地面冷空气输送到西侧降温所致,而正差值是背景风增大,引起土壤与大气间的热量交换的结果。在 700m 以上除在绿洲西侧边缘为负差值外,其余区域为正差值。其中,绿洲中心及东侧 1500m 高度有 2 个正差值中心。总之,背景风的增大不仅会将上游的热量带到下游,还会增强土壤与大气之间的热量交换。对应比湿变化的差值图与位温相反。受背景风将绿洲部分水汽输送到下游的影响,在 500m 以下绿洲西部及西侧沙漠区出现比湿正差值,而绿洲东部及东侧沙漠为负差值。在 500m 以上整个剖面均为负差值,而绿洲区边界层(1500m)为闭合负差值中心。这说明背景风的增大($4\mathrm{m\cdot s^{-1}}$),反而使绿洲近地层和高空的水汽含量减小了,但是对上下游沙漠的影响存在很大的差异。

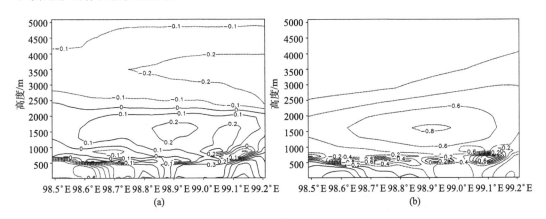

图 7.40　东风风速 $4\ \mathrm{m\cdot s^{-1}}$ 与静风状态的差值图

(a)13:00 沿 40.1°N 的位温剖面;(b)13:00 沿 40.1°N 的比湿剖面

　　不同背景风速对主要气象要素有何影响？不同东风风速(2 m·s⁻¹、4m·s⁻¹、6m·s⁻¹、8 m·s⁻¹)和静风时绿洲下垫面的平均温度(1000 m 以下)、平均比湿(500 m 以下)和平均湍流动能(1000 m 以下)日变化特征(图略)表明：白天，背景风会加大土壤和大气间的热量交换，因此绿洲近地面温度随着背景风速的增大而增大；夜间，因辐射冷却是土壤温度低于大气，因此随着背景风速的增大，温度则减小。

　　在 12:00 以前比湿随着背景风速的增大而增大，12:00 后比湿反而随着背景风的增大而减小。分析原因可能是蒸发和平流的共同影响的结果。9:00 左右比湿为全天中最大，而后随着太阳高度角的不断变化，将地表凝结在植物和土壤表面的露珠全部蒸发为水汽；随着背景风速的增大，土壤蒸发的水汽的被平流输送到高空。12:00 前背景风对蒸发的影响大于平流输送，因此随着背景风的增大，比湿增大；12:00 后空气中的水汽含量已减小，平流输送的作用大于蒸发，背景风将水汽平流输送到下游沙漠，造成绿洲上的比湿减小。湍流动能是随着背景风的增大而增大，背景风的存在有利于湍流的混合运动发展。

2. 中尺度通量

　　图 7.41 所示为金塔绿洲非均匀下垫面在不同背景风速下的垂直平均通量日变化特征。从图 7.41(a)可见，不同东风风速(2 m·s⁻¹、4 m·s⁻¹、6 m·s⁻¹ 和 8m·s⁻¹)对金塔绿洲中尺度感热通量的影响分 3 个时段：在 9:00 前为负的中尺度感热通量，随着风速的增加负通量越强；9:00～17:00 中尺度感热通量由负变为正值，随着风速的增加通量也增大；

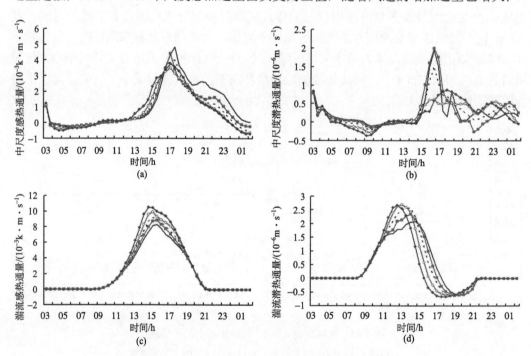

图 7.41　不同东风风速下垂直平均通量的日变化特征
(a)中尺度感热通量；(b)中尺度潜热通量；(c)湍流感热通量；(d)湍流潜热通量

17:00 后有背景风速的通量值比自由对流(静风)试验 1 的小；19:00 后随着风速的增加通量减小。中尺度感热通量从背景风 0～8m·s^{-1} 时的垂直平均通量全天积分值，分别为 50.3624 ×10^{-3} k·m·s^{-1}、39.1063×10^{-3} k·m·s^{-1}、36.4779×10^{-3} k·m·s^{-1}、33.7183×10^{-3} k·m·s^{-1}、33.3401 ×10^{-3} k·m·s^{-1}。由此可见，中尺度感热通量是随着背景风速的增大而减小。

中尺度潜热通量垂直平均通量在不同背景风速时[图 7.41(b)]，其日变化形状不太规则，但在 16:00～17:00 中尺度运动对水汽输送的活跃期中尺度潜热通量最大。有背景风时的中尺度潜热通量值均比自由对流(静风)时小，呈现随着风速的增加而减小的趋势；而在其他时刻，中尺度潜热通量随风速的变化没有明显的规律性。

研究发现：中尺度大气运动强度随水平热力差异的增大而加强，随背景场水平风速和大尺度地表加热率增强而分别减弱(张强和于学良，2001)。中尺度通量随风速的增大而非线性减小(牛国跃等，1997)。姜金华(2004)在不同的非均匀尺度分布实验中指出：当背景风沿着模拟区域的对角线方向时，随着背景风的增强，热量的输送有时反而加强。金塔绿洲的下垫面呈倒三角形状，不仅存在绿洲尺度，还有次绿洲尺度的非均匀分布，因此，白天中尺度通量随背景风速的变化会不一致，但却在某些时刻可能中尺度感热通量会随着背景风的增大反而增大。从对全天的积分值来看，风速的增大是减小了中尺度通量的输送。因为风速的增大对热力环流和绿洲效应产生了较大的影响。刘树华等(2005)研究也表明：当背景风大于 5m·s^{-1} 后热力环流受到彻底破坏。所以，背景风对中尺度环流的破坏是造成中尺度通量减小的主要原因。

3. 湍流通量

由不同背景风速对湍流通量输送的实验结果看[图 7.41(c)、(d)]，背景风速的增大则有利于湍流感热通量的输送。10:00～15:00 风速增大时有利于湍流潜热通量输送，15:00 后随着风速的增大又逐渐减小。这是因为湍流潜热通量的输送受背景风速、水汽含量和近地面温度等因子的影响。相反，并不是土壤湿度越大，湍流潜热通量越大。湍流潜热通量还与土壤温度有关，较高的土壤温度有利于土壤中水分的蒸发，从而加大空气中的水汽含量。

分析表明：金塔绿洲非均匀下垫面当背景风速增大时，不利于中尺度环流的维持，会削弱中尺度通量的输送，有利于湍流感热的输送；但在 11:00～15:00 有利于湍流潜热的输送。所以，背景风是影响中尺度环流变化的重要因子。背景风的增大，往往会加强绿洲和沙漠间的热量及水汽交换，破坏绿洲-沙漠环流及绿洲效应，甚至加剧绿洲的沙漠化。所以，减小绿洲边界层的风速，则有利于绿洲的维持。Yusaiyan 等(2009)研究结果也表明：防风林带宽度明显影响最小风速值及其位置。随着防风林带宽度的增加，风速下降 15%～22%。这就是西北干旱区在绿洲(或农田)周围种植防风林的理论依据之一。

7.3.5　植被的影响

近几十年来，由于金塔绿洲人口的增长和更多的草地开垦为耕地，加之金塔绿洲的部分草地荒漠化，绿洲内出现了斑块状的裸地和沙漠，这些小沙漠的存在对绿洲-沙漠环流有一定的影响。谢余初等(2012)通过运用土地利用类型动态度、土地利用程度模型、生态系统服务价值估算模型和土地利用调查及变更数据等，分析了 1990 年、2000 年和 2008 年金塔县土地利用变化及其生态系统服务价值变化特征。结果表明：1990～2008 年，耕地、园地、林地、建设用地和水域呈现增加趋势，牧草地和未利用地面积表现为减少趋势，总体土地利用程度为中下水平的发展阶段。

为了进一研究不同植被状况对通量特征的影响，下面设计了几组不同绿洲面积的数值试验：首先，去掉绿洲内斑块状的小沙漠，重点研究将小沙漠改变成绿洲时中尺度通量和湍流通量的变化；其次，将绿洲恢复成 1993 年 USGS 观测的绿洲形状，并将金塔绿洲内部的植被改为农田，分析绿洲面积恢复成荒漠化前通量的变化特征。

1. 绿洲面积

不同绿洲面积下绿洲和沙漠下垫面平均温度（1000m 以下）、平均比湿（500m 以下）和平均湍流动能（1000m 以下）变化（图略）特征如下：在绿洲下垫面白天的近地面温度随绿洲面积的增大而减小，比湿在 10:00 开始随着绿洲面积的增大明显增大，在凌晨随着绿洲面积的增大有减小的趋势；绿洲的面积变化对湍流动能的影响尤其明显，随着绿洲面积的增大迅速的减小。将绿洲面积恢复成 1993 年 USUS 观测的形状的模拟，其结果是绿洲面积的恢复，减小了沙漠近地面温度和湍流动能，增加了近地面比湿。在斑块状的小沙漠上种植作物对沙漠下垫面影响不明显。因此，在绿洲内部斑块状的小沙漠上种植作物能加强绿洲的冷（湿）岛效应，却减弱了湍流的输送，有利于绿洲的维持。

既然在斑块状的小沙漠上种植作物有利于绿洲的维持，而扩大绿洲面积，不仅影响了绿洲，还能影响周围的沙漠，那么，扩大绿洲面积是否是有利于中尺度环流的维持，或者会加强中尺度环流？

从绿洲面积为 Veg3（绿洲恢复成 1993 年 USGS 观测的绿洲形状，并且将金塔绿洲内部的植被改为农田）时，第三重嵌套的中尺度感热通量、中尺度潜热通量、湍流感热通量和湍流潜热通量的日变化特征（图略）与图 7.35 比较表明，绿洲面积为 Veg3 时，17:00 在 800m 处的中尺度感热通量中心的数值增大（$7.0 \times 10^{-2} k \cdot m \cdot s^{-1}$），但是在 3000m 左右的大值中心（$1.5 \times 10^{-2} k \cdot m \cdot s^{-1}$）消失，表明 Veg3 时中尺度环流对热量的输送所达到的高度大大降低。绿洲面积为 Veg3 时，中尺度潜热通量原来在 18:00 位于 1000m 以下的负值中心，提前到 15:30 在 400m 以下形成 $-1.5 \times 10^{-5} m \cdot s^{-1}$ 中心；17:00 在 1500m 左右的中心值增大为 $4.0 \times 10^{-5} m \cdot s^{-1}$。模拟结果说明，傍晚中尺度潜热通量发展强盛期间，会将更多的水汽输送到高空。对应湍流感热通量在同一高度的数值减小，并且越接近地面，减小得越多；湍流潜热通量在近地面比 Veg1 大，但是在高空的差别不大。

总之，绿洲面积为 Veg3 时减小了中尺度环流和湍流对热量的输送，减小了绿洲和沙漠之间的热量交换，更有利于绿洲"冷岛效应"的维持，并且中尺度环流能将更多的水汽输送到高空，有利于降水的产生。因此，绿洲在沙漠化之前（USGS1993 观测的形状），如果能将草地改制成农田，减小反照率，将有利于绿洲的维持。师庆三等（2006）指出，热能是生态系统中极其重要的因子。在中小尺度区域的热量资源和热场分布，对绿洲冷岛效应的研究，评价绿洲的稳定性，具有客观直接的证明力。在干旱区，绿洲"冷岛效应"明显，而撂荒地和盐碱地含有较高的热能，甚至高于荒漠地带。如今金塔绿洲的北部已经荒漠化，所以必须采取措施保护绿洲，在绿洲的边缘尽量种植作物，扩大绿洲的植被覆盖。

图 7.42 所示为不同植被面积的垂直平均通量日变化特征。由[图 7.42(a)]可知，9:00～17:00 的中尺度感热通量平均量随着绿洲面积的增大而增大，17:00 后随着绿洲面积的增大中尺度感热通量平均量逐渐减小；在 MODIS、Veg2、Veg3 三种植被面积的中尺度感热通量日积分值分别为 $50.66×10^{-3}$ k·m·s^{-1}、$50.36×10^{-3}$ k·m·s^{-1}、$42.62×10^{-3}$ k·m·s^{-1}。

16:00 之前的中尺度潜热通量[图 7.42(b)]三种植被面积差异不大，随着绿洲面积的增大有缓慢减小的趋势；16:00～18:00 Veg3 的中尺度潜热通量迅速增大，而 MODIS 与 Veg2 之间差别不大，在某个时刻甚至 Veg2 的较小；18:00 后的中尺度潜热通量波动较明显，时而随着面积的增大而增大，时而减小；MODIS、Veg2、Veg3 三种植被面积的中尺度潜热通量日积分值分别为 $11.58×10^{-6}$ m·s^{-1}、$11.64×10^{-6}$ m·s^{-1}、$17.53×10^{-6}$ m·s^{-1}。从[图 7.42 中(c)、(d)可看出，湍流感热通量的日变化特征是随着绿洲面积的扩大而减小；相反，湍流潜热通量随着绿洲面积的增大而增大。其中，三种植被面积在 15:00～16:00 的湍流感热(潜热)通量最大。

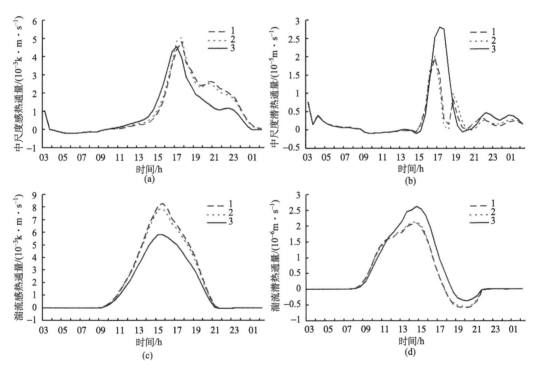

图 7.42 不同绿洲面积的垂直平均通量日变化特征

(a)中尺度感热通量；(b)中尺度潜热通量；(c)湍流感热通量 ；(d)湍流潜热通量

(1 代表 MODIS、2 代表 Veg2、3 代表 Veg3)

分析表明：如果能在金塔绿洲内现存的小沙漠上种植作物是有利于(不利于)白天绿洲-沙漠的中尺度潜热(感热)的输送，有利于(不利于)白天湍流潜热(感热)的输送。如果扩大金塔绿洲的面积(将绿洲恢复成 1993 年 USGS 观测的形状)，将有利于中尺度潜热通量的输送和湍流潜热的输送，中尺度运动能将水汽输送到更高的层次，有利于降水的形成。此外，扩大绿洲面积还能减小绿洲-沙漠间的热量输送，使绿洲的"冷岛效应"更有利于维持。但是，牛国跃等(1997)认为，最有利于绿洲-沙漠环流发展的绿洲尺度是有临界值的，并不是绿洲面积越大越有利于绿洲-沙漠环流的产生。

2. 植被覆盖度

金塔绿洲的农作物种类较多，除小麦外经济作物(如棉花、蔬菜、瓜果等)也是该地区的主要农产品。在这些作物的耕种和收获季节，下垫面的植被覆盖度、反照率和粗糙度等会有一定的变化，以下将分析这些下垫面特征变化对中尺度通量和湍流通量的影响。为便于研究各个因子变化的影响，对其中一个因子进行单方面的敏感性实验，假设其他因子不变。

首先，对4组不同植被覆盖度(分别是0.85、0.7、0.55和0.15)进行数值模拟实验。图7.43所示为绿洲不同植被覆盖度下绿洲和沙漠下垫面平均温度(1000m以下)、平均比

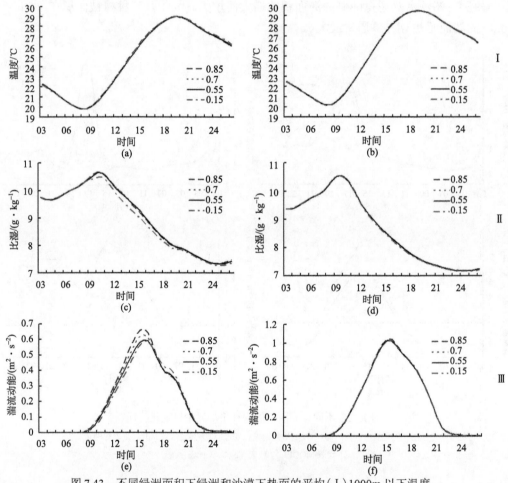

图 7.43　不同绿洲面积下绿洲和沙漠下垫面的平均(I)1000m 以下温度、
(II)500m 以下比湿、(III)1000m 以下湍流动能的日变化特征
(a)、(c)、(e)绿洲；(b)、(d)、(f)沙漠
(1 代表 MODIS、2 代表 Veg2、3 代表 Veg3)

湿(500m 以下)和平均湍流动能(1000m 以下)的日变化特征。植被覆盖度的变化对沙漠的各个气象特征影响不明显,对绿洲的近地面温度影响也不大,但是随着植被覆盖度的减小,绿洲近地面温度有升高的趋势(图 7.44)。在植被覆盖度小于 0.55 时变化更明显,绿洲近地面比湿随覆盖度降低而降低;当植被覆盖度减小到 0.15 时,比湿出现了明显降低。在 09:00~17:00 湍流动能随着植被覆盖度的降低而降低, 17:00~20:00 湍流动能在植被覆盖度为 0.15 时最大,其余情况差别很小。研究表明,白天密集的植被分布能加强湍流,而在太阳落山的前后,植被覆盖度为 0.85 时的湍流最强。因此,密集的植被分布能增加绿洲的冷(湿)岛效应,也能加强白天的湍流动能。

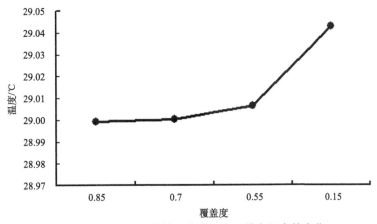

图 7.44　绿洲不同植被覆盖度下当日最大温度的变化

　　不同植被覆盖度下中尺度感热通量、中尺度潜热通量、湍流感热通量和湍流潜热通量的垂直平均通量日变化特征(图略):中尺度感热通量和潜热通量全天在不同植被覆盖度情况下差别不大,在某些时刻有一定的差别,但从日变化特征图上对比度不明显。对比不同植被覆盖度下中尺度感热通量的最大值(图 7.45),可看出中尺度感热通量全天当中的最大值在植被覆盖度为 0.55 时最大,在植被覆盖度为 0.15 时最小;湍流感热通量在 14:00~17:00 差别较明显,随着植被覆盖度的增加而增加。中尺度潜热通量全天的最大值随着植被覆盖度的降低而逐渐升高;湍流潜热通量在 10:00~20:00 均有一定的差别,在中午前、后差别更明显,随着植被覆盖度的增加而增加。

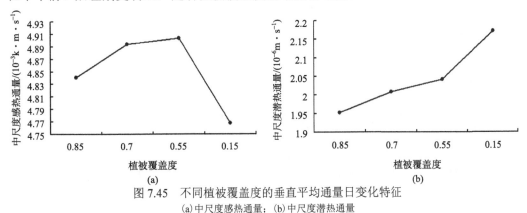

图 7.45　不同植被覆盖度的垂直平均通量日变化特征

(a)中尺度感热通量;(b)中尺度潜热通量

　　分析表明：植被覆盖度的变化对下垫面各气象特征及通量的影响不大。其中，对温度和比湿的影响分别不超过 0.1℃ 和 0.3g·kg^{-1}；对通量的影响仅在中午前、后较明显，其余时刻则很小。但是植被覆盖度的增加能增强绿洲的冷(湿)岛效应。因为植物的存在能够保持土壤中的水分不易流失，这样土壤热容量更大，吸收太阳辐射以后近地面升温慢，"冷岛效应"更明显。同时，覆盖度的增大加强了湍流动能，加强了湍流热量和水汽的输送。对于中尺度感热通量在植被覆盖度为 0.55 时最大，中尺度潜热通量在植被覆盖度为 0.15 时最大。植被覆盖度过高反而不利于(有利于)中尺度环流(湍流)的维持(形成)。

　　刘树华等(2005)也指出，植被覆盖度过高对于绿洲戈壁热力环流会起抑制作用。这可能是因为植被覆盖度更高，其下垫面的摩擦力更大，更有利于湍涡的形成。上述结果是在整个实验当中，假设不同的植被覆盖度下土壤湿度是相同条件下的变化情况。但实际情况是植被覆盖度低，其土壤水分较容易流失，土壤变干得较快。模拟实验表明：保护绿洲的较好方法是种植合适的作物，下垫面的植被覆盖度不要过大(利于湍涡的形成，减小中尺度环流)，但是也不能过小(土壤水分容易流失)，保持在 0.55 左右是较好的办法。

3. 反照率

　　绿洲内部种植不同的农作物对植被覆盖度和反照率有一定的影响。如种植小麦、玉米、棉花等下垫面的反照率会比较大。这些农作物的蜡质层能将太阳辐射反射回天空，这样对中尺度环流和湍流是否有影响？下面设计了绿洲下垫面 3 种不同反照率(0.18、0.2、0.25)的数值实验。

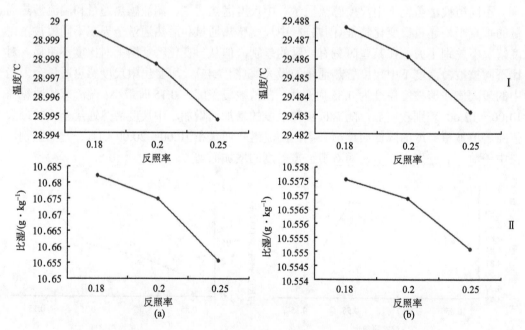

图 7.46　绿洲不同反照率时绿洲和沙漠下垫面的最大温度(Ⅰ).最大比湿(Ⅱ)

(a)绿洲；(b)沙漠

由于各个气象要素日变化特征的对比不明显(图略)，重点对各个变量日最大值进行对比分析。当绿洲下垫面为不同反照率时(图 7.46)，绿洲和沙漠下垫面当日最大温度和最大比湿比较表明，反照率对温度和比湿的影响虽然微乎其微，但近地层温度和比湿仍然随着绿洲反照率的增大而减小，说明反照率与植被指数呈负相关关系。因此，反照率的增加能加强绿洲的冷(湿)岛效应。

地表反照率的细微变化都会影响到地气系统的能量收支平衡，进而引起区域乃至全球气候变化。下垫面反照率的变化必然会影响中尺度通量和湍流通量。图 7.47 给出了绿洲不同反照率时中尺度感热通量、中尺度潜热通量、湍流感热通量及湍流潜热通量垂直平均量的日变化特征。分析表明，反照率的变化对各通量日变化特征的影响很小。对比各个通量日变化的最大值[图 7.47(b)]可知，中尺度感热通量和潜热通量均随着反照率的

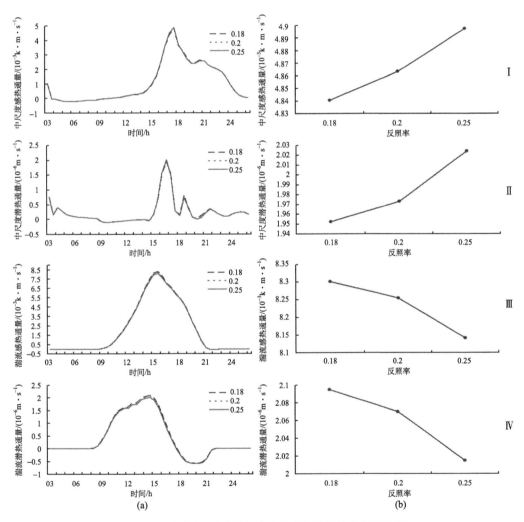

图 7.47　绿洲不同反照率时垂直平均通量的日变化特征

(I)中尺度感热通量；(II)中尺度潜热通量；(III)湍流感热通量；(IV)湍流潜热通量；

(a)日变化特征；(b)最大值的比较

增加而增加，湍流感热通量和潜热通量随着反照率的增加而减小。反照率的增加不仅增强了绿洲的冷（湿）岛效应，还加强了中尺度环流，减弱了湍流，有助于绿洲的维持（但其影响很小）。

4. 粗糙度

郭亚娜和潘益农（2002）指出，绿洲中植被的温度不仅受反照率、空气温度影响而且受大气稳定性和地表粗糙度的影响，在其他条件相同的情况下，大气稳定度越高（低），植被的温度越高（低），地表粗糙度越小（大）植被的温度也越高（低）。那么绿洲内部种植不同的作物对下垫面反照率和粗糙度有什么影响？例如种植叶面积大的作物其下垫面粗糙度会增大，并且粗糙度是下垫面动力特征的一个重要参数。对粗糙度做了四组（为 0.06、0.1、0.5、0.9）数值试验。

图 7.48 所示为不同粗糙度时绿洲和沙漠下垫面的近地面温度、比湿和湍流动能在全天当中最大值的比较。可见，沙漠上的变化比绿洲小一个量级，温度最大值随着粗糙度的增加逐渐减小，比湿最大值随着粗糙度的增加而增加，湍流动能的最大值随着粗糙度的增加而逐渐减小。

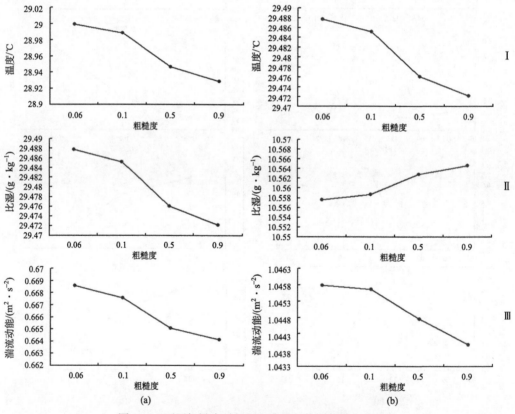

图 7.48　不同粗糙度时绿洲和沙漠下垫面的最大值特征

（Ⅰ）最大温度、（Ⅱ）最大比湿、（Ⅲ）最大湍流动能

(a)绿洲；(b)沙漠

从模式中各植被种类所对应的粗糙度可看出,叶面积小且矮小的作物(如短草、灌木、麦地等)的粗糙度较小,叶面积大且高大的作物(如常绿阔叶林、落叶阔叶林等)的粗糙度大。在相同的气候条件下,低矮的植被在干旱半干旱地区更容易发展起来。因此,粗糙度大导致近地面温度降低的原因可能是叶面积大的作物减小了到达地面的向下短波辐射,湍流动能减小的原因可能是高大的作物减小了背景风速。对于近地面的水汽,叶面积大的作物能让其不容易向外流失。

图 7.49 所示为绿洲不同粗糙度时中尺度感热通量、中尺度潜热通量、湍流感热通量和湍流潜热通量的垂直平均量在全天中最大值的比较。可看出,中尺度感热通量和湍流潜热通量随着粗糙度的增加而增加,中尺度潜热通量和湍流感热通量随着粗糙度的增加逐渐减小。因此粗糙度的变化对绿洲和沙漠上的气象特征信息影响很小。刘树华等(2005)也指出:粗糙度对风速、湿度、气温、湍流动能的影响比其他因子的影响均小一个量级,中尺度运动和气温基本没有变化。

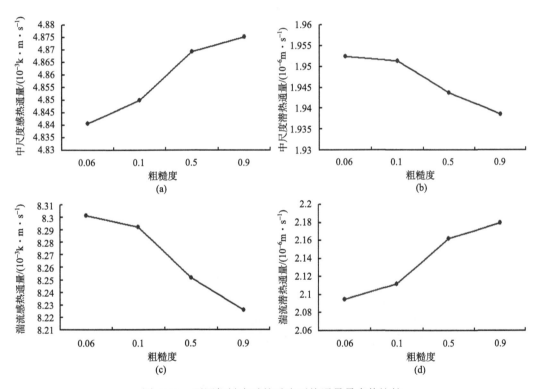

图 7.49 不同粗糙度时的垂直平均通量最大值比较

(a)中尺度感热通量;(b)中尺度潜热通量;(c)湍流感热通量;(d)湍流潜热通量

上述研究结果表明:粗糙度对中尺度通量的影响比湍流小一个量级,粗糙度的增大利于(不利于)中尺度环流对热量(水汽)的输送,不利于(利于)湍流对热量(水汽)的输送。可见种植叶面积大且高大的植物并不利于绿洲的维持,会影响近地层的水汽更容易被湍流带走,造成中尺度环流对水汽的输送减小,就没有更多的水汽能到达高空,不利于降水的形成(但其影响非常小)。

7.3.6　影响因子比较

以上通过对金塔绿洲土壤湿度、背景风速、植被的变化(包括绿洲面积、植被覆盖度、反照率、粗糙度)等影响绿洲-沙漠环流的数值模拟实验,发现各个因子对各气象特征信息、湍流及中尺度环流的影响存在较大的差别。为了将各个因子对通量所产生的影响程度(数量级)进行比较,在近似地得出各因子影响大小的基础上,重点分析归纳出影响通量变化的主要和次要因子,其目的是为我国今后非均匀下垫面的研究提供参考。

通过对比分析表明(表 7.4):土壤湿度和背景风速对各个变量的影响占有重要地位,绿洲面积变化影响最大的是平均湿度,其次是平均温度和平均湍流动能,对其余变量的影响较小;植被覆盖度变化影响最大的是平均湿度和平均湍流动能,再次是平均温度,对其他各个变量的影响较小;植被反照率对湍流动能的影响较大,但是对温度、比湿和通量的影响较弱;植被粗糙度除对平均湿度影响较大外,对其余各个变量的影响都较弱。

表 7.4　各个因子影响金塔绿洲各气象特征信息及通量的量级分析

	ΔT	Δq	ΔQ	$\Delta w'\theta'$	$\Delta w'q'$	$\Delta w''\theta''$	$\Delta w''q''$
土壤湿度	10^0	10^0	10^{-1}	10^{-3}	10^{-4}	10^{-3}	10^{-4}
背景风速	10^0	10^0	10^{-1}	10^{-3}	10^{-4}	10^{-3}	10^{-4}
绿洲面积	10^{-1}	10^0	10^{-1}	10^{-3}	10^{-4}	10^{-3}	10^{-4}
植被覆盖度	10^{-2}	10^{-1}	10^{-1}	10^{-5}	10^{-5}	10^{-4}	10^{-4}
植被反照率	10^{-3}	10^{-3}	10^{-1}	10^{-5}	10^{-5}	10^{-5}	10^{-5}
植被粗糙度	10^{-2}	10^{-2}	10^{-3}	10^{-6}	10^{-6}	10^{-5}	10^{-5}

说明: ΔT 为各因子在通常情况下能引起的绿洲近地层平均气温(1000m 以下)的最大波动值(K); Δq 为各因子在通常情况下能引起的绿洲近地层平均湿度(500m 以下)的最大波动值($g\cdot kg^{-1}$); ΔQ 为各因子在通常情况下能引起的近地层平均湍流动能(1000m 以下)的最大波动值($m^2\cdot s^{-2}$); $\Delta w'\theta'$ 为各因子在通常情况下能引起的中尺度感热通量的最大波动值($k\cdot m\cdot s^{-1}$); $\Delta w'q'$ 为各因子在通常情况下能引起的中尺度潜热通量的最大波动值($m\cdot s^{-1}$); $\Delta w''\theta''$ 为各因子在通常情况下能引起的湍流感热通量的最大波动值($km\cdot s^{-1}$); $\Delta w''q''$ 为各因子在通常情况下能引起的湍流潜热通量的最大波动值($m\cdot s^{-1}$)。

7.4　对流边界层的大涡模拟

对流边界层是白天大气边界层的主要存在形式,它强烈的扩散和输送作用及独特显著的大涡结构引起人们普遍关注(见第 8 章)。观测证明大涡漩是一多尺度现象(桑建国,1997),它在边界层中的混合、通量输送和卷夹过程中起重要作用。Han 等(2012)研究指出,发展的对流边界层覆盖有厚厚的中性层。正因为大涡的这些特性,使它担负了大部分热量、水汽及污染物向整个大气层的传送和稀释作用(吴涧和蒋维楣,1999)。

金塔绿洲呈倒三角形地形,分布着沙漠、戈壁、草地、农田、林地、水库、城镇等各种不同类型的下垫面,具有独特和较完整的边界层特征。目前,金塔绿洲内部分布着许多斑块状的小沙漠,如果这些小沙漠扩大,绿洲-沙漠环流就会受到破坏,绿洲将面临着衰退甚至消失的威胁。下面将大涡模拟方法应用于金塔绿洲非均匀下垫面,并结合该地区野外试验所得的观测资料,选取金塔绿洲内部以及绿洲东西两侧向沙漠的过渡带进行研究,并将三者的研究结果进行对比分析,以期为西北地区沙漠化问题及干旱、半干旱地区土地资源开发利用提供科学理论依据。

7.4.1　试验设计

1. 模拟区域介绍

金塔研究区域采用 MODIS(中分辨率成像光谱仪)最高空间分辨率为 250m 的植被数据,并将此数据进一步插值到分辨率为 125m 的格点上(图 7.50),3 组实验模拟的水平范围均为 20×20km。模拟时段观测的背景风表明(图略),边界层内主导风向为东北风。按照风向将绿洲东侧到沙漠的过渡带称为绿洲与上游沙漠的过渡带,为试验 1[图 7.50(Ⅰ)];绿洲内部,为试验 2[图 7.50Ⅱ],绿洲西侧到沙漠的过渡带称为绿洲与下游沙漠的过渡带,为试验 3[图 7.50Ⅲ]。

2. 参数化方案

采用 RAMS(Version 6.0)模式,选用其中的大涡模拟方法(Cotton et al., 2003)(简称 RAMS-LES),模拟金塔绿洲与上下游沙漠的过渡带以及绿洲内部(含斑块状小沙漠)的对流边界层特征。

模式为 Klemp/Wilhelmson 边界条件,长、短波辐射参数化采用 Mahrer-Pielke 方案,次网格尺度降水不采用积云参数化方案,湍流参数化方案采用 Deardorff(Deardorff et al., 1980)的湍流动能(TKE)闭合方案。启用陆面模块(LEAF),其地表感热通量、潜热通量和动量通量是用 Louis(Louis et al., 1981)的方法计算,陆面模块中土壤层深 3.2m,共分为不等间距的 11 层。3 个试验均采用水平格点数 160×160 的模拟区域,格点水平分辨率为 125m;模拟中心点(分别位于 98.71 °E, 40.06°N;98.83°E, 40.06°N;98.95 °E, 40.06°N),垂直方向分为 40 层,近地面大气层的最小间距为 3m,向上依次以 1.2 的比例递增。

模式采用 NCEP1°×1° 的再分析数据提供的初始场和边界条件,2008 年金塔地区野外观测实验数据。同时,加入实际观测的土壤湿度;引入 2008 年 8 月 2 日 8:00(北京时,下同)的 GPS 无线电探空资料,有效地改善了模式的初始场。为了便于分析对比,3 组试验(试验 1、试验 2、试验 3)均采用上述方法生成初始场和边界条件,模拟的时段为 10 小时(该时段天气晴好)。模式的输出频率设置为 1 分钟(适用于研究边界层内湍流混合较强时段的对流边界层特征)。

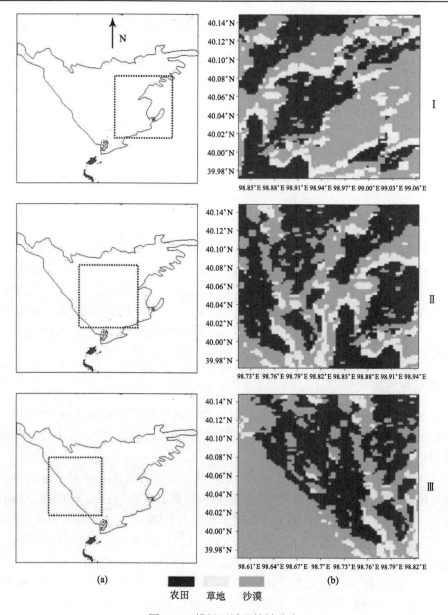

图 7.50　模拟区域及植被分布

(a)模拟区域(虚线框表示)；(b)模拟区域植被分布

Ⅰ.绿洲与上游沙漠过渡带试验 1；Ⅱ.绿洲内部试验 2；Ⅲ.绿洲与下游沙漠过渡带试验 3

7.4.2　模拟结果

1. 大气温湿廓线

首先,将绿洲内部(试验 2)中 RAMS-LES 的模拟结果与 GPS 无线电探空仪观测的温度及水汽混合比进行比较(模拟结果插值到观测点位置进行对比)。图 7.51 给出了 2008

年 8 月 2 日 14:00 和 17:00 近地面到 14 000m 高度的对比分析。14:00 观测值和 REMS-LES 的模拟值在近地面温度相差 1.0℃左右[图 7.51(a)]，之后随着高度的增加模拟值和观测更接近。其中，在 600m 左右观测值和模拟值重合，到 1200m 的高度差别开始增大（但最大差别不超过 2℃），7000m 左右观测值和模拟值再次重合。分析表明，在整个大气边界层一直到平流层底的模拟效果很好，平流层之上的模拟效果差一些（10 000m 以上）。

14:00 的水汽混合比[图 7.51(b)]在 3000m 以上的模拟效果很好，模拟与观测的差别不大，在 3000 以下模拟的廓线平滑。而观测的水汽混合比以 $6.0g \cdot kg^{-1}$ 为中心轴左右扰动。这是因为模拟的廓线是模式水平平均值，而实测的探空值是瞬时值，并受到外界因子的影响。总之，1000m 以下模拟值和观测值的最大差值不超过 $1.0g \cdot kg^{-1}$，在 2000～3000m 二者的差别稍微大一些。同样，17:00 模拟与 GPS 观测的温度廓线相似[图 7.51(c)]，而模拟和观测的水汽混合比廓线[图 7.51(d)]相比较好，边界层内最大差值不超过 1.0g/kg。

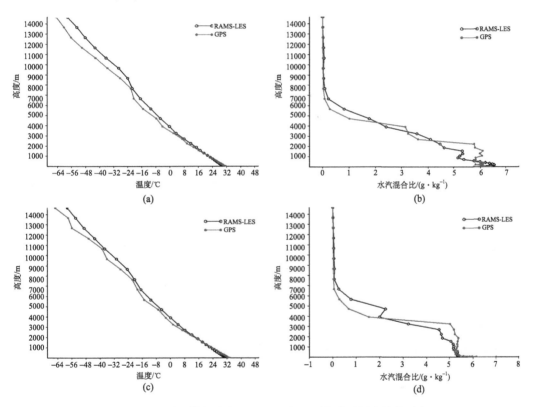

图 7.51　试验 2 模拟值与 GPS 探空仪观测的边界层廓线的对比
(a) 14:00 温度；(b) 14:00 水汽混合比；(c) 17:00 温度；(d) 17:00 水汽混合比

图 7.52 中 (a)、(b) 所示为 17:00 的绿洲内部（试验 2）中 RAMS-LES 模拟值与系留气球观测温度和比湿边界层廓线对比。近地面模拟与观测温度值相差为 2.5℃，差值较大是模式对模拟区域土壤特征和地表植物蒸腾对近地面温度的影响估计不准所致；随着

高度的增加模拟值和观测值逐渐接近，差值减小，表明随着高度增加温度受地表特征的影响减小。

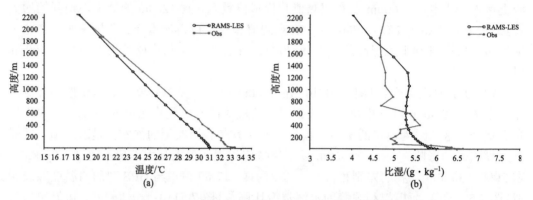

图 7.52   17:00 的试验 2 模拟值与系留气球观测的边界层廓线对比

(a) 温度；(b) 比湿

系留气球观测的比湿廓线在 1000m 以下扰动明显，但模拟的比湿廓线比较光滑。其中，600m 以下观测值在模拟值左右摆动（最大差值不超过 1.0g·kg⁻¹），在 600m 以上模拟值偏大。分析表明：RAMS-LES 模拟的边界层廓线反映了温度、比湿的垂直变化特征，其与 GPS 和系留探空的观测值比较接近，模拟效果良好。

2. 垂直风场

图 7.53 所示为 14:00 不同高度（150m、500m 和 1000m）上试验 1、试验 2 和试验 3 垂直速度分布。在 150m 处清晰看到 3 个区域的垂直速度都呈现蜂窝状结构，上升区狭窄，呈带状分布，相互之间结成了网状结构，在网状结构的网眼中分布着大面积的下沉区。分析其成因是由于下沉气流到达地表受到阻碍会向四周辐散，上升气流受到辐散气流的挤压，从而变得非常狭窄（这与 Mason et al.,1989；Schmit and Schuman,1989；吴涧等,1999；用高分辨率模式模拟结果相同）。其中，图 7.53 Ⅰ (a) 在绿洲与上游沙漠过渡区中分布着密集的带状上升区网状结构最明显，垂直上升速度最大；图 7.53 Ⅰ (b) 中垂直上升速度的带状结构与绿洲内部斑块状沙漠所在位置基本重合；图 7.53 Ⅰ (c) 中绿洲与下游沙漠过渡区左下角沙漠上的网状结构突出。

模拟区沙漠上网状结构突出的原因，是由于沙漠（绿洲）地表温度高（低），湍流活动强烈（较弱），下沉湍流在光滑的沙漠地表更容易向四周辐散的强度较强，挤压上升湍流也强所致；绿洲地表粗糙度大，下沉的湍流受到下垫面（例如农田、长草、林地等）的阻扰，向四周辐散的强度较弱，挤压上升湍流也弱的缘故。所以，在边界层底部垂直速度的网眼结构在沙漠上更突出。

在 500m 垂直速度分布 [图 7.53 Ⅱ (a)] 上，绿洲与上游沙漠边界层中部仍然可见垂直气流的网状结构，间隔分布着上升区和下沉区。其中，上升气流呈狭窄的带状分布，下沉气流分布于上升气流的网眼中。图 7.53 Ⅱ (b) 为绿洲内部区部分上升区的网状结构被下沉区隔断，上升气流较强区域连成较长的带状结构，部分区域呈现零星的上升区分布。

图 7.53Ⅱ(c)为绿洲与下游沙漠过渡区垂直速度的网状结构仅存于左下角的沙漠处,绿洲边缘上升气流的带状结构消失,且上升气流和下沉气流都较弱。为什么绿洲与上游沙漠区的网状结构强于其他区域?这是背景风将湍流从边界层底部到中部运动过程中,有大量热空气将自身热能转化为动能,上升区仍然受到较强辐散气流的挤压,所以带状结构很明显。

　　图 7.53Ⅲ(a)为 1000m 处绿洲与上游沙漠过渡区的部分上升区被下沉区隔断,但是较强的上升区没有消失,仍然呈现带状分布。这说明该处沙漠的上升气流受挤压最剧烈,到了边界层上部仍然存在。相反,图 7.53Ⅲ(b)、Ⅲ(c)绿洲内部和绿洲与下游沙漠过渡区垂直速度的带状结构已经完全消失。

　　总之,绿洲内部、绿洲与上(下)游沙漠过渡带的垂直上升气流在边界层底部均呈蜂窝状结构,但沙漠下垫面上升气流受下沉辐散气流的挤压更强,其带状结构也强。在背景风为东北风时,由于绿洲与上游沙漠区的湍流活动更强,垂直上升气流的带状结构在边界层上部仍然存在;而绿洲与下游沙漠区的上升气流的带状结构在边界层中部不明显,这是当天东北风将绿洲上的冷湿空气平流输送到下游沙漠,由于温度较低造成湍流活动的强度低于上游沙漠地区所致。

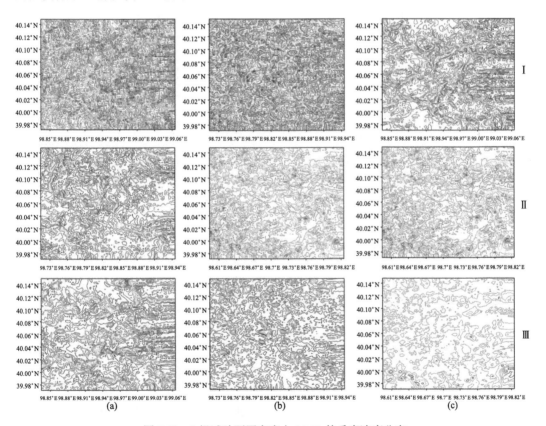

图 7.53　3 组试验不同高度上 14:00 的垂直速度分布

(a)试验 1;　(b)试验 2;　(c)试验 3

(Ⅰ:150、Ⅱ:500、Ⅲ:1000m)

3. 不同下垫面的对比

湍流对空气中热量混合有重要的影响,热空气在湍流作用下会将自身的热能转化成动能,下沉气流辐散造成上升气流的挤压必然会引起空气中热量分布发生变化。由 14:00 试验 1、试验 2 和试验 3 分别在 150m、500m 和 1000m 的位温扰动分布(图略)可知,在 150m 绿洲上位温距平值为负,沙漠上距平为正。其中,绿洲与上游沙漠边界层底部正位温距平的大值区域,受湍流影响呈明显的带状分布,并与垂直上升气流带状分布的区域重合;而绿洲与下游沙漠的正位温距平大值区虽然没有上游沙漠密集,但正好对应着垂直上升气流的带状区。这说明在边界层底部绿洲与上(下)游沙漠受"下沉气流辐散造成上升气流挤压"的影响,使热空气容易积聚形成热泡。由于绿洲和沙漠下垫面的相互影响较显著,湍流对热量的混合作用使二者差别减小,但是这种现象仅限于绿洲边缘 5km 以内。

在 500m 绿洲上的位温扰动正负值分布与绿洲下垫面并未对应,说明在边界层中部空气的热量分布受下垫面的影响很小。绿洲与上游边缘地带的位温距平为大片低正值区,等值线分布稀疏;绿洲与上游沙漠正位温距平的大值区域带状分布依然存在,但其分布已不如边界层底部密集。下沉气流在边界层中部辐散减弱,导致热空气的积聚减弱,因此热泡在边界层底部更易形成。绿洲与下游沙漠下垫面位温正距平的大值区域仍然较密集,表明受湍流的影响热空气依然易于聚集,但与边界层底部相比热空气密集的区域已经减小;绿洲与下游边缘地带为大片的位温负值区,等值线稀疏。

在 1000m 绿洲内部和绿洲与下游沙漠的位温带状结构完全消失,绿洲边缘的位温距平等值线变得密集(绿洲和沙漠间的温度差异较大);但绿洲与上游沙漠区在边界层上部位温距平大值区域的带状结构仍然存在,与边界层中部相比,由于下沉气流的隔断,带状结构变得较短;绿洲与上游沙漠上升气流对热空气的输送能到边界层上部,较强的上升区能冲入逆温层中。因此到了边界层上部,绿洲和沙漠相互之间的热量交换已减弱。

边界层中下部的对流热泡为浮力上升空气,热泡中的空气温度较周围高,垂直运动速度为正值。在 14:00 的试验 1、试验 2 和试验 3 位温和垂直速度沿 40.5°N 的 X-Z 剖面(图 7.54)上,可看出对流热泡主要位于沙漠下垫面。沙漠地表在太阳照射下增温快,午后与相邻绿洲下垫面相比,地表温度差异最高能超过 5.0℃(陈世强等,2006),因此在沙漠地表热泡更易发展,热泡的数量也比绿洲更多。

非均匀下垫面热泡的分布具有一定的规律,它与下垫面类型相对应,这与均匀下垫面上热泡的随机分布有较大的差别。在试验 1[图 7.54(a)]中绿洲与上游沙漠的对流热泡能够伸展到 1000m 以上的高空,对应湍流运动强烈;试验 2[图 7.54(b)]中绿洲下垫面有尺度较小的脱地热泡,对应湍流运动较弱;试验 3[图 7.54(c)]中绿洲与下游沙漠上也分布着强烈的对流热泡,但与 Case1 相比较弱,其最强伸展高度只有 600m。

根据金塔绿洲及其相邻沙漠下垫面不同位置水平面上垂直速度、位温扰动及剖面热泡的分布研究表明:湍流运动与地表热力状况紧密相关。在背景风为东北风时,绿洲与上游沙漠的湍流运动更强烈,其对流热泡能够伸展到边界层中部,绿洲与下游沙漠的湍流运动次之，绿洲内部的最弱。殷雷等(2011)也指出：地表非均匀加热激发出有组织湍流涡旋，非均匀尺度越大越有利于有组织湍流涡旋的维持。吕萍等(2006)通过对 3 种不同床面近地层湍流输送特征的研究认为:地表越粗糙，风速越大，湍流输送越强，且湍流输送强度与地面粗糙元密度有关。

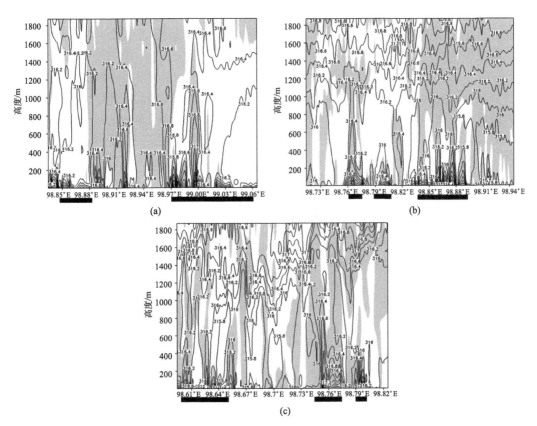

图 7.54　3 组试验 14:00 的位温(K，等值线表示)和垂直速度(阴影表示)剖面

(a)试验 1；(b)试验 2；(c)试验 3

阴影部分为上升区，白色部分为下沉区，黑色下划线区域为沙漠下垫面，其余为绿洲

4. 湍流二阶量

地表非均匀引起的湍流会进一步影响边界层内位温、比湿的扰动及运动学通量的变化。为了研究金塔绿洲及其周边沙漠地区位温、比湿的方差及运动学通量变化，重点选择 11:00、14:00、17:00 时段进行分析。

图 7.55 所示为 3 组试验不同时段的位温方差廓线，11:00 在 100m 以下绿洲与下游沙漠过渡带的位温绕动量最大(试验 3)，绿洲与上游沙漠过渡带最小(试验 1)，不过三者的差别不大。在 100m 以上三者的差距也逐渐增大，到 300m 以上金塔绿洲内部(试验 2)的位温绕动量最大，绿洲与上游沙漠次之，绿洲与下游沙漠过渡带最小。到边界层上部这种差距更明显，绿洲内部的位温扰动量达到整个混合层的极大值，与过渡带相比，对

流发展更旺盛，而过渡带在边界层上部对流减弱。14:00[图 7.55(b)]在 300m 以下绿洲内部的位温扰动最强烈，绿洲与下游沙漠过渡带次之，绿洲与上游沙漠过渡带最弱；300~1200m(边界层中部)绿洲与下游沙漠的位温扰动最强，绿洲内部最弱；在 1200m 以上绿洲内部最强。

　　由于金塔绿洲与斑块状沙漠之间的非均匀下垫面分布，造成了绿洲内部位温扰动强。地表热通量的水平变化导致了近地面相对较大的位温水平差异，在混合层顶绿洲内部的位温梯度很大，这是因为混合层顶的夹卷使得下部的冷空气上升，形成较大的扰动量。17:00[图 7.55(c)]在边界层下部绿洲内部的位温扰动最弱。说明日落前绿洲内部边界层的对流减弱，绿洲和斑块状沙漠间的地表热通量差异也减弱，因此近地面绿洲内部的位温方差最小。在边界层上部绿洲与上游沙漠最弱，这主要是由于背景风的影响，平流作用将上游沙漠上空的热空气输送到了下游，而加快了边界层上下的热量混合，减弱了位温梯度。

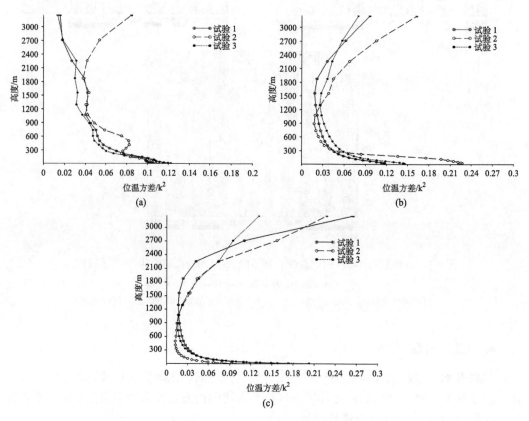

图 7.55　3 组试验的位温方差廓线

(a)11:00 时段；　(b)14:00 时段；　(c)17:00 时段

　　图 7.56 所示为 3 组试验的比湿方差对比。11:00 三者的差别不大，均在边界层下部大约 150m 处达到边界层内比湿扰动的最大值；14:00 的三者差别从近地面开始，随着高度的增加差别逐渐减小。在近地面绿洲内部(试验 2)的比湿扰动量最大可达 1.0 $g \cdot kg^2$，

与试验 1(绿洲与上游沙漠过渡带)和试验 3(绿洲与下游沙漠过渡带)的差别明显。分析表明,午后绿洲在太阳照射下土壤水汽蒸发,空气中的水汽含量充足,这时绿洲与斑块小沙漠上的水汽含量差别很大,因此比湿扰动量大。

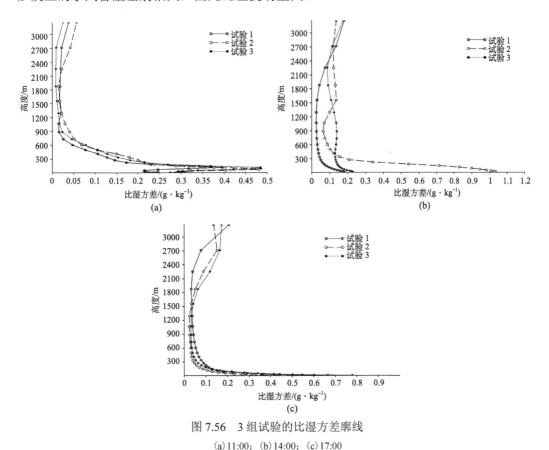

图 7.56　3 组试验的比湿方差廓线

(a) 11:00; (b) 14:00; (c) 17:00

　　另外,绿洲与下游沙漠过渡带边界层下部的比湿扰动量在午后比绿洲与上游沙漠过渡带大;日落前三者的差别较小,比湿扰动量在近地面处最大,300m 以上整个边界层的值均较小。由此可见,金塔绿洲不同位置的比湿扰动在午后差别较大,而其余时刻差别较小。

　　从 3 组试验的运动学感热通量分布看(图 7.57),11:00 感热通量最大值不超过 $0.02\ \mathrm{k\cdot m\cdot s^{-1}}$,14:00 感热通量迅速增加,并有量级上的突破;到了日落前(17:00)运动学感热通量与午后相比,减小了 1/2。因此,午后金塔绿洲非均匀下垫面湍流对感热通量的传输剧烈,传输主要在边界层底部,在边界层上部由于逆温的存在导致感热通量从上而下传输。

　　在边界层底部,3 个时段内绿洲内部(试验 2)的运动学感热通量均最小,这是绿洲内部“冷岛效应”影响的结果。14:00 绿洲与上游沙漠过渡带(试验 1)的感热通量最大,而午前和日落后是绿洲与下游沙漠过渡带(试验 3)的感热通量最大。分析表明,在午前和日落前运动学感热通量的传输主要位于绿洲与下游沙漠过渡带,而午后主要位于绿洲与上游沙漠过渡带。

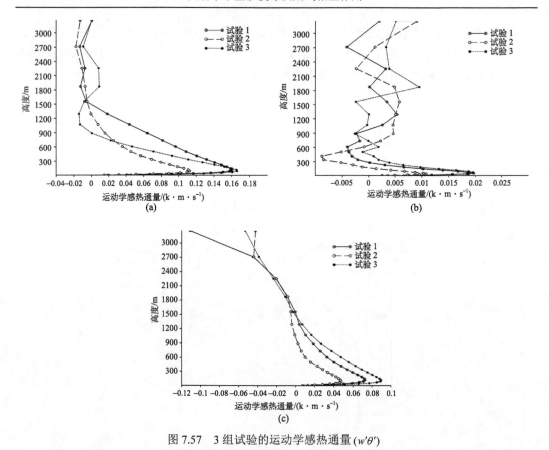

图 7.57　3 组试验的运动学感热通量 $(w'\theta')$

(a) 11:00；(b) 14:00；(c) 17:00

　　3 组试验的运动学潜热通量(图略)模拟表明：午前运动学潜热通量很小，最大值不超过 $0.05\mathrm{g \cdot kg^{-1} \cdot ms^{-1}}$；在边界层上部绿洲与沙漠过渡带(试验 1 和试验 3)有负的潜热通量存在。午后运动学潜热通量剧增，潜热传输的高度向上延伸到更高的高度；日落前的运动学潜热通量又再次减小。

　　午前绿洲内部(试验 2)的潜热通量最大，而午后绿洲与下游沙漠过渡带(试验 3)最大。这是由于背景风的平流作用，将绿洲上的水汽带到了下游沙漠上空，因此在绿洲与下游沙漠过渡带产生了较大的运动学潜热通量传输过程。日落前在边界层底部，绿洲内部的运动学潜热通量最大，而绿洲与上下游沙漠过渡带的差别很小，而到了边界层中部三者的差别增大，并且绿洲内部的潜热通量迅速的减小。

　　分析 3 组试验的湍流动能廓线(图 7.58)表明：午前三者的差别很小，而午后差别逐渐增大，直到日落前三者在边界层内才有明显的差别。在 3 个时段绿洲内部(试验 2)的湍流动能最小，绿洲与下游沙漠过渡带(试验 3)次之，而绿洲与上游沙漠过渡带(试验 1)的湍流运动最剧烈。这与前面垂直速度的研究结果一致。

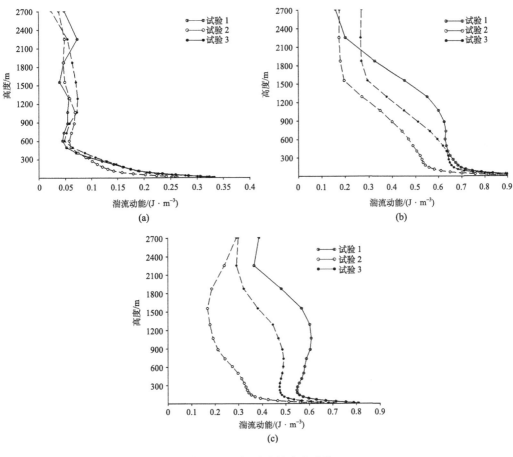

图 7.58　3 组试验的湍流动能

(a) 11:00；(b) 14:00；(c) 17:00

7.5　小　　结

(1) 采用 RAMS 和 MM5 两种模式，通过对金塔绿洲非均匀下垫面上近地面温度、湿度、地表能量日变化特征的模拟效果良好，均能较好的再现绿洲的"冷(湿)岛效应"和绿洲边缘戈壁沙漠上的"逆温(湿)"现象。两个模式受局地湍流影响其数值误差较大。其中 MM5 模拟的 3 种下垫面上感热和潜热通量的日变化趋势较好，但峰值普遍偏大；RAMS 模式对绿洲下垫面潜热通量的模拟比感热通量更接近实况，而对戈壁和沙漠下垫面感热通量的模拟好于潜热通量，且净辐射的模拟与实况更接近。通过 RAMS 模式适应性试验证明，它更适合于西北干旱区非均匀下垫面的数值模拟研究和业务应用。

(2) 绿洲边界层结构模拟试验表明，绿洲温度、比湿、位温和湍流受背景风的影响较大，背景风导致了"冷(湿)岛效应"和逆温(湿)现象，平流作用使冷(湿)中心向西偏移。背景风的影响绿洲-沙漠环流特征不明显。中午由于绿洲效应较强，绿洲东侧沙漠上有微弱的上升气流，绿洲上为弱的下沉气流；夜晚无上升和下沉气流产生。绿洲的最大边界层高度能达到2900 m左右,而沙漠地区为2650 m。绿洲比有背景风时平均边界层高度偏低 700m,沙漠区则相差不大;边界层内湍流运动较规则,绿洲两侧的沙漠湍流混合所达到的高度大致相同。

(3)通过非均匀下垫面能量水汽输送模拟试验发现,金塔绿洲区中尺度环流产生的次网格中尺度通量在 15:00～21:00 较强,近地层的水汽和热量虽然以湍流输送为主,但是在整个边界层中尺度环流将热量和水汽输送到了更高的高空,有利于中尺度天气系统形成降水和绿洲的水汽保护的形成。

(4)对比分析发现,土壤湿度、背景风速和绿洲面积是影响中尺度环流的重要因子,植被覆盖度、反照率和粗糙度的影响则很小。因此,干旱区适度的灌溉是维持绿洲稳定和发展的必要条件,同时在绿洲外围种植防风林都有助于绿洲的维持。而绿洲内部作物种植密度对于绿洲维持的作用有限。

(5)大涡模拟结果表明,绿洲与上游沙漠过渡带的湍流活动更强,而绿洲与下游沙漠过渡带的湍流活动在边界层中部已不明显。另外,午前和午后绿洲内部的边界层对流发展更旺盛,而绿洲与沙漠的过渡带较弱;午前 300 m 以上绿洲内部的位温绕动量最大,午后300m 以下绿洲内部和边界层中部(300～1200m)绿洲与下游沙漠的位温扰动最强。

参 考 文 献

安兴琴, 吕世华. 2004. 金塔绿洲大气边界层特征的数值模拟研究. 高原气象, 23(2): 200-207.

奥银焕, 吕世华, 陈世强等. 2005. 夏季金塔绿洲及邻近戈壁的冷湿舌及边界层特征分析. 高原气象, 24(4): 503-508.

蔡旭晖, 陈家宜. 1997. 对流边界层中泡状结构的大涡模拟研究. 大气科学, 21(2): 223-230.

陈红岩, 陈家宜, 胡非等. 2001. HUBEX 试验区近地面层的湍流输送. 气候与环境研究, 6(2): 221-227.

陈晋北, 吕世华, 余晔. 2012. 绿洲和戈壁近地面层热量和物质输送特征对比. 地球物理学报, 55(6): 1817-1830.

陈世强, 文莉娟, 吕世华等. 2006. 金塔绿洲不同下垫面辐射特征对比分析. 太阳能学报, 27(7): 713-718.

佴抗, 胡隐樵. 1994. 远离绿洲的沙漠近地面观测实验. 高原气象, 13(3): 282-290.

符淙斌, 安芷生. 2002. 我国北方干旱化研究——面向国家需求的全球变化科学问题. 地学前缘(中国地质大学北京), 9(2): 271-275.

符淙斌, 安芷生, 郭维栋. 2005. 我国生存环境演变和北方干旱化趋势预测研究(Ⅰ): 主要研究成果. 地球科学进展, 20(11): 1158-1168.

高艳红, 吕世华. 2001 a. 不同绿洲分布对局地气候影响的数值模拟. 中国沙漠, 21(2): 108-114.

高艳红, 吕世华. 2001 b. 非均匀下垫面局地气候效应的数值模拟. 高原气象, 20(4): 354-361.

郭亚娜, 潘益农. 2002. 粗糙度和稳定度对绿洲生态系统能量平衡的影响. 南京大学学报(自然科学), 38(6): 820-827.

韩博, 吕世华, 奥银焕. 2012. 发展的对流边界层覆盖有厚厚的中性层巴丹吉林: 观测和模拟结果. 大气科学进展(英文版), 29(1): 177-192.

胡隐樵. 1987. 一个强冷岛的数值实验结果. 高原气象, 6(1): 1-8.

胡隐樵, 左洪超. 2003. 绿洲环境形成机制和干旱区生态环境建设对策. 高原气象, 22(6): 537-544.

胡隐樵, 奇跃进, 杨选利. 1990. 河西戈壁(化音)小气候和热量平衡特征的初步分析. 高原气象, 12(2):

113-119.

胡泽勇, 吕世华, 高洪春, 等. 2005. 夏季金塔绿洲及邻近沙漠地面风场、气温和湿度场特性的对比分. 高原气象, 24(4): 522-526.

姜金华. 2004. 非均匀边界房及其对中尺度通量的影响研究. 博士学位论文, 中国科学院大气物理研究所.

姜金华, 胡非, 角媛梅. 2005. 黑河绿洲区不均匀下垫面大气边界层结构的大涡模拟研究. 高原气象, 24(6): 857-864.

姜金华, 胡非, 刘熙明, 等. 2007. 水、陆不均匀条件下大气边界层结构的模拟研究. 南京气象学院学报, 30(2): 162-169.

李万莉, 吕世华, 傅慎明, 等. 2009. RAMS 模式在金塔地区非均匀下垫面上的适用性研究. 高原气象, 28(5): 966-977.

李万莉, 吕世华, 杨胜朋, 等. 2010. 金塔绿洲主要特征量的数值模拟. 中国沙漠, 30(5): 1207-1214.

刘罡, 蒋维楣, 罗云峰. 2005. 非均匀下垫面边界层研究现状与展望. 地球科学进展, 2(02): 223-230.

刘树华, 胡予, 胡非, 等. 2005. 绿洲效应的模拟及内外因子的敏感性实验. 大气科学, 29(6): 997-1009.

刘树华, 刘和平, 胡予, 等. 2006. 沙漠绿洲陆面物理过程和地气相互作用数值模拟. 地球科学, 36(11): 1037-1043.

罗斯琼. 2005. 不同土壤湿度条件下绿洲边界层特征的敏感性试验. 高原气象, 24(4): 471-477.

吕萍, 董治宝, 李芳. 2006. 三种不同床面近地层湍流输送特征. 干旱区研究, 23(1): 98-103.

吕世华. 2004. 山地绿洲边界层特征的数值模拟. 中国沙漠, 24(1): 41-46.

吕世华, 尚伦宇. 2005. 金塔绿洲风场与温湿场特征的数值模拟. 中国沙漠, 25(5): 623-628.

吕世华, 尚伦宇, 梁玲, 等. 2005. 金塔绿洲小气候效应的数值模拟. 高原气象, 24(5): 649-655.

马耀明, 刘东升, 王介民, 等. 2003. 卫星遥感敦煌地区地表特征参数研究. 高原气象, 21(6): 531-536.

牛国跃, 洪钟祥, 孙菽芬. 1997. 陆面过程研究的现状与发展趋势. 地球科学进展, 12(1): 20-25.

桑建国. 1997. 大气对流边界层中的涡漩结构. 气象学报, 55(3): 285-296.

桑建国, 吴熠丹, 刘辉石, 等. 1992. 非均匀下热面大气边界层的数值模拟. 高原气象, 11(4): 400-410.

师庆三, 肖继东, 熊黑钢, 等. 2006. 绿洲冷岛效应的遥感研究-以奇台绿洲为例. 新疆大学学报: 自然科学版, 23(3): 334-337.

史玉光, 杨青, 魏文寿. 2003. 沙漠绿洲-高山冰雪气候带的垂直变化特征研究. 中国沙漠, 23(5): 488-492.

苏从先, 胡隐樵. 1987. 绿洲和湖泊的冷岛效应. 科学通报, 32(10): 756-758.

王介民. 1999. 陆面过程实验和地气相互作用研究从 HEIFE 到 IMGRASS 和 GAME-TIBET/ TIPEX. 高原气象, 18(3): 280-294.

韦志刚, 吕世华, 胡泽勇, 等. 2005 夏季金塔边界层风, 温度和湿度结构特征的初步分析. 高原气象, 24(6): 846-856.

文莉娟, 吕世华, 陈世强, 等. 2005. 夏季金塔绿洲冷岛效应的数值模拟. 高原气象, 24(6): 865-871.

文莉娟, 吕世华, 孟宪红, 等. 2008. 夏季绿洲气候效应的观测和数值模拟. 气候与环境研究, 13(3): 300-308.

文小航, 吕世华, 孟宪红, 等. 2010. WRF 模式对金塔绿洲效应的数值模拟. 高原气象, 29(5): 1163-1173.

吴涧, 蒋维楣. 1999. 对流边界层的大涡模拟研究. 气象科学, 19(1): 33-41.

谢余初, 巩杰, 赵彩霞, 等. 2012. 干旱区绿洲土地利用变化的生态系统服务价值响应\以甘肃省金塔县为例. 水土保持研究, 19(2): 165-170.

殷雷, 孙鉴泞, 刘罡. 2011. 地表非均匀加热影响对流边界层湍流特征大涡模拟研究. 南京大学学报,

47(6): 643-6560.

曾剑, 张强, 王胜. 2011. 中国北方不同气候区晴天陆面过程区域特征差异. 大气科学, 35(3): 483-494.

张强, 胡隐樵. 2001. 干旱区的绿洲效应. 自然杂志, 23(4): 234-236.

张强, 于学良. 2001. 干旱区绿洲诱发的中尺度运动的模拟及其关键因子的敏感性实验. 高原气象, 20(1): 58-65.

周小刚, 罗云峰. 2004. 美国 NCAR 的发展及其新动向. 地球科学进展, 19(6): 1045-1051.

左洪超, 吕世华, 胡隐樵, 等. 2004. 非均匀下垫面边界层的观测和数值模拟研究(I): 冷岛效应和逆湿现象的完整物理图像. 高原气象, 23(2): 155-162.

Arola A. 1999. Parameterization of turbulent and mesoscale fluxes for heterogeneous surface. J Atmos Sci, 56(4): 584-598.

Avisar R and Nahrer Y. 1994. An approach to represent mesoscale (subgrid scale) fluxes for large-scale atmospheric models. J Atmos sci, 50: 3751-3774.

Avissar R, Eloranta EW, Gurer K, et al. 1998. An evaluation of the large-eddy simulathon option of the regional atmospheric modeling system in simluating of convetive bounding layer: AFIFE case study, J Atmos Sci, 55: 1109-1130.

Bonan G B. 1998. The land surface climatology of the NCAR land surface model coupled to the NCAR community climate model. J. Climate, 11: 1307-1326.

Chen C, Cotton W R. 1983. A one-dimensional simulation of the stratocumulus-capped mixed layer. Boundary-Layer Meteorology, 25(3): 289-321.

Chen F, Avissar R. 1994. The impact of land-surface wetness heterogeneity on mesoscale heat fluxes. Journal of Applied Meteorology, 33(11): 1323-1340.

Chu P C, Lu S, Chen Y. 2005. A numerical modeling study on desert oasis self-supporting mechanisms. Journal of hydrology, 312(1): 256-276.

Dalu G A, Pielke R A. 1993. Vertical heat fluxes generated by mesoscale atmospheric flow induced by thermal inhomogeneities in the PBL. Journal of the atmospheric sciences, 50(6): 919-926.

Han B, Lu S H, Ao Y H. 2012. Development of the convective boundary layer capping with a thick neutral layer in Badanjilin:observations and simulations. Advcnces in Atmospheric Sciences, 29(1): 177-192.

Henderson-Sellers A, Pitman A J. 1995. The Project for Intercomparison of Land-surface Parameterization Schemes(PILPS): Phase 2 and 3, Bull. of the Amer. Metero Soi, 76: 489-503.

Klemp J B, Wilhelmson R B. 1978. The simulation of three-dimensional convective storm dynamics. Journal of the Atmospheric Sciences, 35(6): 1070-1096.

Louis J F. 1979. A parametric model of vertical eddy fluxes in the atmosphere. Boundary-Layer Meteorology, 17(2): 187-202.

Louis J F, Tiedke M, Geleyn M. 1981. A short history of the {PBL} parameterisation at {ECMWF}

Lynn B H, Abramopoulos F, Avissar R. 1995. Using similarity theory to parameterize mesoscale heat fluxes generated by subgrid-scale landscape discontinuities in GCMs. Journal of climate, 1995, 8(4): 932-951.

Mason P J. 1989. Large-eddy simulation of the convective atmospheric boundary layer. Journal of the atmospheric sciences, 46(11): 1492-1516.

Mellor G L, Yamada T. 1982. Development of a turbulence closure model for geophysical fluid problems. Reviews of geophysics and space physics, 20(4): 851-875.

Meng X, Lu S, Zhang T, et al. 2009. Numerical simulations of the atmospheric and land conditions over the Jinta oasis in northwestern China with satellite‐derived land surface parameters. Journal of Geophysical

Research: Atmospheres, 114(D6): 605-617.

Noppel H, Fiedler F. 2002. Mesoscale heat transport over complex terrain by slope winds–A conceptual model and numerical simulations. Boundary-layer meteorology, 104(1): 73-97.

Pielke R A, Daly G, Snook J S, et al. 1991. Nonlinear influence of mesoscale land use on weather and climate. J. Climate, 4(4): 1053-1069.

Pielke R A, Cotton W R, Walko R L, et al. 1992. A comprehensive meteorological modeling system—RAMS. Meteorology and Atmospheric Physics, 49(1-4): 69-91.

Schmidt H, Schumann U. 1989. Coherent structure of the convective boundary layer derived from large-eddy simulations. Journal of Fluid Mechanics, 200: 511-562.

Shafran P C, Seaman N L, Gayno G A. 2000. Evaluation of numerical predictions of boundary layer structure during the Lake Michigan Ozone Study. Journal of Applied Meteorology, 39(3): 412-426.

Shen Y, Xia K Q, Tong P. 1995. Measured local-velocity fluctuations in turbulent convection. Physical review letters, 75(3): 437.

Strunin M A, Hiyama T. 2005. Spectral structure of small-scale turbulent and mesoscale fluxes in the atmospheric boundary layer over a thermally inhomogeneous land surface. Boundary-layer meteorology, 117(3): 479-510.

Strunin M A, Hiyama T, Asanuma J, et al. 2004. Aircraft observations of the development of thermal internal boundary layers and scaling of the convective boundary layer over non-homogeneous land surfaces. Boundary-layer meteorology, 111(3): 491-522.

Yusaiyin, M Tanak N. 2009. Effects of windbreak width in wind direction on wind velocity reduction. Journal of Forestry Research, 10(3): 199-204.

Zeng X, Pielke R A. 1995. Landscape-induced atmospheric flow and its parameterization in large-scale numerical models. Journal of climate, 8(5): 1156-1177.

Zhong X, Tatineni M. 2003. High-order non-uniform grid schemes for numerical simulation of hypersonic boundary-layer stability and transition. Journal of Computational Physics, 190(2): 419-458.

第8章　沙漠大气边界层

大气边界层又称行星边界层，通常是指受地面直接影响、与人类关系最为密切的低层大气。发生在大气边界层低层的湍流输送过程，是地气之间物质和能量交换的重要纽带。全球变化的区域响应以及地表变化和人类活动对气候的影响，也要通过大气边界层过程实现。我国干旱区面积占国土面积的11%，沙漠是其中的重要组成部分。同一般下垫面相比，沙漠具有独特的地表特征和边界层结构，其反照率、土壤热容量、地表辐射收支与水热交换特征也与其他地区有很大不同，且对局地气候有很大影响。随着沙漠区域陆气相互作用及边界层发展的研究，以撒哈拉沙漠区域为代表，由于其是全球大气最重要沙尘源之一而受到世界范围的广泛关注(Messager et al，2010)。

我国西北地区沙漠分布广泛，巴丹吉林沙漠及其邻近的腾格里沙漠，总面积近10×10^4 km^2，海拔为1200～1700m，沙山相对高度达500 m以上，腹地分布着140多个内陆沙湖，由于其地处河西走廊北缘，是青藏高原绕流作用产生的西风北支气流的必经之地，也是气候变化响应敏感和生态环境最为脆弱的地区之一。

以撒哈拉沙漠为代表，众多的科学家对其深厚对流边界层的成因和影响做了一系列探讨，认为残留层的存在和维持起着重要作用，并且发现有残留层覆盖的CBL结构，对于当地沙尘的输送会起到关键影响。因此，利用巴丹吉林沙漠地区野外观测的最新资料（见第2章和第3章），分析对流边界层变化过程，探讨沙漠地区深厚对流边界层的形成原因，为揭示西北干旱区下垫面能量与水分循环过程等具有重要的意义。

8.1　气象特征

8.1.1　大尺度背景场

巴丹吉林沙漠是中国第二大流动沙漠，面积达4.7×10^4 km^2，地处河西走廊北缘，是青藏高原绕流作用产生的西风北支气流的必经之地，在夏季，还可能受到东亚夏季风和高原北坡补偿性下沉气流的综合影响，这样的大气环流背景预示着该地区的大气边界层发展演变可能更为复杂。该地区降水稀少，且多集中在夏季，而蒸发量却是降水量的40～80倍。夏季高温酷热，最高温度可达38.0～43.0℃。

近50年(1960～2009年)来，巴丹吉林沙漠的南部(阿拉善右旗)、北部(额济纳旗)地区的气温呈明显上升趋势(图8.1)，尤其是1985年后均为正距平，且有逐年加大的趋势；但降水却呈震荡趋势，其中自20世纪70年代后期以来，南(北)地区降水总体呈增多(减少)趋势，特别是2000～2010年南(北)部地区降水8年(仅2年)为正距平。随着气温的增加，沙漠地区的蒸发量进一步增大。在这样的气候背景下，深入进行巴丹吉林沙漠地区陆面过程及其气候效应研究，不仅有利于了解沙漠地区局地环流变化，而且为我国荒漠化治理提供科学依据。

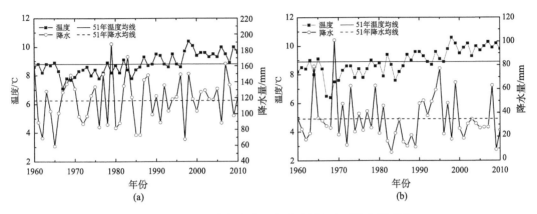

图 8.1　沙漠南、北部代表站年降水量与年平均气温变化

(a)阿拉善右旗；(b)额济纳旗

　　1962～2012 年夏季 700 hPa 环流形势的平均场中，巴丹吉林沙漠夏季受西风带中的浅脊控制，温度脊也非常明显，观测点(黑圆点)为试验观测点[图 8.2(a)]上空温度基本为 1.0～1.2℃；同样 500 hPa 等压面与 700 hPa 环流形势相似(图略)，青藏高原为西风带中的浅脊和明显的温度高值区控制，向北等温线逐渐平滑，且温度梯度减小。受青藏高原地形影响，绕流形成的高压脊对当地气候产生较大影响。这种高低空环流搭配是形成沙漠地区干燥少雨的重要原因。另外，沙漠上空垂直速度基本为正值[图 8.2(b)]，图中黑色区域为地面，表示盛行下沉运动，且随高度逐渐增大，到 300 hPa 达到最大值(为 0.25cm·s⁻¹)；对流层低层空气相对湿度仅有 30%～35%，非常干燥。

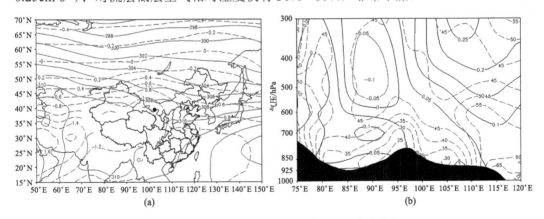

图 8.2　近 50 年的 700hPa 环流形势和垂直速度场

(a)近 50 年的 700 hPa 环流形势平均场(—为高度场(gpm)；——为温度场(℃))；(b)近 50 年垂直速度与相对湿度场(—为垂直速度(cm·s⁻¹)；——为相对湿度(%))

　　2009 年 8 月 30 日,巴丹吉林地区(图 8.3 中黑圆点即为沙漠边缘观测点)白天 500 hPa 等压面图上[图 8.3(a)]，沙漠地区处于高压脊控制，高空盛行西北风(为 15.0～20.0 m·s⁻¹)；700 hPa 为平直西风，观测点为西南风，风速较小(图略)。夜晚 500 hPa 高

度场与温度场配合较好，沙漠地区处于西风气流中，风向以偏西风为主；700 hPa 处于脊前西北气流，风向则以偏南风为主，风速较小。

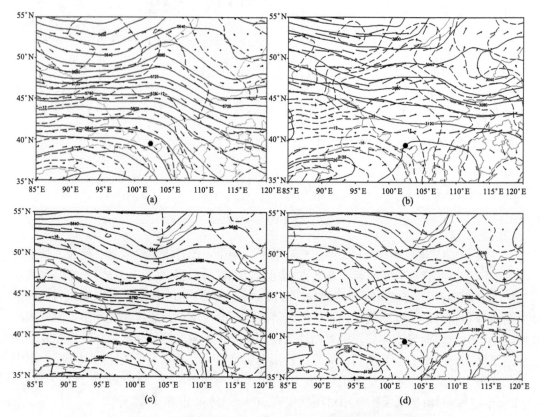

图 8.3　8 月 30 日和 31 日 500hPa、700hPa 环流形势场

8 月 30 日 14:00 (a) 500 hPa；(b) 700 hPa；31 2:00 (c) 500 hPa；(d) 700 hPa

——为高度场 (gpm)；—— 为温度场 (℃)；→为风场 (m·s^{-1})

　　8 月 31 日夜间 [图 8.3(c)、(d)] 500 hPa 高度场与温度场配合较好，沙漠地区处于西风气流中，风向以偏西风为主；700 hPa 沙漠大部分地区处于脊前西北气流，观测点上空有暖温中心，风向则以偏南风为主，风速较小。

　　2009 年 7 月 22 日至 9 月 11 日，巴丹吉林试验 (BDEXs) 布设的沙湖观测点，为一个直径约 1.5 km 的湖泊处。涡动相关系统架设在湖滨芦苇滩涂上，土壤为含水量较高的沙地，4 套自动气象站分别位于湖泊四周；大孔径闪烁仪在 8 月下旬进行了短期观测。观测试验期间，晴和多云天气占总观测时段的 75% 左右，分别在 8 月 16~19 日、9 月 4~10 日出现了两次较明显的阴雨天气过程。

　　2009 年 7 月 26~27 日、8 月 3~6 日、9~14 日、22~23 日获得共 14 个典型晴天日的数据。然后，计算两个观测点的气象要素和大气稳定度日平均后发现：一是沙漠区的水平风速显著大于沙湖区 [图 8.4(a)]，且具有明显的日变化，中午前后风速较大；而沙湖区由于其地处盆地内，受周围有沙山阻挡，存在独特的局地环流，导致其全天风速很小。二是气温尽管有湖泊的存在[图 8.4(b)]，但沙湖区气温全天仍高于沙漠区；受局地地形影响，气温日较差比沙漠区小 1.0℃左右，表明沙湖区存在昼(夜)冷(暖)湖效应。三是沙漠小湖泊的存在，沙湖比沙漠区的比湿大[图 8.4(c)]。四是由于沙漠土壤热容量较小，白天太阳升起后迅速增温，近地层大气常处于不稳定状态；夜间地表降温快，逆温层的出现使大气处于稳定状态[图 8.4(d)]。分析表明，沙湖区白天受冷湖效应影响，湖面上空易形成下沉气流，有利于增加大气的稳定性，夜间则相反。

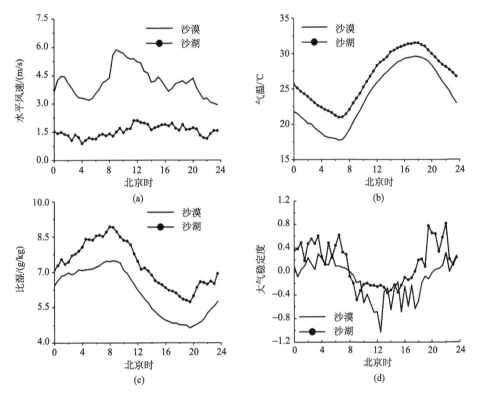

图 8.4　晴天条件下沙漠和沙湖区气象要素的日变化

(a)水平风速；(b)气温；(c)比湿；(d)大气稳定度

8.1.2　局地环流场

巴丹吉林沙漠腹地分布有大量的湖泊，水体与沙漠下垫面性质的巨大差异导致了沙湖区具有特殊的小气候特征。沙湖区东西两侧自动站的风向昼夜变化趋势正好相反，尤以沙湖的西北侧的 AWS2 和东北侧的 AWS3 最为显著。沙湖区白天的下沉气流易形成在较低的边界层，能够将蒸发的水汽保持在低层，有利于局地生态的维持与发展。

以 7 月 27 日为例，白天 AWS2 盛行偏东南风，而 AWS3 盛行偏西南风(图 8.5)，风由湖区向周围辐散，夜间 AWS2 盛行偏西南风，AWS3 盛行偏东南风，风向湖区辐合；由于巴丹吉林沙漠的湖泊面积小，背景风速较大，辐散辐合气流比大湖泊典型的湖陆风相比表现较弱，但仍可看出湖陆热力差异对局地风场所产生的重要影响。这种辐散辐合风场在湖区形成了典型的次级环流,白天湖区气流辐散下沉,夜间辐合上升(图 8.6)。这种特殊的次级环流也导致了沙湖区与沙漠区在垂直速度上的明显反差。白天,沙漠区近地层大气受到地表加热后形成一定的上升运动(日均峰值约为-0.087m·s^{-1}),沙湖区以弱的下沉运动为主(日均峰值小于 0.025m·s^{-1})。由于这种垂直环流较弱,因此难以对地表能量平衡产生大的影响。

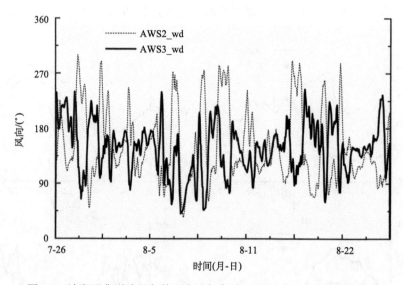

图 8.5　沙湖区典型晴天条件下自动气象站 AWS 2 与 AWS 3 风向变化

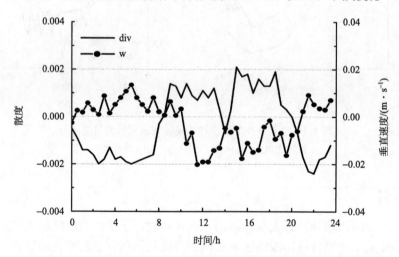

图 8.6　典型晴天沙湖区水平散度与垂直速度的日变化对比逐日的风场变化

8.2　地表能量平衡特征

8.2.1　浅层土壤热储

典型晴天条件下,沙漠区太阳总辐射、反射辐射、大气长波辐射和地面向上长波辐射的日积分值分别为 27.19、7.71、29.05、40.01 MJ·m⁻²·d⁻¹（图略）。对应沙漠区感热、潜热、5cm 土壤热通量和净辐射日积分值分别为 5.25、1.07、0.60、8.44MJ·m⁻²·d⁻¹，感热通量显著大于潜热通量。白天（9:30～16:30）湍流混合充分条件下，沙漠边缘能量闭合率近似线性增长，平均值为 0.57，不平衡现象较为突出（图 8.7）。

韩博等（2010）通过假定荒漠表层土壤（5cm 深度内）的土壤密度、土壤热容不随深度变化以及其中各层土壤温度变化率随深度呈线性递减分布，得到了一种较简便的计算土壤热储存的方法。土壤热储存为

$$S \approx K_s \cdot \frac{\partial T_s}{\partial t}\Big|z = z_p \tag{8.1}$$

$$K_s = k' \rho_s C_s z_p \tag{8.2}$$

式中，ρ_s 为土壤密度，kg·m⁻³；C_s 是土壤质量热容，J·kg⁻¹·K⁻¹；T_s 为土壤温度，℃；t 为时间；z_p 为土壤深度，m，取 z_p =0.05m；k' 为 5cm 之上的平均土壤温度变率与 5cm 深度处土壤温度变率的比值。

表 8.1　沙土和黏土的热力学性质对比

成分	湿度 /%	密度 /(10³ kg·m⁻³)	质量热容 /(10³J·kg⁻¹·K⁻¹)	热导率 /W·(m⁻¹·K⁻¹)
砂土	<5	1.60	0.80	0.30
黏土	40	2.00	1.55	1.58

利用表 8.1 中的资料，C_s 为 0.80×10^3J·kg⁻¹·K⁻¹，ρ_s 取值 1.60×10^3 kg·m⁻³，进而估算出沙漠浅层的土壤热储存。在 14 个晴天中，除 8 月 22～23 日外，其他时段 5cm 深度土壤体积含水量都维持在 2.5%左右，日变化极小，土壤湿度变化对热储存的影响可以忽略不计。因此，由 14 个晴天日的资料分析可知，土壤热储存对地表能量平衡的影响主要是上午时段，呈递减趋势（图 8.7）；加入土壤热储存后，上午能量闭合率平均增加了 0.23，而 9:30～16:30 平均增加了 0.14。由此可见，沙漠地表能量平衡中，土壤热储存扮演着重要角色，不可忽略不计，这与金塔戈壁地区的研究结果一致。

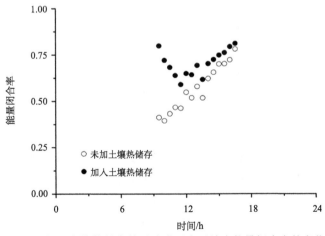

图 8.7　加入土壤热储存前后沙漠区白天地表能量闭合率的变化

　　对于沙漠地区，由于没有植被冠层影响，因此土壤热储存是地表能量残差项 Re 的主要组成部分（Re=R_n–H_s–L_E–G，H_s 为感热通量；L_E 为潜热通量；R_n 为净辐射；G 为土壤热通量）。

　　研究表明，能量守恒是地气之间能量交换的一个重要约束条件。能量收支闭合率受湍流强度影响显著。图 8.8 给出了地表能量平衡残差项（Re）和 0～5cm 平均的土壤温度变化率（$\frac{\partial T_s}{\partial t}$）的关系。分析表明，两者变化趋势较为接近（下午时段非常一致），上午土壤温度变化率位相明显提前于 Re，并且在日出后有一个快速增长过程。

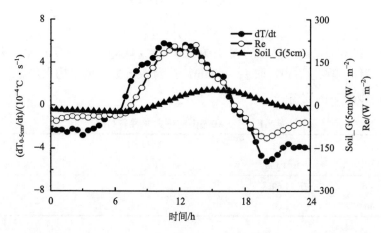

图 8.8　能量残差项 Re 项、0～5cm 平均土壤温度变率 $\frac{\partial T_s}{\partial t}$ 和 5cm 土壤热通量的日变化

　　日出之后，地表吸收的热量首先用于加热浅层土壤，而来自深层土壤的热量继续向浅层输送，受两者共同的作用使浅层土壤迅速升温；由于 10:00 前没有向下输送的土壤热通量，因此在浅层形成了较大的热储存，直到接近中午 5cm 土壤热通量逐渐增大后，浅层土壤热储存停止增加。正是由于地表和 5cm 土壤热通量较大的差异，才导致了能量闭合率明显偏低；当加入土壤热储存后，能量闭合率显著增加。下午，尽管 Re 仍较大，但浅层土壤温度变化率与其变化趋势一致，地表与 5cm 土壤的热通量差异较小，造成土壤热储存对能量平衡的影响较小。因此，沙漠地区尽管浅层土壤热储存在中午最大，但其对地表能量平衡的影响主要在上午。

　　在干旱半干旱地区，有研究发现在近地层垂直速度较大的地区（0.1m·s^{-1} 以上），大气垂直感热平流输送对地表能量平衡有重要影响，尤其在上升运动时，垂直感热平流对地表能量平衡的贡献更加明显。但在本次观测中，沙漠观测点的地表相对平坦，近地层大气垂直运动较弱（峰值小于 0.1m·s^{-1}），因此，垂直感热平流的影响可忽略不计。

　　太阳辐射是地球上最基本和最重要的能源，是气候系统中各种物理过程和生命活动的基本动力。太阳活动对气候变化的影响主要通过对地表热量和辐射平衡的改变来实现。地表能量交换过程具体表现为地表热量收支过程与辐射平衡过程，是地-气之间相互作用的重要内容，它集中反映了地-气耦合过程中的能量纽带的作用，因此，研究地表能量收支与辐射平衡对全球变化及其气候异常具有重要意义。

8.2.2　沙漠和沙湖区的比较

通过计算巴丹吉林沙漠 2 个观测点 14 个典型晴天日的感热、潜热、动量通量以及摩擦速度的日平均结果表明有 3 个特点：①沙湖区的感热全天都小于沙漠区。沙漠区白天感热峰值为 229.73W·m^{-2}，是沙湖区的两倍[图 8.9(a)]；夜间两地感热通量都为负值，符号的改变发生在日出日落前后，夜间地表因长波辐射损失而降温，导致近地面气温下降，近地层大气热量向下输送。②潜热通量沙湖区远大于沙漠区。沙湖区[图 8.9(b)]白天潜热峰值可达 406.43 W·m^{-2}，沙漠区白天潜热峰值仅为 36.54 W·m^{-2}。将沙湖区观测的潜热按照风向进行分类，当盛行东南风时，观测源区主要为芦苇滩涂，偏北风和偏西风时源区为湖面，对比发现，两类源区情景下的潜热峰值差异并不明显(图略)，表明湖面也可能存在较旺盛的蒸发，这与湿润地区的大型湖泊有所不同，与沙漠湖泊面积较小水深较浅，白天无法在湖区上空形成明显的低温区抑制蒸发有关。③沙漠区日均波文比达到 4.89，远大于湖区(仅为 0.09)，说明沙漠陆气之间，由湍流运动引起的热量交换贡献远大于因水相变引起热量交换的贡献。沙漠白天动量通量峰值达到 0.16kg·m^{-1}·s^{-2}，略大于沙湖区[图 8.9(c)]。

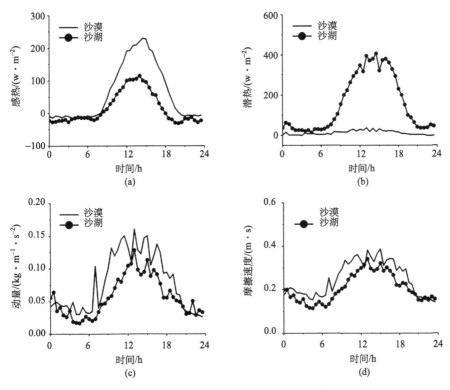

图 8.9　夏季晴天条件下沙漠和沙湖区的地表能量等日变化

(a)感热；(b)潜热；(c)动量；(d)摩擦速度

　　巴丹吉林沙漠地表能量日变化与邻近地区比较,沙漠区感热峰值(229.73W·m^{-2})小于 8 月初金塔戈壁(268 W·m^{-2})和 6 月下旬至 7 月中旬敦煌戈壁的观测值(316 W·m^{-2}),但与 8 月塔克拉玛干沙漠观测值较为接近(230 W·m^{-2})。沙湖区的潜热峰值(36.54 W·m^{-2})比 8 月初金塔绿洲的潜热峰值小 140 W·m^{-2}左右,但高于 5 月下旬至 6 月中旬敦煌绿洲的潜热峰值(偏高 230 W·m^{-2}左右)。对比分析说明,沙漠地区虽然白天地表温度很高,但感热峰值仍小于河西走廊的戈壁地区;沙漠绿洲内由于下垫面状况各异,导致潜热通量差别显著;沙漠区沙湖群的存在,形成了沙漠腹地数量众多的小型水汽源,从而增加了边界层中的水汽含量,有利于局地生态的维持。

　　摩擦速度代表了空间各向的扩散输送能力,可作为湍流运动的速度尺度。两个观测点白天摩擦速度为 0.2m·s^{-1}以上[图 8.9(d)],说明湍流混合较为充分。其中沙湖区水平风速和摩擦速度的日变化表现出较好的一致性(图略),在晴好天气条件下动量湍流通量受风速切变控制;而沙漠区动量通量受热力稳定度的控制。

　　湍流动能是湍流强度(风速分布方差与平均风速的比值)的量度,它涉及整个边界层的动量、热量和水汽的输送过程。研究湍流动能变化,有助于了解沙漠和沙湖区的陆气输送机制,是分析两个观测点动量、热量和水汽输送的理论和观测依据。

　　利用 14 个典型晴天的资料,通过对经向、纬向和垂直方向的湍流强度随风速和大气稳定度日变化的分析,结果表明:无论是沙漠或沙湖区经向、纬向和垂直三个方向上,湍流强度、风速和稳定度三者的关系较为相似。其中沙漠区(图 8.10)不稳定条件下,湍

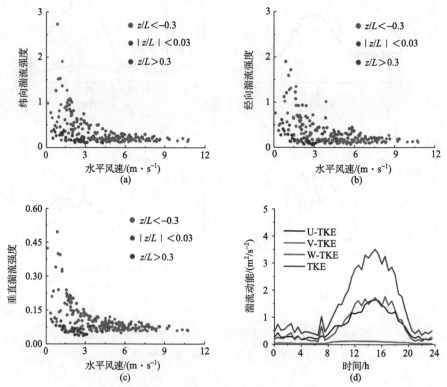

图 8.10　沙漠区湍流强度与稳定度、风速的关系以及湍流动能的日变化
(a)纬向;(b)经向;(c)垂直;(d)湍流动能

流强度均随风速增加而明显减小；近中性和稳定层结条件下，湍流强度随风速变化较小；当风速不变时，湍流强度随着大气不稳定程度的增加而增大。作为衡量湍流发展与衰退的重要指标，沙漠地区湍流动能具有典型的日变化特征，极大值出现在 15:00（北京时，下同），夜间湍流动能很小。从湍流动能的 3 个分量来看，经向和纬向的量值接近，明显大于垂直方向，说明近地层湍流动能中水平方向的动能输送占主导地位。

沙湖区（图 8.11）湍流强度随风速增加而减小。当水平风速<2m·s^{-1} 时，相同风速下湍流强度随稳定度的减小仍呈增加趋势（但不如沙漠区显著）；当水平风速>2m·s^{-1} 时，与沙漠区不同的是大气几乎都处于近中性状态。沙湖区湍流动能日变化趋势与沙漠区一致，但量值明显偏小。

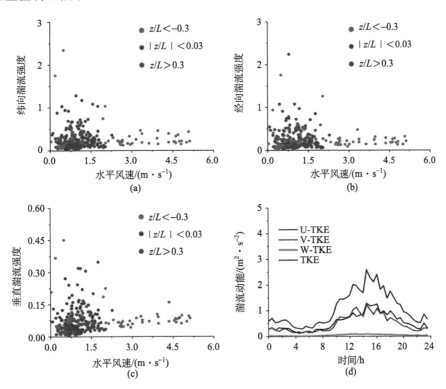

图 8.11 沙湖区湍流强度与稳定度、风速的关系以及湍流动能的日变化
(a)纬向；(b)经向；(c)垂直；(d)湍流动能

8.2.3 晴天与阴天的比较

在普查了观测期内逐日辐射平衡各分量的日变化曲线后，对日变化曲线比较标准的 8 月 9~14 日资料，取平均状况作为典型晴天资料，选取了 8 月 8 日、17 日、21 日作为典型阴天，分别计算了晴、阴天的各个物理量。所用辐射资料与感热潜热通量均为观测计算所得，且数据均经过数据质量控制。并且沙漠与沙湖区两处观测地的地方平均太阳时与北京时差均晚 1.10 小时。

直接观测地表热通量较为困难。一般有两种方法，一是利用 5 cm 的土壤热通量板实测数据代替，二是利用实测的数据通过一维土壤热通量方程、谐波法及 TDEC 法（韩博等，2010）计算土壤浅层的热储。其中，地表土壤热通量采用 TDEC 方法进行计算，根据沙漠物理的特征，分别取 $C_S=0.91\times10^6\ J\cdot m^{-3}\cdot K^{-1}$（晴天），$C_S=1.1\times10^6\ J\cdot m^{-3}\cdot K^{-1}$（阴天，8 月 21 日除外），$C_S=1.4\times10^6\ J\cdot m^{-3}\cdot K^{-1}$（8 月 21 日，阴天，中雨后），得到不同天气条件下土壤体积热容量的取值（图 8.12）。

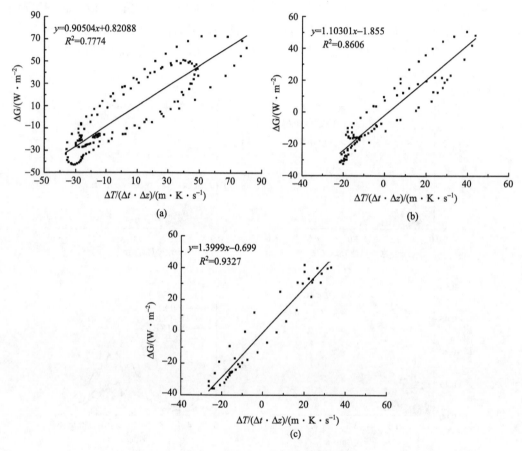

图 8.12　不同天气条件下土壤体积热容量的取值
(a)晴天；(b)阴天；(c)8 月 21 日

　　晴天，地表辐射平衡的日变化形态，各辐射分量变化曲线都比较平滑（图 8.13）。说明晴天空气大气透明度较高，无云系的遮挡，因此太阳总辐射、地表反射辐射日峰值分别达到 996 $W\cdot m^{-2}$、263 $W\cdot m^{-2}$ 左右。由于云的影响较小，大气长波辐射晴天全天无较大波动，基本维持在 300 $W\cdot m^{-2}$ 左右。地表长波辐射受地表温度的影响较大，日峰值和谷值分别为 587 $W\cdot m^{-2}$、365 $W\cdot m^{-2}$。净辐射日最大值为 486 $W\cdot m^{-2}$，日最小值为-119 $W\cdot m^{-2}$。从各辐射分量的日峰值与敦煌戈壁、金塔戈壁沙漠等相似地区比较可以看出（表 8.2），在盛夏巴丹吉林沙漠总辐射与金塔、敦煌相当；地表反射辐射最大；大气长波辐射略大于敦煌戈壁地区，比金塔地区略小；地表长波辐射最小；净辐射小于金塔沙漠居第二位。

表 8.2　巴丹吉林沙漠典型晴天条件下各辐射分量日峰值（W·m^{-2}）与相似地区对比

地区	观测时段	$R_{S\,down}$	$R_{L\,down}$	$R_{S_{up}}$	$R_{L_{up}}$	R_n
巴丹吉林沙漠	8 月 9～11 日	996	328	263	587	486
巴丹吉林沙湖	8 月 9～14 日	950	365	206	632	476
敦煌戈壁	6 月 3 日	1000	300	200	600	400
金塔沙漠	6 月 25～28 日	1000	360	181	635	525

晴天，沙漠区太阳总辐射（$R_{S\,down}$）、地表反射辐射（$R_{S_{up}}$）、大气长波辐射（$R_{L\,down}$）、地表长波辐射（$R_{L_{up}}$）、净辐射（R_n）的日积分值分别为 29.31MJ·m^{-2}·d^{-1}、8.47MJ·m^{-2}·d^{-1}、26.98MJ·m^{-2}·d^{-1}、39.26MJ·m^{-2}·d^{-1}、8.56MJ·m^{-2}·d^{-1}。在晴天地表辐射平衡中，按其贡献大小，分别为地表长波辐射＞太阳总辐射＞大气长波辐射＞地表反射辐射（图 8.13）。该结论与敦煌戈壁、金塔沙漠地区大气长波辐射的贡献大于太阳总辐射有些不同，这与观测点海拔相对较高，纬度略低、观测时间较晚有关。净辐射的日积分值占太阳总辐射日积分值的 1/3。

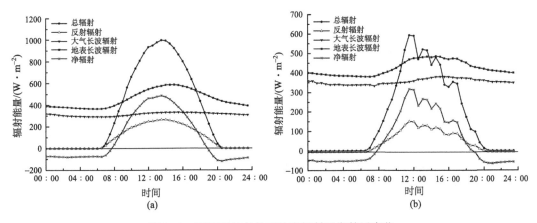

图 8.13　不同天气条件下地表辐射平衡的日变化

(a) 晴天；(b) 阴天

阴天，沙漠区地表辐射平衡的日变化不如晴天的规则。这主要是受云量、云层高度、厚度及位置的影响。由于云层的反射和吸收，太阳总辐射和地表反射辐射减弱明显，日峰值只有 593 W·m^{-2} 和 156 W·m^{-2}；由于阴天云量增多，空气中的水汽含量增大，大气长波辐射夜间稳定维持在 350 W·m^{-2} 左右；白天缓慢增加，日峰值达到 385 W·m^{-2}；阴天由于地表温度白天较低，地表长波辐射日峰值仅为 489 W·m^{-2}。白天，净辐射变化特征与总辐射基本一致，峰值为 322 W·m^{-2}，夜间基本维持在–50 W·m^{-2} 左右。太阳总辐射、地表反射辐射、大气长波辐射、地表长波辐射、净辐射的日积分值分别为 14.67 MJ·m^{-2}·d^{-1}、4.01 MJ·m^{-2}·d^{-1}、31.08 MJ·m^{-2}·d^{-1}、36.97 MJ·m^{-2}·d^{-1}、4.76 MJ·m^{-2}·d^{-1}。分析结果表明，沙漠地区阴天地表辐射平衡中，按其贡献大小，分别为地表长波辐射＞大气长波辐射＞太阳总辐射＞地表反射辐射。净辐射的日积分值与晴天相同。

　　通过比较晴(阴)天地面有效辐射的平均日变化[图 8.14(a)]，显然晴天状况下地面有效辐射随太阳高度角的增大而增大，夜间维持在 80W·m^{-2}，白天峰值达到 256 W·m^{-2}；而阴天地面有效辐射明显减弱，夜间接近 40W·m^{-2}，白天峰值只有 117 W·m^{-2}。晴天与阴天地面有效辐射日积分值分别为 12.28MJ·m^{-2}·d^{-1} 和 5.90MJ·m^{-2}·d^{-1}。相对而言，晴天和阴天的地表长波辐射相差较小，这主要是大气长波辐射较大的缘故。

　　另外，晴天沙漠下垫面的地表反照率呈 U 形[图 8.14(b)]日变化，早晚大，中午小，午前平均值为 0.33，午后为 0.30，白天平均值为 0.32。阴天地表反照率日变化较平缓，午前为 0.28，午后为 0.30，白天均值为 0.29。这说明不同天气条件下，地表反照率在午前相差较大，尤其在日出时段，这是因为早晚时太阳高度角较小，晴天太阳总辐射与地表反射辐射都较阴天大。

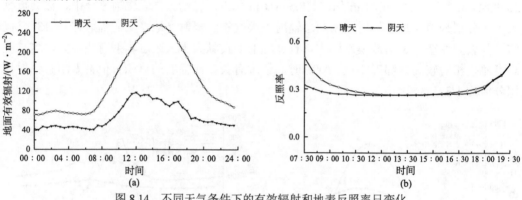

图 8.14　不同天气条件下的有效辐射和地表反照率日变化
(a)地面有效辐射；(b)地表反照率

　　由沙漠地区晴天和阴天地表能量平衡特征(图 8.15)可见，晴天，各能量分量具有明显的日变化，地表热量平衡以感热输送为主，日峰值为 227 W·m^{-2}；潜热通量最大值只有 37 W·m^{-2}，地表土壤热通量变化趋势与感热通量基本一致，日峰值为 150 W·m^{-2}。感热通量、潜热通量、地表热通量的日积分值分别为 5.03 MJ·m^{-2}·d^{-1}、1.13 MJ·m^{-2}·d^{-1} 和 0.70MJ·m^{-2}·d^{-1}，分别占到净辐射的 58.8%、13.2%和 8.2%。晴天条件下，沙漠下垫面获

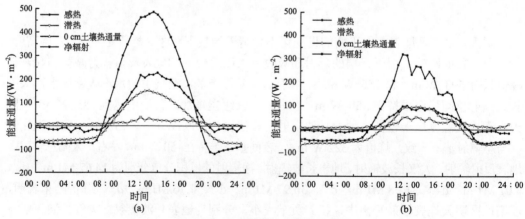

图 8.15　地表能量各分量的日变化
(a)晴天；(b)阴天

得的太阳辐射超过一半以感热形式输送给近地层大气，小部分以地热流的形式向地下传输，剩余能量则以潜热方式释放掉。晴天，沙漠区波文比为 4.55，这与"敦煌试验"中的潜热比感热小两个量级，"黑河试验"潜热比感热小一个量级的结果不尽相同。

阴天，由于到达地面的太阳辐射减弱，感热通量明显减小，日峰值仅有 101 W·m^{-2}；潜热通量略有增大，日峰值为 54 W·m^{-2}；土壤热通量白天减小，夜间基本不变，最大值 98 W·m^{-2}。感热通量、潜热通量、地表热通量的日积分值分别为 2.08 MJ·m^{-2}·d^{-1}、1.79 MJ·m^{-2}·d^{-1} 和 –0.67MJ·m^{-2}·d^{-1}，它们分别占到净辐射的 43.7%、37.6% 和 14.1%，这主要是土壤释放热储存量的结果，不平衡部分为净辐射的 30%，波文比为 1.16。

图 8.16 所示为典型晴（阴）天条件下，有效能量（R_n–G–S）、湍流能量（$H+L_E$）以及能量闭合度（EBR）的日变化比较。晴天，有效能量夜间为负值，白天基本为正值。说明地表白天是强热源，地面对大气有明显的加热作用。随着午前地面温度逐渐升高，对大气加热逐渐加强，在 14:00 左右达到日极大值为 343W·m^{-2} 以上。而后地面加热场逐渐减弱，夜间地面向大气释放热量，转变为弱的冷源，在 20:00 达到日谷值为 –86 W·m^{-2}。湍流能量全天均为正值，但夜间较小，这说明夜间感热与潜热在量值上相差不大，但方向相反；白天感热和潜热均为正值。9:00~17:00 EBR 不断增大，平均为 0.68，比不加土壤热储存项提高 12%。

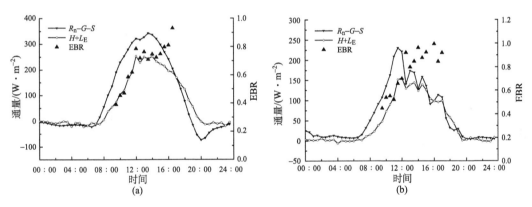

图 8.16 不同天气条件有效能量、湍流能量和能量闭合度日变化

(a) 典型晴天；(b) 典型阴天

阴天，有效能量全天为正值，白天波动较大，日峰值仅为 230 W·m^{-2}。说明阴天下沙漠地表全天几乎都为热源。湍流能量的变化趋势与有效能量基本一致。EBR 阴天 9:00~17:00 平均值为 0.76，比不加土壤热储存项提高 16%。

8.3 深厚对流边界层

一般认为，对流边界层厚度应该低于 2000~3000m，稳定边界层的最大厚度一般不超过 400~500m。近 10 多年来，通过对一些特殊地理环境和极端气候背景下的大气边界层研究，已逐渐突破了以往人们对大气边界层特征的认识。如敦煌和塔克拉玛干沙漠地区大气边界层观测研究，发现西北干旱区夏季晴天能够形成超过 4.0 km 的对流边界层。沙漠地区边界层由于其独特的下垫面性质，当其边界层含有尘土层时，则尘埃的热辐射和冷却效应会影响垂直温度廓线；外来气流在经过诸如热通量或粗糙度具有反差属性的沙漠地表时，其内边界层的发展等状况也使得沙漠边界层内部结构极其复杂。深厚大气对流边界层与剧烈的太阳辐射等气候背景和极端干燥的地表环境等有关。这也与 Raman 等(1990)的"特殊气候环境和大气环流背景下，大气边界层结构可能会与一般地区很不相同"的观点一致。

8.3.1　边界层结构

按照传统大气边界层的分层结构，自下而上依次分为近地层(SL)，混合层(ML)，逆温(IL)层，中性层(NL)，次逆温层(SIL)，自由大气(FAL)[图 8.17(a)]。白天，对流边界层按高度通常分为近地面层(SL)、混合层(ML)及混合层上部的逆温顶盖；夜间，边界层分为近地面层、稳定边界层、剩余层及混合层上部的逆温顶盖。

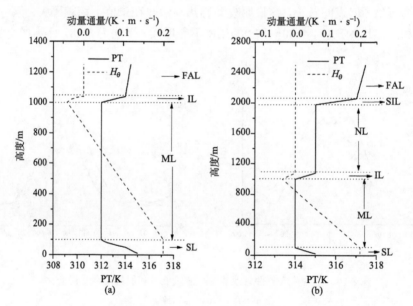

图 8.17　传统 3 层 CBL 与由中性层结覆盖的 5 层 CBL 结构示意图

(a)实线为垂直位温(PT，K)，虚线为运动热通量(H_θ)、(b)虚线为近地边界层每个子层的分布结构

根据 2009 年夏季巴丹吉林沙漠实验观测的两组探空廓线，下面重点对比分析 2009 年 8 月 30 日有深厚中性层结覆盖的对流边界层与普通对流边界层在发展过程中的差别。其中，选择 2009 年 8 月 30 日(为 D1，下同)，而第二天选择是 2009 年 8 月 31 日(为 D2，下同)。从对流边界层结构上看，前者包含 5 个子层结构[图 8.17(b)]，从地面往上依次为超绝热层(SL)-对流边界层(CBL)-稳定边界层(SBL)-残留层(RML)-残留层逆温层顶盖(RCIL)，以下简称 CBL5。

图 8.18(a)所示为 D1 日各测量时点的垂直位温廓线(PT)。8:00 边界层廓线显示出夜间边界层的特征，500m 以下大气是层结稳定。在这之后，位温廓线表现出对流边界层

(CBL)的特征。根据(Driedonks，1982；Pul et al.，1994；Piringer et al.，1998)等的研究成果，把对流边界层顶(H_t)定义为从地表到大气层顶位温的第一次跃变。10:00 对流边界层顶大约为 200m，并且存在一个厚度超过 2000m 的深厚中性层覆盖在逆温层之上。此时，CBL 的结构与图 8.17(b)所示的概念模型十分相似，所以可以看作是 CBL5 类型的边界层结构。12:00 对流边界层顶高度大约为 400m，混合层和中性层中的位温分别为 314和 319K。14:00 在地面加热作用下，混合层的位温上升(319K)，此时逆温层消失，而且混合层和中性层融为一体，对流边界层顶大约为 3000m。16:00 位温廓线与 14:00 时大体相似，表明这段时间内 CBL 高度相对稳定。

图 8.18(b)所示为 D1 日垂直水气质量混合比廓线(MR)。根据 Grimsdell 和Angevine(1998)研究认为，在 CBL 层结中水气质量混合比和位温廓线变化特征相同。值得注意的是，10:00 的逆温层和次逆温层都呈现为随高度上升；相反，水气质量混合比呈现出急剧下降的特点。

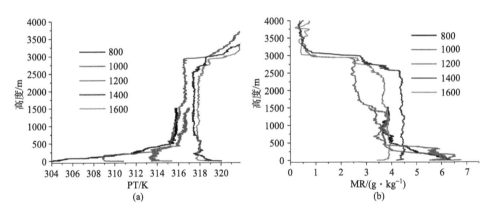

图 8.18　2009 年 8 月 30 日观测的垂直位温与水气质量混合比廓线
图中数据由系留气球探空仪(TTS-111)获得，其他时点数据由 GPSTK 探空气球(RS-92)测得
(a)垂直位温；(b)水气质量

以上分析表明，有深厚中性层结覆盖的对流边界层(CBL5)日变化分为三个阶段。在第一阶段(S1)，上午稳定边界层经历了从重建到消退的过程，由于其上层的残留层较厚，因此对流边界层顶 H_t 缓慢抬升，深厚的中性层覆盖在逆温层之上，成为典型的 CBL5 结构。第二阶段(S2)，稳定边界层消失，混合层迅速发展，先前的 CBL5 结构会急剧的转变为 CBL3 结构，H_t 迅速从 400m 高度上升到 3000m 左右。到第三阶段(S3)，CBL 重新又变为准稳定态。夹卷层厚度最大值为 1500 m，近地面的超绝热层最大达 200 m。这比敦煌夏末对流边界层 4200m 低。

在夏末 D1 日的水平风垂直廓线图上(图 8.19)。10:00 最大水平风速出现在 100m 高度。在 CBL 顶部以下，100m 高度以上水平风风向随高度呈顺时针变化，100m 以下则相反。12:00 时 1200m 以下，风向呈现出明显的旋转。16:00 风向由近地面的东风逐渐转变为 CBL 顶部的西风，同时，风速随高度呈近似线性增大。

分析表明，与 D1 的 CBL5 层结不同，D2 日为典型的 CBL3(图 8.20)。11:30 对流边

界层顶高度 H_t 大约为 750m，远高于 D1 日 12:00 顶高。15:30 和 18:30 的对流边界层顶高度分别为 1500m 和 1700m 左右，又远低于 D1 日相同时刻的顶高。D2 日的水平风垂直廓线图上（图 8.21），也同样与 D1 日不同，混合层内的水平风速和风向更加一致，变化不明显。

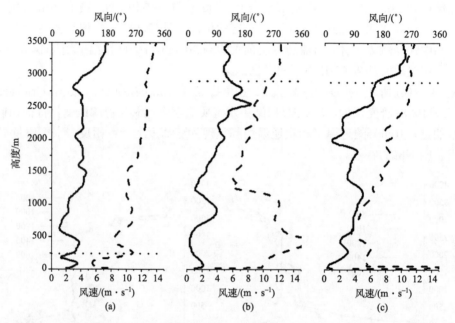

图 8.19　8 月 30 日 CBL5 层结的风速（实线）、风向（虚线）和对流边界层顶 H_t（虚线）变化

(a) 10:00；(b) 14:00；(c) 16:00

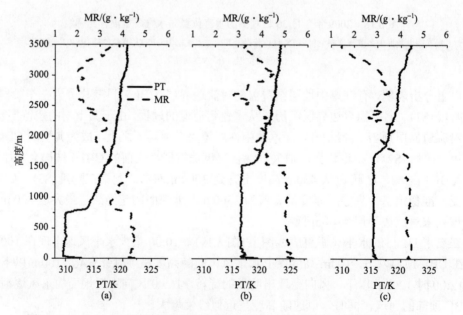

图 8.20　8 月 31 日不同时间的垂直位温（实线）与水气质量混合比廓线（虚线）变化

(a) 11:30；(b) 15:30；(c) 18:30

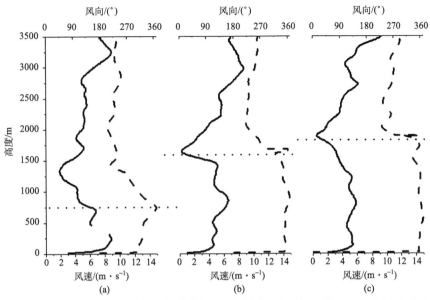

图 8.21　8 月 31 日 CBL3 的风速(实线)、风向(虚线)和对流边界层顶 H_t(虚线)变化

(a)11:30；(b)15:30；(c)18:30

为了进一步验证 CBL5 结构的代表性，于 2012 年 7 月 3～5 日再次在巴丹吉林沙漠原址进行了加强观测试验。分析结果表明，巴丹吉林沙漠南沿地区 CBL 在日出后开始发展时(图 8.22)，上面经常会覆盖有较深厚的残留层，这种残留层呈现近中性的层结结构，在某一时刻会促使 CBL 高度产生非常迅速的增长，最终产生非常深厚(为 4 000 m)的 CBL 结构。

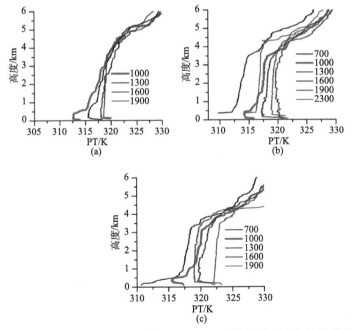

图 8.22　巴丹吉林沙漠地区 2012 年 7 月 3～5 日(北京时)的大气位温廓线变化

(a)7 月 3 日；(b)7 月 4 日；(c)7 月 5 日

通过上面的分析可以看到，仲夏（7月3~5日）7:00大气边界层为3层结构（图8.23），自下而上依次（下同）是稳定边界层（SBL）-残留层（RML）和残留层逆温层顶盖（RCIL）；上午10:00则演变为5层结构（Han et al.,2012），即超绝热层（SL）-对流边界层（CBL）-稳定边界层（SBL）-残留层（RML）-残留层逆温层顶盖（RCIL）；13:00~16:00随着稳定边界层和残留层消失，大气边界层重新变为三层结构；19:00残留层和其上的逆温顶盖恢复，边界层又短暂回归5层结构。随着CBL与地面去耦合和稳定边界层的形成发展，大气边界层重归3层结构（图8.23），形成了一个典型的日循环变化过程。夏末（8月30日），8:00~20:00大气边界层结构的演变规律和仲夏类似[图8.23(b)]，与Han等（2012）的描述一致，不同的是高度下降。通过2009年和2012年两次观测试验的结果表明：沙漠地区5层大气边界层结构的形成，并非偶然现象，通常在日出后1~2小时出现。

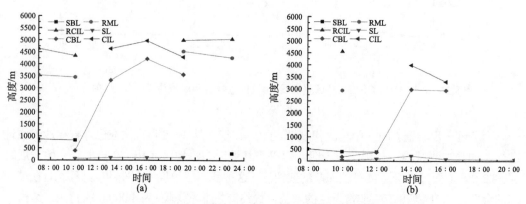

图8.23 沙漠地区夏季晴天大气边界层位温结构日变化

(a)7月4日 ；(b)8月30日

SBL为稳定边界层、RML为残留层、RCI为残留层逆温层顶盖、SL为超绝热层、CBL为对流边界层、CIL为逆温层顶盖

沙漠地区边界层日变化成因，主要是由于沙漠土壤干燥，质量热容小，日出后地表温度快速升高，受其影响热对流旺盛，对流边界层很容易取代相对较薄的稳定边界层，打通进入残留层；而残留层保留了白天大气边界层的主要能量，热力特性较为一致，受近地层强对流发展的影响残留层很快融为对流边界层，从而导致对流边界层高度出现爆发式增长。除阴雨天气外，其他时段的对流边界层厚度大都超过（或接近）3 000m，同时稳定边界层也非常显著。沙漠地区夏季出现深厚的对流边界层是一个普遍现象。晴天条件下CBL发展极为深厚，相反阴雨天气会使其迅速下降，但稳定边界层厚度相应地增加，这与张强等（2007）在敦煌观测到的情况类似，从观测的角度验证了对流边界层厚度具有累积效应。

夏季敦煌干旱区CBL、SBL和RLT的高度平均为2.09 km、594 m和3.53 km（赵建华等，2012）。另外，黄山等（2011）采用长时段数值模拟发现，西北干旱区超高CBL是通过残留层效应在一个3~5天时间尺度内的综合作用形成，夜间深厚的残留层是次日形成超高CBL的基础。而Medeiros和Gaster（1999）也认为残留层的热量收支，尤其是冷却率，控制着其与自由大气的能量交换，对白天边界层的发展有着显著的非线性影响，其性质在决定大气边界层的日最大厚度方面扮演着关键角色。

8.3.2　CBL5 成因分析

1. 感热通量

研究发现，感热通量是对流边界层发展与维持的重要动力。Moeng 和 Sullivan（1994）及 Conzemius 和 Fedorovich（2006）认为，对流边界层的发展主要受下垫面加热作用影响。罗霞等（2012）指出，当地表热通量增大时，对流会变得非常活跃，对流层发展的高度也会加深。由于 D1 日和 D2 日均为典型晴天，在不考虑云对流边界层的影响情况下，那么白天感热通量远大于潜热通量，因此，首先应重点分析感热通量 H_s。

通过对比 D1 和 D2 的感热通量变化发现［图 8.24（a）］，观测试验两日 12:00 前，虽

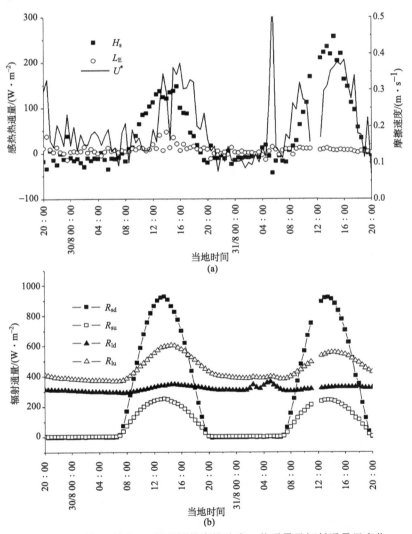

图 8.24　8 月 30 日和 31 日观测的摩擦速度、热通量及辐射通量日变化

（a）观测的摩擦速度（$u*$，实线）、感热（H_s，■）和潜热通量（L_E，0）；（b）辐射通量密度 R_{sd} 和 R_{su} 分别为向下和向上的短波辐射，而 R_{ld} 和 R_{lu} 分别为向下和向上长波辐射

然对流边界层顶高(H_t)主要受感热通量影响,但是 D2(750m)比 D1(400m)高;相反 14:00 以后,对流边界层顶高却发生了显著变化。即 D2 日午后感热通量远大于 D1 日,但对流边界层顶高(H_t)却为 D1 日原来的 1/2 左右。

地表辐射盈余(或赤字)会引起地表增热(或降温),形成地气温差,驱动大气边界层发展。由于 2009 年实验有地表红外温度仪资料,但 2012 年观测时因故没有,因此首先需要利用以下公式计算出试验期间的地表温度:

$$T_g = [(R_{lu} - (1 - \varepsilon_g)R_{ld}) / (\varepsilon_g \sigma)]^{1/4} \tag{8.3}$$

式中,地表发射率 $\varepsilon_g = 0.95$;Stefan-Boltzmann 常数 $\sigma = 5.67 \times 10^{-8} \mathrm{W \cdot m^{-2} \cdot K^{-1}}$;$R_{lu}$、$R_{ld}$ 分别为向上和向下的长波辐射。

2009 年计算值和观测值的相关系数可达 99%(图 8.25),因此,可以将式(8.3)应用于 2012 年观测时段的资料补充计算。

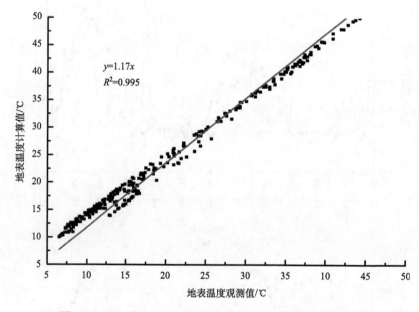

图 8.25　2009 年地表温度计算值与红外探头测量值的相关性

从地-气温差日变化与大气边界层结构的对应关系(为便于分析,特将对流边界层厚度表示为正值,稳定边界层厚度表示为负值),可以看出,无论仲夏还是夏末,地-气温差的日变化都与边界层厚度有较好的对应关系(图 8.26)。即白天地-气温差越大时,对流边界层就越厚;反之,夜间逆温越强时,稳定边界层就越厚,但均存在滞后时间,并且仲夏和夏末差异较大。其中仲夏对流边界层发展滞后于地-气温差位相变化 4 小时,而夏末仅为 1.5 小时。虽然两次试验期间对流边界层的发展模式不尽相同,仲夏 CBL 厚度随着地-气温差加大而渐增,而夏末当 CBL 打通稳定边界层时其高度呈现爆发式增长,表明夏末对流边界层的发展可能受残留层的累积作用更显著。

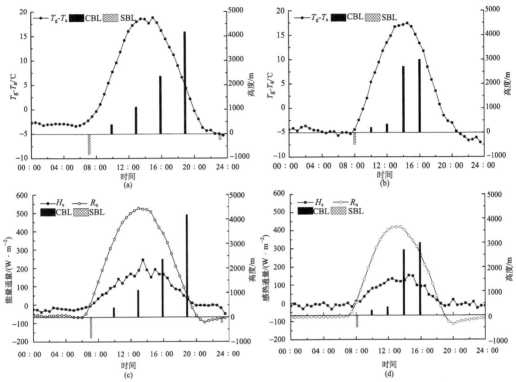

图 8.26　地-气温差、地表净辐射及感热通量与大气边界层之间的日际关系

(a)、(c)2012 年 7 月 4 日；(b)、(d)2009 年 8 月 30 日

地-气温差并不能直接作用于大气，而是通过湍流热通量等形式对边界层过程产生影响。沙漠中植被稀疏，土壤含水量少，潜热很小，因此地表辐射收支平衡后的净辐射主要通过感热的形式加热大气,它对感热通量的转化率是影响大气边界层的一个重要因素。

从[图 8.26(c)、(d)]中可看出，仲夏地表净辐射最大可达 $530\mathrm{W\cdot m^{-2}}$，感热通量峰值为 270 $\mathrm{W\cdot m^{-2}}$，感热占净辐射的比重明显小于敦煌荒漠，但感热峰值仅滞后于净辐射峰值约 0.5h，比一般地区的 0.8～1.5h 要短，但与黄土高原基本相同(孙昭萱等，2010)。这表明在沙漠地区由于植被稀少，净辐射向感热的转化速度很快，快速加热大气；夏末净辐射、感热通量峰值明显降低，夜间的逆温强度增加，有利于形成较厚的稳定边界层。

以上分析表明，感热通量是对流边界层发展与维持的重要动力，但 CBL 的增长并不会随着浮力热通量达到日最大值而停止，而是一般会延后一段时间。大气边界层的发展是一个累积过程，因此仅从感热瞬时值日变化来分析并不完整，需要引入感热累积量来进行研究(图 8.27)，CBL 的厚度依赖于日出后热通量的时间积分值而不是瞬时通量值。对流边界层对应的感热累积量是以当日 00:00 开始算起的累加之和，由于受观测时段的影响，仲夏感热累积量只能累计到 19:00，而夏末到 18:00;稳定边界层则从前一日的 20:00 到翌日 8:00 进行累加。图 8.27(a) 所示仲夏对流边界层发展，当感热累积量小于 2 000 W·m^{-2} 时，对流边界层厚度随着其增加而迅速抬升，拟合曲线的方差较小，超过该值后，方差明显增大，CBL 厚度随感热的变化比较离散，表明这一阶段感热可能不再是 CBL 厚度的决定因素。夏末也表现出类似现象，只是临界值降低(图 8.27)。分析表明，白天只要大气能获得突破稳定边界层的能量，对流边界层就能迅速发展，之后感热的变化对 CBL 厚度的影响就较小了。

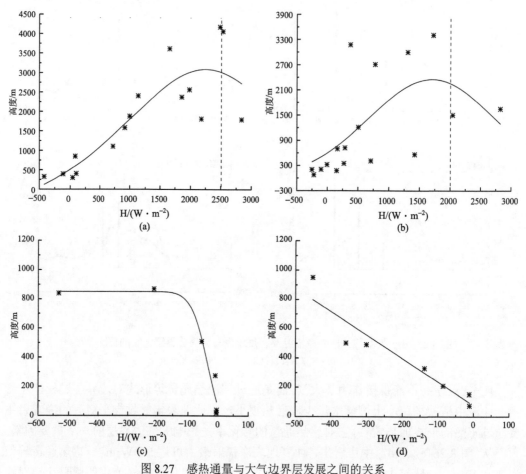

图 8.27　感热通量与大气边界层发展之间的关系
(a) 仲夏和 (b) 夏末对流边界层与感热通量的关系；(c) 仲夏和 (d) 夏末稳定边界层与感热通量的关系

夜间稳定边界层与感热累积量的关系更为复杂。仲夏期间，显然 $-100 \sim 0$ $W \cdot m^{-2}$ 之间的感热累积量对稳定边界层的影响比较明显，超过 $-100 \sim 0$ $W \cdot m^{-2}$ 后，边界层厚度随感热变化较小，表现为非线性关系。而在夏末，两者则近乎呈现线性关系 [图 8.27(d)]，由于 2009 年探空资料少，这种差异还有待进一步研究。

虽然感热通量是影响大气边界层的主要热力因子，但对稳定边界层和对流边界层的影响却不尽相同。感热通量对于稳定边界层的影响，夏末明显大于仲夏；对于对流边界层而言，两次试验两者都表现为相似的非线性关系，在 CBL 发展初期作用显著，之后影响减小；这表明可能还有其他物理量在起作用。

2. 大尺度环流场

进一步分析表明，2012 年 8 月 30 日 (D1) 12:00 后 CBL 能够快速发展，表现为当逆温层消亡后 H_t 的跳跃式增长。这个发展过程与 CBL5 的初始热力结构有关，尤其是中性层的出现极其重要。由于 8 月 29 日为多云天气，次日 D1 日傍晚存在一个深厚的对流边界层是不争的事实。相反 8 月 31 日（D2 日）夜间并没有中性层（或者残留层）存在，因此才形成了 CBL3。对比分析说明，大气夜间的热力和动力过程（比如长波辐射，垂直和水平平流）对于一个深厚中性层的形成及维持具有重要的影响。

由于在 D1 日 CBL 的发展过程中，中性层的形成早于融合，说明 CBL5 的初始阶段或许会包含夜间能量储存的特征。为便于分析将 D1 日的夜间（以下简称为 N1），D2 日的夜间（以下简称为 N2）。值得注意的是，虽然在 N1 和 N2 夜间 04:00 的长波辐射稍微不同（图 8.28），但辐射过程不会对 D1 和 D2 日上午的大气层结造成明显影响。相反，由于大尺度环流造成的温度平流，可能在 N1 夜间中性层的形成中扮演了重要角色。

为分析巴丹吉林试验（BDEXs）站附近的大尺度环流特征，采用 NCEP-NCAR 的再分析资料（6 小时间隔；Kalnay et al.，1996），选取 850hPa、700hPa、600hPa、500hPa、400hPa 等压面上的数据。这些等压面的高度分别为 50m、1500m、3000m、4000m、6000m。将 2:00（世界时 18:00）资料假设为 N1 和 N2 典型的夜间环流背景。

N1 夜间巴丹吉林试验（BDEXs）站上空 500hPa 高度由强烈的暖平流控制，但 N2 夜间并没有这样的温度平流出现。因此，由大尺度平流造成的加热率在这两个夜间明显不同。由再分析资料获得的 N1 和 N2 夜间巴丹吉林试验（BDEXs）站（40°N，102.5°E）附近的位温廓线分布（图略），也证实 N1 夜间 700~600hPa 之间的中性层结要明显强于 N2 夜间。

为进一步说明因大尺度环流引起温度平流造成的加热率变化，我们定义大尺度位温通量辐散量：

$$D_f = \nabla_p \cdot (\vec{U}_p \theta) \tag{8.4}$$

式中，$\nabla_p = (\dfrac{\partial}{\partial x}, \dfrac{\partial}{\partial y}, \dfrac{\partial}{\partial p})$ 是一个三维梯度算子；$\vec{U}_p = (u, v, \omega)$ 是等压坐标系中的风场；

$\omega = \dfrac{dp}{dt}$ 是位温。负的 D_f 表明是平流造成的加热过程，反之亦然。

在 N1 夜间，巴丹吉林试验（BDEXs）站上空 700~600hPa 的 D_f 值较小且为正，500hPa 处为负值（图 8.28）。这表明高度 3 000m 以下（上）为冷却（较强的加热）过程，前者有助于维持中性层的层结状态，而后者引起了一个强稳定层（即次逆温层）的形成。相反，N2 夜间 700hPa 处 D_f 为负值，600hPa 处 D_f 为正值，增强了大气的稳定度，进一步妨碍了中性层发展。

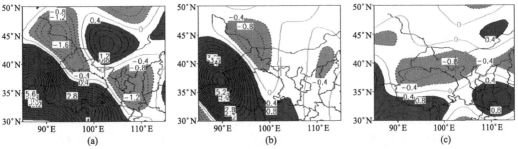

图 8.28 8 月 30 日 02:00（LST）时刻 D_f 在 700 hPa、600 hPa 和 500 hPa 的分布

图中十字的中心即为巴丹吉林试验（BDEXs）站所在位置，等值线间隔为 $0.4×10^{-3}$ K·m·s^{-1}，0 值线被加粗，浅绿色阴影表示 D_f 大于 0.4，深褐色阴影表示 D_f 小于 -0.4

(a) 700hPa； (b) 600hPa； (c) 500hPa

风向或风速切变可以加快湍流运动和分子运动从地表向上传播的速度，使热对流快速扩散到高空，有利于深厚边界层的形成。

从巴丹吉林沙漠地区夏季大气边界层水平风垂直结构[图 8.29(a)、(b)]看到，垂直方向上存在明显的风速和风向切变，并且风速较大。据统计，在仲夏(7 月 4 日)观测期间[图 8.29(a)]，每天边界层日最大风速都超过了 15.0m·s^{-1}；夏末(8 月 30 日)日最大风速均[图 8.29(b)]在 10～15m·s^{-1}。强风速或风向切变通过增加扩散能力和夹卷作用，极大地削弱了对流边界层顶的逆温强度，把地表的感热通量带到高空去，提高了对流效率，这样会使 CBL 伸展得更加深厚，是形成超厚 CBL 比较有利的动力环境。另外，对流边界层的高度与风速切变最强的位置基本一致，具有较强的相关性。巴丹吉林沙漠地区北部受到西风带的影响较大，因此地面风场表现为偏北风或西北风，而沙漠南部受到西南季风和东南季风的共同影响，表现为西南风或偏南风，这也是沙漠南部较北部湿润的缘故。

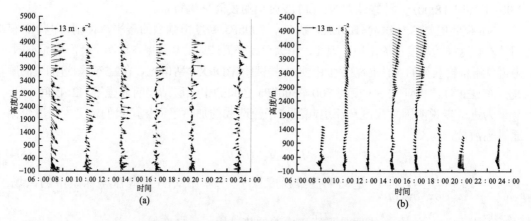

图 8.29　垂直风场(m·s^{-1})变化对边界层的影响
(a)7 月 4 日的垂直风场；(b)8 月 30 日的垂直风场

目前，有关对垂直运动在边界层发展过程中的作用研究较少。大尺度的垂直运动不会改变总的大气边界层质量，但会促成其在水平方向上的重新分布。如撒哈拉沙漠西部，层结很弱，混合层高达 5.0～6.0km；然而撒哈拉中部地区夏秋季由于受到地中海上空副热带高压导致的哈丹麦风的影响，形成了较稳定的层结，抑制了 CBL 的发展。

散度场是表示大气辐合、辐散的基本物理量，能够很好地表征大气的上升(下沉)运动。利用 NCEP1°×1°再分析资料，我们绘制了试验期间该区域的垂直散度场、位势高度与温度场(图 8.30)。试验观测点海拔接近 1500m，因此中纵坐标从 850 hPa 开始标注。

从图 8.30(a)可看出，仲夏(7 月 3～5 日)，正散度的区域空间延伸高度较高。其中 3 日接近 400 hPa，而 4～5 日超过 300 hPa，6 日受小雨影响(散度先负后正)高度较低，7 日正散度区重新增大超过 500 hPa。而夏末观测期间也有同样的现象，即正散度区域越高，值越大，则对流边界层的高度也越高[图 8.30(b)]。正散度代表空气下沉，整层的正散度说明天空晴好，辐射较强，有利于湍流进一步发展，加速对流边界层高度不断增加。分析结果说明，散度的垂直变化与观测到的对流边界层最大高度有很好的对应关系，大气运动对大气边界层的形成影响较大。

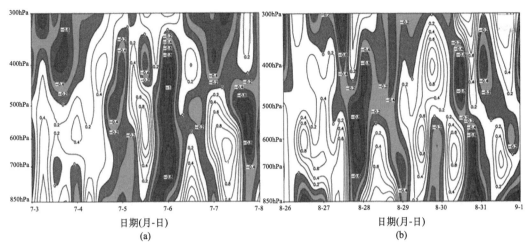

图 8.30　散度场随时间的垂直变化对边界层的影响(10^{-5} s^{-1})

(a)仲夏；(b)夏末

温度平流对大气边界层的影响主要表现在如果暖平流控制的空间区域较大，则地面逐渐升温后对流边界层达到较低的高度时，由于暖平流底部的夹卷作用，使底层和上层的空气迅速混合，导致对流边界层迅速发展，而高低层大气逐渐达到能量平衡的过程也是对流边界层维持的过程。所以，中高层平流的分布、强弱对大气边界层的发展有较大影响。

图 8.31 所示为仲夏和夏末典型晴天(14:00)500hPa 和 700hPa 高度与温度场分布(其中实线为高度场，虚线为温度场，十字为观测站点位置)。7 月 4 日，观测区域中高空都是暖平流控制，但 500 hPa 强度较 700 hPa 弱；8 月 30 日 500 hPa 暖平流较明显，但 700 hPa 却出现了较强的冷平流，这对大气边界层发展造成了不利影响，但地面仍为热低压控制。即从地面到高空为暖—冷—暖的配置，这样易引起大气层结不稳定，促使湍流加强，因此当日的对流边界层高度仍然较高。

8.3.3　对流边界层大涡模拟

1.大涡模拟简介

大涡模拟(large eddy simulation，LES)是近几十年才发展起来的一种流体力学中重要的数值模拟研究方法。它区别于直接数值模拟(DNS)和雷诺平均(RANS)方法。主要思想是大涡结构(又称拟序结构)受流场影响较大，小尺度涡则可以认为是各向同性的，因而可以将大涡计算与小涡计算分开处理，并用统一的模型计算小涡。在这个思想下，大涡模拟通过滤波处理，首先将小于某个尺度的旋涡从流场中过滤掉，只计算大涡，然后通过次网格参数化表征小涡。过滤尺度一般就取为网格尺度。显然这种方法比直接求解 RANS 方程和 DNS 方程效率更高，消耗系统资源更少，但却比湍流模型方法更精确。

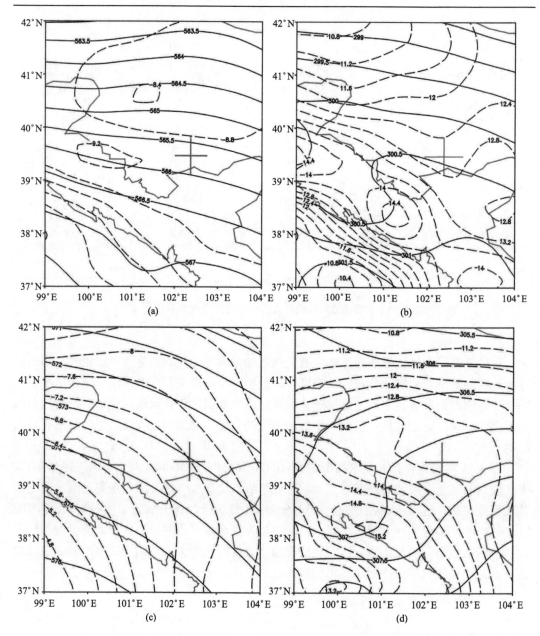

图 8.31 仲夏和夏末 (14:00) 典型晴天环流特征对边界层的影响

7 月 4 日 (a) 500 hPa、(b) 700 hPa；8 月 30 日 (c) 500 hPa、(d) 700 hPa

自 Deardorff(1972)用大涡模式模拟了中性和不稳定边界层以来，大涡模拟方法已逐渐发展成熟，并且在边界层研究中得到广泛的应用。最初该方法主要用于研究平坦地形、均匀加热的下垫面之上边界层的湍流运动特性(Deardorff，1972；Moeng，1984)。20 世纪 90 年代初，随着计算机技术的迅速发展和系统的边界层野外试验的开展，大涡模拟方法开始用于非均匀性的影响研究。这些研究主要有两类：一是研究地形起伏的影响，比如针对地形坡度和水平尺度的理想试验；二是考虑地表热通量不均匀分布对于湍流乃至边界层的影响。

对流边界层中湍流独特而显著的大涡结构一直是人们关注的对象(Lenschow and Stephens, 1980; Mason, 1989)。地表的非均匀性对边界层中湍流的大涡结构有重要的影响, 一方面由于土壤湿度、土壤种类、植被类型、植被覆盖度等的差异影响大气的热力特征; 另一方面由于粗糙度、地形等不同改变大气的运动状况。研究发现, 对流边界层之上自由大气中比重较大的冷空气向下混合进入边界层, 以及来自边界层的上冲热泡形成的夹卷过程是影响对流边界层增长的主要因素。这其中浮力和风切变是影响对流边界层湍流发展和物理量时空分布的重要机制。大涡模拟在大气与环境科学中的应用可以分为: 对流边界层(CBLs)、层积云边界层(SBLs)、平流边界层(PBLs)和大气边界层(ABL)的数值模拟研究。

Moeng(1984)等成功地把大涡模拟方法(NCAR-LES)用于对流和中性的平流边界层大气模拟, 提出了次网格能量闭合方案。并被用于分析光谱属性(Moeng and Wyngaard, 1988)以及对流边界层(CBL)不同浮力和风切变之间对夹卷过程的影响机制(Moeng and Sullivan 1994)。后来, 随着计算能力的提高, Sullivan 等(1994)采用先进和改善的亚网格尺度(SGS)参数化过程, 并应用到 grid-nesting 分析中(Sullivan et al., 1996)。McWilliams(1997)又进一步将它发展完善, 并用于模拟海洋混合层研究。通过与地表模型耦合, Patton(2005)采用这个扩展模型来模拟对流边界层(CBL)中夹卷的异常影响。

正是由于大涡模拟可以获得边界层湍流的全面信息, 有利于从机理上分析地表非均匀性对边界层湍流的影响。长期以来, 大涡模拟越来越受到国内外研究者的关注(Nieuwstadt et al., 1993; Ayotte et al., 1996; Huang et al., 2008), 并且认为大涡模拟将是最有前景的湍流模型。因此, 研究对流边界层的特性, 了解它的结构及湍流输送特性对许多实际环境问题, 如大气污染扩散问题、沙漠化问题及干旱半干旱地区土地资源开发利用等都有重要意义。

基于以上考虑, 为了深入分析 CBL5 层对流边界层发展的特点, 我们利用 NCAR-LES 模型进行了 6 组实验, 并对 5 层对流边界层发展的结构变化、深厚中性层内大气层结及水平风的垂直切变对边界层发展的影响进行了讨论。我们使用的大涡模拟(NCAR-LES)与 Sullivan 等(1994)方法相同。其中对其控制方程以及 SGS 过程参数化, 详细内容请参考 Moeng(1984)和 Sullivan 等(1994,1996)有关资料。

2. 初始和边界条件

NCAR-LES 模式包含 $60 \times 60 \times 150$ 个格点, 格点间的间距分别为 $\Delta x = \Delta y = 100\text{m}$, $\Delta z = 20\text{m}$。所有模拟中假定地转风都一样, 设为 $(U_g, V_g) = (5, 0)\ \text{m} \cdot \text{s}^{-1}$。粗糙度长度设为 $z_0 = 0.06\text{m}$, 科里奥利参数设为 $f = 9.35 \times 10^{-5}\text{s}^{-1}$。根据 8 月 30 日观测的感热通量数值, 下垫面的垂直湍流位温通量 $(w\theta)_0 = 0.12\ \text{K} \cdot \text{m} \cdot \text{s}^{-1}$。

开始模拟前, 给出初始的大气位温廓线分布状况: 假定 ML 的厚度为 400 m, 其内位温为 313.5K; IL 的初始厚度为 80 m, 位温梯度为 39.5 K·km^{-1}; NL 的厚度为 2180 m, 其下边界位温为 316.5 K; INL 厚度为 40 m, 其内位温垂直梯度为 50 K·km^{-1}。考虑到绝对中性的 NL 过于理想化, NL 内的位温垂直梯度(γ_n)取值见表 8.3, 其中包括近中性层结 NL 的情况。平均风场垂直切变被认为其对于 CBL 发展重要性不及下垫面加热，所有格点的初始风场均取为 $(u,v,w) = (2,0,0)$，该取值与有关专家的工作（Moeng and Sullivan，1994）相比是较弱的风场。在模拟开始前，模式会自动在位温场和风场上假设一个随机扰动，作为模式的初始驱动。

表 8.3　不同 LES 个例的 γ_n，r_1 和 r_2

序号	$\gamma_n /(\mathrm{K \cdot km^{-1}})$	$r_1 /(\mathrm{m \cdot s^{-1}})$	$r_2 /(\mathrm{m \cdot s^{-1}})$
NL0	0	0.0198	1.5924
NL1	0.07	0.0172	0.7791
NL2	0.14	0.0219	0.6124
NL3	0.28	0.0201	0.3452
NL4	0.56	0.023	0.1658

　　模式的上边界假定为无应力条件，垂直风场和次网格运动在这里均为零。位温的垂直梯度（相当于 FAL 内的层结率）从 INL 上边界至模式上边界均取为 5 K·km^{-1}。而对模式的下边界，可利用 Monin-Obukhov 相似性理论计算出 SL 内的位温及动量通量的数值。

　　模式的积分采用 3 阶 Runge–Kutta 方案（Sullivan et al.，1996），几分时间步长由 Courant–Friedrichs–Levy 稳定性条件控制。每个个例积分 4000 步，模拟时间大致为 18 000 秒。考虑到模式的调整需要时间，下面重点分析 2000 秒之后的结果。

3. 模拟结果

　　前面是根据观测试验资料，利用位温及比湿廓线分析了 CBL 在 IL（逆温层）上的跃变现象。由于 LES 可以输出更加丰富的边界层内变量信息，因而在对 LES 的模拟结果进行分析时，定义水平平均感热通量在垂直方向最小（一般为负值），其出现的层面为 CBL 顶高度 Z_i。这里的感热通量既包括由大尺度涡旋运动产生的 $\overline{w_l \theta_l}$，也包括由次网格运动产生的 $\overline{w_s \theta_s}$。

　　在 LES 模拟的 Z_i 随时间变化［图 8.32（a）］中，5 层 CBL 的发展可分为 3 个阶段：在 8000s 之前，Z_i 的增长较为缓慢，随时间近似线性增长；在 8000s 之后，Z_i 增速提高，并在 10 894s 附近出现一次跳跃增长，在这次跳跃增长过程中 Z_i 从 1040m 直接增长至 2580m（跳跃式上升达 1540m）；而在此后的时间里，Z_i 基本稳定维持在 2600m 左右。分析表明，LES 模拟结果全面反映了不同时间 5 层 CBL 从缓慢增长到跳跃增长，以及再恢复到稳定维持的不同演变过程。

　　为了更好地描述 5 层 CBL 发展的结构变化，定义：

$$F_n(z) = \frac{<w_l\theta_l> + <w_s\theta_s>}{(w\theta)_0} \tag{8.5}$$

式中，$(w\theta)_0$ 为下边界给定的水平均匀的热通量，取 0.12 K·m·s^{-1}，式 (8.5) 中尖括号表示模拟区域水平方向平均。将 Z_i 处的 F_n 记为 F_{ni}，该值这就是夹卷率（Garratt 1992）。除此之外，为了表示热流在 CBL 中的发展状况，定义：

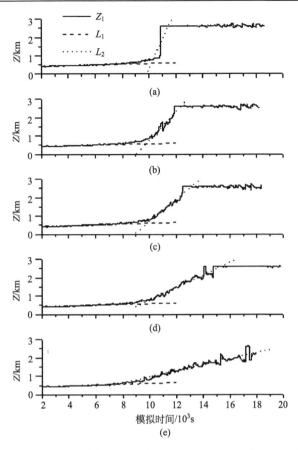

图 8.32　LES 模拟的 Z_i 在 (a) NL0、(b) NL1、(c) NL2、(d) NL3 和 (e) NL4 中随时间的变化 (实线)

（其中虚线表示不同个例的 L_1，而点线表示 L_2。L_1 与 L_2 均为 Z_i 在不同阶段的线性拟合）

$$R_{\mathrm{w}}(i_z) = \frac{\sum\limits_{ix,iy} \delta_{\mathrm{w}}(i_x, i_y, i_z)}{N_x N_y} \tag{8.6}$$

其中，

$$\delta_{\mathrm{w}}(i_x, i_y, i_z) = \begin{cases} 0, w(i_x, i_y, i_z) < 0.4 \\ 1, w(i_x, i_y, i_z) \geqslant 0.4 \end{cases} \tag{8.7}$$

式中，N_x 与 N_y 分别为模式中 x 方向与 y 方向的格点数；i_x、i_y、i_z 分别为 x、y、z 方向的格点坐标；δ_{w} 由其定义可知，表示每个高度层面上 w 不小于 $0.4 \ \mathrm{m \cdot s^{-1}}$ 的区域占整个水平区域的百分比（临界值 0.4 是根据模拟结果经验选取）。

为了深入分析 5 层 CBL 发展过程，根据图 8.32 (a) 中 Z_i 的增长规律，假定用 2000s 和 6000s 来表示 5 层 CBL 的缓慢增长阶段，对应 10 000s、11 000s 和 12 000s 来描述 5 层 CBL 的跳跃增长阶段，以及 16 000s 来代表 5 层 CBL 的稳定发展阶段。图 8.33 分别给出了模式模拟得到的水平平均的位温、F_n 与 R_{w} 在不同时刻的垂直分布。

在 2000s (Z_i=420m) 与 6000s (Z_i=520m) 时刻，位温廓线与位温通量的分布与 5 层 CBL 结构非常一致 [图 8.33 (a)、(b)]；F_{ni} 分别为 –0.173 与 –0.129，说明此时 IL (逆温层) 上的

夹卷作用非常强烈。同时，注意到在 Z_i 以下区域 R_w 均大于 0.3，且垂直分布较为均匀，说明此时 ML（混合层）内的热流发展非常成熟、稳定。而在 Z_i 以上，R_w 迅速减小至接近 0，说明浮力作用还不能穿过 IL 来影响 NL（中性层），NL 内的大气垂直运动基本不存在。总的来说，这个阶段的 CBL 发展比较平缓，Z_i 以下还保持着典型的 3 层 CBL 的结构特征。

在 10 000s（Z_i=800m）的时刻 [图 8.33（c）]，从位温廓线看，IL 已经很不明显，由此想到之前对观测资料的分析可能高估了 8 月 30 日 14:15 时刻的 CBL 高度。此时 F_{ni} 等于 −0.03（夹卷作用），并且 R_w 大于 0.3 区域的高度达到了 1120m，说明浮力作用已经穿过 IL 影响到 NL。

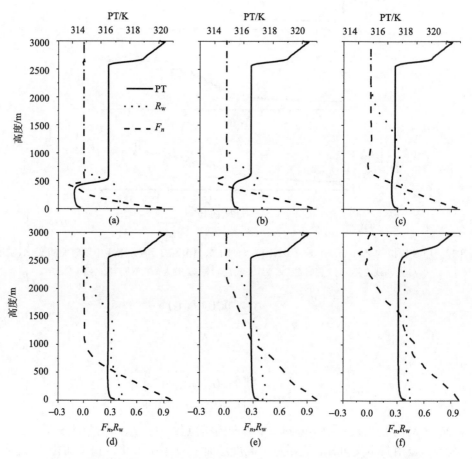

图 8.33　NL0 给出的不同时刻的水平平均的位温（实线）、F_n（虚线）和 R_w（点线）的垂直分布（a）、（b）、（c）、（d）、（e）和（f）对应的模式积分时间分别为 2000s、6000s、10 000s、11 000s、12 000s 和 16 000s

在 11 000s（Z_i=2 580m）时 CBL 原有的 IL 已经基本消失 [图 8.33（d）]，INL 成为了新的 IL。同时 F_n 在 800m 以下随高度增加而线性减小，在 800m 之上，则基本保持为零，此时 F_{ni} 约为 −1×10⁻³。这样的垂直分布特征表明，此时 INL 以下大气在垂直方向的加热率不同，下层大气加热较快而上层较慢，这无疑会增加大气的不稳定性，促进热流在 INL

以下迅速发展。同时此时 R_w 大于 0.3 的区域已经延伸到 1500m 以下。在这个时段 CBL 内的热通量以及热流形态的变化，与 10 000s 时相比，虽然不像 10 894s 前后 Z_i 表现出明显的跳跃，但同样很迅速。

在 12 000s（Z_i=2 600m）时[图 8.33(e)]，尽管 F_{ni} 等于 -7×10^{-3}，与 11 000s 时相差不大，但在 2200m 高度以下的 F_n 随高度增加而线性递减非常明显，这反映了 NL 与原有的 ML 融合得非常迅速。2000m 高度附近 R_w 明显增大，说明热流主体已经延伸到这一层面。

CBL 经历了上面的快速调整阶段以后，在 16 000s 时[图 8.33(f)]，原来的 5 层 CBL 已经重新发展成为了深厚的 3 层 CBL 结构。其演变过程为：Z_i 与 H_i 所在高度一致，F_n 随高度增高线性递减至 Z_i 处的 -0.129（夹卷作用重新显著增强），Z_i 之下大气加热率比较一致；在 Z_i 高度之下，R_w 均大于 0.3，说明热流得到了比较充分的发展。此时 CBL 终于恢复到跃变前的稳定发展阶段。

为了解 5 层 CBL 向 3 层结构跃变过程中热流的变化，需要进一步分析 LES 模拟的 10 000s、11 000s、12 000s 和 16 000s 时 500m 高度向上的垂直速度（w）水平分布（图 8.34）。可以看到热流的强度在 10 000～12 000s 期间明显增强，并且注意到在整个过程中，热泡

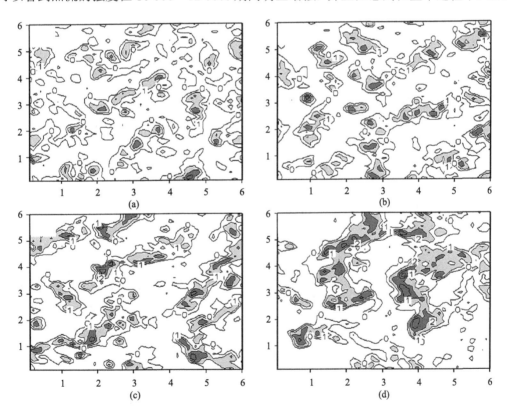

图 8.34　NL0 个例 500m 高度处垂直速度（w）的分布

(a)、(b)、(c) 和 (d) 对应的模拟时间分别为 10 000s、11 000s、12 000s 和 16 000s，图中只画出 $w\geq0$ 的值，等值线间隔为 1m·s。其中浅色阴影代表 $w>1$m·s 的区域，深色阴影表示 $w>2$m·s 的区域

的尺度有明显的增大。也就是说，在这个过程中，可能存在较小的热泡互相合并形成较大尺度热泡的过程。在 16 000s 时，原来 10 000s 时的十几个小热泡合并成为了几个较强的热泡。

图 8.35 给出了各时次的正的 w 在 $x=1.5$ km 处的剖面。同样可以清楚地看到在 CBL 的发展过程中，热流不仅强度增强，而且伴随有明显的垂直和水平尺度的增大。由此可见，之前提到的 CBL 的跃变过程，可能不仅表现为单个热流强度增强，小尺度热流混合及重组成为大尺度热流的过程也非常重要，这个过程对应着 CBL 内大气运动自组织性的提高，并且使得 CBL 可以更加有效地将近底层的能量、物质输送到高层大气。地表非均匀加热激发出有组织湍流涡旋，非均匀尺度越大越有利于有组织湍流涡旋的维持(殷雷等，2011)。

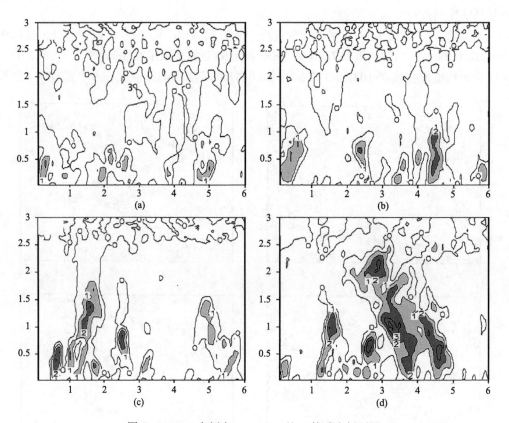

图 8.35　NL0 个例在 $x=1.5$ km 处 w 的垂直剖面图

(a)、(b)、(c)和(d)对应的模拟时间分别为 10 000s、11 000s、12 000s 和 16 000s，说明与图 8.34 相同

以上分析发现，5 层 CBL 发展的确存在三个阶段。第一个阶段为经典的 3 层 CBL 发展模式，CBL 的发展主要由下垫面的热通量与 IL 的夹卷作用控制，此时 NL 与 INL 不对 NL 的发展有明显影响。第二个阶段 IL 已经基本消失，从位温廓线上看很容易将 INL 看作新的 IL，而利用 Fn 确定的 CBL 顶高度也存在一个跳跃增长，这些现象都是 CBL 快速发展的结果。这个阶段夹卷过程很弱，小尺度热流增强合并成为较强尺度较大的热

流，是这个阶段 CBL 自我调整的主要形式。经过调整后，在第三个阶段 5 层 CBL 重新发展成为新的 3 层 CBL—ML 与 NL 合并成为新的 ML，INL 成为新的 IL。此时的 CBL 经过第二阶段迅速发展后，相比较第一个阶段具有更为深厚的 ML 以及更加组织性的热流运动。

从图 8.33 可以看到，在 NL 为近中性的情况下，Z_i 表示的 CBL 第二个阶段发展速度随着 NL 稳定度增加而逐渐减小。为了便于不同个例的比较，对每个个例的 2000～6000s 的 Z_i 进行线性拟合得到图 8.33 中 L1，其斜率 r_1 可看作跃变前 Z_i 的平均增速。同样以 10 000s 为起点，以 Z_i 达到 2600 m 高度后 200 s 时的值为终点线性拟合得到图 8.35 中 $L2$，其斜率 r_2 可以近似表示跃变期间 Z_i 的增速。如果 Z_i 没有增长到 2600 m，如 NL4 [图 8.33（e）]，则取模式 18000s 时的结果作为拟合计算的终点。由表 8.3 不同个例的 r_1 与 r_2 可知，不同个例模拟的 r_1 相差不大，基本都等于 0.02，说明在 IL 没有消失前，NL 的层结率并不会对 CBL 的增长有明显影响。而 r_2 则随着 γ_n 的增大而迅速减小，说明 NL 越接近中性，5 层 CBL 的跃变速度越快。

如果要寻找 r_2 与 γ_n 的对应关系，那么必须要进行大量的个例模拟，尽管模拟的个例数量显然不能达到这一要求。但仍可利用表 8.3 的数值拟合得到二者如下的关系（图 8.36）：

$$r_2 = A\exp(-\gamma_n / B) + C \tag{8.8}$$

式中，A、B 和 C 均为常数，$A=1.35$，$B=0.97$，$C=0.22$。

式（8.8）说明 5 层 CBL 向 3 层 CBL 调整的速度，与 NL 的位温递增率呈指数衰减关系。也就是说，NL 的层结率可能只在接近中性时才会显著影响 Z_i 的增长速度，当 NL 层结较稳定时，Z_i 的增长速率可能会逐渐逼近于一个常数（没有考虑垂直风切变的影响）。

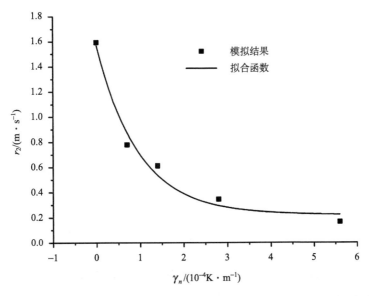

图 8.36　模拟得到的 r_2 与 γ_n 的对应分布（■）以及对其拟和得到的函数（实线）

巴丹吉林沙漠地区对于东亚夏季风影响非常显著,所以当地 CBL 高度的判定对于东亚夏季风的模拟非常关键。2009 年 8 月 30 日恰好是在连续几天的大风、降雨过程之后,局地暖平流在 500 hPa 以下都非常强烈。因此,在分析大尺度环流对 CBL 发展的影响时,既要考虑同步的直接影响,又要兼顾不同步的间接影响。尤其是 5 层 CBL 的发展过程明显不同于 3 层 CBL,影响 CBL 发展的主要因素,除了已被公认的下垫面加热和垂直风切变外,还应关注特殊情况下的大尺度环流温度平流加热作用。另外,在利用传统位温廓线判定 IL 所在位置时,一定要注意当地上午大气是否有类似 5 层 CBL 的结构。这是因为从 LES 模拟结果来看,在 5 层 CBL 向 3 层 CBL 快速转化的阶段,利用位温廓线(H_l)、位温通量(Z_i 和 F_n)和热流结构(R_w)判断 CBL 顶高度,往往存在很大差异。而广泛采用的利用位温廓线进行判定的方法,在 5 层 CBL 结构存在的情况下,会在当地时间午后高估 CBL 顶所在高度。

8.4　沙漠湖泊−沙山近地表风沙动力环境分析

沙漠地区高大沙山与湖泊交错发育的地貌景观,多年来引起了学术界的广泛关注。在非洲北部的北撒哈拉沙漠和南部的纳米比沙漠,澳大利亚沙漠中都有湖泊分布。在我国,以巴丹吉林沙漠和腾格里沙漠最为典型。巴丹吉林沙漠中发育了世界上最高大的沙山,沙丘高度达 500 m 左右。与高大沙山相伴而生的湖泊众多,其中面积超过 1 km^2 的湖泊有 5 个,最大的是诺尔图湖泊,水域面积达 1.5 km^2,水深 16 m。

8.4.1　研究背景

湖泊虽受沙丘围困,但始终未被流沙所掩埋,一直是学术界关注却悬而未决的科学问题。沙山-湖泊热力内边界层物理过程的复杂性主要有三方面。首先,湖泊水体的质量热容是流沙的 4.35 倍(水体比热容为 4200 J·kg^{-1}·℃$^{-1}$,流沙质量热容 966 J·kg^{-1}·℃$^{-1}$)。其次,在相同的外界条件下,湖面和沙面气温相差很大,致使湖泊和沙丘间较大的气压差,改变了原有的热力环流,导致了气压场的空间差异。再次,沙山和湖泊由于地势高差引起局地环流,形成昼夜风向相反的"山风"和"谷风"。白天沙面升温快,在近地表形成相对低压区;相反,湖面升温慢,近地表形成相对高压区,从而产生从湖泊吹向沙山的"谷风";夜间,因沙面降温快,湖面降温慢,分别形成相对高压区和低压区,出现由沙山吹向湖泊的"山风"。"谷风"有时高达 7~10 m·s^{-1},远大于沙粒起动风速(马舒坡等,2008)。

受蒙古高压的影响,巴丹吉林沙漠春季大风、沙尘暴频繁。沙漠及其周边各站年均风速多大于 4.0 m·s^{-1}。为了揭开湖泊与沙山长期共存的机理,采用 2009 年 7~9 月"巴丹吉林沙漠陆-气相互作用观测试验和研究"中,巴丹吉林沙漠腹地大沙枣海子观测点(39°46.094′ N,102°08.920′ E)的资料,从沙山-湖泊近地表风沙动力环境的角度,分析特殊地貌景观风场特征、探讨区域起沙风、输沙势的特征。由于大沙枣海子观测点受人为干扰相对较少,是研究沙山-湖泊陆气过程和近地表风沙动力环境的理想场所。其中,湖泊中心用超声系统观测(CR5000)和 1 台自动气象站,湖泊四周各分布 1 台自动气象站

（分别为 AWS1、AWS2、AWS3、AWS4）；风速、风向传感器统一严格按照观测规范安装，数据采集时间步长为 15 分钟（见第 2 章 2.3 巴丹吉林沙漠观测试验（BDEXs）。

8.4.2　特殊地貌景观风场特征

1. 平均风速

地表特征、风动力状况是风沙作用及形成风沙地貌的基本条件。由于受沙山-湖泊局地地形的影响，研究区各测点的平均风速差别很大。从大沙枣海子中心及其外围 5 个观测站的平均风速和起沙风次数（表 8.4）可以看出，与巴丹吉林沙漠周边的拐子湖和阿右旗等地同期气象资料相比，研究区 5 个测点平均风速相对较小。例如，8 月，拐子湖和阿右旗平均风速分别为 4.77 m·s^{-1} 和 4.11 m·s^{-1}，而大沙枣海子湖泊中心的平均风速仅为 1.89 m·s^{-1}，湖泊外围四周的平均风速为 2.50 m·s^{-1}，这主要是受巴丹吉林沙漠东南缘高大沙山影响的缘故。另外，从起沙风次数来看，由于受湖泊水面的影响，起沙风次数从沙山外向湖泊中心，呈同心圆状减少。观测期间，湖泊中心起沙风次天数分别为 30 天、28 天和 40 天，远低于湖泊外围沙山。

表 8.4　大沙枣海子及其周边平均风速/(m·s^{-1})及起沙风次天数/d

| 站点 | 7 月 18，31 日 | | 8 月 1～31 日 | | 9 月 1～12 日 | |
	平均风速	起沙风次数	平均风速	起沙风次数	平均风速	起沙风次数
1	2.75	217	2.47	217	2.30	139
2	2.11	76	1.84	67	1.77	74
3	2.69	198	2.50	222	2.45	150
4	2.42	118	2.36	163	2.12	93
5	2.07	30	1.89	28	2.01	40

2. 起沙风速临界值

在计算区域风沙活动强度时，往往要更多地考虑超过沙粒起动的风速，即起沙风。研究表明，起沙风直接决定了区域风沙活动的强度和输沙方向，进而影响沙丘形态变化及其演变，是研究风沙运动规律、解决风沙工程问题的关键指标之一。同时，起沙风与沙粒粒径、下垫面性质、沙粒含水率等多种因素有关。在野外观测试验经验和风洞实验成果的基础上，将巴丹吉林沙漠腹地大沙枣海子临界起沙风速定为 5.0 m/s，并对其进行有关风沙活动强度的统计与计算。

为了更直观地反映大沙枣海子及其外围起沙风的空间分布，通过分析各测点大于起沙风速的平均值分布特征（图 8.37），可以看出从沙漠外围至湖泊中心，大于起沙风速的平均值逐渐减小。其中，大沙枣海子中心测点的风速为 5.62 m/s，而湖泊外围 4 个沙漠测点的风速均高于该值（风速最大的 2 号测点，达 6.01 m/s）。该结论与塔克拉玛干沙漠的塔中地区月起沙风速临界值为 3.9～5.9m/s，年起沙风速临界均值为 5.1m/s 相近。

图 8.37　大沙枣海子及其周边 8 月份大于起沙风速的平均值

图中黄色及 1、2、3、4、5 为自动站点

3. 起沙风变化特征

从起沙风玫瑰空间分布看（图略），湖泊中心测点起沙风向相对比较单一，主要以 ESE、SE 和 SSE 风为主，分别占 23.56%，29.32%和 15.47%，起沙风合成方向为 316°，以东南风为主。而湖泊外围 4 个测点起沙风合成方向主要为 333°～352°，相对湖泊中心合成输沙方向呈向两侧偏转。分析表明，受大沙山-湖泊地貌景观影响，大沙枣海子周边局地环流非常明显。湖泊外围 1 号站（西南角）主导起沙风向以 SSW～SSE 为主（占全方位总量的 52.53%），其次东北风相对较强（占 20.28%）；2 号站（西北角）主导起沙风向主要集中在 S 方向（占 43.28%）；位于湖泊东北角的 3 号站，S 方向起沙风频率只有 4.05%，急剧减少，而 NE 和 SW 方向，起沙风次数有所增加；4 号站（东南角）处，单一 E 方向起沙风较多（占 29.45%），其次为偏西风，SSW-SSE 方向起沙风频率合计达 40.49%。

8.4.3　输沙势变化特征

输沙势（drift potential，DP）是衡量区域风沙活动强度及风沙地貌演变的重要指标（郭洪旭等，2010），应用非常广泛。大沙枣海子及其外围各测点输沙势差异也很大（图 8.38）。观测期间，位于湖泊外围东北角 3 号站和 1 号站（西南角）输沙势 DP 相对较大，分别为 45.01 VU 和 43.69 VU。相反，湖泊中心的 5 号站输沙势 DP 相对较小，只有 25.58 VU。

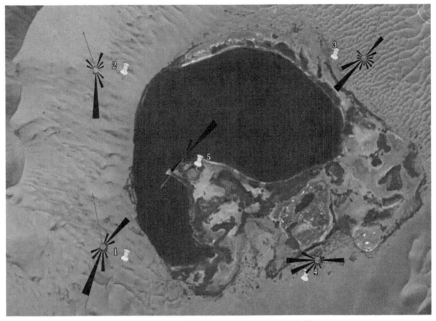

图 8.38 大沙枣海子及其周边输沙势

根据 Fryberger 提出的平均风能变幅分类标准，巴丹吉林沙漠腹地大沙枣海子风能属于低能环境。受沙山–湖泊局地地形的影响，合成输沙势 RDD 和合成方向变化较大。其中，大沙枣海子西侧受大沙山的影响较大，合成输沙方向以东南向为主，1 号和 2 号站的合成输沙势 RDD 分别为 348.10° 和 339.86°。大沙枣海子东侧，合成输沙方向以西南方向为主，3 号和 4 号站的 RDD 分别为 23.49° 和 62.35°。而湖泊中心的 5 号站合成输沙方向以东北向为主（RDD 为 220.08°）。

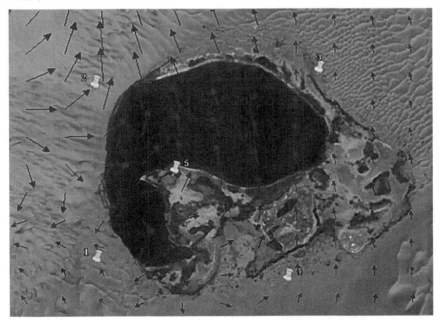

图 8.39 大沙枣海子输沙势 (DP) 及合成输沙方向 (RDD) 空间分布

另外，受沙山-湖泊景观格局的影响，大沙枣海子及其外围沙山的局地环流非常明显（图8.39）。特别是合成输沙方向自湖泊中心向外围呈反向辐散分布，是巴丹吉林沙漠中湖泊与沙山共存的根本原因。

8.5 小　结

（1）白天在巴丹吉林沙漠的沙湖区，气流辐散下沉，夜间辐合上升，形成了典型的次级环流，但强度较弱；相反，在沙漠区，大气受到地表强烈加热后形成一定的上升运动。夏季晴天条件下，沙湖区的感热（潜热）通量全天都小于（大于）沙漠区；沙漠区日均波文比达到4.89，远大于沙湖区（0.09），与湿润地区的大湖不同，沙漠的小型湖泊白天潜热较大。白天在湍流混合充分条件下，沙漠地表能量闭合率近似线性增长，平均值为0.57，不平衡现象较为突出；加入浅层土壤热储存后，上午时段能量闭合率显著提高，说明沙漠土壤热储存在能量平衡中扮演着重要角色。

（2）典型晴天条件下总辐射、地表反射辐射、地表长波辐射、有效辐射、净辐射的峰值和日积分值都比典型阴天条件下大，大气长波辐射比阴天条件下小。两种天气条件下净辐射日积分值占太阳总辐射的1/3。晴天不平衡能量达到净辐射的20%，阴天为30%。

（3）巴丹吉林试验（BDEXs）观测发现有深厚中性层结覆盖的对流边界层，其包含5个子层，从下到上依次为近地层、混合层、逆温层、中性层、次逆温层。当有深厚残留层出现时，白天CBL的发展可以分为三个阶段。大涡模拟结果表明，残余层层结率会显著影响CBL的升高速度。在分析大尺度环流对CBL发展的影响时，既要考虑同步的直接影响，又要兼顾不同步的间接影响。尤其是5层CBL的发展过程明显不同于3层CBL，影响CBL发展的主要因素，除了已被公认的下垫面加热和垂直风切变外，还应关注特殊情况下的大尺度环流温度平流加热作用。

（4）由于受沙山-湖泊交错分布景观格局的影响，巴丹吉林沙漠腹地大沙枣海子局地平均风速、起沙风玫瑰以及输沙势的空间变化很大。湖泊中心处平均风速略低于外围沙山。由于受湖泊水面的影响，从沙山外围至湖泊中心的起沙风次天数呈同心圆状减少。巴丹吉林沙漠中湖泊与沙山共存的根本原因，一是大沙枣海子东侧沙山对湖泊的影响相对较小，西侧为NE走向的高大复合沙丘，湖泊刚好位于沙丘坡脚，越过沙山的西风行至湖泊处，风速急剧降低，沙山对湖泊有一定的保护作用；二是受特殊地貌景观影响，合成输沙方向由湖泊中心向外围呈反向辐散，阻止了来自四周沙漠的侵袭，保护了湖泊。

参考文献

陈世强, 文莉娟, 吕世华, 等. 2006. 金塔绿洲不同下垫面辐射特征对比分析. 太阳能学报, 27(7): 713-718.

陈世强, 文莉娟, 吕世华, 等. 2008. 夏季不同天气背景条件下黑河中游不同下垫面的辐射特征. 中国沙漠, 28(3): 514-518.

郭洪旭, 王雪芹, 盖世广, 等. 2010. 古尔班通古特沙漠腹地半固定沙垄顶部风沙运动规律. 干旱区地理, 33(6): 954-961.

韩博, 吕世华, 奥银焕, 等. 2010. 土壤温度变化在绿洲及沙漠近地层能量平衡中的作用分析. 太阳能学报, 31(12): 1628-1632.

黄山, 张文煜, 左洪超, 等. 2011. LAS 在西北半干旱地区的观测分析. 中国沙漠, 31(2): 525-528.

罗霞, 黄倩. 2012. 地表热通量的变化对边界层热力对流卷的影响. 科学技术与工程, 12(26): 6720-6724.

马舒坡, 周立波, 王维, 等. 2008. 珠穆朗玛峰北坡绒布河谷地面风特征的初步分析. 气候与环境研究, 13(2): 189-198.

孙昭萱, 张强. 2010. 河西走廊中部干旱区陆面水分和辐射特征研究. 高原气象, 29(6): 1423-1430.

殷雷, 孙鉴泞, 刘罡, 等. 2011. 地表非均匀加热影响对流边界层湍流特征的大涡模拟研究. 南京大学学报(自然科学版), 47(6): 643-656.

张强, 赵映东, 王胜, 等. 2007. 极端干旱荒漠区典型晴天大气热力边界层结构分析. 地球科学进展. 22(11): 1150-1159.

赵建华, 张强, 王胜, 等. 2012. 西北干旱区对流边界层发展的热力机制模拟研究. 气象学报. 69(6): 1029-1037.

Ayotte K W, Sullivan P P, Andren A, et al. 1996. An evaluation of neutral and convective planetary boundary layer parameterizations relative to large eddy simulations. Bound-Layer Meteorol, 79(1-2): 131-175.

Conzemius R J, Fedorovich E E. 2006. Dynamics of sheared convective boundary layer entrainment. Part I: Methodological background and large-eddy simulations. J Atmos Sci, 63(4): 1151-1178.

Deardorff J W. 1972. Numerical investigation of neutral and unstable planetary boundary layers. J Atmos Sci, 29(1): 91-115.

Driedonks A G M. 1982. Models and observations of the growth of the atmospheric boundary layer. Bound-Layer Meteorol, 23(3): 283-306.

Grimsdell A W, Angevine W M. 1998. Convective boundary layer height measurement with wind profilers and comparison to cloud base. J Atmos Oceanic Technol, 15(6): 1331-1338.

Han B, Lü S, Ao Y. 2012. Development of the convective boundary layer capping with a thick neutral layer in Badanjilin: Observations and simulations. Adv Atmos Sci, 29(1): 177-192.

Huang J, Lee X, Patton E G. 2008. A modelling study of flux imbalance and the influence of entrainment in the convective boundary layer. Bound-Layer Meteorol, 127(2): 273-292.

Kalnay E, Kanamitsu M, Kistler R, et al. 1996. The NCEP/NCAR 40-year reanalysis proiect. Bulletin of the american meteorological society, 77(3): 437-471

Lenschow D H, Stephens P L. 1980. The role of thermals in the convective boundary layer. Bound-Layer Meteorol, 19(4): 509-532.

Mason P J. 1989. Large eddy simulation of the convective atmospheric boundary layer. J Atmos Sci, 46(11): 1492-1516.

McWilliams J C, Sullivan P P, Moeng C H. 1997. Langmuir turbulence in the ocean. J Fluid Mech, 334(1): 1-30.

Medeiros M A, Gaster M. 1999. The production of subharmonic waves in the nonlinear evolution of wavepackets in boundary layers. J Fluid Mech, 399: 301-318.

Messager C, Parker D J, Reitebuch O, et al. 2010. Structure and dynamics of the Saharan atmospheric boundary layer during the West African monsoon onset: Observations and analyses from the research flights of 14 and 17 July 2006. Q J R Meteorol Soc, 136(s1): 107-122.

Moeng C H. 1984. A large-eddy-simulation model for the study of planetary boundary layer turbulence. J Atmos Sci, 41(13): 2052-2062.

Moeng C H, Sullivan P P. 1994. A comparison of shear- and buoyancy- driven boundary layer flows. J Atmos Sci, 51(7): 999-1022.

Moeng C H, Wyngaard J C. 1988. Spectral analysis of large-eddy-simulations of the convective boundary layer. J Atmos Sci, 45(23): 3573-3587.

Moeng C H, Dudhia J, Klemp J, et al. 2007. Examining two-way grid nesting for large eddy simulation of the PBL using the WRF Model. Mon Wea Rev, 135(6): 2295-2311.

Nieuwstadt F T M, Mason P J, Moeng C H, et al. 1993. Large-eddy simulation of the convective boundary layer: A comparison of four computer codes. In: Durst F, Friedrich R, Launder B E, et al. Turbulent Shear Flows, Springer–Verlag: 343-367.

Patton E G, Sullivan P P, Moeng C H. 2005. The influence of idealized heterogeneity on wet and dry planetary boundary layers coupled to the land surface. J Atmos Sci, 62(7): 2078-2097.

Piringer M, Baumann K, Langer M. 1998. Summertime mixing heights at Vienna, Austria, estimated from vertical soundings and by a numerical model. Bound-Layer Meteorol, 89(1): 25-45.

Pul W A J, Holtslag A A M, Swart D P J. 1994. A comparison of ABL heights inferred routinely from lidar and radiosondes at noontime. Bound-Layer Meteorol, 68(1-2): 173-191.

Raman S, Templeman B, Templeman S, et al. 1990. Structure of the Indian southwesterly pre-monsoon and monsoon boundary layers: Observations and numerical simulation. Atmospheric Environment. Part A. General Topics, 24(4): 723-734.

Sullivan P P, McWilliams J C, Moeng C H. 1994. A subgrid-scale model for large-eddy simulation of planetary boundary-layer flows. Bound-Layer Meteorol, 71(3): 247-276.

Sullivan P P, McWilliams J C, Moeng C H. 1996. A grid nesting method for large-eddy simulation of planetary boundary-layer flows. Bound-Layer Meteorol, 80(1-2): 167-202.

第9章　沙漠绿洲陆面过程资料同化及应用

数值预报模式性能与初值的质量是直接影响数值天气预报准确性的两个关键因素。资料同化是一种融合多源观测和动态模拟的先进方法论，在陆面过程、水文学和生态学等研究领域发挥着越来越重要的作用。

资料同化是数值模式能否比较准确的描述大气运动状态的核心技术之一，已经越来越受到高度重视。但是受各种因素的影响，目前大部分常规测站布点于人口密集或经济发达的地区，而在其他地区，特别是海洋、青藏高原和沙漠戈壁等地区为观测的空白区。因此，深入开展中国西北干旱区绿洲戈壁这种独特的非均匀下垫面环境的大气边界层过程、能量和水分循环研究，利用连续长时间过程的气象观测资料，通过资料同化数值试验，建立高分辨率的同化数据集，为进一步深入研究沙漠绿洲陆气相互作用提供高质量的再分析数据。

9.1　资料同化研究的进展

随着各种非常规观测数据(如卫星、雷达、风廓线仪、野外观测试验等)的迅猛增多，以及数值天气预报模式的不断完善，推动着资料同化方法的逐步发展。如何充分利用各种观测数据以满足大气数值模式的需要是一个不容回避的问题。因此，大气资料同化技术日益受到关注，并得到深入的研究与广泛的应用。大气资料同化可以利用各种信息为天气和气候数值模式预报提供尽量准确的初值，获得给定时刻的大气或海洋"真实"状态的分析值，资料同化是数值模式能否比较准确地描述大气运动状态的关键技术之一。

9.1.1　同化方法研究进展

资料同化方法，首先在大气和海洋科学中得到应用，主要是解决大尺度模型和观测的时空异质性等问题。它们的结合无疑能改进模型的模拟精度。目前，美国国家环境预测中心(NCEP)、欧洲中尺度天气预报中心(ECMWF)、中国气象局和日本气象厅(JMA)等都采用优化内插或三维变分方法等资料同化方法作为其业务运行系统。

资料同化的方法是在考虑模型和观测各有优势的基础上引入的。其基本含义是利用物理和时间连续性的约束，将时空上不规则的各种零散分布的观测融合到基于物理规律的模式中。模型模拟的优势在于依靠其内在的物理过程和动力学机制，可以给出所模拟对象在时间和空间上的连续演进；而观测的优势在于能得到所测量对象在观测时刻和所代表的空间上的"真值"(李新等, 2007)。

相对大气和海洋科学领域中的资料同化，陆面和水文资料同化的研究开始较晚。陆面资料同化的核心思想是在陆面过程模型的动力框架内，融合不同来源、不同分辨率的直接与间接观测数据，将陆面过程模型和各种观测算子集成为不断依靠观测而自动调整模型轨迹、并且减少误差的预报系统，通常用于复杂的动力学模型(如大气模型、海洋模型、陆面过程模型等)系统的建模和预测。资料同化作为最佳地融合地球观测信息和地球物理模型输出信息的一种重要方法，在地球科学领域扮演着重要的角色。

20 世纪 90 年代后期,陆面资料同化系统(land surface data assimilation system,LDAS)的研究日益活跃起来,一些颇受关注的文章陆续发表(Entekhabi et al.,1994；Galantowicz et al.,1999；Hoeben and Troch,2000)。陆面资料同化系统研究日益活跃,使用"离线"的陆面过程模型同化遥感观测数据逐渐成为陆面资料同化系统的主要特征。常规站点的观测数据在时空分辨率和代表性上的局限性,严重制约了陆面资料同化研究的进展。通过许多专家学者的研究,采用多种再分析数据融合观测资料生成较高质量的大气强迫数据,驱动陆面过程模式生成较为可信的陆表变量数据集。比较典型的有全球陆面资料同化系统(global land data assimilation system,GLDAS)及北美陆面资料同化系统(the north America land data assimilation system,NLDAS)；欧洲陆面资料同化系统(European land data assimilation system to predict floods and droughts,ELDAS),是设计和实现数值天气预报环境下的土壤水分资料同化系统,用于评价对于水文预报(洪水、季节性干旱)的改进效果等。

中国西部陆面资料同化系统(China land data assimilation system,WCLDAS)(黄春林和李新, 2006；李新,2007),目标是以 CoLM 模型作为模型算子,耦合针对土壤(包括融化和冻结)、积雪等不同地表状态的微波辐射传输模型,同化被动微波观测(SSM/I和 AMSR-E),使系统最终能够输出空间分辨为 0.25°×0.25°、时间分辨率为 6 小时的中国西北干旱区和青藏高原有较高精度的土壤水分、土壤温度、积雪冻土、感热、潜热、蒸散发等同化资料。

9.1.2　同化方法分类

目前,资料同化方法主要有最优插值、3D-VAR、四维变分(four dimensional variational data assimilation, 简称 4D-VAR)、Kalman Filter、集合卡尔曼滤波、模拟退火算法等。在各种资料同化方法中,4D-VAR 是最先进的工具之一。然而使用 4D-VAR 方法的最大障碍就是控制空间的维数非常巨大。陆面资料同化系统主要是美国(全球)和欧洲的陆面同化系统,加拿大、韩国和中国的同化系统近年来才有所发展。但是,在同化过程中由于物理模型及求解的不确定性、观测资料的复杂性与不确定性,以及同化算法等过程都会造成同化系统的误差,降低同化效果。所以,同化系统的误差分析与处理是资料同化的一个重要的研究内容。

国内外学者针对资料同化系统的误差内容, 进行了多方面的相关研究。McLaughlin(2002)指出资料同化的本质问题就是在概率框架下的多元数据的不确定性问题, 并指出未来水文资料同化主要关注高维问题及观测误差精确估计问题。Reichle 等(2008)认为资料同化研究的主题包括协方差矩阵模型的构建、遥感数据的质量控制和同化系统的偏差估计。Evensen(2004)、Kalnay 等(2007)研究了集合同化中初始值、集合大小、观测协方差及观测间隔对同化结果的影响,并提出相关的误差处理方法。张生雷等(2006)、师春香等(2011)和刘昭等(2011)针对同化土壤湿度、农田土壤水分等目标在不同的陆面过程模型(非饱和土壤水模型、community land model，CLM 模型和 boreal ecosystem productivity simulator，BEPS 模型)，讨论分析了实际同化系统中相关的误差，如观测频率、观测值误差、集合大小对同化结果的影响，取得了许多经验和成果。

9.2　变分同化方法

现代资料同化方法是建立在控制理论或估计理论基础上，最有代表性的是变分法和滤波法。变分法强调通过将模式和观测值之间的距离(称为目标泛函)最小化来使初始条件或模式参数最优化，而滤波法则通过获得一个(或一组)最大可能状态来实现最优化。这两种方法由于滤波法计算量大和一些技术难题，目前普遍采用变分法。

9.2.1　变分同化

三维变分同化系统(3D-Var)是 NCAR 为了结合中尺度 MM5 模式使用而设计建立的。变分资料同化的基本思想是根据预报场的观测资料对大气状态给出一个最优的估计，将问题表述为一个目标函数极小值的问题，把所有能获得的信息吸收到数值模式的初始场中来。三维变分是求解一个分析变量，使测量分析变量与背景场和观测场距离的代价函数最小(Courtier et al.,1998；Andersson et al.,1998)。

过去十多年来，变分同化方法作为一种极具发展潜力的资料同化技术受到世界各国气象科学家的重视，并得到充分的理论研究与技术开发。2001 年 6 月发布的 WRF 模式也采用相同的 3D-Var 系统，本套资料集所使用的版本为 3.1 版。在 WRF 模式中引入 3D-Var 系统的主要目的是设计一套独立的同化系统在美国空军气象局实现业务运行，其次是向资料同化研究机构发布 3D-Var 编码向使用者提供技术支持。一个完备的 3D-Var 系统包括观测资料处理、背景误差协方差估计、目标函数极小化、资料同化分析诊断等。

9.2.2　WRF 3D-Var 同化流程

根据三维变分基本原理：已知大气的观测 y^0，背景场 x^b，按照线性估计理论，在统计意义下 x 的最佳估计(分析场)是：

$$x = x^b + [\boldsymbol{B}^{-1} + \boldsymbol{H}^{\mathrm{T}}\boldsymbol{O}^{-1}\boldsymbol{H}]^{-1}\boldsymbol{H}^{\mathrm{T}}\boldsymbol{O}^{-1}(y^0 - \boldsymbol{H}x^b) \tag{9.1}$$

如果目标函数定义为

$$J = \frac{1}{2}\{[y^0 - \boldsymbol{H}(x)]^{\mathrm{T}} R^{-1}[y^0 - \boldsymbol{H}(x)] + (x - x^b)^{\mathrm{T}} \boldsymbol{B}^{-1}(x - x^b)\} \tag{9.2}$$

式中，$\boldsymbol{B}$ 为背景协方差矩阵；$\boldsymbol{O}$ 为观测误差协方差矩阵；$\boldsymbol{H}$ 为由 x 计算 y 的算子[$\boldsymbol{H}(x)=y$]，称为观测算子。

以上最佳估计为目标函数极小点。相对于最优统计插值来说，3D-Var 不用设定影响半径和分析格点相近的区域位置，避免了在不同区域之间选区不同的观测而产生跳跃的现象，还可以很好地处理观测量和模式变量之间的非线性关系，这也是变分法取代最优统计法的一个原因。

图 9.1 所示为 WRF 模式及同化模块运行流程。图中 x^b 为 WPS 生成的第一猜测场；x^{lbc} 为 WPS 生成的最新边界条件；x^a 为 WRF-Var 的分析结果；x^f 为 WRF 预报结果；y^0 为经过 OBSPROC 处理的观测资料；B^0 为背景场误差统计；R 为观测与代表性数据误差统计。

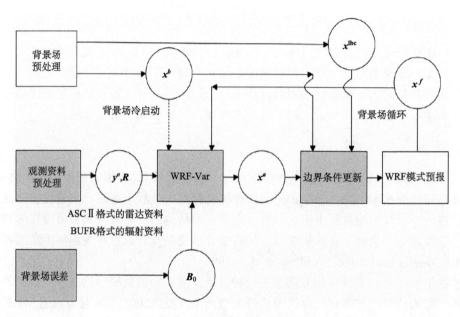

图 9.1　WRF 同化模块运行流程

其中黑色框的内容有 WRF-Var 团队发展支持

首先，NCEP 背景场通过 WPS 预处理生成 WRF 模式的第一猜测场 (x^b) 和边界条件 (x^{lbc})，观测资料如风速和风向、温度、湿度、大气压等常规气象要素经过预处理，变为 WRF-Var 所能识别的格式，再进入 WRF-Var 模块生成观测资料分析结果 (x^a)，更新原先的边界条件供 WRF 主模式进行预报，最后就为同化后的结果 (x^f)。图 9.2 为 WRF-3DVar 同化观测资料的示意图，通过设定一个时间窗口 (time windows)，在时间窗口插入观测资料，以此来达到订正初值。

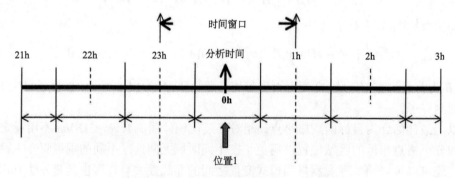

图 9.2　WRF-Var 同化观测资料示意图

9.3　资料同化数据集

9.3.1　资料同化流程

制作金塔试验(JTEXs)高分辨率资料同化再分析产品的主要过程包括：气象观测数据的系统收集处理与质量控制、大气数值模式的参数化方案选择与改进、大气资料同化方案的选择、大气再分析系统的综合集成、再分析产品的制作及其效果检验。对再分析试验产品的检验内容包括：再分析要素如风、温、湿、压的区域气候态平均分布与 2008 年夏季金塔野外试验观测资料逐时比较，能量收支的误差统计和比较。同化主要过程如图 9.3 所示。

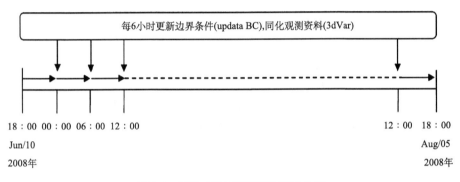

图 9.3　同化 2008 年观测资料示意图

金塔试验(JTEXs)高分辨率数据集，同化了 2008 年夏季在金塔绿洲开展的"绿洲系统非均匀下垫面能量水分交换和边界层过程观测与理论研究"野外试验 4 个自动气象站和 2 个梯度塔站的常规观测资料，经纬度信息和下垫面类型见表 9.1。

表 9.1　同化资料站点经纬度信息和下垫面类型

测站编号	测站类型	经纬度	下垫面类型
1	自动气象站 1	98.97°E，40.02°N	棉花
2	自动气象站 2	98.74°E，40.13°N	棉花
3	自动气象站 3	98.83°E，40.05°N	棉花
4	自动气象站 4	99.08°E，40.25°N	玉米
5	绿洲塔站	98.93°E，40.01°N	棉花
6	戈壁塔站	99.05°E，39.90°N	戈壁

涡动相关通量资料处理包括：原始资料野点去除、坐标旋转、WPL (webb-pearman-lenuing)订正，处理方法详见文献(王少影等，2009)。自动站数据质量控制包括：各自动站数据统一整理、统一时间处理成 1 小时一次，去除异常值、时间一致性检验(前后 6 小时本站气压相差不超过 18hPa，气温相差不超过 15.0℃)(任芝花等，

2006)。

为了方便使用本产品，同时发布 NETCDF 格式和 GRADS 两种格式。

模拟时间段为 2008 年 6 月 10 日 18:00:00～8 月 5 日 18:00:00（世界时），间隔 1 小时输出一次结果，共 1345 时次。模拟经纬度范围：经度 98.4884～99.1882°E，纬度 39.8612～40.3917°N；模拟水平分辨率：空间水平网格分辨率 1km，模拟区域共为 60×60km。嵌套网格信息见图 9.4。模式中大气层垂直方向分为 35 层，土壤 4 层。

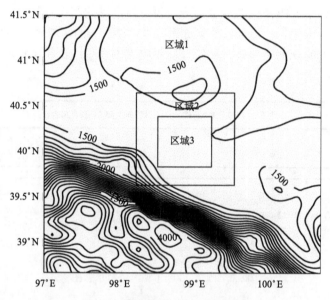

图 9.4　模拟区域嵌套网格示意图

图中数字为海拔（m）

9.3.2　再分析产品说明

再分析产品所使用的初始场数据为美国环境预报中心（NCEP）的 final operational global analysis data（ds083.2）资料，空间分辨率为 1°×1°。该资料包含了地表 26 个标准等压层（10～1000hPa）、地表边界层（部分为 σ 层）和对流层顶的各种要素信息。当前的 FNL 资料至少收集了过去 6 小时的观测资料，每天 4 次（世界时 0 时、6 时、12 时、18 时）做全球性的数据分析。该资料是由 T254 L64 谱模式获取的高分辨率资料，同化了地面观测、无线电探空、探空气球、飞机及卫星观测资料（邓伟等，2009）。通过 NCEP-FNL 资料生成 WRF 模式的初始场信息，侧边界条件则驱动最外层的网格，逐步往里层嵌套进入第三级网格。NCEP-FNL 包含的气象要素见表 9.2。

同化气象要素包括风速、风向、气温、相对湿度和气压。每隔 48 小时把 NCEP 初始场生成的模拟区域下垫面 4 层土壤温湿度资料替换成观测的土壤温湿度资料，保证非均匀下垫面土壤温湿度状况和实际观测值相接近；土地利用类型/植被类型、植被覆盖度也根据实际下垫面状况，用 MODIS 资料和 SPOT_Vegetation 植被指数进行修正（见第 6.2 节）。输出的全部气象要素为 112 个。其中表 9.3 列出一些常用的气象要素供参考。

表9.2　NCEP-FNL 资料气象要素及单位

缩写	参数名称	缩写	参数名称
no4LFTXsfc	近地层 4 层等压面的抬升指数(K)	POTsig995	位温($\sigma = 0.995$)(K)
no5WAVAprs	500mb 等压面位势高度距平(gpm)	PRE	气压(Pa)
no5WAVHprs	500mb 等压面位势高度(gpm)	PWATclm	气柱的可降水量(kg·m^{-2})
ABSVprs	26 个等压面的绝对涡度(s^{-1})	RH	相对湿度(%)
CAPE	对流有效位能(J·kg^{-1})	SOLW	土壤体积含水量
CN	对流抑制能(J·kg^{-1})	SPFH	比湿(kg·kg^{-1})
CLWMRprs	21 个等压面的云水(kg·kg^{-1})	TCDCcvl	对流云总云量(%)
CWATclm	气柱云水(kg·m^{-2})	TM	温度(K)
GPAprs	2 个等压面的位势高度距平(gpm)	TOZNEclm	气柱总臭氧量(Dobson)
HGT	位势高度(gpm)	UGRD	u 分量(m·s^{-1})
HPBLsfc	地表行星边界层高度(m)	SWDOWN	向下短波辐射通量(W·m^{-2})
ICECsfc	海冰密集度(ice = 1; no ice = 0)	GLW	向下长波辐射通量(W·m^{-2})
LANDsfc	陆地覆盖(land =1; sea =0)	OLR	射出长波辐射通量(W·m^{-2})
LFTXsfc	地表抬升指数(K)	ALBEDO	地表反照率
O3MRprs	6 个等压面的臭氧层混合比(K)	TD	露点温度(℃)

表9.3　金塔高分辨率资料同化再分析数据气象要素及单位

缩写	参数名称	缩写	参数名称
LU_INDEX	下垫面土地利用类型	TSLB	土壤温度(K)
U	X-方向风速分量(m·s^{-1})	SMOIS	土壤湿度(%)
V	Y-方向风速分量(m·s^{-1})	SH2O	土壤液态含水量(m^3·m^{-3})
W	Z-方向风速分量(m·s^{-1})	IVGTYP	植被类型
POTEVP	累积潜在蒸发通量(W·m^{-2})	ISLTYP	土壤类型
SOILTB	土壤底层温度(K)	VEGFRA	植被覆盖度
Q2	2m 处水汽混合比(kg·kg^{-1})	LAI	叶面积指数(area/area)
T2	2m 处温度(K)	Z0	背景粗糙度(m)
PSFC	地表气压(Pa)	HGT	地形高度(m)
U10	10m 处 U 风速分量(m·s^{-1})	TSK	地表温度(K)
V10	10m 处 V 风速分量(m·s^{-1})	SWDOWN	向下短波辐射通量(W·m^{-2})
QVAPOR	水汽混合比(kg·kg^{-1})	GLW	向下长波辐射通量(W·m^{-2})
QCLOUD	云水混合比(kg·kg^{-1})	OLR	射出长波辐射通量(W·m^{-2})
LANDMASK	陆地覆盖	ALBEDO	地表反照率
THETA	位温(K)	TD	露点温度(℃)
WD10	10m 处水平风向(°)	WS10	10m 处水平风速(m·s^{-1})
HFX	感热通量(W·m^{-2})	LH	潜热通量(W·m^{-2})
GRDFLX	地表热通量(W·m^{-2})	PBLH	大气边界层高度(m)

另外，本数据集仅同化了近地面 2m 的气象资料等(尚无同化的探空资料)，所以适用于边界层内近地面"绿洲效应"等分析研究。

9.4　资料同化产品检验

选取金塔绿洲内部观测点(98.93°E，40.01°N)资料，与同化模拟结果进行比较验证。其中，部分资料因观测时段不一致或观测期内断电等因素缺测。试验期内绿洲有几次灌溉过程(2008 年 6 月 13 日 02:00、6 月 26 日 15:00、7 月 21 日 03:00 和 7 月 25 日 09:00)和降雨发生(6 月 28 日、7 月 3 日、9 日、12 日、21 日、29 日小雨)。检验内容包括：再分析要素如风、温、湿、压的区域气候态平均分布，与金塔试验观测资料逐时的比较，能量收支的误差统计和比较。下面重点进行近地面温度、湿度和风场对比检验。

9.4.1　温度、湿度场

通过对比近地面温湿度和误差统计可看出，绿洲下垫面模拟的空气温湿能反映出夏季绿洲的基本平均态气候状况，模拟值能在时间序列上对缺测的观测值进行插补。

通过对比检验绿洲观测点的地表气压，近地面空气温度和相对湿度(图 9.5)，可看出：模拟值与观测值吻合很好，相关系数达 0.97，均方根误差 RMSE 和平均偏差 bias(下同)都非常小，分别为 0.09hPa 和 0.03hPa。虽然地表气压在观测期内有缺测，但模拟值可以代替观测资料进行插补。

比较近地面 2m 模拟的气温与观测值较为接近，位相变化也较为相似。最低值同时出现在 6:00 左右，最高值基本出现在 17:00 左右；绿洲点观测的气温平均为 24.4℃，模拟值平均为 24.7℃，只相差 0.3℃，相关系数可达 0.89，RMSE 和 bias 分别为 2.8℃和 1.2℃。金塔绿洲周围的其他自动气象站(AWS1,2,3 和 4)的近地面气温观测值和模拟值也较为接近(图略)，相关系数分别为 0.89，0.87，0.87 和 0.86。

长时间段的气温变化规律和空气相对湿度的变化有一定的联系。如 6 月 26 日绿洲点的近地面气温明显下降，此时的空气相对湿度升高达到 90%左右，这是因为绿洲灌溉降低了地表温度，气温也随之下降，但相对湿度升高。而 7 月 3 日、9 日、12 日和 29 日的降雨过程，气温也比日平均下降 5.0~8.0℃。其中，29 日降雨较大时，当天气温最高值只有 21.0℃(比日平均温度降低 12.0℃)，近地面相对湿度也迅速升高，几乎达到 100%；戈壁点的观测值也随着近地面气温的降低相对湿度增大(图略)。

9.4.2　风场

选取 2008 年金塔野外试验期间绿洲塔站和戈壁塔站的风向、风速资料进行统计分析(图 9.6)表明：绿洲点东风和西风概率基本相当[图 9.6(a)]，也有南风的存在；其中 1~3m/s 的风速占所有风速大小类型的 70%。绿洲点的平均风速为 1.9m/s，最大风速为偏西风(7m/s)，但为小概率事件。绿洲点模拟的平均风向、风速概率和观测值相差不大，但偏西风更强烈，1~4m/s 的风速占绝大部分；说明风速模拟比观测值偏大，但风向基本吻合。

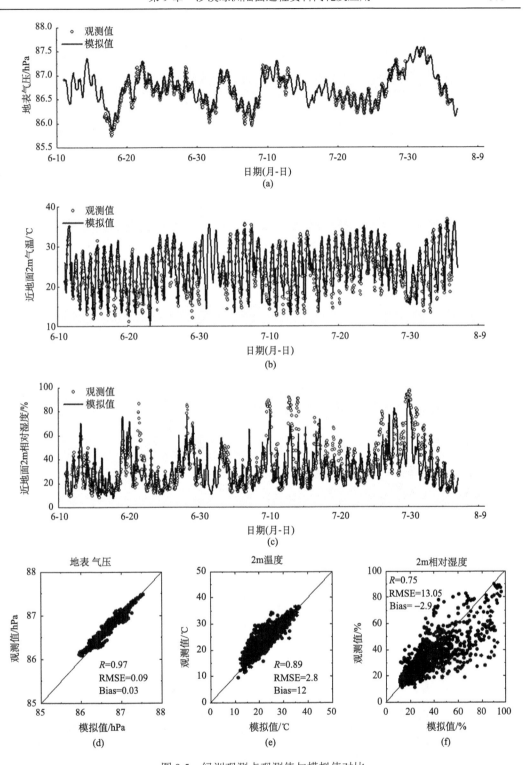

图 9.5　绿洲观测点观测值与模拟值对比

(a)地表气压(hPa)；(b)近地面空气温度(℃)；(c)相对湿度(%)；(d)、(e)、(f)误差比较

　　戈壁点观测的[图 9.6(c)]风向概率和绿洲观测点较为一致，但 2～6m/s 的风速占全部风速类型的 80%。戈壁观测点的平均风速为 3.8m/s，比绿洲点的平均风速大 2m/s。这是因为绿洲的植被茂盛，地表粗糙度大于戈壁，从而降低了风速；而戈壁为平坦均匀的裸地和沙石地，根据观测资料计算得出的绿洲平均地表粗糙度为 0.23m，而戈壁只有 0.0012m，所以戈壁点的风速大于绿洲。

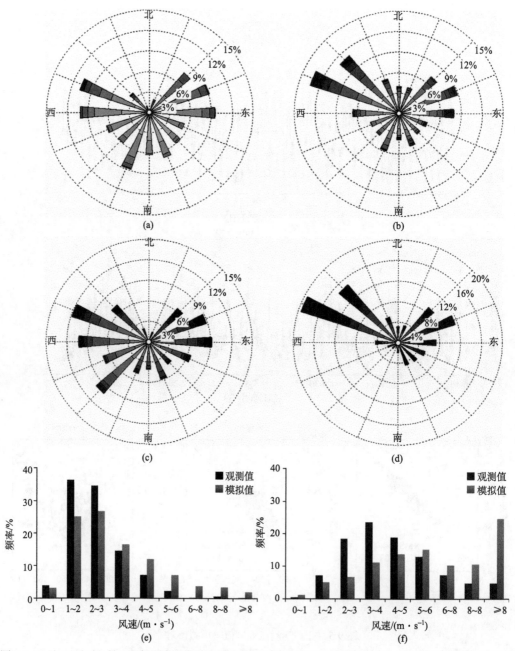

图 9.6　6 月 11 日至 8 月 5 日绿洲点和戈壁点平均的风向[(a)～(d)]和风速[(e)～(f)]观测值和模拟值对比
　　　　(a)绿洲观测值；(b)绿洲模拟值；(c)戈壁观测值；(d)戈壁模拟值；(e)绿洲风速频率；(f)戈壁风速频率

总之，从戈壁点模拟的风向(风速)看出：模拟风向主要为偏西北风，风速较大，最大可达 10m/s 以上，这可能是由于模式积分初期不稳定造成的。现有的中尺度气象模式很难较为准确地模拟出风速的日变化特征(李万莉，2010)，但模拟的风向能客观地反映出由于绿洲效应造成的局地风向改变。

9.5　资料同化产品应用

利用同化数据集对金塔绿洲 2008 年夏季(6～7 月)的平均气候态的地表温度、空气温度、空气湿度、大气边界层平均环流特征、位温、比湿剖面平均特征和大气边界层高度变化特征进行分析研究，通过应用检验，效果良好。

9.5.1　近地层气象要素

由于长期的灌溉，使金塔绿洲下垫面水分充足，夏季农作物生长状况良好，相比周围戈壁，绿洲表现出强烈的"冷(湿)岛效应"。平均状况下可忽略背景风场的作用，使绿洲平均的近地面温度和湿度场状况类似模拟出的晴天条件下分布特征。即绿洲为低温、高湿区，周围戈壁沙漠和绿洲内部的斑块状裸地则为高温和低湿区(图略)。

图 9.7 所示为金塔绿洲与戈壁平均地表温度分布状况。2:00、8:00、14:00 和 20:00 为观测期内同一时次的平均值(下同)。地表温度由于受地形海拔高度的影响，南部和北部区域比中间区域的海拔高度约 100m，地表温度在南部和北部较低，中间 40°N～40.3°N 是较为平坦的地带，地表温度略高于南北部。由于金塔绿洲位于中间区域，绿洲的地表温度低于周围戈壁。

2:00 绿洲的地表温[图 9.7(a)]为 17.0～19.0℃，而戈壁为 20.0～21.0℃。日出后随着太阳辐射逐渐增强，绿洲和戈壁的地表温度也在逐步升高。8:00 绿洲的地表温度[图 9.7(b)]约为 21.0℃，戈壁为 27.0℃左右，温差进一步加大；中午(14:00)绿洲地表温度已升至 38.0℃，戈壁则高达 56.0℃，二者相差达 18.0℃。非均匀下垫面地表温度相差如此巨大，造成了能量传输在不同地表类型的差异。白天，戈壁主要为感热输送，绿洲为潜热输送为主。到了晚上，太阳辐射减弱，地表温度开始下降，20:00 绿洲的地表温度[图 9.7(d)]为 23.0℃，戈壁则为 30.0℃左右。

总之，长时间序列的每小时平均地表温度变化特征表明：绿洲相比周围沙漠戈壁总是一个地表温度低值区域。由于绿洲土壤湿度大于戈壁，土壤含水量比戈壁高，热容量大于戈壁，所以在吸收相同太阳辐射量的情况下，绿洲地表温度低于周围戈壁。WRF 模式(见 2.5.3 节)初始场加入了 MODIS 卫星资料后，反映出绿洲内部斑块状裸地的高温状况。2m 空气温度、10cm 土壤温度和 2m 相对湿度的平面分布状况，也类似于地表温度(图略)。由此可见，模拟得到的结果可以体现出绿洲-戈壁非均匀下垫面不同区域状况的差异。

绿洲和戈壁的平均温(湿)度日变化特征有共同的变化趋势，只是数值大小有别(图9.8)。14:00 绿洲的地表温度峰值达最高为 35.0℃，戈壁为 56.0℃；地表温度的最低值出现在 6:00 时左右，绿洲为 15.0℃，戈壁为 18.0℃。总之，绿洲的地表温度总是低于戈壁。

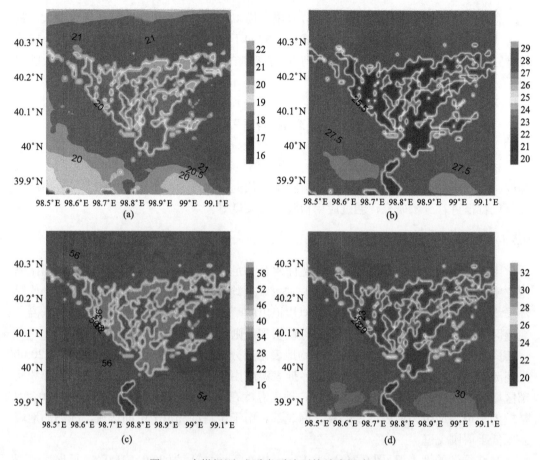

图 9.7　金塔绿洲-戈壁各时次平均地表温度(℃)

(a)02:00；(b)08:00；(c)14:00；(d)20:00

近地面气温的日变化趋势与地表温度相同。16:00 近地面气温出现峰值，比地表温度峰值晚 2 小时，绿洲的气温也总是低于戈壁。10cm 土壤温度日变化振幅是戈壁大于绿洲。这说明戈壁土壤吸收和释放热量的速度大于绿洲。吸收快，释放也快，这与土壤含水量的不同改变了土壤热容量有关。19:00 绿洲土壤温度达到峰值为 26.0℃，而戈壁比绿洲早 3h 达到峰值(为 43.0℃)；戈壁和绿洲的 2m 相对湿度的日变化趋势也很相似，只是戈壁相对湿度比绿洲平均低 11%，并在 7:00 达到峰值。

9.5.2　位温和比湿廓线

地面资料同化主要是增加对模式中低层分析场的影响，特别是边界层，对高层几乎没有影响。近地层以上的模拟结果还是依赖于 WRF 模式本身的模拟。首先给出平均状态下 4 个时次(2:00、8:00、14:00 和 20:00)气温和比湿随高度的变化(图 9.9)。平均状态下绿洲和戈壁的温度随高度变化比较平缓，没有出现逆温现象。8:00 绿洲地面气温在 20.0℃附近，与［图 9.9(b)］一致，戈壁地面气温比绿洲略高；4 个时次的温度在距地面 3km 以上相差很小，只是在近地面 1.5km 以下有差异。

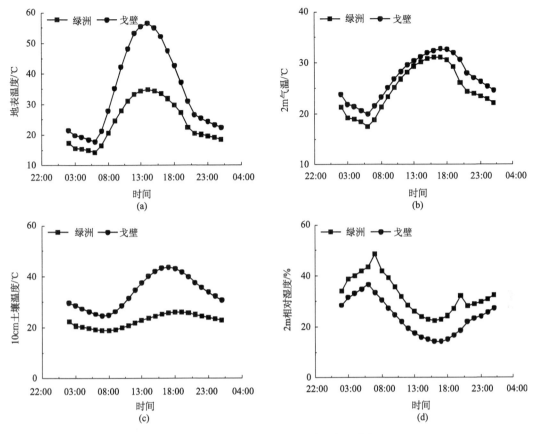

图 9.8　绿洲和戈壁的气象要素日变化特征

(a)地表温度(℃)；(b)2m 气温(℃)；(c)10cm 土壤温度(℃)；(d)2m 相对湿度(%)

从比湿的变化可以了解大气中水汽含量的变化特点。因为绿洲和戈壁两种不同下垫面特性差异，绿洲和戈壁上空比湿的多少也存在明显差异。奥银焕等(2005)发现戈壁和绿洲边缘存在冷湿舌，白天 9:00～18:00 都有冷湿舌出现，高度一般为 0～600m。冷湿舌受风速、风向和太阳对地面加热强度等因素的影响很大，也与午后绿洲辐散风有密切关系。

比湿随高度的变化，体现出空气湿度随高度增加而缓慢减小的趋势。从离近地面 $6.0g\cdot kg^{-1}$ 逐渐减小到 3km 处的 $4.0g\cdot kg^{-1}$ 左右，到了距地面 3.5km 已减为 $3.0g\cdot kg^{-1}$ 左右。14:00 戈壁平均比湿廓线在近地面 1km 左右近乎垂直不变。这反映出 14:00 戈壁上空的水汽由绿洲源源不断输送至戈壁上空，由于戈壁对流边界层高度发展，被平流输送到戈壁上空的水汽，在湍流的作用下被充分混合，一部分被湍流输送到更高的上空；另一部分被传送到近地层。这样，在绿洲下游的戈壁边界层的大气比湿主要呈近似等值的垂直分布，其他时次的比湿随高度变化均为缓慢减小。其中，20:00 距地面 2.5～3.5km 的比湿要比其他时刻大，说明由于太阳落山后，湍流混合和平流扩散作用减小，高空的水汽不断聚集，形成比湿高值区域。

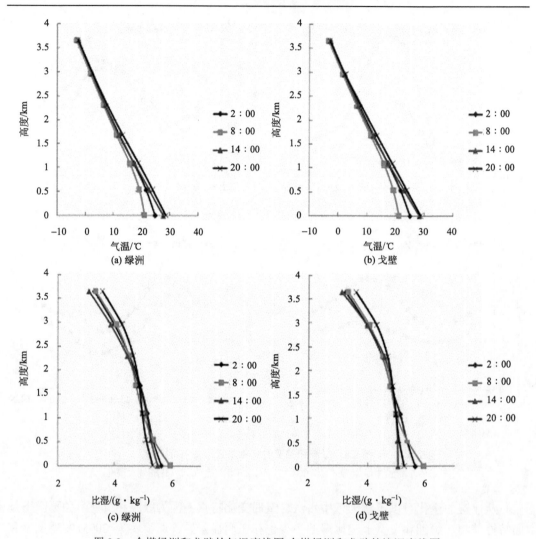

图9.9　金塔绿洲和戈壁的气温廓线图;金塔绿洲和戈壁的比湿廓线图

从绿洲上空比湿的各时次平均剖面(图9.10)分布看出:绿洲下垫面由于农作物的存在,长期的灌溉使得下垫面水分充足,在绿洲上空会形成湿岛。2:00绿洲和戈壁上空没有明显的比湿大值区,在近地面比湿约为5.6g·kg;8:00日出后,绿洲上空的比湿比周围戈壁略大,近地面的比湿略微升高(5.8g·kg左右);14:00受强烈蒸发作用的影响,绿洲上空(98.6°E～99°E)比湿明显比周围戈壁高,为拱形分布的"湿岛中心",绿洲中心到边缘的比湿呈阶梯状减小,一直持续到离地1.5km的高空;到了20:00这种差异才逐渐减弱。绿洲各时次的平均状况没有反映出"湿舌"效应,这是因为以前的研究大多是某一个特定时刻的瞬时状况,风向风速的叠加作用使得湿舌出现。研究表明:在特定时刻的平均状态下绿洲上会出现稳定的"湿岛中心",湿中心与周围比湿的差值约为0.6g/kg。

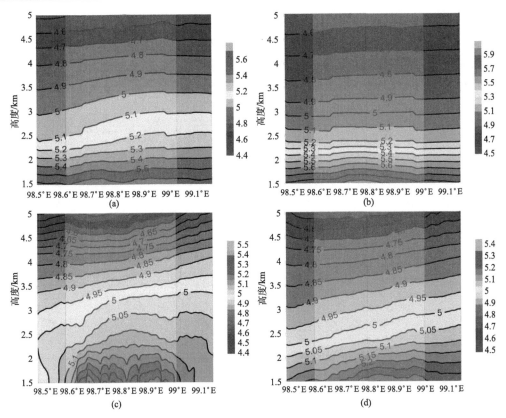

图 9.10　金塔绿洲-戈壁沿 40.15°N 垂直剖面比湿（g·kg⁻¹）分布

高度为海拔（km），1.5km 处为近地面底层，图中灰色区域为绿洲上空（98.6°E～99.05°E）

(a) 02:00；(b) 08:00；(c) 14:00；(d) 20:00

　　绿洲上空蒸发的水分通过平流作用输送到戈壁沙漠上空形成"逆湿"。大气比湿的垂直分布特征，揭示了沙漠近地层大气比湿是由戈壁地表土壤水分蒸发和来自临近绿洲的水汽平流输送共同作用造成的。当水汽平流的作用大于沙漠地表土壤水分蒸发作用时，就会产生逆湿现象。在临近绿洲的戈壁，一方面戈壁地表存在土壤水分蒸发，它使得水汽向上输送，造成近地面层的大气比湿随高度而减小。因此把蒸发看作一个"源"，称为"蒸发源"；另一方面，由于平流作用将临近绿洲上的水汽输送到沙漠地区，我们把这种水汽输送也看作是一个"源"，称为"逆湿源"（左洪超等，2004a）。

　　在湍流的作用下，逆湿源产生的水汽向下输送，造成逆湿源以下的大气比湿随高度而增加，这实际上是一种扩散过程。观测结果表明：在水汽向下输送的过程中并没有大气水分的凝结发生，所以沙漠地表也不会有凝结发生（左洪超等，2004b），而模拟结果只反映出临近绿洲的戈壁上空在中午存在逆湿现象［图 9.10(c)］。陈世强等（2006）研究指出：在背景风场较弱的晴好天气下，当存在由绿洲向沙漠辐散的平流以及沙漠上的上升气流和绿洲下沉运动的过渡带位于绿洲边缘时，易形成逆湿。

　　从绿洲与戈壁各个时次沿 40.15°N 的垂直剖面位温分布（图 9.11）看，绿洲上空的位温都要比周围戈壁上空略低，由于是长期平均状态，绿洲上空并没有出现逆温层。14:00

绿洲的冷中心一致可以达到离地面 1.5km, 其位温差为 0.2℃; 绿洲的冷岛效应一直可以持续到 20:00; 2:00 和 8:00 绿洲的冷岛效应最弱。事实证明: 由于白天的地面温度更高, 绿洲和戈壁下垫面的热力差异使位温的垂直高度更高, 可以达到 1500m 的高度; 夜间绿洲的近地层 500m 以下则表现出弱的"冷岛效应"。

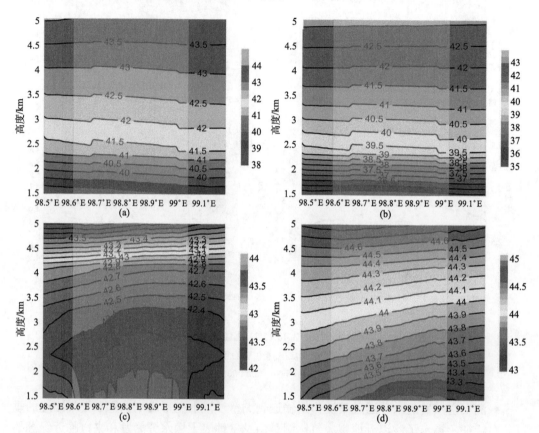

图 9.11 金塔绿洲-戈壁沿 40.15°N 垂直剖面位温(℃)分布

高度为海拔(km), 1.5km 处为近地面底层, 图中灰色区域为绿洲上空(98.6°E~99.05°E)

(a) 02:00; (b) 08:00; (c) 14:00; (d) 20:00

9.5.3 环流场

图 9.12 所示为金塔绿洲塔站点的风速 U、V 和 W 分量特征。从图 9.12(a)可看出: 8:00 近地层 1km 以下的纬向风速随高度减小, 从 $3m \cdot s^{-1}$ 减小到 $1m \cdot s^{-1}$ 左右(这说明近地面偏西风强烈), 其余时次的风速为 $1m \cdot s^{-1}$ 左右, 直到 1.7km 的风速逐渐减至最小; 1.7km 以上随着高度的增加各时次 U 分量逐渐增加至 $5\sim6m \cdot s^{-1}$ 左右, 说明在绿洲上空 $2\sim4km$ 的高度, 纬向风占主导。

而 V 分量在 2km 以下随着高度的增加呈缓慢减小趋势(均为负值), 说明以偏北风为主; 到了 3.5km 各时次 V 风速分量保持在 $-1m/s$ 左右。根据风速 U 和 V 分量的空间变化表明, 金塔绿洲上空的平均风向为西北风。

W 风速分量的垂直特征[图 9.12(c)]，14:00 在近地层 1km 垂直速度为–0.2m/s，并一直延伸到 3.5km 的高度，其他各时次的垂直速度都在 0m/s 左右。这说明绿洲戈壁系统的局地环流在午后最强烈时可到达 3.5km 的高度。而凌晨(2:00)和早晨(8:00)在近地层 1.5km 以下为正值，表明绿洲上空有微弱的上升气流存在。相反，20:00 在近地层 1km 以下为负值，说明绿洲-戈壁系统局地环流的下沉气流减弱，1km 以上已经转变为正(为上升气流)。这种局地环流系统是绿洲自我维持机制的体现。

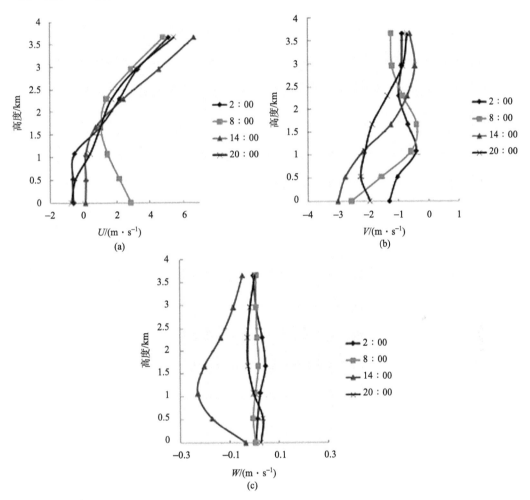

图 9.12　绿洲各时次平均风速(m · s⁻¹)分量廓线

(a)纬向；(b)经向；(c)垂直风速

在金塔绿洲近地面 10m 的平均风向(图 9.13)是偏北风。2:00 绿洲北部为偏北风，东部为偏东风，西部为偏西风，在绿洲中心汇合后继续朝南吹去；8:00 整个绿洲为偏西北风控制；14:00 主导风向仍然还是为偏北风[图 9.13(c)]，但绿洲北部边缘(40.25°N 附近)风速较小；直到 20:00 绿洲东北部才有偏东北风出现，但整体上绿洲还是以偏北风为主。14:00 绿洲北部边缘平均的绿洲效应已开始体现，会形成近地面的辐散风，在绿洲北部边缘有南风出现，强烈的辐散风会出现在晴天条件下和灌溉后的几天内，虽然其出现概率较小，但在大背景平均风向控制下，难以体现出来。

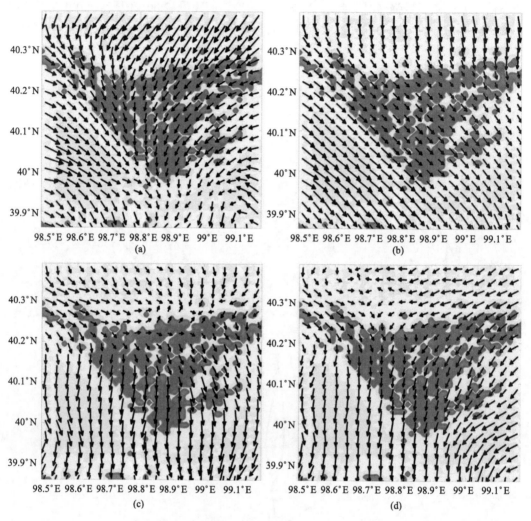

图 9.13 金塔绿洲-戈壁近地面 10m 平均风向

(a) 02:00；(b) 08:00；(c) 14:00；(d) 20:00

从沿 40.15°N 垂直风场的平均环流状况 (图 9.14) 看出，2:00 整个绿洲上空都是微弱的上升气流，只是在近地面层不明显，但在 800~690hPa 上升气流最大达到 10cm·s^{-1}；8:00 从 850hPa 的近地面一直到 600hPa 上空都出现上升气流；但是 14:00 整个绿洲上空基本都转变为下沉气流，850~660hPa 最大下沉速度为 -30cm·s^{-1}，特别是在 98.6°E~99.0°E 下沉运动最明显，这是因为绿洲戈壁局地环流系统的出现，发展成近地面低空辐散，高空辐合的环流场。晚上 (20:00) 随着"绿洲效应"的减弱，下沉气流伴随上升气流会造成局地的大范围湍流混合，常常会加快绿洲上空冷湿效应的消失。

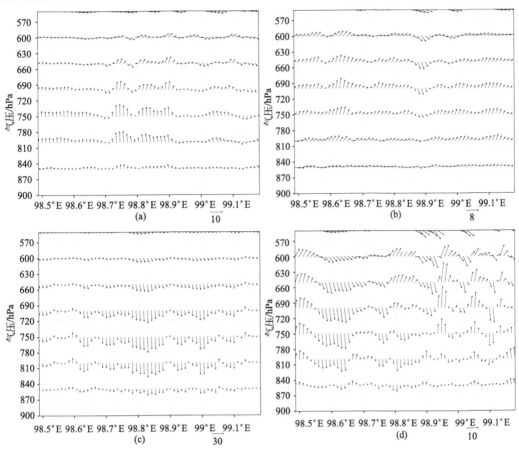

图 9.14　金塔绿洲戈壁沿 40.15°N 垂直风场 U·W/(cm·s⁻¹) 分布

垂直坐标为气压(hPa)，850hPa 处为近地面底层

(a) 2:00；(b) 8:00；(c) 14:00；(d) 20:00

　　由于模拟区域只有 60km×60km，金塔绿洲在区域里占主要部分，所以剖面重点反映了下沉气流的存在，上升气流会出现在周围戈壁上空；说明当绿洲"冷岛效应"强烈时，周围戈壁的上升气流会从远离绿洲的地方上升，在绿洲与戈壁邻近地区还由下沉气流控制。由于风的水平平流运动会把冷湿空气带到绿洲边缘的戈壁上空，造成邻近戈壁的冷湿现象，这也解释了野外观测试验中戈壁观测点测得的相对湿度与绿洲相差不大的原因。

　　绿洲白天出现的近地面辐散，高空辐合气流是由绿洲的冷湿岛效应造成，这种局地环流特别是在午后很明显，晚上随着绿洲与戈壁的土壤温度大幅下降，空气温度也降低。绿洲西部出现的偏西风和绿洲东部出现的偏东风会在绿洲中心附近汇合 [图 9.14(a)]，造成辐合上升气流，虽然绿洲还是会表现出微弱的"冷岛效应"，但绿洲上空产生的下沉气流很微弱。所以，大范围的平均状况显示夜间绿洲环流与白天明显不同。

9.5.4　大气边界层高度

模拟的金塔绿洲平均大气边界层高度分布表明：2:00 整个模拟区域的大气边界层基本均一，边界层高度为 320～400m，绿洲南部水库的水体边界层高度只有 120m [图 9.15(a)]；8:00 绿洲区域的边界层高度比 2:00 低，绿洲的轮廓开始显现，绿洲的边界层高度为 210m 左右，周围戈壁为 270～290m [图 9.15(b)]，说明在夜间大气边界层高度持续缓慢减低，对流活动不显著。

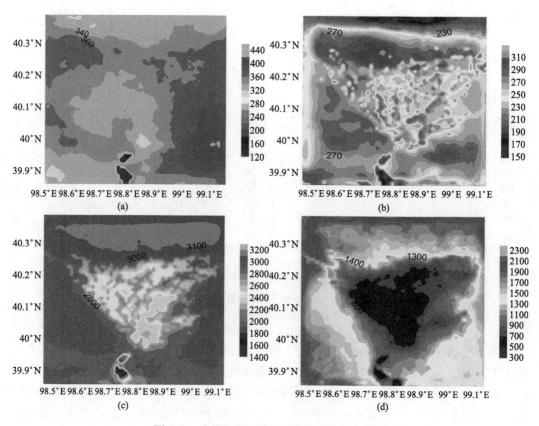

图 9.15　金塔绿洲平均边界层高度(m)分布图

(a)02:00；(b)08:00；(c)14:00；(d)22:00

14:00 由于湍流混合的发展，绿洲区域的边界层高度呈不均匀分布。其中，绿洲地区上空的边界层可达 2400m 左右，周围的戈壁达 2800～3200m[图 9.15(c)]，说明由于绿洲非均匀下垫面边界层对流较强，抬升了边界层高度；晚上(22:00)绿洲区域的边界层高度明显降低(绿洲的轮廓清晰)，高度在 800m 左右，而周围戈壁还维持在 2000m 左右[图 9.15(d)]。总之，模拟的各时次绿洲大气边界层变化，不仅反映出绿洲-戈壁非均匀下垫面地表热力差异产生的边界层高度差异，还能了解到绿洲区域平面上边界层高度的分布特征。

白天，绿洲点和戈壁点大气边界层高度的平均日变化特征(图9.16)是：从9:00开始逐渐迅速升高，在17:00达到峰值(戈壁为3300m，绿洲为2400m)；随后缓慢降低，在22:00～次日8:00边界层高度最低，不论绿洲还是戈壁都在500m以下。分析表明，大气边界层高度与外层气流的速度有关，也与铅直层结和下垫面不平坦性的尺度及形状有关。一般厚度从几百米到2000m，平均约为1000m(李万莉，2010)。金塔周边戈壁(绿洲)的平均最大边界层高度达到3300m(2500m)，表明金塔绿洲边界层对流强烈，从而抬高了边界层高度。

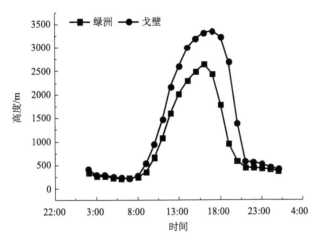

图9.16 绿洲和沙漠戈壁的边界层高度(m)平均日变化

分析晴天的模拟结果表明，绿洲的边界层高度最大可达4000m，戈壁为5000m以上(图略)。乔娟等(2010)研究也证明，干旱区夏季晴天的确存在极端深厚的大气边界层。如敦煌夏季，白天对流边界层顶最高超过3500m，夜间稳定边界层的最大高度平均达到900m左右。金塔和敦煌都属于河西走廊，看来以荒漠为主要下垫面的西北干旱区特别是河西地区的边界层要比其他地区厚。张强等(2004)指出，这些地区较强的风速切变是其成因之一。由于金塔绿洲相对很小，四周广阔的荒漠和戈壁向大气释放很强的感热也是边界层偏厚的原因。

9.6 小 结

(1)利用WRF模式3.1版本，同化2008年夏季金塔绿洲野外气象观测资料，形成金塔高分辨率资料同化再分析数据集。此数据集包括黑河流域金塔绿洲2008年6～8月每小时1km水平分辨率的土地利用类型、19层气压层的风温湿压和4层土壤温湿度、地表的植被覆盖、辐射分量、热通量等资料。

(2)通过金塔试验观测资料与此数据集输出的风速、风向、温度、湿度和气压等气象要素进行逐时比较验证和误差统计，结果表明模拟的近地面空气温度和相对湿度与观测值吻合较好。

(3)经过初步验证，此数据集输出的常规气象要素与近地面层观测资料对比误差较小，能够反映出绿洲系统非均匀下垫面的夏季小气候特征。由于观测点全部位于近地面，同化效果仅限于近地层和土壤表层（尚无同化的探空资料）。

参 考 文 献

奥银焕, 吕世华, 陈世强, 等. 2005. 夏季金塔绿洲及邻近戈壁的冷湿舌及边界层特征分析. 高原气象, 24(4): 503-508.

陈世强, 吕世华, 奥银焕, 等. 2006. 金塔地区绿洲环流形态的数值模拟分析. 高原气象, 25(1): 66-73.

邓伟, 陈海波, 马振升, 等. 2009. NCEP FNL 全球分析资料的解码及其图形显示. 气象与环境科学, (3): 78-82.

黄春林, 李新. 2006. 土壤水分同化系统的敏感性实验研究. 水科学进展, 17(4): 457-465.

李万莉. 2010. 绿洲系统能量水分循环及边界层过程的数值研究. 兰州: 中国科学院寒区旱区环境与工程研究所博士学位论文

李新, 黄春林, 车涛, 等. 2007. 中国陆面数据同化系统研究的进展与前瞻. 自然科学进展, 17(2): 163-173.

刘昭, 周艳莲, 居为民, 等. 2011. 基于集合卡尔曼滤波同化方法的农田土壤水分模拟. 应用生态学报, 22(11): 2943-2953.

任芝花, 许松, 孙化南, 等. 2006. 全球地面天气报历史资料质量检查与分析. 应用气象学报, 17(4): 412-419.

师春香, 谢正辉, 钱辉, 等. 2011. 基于卫星遥感资料的中国区域土壤湿度 EnKF 数据同化. 中国科学: 地球科学, 41(03): 375-385.

王少影, 张宇, 吕世华, 等. 2009. 金塔绿洲湍流资料的质量控制研究. 高原气象, 28(6): 1260-1273.

张生雷, 谢正辉, 田向军, 等. 2006. 基于土壤水模型及站点资料的土壤湿度同化方法. 地球科学进展, 21(12): 1350-1362.

左洪超, 吕世华, 胡隐樵, 等. 2004a. 非均匀下垫面边界层的观测和数值模拟研究（Ⅰ）: 冷岛效应和逆湿现象的完整物理图像. 高原气象, 23(2): 156-162.

左洪超, 吕世华, 胡隐樵, 等. 2004b. 非均匀下垫面边界层的观测和数值模拟研究（Ⅱ）: 逆湿现象的数值模拟研究. 高原气象, 23(2): 164-170.

Andersson E, Haseler J, Unden P, et al. 1998. The ECMWF implementation of three-dimensional variational assimilation(3D-Var). III: Experimental results. Q J R Meteorol Soc, 124(550): 1831-1860.

Courtier P, Andersson E, Heckley W, et al. 1998. The ECMWF implementation of three-dimensional variational assimilation(3D-Var). I: Formulation. Q J R Meteorol Soc, 124(550): 1783-1807.

Entekhabi D, Nakamura H, Njoku E G, et al. 1994. Solving the inverse problem for soil moisture and temperature profiles by sequential assimilation of multifrequency remotely sensed observations. IEEE Transactions on Geoscience and Remote Sensing, 32(2): 438-448.

Evensen G. 2004. Sampling strategies and square root analysis schemes for the EnKF. Ocean Dynamics, 54(6): 539-560.

Galantowicz J F, Entekhabi D, Njoku E G, et al. 1999. Tests of sequential data assimilation for retrieving profile soil moisture and temperature from observed L-band radiobrightness. IEEE Transactions on Geoscience and Remote Sensing, 37(4): 1860-1870.

Hoeben R, Troch P A. 2000. Assimilation of active microwave observation data for soil moisture profile estimation. Water Resources Research, 36(10): 2805-2819.

Kalnay E, Li H, Miyoshi T, et al. 2007. 4-D-Var or ensemble Kalman filter?. Tellus A, 59(5)：758-773.

Mclaughlin D. 2002. An integrated approach to hydrologic data assimilation: interpolation, smoothing, and filtering. Advances in Water Resources, 25(8-12)：1275-1286.

Reichle R H, Crow W T, Koster R D, et al. 2008. Contribution of soil moisture retrievals to land data assimilation products. Geophysical Research Letters, 35(1)：1-6.

第10章 绿洲的科学保护和利用研究

10.1 生态化建设对绿洲发展的影响

绿洲是干旱生态系统的重要组成部分,是干旱荒漠地区人类赖以生存与发展的基础。随着社会经济的发展和人类对自然资源的过度开发,绿洲的发展改变了水资源的时空分配和消耗方式,使得人工绿洲与沙漠同时扩大,而处于两者之间的自然水域、林地、草地面积和野生动物数量减少,形成沙漠危逼绿洲的态势。土地荒漠化极大地改变了陆地表面的物理特征,破坏了地表辐射收支平衡,从而导致气候和环境变化。而气候和环境变化的反馈作用又将进一步影响地表荒漠化的进程,如此循环往复,进而对地球环境产生深远的影响。

10.1.1 试验设计

利用美国 NCAR 非静力平衡中尺度模式 MM5V3,将水平分辨率提高到 1km,通过数值模拟的方式,针对目前甘肃省河西地区荒漠化严重,灾害频繁的状况,分析不同绿洲、林带分布状态下地表能量平衡,讨论了沙漠化的严重后果及"退耕还林(草)、封山育林"对环境的改善程度。

根据实际沙漠分布状况,重点做了控制实验。针对西部干旱地区 2 类(绿洲和沙漠)极具对立与冲突的环境系统,设计了两组敏感性试验:基本对立的生态环境演变过程-荒漠化过程和绿洲化过程,每个过程包含两个不同程度试验。

使用 NCAR 提供的全球 30s 地形资料及全球 30s USGS 陆面资料,大尺度资料是由 NCAR 提供的再分析资料。由于绿洲与沙漠的下垫面物理特性主要在夏季差别较大,同时以相应时间的大尺度资料作为初始场。模式中参数化的选择如下:①积云参数化方案:采用 Grell 参数化方案;②行星边界层物理过程:采用 MRF PBL 边界层参数化方案;③云物理过程:选用简单冰相过程;④大气辐射方案:选择云辐射方案;⑤地面温度(ISOLL):采用 OSU/EteLandsurface Model。取 2000 年 8 月 3 日 12:00 的大气资料作为初值,采用张弛逼近边界条件,积分时间 5 天。模式中心点位于(38.9°N,100.35°E),东西向格点数 52,南北向格点数为 49,水平格距 1km,垂直方向为 23 层,模式大气顶气压 100hPa。

10.1.2 结果分析

1. 感热通量与潜热通量

模拟结果表明,一是模拟区域平均地表感热和潜热通量存在明显的日变化特征。其中,峰值均出现在 14:00 感热通量(450 W·m^{-2})振幅大于潜热通量(150 W·m^{-2});20:00 到第 2 天的 5:00，二者都处于低值(零值附近)，潜热值略大于感热。

二是不同的下垫面分布导致了不同的感热和潜热分布。感热最大的两个范围为混合森林和城市，分别为 550 $W \cdot m^{-2}$ 和 530$W \cdot m^{-2}$，其次为沙生植物，感热最小的为草地及作物，只有 420$W \cdot m^{-2}$ 左右；而潜热正好相反，城市最小(70$W \cdot m^{-2}$)，其次是沙生植物为 80$W \cdot m^{-2}$，混合森林为 100$W \cdot m^{-2}$，最大为草地及作物为 170$W \cdot m^{-2}$。

以上控制试验表明：城市扩张可以对区域感热和潜热分布造成很大影响，它可以导致干旱及城市热岛效应等加强，是区域气候变化的一个重要原因之一。

由敏感性试验的感热和潜热区域平均与控制性试验距平随时间变化看到：白天，沙进人退试验的感热增加，潜热减小；而封山育林绿化试验的感热减小，17:00 变化幅度最大，潜热增大。

从感热变化可以看出二者都存在日变化，20:00~8:00 的变化不大；8:00~14:00 沙漠化试验区域平均感热均小于控制实验的变化，且差值在逐渐减小，最终将趋于零；14:00~20:00 沙漠化试验区域平均感热均大于控制试验，其差值逐渐增大，并且全部沙漠化试验与控制试验的差值要比部分沙漠化试验大，长时间维持下去最终导致区域感热的升高。另外，从绿化试验感热变化看，两者也存在显著的日变化，不同的是绿化试验中感热小于控制试验，全部绿洲化试验大于部分绿洲试验。潜热变化都呈现规则的日变化，夜间差值为零，白天差值为负，全部沙漠化试验与控制试验的差值要比部分沙漠化试验的大，最大差值达– 60 $W \cdot m^{-2}$ 以上，长时间维持下去最终导致区域潜热降低。不同绿化试验中的潜热大于控制试验，也就是说绿化的结果将导致区域潜热增大。全部绿化试验潜热区域平均比控制试验大 23$W \cdot m^{-2}$，部分绿化试验潜热区域平均比控制试验大 10$W \cdot m^{-2}$。

罗哲贤(1992)分析了植被带不同布局对局地温度场和垂直速度场的影响。结果表明：若植被带布局得当，植被与裸地之间的非均一性可望激发出更强的上升运动。这对于半干旱区对流性降水的形成是有利的。时忠杰等(2011)利用 1982~2006 年内蒙古地区 GIMMS-NDVI 和降水量、气温数据,分析了不同植被类型对气温和降水变化趋势的影响。结果表明：从不同植被类型 NDVI 与平均气温和降水量的变化趋势率相关分析表明，NDVI 值越低，升温趋势越明显。其中，春季和秋季各植被类型间 NDVI 与季均气温升高趋势率呈显著和较显著的相关，夏季、冬季关系不明显；植被 NDVI 越高，降水量减少趋势越明显。

2. 摩擦速度

不同下垫面造成的摩擦速度不同，混合森林的摩擦速度最大为 1.15$m \cdot s^{-1}$，其次是城市为 1.05$m \cdot s^{-1}$,草地和农作物为 0.85$m \cdot s^{-1}$ 左右,摩擦速度最小的是沙生植物(0.75 $m \cdot s^{-1}$)，其他类型植被的摩擦速度介于两者之间。

从敏感性试验区域平均摩擦速度与控制试验区域平均摩擦速度的距平看，荒漠化试验中摩擦速度比控制试验要小，部分沙漠化时比控制试验小 3.3$cm \cdot s^{-1}$,全部沙漠化后要比控制试验小 5.0$cm \cdot s^{-1}$；绿化试验中摩擦速度比控制试验要大，部分绿化时的摩擦速度增大 1.0$cm \cdot s^{-1}$，全部绿化后增大为 5.5$cm \cdot s^{-1}$。郭亚娜和潘益农(2002)的研究也表明，绿洲中植被的温度不仅受反照率、空气温度影响,而且受大气稳定性和地表粗糙度的影响。在其他条件相同的情况下,大气稳定度越高(低),植被的温度越高(低),地表粗糙度越小(大)植被的温度也越高(低)。张国林和梁群(2009)研究也表明,恢复次生林植被后太阳辐射利用率提高 41.1%;减小湍流 5%~6%,蒸发耗热增加了 5%左右;降低蒸发量 1.6 mm·d^{-1},提高土壤湿度 1.56%。也就是说,恢复次生林植被可以起到保水保土、降低风速、减少蒸发和风蚀的作用。由此可见,"退耕还林(草),封山绿化",可以起到保水保土、降低风速、减少蒸发和风蚀作用,对阻止风沙活动和减少沙尘暴天气具有特别重要的意义。

3. 地表温度及土壤温度

由控制试验区域平均地表温度及土壤温度随时间的变化可知,地表温度及浅层(10cm、30cm)土壤温度虽然有明显的日变化特征,但各自日较差和峰值不同,同时还存在滞后现象;深层(60cm、100cm)土壤温度没有日变化,只有随时间增加呈线性增长的趋势。其中,地表温度日较差较大(25.0℃),峰值出现在 14:00(39.0℃),谷值出现在 5:00(14.0℃);10cm 土壤温度较地表温度滞后 3 小时,峰值出现在 17:00(27.0℃),谷值出现在 8:00(18.0℃),日较差为 9.0℃;30cm 土壤温度日较差更小为 0.4℃,与地表温度相比,其滞后时间超过 9 小时,峰值出现在 23:00~2:00(20℃),谷值出现在 11:00(19.65℃)。另外,浅层土壤温度日平均也呈随时间增大的趋势。总之,从 4 层土壤温度的变化发现:深度约深,土壤温度的日变化越小,反之,则越大。

通过对各个敏感性试验与控制试验的地表温度及土壤温度差值比较,荒漠化试验中地表温度升高,部分沙漠化升高 0.55℃,全部沙漠化升高 0.7℃;而在绿化试验中地表温度将降低,部分绿化降低 0.21℃,全部绿化降低 0.7℃以上。10cm 土壤温度的变化与地表温度相同,在荒漠化试验中分别升高 0.3℃和 0.4℃。相反,在绿化试验中分别降低 0.13℃和 0.35℃。在荒漠化试验的 60cm 土壤温度日变化不明显,但在绿化试验中土壤温度会降低,且随着时间的增长越来越明显。

4. 土壤湿度变化

从控制试验区域内绿洲与沙漠近地面层比湿随时间变化看,近地面层比湿呈明显的日变化,绿洲近地面层比湿远高于沙漠地区。绿洲近地面层比湿峰值出现在 17:00(10.1g·kg^{-1}),谷值出现在 23:00(8.6g·kg^{-1});沙漠区近地面层比湿峰值出现时间与绿洲近地面层比湿相当为 8.6g·kg^{-1}(17:00~20:00),谷值为 7.2g·kg^{-1}(5:00~8:00)。模拟分析表明:不同下垫面直接影响着近地面水汽的分布,水汽增多有利于地表植物的生长,从而形成良性循环,对环境的改善起到促进作用。潘英和刘树华(2008)也指出:绿洲对沙漠的水汽输送,是影响沙漠地表能量收支及绿洲周边区域气候最重要的因子。

从敏感性试验区域平均近地面比湿随时间变化曲线看,每个敏感性试验的区域平均近地面比湿都具有与控制试验相同的日变化特征。其中,峰值出现在 17:00,谷值为凌晨 5:00,两条比湿曲线的谷值相同,但峰值不同。全部绿化试验比全部沙漠化试验大 200.0g·kg^{-1},并且无论峰值或谷值随时间都呈增大趋势;夜间两个敏感性试验的区域平均近地面比湿增大明显；积分第 5 天比第 4 天近地面比湿增大 0.6g·kg^{-1} 以上；白天因为蒸发大，所以比湿增大幅度没有夜间明显，只有 0.4g·kg^{-1}。徐丽萍等 (2010) 利用定点观测的方法，对安塞县退耕地上建立的人工植被和撂荒形成的自然植被群落，对小气候的影响效应结果表明：退耕还林营造人工林后，下垫面的变化引起局地水热循环的变化，具体表现为降温效应、增湿效应、改土效应和阻风效应，尤其是在植被生长旺盛的夏季，人工植被区近地层 1.0m 处日均气温明显下降，低于撂荒植被区 2.2℃；日均相对空气湿度增大，高于撂荒植被区 1.97%；日平均风速降低，日均减风效益高于撂荒植被区 28%，同时土壤导热性能提高，土壤物理性质得到改良。

　　以上模拟结果表明：实施"退耕还林(草)，封山绿化"后，下垫面的变化引起局地水热循环的变化，可以起到保水保土、降低风速、减少蒸发和风蚀等作用，有利于整体生态环境的改善。对绿洲系统而言，水是其维持和发展最关键因素。例如，石羊河位于河西走廊东端，最终流入巴丹吉林和腾格里沙漠交界处的腹地。20 世纪 50 年代以来，这条河流因水资源被过度开发利用而断流。2007 年 12 月 7 日，国家实施《石羊河流域重点治理规划》后，经过有效的治理干涸近半个世纪的甘肃民勤青土湖 2004 年水域面积达 22km^2，地下水位平均埋深由 2008 年 4.2m 回升到目前的 3.3m，近 6666.7hm^2 芦苇蓬勃丛生。

　　绿洲规模的扩大及绿洲水分和植被的增加，将加强绿洲的冷岛效应，提高绿洲的稳定性(罗格平等，2004)。在沙漠绿洲的开发利用与局地环境变化之间，存在着两种截然相反的反馈作用：环境变好→绿洲发展→环境更好→绿洲再发展；环境恶化→绿洲退化→环境更坏→绿洲再退化，甚至消失。决定这两种反馈作用的是大环境变迁和绿洲开发利用中是否合理利用资源和按自然规律办事(杜明远和真木太一，1999)。

10.2　不同尺度绿洲的特征比较

　　绿洲是干旱区宝贵的生态资源，是我国工农业生产的基地，它提供的良好的小气候环境，是绿洲生态系统发展的摇篮。由于绿洲-沙漠系统是一个复杂的非线性系统，其地表环境与大气边界层相互影响。同时，这种局地的环流现象往往容易受大尺度环流的影响，给观测和分析带来诸多困难。绿洲是水资源的产物，它不仅会影响局地气候环境，也受全球气候变化的影响，因此，绿洲沙漠系统形成和维持机制需要进一步深入研究。

　　采用美国大气科学研究中心(NCAR)非静力平衡中尺度模式 MM5V3.4，试验方案设计(2.5.1 节)。设模式初值场是水平均一，其水平风在各层为零，大气层结取 2000 年 7 月 24 日张掖 8:00 探空。选择 3 重嵌套网格，最外模式区域侧边界采用固定边界条件，积分时间 2 天。模式中心点位于(38.9°N，100.35°E)，第一模式区域东西向格点数为 60，南北向格点数为 80，水平格距 9km；第二模式区域东西向格点数为 73,南北向格点数为 91，水平格距 3km；第三模式区域东西向格点数为 85,南北向格点数为 103，水平格距 1km；模式垂直方向分 23 层，使用 σ 垂直坐标，模式大气顶气压 10hPa。

　　模拟区域的地形是水平的，海拔高度是 1460m。模式下垫面第一、第二模式区域是沙漠，仅第三模式区域 85km×103km 区域中心有绿洲，植被类型使用林地和耕作区，其他地方仍然是戈壁沙漠。其中沙漠区域土壤类型为沙，林地和耕种区土壤类型使用沙土。

　　设计了三组试验。第一组为大绿洲试验，模式试验绿洲尺度为 30km×30km；第二组为中绿洲试验，模式试验的绿洲尺度为 15km×15km；第三组为小绿洲试验，模式试验的绿洲尺度为 7km×7km。在模式一是去掉地形影响（即模式中为水平地形），二是去掉大尺度气流影响（即模式中为静止的水平均匀大气）的情况下，通过不同尺度绿洲模拟结果的比较，能够进一步了解不同尺度绿洲气候效应的差异和边界层特征。

10.2.1　湍流能量通量

1. 感热通量

　　在模式积分 24 小时后，比较不同绿洲系统对地面感热输送的影响。白天[图 10.1(a)]，中绿洲（尺度为 15×15km）的平均感热要比大绿洲（尺度为 30km×30km）小，13:00 的平均感热差异为 13W·m^{-2}；相反，小绿洲（尺度为 7km×7km）的平均感热要比大绿洲小[图 10.1(b)]，13:00 差异达 21W·m^{-2}。因此，小尺度比大尺度绿洲的地面感热小，绿洲尺度缩小一半以后，感热将减小 10W·m^{-2}。

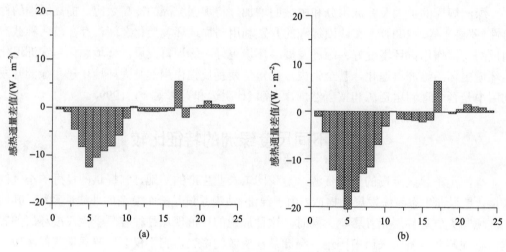

图 10.1　模拟的 24 小时不同绿洲平均感热差
(a)中绿洲与大绿洲平均感热差；(b)小绿洲与大绿洲平均感热差

2. 潜热通量

　　一般情况下，沙漠的感热要比绿洲大很多。小尺度绿洲应该地面温度高，感热大，为什么感热反而小？只有将地面潜热输送同时进行对比分析，才可能会明白其中的原因。

　　白天，模拟的 24 小时大绿洲比小一半的中绿洲地面潜热要大[图 10.2(a)]，13:00 为 10 W·m^{-2}。而尺度更小的小绿洲，地面潜热更大，在 11:00～13:00 潜热增加量都在 10W·m^{-2} 以上，最大达到 15W·m^{-2}[图 10.2(b)]。所以，尺度小的绿洲其蒸发要比尺度大的绿洲其蒸发量大带来的结果是潜热也大。

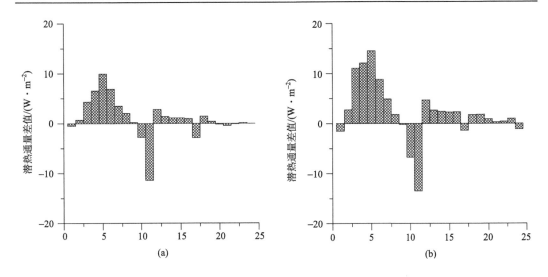

图 10.2　模拟的 24 小时不同绿洲平均潜热差

(a) 中绿洲与大绿洲平均潜热差；(b) 小绿洲与大绿洲平均潜热差

在模拟的 24 小时中与大绿洲地表平均温度差[图 10.3(a)]上，中绿洲地表温度比大绿洲平均偏高 0.2~0.4℃；白天比夜间稍大，最大值出现在 18:00~20:00；小绿洲比大绿洲的温度偏高达 0.4~0.6℃，而且白天和夜间(0.4~0.5℃)差异不大。因此，绿洲越小，地面温度越高[图 10.3(b)]。

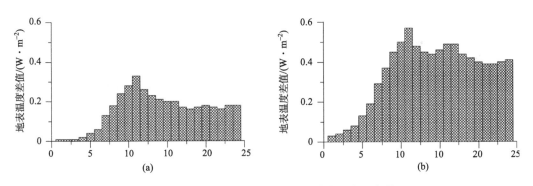

图 10.3　模拟的 24 小时不同绿洲地表平均温度差

(a) 中绿洲与大绿洲地表平均温度差；(b) 小绿洲与大绿洲地表平均温度差

3. 地表温度

绿洲的地面气温因绿洲尺度的不同而异(图 10.4)。白天，在模拟的 24 小时中绿洲比大绿洲的地面气温高 0.6~0.7℃，除 4:00~8:00 比较小以外，其他时间差异都在 0.5℃以上[图 10.4(a)]。而小绿洲比大绿洲地面气温高 1.2~1.5℃[图 10.4(b)]，平均差异在都接近 0.8℃以上。小绿洲明显偏高的空气温度是导致感热小和蒸发大的主要原因。

从以上模拟结果分析可知，不同绿洲系统地面能量和水分的输送是不同的，绿洲尺度越小，其地面气温越高，小的绿洲蒸发大而感热相对小。在绿洲系统地面能量平衡中，绿洲的地面水分输送起到非常重要的作用。维持绿洲系统的关键也就在绿洲土壤水分和绿洲地面蒸发。小的绿洲蒸发大，地面面积消耗的水量要比尺度大的绿洲大。维持尺度小的绿洲在水资源有限的情况下，是比较困难的。没有充分水资源供应的小绿洲是难以维持的。绿洲地面能量输送过程不同，使得不同尺度绿洲系统的边界层特征会有明显的差异。

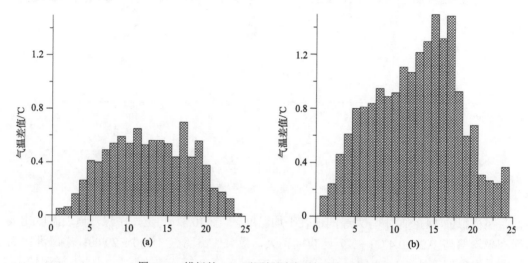

图 10.4　模拟的 24h 不同绿洲地面气温平均温度差

(a)中绿洲与大绿洲地面气温平均温度差；(b)小绿洲与大绿洲地面气温平均温度差

10.2.2　大气边界层

　　根据模拟的不同绿洲平均边界层高度(图 10.5)中，白天，大绿洲的边界层高度在 1000～1200m 左右，夜间较低；中绿洲的边界层高度，最高可达 1700m，而且比大绿洲滞后 1 小时；小绿洲的最大边界层高度达 2300m，模式计算的沙漠区域边界层高度一般为 3000m。

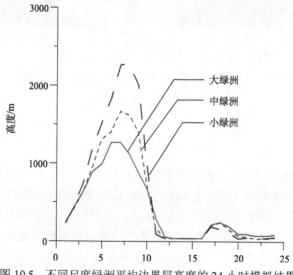

图 10.5　不同尺度绿洲平均边界层高度的 24 小时模拟结果

模拟结果表明,大绿洲边界层较低(1000～1500m),小绿洲边界层较高,达到2300m,接近沙漠地区边界层的高度。绿洲较低的边界层结构实际上是一个保护层,使得大气有限的水分和热量集中在较低的边界层中,以便保护绿洲生态系统的维持与发展;相反,小尺度绿洲较高的边界层,不能对有限的水分起到保护作用,是造成小绿洲消失的根本原因。

10.2.3 沙漠绿洲环流

在大、中和小绿洲试验模式积分 9 小时(即 17:00)的东西向垂直剖面图中,大(中)绿洲的垂直绿洲环流明显,均在绿洲区为下沉气流,沙漠区为上升气流。不同的是大绿洲边缘有闭合环流圈,其高度接近 600hPa 层,大绿洲比沙漠上空气温偏低(可以达到 700hPa);虽然中绿洲环流也十分明显,但绿洲边缘两侧的绿洲环流圈没有闭合,环流圈高度(600hPa)和温度场与大绿洲试验基本一致(700hPa)。相反,小绿洲没有明显的绿洲环流形成,仅在绿洲区有下沉气流,绿洲两侧的上升气流不明显;小绿洲除了在 800hPa 以下有低温区外,温度场的边界层特征也不明显。模拟结果表明,当绿洲小到一定尺度以后,绿洲的边界层小气候效应就不明显,不能形成绿洲环流。因此,几千米尺度的绿洲难以形成绿洲的局地气候效应,不能对有限的水分起到保护作用,所以很难维持和发展。

10.2.4 湿岛效应

在大、中和小绿洲试验模式积分 9 小时(即 17:00)的东西向垂直剖面图中,在大绿洲区域上空,随着下沉气流,将高空的干空气带下来,相对较干[图 10.6(a)]。但在绿洲边界层中仍然保持着一定湿度。绿洲下沉区域干冷的温度层结使得绿洲大气极度稳定,很难形成对流,使绿洲的水汽无法向高空输送。通过绿洲环流,将水汽向绿洲边缘的沙漠输送,在绿洲与沙漠的边缘形成湿度较大的气柱,围绕绿洲起到了保护绿洲系统的作用。中绿洲[图 10.6(b)]与大绿洲试验类似,也在绿洲边缘形成了湿气柱,不过高度和宽带都比较小,能够对绿洲系统进行保护。而小绿洲没有形成绿洲外围的湿气柱[图 10.6(c)]。

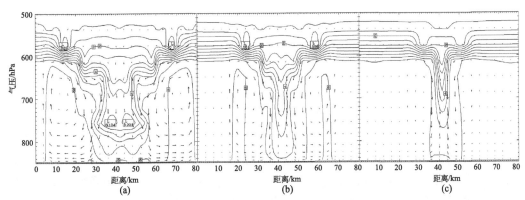

图 10.6 不同尺度绿洲试验模式积分 9 小时(北京下午 17:00)东西向垂直剖面图等值线是大气湿度,矢量图是垂直速度和 U 风量合成图(绿洲环流)

(a)大绿洲;(b)中绿洲;(c)小绿洲

总之，模拟研究结果证实，绿洲的边界层特征和绿洲环流与绿洲水平尺度有明显的关系。尺度小到几千米的绿洲没有形成绿洲系统的湿度场结构，在绿洲边缘不能形成大气湿度墙的保护。小绿洲气温高，蒸发大，没有大绿洲那样有超稳定的层结。所以，小尺度绿洲边界层不具备自我保护机制，维持和发展就比较困难。如果小尺度绿洲要得到维持和发展，就需要有较多的水资源供给等。以上研究结论，为我国保护和人工改善小绿洲气候，促进绿洲生态系统发展提供了科学依据。

10.3　不同灌溉制度对绿洲的影响

灌溉对世界农业的发展有着不可磨灭的贡献。特别是对干旱地区来说，通过灌溉措施，满足植物对水分的需要，调节土地的温度和土壤的养分，以提高土地生产率，达到稳产高产的重要途径。随着气候变暖及水资源的日趋紧张，干旱地区这种供需矛盾尤为突出，直接影响农业收成和农民增收。因此，干旱、半干旱地区在对水资源进行科学的管理和规划的同时，农田灌溉方法和经济灌溉用水制度的研究，也日益受到重视。

西北地区绿洲的形成主要是由天山、祁连山高山积雪融化和丰富的地形降水形成的内陆河提供的水资源，通过人工培育和维护形成。水是制约一切的资源，荒漠绿洲农业必须以水为基础。事实证明，不合理的灌溉方式会造成河道断流、绿洲萎缩、湖泊干涸、植被退化和绿洲土地的沙化。特别是干旱区适度的灌溉是维持绿洲稳定和发展的必要条件。只有在合理分配水资源的基础上建立起科学和完整的灌溉系统，才是避免水资源滥用，促进绿洲经济社会发展的有效途径。

目前，农业灌溉的方法主要有漫灌、串灌、沟灌和小畦灌等。世界上特别是发展中国家广泛采用地面灌溉方法，我国有98%以上的灌溉面积依然采用这种技术。节水灌溉的实践表明，除了节约水资源以外，还具有显著的综合效益。节水灌溉有利于生态环境的保护，减少资源投入，提高水生产效率和经济效益。鉴于我国水资源与能源短缺，要使我国西北干旱区特别是绿洲农业生产持续稳定的发展，就必须发展节水农业，大面积推广喷、微灌等先进灌水技术，提高农业水资源的合理配置和高效利用。

10.3.1　试验设计

在我国黑河流域，每10天500 $m^3 \cdot hm^{-2}$的灌溉定额基本可以满足当地土壤的水量平衡，适合作物生长。西北地区大水漫灌每公顷灌溉定额为15 000～22 500 m^3，水量浪费严重，经济效益低。

河西走廊、黑河流域中游最干旱的7月下旬，每10天500$m^3 \cdot hm^{-2}$的灌溉定额基本可以满足当地土壤的水量平衡，适合作物生长。但是，这些灌溉水量10天内分多少次灌溉于1hm^{2}的农田更好一些？下面根据农田土壤水分的消耗情况确定灌溉时间和灌溉水量的方法，以500m^3的灌溉水量为标准，设计7个敏感性试验方案，用数值模拟手段研究在不同的灌溉频次下，地气交换及土壤状况的变化。其中，

E1试验：以50$m^3 \cdot hm^{-2}$的灌溉强度分别灌溉5天，采用隔天和两天施灌一次；

E2试验：只有第1天和第6天施灌；

E3 试验：每天施灌 $50m^3 \cdot hm^{-2}$，均匀施灌 10 天；

E4 试验：将 $500\ m^3 \cdot hm^{-2}$ 的水量于 1 天内施于农田；

E5 试验：将 $500\ m^3 \cdot hm^{-2}$ 的水量平分为 2 次，第 1 天和第 6 天分别施灌 $250m^3$；

E6 试验：将 $500\ m^3 \cdot hm^{-2}$ 的水量平分为 5 次，隔天施灌 $100m^3$；

E7 试验：没有灌溉，以观察在不同的灌溉频度下地气交换以及土壤状况的变化。

选取 2002 年 7 月下旬进行研究，模拟区域中心点经纬度为 100.43°E、38.93°N，区域格点数为 31×31，水平分辨率为 1km，积分时间步长 8 秒，大气场探空资料取值为区域中心点(甘肃张掖)单点的垂直廓线，地面场取值为张掖的单点地面资料。在模拟区中心 10×10km 的范围为农田，其余地区为沙漠，在绿洲区施以不同水量的滴灌，积分时间为 10 天。

10.3.2　结果分析

1. 灌溉强度恒定，不同灌溉天数的效果

在保持灌溉强度恒定的条件下，分析减少施灌天数后的变化。表层土壤湿度对灌溉水量非常敏感，每天灌溉时土壤湿度能够维持在一个稳定的范围内。也就是说，没有降水的情况下，每天 $50m^3 \cdot hm^{-2}$ 水量均匀施灌，正好能够满足作物的需水；而当隔天灌溉时，施灌当天土壤湿度明显增大，第 2 天就很小，而且由于第 2 天没有施灌，第 3 天的灌溉也不能将土壤湿度恢复到第 1 天的状况，直到模拟结束时的土壤湿度只有 $0.12m^3 \cdot m^{-3}$。

E2 试验的结果就更不理想了，第 1 天施灌时湿度状况与其他两个试验差不多，但第 2 天到第 5 天没有施灌，土壤水分持续降低；在第 6 天模拟期内 E1、E2 与 E3 试验绿洲中心点 10cm 土壤湿度变化，灌溉后湿度回升并恢复到第 3 天的状况(最好的情形与 E2 试验湿度相当)；在无施灌时，湿度逐日下降，到模拟结束土壤湿度为 $0.075m^3 \cdot m^{-3}$。敏感性试验中 10cm 以下的土壤湿度没有受到影响。

从地气间水热交换状况及引起的近地层气象要素的不同变化可以看出：E1、E2 试验模拟的每天感热通量和潜热通量最大值不能保持稳定，与没有灌溉试验变化趋势一样，感热通量随模拟时间而增大，潜热通量随模拟时间而减小。3 个试验 2m 高度处气温都比没有灌溉时有不同程度的降低，并且灌溉天数越多，降温越明显。E3 试验的 2m 高度处气温在第 5 天及第 10 天几乎与没有灌溉试验相同。这说明以 $50m^3 \cdot hm^{-2}$ 水量灌溉第 1 天后，会引起 2m 高度处大气温度降低，但 4 天后这种影响就不明显了，随后气温会恢复原状。

在 3 个试验的 2m 高度处大气混合比，均比没有灌溉时有不同程度的增大。同样 E2 试验 2m 高度处大气混合比，在第 5 天及第 10 天与没有灌溉试验的差几乎为零。这说明以 $50m^3 \cdot hm^{-2}$ 水量灌溉 1 天后，会引起 2m 高度大气湿度增大；但 4 天后这种影响就不明显了，随后大气水分含量会恢复原状。

以上分析表明：①灌溉水量很重要，水量过少会降低土壤湿度，从而影响作物各种生理过程，影响作物生长；②以 $50m^3 \cdot hm^{-2}$ 灌溉强度施灌，可形成低温高湿的环境小气

候，一天的灌溉对环境的影响可以持续 4 天，之后逐渐消失。

2. 灌溉总水量恒定，不同灌溉频率对环境及作物的影响

在保持 $500m^3 \cdot hm^{-2}$ 的总水量恒定的条件下，比较采用不同灌溉频率试验结果的差异。在 $500m^3 \cdot hm^{-2}$ 的水量于第 1 天全部灌完时（E4 试验），第 1 天表层土壤湿度达到最大（$0.33m^3 \cdot m^{-3}$），之后在没有灌水时湿度持续降低，2 天后的湿度与每天灌溉 $50m^3 \cdot hm^{-2}$ 水量的情况相当，随后湿度继续下降，到模拟期末仅为 $0.07m^3 \cdot m^{-3}$；当 $500m^3 \cdot hm^{-2}$ 水量分 2 次灌溉时（即 E5 试验），第 1 天灌溉水量是 E4 的一半时，土壤湿度并没有达到 E4 的一半，仅为 $0.295m^3 \cdot m^{-3}$，随后湿度持续下降，1 天后的湿度比 E4 试验低；第 6 天又灌溉后，湿度直线升高（$0.29m^3 \cdot m^3$），然后由于土壤蒸发使湿度又低，到模拟期末降为 $0.12m^3 \cdot m^{-3}$；当 $500m^3 \cdot hm^{-2}$ 的水量分 5 次用时（即隔 1 天灌溉一次），一次施灌 $100m^3 \cdot hm^{-2}$（E6 试验），第 1 天供水量是 E4 试验的 1/5，而土壤湿度并不是前者的 1/5，而是 $0.25m^3 \cdot m^{-3}$，第 2 天表层土壤湿度降低为 $0.185m^3 \cdot m^{-3}$，其后的 8 天这种状况一直保持，即给水时表层土壤湿度上升，停止供水时表层土壤湿度降低，与每天供水 $50m^3 \cdot hm^{-2}$ 的情形类似。

灌溉强度及频率对应 10cm～1m 的土壤湿度变化，除 1m 的土壤湿度变少外（$0.14m^3 \cdot m^{-3}$），其他试验各不相同。其中，E6 试验与每天供水 $50m^3 \cdot hm^{-2}$ 的（E3）类似，没有大的差别；而 E4 与 E5 试验又存在较大差异，则呈现洪水波波形（即有水供给则上升，没水就消退）。E4 试验第 1 天 30cm 土壤湿度为 $0.285m^3 \cdot m^{-3}$，模拟期末为 $0.22m^3 \cdot m^{-3}$；E5 试验第 1 天的 30cm 土壤湿度为 $0.235m^3 \cdot m^{-3}$，4 天后降为 $0.215m^3 \cdot m^{-3}$，第 6 天又有水供给后上升为 $0.23m^3 \cdot m^{-3}$，4 天后到模拟期末降至 $0.218m^3 \cdot m^{-3}$。E4 与 E5 试验的 60cm 土壤湿度都呈上升趋势，E5 试验在模拟期末为 $0.17m^3 \cdot m^{-3}$，而 E4 试验到模拟期末土壤湿度增大为 $0.198m^3 \cdot m^{-3}$。E4 试验湿度变化说明：每当灌溉时，除了蒸发损耗外，有一部分水会储存于土壤中，并转化为土壤水分。高艳红等（2004）也指出，土壤灌溉后地表温度和气温升温率较灌溉前有所减小。土壤湿度越大，绿洲温度越低，绿洲的"冷岛效应"越显著。

模拟期内 E4、E5、E6 与 E3 试验地表径流与地下径流的对比表明，施灌次数越少，一次灌溉强度越大，不能使灌溉水转化为土壤水而被作物吸收，却造成了较大地表径流，造成有限水量的浪费。在一次性 $500m^3 \cdot hm^{-2}$ 的灌溉中，E4 试验地表径流最大（$0.9m^3 \cdot m^{-3}$）；E5 试验次之，地表径流为 $0.43m^3 \cdot m^{-3}$；最后是 E6 试验，地表径流为 $0.2m^3 \cdot m^{-3}$。

由不同试验的地气间水热交换变化可看出，地表感热、潜热通量的变化受灌溉水影响很大，其影响程度与地表土壤湿度相同。即有灌溉水时，则感热通量降低，潜热通量增大，无灌溉水时，变化相反。在 E4 试验模拟到第 4 天时，地表感热、潜热通量与每天灌溉 E3 试验相当。绿洲灌溉后地面感热通量较灌溉前偏低，潜热通量比灌溉前高；土壤湿度越大，这种差异越显著。绿洲土壤湿度的增大加强了中尺度环流，并将更多的水汽输送到了更高的层次，有利于降水的产生，并且减弱了湍流对热量和水汽的输送，让绿洲上的水汽不易流失，土壤含水量存在一个临界值，保持绿洲土壤湿度不小于

$0.206m^3 \cdot m^{-3}$，对绿洲的维持发展具有重要的作用。

毛慧琴等(2011)研究表明：农田灌溉使得印度区域地表净辐射增加，且地表净辐射在潜热通量和感热通量之间的分配发生了较大的改变，潜热通量增加，感热通量减少，对地表起冷却作用；同时由于土壤湿度增加，蒸散作用增强，大气中水汽含量增加，潜热不稳定能量增加，导致对流性降水增加。近 50 年西北半干旱区感(潜)热的年际变化趋势分析表明：平均而言，在半干旱区 4 月感热最大，7 月潜热最大；近 50 年来，潜热通量有减小的趋势，感热通量有增加的趋势。

灌溉对地表水分变化的影响如何？隔天灌溉 $100m^3 \cdot hm^{-2}$(E6 试验)与每天灌溉 $50m^3 \cdot hm^{-2}$(E3 试验)距地表 2m 高度处气温变化差别不大。在 E6 和 E3 试验的第 1 天灌溉后，导致 2m 高度处的大气温度分别降低 0.8℃和 0.4℃，以后持续降低；到了第 10 天，E6 试验温度降低 5.9℃，E3 试验降低 5.2℃；但 E4 与 E5 试验的结果则不同，当 $500m^3 \cdot hm^{-2}$ 的水 1 天内注入农田后(E4)，第 2 天温度比没有灌溉时急剧降低 3.6℃，在灌溉后第 3 天的 2m 高度处气温与每天灌溉 $50m^3 \cdot hm^{-2}$ 试验相同，到灌溉后第 9 天(模拟的第 10 天)影响基本消除，恢复为没有施灌时的温度。

试验表明：将 $500m^3 \cdot hm^{-2}$ 的水量 1 天内灌入进农田后，在引起土壤水分含量变化的同时，也会导致大气温度场维持 10 天，10 天后地表水分的变化对气温场的影响基本消失；E5 试验则相反，第 1 天施灌 $250m^3 \cdot hm^{-2}$，第 2 天气温降低 2.9℃，在连续 4 天没有施灌水量时，温度有所回升，施灌后第 4 天温度比没有施灌的低 1.4℃；第 6 天又施灌 $250m^3 \cdot hm^{-2}$，当天 2m 高度处气温在前 1 天的基础上又降低 1.2℃，第 2 天气温比没有施灌试验降低 6.1℃，然后又有所回升。姜丽霞等(2009)分析了松嫩平原作物生长季表层土壤湿度与气温呈极显著负相关关系，与降水量呈极显著正相关关系($P < 0.01$)。毛慧琴等也指出，农田灌溉使得印度区域年平均气温降低 1.4℃,年平均降水率增加 $0.35mm \cdot d^{-1}$。

2m 高度处混合比的变化与气温类似。即隔天施灌 $100m^3 \cdot hm^{-2}$(E6 试验)和每天施灌 $50m^3 \cdot hm^2$(E3 试验)，2m 高度处大气混合比与没有施灌(E7 试验)混合比之差变化趋势一致；随着施灌次数增大，大气湿度越来越大，模拟第 10 天混合比分别较没有施灌(E7 试验)增大 $2.1g \cdot kg^{-1}$ 和 $2.5g \cdot kg^{-1}$；E4 试验在第 1 天施灌 $500m^3 \cdot hm^{-2}$ 后 2m 高度大气混合比与没有施灌(E7 试验)混合比之差达到最大($2.85g \cdot kg^{-1}$)，之后降低，直到模拟第 10 天二者之差几乎为零；E5 试验在第 1 天施灌 $250m^3 \cdot hm^{-2}$ 后 2m 高度大气混合比与没有施灌(E7 试验)混合比之差为 $1.7g \cdot kg^{-1}$，以后 4 天没有施灌，混合比持续降低，第 5 天仅比没有施灌(E7 试验)高 $0.3g \cdot kg^{-1}$，在此基础上第 6 天又有 $250m^3 \cdot hm^{-2}$ 的水量供给时，与没有施灌(E7 试验)的混合比差达到最大($3.3g \cdot kg^{-1}$)，随后在没有施灌时，混合比又呈回落趋势。

总之，水是生命之源，在干旱的绿洲内水更是弥足珍贵。谢余初(2012)指出，绿洲变化的驱动分析结果显示，近 60 年来人文因素对金塔绿洲变化影响起到主导作用(其贡献率为 70.49%)，降水、气温和灾害性天气等自然因素也是绿洲变化的重要原因(其贡献率为 19.41%)。水资源开发与利用是金塔绿洲变化的首要条件，人口变化(含移民)、经济发展、科技进步、社会稳定等也是绿洲变化的主要驱动因素。

通过各类不同因子对通量影响度的对比发现(7.3.6 节)：土壤湿度、背景风速和绿洲面积是影响中尺度环流的重要因子，植被覆盖度、反照率和粗糙度的影响则次之。研究表明：绿洲自我维持机制的强弱与绿洲植被状况和土壤湿润程度成正比，与荒漠背景风速和背景地表感热通量的大小成反比。由此可见，加强灌溉保持土壤湿度临界值(不小于 $0.206m^3 \cdot m^{-3}$)对绿洲的维持发展具有重要作用，同时在绿洲外围种植防风林同样有助于绿洲的维持。

　　李建云和王汉杰(2009)的研究也表明：大面积农业灌溉对中国区域气候影响明显，主要受灌区及其邻近地区土壤湿度、近地层空气湿度、总云量、潜热通量、降水量等均呈增加趋势，地表温度、感热通量及 500hPa 位势高度将降低。灌溉后受灌区土壤湿度的增加，不仅使受灌区气候环境发生变化，还通过动量、热量及水汽交换对邻近地区气候产生影响。因此，加强绿洲灌溉是维护绿洲的一项重要举措。为了不造成水资源的浪费，在选取合适灌溉水量的基础上，采用科学合理的施灌制度进行灌溉，发展以渗灌、滴灌和微喷灌为代表的节水灌溉工程技术，这样不但能够提高利用率，达到节水灌溉的功效，还可以大大缓解该地区农业用水的紧张状态与水资源的供需矛盾，同时也是实现水资源可持续利用的关键。

10.4　小　　结

　　(1)不同尺度绿洲的两组敏感性试验结果表明，植被是生态系统的一个稳定源，实施"退耕还林(草)，封山绿化"后，下垫面的变化引起局地水热循环的变化，可以起到保水保土、降低风速、减少蒸发和风蚀等作用，有利于整体生态环境的改善。对绿洲系统而言，水是其维持和发展的最关键因素。

　　(2)绿洲的边界层特征和绿洲环流与绿洲水平尺度有明显的关系。中尺度绿洲与大绿洲在绿洲边缘形成了湿气柱，能够对绿洲系统进行保护。尺度小到几千米的绿洲没有形成绿洲系统的湿度场结构，在绿洲边缘不能形成大气湿度墙的保护。所以，如果小尺度绿洲要得到维持和发展，就需要有较多的水资源供给等。

　　(3)西北干旱区绿洲不同灌溉制度的数值模拟实验表明：灌溉水量与施灌强度同样重要。灌溉后受灌区土壤湿度的增加，不仅使受灌区气候环境发生变化，还通过动量、热量及水汽交换对邻近地区气候产生影响。因此，采用合理的灌溉制度进行灌溉，才能充分提高干旱区绿洲的水资源的利用率。

参 考 文 献

杜明远，真木太一. 1999. 沙漠绿洲的开发与环境变化的相互影响. 自然资源学报，4(4)：368-371.
高艳红，陈玉春，吕世华，等. 2002. 灌溉在现代绿洲维持与发展中的重要作用. 中国沙漠，22(4)：383-386.
高艳红，陈玉春，吕世华，等. 2003. 灌溉方式对现代绿洲的影响. 中国沙漠，23(1)：90-94.
郭亚娜，潘益农. 2002. 粗糙度和稳定度对绿洲生态系统能量平衡的影响. 南京大学学报，28(6)：820-827.
姜丽霞，李帅，纪仰慧，等. 2009. 1980-2005 年松嫩平原土壤湿度对气候变化的响应. 应用生态学报，20(1)：91-97.
康绍忠，张建华，梁宗锁，等. 1997. 控制性交替灌溉——一种新的农田节水调控思路. 干旱地区农业研究, 15(1): 1-6.

李建云, 王汉杰. 2009. 南水北调大面积农业灌溉的区域气候效应研究. 水科学进展, 20(3): 343-349.

刘韶斌, 刘进琪. 2006. 民勤绿洲衰变成因及保护对策. 甘肃农业大学学报, 41(5): 105-109.

罗格平, 周成虎, 陈曦, 等. 2004. 区域尺度绿洲稳定性评价. 自然资源学报, 19(4): 519-524.

罗哲贤. 1992. 植被带布局对局地流场的作用. 地理研究, 1(1): 15-22.

毛慧琴, 延晓冬, 熊喆, 等. 2011. 农田灌溉对印度区域气候的影响模拟. 生态学报, 31(4): 1038-1045.

潘英, 刘树华. 2008. 绿洲区域气候效应的数值模拟. 北京大学学报(自然科学版), 44(3): 370-378.

时忠杰, 高吉喜, 徐丽宏, 等. 2011. 内蒙古地区近 25 年植被对气温和降水变化的影响. 生态环境学报, 11(8): 1594-1601.

苏德荣. 2001. 干旱地区间作种植高效节水灌溉基础问题研究. 兰州: 中国科学院寒区旱区环境与工程研究所博士学位论文. .

王澄海, 王蕾迪. 2010. 西北半干旱区感、潜热通量特征及近 50 年来的变化趋势. 高原气象, 29(4), 849-854.

王涛. 2010. 我国绿洲化及其研究的若干问题初探. 中国沙漠, 30(5): 995-998.

魏虹. 1997. 有限供水和地膜覆盖对半干旱地区春小麦生长发育的影响. 兰州: 兰州大学博士学位论文. .

吴传钧. 1998. 中国经济地理. 北京: 科学出版社.

谢余初. 2012. 近 60 年金塔绿洲时空变化及其驱动力研究. 兰州: 兰州大学硕士学位论文.

徐丽萍, 杨改河, 冯永忠, 等. 2010. 黄土高原人工植被对局地小气候影响的效应研究. 水土保持研究, 17(4): 170-175.

许一飞. 2000. 对节水农业的新认识. 节水灌溉, (2): 13-15.

叶笃正. 1992. 中国的全球变化预研究. 北京: 气象出版社.

张国林, 梁群. 2009. 辽西地区次生林植被恢复对局地小气候的影响. 安徽农业科学, 37(22): 10795-10796.

张远东, 徐应涛, 顾峰雪, 等. 2003. 荒漠绿洲 NDVI 与气候、水文因子的相关分析. 植物生态学报, 27(6): 816-821.

Chen F, Dudhia J. 2001. Coupling an Advanced Land Surface-Hydrology Model with the Penn State-NCAR MM5 Modeling System. Part I: Model Implementation and Sensitivity. Monthly Weather Review, 129: 569-585.

Ek M, Mahrt L. 1991. OSU 1-D PBL Model User's Guide Version 1.04. Department of Atmospheric sciences, Oregon state University, Corvallis, Ore, USA.

Georg G A, Dudhia J. 1995. A Description of the Fifth-Generation Penn State/NCAR Mesoscale Model(MM5). NCAR/TN-398+STR NCAR TECHNICAL NOTE, 37-90.

Jackson R D, Reginato R J, Idso S B, et al. 1977. Wheat canopy temperature: a practical tool for evaluating water requirements. Water Resour Res, 13(3): 651-656.

Mesoscale and Microscale Meteorology Division National Center for Atmospheric Research: PSU/NCAR Mesoscale Modeling System Tutorial Class Notes and User's Guide, 2001.

Rao N H. 1992. Real time adaptive irrigation scheduling under a limited water supply. Agric Wat Manage, 20(4): 267-279.

Rao N H, Sharma P, Chander S, et al. 1988. Irrigation scheduling under a limited water supply. Agric Wat Manage, 15(2): 165-175.

Singh G, Singh P N, Bhushan L S, et al. 1980. Water use and wheat yield in northern India under different irrigation regimes. Agric. Water Manage, 3(2): 107-114.

Singh G, Joshi B P, Gurmel S, et al. 1987. Water use and yield response of wheat to irrigation and nitrogen on an alluvial soil in North India. Agric. Water Manage, 12(4): 311-321.

Stewart B A. 1981. A management system for the conjunctive use of rainfall and limited irrigation of graded furrows. Soil Sci Am J, 45(2): 413-419.

Stewart B A. 1983. Yield and water use efficiency of grain sorghum in a limited irrigation for dryland farming system. Agron J, 75(4): 629-634.

Turner N C. 1990. Plant water relations and irrigation management. Agric Wat Manage, 17(1): 59-73.